# Gramíneas de Zacatecas, México

# *Gramíneas de Zacatecas, México*

Yolanda Herrera Arrieta
Paul M. Peterson
Armando Cortés Ortiz

BRIT
PRESS
32
2010

Number 32
SBM: Sida, Botanical Miscellany
ISBN 13 978-1889878-31-7
ISSN 0883-1475

Editor: Barney Lipscomb
Botanical Research Institute of Texas
500 E 4th Street
Fort Worth, Texas 76102-4025, USA
Contributing Spanish Editor: Félix Llamas
Dpto. de Biodiversidad y Gestión Ambiental, Universidad de León
Campus de Vegazana s/n, 24071 León, Spain
Production: Rebecca Horn, rhorngraphics, rlrchorn@verizon.net
Cover Design: Christian Franklin (BRIT)

*Gramíneas de Zacatecas, México*
By Yolanda Herrera Arrieta, Paul M. Peterson, y Armando Cortés Ortiz
**Front cover photograph**
*Bouteloua gracilis* (photo by Yolanda Herrera Arrieta)
**Back cover photograph**
*Bouteloua williamsii* (photo by Yolanda Herrera Arrieta)

*Gramíneas de Zacatecas, México*
CONABIO (Comisión Nacional para el Conocimiento
y Uso de la Biodiversidad)
Instituto Politécnico Nacional
Smithsonian Institution, National Museum of Natural History

Distribution of copies by:
Botanical Research Institute of Texas
500 E 4th Street
Fort Worth, Texas 76102-4025, USA
Telephone: 1 817 332 4441
Fax: 1 817 332 4112
Website: http://www.brit.org/brit-press/
Email: jbrit@brit.org

BRIT
PRESS

9 April 2010

Printed in the United States of America

# *Gramíneas de Zacatecas, México*

*A Book to Promote Botanical and Environmental Education*
*Scientific Exploration and Conservation in Mexico*

The following institutions have generously provided institutional and financial support for the publication of this book.
The authors would like to thank them for their support.

CONABIO (Comisión Nacional para el Conocimiento y Uso de la Biodiversidad)

Instituto Politécnico Nacional

Smithsonian Institution
National Museum of Natural History

# *Table of Contents*

Gramineas de Zacatecas,
México

Bosque bajo de ***Pinus cembroides*** en la Sierra de Cardos, Zacatecas, México. Photo by Jeffery M. Saarela, Canadian Museum of Nature.

# GRAMÍNEAS DE ZACATECAS, MÉXICO

Yolanda Herrera Arrieta
*Instituto Politécnico Nacional*
*CIIDIR Unidad Durango- COFAA*
*Sigma 119 Fracc. 20 de Noviembre II*
*Durango, Dgo., MEXICO, 34220*
*yherrera@ipn.mx*

Paul M. Peterson
*Department of Botany*
*National Museum of Natural History*
*Smithsonian Institution*
*Washington, DC 20013-7012, U.S.A.*
*peterson@si.edu*

Armando Cortés Ortiz
*Instituto Politécnico Nacional*
*CIIDIR Unidad Durango- COFAA*
*Sigma 119 Fracc. 20 de Noviembre II*
*Durango, Dgo., MEXICO, 34220*
*c_armando25@hotmail.com*

## RESUMEN

Se presenta un estudio taxonómico de la familia Poaceae del estado de Zacatecas, con el reconocimiento de 91 géneros, 284 especies, 6 subespecies, 30 variedades y 4 formas. Se proveen claves para determinar los taxa encontrados, nomenclatura actualizada, sinonimias, información sobre aspectos ecológicos y de distribución general, mapas con localidades georreferidas de los sitios de colecta, ilustraciones de la mayoría de las especies y datos generales de lo ejemplares revisados.

## ABSTRACT

A taxonomic study of the Poaceae family for the Mexican state of Zacatecas is given. Ninety one genera, 284 species, 6 subspecies, 30 varieties, and 4 forms are recognized in the study area. Keys for determining the taxa found, synonymies, descriptions, distributions, illustrations, and examined specimens are provided.

## INTRODUCCIÓN

El estado de Zacatecas se localiza en el N de la Republica Mexicana, con coordenadas extremas: Norte: 25.12° N, Sur: 21.04° N, Oeste: -104.33°, Este: -100.74°; posee un territorio muy irregular en cuanto a su topografía, existen sitios que tienen una altitud de 600–700 metros sobre el nivel del mar y sitios hasta de 3192 m de altitud. Cerca del 75% del territorio está en una altitud entre 1800–2400 metros, con un máximo en el intervalo de 2000–2200 m, según los datos de altitud obtenidos por la misión SRTM de la NASA.

Las provincias fisiográficas que lo cubren son: Mesa Central, Sierra Madre Occidental, Sierra Madre Oriental y Eje Neovolcánico. Las provincias que tiene mayor cobertura dentro del Estado son la Mesa Central y la Sierra Madre Occidental, según Carta Fisiográfica escala 1:1000 000 de INEGI.

Por su ubicación geográfica y características topográficas el territorio de Zacatecas presenta principalmente un clima del grupo semiseco templado, seguido por los grupos templado subhúmedo y seco templado, según el sistema de Köppen modificado por E. García.

Debido a las características climáticas, edáficas y de relieve, la cobertura vegetal del terreno en el estado de Zacatecas está dominado por formaciones arbustivas (matorrales, principalmente de tipo xerófilo), seguido por pastizal (natural e inducido) y bosque constituido por latifoliadas y coníferas. Como parte de las actividades humanas, la cuarta parte de la superficie está dedicada a las actividades agrícolas.

Zacatecas uno de los estados cuya superficie dedicada a la ganadería extensiva es considerable, parece ser el Estado menos estudiado en la región N de México desde el punto de vista florístico. Su vocación ganadera permite intuir que una de las familias de plantas vasculares con mayor número de especies es la familia de las gramíneas.

Entre los intentos por conocer los aspectos florístico-ecológicos del continuo de pastizales del SW de Estados Unidos y N de México, se encuentran los realizados desde principio de 1900, por autores como: Hitchc., Chase, Swallen, Soderstr., Gould, Johnston, Reeder, McVaugh, Peterson, y Herrera quienes en algunos de sus trabajos citan especies zacatecanas, aportando información valiosa pero fragmentada y nomenclatura ahora anacrónica en muchos de los casos. Existe también información fragmentada de pastos de Zacatecas en estudios florísticos nacionales como los realizados por Hitchc. (1913) y por Beetle et al. (1983–1999). Recopilaciones bibliográficas de gramíneas mexicanas donde se citan listados florísticos de gramíneas de Zacatecas son los realizados por Espejo y López (2000) y por Dávila et al. (2006). El único listado florístico de gramíneas llevado a cabo específicamente para Zacatecas, por Balleza (1992), fue generado de colectas de material fresco y revisiones de especimenes de herbario.

**Fig. 1. Ubicación del Estado de Zacatecas en el territorio mexicano.**

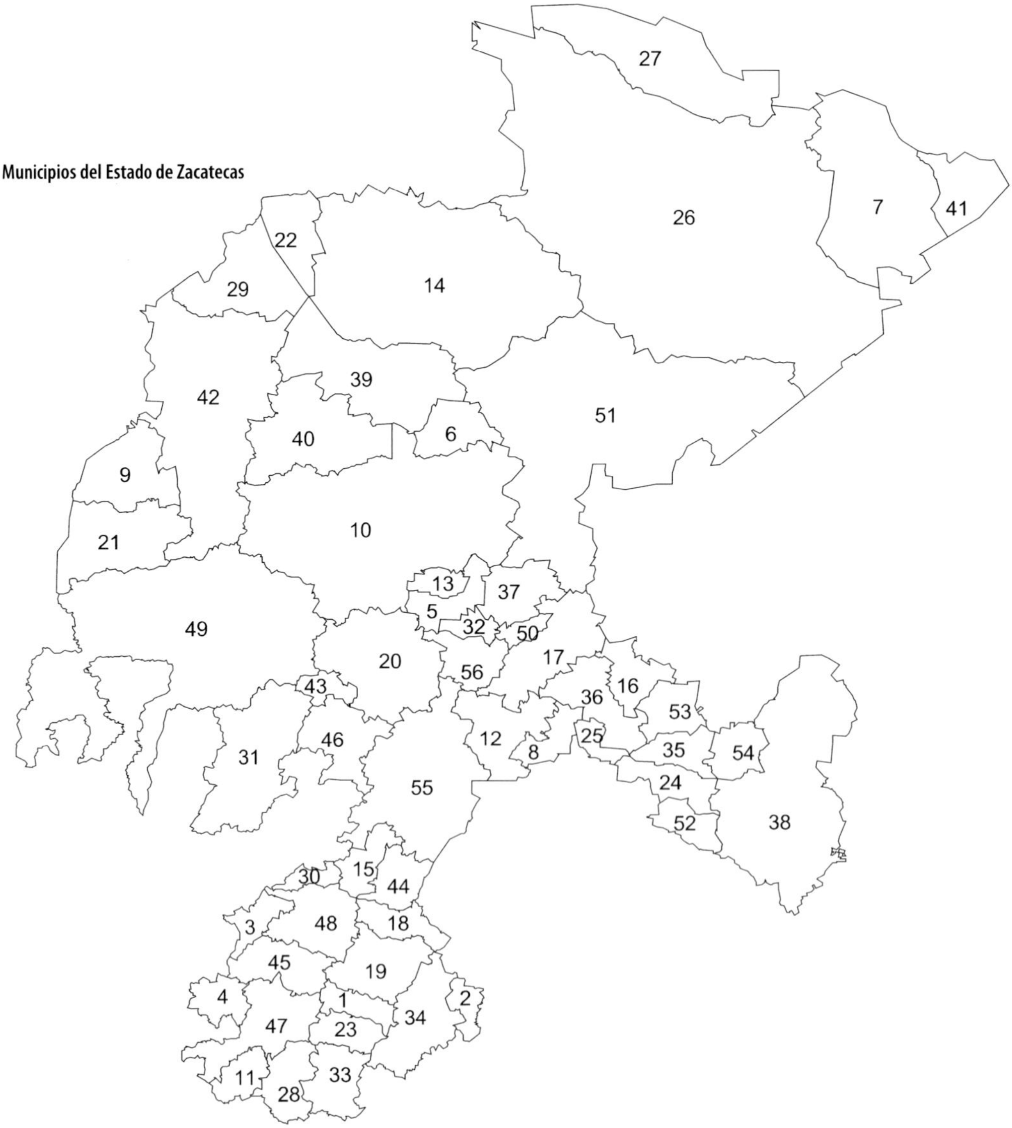


**Fig. 2. Municipios del Estado de Zacatecas**

CUADRO 1. Relación de municipios, población total, área en km2 y área en % del Estado de Zacatecas.

| Mun | Nombre | Población Total | Área en km2 | Área en % |
|---|---|---|---|---|
| 001 | Apozol | 7492 | 283.27 | 0.4 |
| 002 | Apulco | 4695 | 201.21 | 0.3 |
| 003 | Atolinga | 3476 | 280.25 | 0.4 |
| 004 | Benito Juarez | 4264 | 330.38 | 0.4 |
| 005 | Calera | 27454 | 389.46 | 0.5 |
| 006 | Cañitas de Felipe Pescador | 9069 | 482.00 | 0.6 |
| 007 | Concepcion del Oro | 12557 | 2561.25 | 3.4 |
| 008 | Cuauhtemoc | 10389 | 318.03 | 0.4 |
| 009 | Chalchihuites | 13019 | 891.86 | 1.2 |
| 010 | Fresnillo | 176885 | 4949.84 | 6.6 |
| 011 | Trinidad Garcia de la Cadena | 3710 | 306.82 | 0.4 |
| 012 | Genaro Codina | 8260 | 787.98 | 1.1 |
| 013 | General Enrique Estrada | 5255 | 190.06 | 0.3 |
| 014 | General Francisco R. Murguia | 25779 | 4987.89 | 6.7 |
| 015 | General Joaquin Amaro | 2139 | 351.40 | 0.5 |
| 016 | General Panfilo Natera | 21641 | 429.56 | 0.6 |
| 017 | Guadalupe | 107523 | 985.71 | 1.3 |
| 018 | Huanusco | 5700 | 368.22 | 0.5 |
| 019 | Jalpa | 23883 | 735.11 | 1.0 |
| 020 | Jerez | 56180 | 1522.51 | 2.0 |
| 021 | Jimenez del Teul | 5110 | 1170.06 | 1.6 |
| 022 | Juan Aldama | 20056 | 584.40 | 0.8 |
| 023 | Juchipila | 12815 | 334.59 | 0.4 |
| 024 | Loreto | 36282 | 427.25 | 0.6 |
| 025 | Luis Moya | 11488 | 176.92 | 0.2 |
| 026 | Mazapil | 20969 | 12051.81 | 16.2 |
| 027 | Melchor Ocampo | 2843 | 1961.27 | 2.6 |
| 028 | Mezquital del Oro | 3153 | 484.65 | 0.6 |
| 029 | Miguel Auza | 21024 | 1096.08 | 1.5 |
| 030 | Momax | 3228 | 159.76 | 0.2 |
| 031 | Monte Escobedo | 9800 | 1592.40 | 2.1 |
| 032 | Morelos | 9176 | 172.42 | 0.2 |
| 033 | Moyahua de Estrada | 5986 | 528.62 | 0.7 |
| 034 | Nochistlan de Mejia | 30567 | 867.48 | 1.2 |
| 035 | Noria de Angeles | 13461 | 377.82 | 0.5 |
| 036 | Ojocaliente | 36191 | 680.83 | 0.9 |
| 037 | Panuco | 13645 | 555.29 | 0.7 |
| 038 | Pinos | 63549 | 3132.25 | 4.2 |
| 039 | Rio Grande | 60559 | 1814.81 | 2.4 |
| 040 | Sain alto | 21779 | 1446.68 | 1.9 |
| 041 | Salvador, El | 3798 | 633.71 | 0.8 |
| 042 | Sombrerete | 65252 | 3571.54 | 4.8 |
| 043 | Susticacan | 1453 | 199.51 | 0.3 |
| 044 | Tabasco | 15446 | 396.01 | 0.5 |
| 045 | Tepechitlan | 9193 | 584.01 | 0.8 |
| 046 | Tepetongo | 9116 | 716.58 | 1.0 |
| 047 | Teul de González Ortega | 9327 | 886.30 | 1.2 |
| 048 | Tlaltenango de Sanchez Roman | 23670 | 741.00 | 1.0 |
| 049 | Valparaiso | 36393 | 5650.80 | 7.6 |
| 050 | Vetagrande | 6969 | 142.94 | 0.2 |
| 051 | Villa de Cos | 32502 | 6405.26 | 8.6 |
| 052 | Villa Garcia | 13467 | 324.73 | 0.4 |
| 053 | Villa González Ortega | 11613 | 416.47 | 0.6 |
| 054 | Villa Hidalgo | 16490 | 380.02 | 0.5 |
| 055 | Villanueva | 32014 | 2157.14 | 2.9 |
| 056 | Zacatecas | 118742 | 445.04 | 0.6 |
| | Estado de Zacatecas | | 74619.22 | 100.0 |

Fuente: Mapa Geostadístico de la Republica Mexicana y datos del II Conteo de Población y Vivienda 2005.

De los estudios de gramíneas mexicanas más antiguos está el realizado por Hitchc. (1913), quien cita 13 géneros y 34 especies para Zacatecas, de ellos 2 géneros (*Bulbilis* y *Tridens*) y 12 especies (*Bouteloua procumbens, B. texana, Bromus pendulinus, Bulbilis dactyloides, Chloris elegans, Eragrostis megastachya, Muhlenbergia affinis, M. quitensis, M. schaffneri, M. squarrosa, Tridens avenaceus* y *T. pulchellus*) son nombres que en la actualidad se consideran sinónimos. Se excluyeron 5 especies citadas por este autor: *Agrostis stolonifera, Bouteloua texana, Bromus porteri, Eragrostis pilosa* y *Muhlenbergia squarrosa*, cuya área de distribución parece no llegar a Zacatecas.

Beetle et al. (1983–1999) de la Comisión Técnico Consultiva de Coeficientes de Agostadero reportaron 50 géneros, 172 especies, 23 variedades y 2 formas; de ellos 6 géneros, 20 especies y 9 variedades, presentan nombres que son considerados inválidos actualmente y pueden ser encontrados en el texto del presente estudio como sinónimos de otras especies. De la misma manera se anotan en los taxa excluidos 17 especies y 2 variedades de las citadas por estos autores, se excluyen por falta de ejemplares que avalen su existencia y por características diversas en cada caso, que nos llevan a considerar que sea poco probable su distribución en la entidad.

En listados florísticos de la República Mexicana, generados de recopilaciones bibliográficas y revisiones de ejemplares, citan para Zacatecas Espejo y López (2000) un total de 58 géneros, 162 especies, 33 variedades y 2 formas; mientras que Dávila et al. (2006) citan 60 géneros, 178 especies, 5 subespecies, 30 variedades y 5 formas. De los taxa citados por Espejo y López (2000), 8 géneros, 17 especies y 7 variedades son nombres que se consideran en la actualidad como sinónimos y otras 10 especies se excluyen del presente estudio: *Achnatherum clandestinum, A. robustum* (citadas como *Stipa clandestina* y *S. robusta*), *Bothriochloa saccharoides, Bromus ciliatus, Cenchrus myosuroides, Echinochloa polystachya, Eragrostis pilosa, Eriochloa punctata, Muhlenbergia virletii, Poa nemoralis* (citada como *Agrostis alba*). De los taxa citados por Dávila et al. (2006), 2 géneros (*Hemarthria* y *Paspalidium*) y 10 especies: *Achnatherum clandestinum, A. robustum, Bothriochloa palmeri, Echinochloa polstachya, Eragrostis glandulosa, Eriochloa punctata, Hemarthria altissima, Muhlenbergia virletii, Paspalidium geminatum* y *Setaria verticillata*; no fueron encontradas y se decidió excluirlas.

En el presente estudio florístico de las gramíneas del estado de Zacatecas, se reportan y describen 91 géneros, 284 especies, 6 subespecies, 30 variedades y 4 formas de la familia Poaceae. Se presentan claves descriptivas para separar los taxa anotados, descripciones de géneros y especies, nomenclatura actualizada, información sobre aspectos ecológicos y de distribución general por especie, mapas con localidades georreferidas de los sitios de colecta, así como ilustraciones de la mayoría de las especies encontradas.

## MATERIALES Y MÉTODOS

Se revisaron aproximadamente 2000 ejemplares de herbario, además de los aproximadamente 700 ejemplares que fueron colectados, por los autores del presente estudio. El análisis de los especimenes consistió en: 1) validar la identidad taxonómica, 2) actualizar los nombres en sinonimia, 3) modificar y/o adecuar las determinaciones erróneas, y 4) identificar los taxa no determinados; tomando como base las descripciones de la bibliografía citada en los géneros y especies. Los herbarios revisados en México por la primera autora son: CHAPA, CIIDIR, ENCB, HUAZ, IEB, INEGI, MEXU y SLPM, y en Estados Unidos: TAES y US, mientras que el segundo autor ha revisado los herbarios GH, MO, TEX, TAES.

## POACEAE

Plantas anuales o perennes, rara vez arbustos o árboles (bambúes), cespitosas, rizomatosas o estoloníferas; tallos erectos a reptantes, cilíndricos, raramente aplanados, articulados, fistulosos o sólidos en los entrenudos, sólidos en los nudos, generalmente ramificados en la base, ocasionalmente en los nudos superiores; hojas alternas, basales y caulinares, típicamente consistiendo de una vaina, lígula y lámina, vainas con los márgenes generalmente libres y sobrepuestos o menos frecuentemente connatas, los hombros a veces extendidos hacia arriba como aurículas, lígula una hilera de pelos o una membrana que puede ser pilosa, colocada adaxialmente , en la unión de la vaina con la lámina rara vez faltante, láminas por lo general lineares, a veces lanceoladas a ovadas, aplanadas, conduplicadas o involutas, con nervaduras paralelas, rara vez transversales, en ocasiones amplexicaules o con aurículas falcadas, a veces con la base angosta formando un seudopecíolo o articuladas con la vaina; inflorescencia compuesta de espiguillas dispuestas en panículas, en espigas o racimos que pueden ser solitarios, digitados o dispuestos a lo largo de un eje central, generalmente terminales, a veces axilares; espiguillas típicamente consistiendo de brácteas dísticas dispuestas a lo largo de una raquilla, las 2 brácteas inferiores llamadas glumas subyacen uno a varios flósculos, a veces con una proyección dura o callo en la base; flósculos bisexuales, unisexuales o estériles, cada flósculo consistiendo de 2 brácteas conocidas como lema (la exterior) y pálea (la interior), que envuelven al flósculo con lodículas, estambres y ginoecio; 1–6 estambres, por lo general 3, con filamentos alargados y anteras de 2 tecas que se abren a lo largo, rara vez por un poro terminal, el ovario unilocular con 1 óvulo, estilos generalmente 2, rara vez 1–3, estigmas plumosos; fruto usualmente una cariopsis con un pericarpio delgado adnato a la semilla, endospermo duro, en ocasiones líquido. Familia cosmopolita con aprox. 700 géneros y alrededor de 10 000 especies en el Mundo (Clayton y Renvoize 1986); se estima que existen alrededor de 206 géneros y más de 1000 especies en México (Valdés y Dávila 1995). En Zacatecas encontramos y reportamos aquí 91 géneros, 284 especies, 6 subespecies, 30 variedades y 4 formas.

## CLAVE PARA LOS GENEROS DE GRAMÍNEAS DEL ESTADO DE ZACATECAS

1. Plantas gigantes que pasan varios años sin floración; tallos 2 m o más de alto, frecuentemente leñosos.
  2. Tallos fistulosos con paredes delgadas, nudos produciendo una sola rama; láminas fuertemente cordado-amplexicaules ____ **Arundo**
  2. Tallos sólidos o de pared dura; nudos produciendo varias ramas; laminas de las ramas pseudopecioladas.
    3. Ramas por lo general con espinas rectas o unciformes, generalmente con 1 rama primaria por nudo; nudos de los tallos con bandas blancas pilosas; quillas de las páleas aladas ____ **Guadua**
    3. Ramas sin espinas, generalmente 3 por nudo; nudos de los tallos sin bandas blancas pilosas; quillas de las páleas no aladas ____ **Otatea**
1. Plantas herbáceas con floración regular; tallos menores de 2 m de alto, a veces leñosas (en *Lasiacis*) o hasta de 4 m (en *Tripsacum*).
  4. Espiguillas unisexuales, las estaminadas notablemente diferentes de las pistiladas.
    5. Plantas monoicas, las espiguillas estaminadas y pistiladas en la misma planta.
      6. Espiguillas estaminadas y pistiladas en la misma inflorescencia ____ **Tripsacum**
      6. Espiguillas estaminadas y pistiladas en inflorescencias separadas
        7. Acuáticas, sumergidas, hojas flotando en la superficie del agua; plantas 10–40 cm de alto, perennes, estambres 6–8____ **Luziola**
        7. Terrestres, cultivadas; plantas 100–500 cm de alto, anuales, estambres 3 ____ **Zea**
    5. Plantas dioicas, las espiguillas estaminadas y pistiladas en plantas separadas.
      8. Flósculos femeninos disponibles.
        9. Lemas y flósculos rudimentarios de las espiguillas pistiladas sin aristas; espiguillas pistiladas rodeadas de un "falso involucro", formado por glumas endurecidas unidas en la base____ **Bouteloua (B. dactyloides)**
        9. Lemas y flósculos rudimentarios de las espiguillas pistiladas conspicuamente aristadas; espiguillas pistiladas sin un "falso involucro" formado por glumas endurecidas unidas en la base.
          10. Aristas de las espiguillas pistiladas 5–10 cm de largo ____ **Scleropogon**
          10. Aristas de las espiguillas pistiladas 1–2 cm de largo ____ **Bouteloua (B. reederorum)**
      8. Flósculos masculinos disponibles.
        11. Inflorescencia en forma de espiga pectinada, con las espiguillas insertas a un lado del raquis; glumas obtusas a corto acuminadas.
          12. Espigas una sola por rama; glumas iguales, tan largas como las espiguillas, pilosas en la nervadura centra ____ **Bouteloua (B. reederorum)**
          12. Espigas 1–2(–4) por rama; glumas desiguales, agudas, la primera ½ del largo de las espiguillas, mucronada, la segunda un poco menor que la lema, glabras__ **Bouteloua (B. dactyloides)**
        11. Inflorescencia no-pectinada; glumas sub-iguales, largo acuminadas en un ápice agudo o aristado, casi del largo de la lema basal; lemas largo acuminadas ____ **Scleropogon**
  4. Espiguillas por lo general bisexuales, o de ser unisexuales, entonces las espiguillas estaminadas no son muy diferentes de las pistiladas.
    13. Espiguillas fasciculadas, en grupos de 2–3(–5); a veces (en *Hordeum*) las espiguillas laterales reducidas a aristas.

14. Espiguillas espinudas, o bien, provistas de involucro cerdoso o espinudo; aristas faltantes.
    15. Segunda gluma de las espiguillas inferiores provista de espinas ganchudas; involucro faltante ____ **Tragus**
    15. Segunda gluma sin espinas; involucro cerdoso o espinudo.
        16. Involucro de cerdas libres o algo unidas en la base, las cerdas con frecuencia plumosas ____ **Pennisetum**
        16. Involucro de cerdas unidas, nunca plumosas, formando un conjunto más o menos esférico, espinudo o endurecido ____ **Cenchrus**
14. Espiguillas sin espinas y desprovistas de involucro cerdoso o espinudo; aristas generalmente presentes.
    17. Espiguillas rodeadas de un "falso involucro", formado por glumas unidas en la base, el falso involucro 4–6-lobado.
        18. Inflorescencia en forma de espigas muy cortas o falsos involucros blanquecinos, carente de glandulas, parcialmente incluidas en las vainas superiores; flósculos femeninos de ____ **Bouteloua (B. dactyloides)**
        18. Inflorescencia en forma de racimo espiciforme, a menudo con glándulas negruzcas, terminales, notablemente exsertas; flósculos bisexuales.
            19. Glumas hialinas y fimbriadas en el ápice; plantas formando colonias por el crecimiento de rizomas fuertes y escamosos ____ **Pleuraphis**
            19. Glumas firmes, no fimbriadas en el ápice; plantas en macollos sencillos unidos por estolones delgados, arqueados, no rizomatosos ____ **Hilaria**
    17. Espiguillas sin "falso involucro" formado por glumas endurecidas y unidas en la base.
        20. Espiguillas densamente agrupadas en forma simétrica de ambos lados del raquis de la espiga; lemas por lo general con aristas de 3 cm o más de largo.
            21. Espiguillas 3 en cada nudo del raquis, 1-flosculadas, las laterales pediceladas, usualmente reducidas a aristas; plantas estrictamente anuales ____ **Hordeum**
            21. Espiguillas 1–3 en cada nudo del raquis, con 2-flósculos similares; plantas perennes ____ **Elymus**
        20. Espiguillas agrupadas con frecuencia en espigas o racimos unilaterales, a veces dispuestas de ambos lados del raquis; lemas con aristas por lo general menores de 1 cm de largo.
            22. Espiguillas 2 por involucro, cada una con 2-flósculos bisexuales; primera gluma reducida a una cerda; lema con 3 aristas ____ **Bouteloua (B. polymorpha)**
            22. Espiguillas 3 por involucro; cada una con un solo flósculo bisexual y uno a varios flósculos estaminados o estériles; lema con número de aristas variable.
                23. Inflorescencia dimórfica; espiguillas laterales estaminadas, 2-flosculadas, espiguilla central 3-flosculada, primer flósculo bisexual, corto estipitado, los laterales estaminados o estériles ____ **Bouteloua (B. diversispicula)**
                23. Inflorescencia monomórfica; espiguillas todas 1-flosculadas o 2–3(–4)-flosculadas; la disposición de los flósculos de forma diferente.
                    24. Espiguillas 1-flosculadas, la central bisexual, las laterales masculinas o neutras; glumas oblongas a oblongo-obovadas, con arista terminal corta ____ **Aegopogon**
                    24. Espiguillas 2- o 3(4)-flosculadas, un flósculo bisexual y uno o varios flósculos estaminados o estériles, largamente aristados o reducidos a aristas, glumas de varias formas, corto aristadas, mucronadas o muticas ____ **Bouteloua**

13. Espiguillas sin agruparse en involucros.
    25. Espiguillas con un solo flósculoa bisexual, o si son plantas dioicas entonces un sol flósculo masculino o femenino funcional, con o sin flósculos reducidos adicionales.
        26. Espiguillas dispuestas en pares, una sésil y otra pedicelada, la espiguilla pedicelada estaminada, neutra o reducida, a veces sólo representada por el pedicelo; primera gluma grande y firme, encerrando con sus márgenes a la segunda; lema del flósculo bisexual membranácea, delgada, a menudo aristada.
            27. Espiguillas sin aristas.
                28. Espiguillas sésiles globosas, primera gluma ornamentada, negra, rugosa; plantas anuales, inflorescencia de 1–2 cm de largo ____ **Mnesithea**
                28. Espiguilla sésil no globosa, primera gluma nunca ornamentada, pajisa, lisa; plantas perennes con inflorescencias más largas ____ **Elionurus**

27. Espiguillas aristadas, al menos algunas de ellas.
29. Aristas de (2.5–)3 cm o más de largo.
30. Las espiguillas pediceladas sin arista, masculinas o neutras; las espiguillas sésiles fértiles, pardo obscuro en la madurez, largamente aristadas _____ **Heteropogon**
30. Las espiguillas pediceladas aristadas, fértiles; las espiguillas sésiles (a subsésiles) masculinas o neutras, claras a rojizas, sin arista _____ **Trachypogon**
29. Aristas de 2.5 cm o menos de largo, o bien faltantes.
31. Ramas de la panícula numerosas, libremente ramificadas, no conspicuamente espiciformes en apariencia.
32. Espiguillas pediceladas rudimentarias, representadas solamente por el pedicelo, las sésiles por lo general híspidas _____ **Sorghastrum**
32. Espiguillas pediceladas casi del mismo tamaño que las sésiles, masculinas o a veces neutras; espiguillas sésiles glabras, hirsutas o adpreso-híspidas _____ **Sorghum**
31. Ramas de la panícula 1 a varias, no ramificadas o escasamente así, espiciformes en apariencia.
33. Inflorescencia como espiga, delgada, parcialmente encerrada por una hoja a manera de espata; pedicelos y entrenudos del raquis claviformes, esponjosos _____ **Schizachyrium**
33. Inflorescencia una panícula abierta, con 2 a varios racimos espigados; pedicelos y entrenudos del raquis no claviformes ni esponjosos.
34. Entrenudos del raquis y pedicelos con un surco central angosto, hialino y translúcido; racimos varios, digitados o subdigitados, no espatáceos _____ **Bothriochloa**
34. Entrenudos y pedicelos del raquis sin un surco central translúcido; racimos 2–3, digitados, espatáceos _____ **Andropogon**
26. Espiguillas dispuestas o no en pares, de estar en pares, entonces las espiguillas pediceladas no son reducidas y la primera gluma no es más grande y firme que la lema del flósculo bisexual.
35. Flósculo reducido presente, situado debajo del flósculo fértil, representada por una lema que es similar a la segunda gluma en tamaño y textura (con o sin pálea), por lo cual la espiguilla con frecuencia da la impresión de llevar 3 glumas; desarticulación abajo de las glumas (las espiguillas se desprenden íntegras en la madurez).
36. Espiguillas rodeadas por una o varias cerdas o estructuras espinosas que se encuentran insertas en la base.
37. Cerdas unidas en la base o un poco (1/5) por encima de la base, formando un receptáculo subesférico a manera de copa, espinudo y endurecido o plumoso y suave _____ **Cenchrus**
37. Cerdas libres totalmente.
38. Cerdas caedizas en la madurez, de 3–5 mm de largo y plumosas, o bien, de 5–10 mm de largo, pero entonces ocultas junto con las espiguillas en la vaina _____ **Pennisetum**
38. Cerdas persistentes en el raquis, por lo general hasta 3 mm de largo, no cayendo con las espiguillas en la madurez, nunca plumosas ni ocultas en las vainas.
39. Lema del flósculo estéril más angosta que la segunda gluma, ésta ancha, ovada a orbicular, con la base más o menos ondulada o contorneada y el ápice angosto; una cerda presente debajo de cada espiguilla, a veces faltante _____ **Setariopsis**
39. Lema del flósculo estéril similar a la segunda gluma, ésta más o menos ovada; una o varias cerdas presentes debajo de cada espiguilla, o parcialmente faltantes en la panícula _____ **Setaria**
36. Espiguillas no rodeadas por cerdas o espinas.
40. Espiguillas aristadas.
41. Glumas sin arista, la segunda a veces mucronada; pedicelos, segunda gluma y lema con pelos sedosos, rosa cambiando a blanco _____ **Melinis**
41. Glumas aristadas; pedicelos, segunda gluma y lema sin pelos sedosos, rosa cambiando a blanco

42. Primera gluma con una arista 3 veces más larga que el cuerpo de la espiguilla, segunda gluma con una arista mucho más corta, espiguillas no escabroso-híspidas ________ **Oplismenus**
42. Primera gluma aguda, sin arista, segunda gluma corto-aristada, espiguillas escabrosas y esparcida a prominentemente híspidas ________ **Echinochloa**

40. Espiguillas sin arista o la segunda gluma a veces mucronada.
43. Lema del flósculo bisexual delgada y flexible, sus márgenes extendidos, membranáceos, no enrollados sobre la pálea, aún cuando la cubren en parte; primera gluma faltante o pequeña.
44. Inflorescencia en forma de 2 o varias ramas espiciformes ________ **Digitaria**
44. Inflorescencia en forma de panícula abierta, sedosa, densa.
45. Espiguillas comprimidas dorsalmente, pilosas en el callo, ocultas o casi ocultas por los pelos sedosos y plateados del callo ________ **Saccharum**
45. Espiguillas comprimidas lateralmente, pilosas en los pedicelos y espiguillas con pelos sedosos, rosados cambiando a blanco ________ **Melinis**

43. Lema del flósculo bisexual relativamente endurecida y firme, sus márgenes enrollados sobre la pálea; primera gluma presente o faltante.
46. Primera gluma faltante en algunas o en todas las espiguillas.
47. Lema fértil a menudo con un mucrón terminal; espiguillas con un callo engrosado en forma de anillo o copa en la base, comprimidas dorsalmente, orientadas con el dorso de la lema estéril hacia el raquis de los racimos ________ **Eriochloa**
47. Lema fértil no mucronada; espiguillas sin callo en forma de anillo o copa, plano convexas, orientadas con el dorso de la segunda gluma y de la lema estéril hacia el raquis de los racimos ________ **Paspalum**

46. Primera gluma presente en todas las espiguillas.
48. Dorso redondeado de la lema fértil vuelto hacia fuera del raquis; espiguillas solitarias; lema fértil blanquecina, finamente rugosa o reticulada en la madurez ________ **Urochloa**
48. Dorso redondeado de la lema fértil (al menos en la mayoría de las espiguillas) vuelto hacia el raquis; espiguillas dispuestas en pares o solitarias; lema fértil lisa, no rugosa ni reticulada (excepto en *Zuloagaea bulbosa*).
49. Ramas primarias de la inflorescencia simples, sin ramificar; lema fértil lisa, lustrosa ________ **Echinochloa**
49. Ramas primarias de la inflorescencia ramificadas, al menos algunas de ellas; lema fértil lisa, rugosa o rugulosa.
50. Lema fértil y pálea con mechones de pelos en el ápice; tallos leñosos como de bambú, a menudo trepadores ________ **Lasiacis**
50. Lema fértil y pálea sin mechón de pelos en el ápice; tallos herbáceos, erectos.
51. Inflorescencias terminales floreciendo primero con espiguillas casmógamas, seguidas de las inflorescencias axilares más pequeñas con espiguillas cleistógamas; plantas con dimorfismo foliar, frecuentemente produciendo rosetas basales de hojas cortas, anchas ________ **Dichanthelium**
51. Inflorescencias floreciendo todas a la vez, por lo general solo con espiguillas casmógamas; plantas sin dimorfismo foliar, sin rosetas basales de hojas cortas, anchas.
52. Pálea inferior agrandada y endurecida en la madurez, más gruesa que el fruto, expandiendo la espiguilla, mostrando una pequeña concavidad en el dorso ________ **Steinchisma**

52. Pálea inferior tan larga como la lema, reducida o faltante, nunca expandiendo la espiguilla
53. Ramas de la panícula de un solo lado; espiguillas usualmente subsésiles, los pedicelos menores de 2 mm de largo ________ **Hopia**
53. Ramas de la panícula generalmente no son hacia un solo lado; espiguillas no subsésiles, pedicelos de 2–20 mm de largo.
54. Flósculo superior velada a evidentemente transversalmente rugoso; vainas aquilladas; base de los tallos cormiformes ________ **Zuloagaea**
54. Flósculo superior liso a estriado, rara vez inconspicuamente rugoso; vainas no aquilladas; base de los tallos nunca cormiformes ________ **Panicum**

35. Flósculo o flósculos reducidos por lo general faltantes, de estar presentes, la lema del flósculo reducido no es similar a la segunda gluma en tamaño y textura; desarticulación generalmente arriba de las glumas (quedando las glumas vacías en las inflorescencias muy maduras).
55. Espiguillas con uno o más flósculos reducidos.
56. Inflorescencia en forma de panícula abierta; las espiguillas pardas o doradas, provistas de aristas más o menos geniculadas, de 10–15(–17) mm de largo; cada espiguilla acompañada en su base por uno o dos pedicelos híspidos ________ **Sorghastrum**
56. Inflorescencia formada por espiguillas que se agrupan en espigas, panículas espiciformes o panículas con ramas espiciformes; espiguillas verdes a parduzcas (las maduras de *Hordeum* llegan a ser doradas), con aristas rectas de diversos tamaños, sin estar acompañadas de uno o dos pedicelos en la base.
57. Inflorescencia con forma de espiga o panícula espiciforme cilíndrica u ovoide, con las espiguillas dispuestas en forma simétrica alrededor del raquis.
58. Nervaduras de las lemas de los 2-flósculos inferiores conspicuas, en número de 9, prolongándose en 9 aristas plumosas ________ **Enneapogon**
58. Nervaduras de la lema poco aparentes; las aristas, de estar presentes, no son plumosas.
59. Lema del flósculo bisexual con 3 aristas; planta estolonífera; individuos femeninos de ________ **Scleropogon**
59. Lema del flósculo bisexual con 1 arista o sin aristas; plantas no estoloníferas, a menudo anuales, bisexuales.
60. Espiguillas largamente aristadas, dispuestas en grupos de 3, las laterales reducidas a aristas ________ **Hordeum**
60. Espiguillas sin aristas o cortamente aristadas, 3-flosculadas, los 2-flósculos reducidos a pequeñas lemas escuamiformes, no aristadas ________ **Phalaris**
57. Inflorescencia con forma de una, varias o muchas espigas (o racimos espiciformes) digitadas o racemosas; espiguillas dispuestas de un solo lado del raquis.
61. Ramas de la inflorescencia digitadas, pero a menudo con varias ramas solitarias adicionales por encima o por debajo del verticilo.
62. Lema aristada.
63. Lemas comprimidas dorsalmente ________ **Enteropogon**
63. Lemas comprimidas lateralmente ________ **Chloris**
62. Lema sin arista.

64. Flósculo rudimentario de 1.3–1.5 mm de largo, truncada, en forma de campana; ramas de la inflorescencia generalmente más de 6 ____ **Chloris (C. submutica)**
64. Flósculo rudimentario 0.5 mm o menos de largo, o a menudo sólo presente la raquilla correspondiente; ramas de la inflorescencia generalmente 4 ó 5 ____ **Cynodon**
61. Ramas de la inflorescencia (espigas) esparcidas a lo largo del eje principal o a veces solitarias.
65. Plantas dioicas, estoloníferas; tallos de 5–15 cm de alto; espiguillas dispuestas en una espiga solitaria, curvada en círculo ____ **Bouteloua (B. reederorum)**
65. Plantas hermafroditas, generalmente no estoloníferas, en ocasiones estoloníferas, pero entonces los tallos son mayores de 15 cm de alto; espiguillas dispuestas en una a numerosas espigas cortas, unilaterales, formando un racimo ____ **Bouteloua**
55. Espiguillas sin flósculos reducidos o si presentes, inconspicuos.
66. Inflorescencia consistente de una espiga o un racimo espiciforme terminal, o bien de una panícula formada de varias espigas o racimos que no se vuelven a ramificar.
67. Inflorescencia de una sola espiga terminal.
68. Espiguillas de 2.5–3.5 mm de largo, sin arista, solitarias, dispuestas en 2 hileras de un solo lado del raquis ____ **Microchloa**
68. Espiguillas mayores de 1 cm de largo, largamente aristadas, dispuestas simétricamente de ambos lados del raquis, agrupadas en conjuntos de 3, las espiguillas laterales a menudo se reducen a aristas ____ **Hordeum**
67. Inflorescencia compuesta.
69. Glumas faltantes; planta acuática o subacuática ____ **Leersia**
69. Glumas (al menos una) presentes; plantas por lo general terrestres.
70. Márgenes de la lema enrollados sobre la pálea, lema engrosada, su ápice por lo general redondeado u obtuso ____ **Paspalum**
70. Márgenes de la lema sin enrollarse sobre la pálea (aunque a menudo la envuelven), ápice de la lema agudo o acuminado.
71. Lema conduplicada y en consecuencia la espiguilla se ve lateralmente comprimida; inflorescencia en forma de 4 o 5 espigas digitadas; planta notablemente estolonífera ____ **Cynodon**
71. Lema cóncavo-convexa y en consecuencia la espiguilla se ve dorso-ventralmente comprimida, márgenes de la lema manifiestamente hialinos; inflorescencia a menudo no perfectamente digitada; plantas varios: cespitosas, estoloníferas o rizomatosas ____ **Digitaria**
66. Inflorescencia en forma de panícula abierta o contraída, a veces semejando una espiga, pero sus ramas primarias otra vez ramificadas (en ocasiones la ramificación muy reducida y las espiguillas agrupadas en glomérulos sésiles o casi sésiles).
72. Gluma y lema sin arista, la lema en ocasiones mucronada.
73. Glumas tan largas o más largas que la lema.
74. Vainas de las hojas basales conduplicadas, conspicuamente comprimido carinadas; plantas de 1 m o más de alto ____ **Muhlenbergia**
74. Vainas de las hojas redondeadas en el dorso, no comprimidas ni carinadas.
75. Glumas de 4–10 mm de largo; panícula espiciforme ____ **Muhlenbergia**
75. Glumas por lo general de menos de 4 mm de largo, a veces alcanzando esta longitud, pero entonces la panícula es abierta, no espiciforme.
76. Raquilla prolongándose más allá de la inserción de la pálea; pálea bien desarrollada, la mitad del largo de la lema, 2-nervada ____ **Calamagrostis**
76. Raquilla por lo general sin prolongarse más allá de la

inserción de la pálea; pálea faltante o rudimentaria, enervada ______ **Agrostis**

73. Glumas, al menos la primera, más cortas que la lema.
    77. Nervaduras de la lema densamente sedoso-pubescentes; cariopsis elipsoide, libre de las envolturas florales en la madurez ______ **Blepharoneuron**
    77. Nervaduras de la lema no densamente sedoso-pubescentes; grano obovado, cilíndrico o algo comprimido, libre o unido de las envolturas florales en la madurez.
        78. Lema 1-nervada; cariopsis obovado, notablemente comprimido, libre de las envolturas florales en la madurez ______ **Sporobolus**
        78. Lema 3–5-nervada, a veces las nervaduras laterales inconspicuas; grano cilíndrico o algo comprimido, unido a las envolturas florales aún en la madurez.
            79. Espiguillas usualmente 2-flosculadas, el flósculo sésil bisexual y el flósculo pedicelado estaminado o neutro, plomizos, brillantes, foliáceos ______ **Chaboissaea**
            79. Espiguillas 1-flosculadas, de color y textura variables ______ **Muhlenbergia**

72. Glumas o lemas, o ambas, aristadas.
    80. Espiguillas en grupos de 3 en cada nudo del eje, la central sésil, las laterales sésiles o pediceldas y en forma de cerdas ______ **Hordeum**
    80. Espiguillas no en grupos de 3, algunas veces en involucros subtendidos por cerdas.
        81. Espiguillas en pequeños racimos en los nudos de una panícula angosta y densa, los racimos subtendidos en un lado por un grupo de cerdas, las espiguillas superiores de los racimos desnudas ______ **Pereilema**
        81. Espiguillas en inflorescencias variadas, pero nunca subtendidas por cerdas en un lado.
            82. Arista de la lema originándose en su dorso, o bien, en medio de los lóbulos de un ápice profundamente 2-dentado.
                83. Espiguillas 6 mm o más de largo (sin contar la arista), pardas o doradas, acompañadas en la base de 1 ó 2 pedicelos híspidos, carentes de espiguilla ______ **Sorghastrum**
                83. Espiguillas menores de 6 mm de largo (sin contar la arista), pajizo o verde claro, sin pedicelos carentes de espiguilla.
                    84. Aristas de las glumas más largas que las de las lemas; espiguillas desarticulándose debajo de las glumas y desprendiéndose íntegras en la madurez ______ **Polypogon**
                    84. Aristas de las glumas faltantes; espiguillas desarticulándose arriba de las glumas, las que quedan vacías en las inflorescencias muy maduras ______ **Agrostis**
            82. Arista de la lema originándose en el ápice de la misma, que es entero o diminutamente 2-dentado, o bien, la lema sin arista.
                85. Lema notablemente endurecida, encerrando de manera permanente la pálea y el cariopsis.
                    86. Arista de la lema dividida en 3 ramas, las ramas laterales a veces menores de 1 mm de largo ______ **Aristida**
                    86. Arista de la lema sin dividirse.
                        87. Pálea acanalada longitudinalmente, casi tan larga como la lema, 2-quillada; márgenes de la lema involutos ______ **Piptochaetium**
                        87. Pálea aplanada, oculta por los márgenes convolutos de la lema.
                            88. Ápice de la lema sin una corona cilíndrica, los pelos similares a los basales; pálea pu-

bescente entre las nervaduras; arista central firmemente adherida _______________ **Achnatherum**

88. Ápice de la lema prolongada en una corona lisa, cilíndrica; pálea glabra; arista a veces excéntrica, generalmente pronto caediza; pálea de un tercio o menos del largo de la lema _______________ **Nassella**

85. Lema no notablemente endurecida y sin encerrar de manera permanente la pálea y la cariopsis.

89. Lema más corta que las glumas.

90. Aristas de las glumas más largas que la arista de la lema; espiguillas desarticulándose debajo de las glumas y desprendiéndose íntegras en la madurez _______________ **Polypogon**

90. Aristas de las glumas faltantes o más cortas que la arista de la lema; espiguillas desarticulándose por encima de las glumas, quedando vacías en la madurez _______________ **Muhlenbergia**

89. Lema tan larga o más larga que las glumas.

91. Panícula espiciforme, cilíndrica, compacta, de 5–10 cm de largo y menos de 1 cm de diámetro; primera gluma 2(–3)-aristada, las aristas desiguales; espiguillas dispuestas en pares, la superior bisexual y la inferior a menudo masculina, el par se desprende íntegro en la madurez _______________ **Lycurus**

91. Panícula pocas veces espiciforme, cilíndrica, compacta y de menos de 1 cm de diámetro; primera gluma nunca 2 o 3-aristada, a veces 1-aristada; espiguillas nunca dispuestas en pares, se desarticulan por encima de las glumas, que quedan vacías en las inflorescencias muy maduras _______________ **Muhlenbergia**

25. Espiguillas con 2 o más flósculos bisexuales o, de ser unisexuales, con 2 o más flósculos estaminados o pistilados funcionales.

92. Lema con 9 o más aristas o lóbulos en forma de arista.

93. Aristas antrorso-barbadas, desiguales y entremezcladas con dientes aristados; espiguillas 6–10-flosculadas, la raquilla desarticulándose entre los flósculos, panícula por lo general abierta _______________ **Cottea**

93. Aristas formando una corona como vilano, no antrorso-barbadas, pueden ser plumosas o no, pero nunca entremezcladas con dientes aristados; espiguillas 3–6-flosculadas, todas caen juntas; panícula angosta.

94. Espiguillas 3-flosculadas, el primer flósculo fértil con 9 aristas plumosas, iguales _______________ **Enneapogon**

94. Espiguillas 4–6-flosculadas, con los 1–3-flósculos de abajo fértiles; aristas numerosas, no plumosas, desiguales _______________ **Pappophorum**

92. Lema 0–3-aristada.

95. Espiguillas sésiles o subsésiles, en espigas, racimos espiciformes o panículas con ramas espiciformes, que no vuelven a ramificarse.

96. Inflorescencia en forma de panícula ramificada, las espiguillas colocadas a un lado del raquis de espigas o racimos simples (no ramificados).

97. Plantas altas y robustas, generalmente 2–8 m; inflorescencias grandes, panículas de 30–70 cm, generalmente plumosas.

98. Hojas en su mayoría basales, las láminas angostas, denticuladas; flósculos unisexuales, los flósculos pistilados ocasionalmente con estambres rudimentarios _______________ **Cortaderia**

98. Hojas caulinares, las láminas cordado-amplexicaules, espaciadas a lo largo de los tallos; flósculos bisexuales _______________ **Arundo**

97. Plantas de varias estaturas, generalmente menores de 2 m de alto; inflorescencias menores de 30 cm (llega a 40 cm en *Gouinia*), de varias formas pero nunca una panícula plumosa.
99. Inflorescencia con varias espigas digitadas, verticiladas o agrupadas en el ápice de los tallos.
100. Raquis de cada rama proyectándose adelante de las espiguillas como una punta rígida, 1.5–5 mm de largo; segunda gluma aristada ______ **Dactyloctenium**
100. Raquis no proyectándose adelante de las espiguillas; segunda gluma no aristada.
101. Ramas de la inflorescencia menores de 1 cm de largo; espiguillas monoicas, con 2- ó 3-flósculos masculinos ______ **Bouteloua (B. dactyloides)**
101. Ramas de la inflorescencia 1–12 cm de largo; espiguillas con flósculos bisexuales y estériles.
102. Lema sin arista; segunda gluma 3–7-nervada, las nervaduras laterales muy próximas a la central; espiguillas 4–10-floríferas ______ **Eleusine**
102. Lema al menos con una arista corta; segunda gluma 1-nervada; espiguillas con 1 o 2-flósculos bisexuales y 1 o varios flósculos rudimentarios estériles arriba ______ **Chloris**
99. Inflorescencia con numerosas espigas delgadas, racemosas en un eje alargado, infrecuentemente más de una en cada nudo.
103. Espiguillas en pedicelos muy cortos, dispuestas en 2 hileras a lo largo del lado inferior del raquis; ramas primarias simples; lema aristada o sin arista.
104. Arista de la lema (7–)9–17 mm de largo; segunda gluma 3–7-nervada ______ **Gouinia**
104. Arista de la lema si presente, menor de 3 mm de largo; segunda gluma 1-nervada ______ **Leptochloa**
103. Algunos de los pedicelos por lo menos de la mitad del largo de las espiguillas; ocasionalmente algunas de las ramas primarias ramificadas; espiguillas nunca en 2 hileras a lo largo de un lado del raquis; lema sin arista ______ **Eragrostis**
96. Inflorescencia en forma de espiga o racimo solitario, no ramificado.
105. Espiguillas dispuestas de un solo lado del raquis, formando una inflorescencia marcadamente unilateral; plantas de 25 cm o menos de alto.
106. Espiguillas con 2- ó 3-flósculos; espiga 0.5–1 cm de largo; individuos masculinos de ______ **Bouteloua (B. dactyloides)**
106. Espiguillas con 4–12-flósculos; espiga mayor de 2 cm de largo; plantas bisexuales
107. Espiguillas densamente pectinadas en un raquis arqueado; segunda gluma con una arista divergente desde el medio dorsal; flósculos 4 ó 5, sólo el tercero bisexual, los 2 inferiores estaminados o estériles y los superiores reducidos ______ **Ctenium**
107. Espiguillas adpresas a un raquis erecto, no pectinadas; glumas sin arista; flósculos 6–13, similares, bisexuales, sólo el flósculo superior estéril ______ **Tripogon**
105. Espiguillas dispuestas simétricamente de ambos lados del raquis, formando inflorescencias bilaterales; plantas de tamaños variados.
108. Lema con arista(s) de 1.5–10 cm de largo.
109. Lema con 3 aristas de 3.5–10 cm de largo; glumas lanceoladas; espiguillas con varios flósculos, los inferiores reducidos por lo general a aristas; individuos femeninos de ______ **Scleropogon**
109. Lema con una arista; glumas ovadas; espiguillas con varios flósculos, los inferiores por lo general bisexuales y fértiles ______ **Triticum**
108. Lema sin arista, o bien, con arista de menos de 1.5 cm de largo.

110. Inflorescencia en forma de espiga densa y alargada, en ella las espiguillas se disponen alternadamente de lados opuestos del raquis.
111. Espiguillas 1–3 en cada nudo del raquis; glumas subuladas o setáceas ________ **Elymus**
111. Espiguillas solitarias en cada nudo del raquis; glumas angostamente lanceoladas a oblongas.
112. Gluma una sola, al menos en la mayor parte de las espiguillas; espiguillas dispuestas con un bordehacia el raquis ________ **Lolium**
112. Glumas 2; espiguillas dispuestas con una cara hacia el raquis ________ **Triticum**
110. Inflorescencia racemosa, si en forma de espiga nunca densa alargada (el largo de la inflorescencia de Metcalfia puede ser el mismo que algunos géneros mencionados en el inciso anterior!!).
113. Lema de 4–6 mm de largo; inflorescencia sésil o reducida en número de espiguillas; plantas de 10 cm o menos dealto, estoloníferas ________ **Dasyochloa**
113. Lema de 6–13 mm de largo; inflorescencia hasta 30 cm de largo; plantas 60–100 cm de alto, sin estolones
114. Glumas mucho más largas que las lemas inferiores, lemas con una arista geniculada y torcida en la porción basal ________ **Metcalfia**
114. Glumas no son más largas que las lemas inferiores, lemas con la arista recta ________ **Brachypodium**
95. Espiguillas pediceladas, en panículas abiertas, a veces espiciformes, o en racimos a lo largo de ramas delgadas.
115. Lema provista de arista dorsal; segunda gluma más o menos del mismo largo o más larga que la lema.
116. Articulación arriba de las glumas y entre los flósculos; glumas de 2 cm o más de largo; maleza anual, introducida ________ **Avena**
116. Articulación debajo de las glumas, las espiguillas caen enteras; glumas menores de 1 cm de largo; plantas perennes, nativas ________ **Trisetum**
115. Lema con arista terminal, o bien sin arista; segunda gluma por lo general menor que la lema (excepto en *Trisetum* y *Peyritschia*).
117. Lema con 3 nervaduras bien definidas.
118. Lema aristada; ramas de la panícula simples.
119. Glumas aproximadamente del largo de la espiguilla; inflorescencia una panícula compuesta; espiguillas dispuestas en todas direcciones ________ **Erioneuron**
119. Glumas notablemente más cortas que las espiguillas; inflorescencia una panícula de racimos delgados unilaterales; espiguillas en 2 hileras en los lados inferiores del raquis.
120. Glumas 1-nervadas; lemas sin arista o cortamente aristadas; espiguillas 4–10 mm de largo ________ **Leptochloa**
120. Glumas la primera 1–5-nervada, la segunda 3–7-nervada; lemas largo-aristadas: espiguillas 8–13.5 mm de largo ________ **Gouinia**
118. Lema sin arista; ramas de la panícula con ramas secundarias.
121. Flósculos 1–2(–3) por espiguilla, de ellos solo el inferior es por lo general bisexual; lígula 6–10 mm de largo, membranácea; panícula angosta ________ **Chaboissaea**
121. Flósculos por lo general más de 2 por espiguilla, todos bisexuales; lígula reducida a una hilera de pelos; panícula abierta.
122. Lemas pilosas a lo largo de la mitad inferior sobre las nervaduras, 3-dentadas en el ápice, las nervaduras diminutamente excurrentes ________ **Tridens**
122. Lemas glabras o escabrosas en las nervaduras, enteras en el ápice, las nervaduras nunca excurrentes ________ **Eragrostis**

117. Lema con 5 o más nervaduras, o bien sin nervaduras claramente definidas.

123. Raquilla prolongándose a manera de cerda más allá de la flósculo superior; espiguillas con 2(3) flósculos; endospermo líquido y la cariopsis blanda; glumas a menudo tan largas o casi tan largas como la espiguilla.

124. Estambres 2; glumas lineares, isomórficas, 1–3-nervadas; lema aristada o sin arista, con el ápice bilobado; pálea estrechamente encerrada por los márgenes de la lema ____ **Peyritschia**

124. Estambres 3; glumas lanceoladas, ovado-lanceolada u oblanceolada, heteromórfica, primera gluma 1–3-nervada, segunda gluma 3–5-nervada; lema con 2–4 aristas cortas en el ápice, o entera, o bidentada; pálea no estrechamente encerrada por los márgenes de la lema.

125. Glumas más largas que la lema, iguales o subiguales entre sí; aristas de las lemas originándose en el dorso medio o bajo; láminas aplanadas, mayores de 2 mm de ancho ____ **Trisetum**

125. Glumas, al menos la primera, más cortas que la lema; aristas de las lemas emergiendo abajo del ápice; láminas angostas, hasta 2 mm de ancho ____ **Koeleria**

123. Raquilla sin prolongarse a manera de cerda más allá del flósculo superior; espiguillas con 3 o más flósculos; endospermo sólido y cariopsis endurecida; glumas más cortas que la espiguilla.

126. Plantas provistas de estolones, o bien, de rizomas rastreros alargados; flósculos unisexuales, plantas dioicas, por lo general de menos de 40 cm de alto.

127. Glumas y lema ovadas, agudas a romas en el ápice; plantas con rizomas rastreros escamosos; individuos masculinos o femeninos de ____ **Distichlis**

127. Glumas y lema lanceoladas, largamente atenuadas en el ápice; plantas sin rizomas escamosos; individuos masculinos de ____ **Scleropogon**

126. Plantas desprovistas de estolones y de rizomas rastreros alargados, flósculos bisexuales; plantas de tamaños variados.

128. Vainas con los márgenes unidos, al menos en su mitad o tercio inferior ____ **Bromus**

128. Vainas con los márgenes libres hasta la base.

129. Lema casi tan ancha como larga, mucho más larga y ancha que la pálea; espiguillas subesférico-ovoides o subtriangulares; estambres 1; plantas perennes ____ **Chascolytrum**

129. Lema conspicuamente más larga que ancha, aproximadamente del mismo largo que la pálea; espiguillas de otra forma; estambres 1 ó 3; plantas anuales o perennes.

130. Lema aristada.

131. Plantas anuales, por lo general de menos de 50 cm de alto; panícula espiciforme, a menudo más o menos unilateral; flósculos cleistógamos, estambres 1 ____ **Vulpia**

131. Plantas perennes, a menudo de más de 50 cm de alto; panícula abierta a angosta; flósculos casmógamos (abiertas en la madurez), estambres 3.

132. Vainas sin aurículas ____ **Festuca**

132. Vainas con aurículas cilioladas en el ápice ____ **Schedonorus**

130. Lema sin arista.

133. Glumas y lema ampliamente desplegadas del eje de la espiguilla, infladas, papiráceas; estambres 1 ____ **Chascolytrum**

133. Glumas y lema ascendentes, no infladas, usualmente no papiráceas; estambres 3.
  134. Lígula una hilera de pelos o un collar diminuto; lema 7–11-nervada; plantas rizomatosas de terre-nos salinos o arenosos ____ **Distichlis**
  134. Lígulas bien desarrolladas, membranáceas; lema 5-nervada; plantas de bosques.
    135. Lema de 4 mm o menos de largo; plantas por lo general de menos de 80 cm de alto ____ **Poa**
    135. Lema de 5.5 mm o más de largo; plantas a menudo de más de 1 m de alto.
      136. Vainas sin aurículas ____ **Festuca**
      136. Vainas con aurículas cilioladas en el ápice ____ **Schedonorus**

## Achnatherum P. Beauv.

Referencias: McVaugh, R. 1983. *Stipa*. En: Flora Novo-Galiciana 14:378–379. Henrickson, J. & M.C. Johnston. 1997. *Stipa*. En: A flora of the Chihuahuan Desert region, ed. 1.2:1512–1515.

Plantas perennes o raramente anuales, cespitosas; lígula una membrana pilosa o glabra, láminas lineares, generalmente involutas, a veces aplanadas; inflorescencia una panícula; espiguillas redondeadas, con 1 flósculo bisexual, desarticulación arriba de las glumas; glumas más largas que el flósculo, subiguales, membranáceas o hialinas, la primera un poco más larga que la segunda; lema redondeada, coriácea, pubescente, los márgenes convolutos, el ápice con pelos similares a los de todo el cuerpo, aristada, la arista persistente o caediza, pilosa o glabra, 1–2-geniculada, torcida en el segmento inferior, situada centralmente; pálea aplanada, 2-nervada, no carinada, pubescente entre las nervaduras; callo acuminado, densamente piloso; estambres 3, con las anteras barbadas en el ápice; cariopsis cilíndrica. Género con aproximadamente 220 especies cosmopolitas en regiones templadas y subtropicales, 3 especies presentes en Zacatecas.

1. Primera gluma 4.6–10 mm de largo; ramas de la inflorescencia generalmente ascendentes o aplicadas; tallos con 3–4(–5) nudos; glumas 1 o 3-nervadas; arista de la lema (18–)25–40 mm de largo.
  2. Lígulas superiores 4–6(–7) mm de largo; arista de la lema 30–40 mm de largo; glumas 1-nervadas ____ **Achnatherum editorum**
  2. Lígulas superiores 0.5–3 mm de largo; arista de la lema (18–)25–32 mm de largo ____ **Achnatherum multinode**
1. Primera gluma 10–13(–14) mm de largo o si 7–10 entonces la inflorescencia altamente difusa con las ramas muy abiertas; tallos con 2–3 nudos; glumas 3(–5) nervadas; arista de la lema 25–65 mm de largo ____ **Achnatherum eminens**

**Achnatherum editorum** (E. Fourn.) Valdés-Reyna & Barkworth, Contr. U.S. Natl. Herb. 48:16. 2003. *Stipa editorum* E. Fourn., Mexic. Pl. 2:75. 1886.

Plantas perennes, herbáceas; tallos 80–120 cm, erectos desde una base nudosa y escamosa, a veces decumbentes en la base y cespitosa, con 3 o 4 nudos, entrenudos glabros; vainas glabras, pubescente en el cuello, lígulas superiores 4–6(–7) mm, membranácea, a veces lacerada, láminas 20–40 cm × 2–3 mm, plegadas o involutas, apiculadas, glabras; panícula 10–20(–25) cm, varias ramas por nudo, generalmente ascendentes o aplicadas; glumas angostas, hialinas, 1-nervadas, acuminadas, la primera 5–9 mm, la segunda 5–8 mm, a veces con nervaduras intermedias; lema 4–6 mm, fusiforme, clara, blanco-pubescente, menos pubescente en el ápice, callo cerca de 0.5 mm, densamente barbado, arista 3–4 cm, muy delgada, flexuosa, 1 ó 2 veces geniculada, escabrosa, primer segmento 5–7 mm, segundo segmento 4–6 mm, segmento terminal 20–26 mm. Habita terrenos calcáreos con matorral xerófilo o pastizal, a 1750–2317 m de altitud.

Conocida del NE de México en: Coah., N.L., Pue., Tams., S.L.P. y Zac.

**ZACATECAS. Cuauhtémoc:** 15.4 mi N of Zacatecas-Ags. border on hwy 45, 7 Oct 2007, desert scrub with *Yucca, Acacia, Opuntia*, y grasses, 2317 m, *P.M. Peterson, Saarela y M. Flores 21299* (US). **Mazapil:** road from Concepción del Oro S to Cardona, 7 mi N of San Tiburcio, 2 Sep 1938, *I.M. Johnst. 7361* (US); near Mazapil, 11 Sep 1939, *Shreve 9380* (US). **Miguel Auza:** 10 km al W de Miguel Auza, por la terracería a la colonia Emilio Carranza, 2 Sep 1988, lomeríos con pastizal de *Stipa*, 2100 m, *Balleza 1880* (CHAPA, CIIDIR, IEB). **Villa de Cos:** 76 mi NE of Zacatecas, road jct with hwy 45, 20 Oct 1966, *Gould 12342* (US). **Villanueva:** 29 km de la Cd. de Zacatecas, por la carr. federal 54, 8 Ago 1988, matorral desértico crassicaule, 2300 m, *Balleza 1569* (CHAPA, CIIDIR).

**Achnatherum eminens** (Cav.) Barkworth, Phytologia 74:7. 1993. *Stipa eminens* Cav., Icon. 5:42, t. 467, f. 1. 1799.

Plantas perennes, erectas y cespitosas; tallos 35–120 cm, com 2–3 nudos, entrenudos glabros a pubescentes; vainas glabras o escabrosas, pelos blancos o pardos, menores de 1 mm de largo, lígula 1–5 mm, membranácea, láminas 10–35 cm × 1–4 mm, conduplicadas o involutas, glabras o escabrosas; inflorescencia 10–35 cm, altamente difusa con las ramas muy abiertas, pardo-verdosa o purpúrea, su nudo basal cubierto de pubescencia escasa o densa, de 1 mm; glumas 8–16 mm, hialinas, suaves, con tintes purpúreos, acuminadas, 3(–5) nervadas, subiguales, la primera más larga que la segunda, a veces escabrosa en su nervadura central; lema 5–7 mm, fusiforme, pardo-claro a obscuro o púrpura, blanco pubescente, arista 3–6.5 cm, doblemente geniculada, segmento basal 5–10 mm, segmento central 4–10 mm, escabrosos o pubescentes ambos, segmento terminal 25–60 mm, glabro y no flexuoso; pálea hialina, pálida. Especie común, encontrada en matorral xerófilo, pastizal y bosque de encino o pino piñonero, a 1750–3195 m de altitud.

Distribuida desde el SW de Estados Unidos hasta el S de México.

**ZACATECAS. Concepción del Oro:** 6 mi NNE of Concepción del Oro, 2.4 mi E of Bonanza, 25 Sep 1973, 6200 ft, *Henr. 13533* (MEXU); Sierra del Astillero (approached from SE, from Tanque El Alto), 2 Jul 1973, extensive chaparral and oaks, 2500–3195 m, *M.C. Johnst. 11566 F* (MEXU); ca. 16 (air) mi E of Concepción del Oro, just bellow and W of ridge of igneous Sierra del Astillero, 1/2 mi W of summit, ca. 3 mi NE of Guadalupe Garceron, 22 Sep 1973, 7200 ft, *Henr. 13333* (MEXU). **Cuauhtémoc:** rancho Santa Fe, 23 Ago 1988, zonas con cultivo de maíz y frijol, *Manrique-Beetle et al. 1413* (MEXU). **Fresnillo:** rancho Altamira, brecha entre Fco. I. Madero y Vasco de Quiroga, 19 Oct 1989, pastizal con encino, 2300 m, *Balleza 2626, 2638* (CIIDIR); 5.3 km N of Fresnillo and ca. 1.6 km E of the microondas, 28 Sep 1991, Calcareous, rocky flats in open grassland, 2300 m, *P.M. Peterson, Annable y J. Valdés 10961* (US); 45.5 km NW of Fresnillo on Mex hwy 45 to Durango, 28 Aug 1990, rocky slopes with *Acacia* and *Opuntia*, 2170 m, *P.M. Peterson 9656* (US); 5 mi SE of Fresnillo, 4 Oct 1974, pastizal, 2200 m, *Reeder y C. Reeder 6461* (US); 35 km al N de Fresnillo, 30 Ago 1996, matorral mediano espinoso, 2150 m, *Ma.C. Arteaga 777* (MEXU). **Guadalupe:** 3 km SE de Guadalupe, 30 Ago 1983, matorral crassicaule, *I. Núñez 55* (MEXU); Troncoso, 9 Sep 1987, 2240 m, *V. Medina 154* (MEXU); cerca de Trancoso, 21 Sep 1958, *Hernández 10290* (CHAPA); ladera N del cerro de la Virgen, 10 ago 1988, matorral xerófilo, 2150 m, *Balleza 1589* (CHAPA). **Jerez:** Sierra Los Cardos, 10.7 mi NW of Jerez, W of El Cargadero, on road towards Monte de los García, 19 Oct 2007, grassy flats with *Juniperus deppeana, Pinus cembroides*, and grasses, 2535 m, *P.M. Peterson, Saarela y D. Stancik 21419, 21425* (US). **Mazapil:** Hacienda de Cedros, Aug 1908, *F.E. Lloyd 187, 212* (US); km 142, carr. Zacatecas–Saltillo, 25 Sep 1988, izotal con matorral desértico micrófilo, 2300 m, *Balleza 1989* (CIIDIR); rancho Los Luna, Sierra de Santa Rosa, 15 Oct 1989, bosque de pino-encino, 2450 m, *Balleza 2586* (CHAPA); near Mazapil, 11 Sep 1939, *Shreve 9379* (US). **Miguel Auza:** colonia José Ma. Morelos, Mpio. Miguel Auza, 14 Sep 1990, bosque aciculifolio, 2380 m, *V. Medina 303* (MEXU); 6 mi al SE de Carbonera, Llano de Zaragoza, 28 Sep 1948, pastizal, 2000 m, *Gentry 8509* (ENCB, MEXU, US). **Ojocaliente:** predio La Loma, 2 Oct 1987, matorral xerófilo, 2210 m, *L. Silva 196* (ENCB, MEXU). **Pánuco:** La Calera, 5 km al W de la carr. a Saltillo, 14 Ago 1989, pastizal, 2100 m, *Balleza 2558* (CHAPA); rancho Jesús María, 21 Jul 1986, pastizal mediano, 2230 m, *Manrique-Lozano-Bravo 1250* (MEXU). **Pinos:** carr. federal 70, km 72, tramo Ojuelos–San Luis Potosí, 4 Oct 1989, pastizal de *Bouteloua gracilis* y *B. scorpioides*, 2250 m, *Balleza 2498* (CIIDIR); carr. San Luis Potosí – Zacatecas desviación a Saldaña (carr. federal 49), 17 Ago 1988, matorral, 2180 m, *Manrique-Beetle et al. 1348* (MEXU); 6 km al SE de San José de Castellanos, Oct 1973, bosque de pino, 2310 m, *R. Banda 143* (CHAPA). **Sain Alto:** 14 mi E of Sain Alto, 27 Sep 1939, *Shreve 9215* (US). **Sombrerete:** Sombrerete, 23 Sep 1946, *Hern.-Xol. 2645* (US); 2 mi W of Sombrerete on hwy to Durango, 26 Sep 1959, *Soderstr. 745* (US); 55 km N of Fresnillo rumbo a Durango, 5 Sep 1981, *Beetle M-7542* (MEXU); 4 km E of Sombrerete on Mexico # 45 to Zacatecas (just before Flores Magón turnoff and W of El Arenal), 16 Sep 1978, pastizal, 2400 m, *H.H. Iltis y A. Lasseigne 267* (MEXU); 45.1 km E of Sombrerete on hwy 45 towards Fresnillo, 27 Sep 1991, Calcareous, rocky slopes with *Mortonia, Acacia, Larrea tridentata*, 2130 m, *P.M. Peterson, Annable y J. Valdés 10952* (US); 1 km SE of Villa Insurgentes along hwy 45 towards Zacatecas, 29 Sep 2001, calcareous slopes with *Quercus intricata, Pinus cembroides*, and *Rhus virens*, 2348 m, *P.M. Peterson y S. González 15955* (US). **Villa de Cos:** 2.5 km by road E of Caopas, 28 Mar 1973, matorral desértico micrófilo, 2050 m, *M.C. Johnst. 10458 E* (MEXU); San Blas, Mpio. Villa de Cos, 8 Sep 1995, matorral mediano espinoso, 2050 m, *L. Silva 676* (MEXU); hwy 45, 21.6 km west-northwest of jtc with Mex. hwy 49, 2.1 km NW of the Tropic of Cancer, 8 Sep 1975, thorn scrub with occasional yucca, 2160 m, *N.H. Holmgren 8082* (MEXU); rancho Palula, 21 Jul 1986, matorral desértico micrófilo, 1750 m, *E. Manrique, Lozano y Bravo 1275* (ENCB, MEXU). **Zacatecas:** Zacatecas, 3 Oct 1910, *Hitchc. 7524* (US); alrededores del Centro de Capacitación Campesina, a 26 km de Zacatecas por la carr. a Fresnillo, 18 Ago 1988, áreas urbanas en desarrollo con zonas cultivadas cercanas, *Manrique-Beetle et al. 1382* (MEXU); orillas de Zacatecas, por la carr. a Aguascalientes, 18 Ago 1983, matorral y pastizal, 2350 m, *F.J. Santana y R. Hernández 1340* (MEXU); 25 Dec 1888, *Pringle 2043* (US); 6 mi W of Zacatecas at jct of hwy 54 and 45, 11 Nov 1995, grassy flats, 2370 m, *P.M. Peterson, M.B. Knowles y S. González 13697* (US).

**Achnatherum multinode** (Scribn. ex Beal) Valdés-Reyna & Barkworth, Contr. U.S. Natl. Herb. 48:17. 2003.
*Stipa multinodis* Scribn. ex Beal, Grass. N. Amer. 2:222. 1896.

Plantas perennes, cespitosa; tallos 60–120 cm, erguidos, con 3–4(–5) nudos; vaina glabra, pubescente en el cuello con pelos blancos de 1 mm, lígulas superiores 0.5–3 mm, una escama lacerada, láminas 8–20 cm × 1–1.3 mm, aplanadas, rígidas, firmes, involutas hacia el ápice cuando maduras; panícula 10–20 cm, angosta, pálida, las ramas 1–3(–6) cm, distantes, varias por nudo, generalmente aplicadas o ascendentes, ramas largas y cortas entremezcladas; glumas pálidas, hialinas, acuminadas, 1–3-nervadas, glabras, la primera 6.8–8(–9) mm, la segunda 6.5–8(–9) mm; lema 4.5–5.5 mm, pálida, angosta, blanco-pubescente con pelos de 0.5 mm, callo barbado, de 1 mm, arista 20–35 mm, dos veces geniculada, primer segmento 3.5–8 mm, segundo segmento 4–5.5 mm, segmento terminal 18–20 mm. Planta encontrada en bosque de pino piñonero, a 2600 m de altitud.

Se conoce de Coah., N.L., S.L.P. y Zac.

**ZACATECAS. Concepción del Oro:** 1 km al N de El Cobre, brecha a Mazapil, 25 Sep 1988, bosque de pino piñonero, 2600 m, *Balleza 2025* (CHAPA).

Especies excluidas: *Achnatherum clandestinum* (Hack.) Barkworth y *A. robustum* (Vasey) Barkworth, (*Stipa clandestina* y *S. robusta* respectivamente) fueron citadas por Espejo y López (2000) y por Dávila et al. (2006), pero se excluyen del presente estudio por no haberse encontrado ejemplares que avalen su presencia en Zacatecas.

## **Aegopogon** Humb. y Bonpl. ex Willd.

Referencia: McVaugh, R. 1983. *Aegopogon.* En: Flora Novo-Galiciana 14:38–39.

Plantas anuales, o de duración indefinida, frágiles; tallos pequeños; láminas aplanadas; lígula membranácea con el ápice dentado o fimbriado; inflorescencia en forma de racimos unilaterales; espiguillas 1-flosculadas, sésiles o cortamente pediceladas, dispuestas en grupos de 3–5 espiguillas, que se desprenden juntas en la madurez, la central sésil o cortamente pedicelada, hermafrodita, las laterales con un pedicelo ligeramente más largo, estaminadas o rudimentarias; glumas iguales, membranáceas, 1-nervadas o rara vez 2-nervadas, excurrentes en una arista, usualmente bilobuladas o bidentadas en el ápice, ápice redondeado, truncado agudo o acuminado; lema 3-nervada más larga que las glumas, las nervaduras excurrentes en aristas. Género con 3 especies americanas, 2 de ellas en Zacatecas.

1. Lóbulos de las glumas comunmente agudos o aristados, la arista terminal 2–4 mm de largo ____ **Aegopogon cenchroides**
1. Lóbulos de las glumas en su mayoría redondeados, anchas y papiráceas; la arista terminal 0.5–1 mm de largo ____ **Aegopogon tenellus**

**Aegopogon cenchroides** Humb.& Bonpl. ex Willd., Sp. Pl. 4(2):899. 1806.

Plantas delgadas, amacolladas, algunas veces produciendo estolones; tallos 30–40(–50) cm; vainas glabras a puberulentas, lígula 1.5–4.5 mm, entera; láminas 2–11 cm × 1–2 mm, escábridas o puberulentas; inflorescencia 2–8 cm, espigas 4–6 mm; espiguillas en grupos de 3, la central fértil, 3.5–5.5 mm , sésil o con un pedicelo menor de 0.5 mm; las laterales con un pedicelo ligeramente más largo, estaminadas o estériles, purpúreas; glumas 3–5 mm, 1-nervadas, lineares a oblongas, lobuladas, los lóbulos agudos, aristados en el ápice, la arista 1.2–3.5 mm; lema 2.5–3.2 mm, glabra, membranácea, fusiforme, adelgazándose en el ápice para terminar en una arista de 5–6.5 mm, erecta en el flósculo central, en los laterales de 1.5–2.5 mm; pálea 2.5–3 mm, diminuto-pubescente en el dorso, los dientes como arista 1–1.2 mm de largo; anteras 0.5–2 mm, amarillas. $2n$ = 40,60,80. Frecuente en hábitats relativamente húmedos en bosque de pino y encino, encontrada a 2020–2570 m de altitud.

Beetle et al. (1983) citan 2 variedades de esta especie: var. *breviglumis* y var. *cenchroides*, ambas en Zacatecas. Nombres inválidos actualmente.

Ampliamente distribuida en México, Centro y Sudamérica.

ZACATECAS. **Jalpa:** km 39 de la brecha Jalpa–Tlaltenango, 11 Nov 1989, bosque de encino-pino, 2550 m, *Balleza 2699* (CHAPA, CIIDIR). **Jerez:** Sierra Los Cardos, 10.5 mi NW of Jerez, W of El Cargadero, on road towards Monte de los García, 19 Oct 2007, dry rocky slopes with *Quercus, Pinus cembroides, Arctostaphylos pungens,* and *Juniperus*, 2570 m, *P.M. Peterson, Saarela y D. Stancik 21409* (US). **Nochistlán:** El Roblal, Sierra del Laurel,Tlachichila, 4 Nov 2006, bosque de encino, 2218 m, *O. Rosales y Y. Herrera 3742* (CIIDIR); Cañada El Pinole, costado del cerro El Castillo, NE de Tlachichila, Sierra del Laurel, 27 May 2006, bosque de encino, 2020 m, *J. Martínez 596* (CIIDIR, INEGI). **Tlaltenango:** brecha Jalpa–Tlaltenango, 2500 m, 12 Ene 1990, *Balleza 2723* (CHAPA).

**Aegopogon tenellus** (DC.) Trin., Gram. Unifl. Sesquifl. 164. 1824. *Lamarkia tenella* DC., Cat. Pl. Horti Monsp. 120. 1813.

Plantas anuales pequeñas, profundamente ramificadas, con raíces en los nudos inferiores; tallo 5–30 cm; vainas glabras, lígula 0.5–1.2 mm, lacerada, láminas 1.5–6 cm × 1–1.8 mm, glabras a puberulentas; inflorescencia 3–7 cm; espiguillas en grupos de 3, pediceladas, la central fértil, 2.5–3 mm excluyendo la arista central, las laterales estaminadas o estériles; glumas 1.5–2 mm, 1-nervadas, obovadas, con el ápice lobulado, los lobulos redondeados, la nervadura central ocasionalmente barbada en la base; lema 2.5–3.2 mm, 3-nervada, 3-lobulada en el ápice, la nervadura central excurrente en arista de 3–7 mm, las laterales a veces con una arista muy pequeña o sin ella; pálea 2.5–3 mm, incluyendo las aristas, diminuto-pubescente en el dorso; anteras 0.5–0.8 mm, pardas. Habita en pastizal, bosque de enebro, pino o encino, a 1980–2820 m de altitud.

Conocida desde el SW de Estados Unidos, México y Centroamérica.

ZACATECAS. **Jerez:** brecha Jerez-Monte de los García, 14 Sep 1989, bosque de *Juniperus* con encino y pino, 2500 m, *Balleza 2231* (CHAPA); Sierra Los Cardos, rancho El Roble, 17.8 mi NW of Jerez, W of El Cargadero on road towards Monte de las García, 20 Oct 2007, slopes and ridge with *Cupressus, Pinus cembroides, Comarostaphylos, Juniperus*, 2820 m, *P.M. Peterson, Saarela y D. Stancik 21437* (US). **Juchipila:** cerro de Piñones, casa del rancho de Lorenzo Magallanes, 21 Oct 1999, matorral espinoso, 2075 m, *Balleza 11725* (MEXU); 2 km al W de Pueblo Viejo, Sierra de Morones, cerro de Piñones, 29 Ago 1998, bosque de encino, 2006 m, *Balleza 8900* (MEXU). **Mezquital del Oro:** 10 km al E de la carr. a Guadalajara, por la brecha a Mezquital del Oro, 30 Sep 1989, *Balleza 2445* (CHAPA). **Tlaltenango:** km 39 por la brecha Jalpa–Tlaltenango, 11 Nov 1989, bosque de encino, 2550 m, *Balleza 2698* (MEXU); km 22 de la terracería Jalpa–Tlaltenango, 17 Sep 1989, vegetación secundaria, 2480 m, *Balleza 2249* (CIIDIR). **Teúl de González Ortega:** Milpillas de Allende, 16 Sep 1988, bosque de encino, 2350 m, *Balleza 1959* (CHAPA, CIIDIR, ENCB); 9.1 mi NE of Milpillas de Allende, 3 Oct 2001, roadcut and slopes with *Quercus* and *Acacia*, 2000 m, *P.M. Peterson y O. Rosales 16062* (US). **Valparaíso:** Por la brecha de Lobatos-Adjuntas del Refugio, 29 Sep 1989, pastizal con bosque espinoso, 1980 m, *Balleza 2380* (CHAPA, CIIDIR); Ejido Ciénega de la Purísima, 25 Sep 1991, selva baja caducifolia, 1850 m, *V. Medina 348* (MEXU); 27 km al N de San Juan Capistrano, por la brecha a Santa Lucía de la Sierra, 27 Sep 1988, matorral subtropical, 2100 m, *Balleza 2038* (CHAPA, ENCB); road to Huejuquilla el Alto, Jal. 1 mi W of the road jct 18 mi S of Valparaíso on the road to Mezquitic, Jal.; 4–5 Sep 1958, 2000–2100 m; bosque de encino, *McVaugh 17684* (TAMU).

## AGROSTIS L.

REFERENCIA: McVaugh, R. 1983. *Agrostis*. En: Flora Novo-Galiciana 14:40–46.

Plantas perennes o anuales, cespitosas, rizomatosas o estoloníferas; lígula membranácea, láminas lineares, aplanadas a involutas; inflorescencia una panícula terminal, abierta o cerrada; espiguillas pequeñas, comprimidas lateralmente, con 1 flósculo bisexual, desarticulación arriba de las glumas; glumas más largas que el flósculo, iguales o subiguales, 1(3)-nervadas, agudas a acuminadas; lema membranácea, 3–5-nervada, con o sin una arista inserta dorsalmente, el ápice obtuso o eroso a 4-denticulado, pálea faltante o presente, enervada o 2-nervada, raquilla no prolongada, rara vez prolongada por detrás de la pálea como una cerda; fruto una cariopsis sulcada, endospermo sólido o pastoso. Género de aprox. 220 especies cosmopolitas en regiones árticas y templadas o en altas montañas en los trópicos.

1. Pálea evidente, 2-nervada, la mitad o más del largo de la lema; espiguillas 2–2.2 mm de largo, con una arista de 1.5–2 mm de largo que emerge casi desde la base ____ **Agrostis rosei**
1. Pálea faltante, si presente es una escama diminuta, sin nervaduras, ¼ del largo de la lema; espiguillas 1.5–1.7 mm de largo, sin arista ____ **Agrostis hyemalis**

**Agrostis hyemalis** (Walter) Britton, Sterns & Poggenb., Prelim. Cat. 68. 1888. *Cornucopiae hyemalis* Walter, Fl. Carol. 73. 1788.

Plantas perennes, frágiles; tallos 30–40(–50) cm, erectos, glabros, en pequeños macollos; hojas generalmente agrupadas hacia la base, lígula 2–4 mm, membranácea, subcilíndrica, erosa, láminas 3–5(–12) cm

× 1–2 mm, aplanadas a subfiliformes; panícula (20–)30–40 cm × 10–25 cm, frágil, abierta y difusa, ramas distantes, patentes, ramificadas por arriba de la mitad, pedicelos más largos que las espiguillas, adpresos; espiguillas 1.5–1.7 mm; glumas 1.2–2.3 mm, subiguales, agudas, escabrosas en las quillas; lema 1–1.5 mm, obtusa o erosa, no aristada; pálea faltante o si presente en forma de escama diminuta, sin nervaduras, hasta cerca de 0.4 mm de largo; anteras 0.3–0.5 mm. Habita en áreas abiertas de bosques de pino y encino, a 2150–2570 m de altitud.

Especie de amplia distribución, conocida desde Canadá y Estados Unidos hasta el Centro de México.

**ZACATECAS. Guadalupe:** ladera N del cerro de La Virgen, 10 Ago 1988, matorral xerófilo, 2150 m, *Balleza 1580* (CHAPA, ENCB, HUAZ). **Jerez:** brecha Jerez-Guadalupe Victoria, 14 Sep 1989, bosque de pino-encino, 2450 m, *Balleza 2226* (CHAPA); terracería Parral de Huertas- Monte de los García, sierra de los Cardos, 5 Sep 2002, bosque de pino piñonero, 2553 m, *Balleza, D. Enriquez y M. Adame 13216* (CHAPA, HUAZ); Sierra Los Cardos, 10.5 mi NW of Jerez, W of El Cargadero, on road towards Monte de los García, 19 Oct 2007, dry rocky slopes with *Quercus, Pinus cembroides, Arctostaphylos pungens,* and *Juniperus*, 2570 m, *P.M. Peterson, Saarela y D. Stancik 21406* (US). **Sombrerete:** Sierra de Órganos, a 20 km al NE de Sombrerete por la carr. federal 45 a Vicente Guerrero, 2 Mar 2000, bosque de encino y confieras, *D. Enriquez y M. Adame 2554* (CHAPA, HUAZ). **Tlaltenango:** km 30 terracería Tlaltenango-Jalpa, 12 En 1990, *Balleza 2721* (CHAPA).

**Agrostis rosei** Scribn. & Merr., Bull. Div. Agrostol., U.S.D.A. 24:21, f. 5. 1901.

Plantas perennes, glabras, en pequeños macollos; lígula 2 mm, láminas 5–8 cm × 2–3 mm, escaberulosas; panícula abierta, difusa, 10–15 cm × 6–12 cm, las ramas capilares, abiertas, las inferiores verticiladas, ramificadas cerca del centro, 5–6 cm, los pedicelos flexuosos, generalmente más largos que las espiguillas; glumas 2–2.2 mm, ovado-lanceoladas, agudas, diminuto-escabrosas en las quillas cerca del ápice; lema 1.3–1.5 mm, un poco más corta que las glumas, obtusa, aristada, la arista geniculada, emergiendo cerca de la base, 1.5–2 mm, igual o excediendo ligeramente la lema; pálea 1.1–1.3 mm, casi 3/4 partes del largo de la lema, hialina; anteras 0.8–1 mm. Habita en áreas sombreadas en bosque de pino y encino.

Especie endémica ecasamente conocida de Dgo. y Zac.

**ZACATECAS. Valparaíso:** Sierra Madre Mts., State of Zacatecas, 18 Aug 1897, between Huazamota, Dgo. and San Juan Capistrano, *Rose 2373* (US).

ESPECIE EXCLUIDA: *Agrostis stolonifera* L. citada por Hitchc. (1913), se excluye porque no se encontraron ejemplares que avalen su presencia en el Estado.

## ANDROPOGON L.

REFERENCIAS: McVaugh, R. 1983. *Andropogon*. En: Flora Novo-Galiciana 14:46–50. Gould, F.W. 1967. Brittonia 19:70–76.

Plantas perennes o anuales, cespitosas a rizomatosas; tallos ramificados desde los nudos medios y superiores; vainas carinadas o redondeadas, lígula membranácea, glabra o ciliolada, láminas lineares, aplanadas; inflorescencia espatácea, 2 racimos, rara vez 1, a veces 3 o más racimos digitados, terminales y axilares, a menudo agregadas en una falsa panícula compuesta, raquis articulado, las espiguillas en pares, las 2 espiguillas y 1 entrenudo del raquis caedizo como una unidad; espiguillas comprimidas, sésiles y pediceladas; espiguillas sésiles 2-flosculadas, lanceoladas, agudas, aristadas o sin aristas, glumas subiguales, cartáceas a membranáceas, ocultando completamente los flósculos, primera gluma generalmente enervada, lisa, cóncava, a veces aplanada, con 2 quillas submarginales, los márgenes inflexos sobre los márgenes de la segunda gluma, ésta convexa o carinada, con o sin arista; flósculo estéril con la lema hialina, pálea faltante; flósculo fértil con la lema hialina, entera, no aristada o con una arista pequeña entre los lóbulos, pálea faltante; espiguilla pedicelada rudimentaria y estéril a estaminada, aristada o sin arista. Género de aprox. 100 especies. Cosmopolita en climas cálidos y tropicales.

1. Espiguilla sésil 3–4 mm de largo; pelos del ráchis y pedicelos mucho más largos que en las espiguillas sésiles; inflorescencia muy ramificada, cada ramificación con 2–3 espigas; espiguillas pediceladas rudimentarias, 1–2 mm de largo ____ **Andropogon glomeratus** var. **pumilus**
1. Espiguilla sésil 6–8(–12) mm de largo; inflorescencia con 2–6 espigas digitadas; pelos del raquis y pedicelos más cortos que en las espiguillas sésiles; espiguillas pediceladas similares a la sésil en forma, sin arista.

2. Espiguillas esparcido pilosas, raquis y pedicelos con pelos 2 -3.5(-4) mm de largo; espiguillas pediceladas 5–7 mm de largo, semejante a las sésiles pero más angostas, estaminadas_____ **Andropogon gerardii** var. **gerardii**
2. Espiguillas copiosamente plateado-pilosas, los pelos al menos 3–5 mm de largo; espiguillas pediceladas 3–6 mm de largo, claramente más pequeñas y angostas que las sésiles, por lo general abortivas
   3. Espiguilla sésil 3–4 mm de largo; espiguilla pedicelada faltante o menor de 2 mm cuando presente _____ **Andropogon virginicus**
   3. Espiguilla sésil 6–9 mm de largo; espiguilla pedicelada 3–5(–6) mm de largo_____ **Andropogon pringlei**

**Andropogon gerardii** Vitman, Summa Pl. 6:16. 1792.

Plantas perennes, a menudo glaucas, a veces con rizomas cortos, gruesos; tallos robustos de 1–2 m, amacollados; vainas aplanadas, lígula 1–2.5 mm, láminas 20–50 cm × 3–5.5 mm, conduplicadas o aplanadas, los márgenes muy escabrosos, el ápice agudo; inflorescencias varias, escasamente sobrepuestas, espatas angostas, 3–6 racimos por pedúnculo, de 5–10 cm, exsertos, ascendentes, púrpura, a veces amarillentos, en pedúnculos terminales de 1–1.5 cm, raquis y pedicelos esparcido-pilosos con pelos de 2–3.5(–4) mm; espiguilla sésil (4–)6–10 mm; glumas sin aristas, la primera aplanada, con varias nervaduras entre las quillas, coriácea, escabrosa, la segunda casi del tamaño de la primera, lema del flósculo estéril 4–5(–8) mm, lema del flósculo fértil reducida a una arista 1.5–2 cm, torcida en la mitad inferior, geniculada; espiguillas pediceladas 5–7 mm, semejantes a la sésiles, estériles o estaminadas, sin arista; anteras 2–2.4 mm. Habita en pastizal o bosque abierto de pino-encino, a 1850–2550 m de altitud.

Especie americana conocida desde el S de Canadá hasta Honduras. Se mencionan 2 variedades y 2 subespecies de este taxón, sólo la variedad típica se presenta en México.

ZACATECAS. **Jalpa:** km 39 de la brecha Jalpa–Tlaltenango, 11 Nov 1989, bosque de encino-pino, 2550 m, *Balleza 2709* (CHAPA, CIIDIR). **Monte Escobedo:** al W de Monte Escobedo, 26 Sep 1980, bosque de pino-encino, 2190 m, *Beetle y R. Guzmán M-5853* (MEXU). El Roblal, Sierra del Laurel, Tlachichila, 4 Nov 2006, bosque de encino, 2218 m, *O. Rosales y Y. Herrera 3751* (CIIDIR). **Teúl de González Ortega:** Por la carr. a Guadalajara, tramo Tepechitlán–Teúl de González Ortega, 30 Sep 1989, pastizal de *Bouteloua radicosa*, 1850 m, *Balleza 2404* (CIIDIR); *2402* (CHAPA); 9.1 mi NE of Milpillas de Allende, 3 Oct 2001, roadcut and slopes with *Quercus* and *Acacia*, 2000 m, *P.M. Peterson y O. Rosales 16056* (US). **Tlaltenango:** Km 30 terracería Tlaltenango-Jalpa, 12 En 1990, *Balleza 2719* (CHAPA); 38 km al W de Jalpa, sobre la carr. a Tlaltenango, 30 km del entronque con carr., Jalpa-Juchipila, 21 Oct 1973, bosque de encino-pino, 2450 m, *Rzed. y McVaugh 1030* (ENCB, US).

**Andropogon glomeratus** (Walter) Britton, Sterns & Poggenb., Prel. Cat. N.Y. 67. 1888.

Plantas perennes cespitosas; tallos 60–150 cm, erectos, muy ramificados desde la base, glabros a vilosos; hojas basales y caulinares glabras, a veces esparcido-pilosas, vainas agudamente carinadas, lígula 0.8–1.5 mm, pilosa, pardo, láminas 10–30(–60) cm × (3–)4–8 mm, aplanadas, el ápice acuminado; inflorescencias numerosas, 20–25 cm, formando una gran panícula compuesta, flabelada, densa, plumosa, con espatas angostas; racimos 2–3 cm, en pares o en grupos de 3, sedosos con pelos de 5–8 mm, entrenudos del raquis filiformes, vilosos; espiguillas en pares; espiguilla sésil bisexual, 3–3.5(–4) mm, glumas sin aristas, primera gluma someramente sulcada, enervada y membranácea entre las quillas, glabra, arista de la lema fértil 1–1.5 cm, débilmente torcida y geniculada cerca de la base, anteras 1 sola, 0.8–1.3 mm; espiguilla pedicelada reducida a una escama de 1–2 mm, abortiva, sin arista, pedicelos filiformes, largamente pilosos. Habita en áreas con disturbio, a 2200 m de altitud.

Especie con 4 variedades conocidas, 2 de ellas en México (la var. típica y var. *pumilus*), sólo *A. glomeratus* var. *pumilus* (Vasey) Vasey ex L.H. Dewey en Zac.

De distribución americana conocida desde Estados Unidos hasta Sudamérica.

ZACATECAS. **Tlaltenango:** 8 km al N de Tlaltenango, en la carr. a Jerez, 18 Oct 1991, flora arvense en suelos cenagosos, 2200 m, *Balleza 4102* (CHAPA, HUAZ).

**Andropogon pringlei** Scribn. & Merr., Bull. Div. Agrostol., U.S.D.A. 24:7. 1901.

Plantas perennes; tallos 40–100 cm, erectos, amacollados, rojizos, glabros; vainas glabras, lígula una hilera de pelos, láminas angostas, aplanadas, conduplicadas, (4–)8–12 cm, estrechándose hacia el ápice, con pelos largos, esparcidos en los márgenes hacia la base; panícula envuelta en una espata, apiculada, ó a veces ex-

*Achnatherum eminens*

*Aegopogon cenchroides*

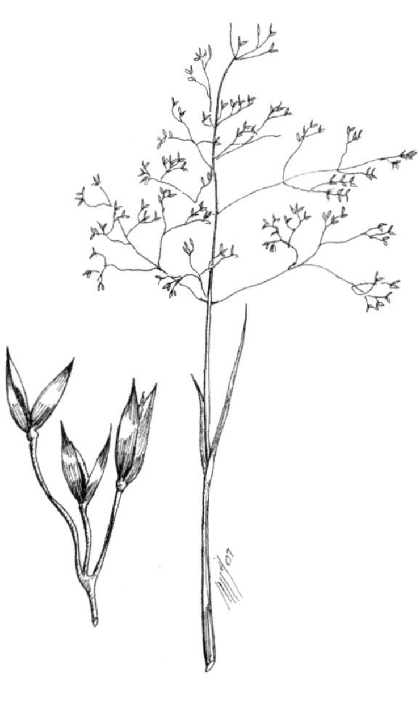

*Agrostis rosei*

*Andropogon gerardii*

*Andropogon pringlei*

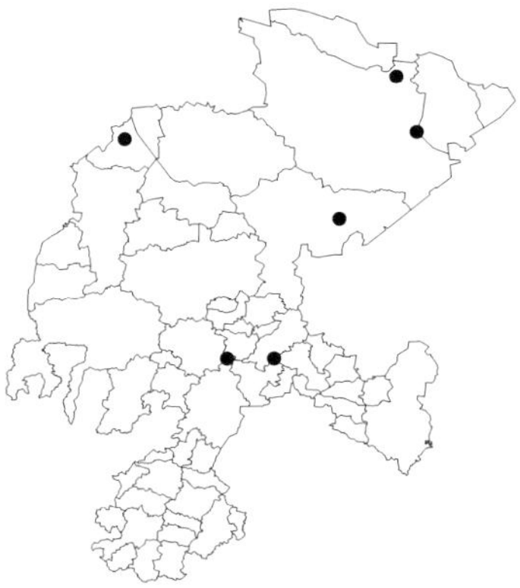

*Achnantherum editorum*

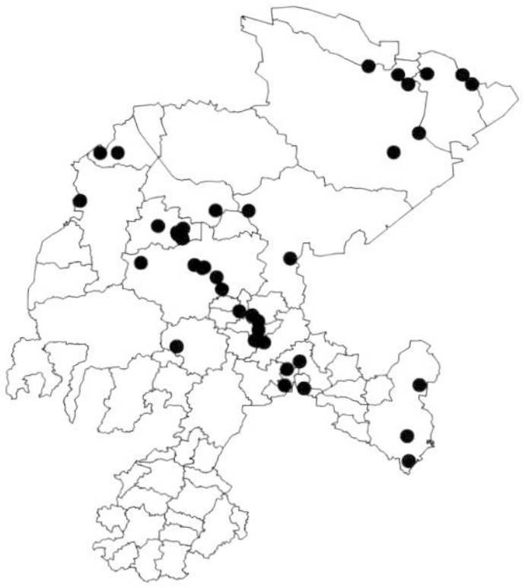

*Achnantherum eminens*

*Achnantherum multinode*

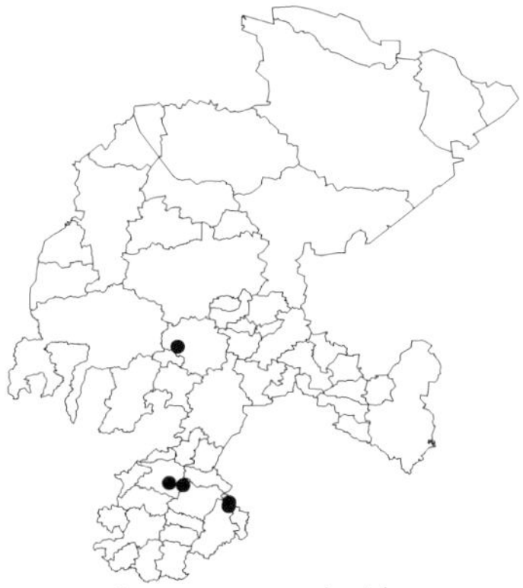

*Aegopogon cenchroides*

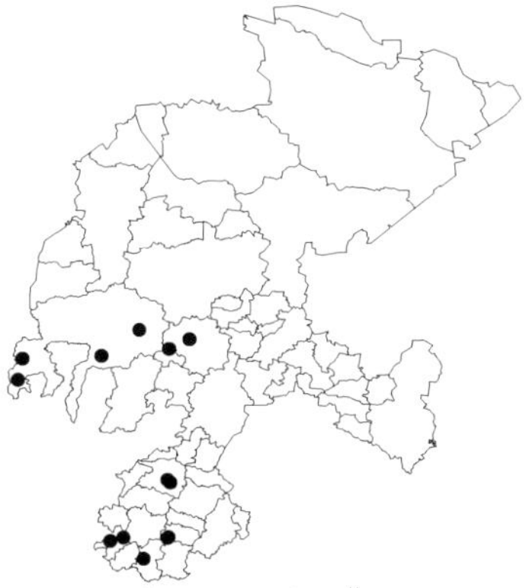

*Aegopogon tenellus*

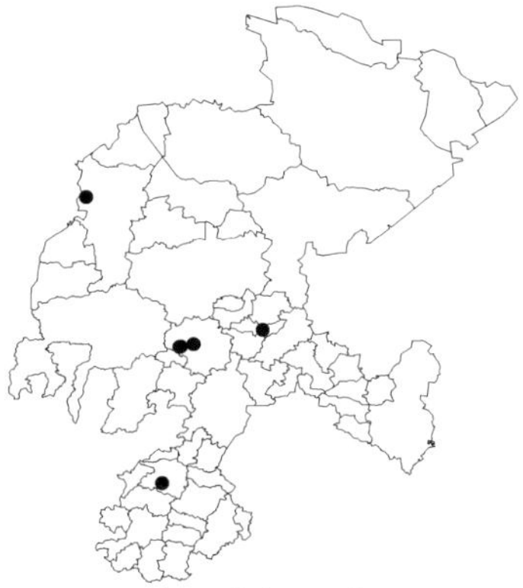

*Agrostis hyemalis*

*Agrostis rosei*

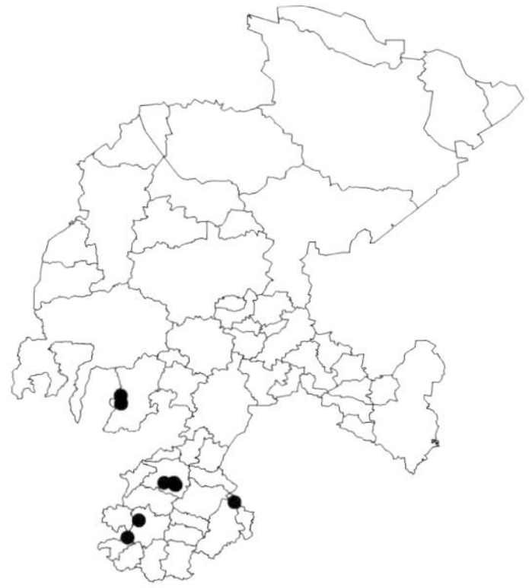

*Andropogon gerardii*

*Andropogon glomeratus* var. *pumilus*

serta, con dos ramas principales que se ramifican a su vez en 2(–3) ramillas, cada una 3–5 cm; pedúnculos 1–1.5 cm, la unión del raquis y pedicelos copiosamente pilosos; espiguillas copiosamente plateado-pilosas con pelos de 3–5 mm, raquis erectos; espiguilla sésil 6–9 mm, linear lanceolada, con un mechón de pelos en la base; glumas sin arista, la primera 1.2–1.3 mm, glabra, plana o cóncava, bífida, con dos nervaduras laterales, escabrosa hacia el ápice, la segunda tan larga como la primera; lema y pálea hialinas, 4–5 mm, la lema bífida hasta el centro, con una arista 1.5 cm, emergiendo de entre los lóbulos; espiguilla pedicelada

3–5(–6) mm, largamente apiculada, sin arista, abortiva, a veces estaminada, glumas púrpura. Encontrada en bosque de encino con algo de disturbio, a 2350–2450 m de altitud.

Especie mexicana encontrada sólo en Teúl de González Ortega, Zac.

**ZACATECAS. Teúl de González Ortega:** Comunidad de Milpillas de Allende, 16 Sep 1988, ladera con bosque de *Quercus*, 2350 m, *Balleza 1957* (CHAPA, CIIDIR, ENCB). **Tlaltenango:** 38 km al W de Jalpa, sobre la carr. a Tlaltenango, 30 km del entronque con la carr. Jalpa-Juchipila, 21–23 Oct 1973, bosque de encino-pino, 2450 m, *Rzed. y McVaugh 1031* (ENCB, US).

**Andropogon virginicus** L., Sp. Pl. 2:1046. 1753.

Plantas perennes, cespitosas; tallos 50–100 cm; vainas anchas, carinadas, vilosas, lígula pilosa, láminas 25–35 cm × 2–5 mm, aplanadas a conduplicadas, acuminadas, hirsutas cerca de la base; inflorescencias numerosas, formada por 2–5 espigas de 3–4 cm, en zigzag, sedosas, divergentes, parcialmente envueltas por espatas, las espátas 3–6 cm × 2–5 mm, raquilla y pedicelos vilosos con pelos sedosos largos; espiguilla sésil 3–4 mm, lema con una arista de 10–15 mm, torcida; espiguilla pedicelada rudimentaria o faltante, de 2 mm o menos y vilosa cuando presente, los pelos de 2–3 mm; anteras 1, de 0.5–0.7 mm. $2n = 20$. Encontrada en bosque de encino de la Sierra del Laurel, a 2020 m de altitud.

Nativa de América, conocida desde Estados Unidos a Panamá.

**ZACATECAS. Nochistlán:** Cañada El Pinole, costado del cerro El Castillo, NE de Tlachichila, Sierra del Laurel, 27 May 2006, bosque de encino, 2020 m, *J. Martínez 624* (CIIDIR, INEGI).

## Aristida L.

Referencias: Allred, K.W.1984. Brittonia 36:382–395. Trent, J.S. & K.W. Allred. 1990. Sida 14:251–261. Allred, K.W. & J. Valdés-Reyna. 1995. Novon 5:209–222. Valdés-Reyna, J. & K.W. Allred. 2005. *Aristida*. En: Flora del Bajío y regiones adyacentes 137:1–46.

Plantas anuales o perennes; tallos simples a un poco ramificados; vainas generalmente carinadas; lígula una hilera de pelos cortos; láminas involutas, rara vez aplanadas; inflorescencia en forma de panícula abierta o cerrada; espiguillas 1-flosculadas, con desarticulación arriba de las glumas; glumas desiguales a casi iguales,1-nervadas a veces 3–5-nervadas, largo acuminadas a corto aristadas, la primera casi siempre escabrosa en la quilla, lema endurecida en la madurez, convoluta alrededor de la pálea, con un callo obtuso y barbado, glabra o escabrosa hacia el ápice, el ápice continuando con una columna recta o torcida, casi siempre escabrosa, pálea pequeña, aristas 3, las laterales a veces muy cortas o faltantes, unidas en la base.

1. Aristas laterales de la lema marcadamente reducidas, por lo general menos de un tercio del largo de la arista central.
    2. Lema atenuándose gradualmente hacia una arista, sin una columna torcida ____ **Aristida ternipes**
    2. Lema terminando en una columna 4–6.5 mm de largo ____ **Aristida schiedeana**
1. Aristas laterales de la lema bien desarrolladas, al menos un 1/3 del largo de la arista central.
    3. Vainas densamente lanoso pubescentes; glumas esparcido lanoso-pubescentes en la quilla ____ **Aristida scribneriana**
    3. Vainas glabras, escabrosas o esparcido lanosas.
        4. Columna faltante o escasamente desarrollada; plantas anuales ____ **Aristida adscensionis**
        4. Columna de la lema bien desarrollada, si faltante entonces plantas perennes, la porción torcida 1–9 mm de largo, a veces recta; plantas perennes.
            5. Glumas marcadamente desiguales en tamaño, la primera menos de ¾ partes del largo de la segunda; columna menor de 2 mm de largo o no diferenciada.
                6. Láminas marcadamente rectas y con los ápices punzantes (mucronados), involutas, notablemente aciculares, verde-amarillas, su epidermis lisa y la nerviación casi imperceptible ____ **Aristida curvifolia**
                6. Láminas no marcadamente rectas y sin ápices punzantes, usualmente curvadas, verde pálido a obscuro, su epidermis con nerviación elevada y prominente.
                    7. Lema 7–12 mm de largo, aristas casi iguales, (7–)10–25 mm de largo ____ **Aristida pansa**
                    7. Lema 10–15 mm de largo, aristas iguales, 20–56(–65) mm de largo ____ **Aristida purpurea**
            5. Glumas iguales a subiguales en tamaño, la primera ¾ partes o más del largo de la segunda; columna torcida (ocasionalmente recta en *A. havardii*) 2–9 mm de largo.

*Andropogon pringlei*

*Andropogon virginicus*

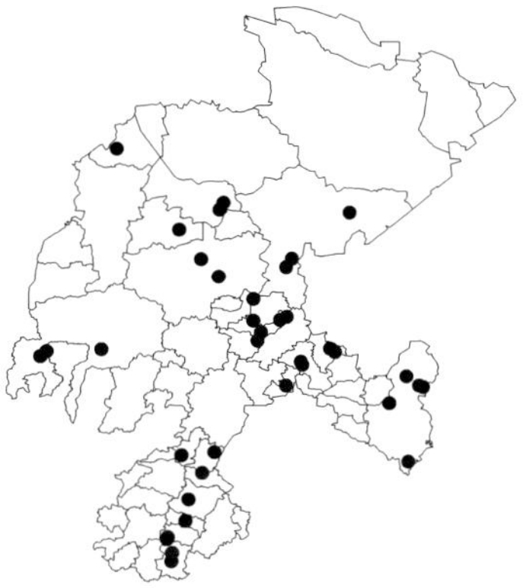

*Aristida adscensionis*

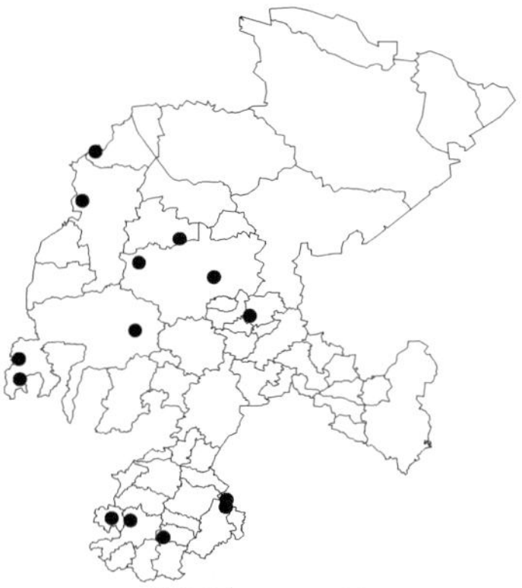

*Aristida appressa*

*Aristida arizonica*

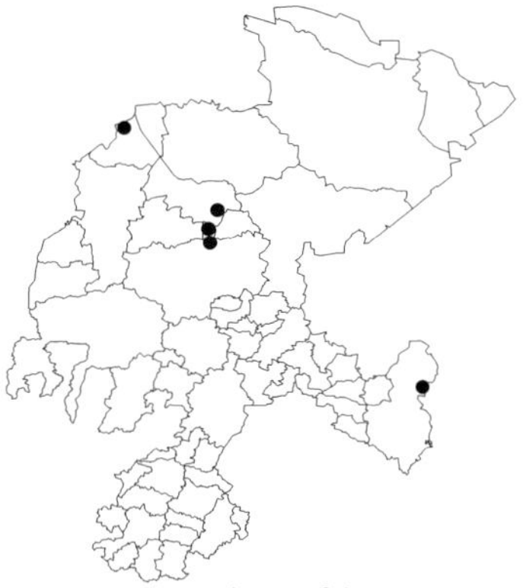

*Aristida curvifolia*

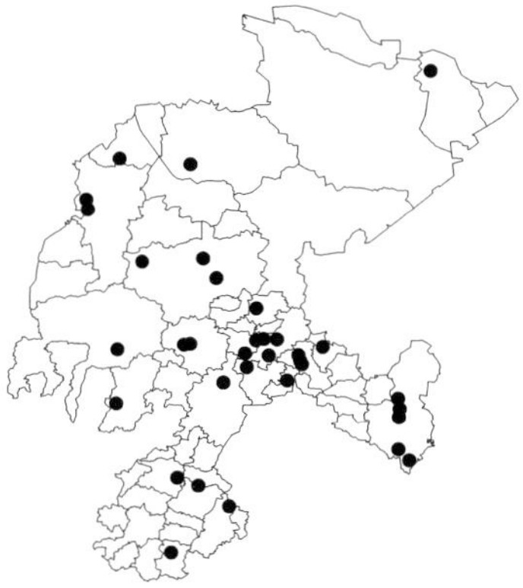

*Aristida divaricata*

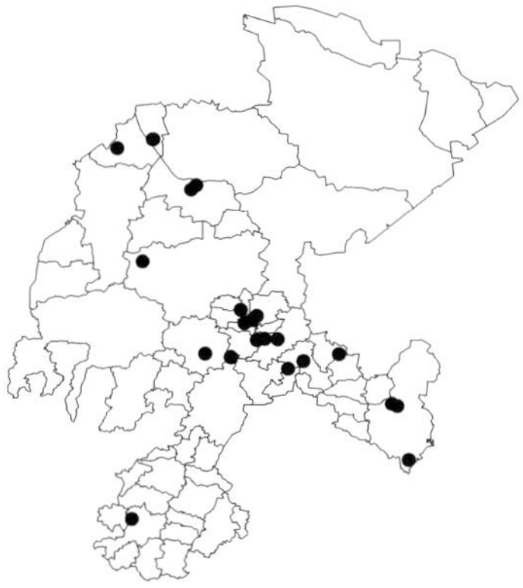

*Aristida havardii*

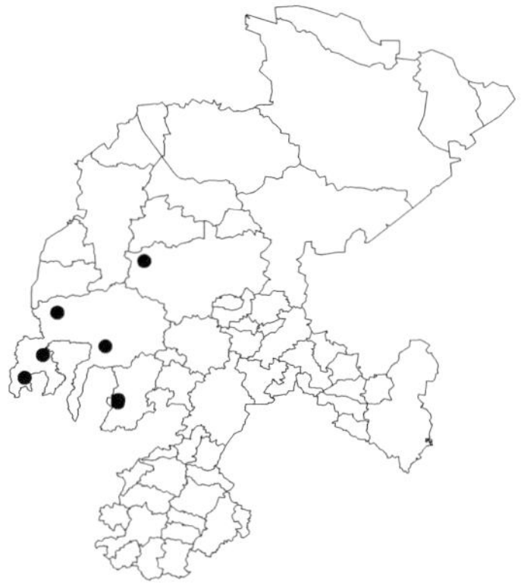

*Aristida laxa*

8. Panícula usualmente completamente abierta, sus ramas primarias ampliamente divergentes con pulvínulos axilares.
   9. Columna torcida 5–9 mm de largo; lema 10–12 mm de largo; arista central 10–20 mm, las laterales 3–7 mm de largo ______ **Aristida laxa**
   9. Columna torcida 0.5–4 mm de largo; lema 7–9 mm de largo; arista central 8–20 mm de largo, las laterales casi iguales a la central.
      10. Espiguillas divergentes de las ramillas, los pedicelos con pulvínulos axilares, ramillas por lo

general faltantes; ramas primarias 2–6 cm de largo; plantas delicadas, 20–40 cm de alto ________ **Aristida havardii**

10. Espiguillas y ramillas aplicadas a lo largo de las ramas primarias, los pedicelos sin pulvini axilares; ramillas por lo general bien desarrolladas; ramas primarias 5–13 cm de largo; plantas más robustas que en el anterior, 25–75 cm de alto ________ **Aristida divaricata**

8. Panícula angosta y contraída, al menos en la parte superior, ramas y ramillas fuertemente ascendentes, ocasionalmente con pulvínulos axilares solo en 1–2 ramas inferiores.

11. Lema 7.5–9 mm de largo, aristas desiguales, la central 16–35 mm de largo, las laterales 13–25 mm de largo, espiga densa con muchos flósculos sobrepuestos________ **Aristida appressa**

11. Lema 10–14 mm de largo, aristas iguales, 15–20 mm de largo; espiga sencilla, flósculos no muy sobrepuestos ________ **Aristida arizonica**

**Aristida adscensionis** L., Sp. Pl. 1:82. 1753.

Plantas anuales; tallos 15–80 cm, erectos o decumbentes, ramificados desde la base en los nudos inferiores, glabros; hojas caulinares, rectas, vainas glabras, láminas 10–25 cm × 1–1.5 mm, aplanadas, involutas al secarse; panícula 5–15 cm, angosta, densa, ramas adpresas, con espiguillas hasta la base; glumas desiguales, 1-nervadas, escabrosas en la quilla, la primera 4.5–6 mm, con una pequeña arista en el ápice, la segunda 6–9 mm; lema 6–10 mm, convoluta, escabrosa hacia el ápice, columna faltante, aristas 3, casi iguales, ascendentes, escabrosas, aplanadas, la central 6–16 mm, ligeramente más larga que las laterales, recta o divergente, las laterales rectas; anteras 1–3, de 0.8–1.5 mm. $2n = 22$. Habita en pastizal, matorral xerófilo, matorral subtropical, bosque de encino, de pino piñonero y de enebro, a 1080–2470 m de altitud.

Espejo y López (2000) y Beetle et al. (1983) citan 4 variedades de esta especie: *adscensionis, interrupta, modesta y nigrescens*, todas ellas ahora nombres inválidos.

Especie cosmopolita ampliamente distribuida en América desde el SW de EUA hasta Sudamérica; Antillas.

**ZACATECAS. Apozol:** Apozol, 20 km al N de Juchipila, 16 Ago 1984, selva baja caducifolia, 1400 m, *R. Hernández 9635* (CIIDIR). **Cuauhtémoc:** rancho Santa Fe, 23 Ago 1988, zonas con cultivo de maíz y frijol, *Manrique-Beetle et al. 1414* (MEXU). **Fresnillo:** Plains near Fresnillo, 28 Aug 1939, *Shreve 9217* (US); 20 km N of Fresnillo, rumbo a Durango, 5 Sep 1981, *Acacia* area, *Beetle M-7472* (TAMU). **Gral. Joaquín Amaro:** On the road from Colotlan, near Plateado, 31 Aug 1897, *Rose 2703* (MEXU, US). **Gral. Pánfilo Natera:** km 129 de la carr. federal 49, tramo S.L.P.-Zacatecas, entronque con la terracería al Tule, 17 Ago 1988, matorral desértico espinoso, 2000 m, *Balleza 1653* (CHAPA, ENCB). **Guadalupe:** Ejido Puerta de Fierro, 11 Oct 1995, matorral crassicaule, 2150 m, *V. Medina 762* (MEXU); Lo de Vega, 13 Oct 1987, *V. Medina 233* (MEXU). **Jalpa:** 17 mi N of Jalpa, 25 Sep 1963, Acacia shrub savanna, 5400 ft, *Reeder y C. Reeder 3817* (MEXU); Sierra Morones, 0.5 km W of hwy 54 on road to Tlaltenango, 7 Oct 1988, *P.M. Peterson y C. Annable 6180* (US). **Juchipila:** Sierra de Morones, cerro de Piñones, 50 m al O de Pueblo Viejo, por el camino de herradura al rancho de Lorenzo Magallanes, 20 Ago 1999, bosque tropical caducifolio, 1615 m, *Balleza 10434* (MEXU); al W de Pueblo Viejo, Sierra de Morones, cerro de Piñones, ladera E por la brecha al rancho de Antonio Benavides, 24 Abril 1988, selva baja caducifolia, 1920 m, *Balleza 9169* (CHAPA, CIIDIR). **Miguel Auza:** 2 km al E de la Honda, 12 Abril 1996, pastizal mediano abierto, 2140 m, *L. Silva 801* (CIIDIR, MEXU). **Mazapil:** Noria de Guadalupe, 7 Sep 1975, matorral desértico micrófilo, 1780 m, *M. González-Ledezma 147* (MEXU). **Morelos:** Muleros, terracería a Morelos, 8 Sep 1994, pastizal mediano abierto, 2320 m, *L. Silva 666* (MEXU). **Moyahua:** cerro La Cantarilla, a 8.5 km al S de Moyahua por la carr. México 54, tramo Moyahua-Ixtlahuacán del Río, Jal. 6 Sep 1996, bosque tropical caducifolio, 1250 m, *D. Enríquez 1126, 1236* (MEXU); carr. 54, km 102, 27 Ago 1988, potrero abierto dentro de un matorral espinoso, 1100 m, *Balleza 1794* (CHAPA, CIIDIR, ENCB). **Ojocaliente:** Predio La Víbora, 28 Sep 1987, 2120 m, *L. Silva 176* (MEXU); Predio La Loma, 2 Oct 1987, *L. Silva 199* (MEXU). **Pánuco:** Santa Rita, 6 Oct 1995, matorral crassicaule, 2150 m, *L. Silva 757* (MEXU). **Pinos:** 23 mi W Salinas, 20 Sep 1963, disturbed area in open savanna, 7200 ft, *Reeder y C. Reeder 3779* (MEXU); carr. San Luis Potosí –Zacatecas, desviación a Saldaña (carr. federal 49), 17 Ago 1988, matorral, 2180 m, *Manrique-Beetle et al. 1360* (MEXU); km 9 camino La Prudencia–Pinos. 3 Ago 1975, pastizal de *Buchloe dactyloides*. 2060 m, *N. Becerra s.n.* (TAMU); rancho Casa Blanca, km 77, carr. San Luis Potosí–Salinas, 9 Sep1964, pradera natural, *R. Padilla s.n.* (SLPM); El Chino, Pinos, 12 Sep 1996, pastizal, 2330 m, *L. Silva 819* (US); El Salto, 6 Oct 1975, matorral crassicaule, 2050 m, *H. Puig 6881* (ENCB); carr. federal 70, km 72 tramo Ojuelos, Jal.–S.L.P., 4 Oct 1989, pastizal de *Bouteloua gracilis* y *B. scorpioides*, 2250 m, *Balleza 2491* (CHAPA, CIIDIR). **Río Grande:** Tetillas, 1 Sep 1987, matorral desértico, 2150 m, *V. Medina 159* (MEXU); 5 km al NE de la población de Tetillas, en el cerro mayor del mismo nombre, 4 Sep 1988, matorral espinoso, 2150 m, *Balleza 1910* (MEXU). **Sain Alto:** 135 km northeast of the jct Mex 54 and 45, 23 Oct 1976, dry roadside, 2170 m, *J. Brunken y C. Perino 481* (TAMU). **Tabasco:** Mex 41, 25 mi N of Jalpa, 25 Aug 1970, mezquite-cactus, 5000 ft, *L.H. Harv. 8709* (ENCB). **Valparaíso:** Ejido San Juan Capistrano, por la brecha a Huejuquilla, 27 Nov 1988, Selva baja caducifolia, 1150 m, *Balleza 2030* (CHAPA, CIIDIR, ENCB); km 19 de la brecha Valparaíso-Huejuquilla, 17 Oct 1988, *Balleza 2091* (CHAPA, ENCB); 16.2 mi W of Huejuquilla above Río Atengo crossing, 30 Sep 2001, Dry calcareous flats and slopes with *Prosopis* and *Croton*, 1080 m, *P.M. Peterson y S. González 15975* (US). **Veta Grande:** Lampotal, 19 Jul 1986, matorral espinoso, 2470 m,

*Brigada Cotecoca 113* (MEXU). **Villa de Cos:** Ejido Chaparrosa, 4 Ago 1994, matorral mediano espinoso, 2150 m, *V. Medina 657* (MEXU); La Tinajita, 19 Sep 1991, agostadero, 1900 m, *A Herrera 327* (MEXU); ca. 60 (air) mi NE of Zacatecas, 55.6 (road) mi NE of jct of hwy 41 along hwy 54, in open desert, 13 Sep 1971, 6550 ft, *Henr. 6672* (MEXU). **Zacatecas:** Zacatecas, 3 Oct 1910, *Hitchc. 7498, 7511* (US).

**Aristida appressa** Vasey, Contr. U.S. Natl. Herb 1(8):282. 1893.

*Aristida hitchcockiana* Henrard

Plantas perennes, amacollada; tallos de 30–105 cm, erectos, simples, ligeramente ramificados desde los nudos inferiores, glabros; hojas basales y caulinares, rectas o curvadas, no enrolladas en espiral con la edad, vainas glabras, láminas 10–35 cm × 1–3 mm, aplanadas o conduplicadas, puberulentas y frecuentemente con pelos largos esparcidos cerca de la base adaxialmente; panícula 10–25(–30) cm, angosta, densa, erecta, en ocasiones inclinadas, las ramas adpresas, escabriúsculas, con espiguillas hasta la base, 5–10 cm, aplicadas o en ocasiones abiertas; espiguillas aplicadas; glumas puntiagudas o corto aristadas, la arista 1–2 mm, 1-nervadas, primera gluma (7–)9–11 mm, segunda gluma un poco más larga, 9–13 mm; lema 7.5–9 mm, convoluta, escabrosa hacia el ápice, columna 2–4 mm, torcida, no articulada, aristas 3, rectas a divergentes, la central 16–35 mm de largo, las laterales 13–25 mm; anteras 1.3–2.3 mm. Especie mexicana que habita en pastizal con encinos aislados, a 1850–2300 m de altitud.

ZACATECAS. **Benito Juárez:** Terracería Florencia-Llano Grande, 30 Sep 1989, pastizal con encinos aislados, 2150 m, *Balleza 2412* (CIIDIR). **Fresnillo:** rancho Altamira, por la brecha entre Fco. I. Madero y Vasco de Quiroga, 19 Oct 1989, pastizal con encino, 2300 m, *Balleza 2632* (CHAPA, ENCB); 5.3 km N of Fresnillo and ca. 1.6 km E of the microondas, 28 Sep 1991, Calcareous, rocky flats in open grassland, 2300 m, *P.M. Peterson, Annable y J. Valdés 10963* (US). **Juchipila:** 4 km al W de Pueblo Viejo, Sierra de Morones, cerro de Piñones, ladera E, por el camino al rancho de Lorenzo Magallanes, 12 Sep 1999, bosque de Quercus, 2110 m, *Balleza 11463 y M. Adame* (MEXU). **Miguel Auza:** 2.5 km al W de la colonia Emilio Carranza, por la brecha a Sierra de Santa María, 2 Sep 1988, *Balleza 1890* (CHAPA, CIIDIR). **Nochistlán:** poblado de Tlachichila, por la brecha Nochistlán-Jalpa. 31 Sep 1989, pastizal con matorral espinoso, 2000 m, *Balleza 2672* (MEXU); Límites con Jalisco, Paraje Torrecillas, Sierra del Laurel, Tlachichila, 4 Nov 2006, bosque de encino, 2219 m, *O. Rosales y Y. Herrera 3711* (CIIDIR). **Pánuco:** La Calera, 5 km al W de la carr. a Saltillo, 14 Oct 1989, pastizal, 2100 m, *Balleza 2551* (CHAPA). **Sain Alto:** 40 km N of Fresnillo rumbo a Durango, 5 Sep 1981, cactus forest, *Beetle M-7508* (ENCB). **Sombrerete:** 1 km del entronque con la carr. a Dgo., por la brecha a Sierra de Órganos, 21 Oct 1988, *Balleza 2116* (CHAPA). **Teúl de González Ortega:** por la carr. a Guadalajara, tramo Tepechitlán–Teúl de González Ortega, 30 Sep 1989, pastizal, 1850 m, *Balleza 2397-B* (MEXU). **Valparaíso:** Ejido Santa Lucía de la Sierra, 27 Sep 1989, bosque de pino, 2290 m, *Balleza 2319* (MEXU); por la brecha de Lobatos-Adjuntas del Refugio, 29 Sep 1989, 1980 m, *Balleza 2389, 2390* (MEXU); 27 km al N de San Juan Capistrano, por brecha a Santa Lucía de la Sierra. Límite entre los estados de Zacatecas y Durango. 28 Sep 1988, barranca con matorral subtropical caducifolio, 2100 m, *Balleza 2046* (MEXU).

**Aristida arizonica** Vasey, Bull Torrey Bot. Club 13:27. 1886.

Plantas perennes, amacolladas, subrizomatosa; tallos erectos 60–120 cm; hojas basales y caulinares, las de años anteriores persistentes, planas y enrolladas o flexuosas, láminas basales 15–30 cm × 1.2–3 mm, las caulinares 10–20 cm, involutas, largamente apiculadas, muy delgadas; panícula 10–25 cm, una espiga angosta, erecta, sencilla, flósculos no muy sobrepuestos a interrumpidos; glumas casi iguales 10–15 mm, largo apiculadas, lema 13–16 mm, incluyendo la columna torcida de 2–3(–5) mm, aristas 3, 15–20 mm, casi iguales, abiertas, ascendentes. Encontrada en bosque de pino-encino, a 2100 m de altitud.

Conocida desde el S de Estados Unidos al Centro de México.

ZACATECAS. **Monte Escobedo:** Hills W of Monte Escobedo, 26 Sep 1980, pine oak forest with arbutus, 2100 m, *Beetle y R. Guzman M-5857* (ENCB).

**Aristida curvifolia** E. Fourn., Mexic. Pl. 2:78. 1886.

*Aristida purpurea* var. *curvifolia* (E. Fourn.) Allred

Plantas perennes, amacolladas; tallos 30–50 cm, erectos, glabros; vainas ligeramente pubescentes, lígula una hilera de pelos, láminas 7–15 cm × 0.8–3 mm, involutas, coriáceas, aciculares, nervaduras inconspicuas, rectas, punzantes, verde-amarillentas; inflorescencia una panícula de 10–20 cm, estrecha, erecta, interrumpida, compuesta de unos pocos flósculos, con espiguillas desde la base, ramillas y pedicelos híspidos; glumas desiguales, la primera 7–10 mm, 1-nervada, glabra a escabrosa en la quilla, la segunda 15–20 mm, 1-nervada, glabra a escabrosa hacia el ápice, ambas glumas con un pequeño mucrón hasta 0.5 mm; lema

8–15 mm, glabra a escabrosa, columna no diferenciada; sus aristas 12–20 mm, las laterales rara vez más cortas, rectas, geniculadas, planas en la base, divergentes; anteras 1.3–1.5 mm; cariopsis 6–12 mm. Especie de suelos calizos con pastizal y matorral espinoso, a 2000–2300 m de altitud.

Especie mexicana conocida del N del país.

**ZACATECAS. Fresnillo:** 55 km al N de Fresnillo, 5 Sep 1981, pastizal, 2300 m, *Beetle M-7539* (MEXU); 4 km de rancho Grande, por la brecha a Estación Gutiérrez, 24 Ago 1988, matorral espinoso, 2150 m, *Balleza 1712* (CHAPA, ENCB); 4 km al E de la carr. a Torreón, por la desviación a Cañitas, 1 Sep 1988, matorral desértico espinoso, 2000 m, *Balleza 1848* (CHAPA, ENCB). **Miguel Auza:** cerro de la casita, 18 Jul 1988, matorral espinoso, 2030 m, *J.L. Ruelas 2* (SLPM). **Pinos:** km 9 camino a La Prudencia, 3 Ago 1975, *Becerra s.n.* (CHAPA).

**Aristida divaricata** Humb. & Bonpl. ex Willd., Enum. Pl. 1:99. 1809.

Plantas perennes; tallos 25–75 cm, erectos o postrados y extendidos, simples, glabros; hojas principalmente basales, rectas o curvadas, glabras o con algunos pelos largos auriculares, vainas redondeadas, lígula una hilera pilosa de casi 0.5 mm, láminas 10–20 cm × 1 mm, conduplicadas; panícula 7–35 cm, ovoide, muy abierta, ramas patentes, escábridas, ramificadas por debajo de la mitad, dispuestas de 2 en 2, desnudas en la base, pedicelos adpresos; glumas 7–10 mm, subiguales, corto aristadas, 1-nervadas; lema 7–8 mm, convoluta, glabra a escábrida hacia el ápice, columna de la arista 1.5–4 mm, torcida, no articulada, con 3 aristas, de 7–20 mm, rectas a divergentes, la central 9–20 mm, las laterales 7–11 mm; callo 0.5–0.7 mm, obtuso, piloso; anteras 1.1–1.2 mm. Habita en lugares con disturbio del pastizal, matorral xerófilo, bosque tropical caducifolio y bosque de encino, pino y enebro, a 1500–2450 m de altitud.

Especie abundante desde el SW de Estados Unidos, México y Honduras.

**ZACATECAS. Concepción del Oro:** 3.1 road mi above Concepción del Oro, on ridge W of city, on S-facing granite slopes, 30 Aug 1971, grasses, 8000 ft, *Henr. 6279* (MEXU). **Cuauhtémoc:** cerro Prieto, San Pedro Piedra Gorda, Sep 1980, matorral crassicaule, 2400 m, *S. Trujillo y R. del Castillo ZA-88* (CHAPA, ENCB). La Villita, Mpio. Jalpa, 5 Dic 1997, selva baja caducifolia, 1500 m, *Ma.C. Arteaga 963* (MEXU). **Fresnillo:** 3 km al N de la cabecera municipal, por la carr. a Durango. 24 Ago 1988, matorral crassicaule, 2200 m, *Balleza 1697* (MEXU); por la carr. a Torreón, a 5 km del entronque con la carr. a Durango, 24 Ago 1988, pastizal, 2200 m, *Balleza 1698* (CHAPA, ENCB). **Genaro Codina: Guadalupe:** Ca. 10 mi SE of Zacatecas and 28 mi N of the Zac.-Ags. border along hwy 45, 21 Aug 1975, grassland, 2180 m, *Davidse y J. Davidse 9947* (MEXU); Pozo 5, Bañuelos, 14 Oct 1986, *Brigada Cotecoca 120, 121* (MEXU); km 19.7 de la carr. Guadalupe-Genaro Codina, 9 Oct 1989, pastizal de *Muhlenbergia* y *Bouteloua*, 2350 m, *Balleza 2521* (CIIDIR). **Jalpa:** La Villita, Mpio. Jalpa, 5 Dic 1997, selva baja caducifolia, 1500 m, *Ma.C. Arteaga 963* (MEXU). **Jerez:** 10 km al NW de la cabecera municipal, por la carr. al Cargadero, 25 Ago 1988, potreros dentro de bosque de pino, 2400 m, *Balleza 1742* (MEXU); por la brecha Jerez-Guadalupe Victoria, 14 Sep 1989, bosque de pino-encino, 2450 m, *Balleza 2224* (CIIDIR). **Miguel Auza:** On Hacienda de Zaragoza, Llano de Zaragoza, 27 Sep 1948, *Gentry 8496* (US). **Monte Escobedo:** Hills W of Monte Escobedo, 26 Sep 1980, bosque caducifolio, *Beetle M-5857* (MEXU). **Moyahua:** km 102 carr. federal 54, 27 Ago 1988, *Balleza 1792* (CHAPA, ENCB). **Nieves:** Jaralillo, 2 Ago 1988, 2217 m, *H.H. Acosta s.n.* (MEXU). **Nochistlán:** poblado de Tlachichila por la brecha Nochistlán-Jalpa, 31 Oct 1989, pastizal con matorral espinoso, 2200 m, *Balleza 2675* (CIIDIR); *2668* (CHAPA, CIIDIR). **Ojocaliente:** Predio La Víbora, 28 Sep 1987, 2120 m, *L. Silva 173* (MEXU); Predio La Loma, 2 Oct 1987, 2120 m, *L. Silva 191* (MEXU); 6 mi W of Ojo Caliente, road from Zacatecas E to San Luis Potosí (vía Pinos), 6 Sep 1938, *I.M. Johnst. 7457* (US). **Pinos:** near Pinos, 6 Oct 1954, *Sohns 1555* (US); carr. Zacatecas-San Luis Potosí, km 156, Las Arcinas, 13 Ago 1976, matorral de leguminosas, 2200 m, *A. Roy, J.A. López y R. Vázquez* (SLPM); 7 mi S of Pinos, 8 Sep 1938, *Shreve 8663* (US); El Sitio, terracería Pinos-Ojuelos, 4-Oct-1989, 2450 m, *Balleza 2457, 2463, 2464* (CHAPA); carr. federal 70, km 72, tramo Ojuelos, Jal.-San Luis Potosí, 4 Oct 1989, pastizal, 2250 m, *Balleza 2495* (MEXU); cerca del Tecomate, 2 km al S del km 78 carr. federal 46 San Luis Potosí-Zacatecas, 13 Oct 1965, llanura con zacatal, 2000 m, *F. Takaki 2115* (ENCB, SLPM). **Sain Alto:** 45 km N of Fresnillo rumbo a Durango, 5 Sep 1981, *Beetle M-7531* (MEXU). **Sombrerete:** rancho Altamira por la brecha entre Fco. I. Madero y Vasco de Quiroga, 19 Oct 1989, pastizal con encino, 2400 m, *Balleza 2637* (SLPM); 9 mi NW of Sombrerete on eastern bajada of Sierra Papantón, 26 Sep 1948, *Gentry 8462* (US); Por la brecha a Sierra de Órganos, 1 km del entronque con la carr. a Durango, 21 Oct 1988, *Balleza 2124* (CHAPA). **Tlaltenango:** Mesa Colorada San Jose de Tapias, 23 Sep 1994, bosque latifoliado esclerófilo caducifolio, 2420 m, *Ma.C. Arteaga 699, 702* (MEXU). **Valparaíso:** Terracería entre Valparaíso y la Unión del Chacuaco, 20 Oct 1989, pastizal con *Quercus*, 1800 m, *Balleza 2617-B, 2621* (CIIDIR, ENCB). **Villanueva:** Presa Chicomostoc entre el km 267–266 de la carr. 54, rumbo a Guadalajara. 9 Ene 1993, nopalera con matorral espinoso, *J. Sánchez 473* (MEXU). **Zacatecas:** Zacatecas, 3 Oct 1910 *Hitchc. 7517* (US).

**Aristida havardii** Vasey, Bull. Torrey Bot. Club 13:27.1886.

Plantas perennes, formando macollos densos; tallos 20–40 cm, glabros; vainas estriadas, glabras, lígula cerca de 0.5 mm de largo, anillo piloso, láminas 5–10 cm × 1–1.5 mm, involutas, escabroso-pubescentes; panícula 10–20 cm, abierta, laxa, ramas ampliamente extendidas, un poco reflejas, solitarias o en pares, las ramillas y pedicelos escabrosos, pedicelos patentes, a menudo más largos que las espiguillas; glumas casi iguales 7–13 mm, delgadas, ambas aristadas, la primera 1–3-nervada, escabrosa en la quilla y nervaduras laterales, arista 0.5–1.5 mm, la segunda 1-nervada, glabra en la quilla, escabrosa en el ápice, arista 1–2 mm; lema 8–9 mm, convoluta, glabra, con manchas purpúreas, columna de la arista 0.5–1.5 mm, recta, no articulada, aristas 3, de 8–15 mm, rectas o divergentes; anteras 1–1.1 mm. Habita en el pastizal y matorral xerófilo, a 1860–2400 m de altitud.

Se le conoce desde el S de Estados Unidos, México y Guatemala.

**ZACATECAS. Fresnillo:** rancho Altamira, brecha Fco. I. Madero-Vasco de Quiroga, 20 Oct 1989, pastizal con encinos, 2300 m, *Balleza 2656* (CHAPA). **Gral. Fco. R. Murguía:** Ejido 6 de enero, 25 Jul 1986, *Brigada Zacatecas 33* (MEXU). **Gral. Pánfilo Natera:** km 129.5 carr. 49, tramo San Luis Potosí-Zacatecas, entronque con la terracería al tule, 17 Ago 1988, ruderal, 2090 m, *Balleza 1650* (MEXU); km 61 carr. federal 49, 19 Ago 1988, matorral desértico espinoso, 2000 m, *Balleza 1660* (CHAPA, ENCB); km 72 carr. federal 70, tramo Ojuelos-San Luis Potosí, 2 Oct 1989, *Balleza 2497* (CHAPA). **Guadalupe:** Pozo 5, Bañuelos, 18 Sep 1987, *Brigada Cotecoca 115* (MEXU); San José de Tapias, 14 Oct 1986, 2390 m, *Brigada Zacatecas 120* (MEXU); Trancoso, 18 Sep 1987, 2315 m, *V. Medina 166* (MEXU); 10 mi SE of Zacatecas and 28 mi N of the Zacatecas-Aguascalientes border along hwy 45, 21 Ago 1975, *Bouteloua* grassland with low *Opuntia*, 2180 m, *Davidse y J. Davidse 9947* (ENCB). **Jerez:** km 50 carr. Zacatecas-Jerez, 3 Sep 1986, 2020 m, *Brigada Zacatecas 98* (MEXU). **Juan Aldama:** estación de microondas Morelos 11, km 109 carr. a Torreón, 1 Sep 1988, *Balleza 1870* (CHAPA, ENCB); km 738 carr. a Juárez, 12 Sep 1955, *Hern.-Xol. y V. Mathus N-1643* (US). **Miguel Auza:** 2 km al E de la Noria Honda, 12 Sep 1996, pastizal mediano abierto, 2140 m, *L. Silva 802* (CIIDIR). **Morelos:** Morelos, 8 Sep 1994, pastizal mediano abierto, 2320 m, *L. Silva 663* (MEXU); Oct 1988, pastizal amacollado abierto, 2350 m, *L. Silva 270* (MEXU). **Ojo Caliente:** cerro El Licenciado, Mpio. Ojocaliente, 5 Oct 1987, 2170 m, *L. Silva 208* (MEXU). **Pánuco:** Mex 54, 5 mi N of jct with Mex 45, 26 Ago 1970, mesquite-cactus-yucca, 7200 ft, *L.H. Harv. 8722* (ENCB). **Pinos:** 3 km al SE de la comunidad El Chino, 12 Sep 1996, pastizal mediano abierto, 2330 m, *L. Silva 813* (MEXU); 1 km al W de Pinos, 13 Ago 1985, ladera con matorral xerófilo, 2400 m, *F. Gómez-Lorence 724* (SLPM). **Río Grande:** Loreto, 24 Jul 1986, 1950 m, *Brigada Zacatecas 51* (MEXU). **Sombrerete:** rancho Altamira por la brecha entre Fco. I. Madero y Vasco de Quiroga, 19 Oct 1989, pastizal con encino, 2400 m, *Balleza 2656* (MEXU). **Teúl de González Ortega:** 2 km al N de la cabecera municipal, por la carr. a Guadalajara, 30 Sep 1989, pastizal, 1860 m, *Balleza 2421* (CHAPA). **Villanueva:** km 29 de la carr. Zacatecas-Guadalajara, 8 Ago 1988, lomerío con matorral desértico crassicaule, *Balleza 1548, 1563-B* (ENCB). **Zacatecas:** Zacatecas, 3 Oct 1910, *Hitchc. 7518* (US).

**Aristida laxa** Cav., Icon. 5:44–45, t. 470, f. 1. 1799.

Plantas perennes con raíces fuertes; tallos 40–60(–100) cm, erectos, simples; hojas basales y caulinares, persistentes y torcidas en espiral con la edad, vainas glabras, láminas 1–30 cm × 2–2.5 mm, aplanadas hacia la base, involutas hacia el ápice, glabras abaxialmente, con pelos alargados adaxialmente; panícula 20–35 cm, piramidal, abierta, ramas largas, patentes a inclinadas, escabrosas, ramificadas por debajo de la mitad, desnudas en la base, pedicelos adpresos; espiguillas 2.3–2.6 mm incluyendo las aristas; glumas subiguales, 1-nervadas, la primera 9–12 mm, escabrosa, angosto-apiculada, parda, la segunda 10–12 mm, glabra; lema 10–12 mm, convoluta, glabra, apiculada, columna 5–9 mm, torcida, no articulada, aristas 3, rectas, la central 10–20 mm, las laterales 3–7 mm; anteras 1.2–1.6 mm. $2n = 44$. Encontrada en áreas abiertas del bosque de pino-encino, y en pastizal con encinos, a 2050–2300 m de altitud.

Especie con 3 vars. en México, *A. laxa* var. *laxa* con amplia distribución, presente en Zacatecas.

Conocida desde México hacia el S hasta Colombia y Ecuador.

**ZACATECAS. Fresnillo:** rancho Altamira, brecha Fco. I. Madero-Vasco de Quiroga, 20 Oct 1989, pastizal con encinos, 2300 m, *Balleza 2657* (CHAPA). **Monte Escobedo:** Hills W of Monte Escobedo, 26 Sep 1980, pine oak forest with arbutus, 2190 m, *Beetle y R. Guzmán M-5851, M-5858* (ENCB); salida a Laguna Grande, 22 Sep 1989, pastizal con bosque de *Quercus*, 2230 m, *Balleza 2286, 2287* (CIIDIR, ENCB). **Valparaíso:** Ejido de Santa Lucía de la Sierra, 27 Sep 1989, bosque de pino, 2289 m, *Balleza 2294* (CHAPA, CIIDIR, ENCB); Ejido San Juan Capistrano, por la brecha a Huejuquilla, 26 Sep 1989, bosque de pino-encino, 2150 m, *Balleza 2292* (CHAPA); por la brecha Ameca-Milpillas de la Sierra, 22 Jul 1988, bosque de encino, 2050 m, *Balleza 1529* (CHAPA, ENCB); km 18.5 carr. Valparaíso-Huejuquilla, 7 Oct 1988, *Balleza 2090* (CHAPA, ENCB).

**Aristida pansa** Wooton & Standl., Contr. U.S. Natl. Herb. 16:112. 1913.

Plantas perennes; tallos 20–60(–100) cm, amacollados, erectos, esparcido- ramificados, glabros a diminuto puberulentos; hojas basales, ocasionalmente caulinares, vainas puberulentas entre las nervaduras y corto pilosas en la garganta, collar pubescente, lígula una hilera de pelos cortos, láminas 4–20 cm × 0.4–0.7 mm, involutas a conduplicadas cuando frescas, más o menos flexuosas, glabras; panícula 12–20(–45) cm, angosta y contraída a abierta y difusa; espiguillas y pedicelos aplicados a ampliamente abiertos; glumas obscuras en la madurez, desiguales la primera más corta, 6–10 mm, la segunda 8–12 mm; lemas 7–12 mm, glabras a escaberulosas hacia el ápice, columna de la arista corta o faltante, rara vez torcida, aristas 3, la central (7–)10–25 mm, las laterales casi iguales, en ocasiones muy reducidas; anteras no vistas. $2n = 22$.

Distribuida desde Estados Unidos a México. Se reconocen 3 formas, 2 de ellas en la entidad.

1. Pulvínulos presentes solamente en las axilas de las ramificaciones primarias de las panículas; las ramificaciones secundarias y las espiguillas adpresas a las ramificaciones primarias ________ **Aristida pansa** f. **pansa**
1. Pulvínulos presentes en las axilas de todas las ramificaciones y pedicelos; espiguillas ampliamente extendidas sobre las ramificaciones ________ **Aristida pansa** f. **dissita**

**Aristida pansa** f. **dissita** (I.M. Johnst.) Allred y Valdés-Reyna, Brittonia 49:62. 1997. *Aristida dissita* I.M. Johnst., J. Arnold Arbor. 24:401–402. 1943.

Habita en el matorral de gobernadora, a 1750–1850 m de altitud.

**ZACATECAS. Mazapil:** 4 mi SE of Mazapil, 6 Aug 1969, *J. Taylor y C. Taylor 5814* (US). **Villa de Cos:** 3 km al N de Sierra Vieja, 26 Ago 1975, matorral micrófilo, 1850 m, *H. Puig 6627a* (ENCB); 76 mi NE of Zacatecas (road jct with hwy 45), 20 Oct 1966, *Gould 12344* (ENCB, US).

**Aristida pansa** Wooton & Standl. f. **pansa**

Habita en el pastizal, matorral xerófilo, entre 1780–2348 m.

**ZACATECAS. Mazapil:** 5 mi N of Cardona, road from Concepción del Oro S to Cardona, 2 Sep 1938, *I.M. Johnst. 7374* (US); Noria de Guadalupe, 1 Oct 1975, matorral desértico micrófilo, 1780 m, *M. González-Ledezma 207* (CHAPA). **Pánuco:** La Calera, 5 km al W de la carr. a Saltillo, 14 Oct 1989, pastizal, 2100 m, *Balleza 2563* (CIIDIR). **Río grande:** Loreto, 24 Jul 1986, *Brigada Cotecoca 51* (MEXU). **Sain Alto:** 4 to 5 mi SE of Sain Alto, 30 Sep 1948, *Gentry 8528* (US). **Sombrerete:** 2.5 km al W de San Fco. de Órganos y 1 km al S de Villa Insurgentes, 22 Sep 2001, bosque de *Pinus cembroides y Juniperus*, 2300 m, *S. González y P.M. Peterson 6436* (CIIDIR); 1 km SE of Villa Insurgentes along hwy 45 towards Zacatecas, 29 Sep 2001, calcareous slopes with *Quercus intricata, Pinus cembroides,* and *Rhus virens*, 2348 m, *P.M. Peterson y S. González 15961* (US). **Valparaíso:** Terracería entre Valparaíso y la Unión del Chacuaco, 20 Oct 1989, pastizal con *Quercus*, 1800 m, *Balleza 2621-B* (CIIDIR, ENCB). **Villa de Cos:** alrededores de Villa de Cos, 22 Jul 1986, *Brigada Cotecoca 64* (MEXU). **Zacatecas:** 10 mi de Zacatecas, 5 Sep 1971, *Beetle M-178* (MEXU).

**Aristida purpurea** Nutt., Trans. Amer. Philos. Soc. n.s. 5:145. 1837.

Plantas perennes; tallos 26–60 cm, erectos y fuertes a delicados y abiertos; hojas caulinares, láminas 3–17 cm × 1–2.5 mm, involutas a menos comunmente aplanadas; panícula 10–25 cm, elegante, laxa, con el eje recto o frágil y péndulo, púrpura a verduzco, las ramas capilares, flexuosas; glumas desiguales, la primera 5–9 mm, la segunda 10–15 mm; lema 10–15 mm, glabra, escaberulosa a escabroso-tuberculada, los tubérculos en líneas, columna pequeña o faltante, no torcida, aristas 20–56(–65) mm, iguales, divergentes; anteras no vistas. $2n = 22,44$. Se le conoce desde el Centro-S de Estados Unidos, México y Cuba.

1. Ápice de la lema generalmente menor de 0.2 mm de ancho, a menudo con un continuando con una columna recta, angosta, prominente; aristas delicadas, menores de 0.2 mm de ancho en la base.
    2. Ramas de la panícula y pedicelos erectos, firmes, ocasionalmente extendidos ________ **Aristida purpurea** var. **nealleyi**
    2. Ramas de la panícula y pedicelos inclinados a flexuosos en forma de "S" o de "U" ________ **Aristida purpurea** var. **purpurea**
1. Ápice de la lema generalmente más ancha que 0.2 mm, usualmente sin continuarse con una columna o ésta indefinida; aristas fuertes, la mayoría 0.2 mm o más de ancho en la base.
    3. Ramas de la panícula maduras y pedicelos capilares y flexuosos o inclinados, en forma de "S" o "U" ________ **Aristida purpurea** var. **purpurea**
    3. Ramas de la panícula maduras y pedicelos generalmente rígidos y rectos, erectos u ocasionalmente extendidos ________ **Aristida purpurea** var. **wrightii**

**Aristida purpurea** var. **nealleyi** (Vasey) Allred, Brittonia 36:391. 1984. *Aristida stricta* var. *nealleyi* Vasey, Contr. U.S. Natl. Herb. 1(2):55. 1890.

Habita en el pastizal y matorral xerófilo, a 1780–2300 m de altitud.

*Aristida adscensionis*

*Aristida appressa*

*Aristida divaricata*

*Aristida laxa*

*Aristida pansa*

*Aristida purpurea*

**ZACATECAS. Juan Aldama:** 24 km SE of Durango state line on hwy 49, then 3 km NE of E microondas Morelos, 18 Oct 1990, pastizal de navajita con *Opuntia* y *Yucca*, 2200 m, *R. Spellenberg y M. Mahrt 10728* (CIIDIR, MEXU). **Mazapil:** Noria de Guadalupe, 19 Abr 1975, matorral desértico micrófilo, 1780 m, *M. González-Ledezma 94* (CHAPA); km 161 carr. federal 54, 3 km antes del rancho Nuevo, 25 Sep 1988, *Balleza 2012* (CHAPA, ENCB). **Pánuco:** La Calera, 5 km al W de la carr. a Saltillo, 14 Oct 1989, de *Bouteloua gracilis* con matorral espinoso, 2100 m, *Balleza 2561* (CHAPA). **Villa González Ortega:** km 86 carr. federal 49, entronque con la brecha a Manuel María, 19 Ago 1988, matorral desértico espinoso, 2300 m, *Balleza 1681* (CHAPA, ENCB).

**Aristida purpurea** Nutt. var. **purpurea.**

*Aristida roemeriana* Scheele

Habita en el matorral subtropical y matorral xerófilo, a 1600–1800 m de altitud.

**ZACATECAS. Apozol:** 1 km al N de San Miguel y cerca de San Jerónimo, 1 Jul 1973, matorral subtropical, 1600 m, *M.C. Johnst., T. Wendt y F. Chiang 11538-A* (MEXU). **Mazapil:** Foothills, Hacienda de Cedros, Sum 1908, *F.E. Lloyd 195* (US).

**Aristida purpurea** var. **wrightii** (Nash) Allred, Brittonia 36:393. 1984. *Aristida wrightii* Nash, Fl. S.E. U.S. 116, 1327. 1903.

Habita en el pastizal y matorral xerófilo, a 1700–2217 m de altitud.

**ZACATECAS. Concepción del Oro:** km 199 carr. a Saltillo, 7 May 1977, matorral desértico, 1700 m, *J. García 314* (CHAPA). **Gral. Fco. R. Murguía:** Jaralillo, 2 Ago 1988, pastizal, 2217 m, *H. Hidrogo s.n.* (SLPM).

**Aristida schiedeana** Trin. & Rupr., Sp. Gram. Stipac. 120–121. 1842.

Plantas perennes cespitosas; tallos 75–110 cm, con ramificaciones desde la base; hojas basales, rectas, pero las viejas enrolladas en espiral, glabras, vainas estriadas, escabrosas, lígula con bordes pilosos, láminas 20–45 cm × 1–3 mm; panícula 20–40 cm, ovoide, abierta, ramas divergentes, solitarias o en pares, pedicelos adpresos; espiguillas dispuestas en las puntas de las ramas; glumas 9.5–12 mm, casi iguales, mucronadas o corto aristadas, 1–3-nervadas, escabrosas; lema 7–9 mm, convoluta, escabrosa hacia el ápice, gradualmente más angosta hasta continuar con una columna torcida de 4–6.5 mm, no articulada, aristas 1–3, la central 9.5–14 mm, recta, angulada desde la columna, las laterales faltantes o muy pequeñas, hasta cerca de 1.3 mm; anteras 2.4–2.8 mm. Habita en bosque de encino-pino, matorral xerófilo, matorral subtropical y pastizal, a 1600–2570 m de altitud.

Se reconocen 2 variedades, sólo *A. schiedeana* var. *schiedeana* presente en Zacatecas.

Ampliamente distribuida desde el SW de Estados Unidos, México y Guatemala.

**ZACATECAS. Apozol:** colonia Benito Juárez, Sierra de Nochistlán, 31 Ago 1989, bosque de *Quercus*, 1600 m, *Balleza 2209* (CIIDIR). **Chalchihuites:** cerro de Alamitos, Chalchihuites, *L. Silva 317* (US). **Fresnillo:** 20 mi al NW de Fresnillo por la carr. a Durango, *Castillo s.n.* (CHAPA); 20 mi NW of Fresnillo along hwy 45 to Durango, 22 Ago 1975, shrubland with *Yucca, Opuntia* and *Trachypogon*, 2150 m, *Davidse y J. Davidse 10011* (ENCB). **Gral. Joaquín Amaro:** near Plateado, 4 Sep 1897, *Rose 2793* (US). **Guadalupe:** cerro de la Virgen, 22 Ago 1975, *V. Medina 142* (MEXU). **Jerez:** brecha Jerez-Guadalupe Victoria, 14 Sep 1989, bosque de pino-encino, 2450 m, *Balleza 2226* (MEXU); 10 km al NW de Jerez, por la carr. a El Cargadero, 25 Ago 1988, bosque de pino, 2400 m, *Balleza 1767* (CHAPA, ENCB); Sierra Los Cardos, 10.5 mi NW of Jerez, W of El Cargadero, on road towards Monte de los García, 19 Oct 2007, dry rocky slopes with *Quercus, Pinus cembroides, Arctostaphylos pungens,* and *Juniperus*, 2570 m, *P.M. Peterson, Saarela y D. Stancik 21405* (US). **Juchipila:** por el camino al rancho de Antonio Benavides, 12 Oct 1999, bosque de Quercus, 2075 m, *Balleza 11431* (MEXU). **Miguel Auza:** 2.5 km al W de la colonia Emilio Carranza, por la brecha que va a la Sierra de Santa María, 2 Sep 1988, pastizal con matorral de pino piñonero, 2200 m, *Balleza 1891* (MEXU). **Monte Escobedo:** 5 mi E of Monte Escobedo, 3 Oct 1974, in area of scattered oaks and manzanitas, 2195 m, *Reeder y C. Reeder 6450* (ENCB, US); 4 km al N de Monte Escobedo por la brecha que va a Mexquitic, Jal., 12 Ago 1988, bosque de encino, 2200 m, *Balleza 1610* (CIIDIR). **Nochistlán:** poblado de Tlachichila, por la brecha Nochistlán–Jalpa, 31 Oct 1989, pastizal con matorral espinoso, 2000 m, *Balleza 2662* (MEXU); cerca del poblado Los Cardos, por la brecha a Nochistlán-Jalpa. 31 Oct 1989, pastizal con encino, 2000 m, *Balleza 2692* (MEX). **Pinos:** near Pinos, 6 Oct 1954, *Sohns 1551* (US); km 18 terracería a Pinos, Oct 1973, *R. Banda 152* (CHAPA). **Sombrerete:** Ejido Fco. I. Madero, 19 Oct 1989, *Balleza 2659* (CHAPA); 6 km al N-NE de Agua Zarca, 29 Oct 2006, pastizal natural, 2280 m, *O. Rosales y Y. Herrera 3621* (CIIDIR). **Teúl de González Ortega:** Comunidad de Milpillas de Allende, 16 Sep 1988, bosque de *Quercus*, 2350 m, *Balleza 1955* (CIIDIR, ENCB); *1956* (CHAPA, ENCB). **Tlaltenango:** Mesa Colorada de San José de Tapias, 23 Sep 1994, bosque latifoliado esclerófilo caducifolio, 2420 m, *Ma.C. Arteaga 697* (MEXU). **Valparaíso:** 27 km al N de San Juan Capistrano, por brecha a Sta. Lucía de la Sierra, límite entre los edos. de Zacatecas y Durango, 28 Sep 1988, matorral subtropical, 2100 m, *Balleza 2046-B* (CIIDIR, ENCB); Ejido Ciénega de la Purísima, 25 Sep 1991, bosque esclerófilo caducifolio, 2100 m, *V. Medina 340* (MEXU); Santa Lucía de la Sierra, 27 Sep 1989, bosque de pino, 2290 m, *Balleza 2347* (CHAPA); 35 mi W of Huejuquilla towards Canoas, 30 Sep 2001, rhyolitic rock outcrops with *Quercus conzattii* and *Pinus chihuahuana*, 1840 m, *P.M. Peterson y S. González 15986, 15987* (US). **Veta Grande:** lomeríos ubicados 1 km al S de la cabecera municipal, 14 Ago 1988, matorral espinoso, 2470 m, *Balleza 1622* (MEXU). **Villanueva:** 29 km de la Ciudad de Zacatecas por la carr. a Guadalupe, 8 Ago 1988, matorral desértico crassicaule, 2300 m, *Balleza 1570* (CIIDIR). **Zacatecas:** Lomeríos al S de la central camionera, 10 Ago 1988, matorral espinoso, 2400 m, *Balleza 1587* (CIIDIR).

**Aristida scribneriana** Hitchc., Contr. U.S. Nat. Herb. 22(7):566. 1924.

Plantas perennes, cespitosa; tallos 60–100 cm, densamente lanoso-pubescentes; hojas la mayoría basales, vainas lanoso-pubescentes excepto sobre los nudos, lígula fimbriada, aurículas lanosas, láminas 20–25 cm × 2–2.5 mm, más angostas hacia el ápice, cuando secas aplanadas y rizadas, las más jóvenes involutas; panícula 22–25 cm, angosta, con las ramas comprimidas, ramas inferiores desnudas en la base; espiguillas sobre pedicelos cortos; glumas acuminadas, corto aristadas, 1-nervadas, esparcido lanoso-pubescentes en la quilla, la primera 6–7 mm, la segunda 7–9 mm; lema 9–11 mm, glabra hacia la base, escabrosa hacia el ápice, el ápice se continúa en una columna torcida, aristas subiguales, la central 10–15 mm, las laterales solo un poco más cortas; anteras no vistas. Habita en pastizal, matorral espinoso, bosque de encino, bosque de *Juniperus*, a 1840–2300 m de altitud.

Especie mexicana conocida de Ags., Dgo., Gro., Gto., Jal., Mich. y Zac.

**ZACATECAS. Fresnillo:** rancho Altamira por la brecha entre Fco. I. Madero y Vasco de Quiroga, 19 Oct 1989, pastizal con encino, 2300 m, *Balleza 2629* (CHAPA, CIIDIR). **Juchipila:** al W de Pueblo Viejo, Sierra de Morones, cerro de Piñones, Los Tepetates, 17 Sep 1998, matorral inerme, *Balleza 9100* (MEXU). **Monte Escobedo:** 5 mi E of Monte Escobedo, 3 Oct 1974, in area of scattered oaks and manzanitas, 2195 m, *Reeder y C. Reeder 6438-B* (ENCB, US). **Valparaíso:** por la brecha de Lobatos-Adjuntas del Refugio, 29 Sep 1989, pastizal con bosque espinoso, 1980 m, *Balleza 2383* (CHAPA, CIIDIR); entronque Potrero de Gallegos, km 18.5 carr. a Huejuquilla, Jal., 7 Oct 1988, *Balleza 2087* (CHAPA); Ameca la Vieja, brecha a Milpillas de la Sierra, 7 Oct 1988, bosque de encino, 2050 m, *Balleza 2102* (CHAPA); Ejido Ciénega de la Purísima, 25 Sep 1991, bosque esclerófilo caducifolio, 2100 m, *V. Medina 342, 343* (MEXU); 35 mi W of Huejuquilla towards Canoas, 30 Sep 2001, rhyolitic rock outcrops with *Quercus conzattii* and *Pinus chihuahuana*, 1840 m, *P.M. Peterson y S. González 15985* (US). **Villanueva:** 12 mi S of Villanueva, 25 Sep 1963, *Reeder y C. Reeder 3823* (US).

**Aristida ternipes** Cav., Icon. 5:46. 1799.

Plantas perennes, tallos 80–150 cm, erectos, simples, glabros; hojas principalmente caulinares, curvadas, vainas glabras, lígula una hilera de pelos muy pequeños, con aurículas barbadas, láminas 20–35(–50) cm × 3–5 mm, aplanadas hacia la base, pronto involutas, estrechándose hacia la punta, glabras o escabrosas, algo híspidas cerca de la base; panícula 20–50 cm, piramidal, abierta, ramas patentes, escabriúsculas, desnudas en la base, pedicelos adpresos; espiguillas comprimidas en los extremos de las ramificaciones; glumas 6.5–11 mm, 1–3-nervadas, desiguales, la primera ligeramente más larga que la segunda, con una arista pequeña hasta 1 mm de largo; lema 15–23 mm, convoluta, glabra, a menudo moteada con púrpura, gradualmente estrechándose hacia una columna pequeña, sin torcer (o columna faltante), aristas 1–3, la central 10–15 mm, escabrosa, curvada, las laterales faltantes o si presentes 1–3 mm; anteras 2–2.7 mm.

Se reconocen 2 variedades para esta especie: var. *gentilis* y var. *ternipes*, ambas en Zac.

1. Aristas laterales de la lema faltantes, hasta 2 mm si presentes ______ **Aristida ternipes** var. **ternipes**
1. Aristas laterales de la lema (3–)6–22 mm de largo ______ **Aristida ternipes** var. **gentilis**

**Aristida ternipes** var. **gentilis** (Henrard) Allred, Phytologia 77:412. 1995. *Aristida gentilis* Henrard, Meded. Rijks-Herb. 54:196. 1926.

*Aristida hamulosa* Henrard
*Aristida ternipes* var. *hamulosa* (Henrard) Trent in Trent y Allred

Habita en pastizal, matorral xerófilo, a 1800–2147 m de altitud.

Se distribuye desde el SW de Estados Unidos, México, Guatemala y Honduras.

**ZACATECAS. Fresnillo:** 30 kms N of Fresnillo rumbo a Durango, sandy soil, 5 Sep 1981, *Beetle M-7495, M-7496* (ENCB). **Gral. Fco. R. Murguía:** km 86 carr. Fresnillo-Juan Aldama, 1 Abr 1957, vegetación de zacatal, 2000 m, *Rzed. 8753* (ENCB). **Gral. Pánfilo Natera:** Km 129.5 carr. federal 49, en el entronque con la brecha al Tule, 17 Ago 1988, matorral desértico espinoso, 2000 m, *Balleza 1650* (CHAPA). **Sain Alto:** 2.1 mi W of turnoff to Sain Alto along hwy 45 towards Sombrerete, 7 Oct 2007, desert scrub near hwy with *Opuntia, Acacia, Clematis, Pectis, Prosopis* y grasses, 2147 m, *P.M. Peterson, Saarela y M. Flores 21291* (US); 45 kms N of Fresnillo rumbo a Durango, 5 Sep 1981, *Beetle M-7531* (ENCB). **Valparaíso:** 1 km al N de San Fco., 3 Nov 1963, zacatal perturbado, 1800 m, *Rzed. 17632* (ENCB).

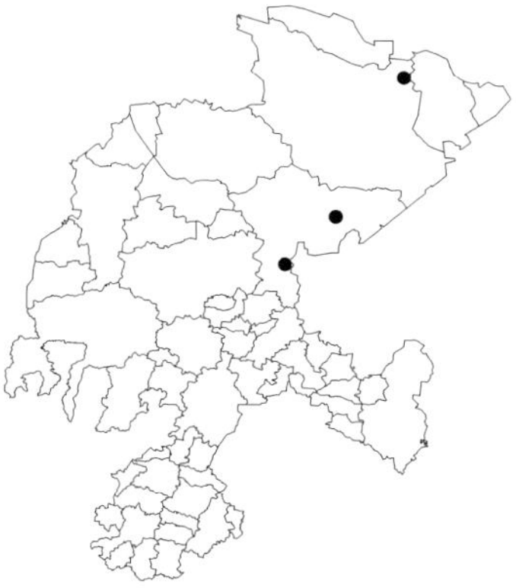

*Aristida pansa* f. *dissita*

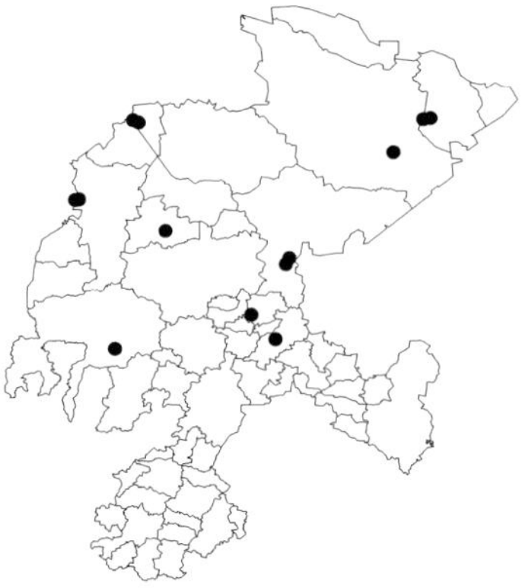

*Aristida pansa* f. *pansa*

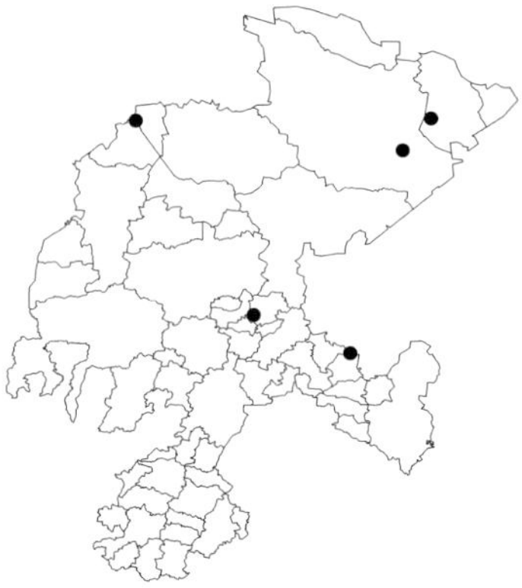

*Aristida purpurea* var. *nealleyi*

*Aristida purpurea* var. *purpurea*

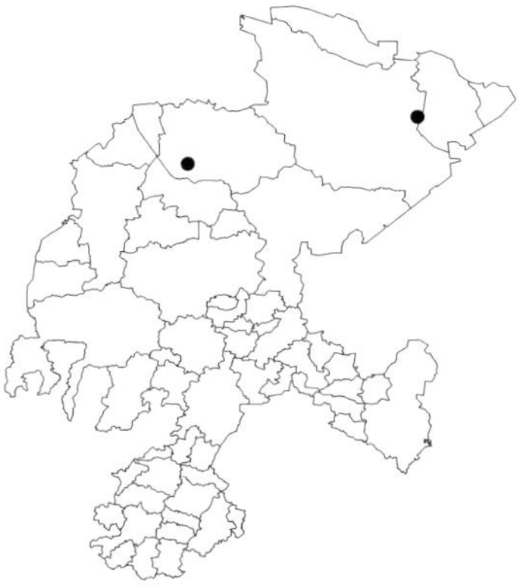

*Aristida purpurea* var. *wrightii*

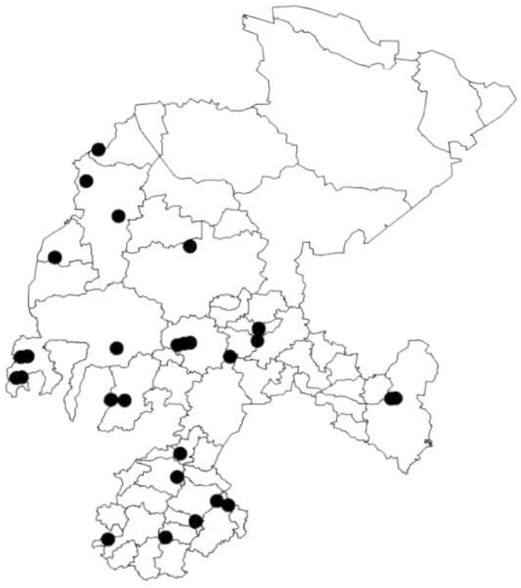

*Aristida schiedeana*

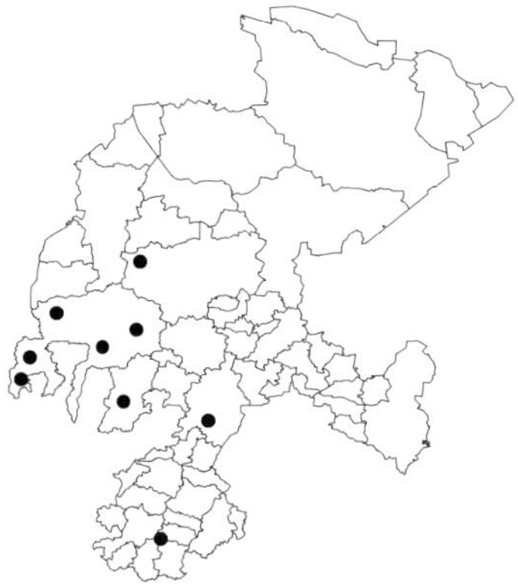

*Aristida scribneriana*

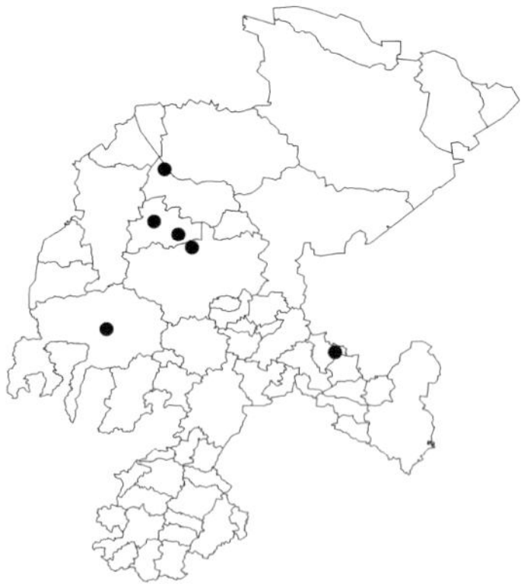

*Aristida ternipes* var. *gentilis*

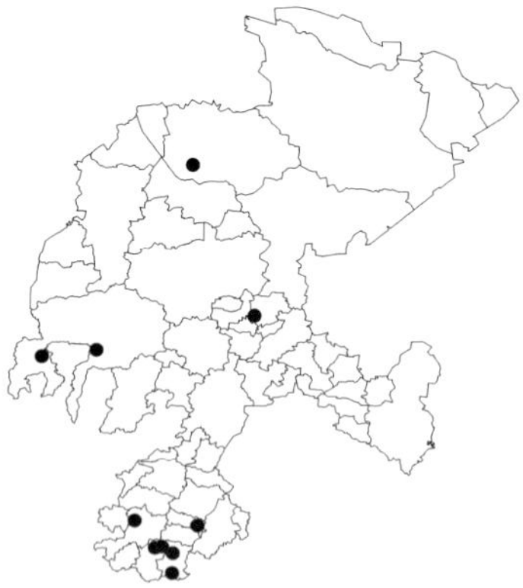

*Aristida ternipes* var. *ternipes*

**Aristida ternipes** var. **ternipes** Valdés-Reyna y Allred

Habita en pastizal, matorral xerófilo, bosque de encino y bosque tropical caducifolio, a 1100–2250 m de altitud.

Distribuida desde el SW de Estados Unidos, México, Centro y Sudamérica; Antillas.

**ZACATECAS. Apozol:** Sierra de Nochistlán, entre la colonia Benito Juárez y la colonia Fco. I. Madero, 31 Ago 1989, *Balleza 2218* (CHA-

PA). **Gral. Fco. R. Murguía:** Jaralillo, 2 Ago 1988, pastizal, 2217 m, *H. Hidrogo s.n.* (SLPM). **Mezquital del Oro:** brecha Mezquital del Oro-Moyahua, 10 km del entronque con la carr. a Guadalajara, cerca del poblado Palo Verde, 30 Sep 1989, selva baja caducifolia, 1250 m, *Balleza 2432* (CIIDIR); 11 km al S de la carr. a Guadalajara, por la brecha a Moyahua, 30 Sep 1989, bosque tropical caducifolio, 1250 m, *Balleza 2449* (CHAPA). **Moyahua:** km 92.5 carr. federal 54, tramo Guadalajara-Zacatecas, 2 km al S de Santa Rosa, 27 Ago 1988, selva baja caducifolia, 1100 m, *Balleza 1817-B* (CHAPA, CIIDIR, ENCB); km 102 carr. federal 54, tramo Zacatecas-Guadalajara, 27 Ago 1988, matorral subtropical, *Balleza 1792-B* (CHAPA, ENCB). **Pánuco:** La Calera, 5 km al W del entronque con la carr. a Saltillo, 13 Oct 1989, pastizal de *Bouteloua gracilis* con matorral espinoso, 2100 m, *Balleza 2562* (CHAPA, CIIDIR, ENCB). **Teúl de González Ortega:** Por la carr. a Guadalajara, tramo Tepechitlán-Teul, 30 Sep 1989, pastizal de *Bouteloua radicosa*, 1850 m, *Balleza 2397-B* (CIIDIR, ENCB). **Valparaíso:** Ejido San Juan Capistrano, 1 km de la comunidad del mismo nombre, Mpio. Valparaíso, 27 Sep 1988, selva baja caducifolia, 1200 m, *Balleza 2031* (SLPM); Puerto de la Paja, 20 km al WSW de Valparaíso, sobre el camino a Huejuquilla, 30 Oct 1963, vegetación de encinar bajo, 2250 m, *Rzed. 17544* (ENCB).

## Arundo L.

Referencia: McVaugh, R. 1983. *Arundo.* En: Flora Novo-Galiciana 14:68–69.

Plantas perennes, rizomatosas, formadoras de grandes colonias; tallos largos, fistulosos (en forma de caña); hojas caulinares, más o menos dísticas en tallos viejos, anchas, lineares; vainas sobrepuestas, glabras, lígula membranácea, blanquecina o parduzca, diminutamente pilosa, láminas anchamente lineares, aplanadas, la base cordado-amplexicaule; inflorescencia una panícula grande, terminal, plumosa; espiguillas comprimidas lateralmente, con varios flósculos bisexuales, los superiores gradualmente más pequeños, los ápices de los flósculos semejantes; raquilla glabra, desarticulándose arriba de las glumas y entre los flósculos; glumas en ocasiones desiguales, membranáceas, 3-nervadas, angostas, gradualmente apiculadas, casi tan largas como las espiguillas; lemas delgadas, 3-nervadas, pilosas, densas y suaves, estrechándose en el ápice, las nervaduras excurrentes en dientes delgados, la central se prolonga en una arista recta. Género de 3 especies, nativas del Mediterráneo a Asia, una especie introducida en América tropical, *A. donax* L.

**Arundo donax** L., Sp. Pl. 1:81. 1753.

Plantas perennes con rizomas gruesos y nudosos; tallos leñosos 2–8 m, 15–40 mm de diámetro, erectos o arqueados, amacollados o formando grandes colonias, nudos ocultos; vainas más cortas que los entrenudos, lígula 1–1.5 mm, membranácea, láminas 40–100 cm × 12–40(–60) mm, aplanadas, lanceoladas, acuminadas, con la base más ancha que las vainas, los márgenes ásperos; panícula 30–60 cm, densa, ovoide, pardo claro, copiosamente pilosas; espiguillas 10–14 mm, numerosas, sobre pedicelos escabrosos, casi del tamaño de las espiguillas, con 2–3(–4) flósculos, lanceolados; glumas 11–13 mm, glabras, acuminadas, púrpura, la segunda un poco más larga, 3-nervada; lema 8–12 mm, lanceolado-ovada, acuminada, frágil, 3–7-nervada, la arista más larga que las glumas, pilosas, los pelos tan largos como la lema; pálea de la mitad del largo de la lema, pilosa en la quilla; anteras 3 mm. Cultivada y escapada de cultivo a lo largo de la orilla de ríos, a 1650 m de altitud.

Se reconocen 2 formas de esta especie f. *donax* y f. *versicolor,* ambas reportadas de la entidad, sin embargo no se distinguieron en el presente estudio.

Planta del Viejo Mundo, introducida en regiones tropicales y subtropicales de todo el mundo, ampliamente distribuida en México como planta de ornato de jardines.

**ZACATECAS. Apozol:** Ejido San Miguel, balneario Paraiso Caxcan, 30 Sep 1989, *Balleza 2456* (CHAPA).

## Avena L.

Referencia: McVaugh, R. 1983. *Avena.* En: Flora Novo-Galiciana 14:69–70.

Plantas herbáceas, anuales; hojas aplanadas, lígula membranácea; inflorescencia en forma de panícula; espiguillas grandes, 1–4 cm, con 2–3 flósculos, péndulos, con articulación arriba de las glumas y entre la lema; lema coriácea, bidentada con una arista dorsal torcida; pálea dura, más corta que la lema, con el margen hialino y 2 quillas.

Existen cerca de 27 especies, nativas de las regiones templadas de Eurasia y el N de Africa, algunas de ellas extensamente cultivadas y naturalizadas en muchas regiones del mundo.

1. Lema conspicuamente pubescente en el dorso, su arista geniculada y torcida, por lo general 2.5–4 cm de largo; espiguillas usualmente con 3 flósculos; lodículos sin lóbulos o dientes laterales; maleza de terrenos de cultivo **Avena fatua**
1. Lema glabra o con escasa pubescencia en la base, con una arista recta 2–3.5 cm de largo, moderadamente torcida; espiguillas 2-flosculadas; lodículos con un pequeño diente o lóbulo terminal abajo del medio; plantas cultivadas, rara vez persistentes **Avena sativa**

**Avena fatua** L., Sp. Pl. 1:80. 1753.

Plantas anuales de 30–100 cm; vainas lisas glabras o pilosas, lígula 4–6 mm, blanca-membranácea, láminas aplanadas, 20–30(–45) cm × 1–1.5 cm; panícula 15–30(–40) cm, abierta, con escasas ramas flexuosas, difusas, desnudas en la base, escasamente floríferas; espiguillas con 2–3 flósculos, de 2–3 cm; glumas subiguales, 7–9-nervadas, la primera un poco mas larga, 2–2.8 cm, lanceolada, largo acuminada, con los márgenes pálidos-membranáceos, glabras; lema 1.5–2 cm, redondeada o angulosa, 7–9-nervada, pilosa excepto cerca de la punta, los pelos duros amarillentos, 5–6 mm, con arista de 3–4 cm, torcida geniculada; pálea coriácea, casi del largo de la lema; cariopsis 7–15 mm. Maleza de áreas abiertas, orilla de caminos y de cultivos, a 2190–2350 m de altitud.

Especie introducida, se le conoce comunmente como avena silvestre.

**ZACATECAS. Monte Escobedo:** Límite entre los estados de Zacatecas y Jalisco, por la terr. a Mexquitic, 21 Sep 1989, bosque de *Quercus*, 2190 m, *Balleza 2273* (CHAPA, CIIDIR, ENCB). **Nochistlán:** Tlachichila, por la brecha a Jalpa, 31 Oct 1989, pastizal con matorral espinoso, 2200 m, *Balleza 2684* (CHAPA). **Zacatecas:** Campo agrícola de la Escuela de Agronomía de la UAZ, km 15.5 carr. a Guadalajara, 3 Mar 1990, maleza en cultivo de *Avena*, 2350 m, *Balleza 2734-B* (CHAPA, CIIDIR).

**Avena sativa** L., Sp. Pl. 1:79. 1753.

Plantas anuales, tallos 40–140(–200) cm, lígula 3–5 mm; láminas 30–45 cm × 3–15(–20) mm; panícula 10–25(–40) cm; espiguillas con 2–3 flósculos, de 35–45 mm; glumas 7–9-nervadas; lema 15–25 mm, el ápice emarginado o con dientes muy cortos, arista faltante o desarrollada pero no geniculada o torcida en el flósculo inferior, muy reducida o faltante en los otros, raquilla no desarticulándose o muy tardíamente por una fractura en línea recta; pálea casi del largo de la lema. $2n = 42$. Se encuentra como cultivo y como maleza, a 2147–2570 m de altitud.

Avena cultivada de vida corta, en cultivos de invierno en varias localidades del Estado, en ocasiones es tratada como una variedad de *A. fatua*.

**ZACATECAS. Jerez:** Sierra Los Cardos, 10.5 mi NW of Jerez, W of El Cargadero, on road towards Monte de los García, 19 Oct 2007, dry rocky slopes with *Quercus, Pinus cembroides, Arctostaphylos pungens,* and *Juniperus*, 2570 m, *P.M. Peterson, Saarela y D. Stancik 21411* (US). **Monte Escobedo:** Límite entre los estados de Zacatecas y Jalisco, por la terracería a Mexquitic, 21 Sep 1989, potrero en bosque de *Quercus*, 2190 m, *Balleza 2274* (CHAPA, CIIDIR, ENCB). **Morelos:** a 26 km de Zacatecas por la carr. a Fresnillo, 21 Ago 1988, *E. Manrique y Beetle 1388* (MEXU). **Sain Alto:** 2.1 mi W of turnoff to Sain Alto along hwy 45 towards Sombrerete, 7 Oct 2007, desert scrub near hwy with *Opuntia, Acacia, Clematis, Pectis Prosopis* y grasses, 2147 m, *P.M. Peterson, Saarela y M. Flores 21280* (US). **Zacatecas:** Campo agrícola de la Escuela de Agronomía de la UAZ, km 15.5 carr. a Guadalajara, 3 Mar 1990, 2350 m, *Balleza 2737* (CHAPA, CIIDIR).

## Blepharoneuron Nash

Referencia: Peterson, P.M. & C.R. Annable. 1990. Syst. Bot. 15:515–525.

Plantas cespitosas perennes y anuales delgadas, muy ramificadas cerca de la base; tallos fistulosos, ocasionalmente sólidos, escaberulosos a estrigosos debajo de los nudos; vainas abiertas, glabras, por lo general más largas que los entrenudos, lígulas membranáceas o hialinas, truncadas a obtusas, a menudo laceradas, los márgenes enteros, decurrentes, láminas aplanadas a involutas, corto pubescentes adaxialmente, glabras a escabrosas abaxialmente; inflorescencia una panícula abierta o contraida, con ramas ascendentes o abiertas, los pedicelos capilares, alambrudos y flexuosos, erectos o péndulos a reflejos, diminuto glandulares justo debajo de la espiguilla; espiguillas 1-flosculadas, un poco comprimidas, la raquilla desarticulándose arriba de las glumas; glumas subiguales, ovadas a obtusas, ocasionalmente lanceoladas, bastante anchas, 1-nervadas, glabras, verde-grisáceo; lema 3-nervada, más firme que las glumas y ligeramente más larga, verde-grisácea, las nervaduras densamente plateado vilosas, el ápice agudo a obtuso, ocasionalmente mucronado; pálea densamente plateado vilosa entre las dos nervaduras, similar a la lema a ligeramente más larga; anteras purpúreas, cariopsis fusiforme a elipsoide, parda. x = 8. Género con 2 especies norteamericanas, una en Zac.

**Blepharoneuron shepherdii** (Vasey) P.M. Peterson & Annable, Syst. Bot. 15:515. 1990. *Sporobolus shepherdii* Vasey, Bull. Torrey Bot. Club 14:8. 1887.

Plantas anuales; tallos 16–40 cm, escaberulosos a estrigosos debajo de los nudos, delgados a bastante gruesos, erectos a geniculado-abiertos, con muchas ramas en la base; vainas glabras, usualmente más largas que los entrenudos, los márgenes hialinos, lígula 1.4–2.8 mm, membranácea, hialina, irregularmente dentada a lacerada u ocasionalmente entera, láminas 4–8.5 cm × 0.8–2 mm, aplanadas a ligeramente involutas; inflorescencia 8–18 cm × 2.7–7 cm, las ramas ascendentes a abiertas, una o dos por nudo, 3–6 cm; espiguillas péndulas a reflejas sobre pedicelos capilares; glumas subiguales, verde-grisáceas, glabras, ovadas a oblongas, ocasionalmente lanceoladas, el ápice con frecuencia agudo, la primera 0.7–1.6 mm, la segunda 1–1.7 mm; lemas 1.3–1.7(–1.9) mm, verde-grisáceo, lanceolada, a menudo obtusa cerca del ápice, con pubescencia aplicada a abierta, pelos plateados en la nervadura central y en los márgenes; páleas 1.2–1.7 mm, casi tan largas como la lema, vilosas entre las nervaduras; anteras 0.8–1.4 mm, pardas; cariopsis 1–1.7 mm, dorsalmente comprimida, aplanada, amarillo oro. Habita en el bosque de encino, a 2219 m de altitud.

Especie mexicana conocida de: Chih., Dgo. y Son. La reportamos ahora de Zacatecas.

**ZACATECAS. Nochistlán:** Límites con Jalisco, Paraje Torrecillas, sierra del Laurel, Tlachichila, 4 Nov 2006, bosque de encino, 2219 m, *O. Rosales y Y. Herrera 3728* (CIIDIR).

## Bothriochloa Kuntze

Referencias: McVaugh, R. 1983. *Bothriochloa*. En: Flora Novo-Galiciana 14:76–81. Davidse, G. & R.W. Pohl. 1994. *Bothriochloa*. En: Flora Mesoamericana 6:384–385.

Plantas perennes, cespitosas, rizomatosas o estoloníferas; tallos fistulosos; lígula una membrana, láminas lineares, aplanadas; inflorescencia una panícula de varios racimos subdigitados a paniculados, racimos con espiguillas hacia la base, raquis articulado, las espiguillas en pares, las 2 espiguillas y 1 entrenudo del raquis caedizos como una unidad, entrenudos del raquis y pedicelos con un surco central angosto, hialino, translúcido, por lo general densamente sedoso-pilosos; espiguillas dimorfas, comprimidas dorsalmente, sésiles y pediceladas; espiguillas sésiles 2-flosculadas, lanceoladas, aristadas, callo obtuso, piloso, glumas iguales, cartilaginosas, ocultando los flósculos, primera gluma aplanada o ligeramente cóncava en el dorso, multinervada, 2-carinada, los márgenes abrazando a la segunda gluma, ésta 3-nervada, carinada; flósculo estéril con la lema delgada, hialina, sin nervaduras, pálea faltante; flósculo fértil con la lema reducida hacia la base de la arista, arista geniculada, torcida, parda, exserta; espiguillas pediceladas estériles o estaminadas, similares a las espiguillas sésiles o más pequeñas o reducidas, sin aristas. Género de aprox. 35 especies distribuidas en los trópicos.

1. Racimos inferiores por lo general más largos que el eje de la panícula, así panícula de forma flabelada.
  2. Espiguillas pediceladas similares en tamaño y forma a las espiguillas sésiles; plantas de 20–100 cm de alto.
    3. Espiguillas sésiles 3.5–4 mm de largo, con una arista de 1.4–1.8 cm; panícula plumosa, con 1–6 racimos de 3–7 cm de largo ____ **Bothriochloa ischaemum**
    3. Espiguillas sésiles 5–8 mm de largo, con una arista de 1.8–3 cm; panícula no plumosa, con 3–7 racimos de 4–9 cm de largo.
      4. Espiguilla sésil 5–6(–7) mm de largo, la arista de 1.8–3 cm, con una fóvea glandular puntiforme en la mayoría; hojas delgadas 3–4 mm, glabras y largamente apiculadas ____ **Bothriochloa wrightii**
      4. Espiguilla sésil 5.5–8 mm de largo, la arista 1.2–1.5 cm , por lo general sin fóvea puntiforme o sólo en algunas; hojas más anchas (3–)5–7 mm de ancho, papiloso-hirsutas y menos apiculadas ____ **Bothriochloa hirtifolia**
  2. Espiguillas pediceladas más cortas y/o más angostas que las espiguillas sésiles; plantas de 50–150 cm de alto.
    5. Tallos 80–150 cm de alto, con nudos pilosos; láminas 4–8 mm de ancho; inflorescencia 5–11 cm de largo; primera gluma sin fóvea glandular en todas las espiguillas ____ **Bothriochloa barbinodis**

*Aristida schiedeana*

*Avena fatua*

*Avena sativa*

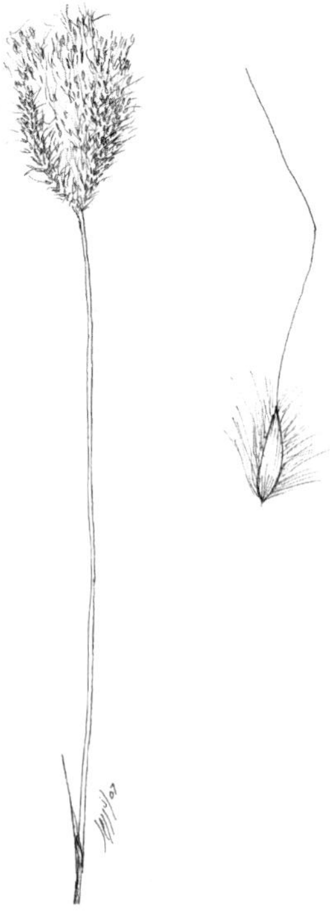

*Bothriochloa barbinodis*

5. Tallos 40–80 cm de alto, más delgados que los anteriores, con nudos glabros a diminuto-puberulentos; láminas 2–4 mm de ancho; inflorescencia 4–7 cm de largo; con una fóvea glandular arriba del centro de la primera gluma de todas las espiguillas ________ **Bothriochloa hybrida**

1. Racimos inferiores por lo general más cortos que el eje de la panícula, así la panícula de forma oblonga.
   6. Inflorescencia 15–25 cm de largo, con el eje de 5–14 cm________ **Bothriochloa alta**
   6. Inflorescencia 4–10(–13) cm de largo, con el eje de 4–7 cm.
      7. Espiguillas sésiles 4–6 mm de largo, con una fovea glandular puntiforme ________ **Bothriochloa perforata**
      7. Espiguillas sésiles 4(–5) mm de largo, sin fovea puntiforme________ **Bothriochloa laguroides**

**Bothriochloa alta** (Hitchc.) Henrard, Blumea 4:520. 1941. *Andropogon altus* Hitchc., Contr. U.S. Natl. Herb.17(3):208. 1913.

Plantas cespitosas; tallos 80–150 cm, erectos simples o ligeramente ramificados, entrenudos glabros, nudos pilosos; hojas en su mayoría glabras, lígula 2–4 mm, ciliolada, láminas 20–40 cm × 5–10 mm, pilosas atrás de la lígula; inflorescencia (8–)15–25 cm, 2.5–5 cm, oblonga, plumosa, eje 5–14 cm; racimos numerosos, 2–4 cm, paniculados, ascendentes, entrenudos del raquis y pedicelos densamente pilos, con pelos hasta 6 mm de largo, el surco central tan ancho como las costillas o más ancho que ellas; espiguillas sésiles 4.5–5 mm; gluma inferior inconspicuamente nervada, con una fóvea prominente, esparcido-pilosa en la ½ inferior; lema del flósculo inferior 1.8–2 mm, arista exserta 15–20 mm, cerrado torcida, parda; espiguillas pediceladas 3–3.6(–4) mm, lineares, casi del largo de los pedicelos; segunda gluma 5-nervada. Habita en bosque de encino-pino-enebro, a 2300–2500 m de altitud.

Especie conocida de Dgo. y Zac a Centroamérica.

**ZACATECAS. Jerez:** rancho El Roble, brecha Jerez-Monte de los García, 14 Sep 1989, bosque de *Juniperus* con encino y pino, 2500 m, *Balleza 2243* (CHAPA, CIIDIR). **Morelos:** km 738 carr. a Cd. Juárez, 12 Sep 1955, *Hern.-Xol. y V. Mathus N-1652* (CHAPA, US). **Pinos:** carr. federal 70 a la altura de los Alpes, 4 Oct 1989, huerta de nopal, 2300 m, *Balleza 2466* (CIIDIR, CHAPA).

**Bothriochloa barbinodis** (Lag.) Herter, Revista Sudamer. Bot. 6(5–6):135. 1940. *Andropogon barbinodis* Lag., Gen. Sp. Pl. 3. 1816.

Plantas perennes cespitosas; tallos 80–150 cm, erectos, simples o esparcido-ramificados, entrenudos glabros, nudos pilosos; vainas glabras, lígula 2–3 mm, no pilosa, láminas 7–20 cm × 4–8 mm, firmes, aplanadas, glabras o esparcido-pilosas adaxialmente; inflorescencia 5–11 cm, flabelada, inclusa parcialmente en la vaina de la hoja superior, con el eje principal recto, 1–4.7 cm, racimos 10–20, 3–8 cm, racemosos, de forma subflabelada, sedosos, blanco-plateados, raquis y pedicelos vilosos, con pelos de 2–7 mm, el surco central más ancho que las costillas; espiguillas sésiles bisexuales, 5–6 mm, primera gluma 7–9-nervada, sin una fovea, glabra o pilosa en la ½ inferior, segunda gluma glabra, lema del flósculo bisexual 2.5–2.8 mm, arista 9–20 mm; espiguillas pediceladas 3.8–4.1 mm, estériles, con una sola envoltura floral, sin arista, coriácea. Habita en bosque de pino, encino o enebro, matorral xerófilo y pastizal; a 1800–2450 m de altitud.

Especie muy común conocida desde el SW de Estados Unidos a México; Centro y Sudamérica.

**ZACATECAS. Gral. Pánfilo Natera:** km 129.5 carr. federal 49, tramo San Luis Potosí-Zacatecas, entronque con la terracería al Tule, 17 Ago 1988, matorral desértico espinoso con nopalera, 2000 m, *Balleza 1643* (ENCB); km 139 carr. San Luis Potosí-Zacatecas, 16 Jul 1977, *J. García s.n.* (CHAPA). **Guadalupe:** Ejido Casa Blanca, por la terracería a Los Rancheros, 2 Ago 1989, terrenos sembrados con chile, arvenses a orilla del canal de riego, 2250 m, *Balleza 2146* (CIIDIR). **Juchipila:** cerro El Piñón, Pueblo Viejo, 10 Nov 1968, bosque de *Pinus maximartinezi*, 2300 m, *C.L. Díaz 1054* (SLPM). **Nochistlán:** Tlachilila por la brecha a Jalpa, 31 Oct 1989, *Balleza 2683* (CHAPA). **Sain Alto:** 2.1 mi W of turnoff to Sain Alto along hwy 45 towards Sombrerete, 7 Oct 2007, desert scrub near hwy with *Opuntia, Acacia, Clematis, Pectis Prosopis* y grasses, 2147 m, *P.M. Peterson, Saarela y M. Flores 21285* (US). **Sombrerete:** 6 km al N-NE de Agua Zarca, 29 Oct 2006, pastizal natural, 2280 m, *O. Rosales y Y. Herrera 3630* (CIIDIR); near Sombrerete on hwy 45 (48 mi SE of Nombre de Dios, 16 Aug 1959, *D.L. Marsh 1897* (US); 1 km SE of Villa Insurgentes along hwy 45 towards Zacatecas, 29 Sep 2001, calcareous slopes with *Quercus intricata, Pinus cembroides,* and *Rhus virens*, 2348 m, *P.M. Peterson y S. González 15958* (US). **Teúl de González Ortega:** 3 km al N de Teúl, carr. a Guadalajara tramo Tepechitlán-Teúl de González Ortega, 30 Sep 1989, pastizal de *Bouteloua radicosa*, 1850 m, *Balleza 2389-B* (CIIDIR). **Valparaíso:** Puerto de la Paja, 20 km al WSW de Valparaíso, sobre el camino a Huejuquilla, 30 Oct 1963, bosque de encino, 2286 m, *Rzed. 17530* (ENCB, US); 1 km al N de San Fco., 3 Nov 1963, pastizal, 1800 m, *Rzed. 17630* (ENCB, US); *17634* (ENCB, MEXU, US). **Villanueva:** Malpaso, km 29 de la carr. Zacatecas-Guadalajara, 8 Ago 1988, lomerío con matorral desértico crassicaule, 2150 m, *Balleza 1536* (ENCB); *1556* (CHAPA, CIIDIR, ENCB). **Villa de Cos:** 11 mi N of Sierra Hermosa, 4 Sep 1938, *Shreve 8586* (US); Valle Hermoso, 21 Jul 1986, *E. Manrique, Lozano y Bravo 1258* (MEXU). **Villa González Ortega:** km 86 carr. a San Luis Potosí, 19 Ago 1988, matorral desértico espinoso, 2300 m, *Balleza 1679* (CHAPA, ENCB). **Zacatecas:** Ejido Las Chilitas, 18 Ago 1989, pastizal de *Microchloa*, 2450 m, *Balleza 2179* (CHAPA, CIIDIR).

**Bothriochloa hirtifolia** (J. Presl) Henrard, Nederl. Dendrol. Ver. Gedenk. Suringar 183. 1942. *Andropogon hirtifolius* J. Presl, Reliq. Haenk. 1:338. 1830.

Plantas cespitosos perennes, tallos 60–130 cm, entrenudos y nudos glabros; hojas suavemente papiloso-hirsutas, lígula 2–3 mm; láminas 25–40 cm × 3–7 mm; inflorescencia 6–12 cm, flabelada, no plumosa, 2–7 racimos, de 4–9 cm, subdigitados; entrenudos de raquis y pedicelos ligeramente pilosos con pelos de 1–2 mm, el surco central más angosto que las costillas hacia la base, más ancho hacia el ápice; espiguillas sésiles 5.5–8 mm; primera gluma 9-nervada, por lo general sin fovea, a veces con una fóvea poco profunda por debajo del ápice, glabra, rara vez esparcido-pilosa abaxialmente, brillante, segunda gluma glabra; lema inferior 3–4.4 mm, con arista de 20–30 mm; espiguillas pediceladas 6–7.5 mm, estériles; gluma inferior multinervada, del largo de la espiguilla. Habita en áreas abiertas en pastizal con encinos y bosque de pino-encino, a 1980–2300 m de altitud.

Se distribuyen desde México a Guatemala.

**ZACATECAS. Juchipila:** al W de Pueblo Viejo, Sierra de Morones, cerro de Piñones, arroyo Los Canelos, brecha a la Loma de En Medio, 17 Sep 1998, bosque de pino-encino, 2035 m, *Balleza 9082* (CIIDIR). **Teúl de González Ortega:** Ejido Milpillas de Allende, 16 Sep 1988, pastizal, 2300 m, *Balleza 1944* (CHAPA, CIIDIR, ENCB). **Valparaíso:** Terracería entre Valparaíso y la Unión del Chacuaco, 20 Oct 1989, pastizal con *Quercus, Balleza 2619* (CHAPA, CIIDIR); Brecha de Lobatos-Adjuntas del Refugio, 29 Sep 1989, pastizal con bosque espinoso, 1980 m, *Balleza 2385* (CHAPA, CIIDIR); Santa Lucía de la Sierra, 27 Sep 1989, bosque de pino, 2290 m, *Balleza 2357* (CHAPA).

**Bothriochloa hybrida** (Gould) Gould, Southw. Naturalist 3:212. 1959. *Andropogon hybridus* Gould, Madroño 14:21–23. 1957.

Plantas perennes cespitosas; tallos 40–80 cm, delgados, erectos, simples, entrenudos glabros, nudos glabros o diminuto-puberulentos; vainas glabras, lígula 1.5–2 mm, no pilosa, láminas 5–15 cm × 2–4 mm, aplanadas, glabras; inflorescencia 4–7 cm, de forma subflabelada, inclusa parcialmente en la vaina de la hoja superior, racimos 3–10, 3–6 cm, racemosos, sedosos, raquis y pedicelos vilosos, con pelos de 2–4 mm, el surco central más ancho que las costillas; espiguillas sésiles bisexuales, 5–6 mm, primera gluma 7–9-nervada, sin una fovea, glabra o pilosa en la ½ inferior, segunda gluma glabra, lema del flósculo bisexual 2.5–2.8 mm, arista 9–20 mm; espiguillas pediceladas 3.8–4.1 mm, estériles, con una sola envoltura floral, sin arista, coriácea. Encontrada en matorral xerófilo y pastizal, a 2317 m de altitud.

Especie poco común conocida de Texas al E-Centro de México.

**ZACATECAS. Cuauhtémoc:** 15.4 mi N of Zacatecas-Aguascalientes border on hwy 45, 7 Oct 2007, desert scrub with *Yucca, Acacia, Opuntia*, y grasses, 2317 m, *P.M. Peterson, Saarela y M. Flores 21297* (US).

**Bothriochloa ischaemum** (L.) Keng, Contr. Biol. Lab. Chin. Assoc. Advancem. Sci., Sect. Bot. 10:201. 1936. *Andropogon ischaemum* L. Sp. Pl. 2:1047. 1753.

Plantas perennes, cespitosas, tallos 3–100 cm, erectos a decumbentes, esparcido-ramificados; entrenudos glabros, nudos generalmente pilosos; vainas glabras, lígula 0.8–1 mm, láminas 8–15 cm × 2–3 mm, papiloso-hirsutas adaxialmente; inflorescencia 3–8 cm, de forma flabelada, no conspicuamente plumosa, racimos 1–6, 3–7 cm, subdigitados, entrenudos del raquis y pedicelos moderadamente pilosos con pelos de 1.5–3.5 mm, el surco central más angosto que las costillas, espiguillas sésiles 3.5–4 mm; primera gluma 7-nervada, sin fovea, pilosa por debajo de la mitad, segunda gluma glabra; lema inferior 2 mm, arista 14–18 mm; espiguillas pediceladas 3.5–4 mm, estériles o estaminadas; gluma inferior 9-nervada. Escapada de cultivo, común en la orilla de caminos, encontrada en matorral espinoso, a 1800–2000 m de altitud.

Nativa del Viejo Mundo; cultivada y naturalizada en América tropical y subtropical.

**ZACATECAS. Concepción del Oro:** 15 km N of jct of hwys 54 y 45, N of Concepción del Oro, 26 Jul 1981, assoc. species *Bothriochloa ischaemum* y *Chloris virgata, S.L. Hatch, C.W. Morden y J. Valdes 4526* (TAES). **Gral. Pánfilo Natera:** km 129.5 carr. federal 49, tramo San Luis Potosí-Zacatecas, entronque con la terracería al Tule, 17 Ago 1988, matorral desértico espinoso con nopalera, 2000 m, *Balleza 1637* (CHAPA, CIIDIR, ENCB). **Villanueva:** km 247 carr. a Guadalajara, 6 Oct 1988, *Balleza 2075* (CHAPA).

*Arundo donax*

*Avena fatua*

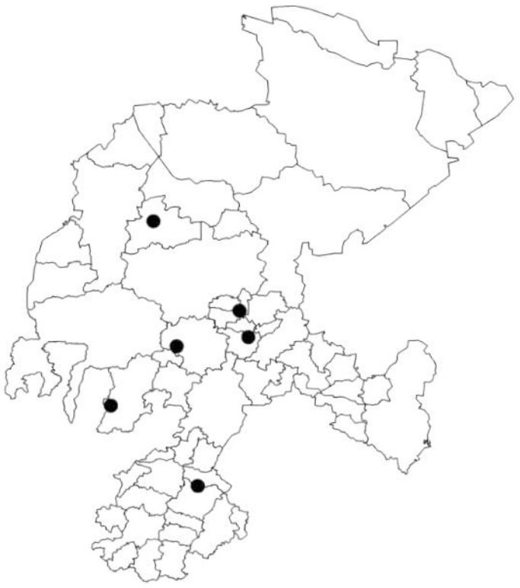
*Avena sativa*

*Blepharoneuron shepherdii*

*Bothriochloa alta*

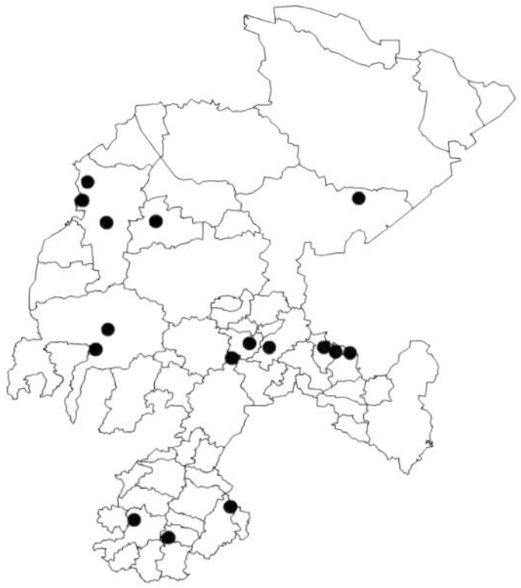
*Bothriochloa barbinodis*

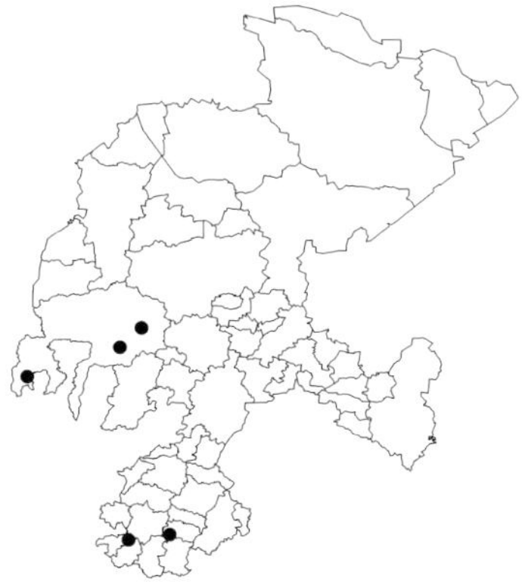
*Bothriochloa hirtifolia*

*Bothriochloa hybrida*

*Bothriochloa ischaemum*

**Bothriochloa laguroides** (DC.) Herter var. **laguroides,** Revista Sudamer. Bot. 6(5–6):135. 1940. *Andropogon laguroides* Cat. Pl. Horta Mons. 78. 1813.

Plantas perennes, cespitosas; tallos 40–110 cm, amacollados, glaucos, entrenudos glabros, nudos pilosos; vainas glabras, redondeadas, lígula 1.8–2.6 mm, láminas 9–25 cm × 3–5 mm, aplanadas, glabras a esparcido papiloso-hirsutas; inflorescencia 5–10(–13) cm, de forma oblonga, conspicuamente plumosa, eje 5–8 cm, ramas numerosas, 2.5–5 cm, racemosas, entrenudos del raquis y pedicelos pilosos con pelos de 5–10 mm; espiguillas sésiles bisexuales, 2.5–4 mm × 0.6–0.8(1) mm; primera gluma 9-nervada, pilosa en la ½ inferior, los pelos cortos, segunda gluma glabra; lema 2.7–3.5(–4) mm, arista 9–15 mm; espiguillas pediceladas 3–5 mm, estériles, segunda gluma 7–9-nervada. *2n* = 60. En áreas agrícolas, pastizal y mezquital, a 2080–2140 m de altitud. Existen 2 variedades reconocidas para este taxón, *B. laguroides* var. *torreyana* se distribuye en Zacatecas.

Distribución reconocida desde México a Centro y Sudamérica.

**ZACATECAS. Gral. Joaquín Amaro:** near Plateado, 3 Sep 1897, *Rose 2758* (US); Río de los Negros, Villanueva-El Plateado, Sep 1959, a la orilla de un maizal, *L. Vela, G. Guzmán s.n.* (SLPM). **Miguel Auza:** 2 km al E de la Honda, 12 Sep 1996, pastizal mediano abierto, 2140 m, *L. Silva 805* (CIIDIR). **Río Grande:** rancho El Carrizal, potrero Las Remudas, 7 km al E, carr. Zacatecas-Torreón, entrando por km 41 desde el entronque Torreón-Durango, 18 Ago 1979, matorral crassicaule, 2080 m, *M. González-Ledezma y F. Cano s.n.* (SLPM). **Villa de Cos:** Trópico de Cáncer, por la carr. federal 54, 23 Oct 1976, mezquital, 2100 m, *J. Brunken y C. Perino 475-B* (CHAPA).

**Bothriochloa perforata** (Trin. ex E. Fourn.) Herter, Revista Sudamer. Bot. 6(5–6):135. 1940. *Andropogon perforatus* Trin. ex E. Fourn., Mexic. Pl. 2:59. 1886.

*Bothriochloa barbinodis* var. *perforata* (Trin. ex E. Fourn.) Gould

Plantas perennes, densamente amacollada; tallos 50–100 cm, geniculados en la base, nudos aplicado pubescentes a corto barbados; vainas glabras, lígula 2–3 mm, membranácea, láminas 17–30 cm × 2–4 mm, atenuadas hacia el ápice, aplanadas, glabras o esparcido-pilosas adaxialmente; inflorescencia 5–10 cm, de forma oblonga, subtendida por la vaina de la hoja superior, racimos 4–8, 5–7 cm, pseudos-digitados, agregados en un eje corto, recto, unión del raquis y pedicelos densamente largo-vilosos; espiguilla sésil 4–6 mm, bisexual, corto pilosa en la base; primera gluma 4–6 mm, esparcido-pilosa, con una fovea al centro, segunda gluma glabra; lema del flósculo bisexual 2.3–2.6 mm, arista 18–25 mm, geniculada, torcida abajo; espiguillas pediceladas 3.8–4 mm, estériles, con una sola envoltura floral, sin arista, coriácea. Habita en bosque de pino-encino o enebro, matorral xerófilo y pastizal; a 2150–2616 m de altitud.

Citada de Texas al N de México.

**ZACATECAS. Luis Moya:** Along hwy 45, 9.3 mi NW of state line of Zacatecas, 8 Ene 1977, valley with mesquite, 7000 ft, *Dunn, Bennett, Wider y Torke 22571* (ENCB). **Sombrerete:** 1 km al E de Doroteo Arango, 29 Oct 2006, pastizal con encinos aislados, 2370 m, *O. Rosales y Y. Herrera 3611* (CIIDIR); 4.5 km por la carr. a la Mina Sabinas, 1 km adelante del poblado San Martín, 29 Oct 2006, bosque de pino-encino, 2616 m, *O. Rosales y Y. Herrera 3637* (CIIDIR).

**Bothriochloa wrightii** (Hack.) Henrard, Blumea 4:520. 1941. *Andropogon wrightii* Hack., Flora 68(8):139. 1885.

Plantas perennes, amacolladas, algunas veces glaucas; tallos 50–100 cm, simples, los nudos usualmente híspidos, láminas 15–25(–30) cm × 3–5 mm, aplanadas, largamente apiculadas hasta terminar en un punto muy fino; inflorescencia 5–8 cm, de forma flabelada, racimos 3–7, suberectos, 4–6 cm, verdes o tostados, no conspicuamente plumosos, los pelos de la unión del raquis y los pedicelos mucho más cortos que en las espiguillas, pedúnculos usualmente largo exsertos; espiguillas sésiles 5–6(–7) mm, corto-pilosas en la base; primera gluma con varias nervaduras, sin fóvea, corto pilosa sobre las quillas, los pelos tiesos, segunda gluma semejante a la primera; lema del flósculo bisexual 5–6(–7) mm, generalmente con una fóvea puntiforme, arista 10–15 mm, torcida en la base, geniculada; espiguilla pedicelada casi tan larga como la sésil, estaminada, sin arista, semejante en textura y forma. Planta escasa encontrada en bosque de pino piñonero, a 2300–2400 m de altitud.

Conocida del S de Nuevo Mexico hasta el N de México.

**ZACATECAS. Jerez:** 10 km al NW de Jerez, por la carr. al Roble, 24 Ago 1988, bosque de pino, 2400 m, *Balleza 1760* (CHAPA, CIIDIR, ENCB). **Sombrerete:** Parque Nacional Sierra de Órganos, 1 km al S de Villa Insurgentes y 2.5 km al W de San Fco. de Órganos, 22 Sep 2001, bosque de *Pinus cembroides, Juniperus deppeana, Rhus virens*, 2300 m, *S. González y P.M. Peterson 6435* (CIIDIR).

Especies excluidas: *Bothriochloa barbinodis* var. *palmeri* y *Bothriochloa palmeri* (Hack.) Pilg. (sinónimos), citada por Espejo y López (2000) y por Dávila et al. (2006), pero se excluye por no haberse encontrado ejemplares que avalen su presencia en Zacatecas.

*Bothriochloa saccharoides* (Sw.) Rydb. var. *saccharoides*, citada por Espejo y López (2000), pero se excluye por no haberse encontrado ejemplares que avalen su presencia en la entidad.

## Bouteloua Lag.

Referencia: Herrera A., Y., P.M. Peterson & M. de la Cerda L. 2004. Revisión de *Bouteloua* Lag. (Poaceae). Pp. 1–187.

Plantas herbáceas anuales o perennes, cespitosas, estoloníferas o rizomatosas; tallos delgados; hojas principalmente basales, cortas, lígula una hilera de pelos cortos, láminas lineares, aplanadas o conduplicadas; inflorescencia un racimo de 1 a numerosas espigas cortas, unilaterales; espigas desarticulándose como una unidad y en ocasiones también las espiguillas desarticulándose arriba de las glumas; espiguillas generalmente 3 a numerosas (rara vez 1) por espiga, insertas en 2 hileras a lo largo del lado inferior del raquis de la espiga, comprimidas lateralmente, con 1 flósculo bisexual inferior y 1 o 2 superiores, masculinos, estériles o rudimentarios, en ocasiones flosculos femeninos en espigas muy cortas o falsos involucros (en *B. dactyloides*); glumas desiguales a subiguales, más cortas que los flósculos, 1-nervadas, agudas o carinadas, la primera más corta que la segunda; lema del flósculo fértil 3-nervada, las nervaduras a menudo excurrentes como aristas; pálea 2-carinada, el ápice 2-dentado o 2-mucronado; segundo flósculo estéril 1–3-aristado, a veces reducido a solo aristado; cariopsis con el embrión 1/2–2/3 del largo de la cariopsis. Género con alrededor de 50 especies todas del Nuevo Mundo, 45 especies en México. En México se considera a la mayoría de las especies con alto valor forrajero.

1\. Plantas dioicas o monoicas, espigas pistiladas diferentes en forma y tamaño a las estaminadas.
  2\. Lemas y flósculos rudimentarios de las espiguillas pistiladas sin aristas; inflorescencia femenina compuestas de 3–5 espiguillas rodeadas de un falso involucro globular que se desarticula completo ____ **Bouteloua dactyloides**
  2\. Lemas y flósculos rudimentarios de las espiguillas pistiladas largo aristadas; inflorescencia femenina un racimo unilateral, curvado en círculo, las espiguillas se desarticulan solitarias ____ **Bouteloua reederorum**
1\. Plantas con flósculos bisexuales, al menos las principales.
  3\. Espiguillas 3 en cada espiga; espiguilla central corto estipitada, 3-flosculada, primer flósculo bisexual, los laterales masculinos.
    4\. Tallos generalmente mayores de 20 cm de alto; láminas de 3–6 cm de largo; espiguillas laterales bien desarrolladas, estaminadas ____ **Bouteloua erecta**
    4\. Tallos menores de 20 cm de alto; láminas de 1–2 (rara vez hasta 5) cm de largo; espiguillas laterales reducidas, a veces estaminadas pero con las lemas reducidas ____ **Bouteloua diversispicula**
  3\. Espiguillas (1–)2 a varias en cada espiga; de diferente manera, con 1–2(–3) rudimentos, a veces representados por una arista.
    5\. Inflorescencia con 2 espiguillas, bien desarrolladas o una de ellas abortada y representada por 2 aristas hirsutas; espiguillas comprimidas dorsalmente, 2-flosculadas, el flósculo superior masculino o estéril ____ **Bouteloua polymorpha**
    5\. Inflorescencia compuesta de 1–100 espiguillas bien desarrolladas; espiguillas subredondeadas, con 1–2(3) rudimentos, a veces representados por una arista.
      6\. Espigas caedizas en la madurez, portando 1–12 espiguillas; las espiguillas permanecen insertas a las espigas.
        7\. Ramas de la inflorescencia (espigas) la mayoría con una sola espiguilla ____ **Bouteloua uniflora**
        7\. Ramas de la inflorescencia (espigas) con 2–22 espiguillas.
          8\. Espigas 20 o más por tallo, si son menos que 15, entonces las espigas miden menos que 1 cm de largo ____ **Bouteloua curtipendula**
          8\. Espigas 1–15 por tallo, de 0.7–4 cm de largo, si llegan a ser 20 entonces miden más de 1 cm de largo.
            9\. Espigas portando 2–4 espiguillas, ampliamente abiertas o reflejas en la madurez, fácilmente caedizas; raquis de las espigas puntiagudas en la base y prolongado en el ápice 5–10 mm más adelante de la inserción de la espiguilla terminal ____ **Bouteloua aristidoides**
            9\. Espigas portando 6–12 espiguillas, no muy abiertas en la madurez; raquis de las espigas no puntiagudas en la base, ni prolongadas en el ápice.

10. Raquis de las espigas y segunda gluma híspidas en el dorso; espigas 3–8, de 7–10 mm de largo ______ **Bouteloua chondrosioides**
10. Raquis de las espigas y segunda gluma glabras a escabrosas; espigas 5–12, de 15–40 mm de largo.
    11. Raquis de las espigas 20–50(–70) mm de largo, espiguillas (9–)12–22 por espiga, insertas casi hasta el ápice ______ **Bouteloua williamsii**
    11. Raquis de las espigas 15–30 m de largo, espiguillas 5–12 por espiga, insertas sobre ½ a ¾ partes del raquis, nunca hasta el ápice.
        12. Plantas con rizomas bien desarrollados, fuertes y escamosos, con entrenudos de 2 mm de largo; espiguillas de 9–13 mm de largo; anteras 3–4 mm de largo ______ **Bouteloua radicosa**
        12. Plantas sin rizomas, los entrenudos en la base de los tallos mayores de 2 mm de largo; espiguillas 6–9 mm de largo; anteras de 3.5–5.5 mm de largo ______ **Bouteloua repens**

6. Espigas persistentes, portando 20–60 espiguillas; las espiguillas se desarticulan arriba de las glumas.
    13. Inflorescencia una sola espiga unilateral.
        14. Plantas anuales, generalmente de porte bajo, 7–23(–35) cm de alto; láminas muy escasas ______ **Bouteloua simplex**
        14. Plantas perennes, generalmente mayores de 25 cm de alto; láminas siempre numerosas.
            15. Raquis de la espiga prolongada 5–10 mm más allá del punto de inserción de la espiguilla distal, terminando una aguja semirígida; láminas y espiguillas hirsuto pubescentes ______ **Bouteloua hirsuta**
            15. Raquis de la espiga sin extenderse más allá del punto de inserción de la espiguilla terminal; segunda gluma pubescente o glabra.
                16. Una sola espiga por tallo; raquis de la espiga y la segunda gluma glabra a escabrosas, raquis claramente arqueado ______ **Bouteloua scorpioides**
                16. Una a tres espigas o más; raquis de la espiga y segunda gluma pilosa o híspida a menudo con pelos largos de base papilosa, raquis recto ______ **Bouteloua gracilis**
    13. Inflorescencia con 2 o más espigas unilaterales.
        17. Segunda gluma (al menos en algunas espiguillas) híspida o hirsuta con pelos de base papilosa.
            18. Raquis de la espiga prolongada 5–10 mm adelante del punto de inserción de la espiguilla distal, terminando en una aguja semirígida; láminas y espiguillas hirsuto-pubescentes ______ **Bouteloua hirsuta**
            18. Raquis de las espiguillas sin prolongarse adelante del punto de inserción de la espiguilla distal; láminas y espiguillas glabras a escabrosas, nunca hirsuto-pubescentes.
                19. Lema 3.5–4 mm de largo; espigas 3–8, de 1–3 cm de largo; plantas cespitosas o estoloníferas, nunca rizomatosas ______ **Bouteloua parryi**
                19. Lema 4–5.5 mm de largo; espigas (1–)2(–4), de 1.5–4.5 cm de largo; plantas subrizomatosas ______ **Bouteloua gracilis**
        17. Segunda gluma glabra o pubescente pero los pelos nunca de base papilosa.
            20. Entrenudos del tallo lanoso-pubescentes, al menos los inferiores; base del raquis y de las ramas lanoso-pubescente ______ **Bouteloua eriopoda**
            20. Entrenudos del tallo, base del raquis y de las ramas completamente glabros.
                21. Plantas anuales ______ **Bouteloua barbata**
                21. Plantas perennes.
                    22. Inflorescencia con (1–)2(–4) espigas.
                        23. Tallos conspicuamente ramificados, geniculados, usualmente con 4–5 nudos, barbados en las axilas de las ramas ______ **Bouteloua ramosa**
                        23. Tallos nunca ramificados, erectos, usualmente con 1–2(–3) nudos, glabros ______ **Bouteloua gracilis**
                    22. Inflorescencia con 3–30 espigas.
                        24. Espiguillas de 5–6.5 mm de largo; espigas (1–)2(–4), de 3–4.5 cm de largo, portando 40–100 espiguillas ______ **Bouteloua gracilis**
                        24. Espiguillas de 3–4.5 mm de largo; espigas (2–)3–8(–12), de 1–2.5 cm de largo, portando 16–32 espiguillas.
                            25. Segunda gluma 3–3.5 mm de largo; lema del flósculo bisexual 4–4.5 mm de largo, densamente plateado pubescente; raquilla con un

mechón denso de pelos en la base del flósculo rudimentario ______ **Bouteloua chasei**

25. Segunda gluma 2–2.5 mm de largo; lema del flósculo bisexual 2.5–3.2 mm de largo, esparcido- pubescente; raquilla sin un mechón de pelos en la base del flósculo rudimentario ______ **Bouteloua karwinskii**

**Bouteloua aristidoides** (Kunth) Griseb., Fl. Brit. W. I. 537. 1864. *Dinebra aristidoides* Kunth, Nov. Gen. Sp. (quarto ed.) 1:171. 1815.

Plantas anuales, amacolladas; tallos 6–50 cm, delgados, frágiles, decumbentes; vainas glabras, lígula 0.2–0.5 mm, láminas 2–4 cm × 1–2 mm, aplanadas o conduplicadas; inflorescencia 2.5–10 cm, espigas (4–)6–16, de 10–20 mm, caedizas, espaciadas, abiertas, portando 2–4 espiguillas, raquis aplanado, pubescente, extendiéndose 5–10 mm más allá de la inserción de la espiguilla terminal, las espiguillas permanecen insertas a las espigas; espiguillas 6–8 mm, las inferiores de las ramas aplicadas al raquis, sin flósculo rudimentario, lema sin arista a corto-aristada, las superiores de las ramas con un flósculo reducido a una columna 3-aristada, 2–6 mm; glumas desiguales, angostas, agudas o acuminadas, la primera 2–2.5 mm de largo, aristiforme, escabroso-pubescente, la segunda 6–7 mm de largo, ancha, esparcido pubescente sobre los márgenes, a menudo patente; lema del flósculo bisexual 6–7 mm, con aristas de 0.4–0.6 mm; pálea 6–7 mm; flósculo rudimentario 1, lema 8–10 mm, 3-aristada, aristas 6–8 mm, aplanadas, escabrosas; anteras 3–4 mm; cariopsis 2–2.5 mm, amarilla cambiando a pardo en la madurez, lanceolado-elíptica. $2n = 40$. En áreas con disturbio de pastizales o matorrales, a 1080–2300 m de altitud.

Conocida desde el SW de Estados Unidos, México; Sudamérica.

**ZACATECAS. Guadalupe:** alrededores del pueblo, Sep 1958, *Hern.-Xol. s.n.* (CHAPA, SLPM). **Río Grande:** rancho El Carrizal, potrero Las Remudas, 7 km al E carr. Zacatecas-Torreón, entrando por km 41 desde el entronque Torreón-Durango, 18 Ago 1979, matorral crassicaule, 2080 m, *M. González-Ledezma y F. Cano s.n.* (SLPM). **Valparaíso:** near San Juan Capistrano, on the road to Huajuquilla, 23 Aug 1897, *Rose 2490* (US); 16.2 mi W of Huejuquilla above Río Atengo crossing, 30 Sep 2001, dry calcareous flats and slopes with *Prosopis* and *Croton*, 1080 m, *P.M. Peterson y S. González 15980* (US). **Zacatecas:** La Higuera, 24 Oct 1980, matorral xerófilo, 2300 m, *Beetle y R. Guzmán M-5694* (MEXU).

**Bouteloua barbata** Lag.,Varied. Ci. 2(4):141. 1805.

Plantas anuales, de tamaño y aspecto variable, según hábitat y grado de desarrollo; tallos 5–30(–50) cm, decumbentes o amacollados y erectos en vegetación densa, sin estolones; vainas con el margen membranáceo-hialino, lígula 0.6–1 mm, hialina, láminas 1–9 cm × 1–3 mm, aplanadas, rectas, con pelos de base papilosa a los lados de la nervadura principal, ápice acuminado; inflorescencia 1–2.5 cm × 1.5–5 mm, espigas unilaterales, persistentes, purpúreas, corto pediceladas, curvadas, raquis aplanado, escabroso; espigas (2–)7(–11) por tallo, portando 20–30(–45) espiguillas; espiguillas 1–2.5 mm, desarticulación por encima de las glumas; glumas desiguales ovadolanceoladas, carinadas, con un mucrón corto, la primera 0.7–1.5 mm, verde pálido a hialina, la segunda 1.5–2.5 mm, púrpura marginada; lema del flósculo bisexual 1.7–4 mm, piloso en la base, con tres aristas de 1.5–2 mm, escabrosas, 4 dientes intercalados con las aristas, verde pálido; pálea 1.5–4 mm, con 2 aristas escabrosas y 3 dientes pilosos; flósculo rudimentario 1, 1.5–4 mm incluyendo las aristas, aristas 3, purpúreas, escabrosas, divergentes, 0.8–4 mm, y 3 lóbulos de 0.5–1 mm, verde claro con los márgenes púrpura; anteras 1–1.2 mm, amarillo-rojizas; cariopsis 0.5–1.3 mm, angulosa-triangular. $2n = 20,40$. Habita en pastizal y matorral xerófilo, a 1500–2217 m de altitud.

Se conocen 3 variedades de esta especie: *B. barbata* Lag. var. *barbata*, *B. barbata* var. *rothrockii* (Vasey) Gould y *B. barbata* var. *sonorae* (Griffiths) Gould, solamente la variedad típica se encuentra en Zacatecas.

**ZACATECAS. Cañitas de Felipe Pescador:** Outside town, 6 Oct 1935, *W.A. Archer 3978* (US). **Fresnillo:** 3 km al E de la carr. a Torreón, por la carr. a Cañitas de Felipe Pescador, 1 Sep 1988, matorral desértico espinoso, 2000 m, *Balleza 1838* (CHAPA, ENCB). **Gral. Fco. R. Murguía:** Jaralillo, 2 Ago 1988, pastizal, 2217 m, *H. Hidrogo s.n.* (SLPM). **Gral. Pánfilo Natera:** km 129.5 carr. a San Luis Potosí, 17 Ago 1988, matorral desértico espinoso, 2000 m, *Balleza 1640* (CHAPA, ENCB). **Jalpa:** 8 km al SW de Jalpa, 30 Aug 1960, orilla de arroyo, 1500 m, *Rzed. 14204* (US). 8 km al SW de Jalpa, 30 Aug 1960, orilla de arroyo, 1500 m, *McVaugh 18506* (CHAPA, ENCB, US). **Mazapil:** 10 mi al SE de San Tiburcio, 3 Ago 1975, *Gentry y Engard 23599* (MEXU, US). **Pánuco:** La calera, 5 km al W de la carr. a Saltillo, 14 Oct 1989, de *Bouteloua gracilis* con matorral espinoso, 2100 m, *Balleza 2567* (CHAPA). **Pinos:** SE of Zacatecas, 8 km W of the boundary between Zacatecas and San Luis Potosí on Mex 49, 28 Sep 1991, Clay flats with *Prosopis, Larrea tridentata, Opuntia*, and *Sporobolus airoides*, 2070 m, *P.M. Peterson, Annable y J. Valdés 10970* (US). **Río Grande:** 5 km al W de la carr. a Torreón, por la carr. a González Ortega, 24 Ago 1988, *Balleza 1721* (CHAPA, ENCB). **Tabasco:** 2 km al S de Tabasco, Oct 1958, *R. Claverán s.n.* (CHAPA); Loreto, 24 Ago 1986, *Brigada Cotecoca 48* (MEXU). **Villa García:** Ejido Copetillo, al inicio de la brecha Villa García-Copetillo, 4 Oct 1989, 2100 m, *Balleza 2477* (CHAPA, CIIDIR).

**Bouteloua chasei** Swallen, Proc. Biol. Soc. Wash. 56:81. 1943.

Plantas perennes, amacolladas, rizomatosas; tallos 15–30(–50) cm, base firme, nudosa; hojas basales, vainas con pubescencia diminuta cerca de los márgenes, barbadas a los lados de la lígula, lígula 2–3 mm, una hilera de pelos, láminas 3–10 cm × 2–3 mm, involutas, angostas y fuertes, arqueadas, pungentes, glabras; inflorescencia 2–4(–8) cm, espigas 2–3(–5), 1.5–2(–2.5) cm, erectas o algo curvadas, persistentes, portando 18–25(–30) espiguillas, raquis glabro; espiguillas 3.5–4.5 mm, desarticulación por encima de las glumas; glumas desiguales, la primera 1.5–2 mm, la segunda 3–3.5 mm, mucronadas, pubescentes en el ápice y nervadura central; lema del flósculo bisexual 4–4.5 mm, plateado-pubescente, pelos aplicados, 0.6–0.8 mm, diminuto aristada desde un ápice 2-dentado, arista 2–3 mm; pálea cerca de 3 mm, pubescente hacia un ápice 2-dentado; flósculos rudimentarios 2, con un mechón denso de pelos en la base de ambos, el primero 3–4 mm, el segundo 1–1.5 mm, truncados, sin aristas; anteras 1–1.5 mm; cariopsis 1.8–2.2 mm, amarilla, lanceolado-elíptica. $2n = 40$. Es un componente estricto de suelos yesosos y secos, asociado al matorral desértico micrófilo, a 1750–1800 m de altitud.

Especie mexicana conocida de: Coah., Dgo., N.L., S.L.P. y Zac.

**ZACATECAS. Concepción del Oro:** km 46, carr. 54 Zacatecas-Saltillo, 19 Dic 1994, matorral desértico microfilo, *Y. Herrera y A. Cortés 1460* (CIIDIR); 90 km al SSE de Saltillo rumbo a Zacatecas en el km 295 de la carr. 54, 19 Dic 1994, matorral desértico micrófilo, *Y. Herrera y A. Cortés 1457* (CIIDIR). **Mazapil:** Ejido San Tiburcio, Sierra Los Colorados, 14 Sep 1990, *Balleza 3026* (CHAPA).

**Bouteloua chondrosioides** (Kunth) Benth. ex S. Watson, Proc. Amer. Acad. Arts 18:179. 1883. *Dinebra chondrosioides* Kunth, Nov. Gen. Sp. (quarto ed.) 1:173. t. 53. 1815.

Plantas perennes, cespitosas; tallos 20–50 cm, numerosos, erectos, simples; vainas glabras, lígula 0.2–0.3 mm, láminas 3–10(–18) cm de largo × 2–3 mm, aplanadas, glabras o piloso-papilosas; inflorescencia 3–7 cm, espigas 3–8, 7–10 mm, ascendentes a adpresas, caedizas, las espiguillas permanecen insertas a las espigas; espiguillas 8–12, raquis de las espigas hirsuto, prolongado 3–5 mm más allá de la espiguilla terminal, las espiguillas congestas, densamente sobrepuestas, espiguillas 6–11 mm; glumas con las quillas híspidas, los pelos largos con tintes morados, la primera 2.5–3.5 mm, angosta, la segunda 5–7 mm, híspida en el dorso, ancha; lema del flósculo bisexual 5–6.5 mm, híspido en 3/4 partes de su superficie, sobre las nervaduras, con 3 aristas iguales, de 2–3 mm; pálea de igual tamaño que la lema, híspida sobre las nervaduras hacia el ápice; anteras 2.8–3.5 mm, amarillas; flósculo rudimentario 1, reducido a 3 aristas de 2–7 mm, híspidas, la central con alas membranáceas; cariopsis 2–2.5 mm, amarilla, oblongo-elipsoide. $2n = 20,22,40$. Habita en bosque de encino y pino piñonero, pastizal, matorral xerófilo, a 1100–2400 m de altitud.

Conocida del S de Estados Unidos a México.

**ZACATECAS. Fresnillo:** N de Fresnillo, 30 Ago 1996, *Ma.C.Arteaga 791* (US). **Gral. Joaquín Amaro:** near Plateado, 3 Sep 1987, *Rose 2782* (MEXU). **Guadalupe:** km 19.7 carr. Guadalupe-Genaro Codina, 9 Oct 1989, pastizal de *Muhlenbergia* y *Bouteloua*, 2350 m, *Balleza 2522* (CHAPA). **Jerez:** 10 km al NW de Jerez, por la carr. a El Cargadero, 25 Ago 1988, 2400 m, *Balleza 1739* (CHAPA). **Monte Escobedo:** 4 km al N de Monte Escobedo, por la carr. a Mezquitic, 12 Ago 1988, bosque de encino, 2200 m, *Balleza 1609* (CHAPA). **Moyahua:** carr. 54 km 102, 27 Ago 1988, pastizal con matorral espinoso, 1100 m, *Balleza 1791* (SLPM); 19 mi S of Moyahua, 12 Sep 1967, *Reeder y C. Reeder 4942* (US). **Pinos:** Los Alpes, por la carr. federal 70, 4 Oct 1989, *Balleza 2489* (CHAPA). **Valparaíso:** 35.5 mi W of Huejuquilla towards Canoas, 30 Sep 2001, gentle slopes with *Quercus conzattii, Pinus chihuahuana, Dodonaca viscosa*, and *Quercus magnolifolia*, 1900 m, *P.M. Peterson y S. González 15995* (US). **Villanueva:** Malpaso, km 29 carr. a Guadalajara, 8 Ago 1988, lomerío con matorral desértico crassicaule, 2150 m, *Balleza 1550* (CHAPA); km 210 carr. Guadalajara-Zacatecas, 7 Sep 1973, pastizal, 2100 m, *R. Banda s.n.* (CHAPA).

**Bouteloua curtipendula** (Michx.) Torr., Explor. Red River Louisiana 300. 1853. *Chloris curtipendula* Michx., Fl. Bor.-Amer. 1:59. 1803.

Plantas perennes, amacolladas o formando colonias por rizomas o estolones; tallos 30–100 cm, erectos,

*Bothriochloa ischaemum*

*Bothriochloa wrightii*

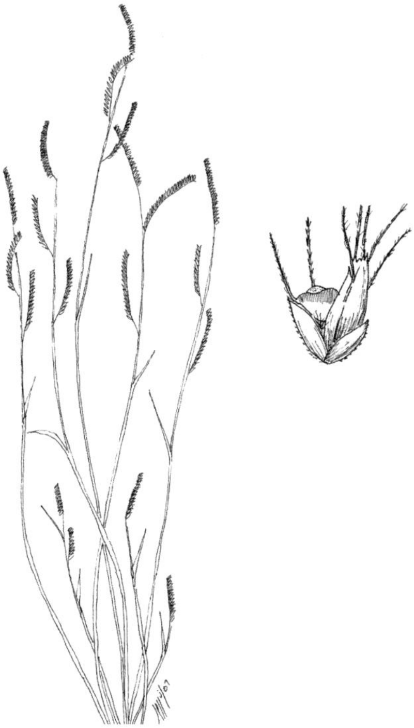

*Bouteloua barbata*

*Bouteloua chondrosioides*

simples, glabros; vainas con pelos esparcidos de 1 mm, lígula 0.5–1 mm, láminas 5–20(–35) cm × 3–7 mm, aplanadas, esparcido piloso-papilosas, en la base y en los márgenes; inflorescencia 9–20(–30) cm, espigas 30–80, de 1–3 cm, patentes, caedizas, las espiguillas permanecen insertas a las espigas; espiguillas 2–6, de 6–8 mm; glumas verdes con tintes violáceos, la primera 5–7 mm, angosta, glabra, la segunda 6–8 mm, más ancha, apiculada; lema del flósculo bisexual 5–7 mm, glabra a escabroso-pubescente, 3-nervada, las nervaduras extendidas como mucrones de 1 mm; flósculo rudimentario 1, lema 1.8–2 mm, con 3 aristas, la central de 5(–7) mm, las laterales más cortas; anteras 3–4 mm, anaranjadas; cariopsis 2–2.3(–4) mm, cilíndrica, amarilla. $2n$ = 58–103, apomícticas en su mayoría.

1. Plantas formando pequeños macollos, con rizomas o estolones.
   2. Rizomatosas, sin estolones; tallos erectos y rígidos; hojas 5–7(–8) mm de ancho, aplanadas, verde-azuloso, con pubescencia de base papilosa; inflorescencia larga con 40–70 espigas; espiguillas típicamente purpúreas; anteras rojas o rojo-anaranjado ____ **Bouteloua curtipendula** var. **curtipendula**
   2. Estoloníferas o con los tallos delgados decumbentes, nudos inferiores enraizando, rizoma faltantes; hojas 2–4 mm de ancho, relativamente largas y delgadas, las bases enrolladas; inflorescencia con 4–9 espigas; espiguillas pajizas; anteras amarillas o anaranjadas ____ **Bouteloua curtipendula** var. **tenuis**
1. Plantas generalmente formando grandes macollos, sin estolones o rizomas; tallos erectos; hojas 3–5 mm de ancho, gruesas y rígidas; inflorescencia larga con 30–80 espigas; espiguillas cobrizo, pajizo o verdes, con tintes purpúreos; anteras amarillas o anaranjadas ____ **Bouteloua curtipendula** var. **caespitosa**

**Bouteloua curtipendula** var. **caespitosa** Gould & Kapadia, Brittonia 16:203. f. 43. 1964.

Hábitat: pastizal, matorral xerófilo, bosque de encino, selva baja caducifolia y bosque de pino-encino, a 1500–2450 m de altitud.

Se le conoce de México; Sudamérica.

**ZACATECAS. Concepción del Oro:** near Conception del Oro, 11 Aug 1904, *Palmer 264* (US); 90 km al SE de Saltillo rumbo a Zacatecas, en el km 295 de la carr. 54, 19 Dic 1994, matorral desértico micrófilo, *Y. Herrera y A. Cortés 1458* (CIIDIR). **Fresnillo:** carr. Fresnillo-Sombrerete, 2–3 km por la desviación a José María Morelos, 22 Jul 1987, matorral xerófilo con pastizal, 2020 m, *A. González s.n.* (SLPM); 45.5 km NW of Fresnillo on Mex hwy 45 to Durango, 28 Aug 1990, rocky slopes with Acacia and Opuntia, 2170 m, *P.M. Peterson 9662* (US); km 846 carr. Juárez, 26 km al N de Fresnillo cerca de Trópico de Cancer, 12 Sep 1955, *Hern.-Xol. y V. Mathus N-1668* (US); km 857 carr. Juárez, N de Fresnillo, 12 Sep 1955, *Hern.-Xol. y V. Mathus N-1676* (US). **Jalpa:** La Villita, Jalpa, 5 Dic 1997, selva baja caducifolia, 1500 m, *Ma.C. Arteaga 962* (CIIDIR). **Mazapil:** Hacienda de Cedros, Aug 1908, *F.E. Lloyd 201, 213* (US); Pico de Teira, E face, Sep 1908, *F.E. Lloyd 239* (US). **Pánuco:** La Hacienda, Pánuco, 8 Ago 1991, lomerío suave con pastizal, 2325 m, *J. Ballín s.n.* (SLPM). 1 km al W de Pinos, 13 Ago 1985, pastizal, 2400 m, *F. Gómez-Lorence* 717 (SLPM). **Sain Alto:** 14 mi E of Sain Alto, 27 Aug 1939, *Shreve 9211* (US). **Tlaltenango:** 38 km al W de Jalpa, sobre la carr. a Tlaltenango, 30 km del entronque con la carr. Jalpa-Juchipila, 21 Oct 1973 to 23 Oct 1973, bosque de encino-pino, 2450 m, *Rzed. y McVaugh 1019* (ENCB, US). **Valparaíso:** Puerto de la Paja, 20 km al WSW de Valparaíso, sobre el camino a Huejuquilla, 30 Oct 1963, bosque de encino, 2286 m, *Rzed. 17533* (ENCB, US); Por la brecha de Lobatos-Adjuntas del Refugio, 29 Sep 1989, pastizal con bosque espinoso, 1980 m, *Balleza 2375* (CIIDIR). **Zacatecas:** Zacatecas, 3 Oct 1910, *Hitchc. 7520* (US); 6 mi W of Zacatecas at jct of hwy 54 and 45, 11 Nov 1995, grassy flats, 2370 m, *P.M. Peterson, M.B. Knowles y S. González 13700* (US).

**Bouteloua curtipendula** (Michx.) Torr. var. **curtipendula**

Encontrada en pastizal, matorral y bosque de galería a 1750–2300 m de altitud.

Variedad de escasa distribución conocida sólo de Valparaíso en Zacatecas.

**ZACATECAS. Pinos:** ladera de cerro vertiente W 4 km al N de Espiritu Santo, 30 Sep 2006, matorral de gobernadora, 2150 m, *O. Rosales & Y. Herrera 3379* (CIIDIR). **Valparaíso:** Ejido San Juan Capistrano, límite entre los estados de Zacatecas y Durango, 28 Sep 1989, cañada con bosque en galería, 1750 m, *Balleza 2370* (CIIDIR, CHAPA). **Villanueva:** arroyo Juan Manuel ± 1 km al NE del poblado Palomas Viejas, 22 Oct 2006, pastizal, 2300 m, *O. Rosales & Y. Herrera 3497* (CIIDIR).

**Bouteloua curtipendula** var. **tenuis** Gould & Kapadia, Brittonia 16:201. f. 42. 1964.

Habita en pastizal y matorral micrófilo, a 1980–2500 m de altitud.

Variedad mexicana de distribución moderada.

**ZACATECAS. Calera**: Campo agrícola experimental del INIFAP, 20 Oct 1989, material experimental, 2160 m, *Balleza 2612* (CIIDIR); cerca de Calera, 26 Sep 1978, *E. Martínez 1322* (MEXU). **Guadalupe**: km 19.7 de la carr. Guadalupe-Genaro Codina, 9 Oct 1989, pastizal de *Muhlenbergia* y *Bouteloua*, 2350 m, *Balleza 2510* (CIIDIR); Pozo 5, Bañuelos, 14 Sep 1986, *Brigada Cotecoca 118* (MEXU). **Juan Aldama**: cerca de Juan Aldama, 6 Sep 1971, *Beetle M-1826* (CHAPA, ENCB). **Loreto**: Salida a Luis Moya, 4 Oct 1989, pastizal de *Sporobolus airoides*,

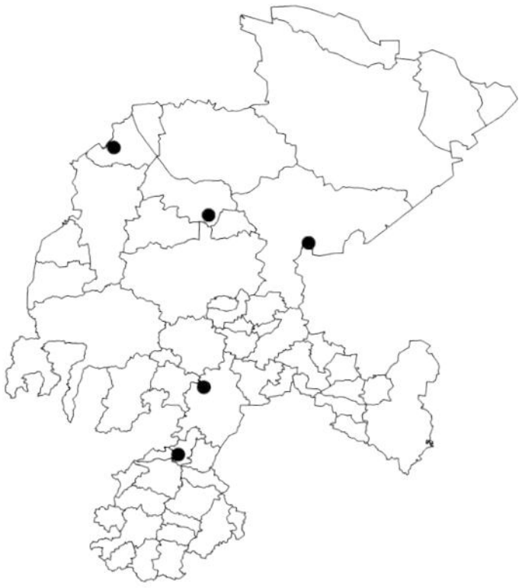

*Bothriochloa laguroides* var. *laguroides*

*Bothriochloa perforata*

*Bothriochloa wrightii*

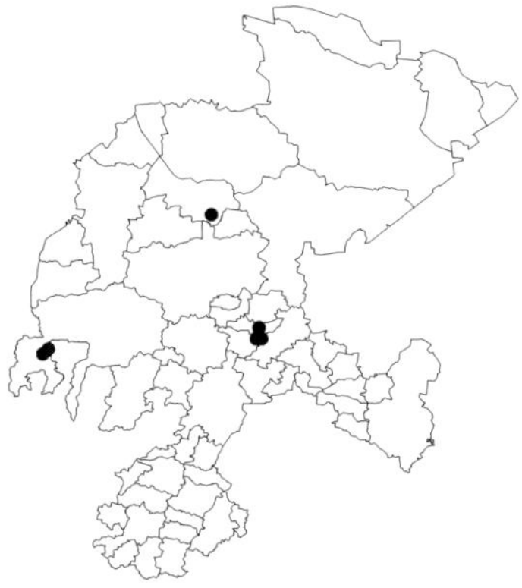

*Bouteloua aristidoides*

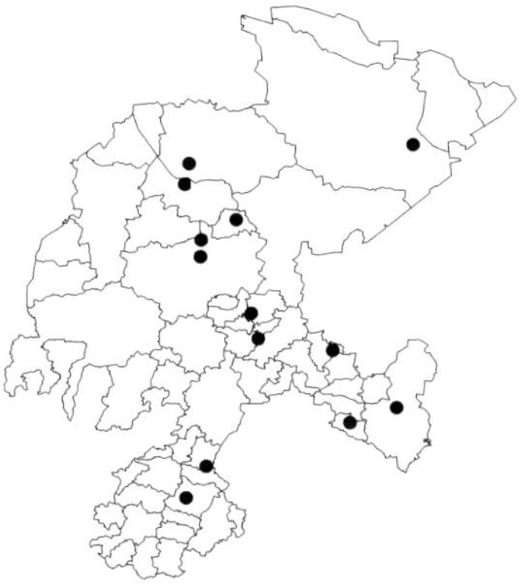

*Bouteloua barbata* var. *barbata*

*Bouteloua chasei*

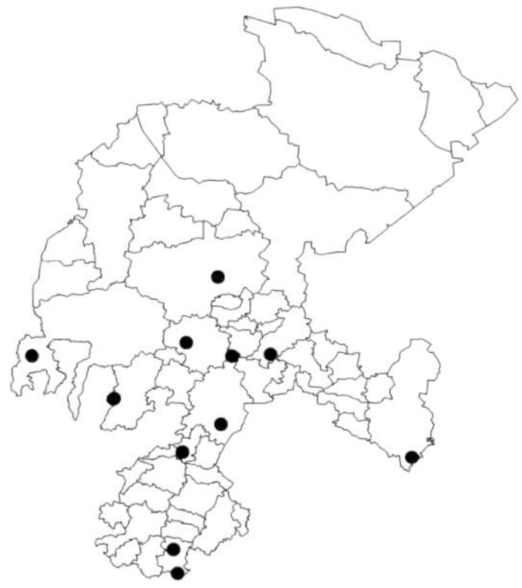

*Bouteloua chondrosioides*

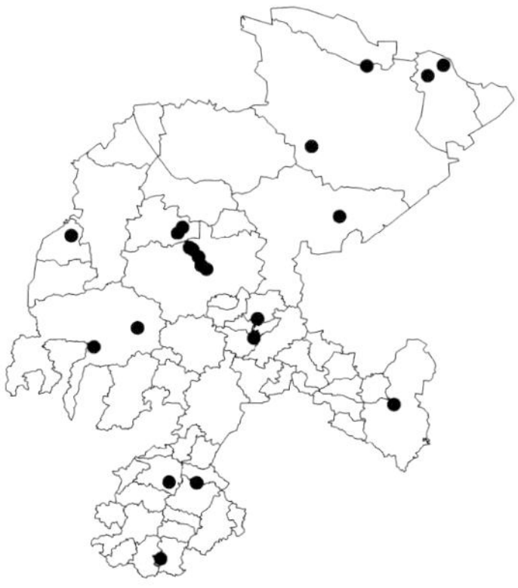

*Bouteloua curtipendula* var. *caespitosa*

*Bouteloua curtipendula* var. *curtipendula*

2100 m, *Balleza 2469* (CIIDIR). **Mazapil**: km 121 carr. federal 54 tramo Zacatecas-Saltillo, 25 Sep 1988, matorral desértico micrófilo, pastizal de *Bouteloua gracilis*, 2500 m, *Balleza 1982* (CIIDIR); rancho Los Luna, Sierra de Santa Rosa, 15 Oct 1989, bosque de pino, 2500 m, *Balleza 2578* (CIIDIR). **Pánfilo Natera**: km 129.5 carr. 49, tramo San Luis Potosí-Zacatecas, entronque con la terracería al Tule, 17 Jul 1988, matorral desértico espinoso, 2000 m, *Balleza 1646* (CIIDIR). **Pinos**: cerca del Tecomate, ca. ±2 km al S del km 78 carr. nacional 46 San Luis Potosí-Zacatecas, 13 Oct 1965, llanura con zacatal, 2000 m, *F. Takaki 2105* (SLPM); km 21 del entronque Pinos-La Pendencia, 24 Sep 1983, *M. Luna s.n.* (CHAPA, CIIDIR). **Sombrerete**: 68 mi SE of Durango, 10 mi NW of Sombrerete, 30 Oct 1959, *Gould 9000c* (US). **Valparaíso**: por la brecha de Lobatos-Adjuntas del Refugio, 29 Sep 1989, bosque espinoso, 1980 m, *Balleza 2394c* (SLPM). **Villanueva**: 29 km de la ciudad de Zacatecas por la carr. federal 54, 8 Jul 1988, matorral desértico crassicaule, 2300 m, *Balleza 1537* (CIIDIR).

**Bouteloua dactyloides** (Nutt.) Columbus, Aliso 18:63. 1999. *Sesleria dactyloides* Nutt., Gen. N. Amer. Pl. 1:65. 1818.

*Buchloë dactyloides* (Nutt.) Engelm.
*Bulbilis dactyloides* (Nutt.) Raf. ex Kuntze

Plantas bajas estoloníferas, dioicas, formadoras de césped; tallos 5–15 cm, estolones con entrenudos 1–4 cm; vainas estriadas, glabras o pilosas en los márgenes y en la garganta, lígula 0.8–1 mm, pilosa, láminas 6.5–10 cm × 1–1.5(–2) mm, aplanadas, enrolladas, escabrosas en ambas superficies; inflorescencia estaminada 1–1.5 cm, exserta, espigas 1–2(–4); espiguillas 4–5 mm, flósculos casi transparentes; glumas subiguales 1.5–4 mm, 1-nervadas, la segunda en ocasiones corto-aristada; lema 3–4.8 mm, con el ápice agudo y mucronado; pálea del mismo tamaño que la lema; anteras anaranjado-rojizas a salmón; inflorescencia femenina incluida en las 2 vainas superiores que son cortas y ensanchadas; espigas 2, en forma de cabezuelas, de 6–7 mm × 3–4 mm, compuestas por 4–5 espiguillas; espiguillas rodeadas de un "falso involucro", formado por glumas endurecidas unidas en la base, pubescentes o glabras, con dientes o lóbulos en ocasiones aristados, algunas espiguillas carentes de aristas; flósculos dorsalmente comprimidos; segunda gluma cartilaginosa, nervaduras inconspicuas; lema 4–5 mm, un poco coriácea, lustrosa; pálea más pequeña angosta hacia el ápice, bidentada. Habita en el pastizal, matorral xerófilo y mezquital, a 1350–2400 m de altitud.

Planta ampliamente distribuida desde el SW de Canadá; planicies del W de Estados Unidos y México.

**ZACATECAS**. **Concepción del Oro:** near Conception del Oro, 11 Aug 1904, *Palmer 267* (US). **Cuauhtémoc:** rancho Santa Fé, 23 Ago 1988, *E. Manrique y Beetle 1408* (MEXU). **Fresnillo:** 5 mi SE of Fresnillo, 4 Oct 1974, in thorn savanna, 2255 m, *Reeder y C. Reeder 6460* (ENCB); 5.3 km N of Fresnillo and ca. 1.6 km E of the microondas, 28 Sep 1991, calcareous, rocky flats in open grassland, 2300 m, *P.M. Peterson, Annable y J. Valdés 10958* (US); 28 km al N de Fresnillo por la carr. a Durango, 5 Sep 1981, *Beetle M-7479* (MEXU); 50 km al N del entronque a La Escondida, 3 Sep 1976, *J. Brunken y C. Perino 426* (CHAPA). **Gral. Fco. R. Murguía:** 18 mi S of Juan Aldama, 4 Oct 1974, in broad cultivated plain, 2165 m, *Reeder y C. Reeder 6472* (ENCB); Jaralillo, 2 Ago 1988, pastizal, 2217 m, *H. Hidrogo s.n.* (SLPM). **Gral. Pánfilo Natera:** km 129.5 carr. federal 49, tramo San Luis Potosí-Zacatecas, entronque con la terracería al Tule, 17 Ago 1989, matorral desértico espinoso con nopalera, 2000 m, *Balleza 1648* (CHAPA, ENCB). **Guadalupe:** 9 mi SW of cd. Zacatecas, 2 Oct 1974, cultivated fields, 2255 m, *Reeder y C. Reeder 6434* (ENCB); 8 mi SE of Guadalupe, 2 Sep 1965, *Reeder y C. Reeder 4495* (US). **Jerez:** 2 mi E of Jerez, 2 Oct 1974, in area of thorn savanna, 2255 m, *Reeder y C. Reeder 6435* (ENCB); 10 km al S de Jerez, 5 Jul 1971, mezquital, 1350 m, *C.L. Días 2386* (ENCB). **Luis Moya:** 4 mi N of Luis Moya along hwy 45, 21 Sep 1974, in cultivated area, 2135 m, *Reeder y C. Reeder 6298* (ENCB); 2 km de Sta. Lucía rumbo a Luis Moya, 20 Dic 1975, *Martínez s.n.* (CHAPA). **Mazapil:** Hacienda de Cedros, Sum 1908, *F.E. Lloyd 211* (US). **Ojocaliente:** 11 mi E of jct of hwys 49 and 45, E. of cd. Zacatecas, 2 Oct 1974, open rangeland, 2165 m, *Reeder y C. Reeder 6433* (ENCB). **Pinos:** rancho Casa Blanca, km 77, carr. San Luis Potosí-Salinas, 9 Sep 1964, pradera natural, *R. Padilla s.n.* (SLPM); Ca. del Tecomate, 2 km al S del km 78 de la carr. nacional 46 San Luis Potosí -Zacatecas, 13 Oct 1965, llanura con zacatal, 2000 m, *F. Takaki 2110* (SLPM); 1 km al W de Pinos, 13 Ago 1985, matorral xerófilo, 2400 m, *F. Gómez-Lorence 723* (SLPM); 1 mi E of El Tecomote; 4 mi E of San Luis Potosí state line, 21 Sep 1974, savanna with tree yucca, agave, and nopales, 2255 m, *Reeder y C. Reeder 6291* (ENCB), Valdés, 85; El Chino, Pinos, 12 Sep 1996, pastizal 2330 m, *L.S. Rivera 799* (US). **Sombrerete:** San Fco. de Órganos, 21 Jul 1988, bosque de pino piñonero, 2300 m, *E. García 10* (SLPM); about 8 mi W of Sombrerete in open rangeland, 16 Jul 1950, *Reeder, C. Reeder y Goodd. 1312A* (ENCB); *1313a* (SLPM); about 19 mi E of Sombrerete, 13 Oct 1966, *Reeder y C. Reeder 4698* (US). **Villa de Cos:** road from Sierra Hermosa SW to Zacatecas, Villa de Cos, 4 Sep 1938, *I.M. Johnst. 7428* (US). **Villa García:** Ejido Copetillo, por la terracería a Villa García, 2 Oct 1989, *Balleza 2481* (CHAPA). **Villa González Ortega:** 6 mi W of turn to Salinas along hwy 49 between San Luis Potosí and Zacatecas, 21 Sep 1974, desert with tree yucca, *Larrea*, and nopales, 2255 m, *Reeder y C. Reeder 6297* (ENCB). **Villanueva:** Malpaso, km 29 de la carr. Zacatecas-Guadalajara, 22 Jul 1988, lomerío con matorral desértico, 2150 m, *Balleza 1533* (CHAPA, CIIDIR, ENCB). **Zacatecas:** Zacatecas, 3 Oct 1910, *Hitchc. 7513* (US).

**Bouteloua diversispicula** Columbus, Aliso 18:63. 1999. *Cathestecum brevifolium* Swallen. J. Wash. Acad. Sci. 27(12):500. 1937.

Plantas perennes, con estolones delgados, glabros, ramificados, rectos, geniculados en los nudos, con entrenudos de 5–10 cm, en pequeños macollos; tallos 5–10(–15) cm; vainas glabras o con un mechón de pelos largos en la garganta, láminas 1–2(–5) cm × 1–2 mm, involutas, pilosas en la superficie adaxial, con márgenes escabrosos; inflorescencia 3–8(–12) espigas, purpúreas, dimórficas; espigas estaminadas unilaterales, 4–6(–7) mm, cayendo como una unidad, cada espiga representa un grupo de 3 espiguillas, una central bisexual y 2 laterales rudimentarias, a veces estaminadas; espigas pistiladas 8–10 mm incluyendo las aristas, el flósculo inferior de la espiguilla central pistilado, a veces bisexual, las aristas de las lemas superiores 2–6 mm, se originan entre los lóbulos blancos, escariosos y oblongos de la lema. Se le encuentra en matorral subtropical y pastizal, a 1250–2300 m de altitud.

Distribuida de México a Centroamérica.

**ZACATECAS. Apozol:** colonia Benito Juárez, 31 Ago 1989, *Balleza 2207* (CHAPA, US). **Jalpa:** 8 km al SW de Jalpa, 30 Ago 1960, orilla de arroyo, 1500 m, *Rzed. 14207* (ENCB); 5 mi al SW de Jalpa, 30 Ago 1960, *McVaugh 18500* (CHAPA, ENCB, US); 19 mi N of Jalpa, 15 Oct 1966, rocky area of thorn scrub, 5100 ft, *Reeder y C. Reeder 4716* (ENCB, US); La Guayabera, 15 Sep 1986, matorral xerofilo, 1782 m, *P. Ramírez s.n.* (ENCB); Límites con Aguascalientes por carr. Jalpa-Calvillo, 31 Oct 2006, matorral espinoso, 1621 m, *O. Rosales y Y. Herrera 3649* (CIIDIR); La Villita, 5 Dic 1997, selva baja caducifolia, 1550 m, *Ma.C. Arteaga 961* (CIIDIR, MEXU); 17 mi N of Jalpa, 25 Sep 1963, *Reeder y C. Reeder 3815, 3816* (US); 5 mi S of Jalpa, 12 Sep 1967, *Reeder y C. Reeder 4938* (US). **Mezquital del Oro:** 11 km al E de la carr. Teúl-Guadalajara, por la brecha a Moyahua, 30 Sep 1989, bosque tropical caducifolio, 1250 m, *Balleza 2451* (CHAPA, MEXU). **Momax:** 2 km al N de Momax, 14 Ago 1983, *F.J. Santana 1257* (MEXU). **Moyahua:** Broad river gorge with precipitous sides, ca. 5 mi S of Moyahua on road to Guadalajara. Large patch along the roadside, 15 Oct 1966, 3900 ft., *Reeder y C. Reeder 4718* (MEXU). **Zacatecas:** La Higuera, 24 Sep 1980, 2300 m, *Beetle y R. Guzmán M-5689* (MEXU).

**Bouteloua erecta** (Vasey & Hack.) Columbus, Aliso 18:63. 1999. *Cathestecum erectum* Vasey y Hack., Bull. Torrey Bot. Club 11:37. 1884.

Plantas perennes, en pequeños macollos densos; tallos 15–30 cm, con estolones cortos, delgados y resistentes, arqueados, simples o ramificados; vainas inferiores aglomeradas, pilosas en la garganta, las superiores más distantes y glabras, lígula pilosa, 0.3–0.5 mm; láminas 3–6 cm × 1–1.5 mm, aplanadas a involutas, glabras; espigas verde pálido, dimorfas: una forma completamente estaminada y la otra con el flósculo inferior de la espiguilla central pistilado, el flósculo superior y los flósculos de las espiguillas laterales estaminados o neutros; espiguillas similares en una inflorescencia única o algunas veces con los dos tipos de espiguillas en la misma inflorescencia; espiguillas estaminadas con la primera gluma 0.9–1 mm, la segunda 3–3.2 mm en las espiguillas laterales y de casi 4 mm en la espiguilla central, lemas similares, de 3–3.3 mm, glabras, irregularmente lobuladas, sin aristas o mucronadas; espiguillas pistiladas con las glumas pilosas, lemas de las espiguillas laterales similares, de 3–3.3 mm, glabras y hendidas hacia la parte media, aristas híspidas insertas entre los lóbulos, subiguales o la central un poco más larga; flósculos superiores similares a los laterales, aristas 1–2 mm más largas que los lóbulos. Encontrada en mezquital y selva baja caducifolia, a 1080–1100 m de altitud.

Especie conocida de Texas, SW de Estados Unidos y N de México.

**ZACATECAS. Moyahua:** carr. 54, km 102, 27 Ago 1988, selva baja caducifolia, 1100 m, *Balleza 1797* (CHAPA, CIIDIR, ENCB, MEXU, US); *D. Enriquez 352* (MEXU). **Vaplaraíso:** 16.2 mi W of Huejuquilla above Río Atengo crossing, 30 Sep 2001, dry calcareous flats and slopes with *Prosopis* and *Croton*, 1080 m, *P.M. Peterson y S. González 15976* (US).

**Bouteloua eriopoda** (Torr.) Torr., Pacif. Railr. Rep. 4(5):155. 1856. *Chondrosum eriopodum* Torr., Not. Milit. Reconn. 154. 1848.

Plantas perennes; tallos 25–60 cm, decumbentes, estoloníferos, entrenudos de los tallos y estolones lanoso-pubescentes; vainas glabras con márgenes hialinos, lígula 0.2–0.5 mm, membranácea, pilosa, láminas 2.5–10 cm × 0.5–2 mm, aplanadas o involutas, con escasa pubescencia de base papilosa, de 2.5–3 mm; inflorescencia 5–10(–18) cm, con 3–8 espigas persistentes, delgadas, esparcidas; espigas 2–5 cm, portando 9–20 espiguillas, base del raquis de las ramas lanoso-pubescente; espiguillas 6–7 mm, barbadas en la base, desarticulación por encima de las glumas; glumas desiguales, agudas o acuminadas, primera gluma 3–4 mm, segunda 6–7 mm, glabra, con el nervadura central prolongado en una arista de 1 mm, emergiéndo de entre 2 lóbulos agudos; lema del flósculo bisexual 6–7 mm, barbada en la base, pubescente en el márgen, estrechándose hacia el ápice, terminándo en una arista fuerte de 1.5–3 mm, con aristas laterales muy reducidas; pálea 6–7 mm, glabra; anteras 1.8–2 mm, amarillas; flósculo rudimentario 1, lema del flósculo rudimentario 6–7 mm, reducida a 3 aristas aplanadas de 4 mm, barbadas en la base; cariopsis 2.4–3 mm, angosta, elíptica. $2n = 20$. Encontrada en el matorral xerófilo de Fresnillo, a 2230 m de altitud.

Distribución conocida desde el Centro de Estados Unidos al N de México.

**ZACATECAS. Fresnillo:** 41 mi N of Fresnillo, 14 Oct 1966, thorn scrub with abundant nopal cacti, 2230 m, *Reeder y C. Reeder 4711* (ENCB, MEXU).

**Bouteloua gracilis** (Kunth) Lag. ex Griffiths, Contr. U.S. Natl. Herb. 14:375. 1912. *Chondrosum gracile* Kunth, Nov. Gen. Sp. (quarto ed.)1:176. t. 58. 1815.

Plantas perennes, amacolladas, con frecuencia subrizomatosas; tallos 20; vainas glabras, lígula 0.2–0.3 mm, membra pilosa, láminas 5–15(–30) cm × 1–2.5 mm; inflorescencia 2.5–5(–7) cm, espigas (1–)2(–4), 1.5–4.5 cm × 5–7 mm, persistentes, portando 40–100 espiguillas, raquis aplanado, terminándo en una espiguilla; espiguillas 5–6.5 mm, verdes cambiando a púrpura obscuro en la madurez, desarticulación por encima de las glumas; glumas desiguales, la primera 2–3 mm, la segunda 5–6.5 mm, glabra o esparcido pilosa a piloso-papilosa, pelos hasta 3 mm; lema del flósculo bisexual 4–5.5 mm, con 3 aristas de 1–1.2 mm, barbada en la base y pilosa en las nervaduras, los pelos 0.5–0.8 mm; pálea 4–5.5 mm, glabra; flósculos rudimentarios 1–2, el primero 3.5–5.5 mm, 3-aristado, con un mechón de pelos en la base del estípite, el segundo cuando presente en forma de escama, 2.5–3 mm × cerca de 0.5 mm, anteras 2.2–2.5 mm, amarillas; cariopsis 2–2.2 mm, amarillo-verdosa, anguloso-triangular. $2n$ = 20,40,60. Característica de pastizales naturales, matorral xerófilo, bosque de encino-pino y de pino, a 2009–2450 m de altitud.

Citada desde Canadá; casi todo Estados Unidos y México; introducida en Argentina.

**ZACATECAS. Cañitas de Felipe Pescador:** 1.5 km al W de la cabecera municipal, por la terracería que entronca con la carr. a Torreón, 1 Sep 1988, 2009 m, *Balleza 1847* (SLPM). **Fresnillo:** carr. Fresnillo-Sombrerete, 2–3 km por la desviación a José María Morelos, 22 Jul 1987, pastizal, 2020 m, *A. González s.n.* (SLPM); rancho Altamira, por la brecha entre Fco. I. Madero y Vasco de Quiroga, 19 Oct 1989, pastizal con encino, 2300 m, *Balleza 2630* (CIIDIR); Zorros, Fresnillo, 27 Oct 2003, pastizal abierto con *Opuntia tunicata*, *M. Piedra V. 4* (CIIDIR); casi 6 mi al NW de Fresnillo, por la carr. a Durango, 22 Ago 1975, *G. Davidse 9990* (CHAPA, ENCB); 45.5 km NW of Fresnillo on Mex hwy 45 to Durango, 28 Aug 1990, rocky slopes with *Acacia* and *Opuntia*, 2170 m, *P.M. Peterson 9658* (US); km 846 carr. Juárez, 26 km al N de Fresnillo cerca de Trópico de Cancer, 12 Sep 1955, *Hern.-Xol. y V. Mathus N-1665* (US). **Genaro Codina:** Terracería Guadalupe-Cd. Cuauhtémoc, cerca de la cabecera municipal, 9 Oct 1989, pastizal de *Muhlenbergia* con encino, 2250 m, *Balleza 2523* (CIIDIR). **Guadalupe:** km 19.7 de la carr. Guadalupe-Genaro Codina, 9 Oct 1989, pastizal de *Muhlenbergia y Bouteloua*, 2350 m, *Balleza 2514* (CIIDIR); Lo de Vega, 9 Oct 1982, *V. Medina 232* (MEXU). **Mazapil:** road from Concepción del Oro S to Cardona, 5 mi N of Cardona, 2 Sep 1938, *I.M. Johnst. 7372* (US); Pico de Teyra, E face, Sep 1908, *F.E. Lloyd 242* (US). **Nochistlán:** poblado de Tlachichila, por la brecha Nochistlán-Jalpa, 31 Oct 1989, pastizal con matorral espinoso, 2200 m, *Balleza 2664* (CIIDIR). **Ojocaliente:** km 712 carr. a Cd. Juarez, 10 km adelante de Ojo Caliente, 12 Sep 1955, *Hern.-Xol. y V. Mathus N-1631* (US). **Pánfilo Natera:** km 129.5 carr. 49, tramo San Luis Potosí-Zacatecas, entronque con la terracería al Tule, 17 Ago 1988, pastizal, 2090 m, *Balleza 1647* (SLPM). **Pinos:** Ca. del Tecomate, ca. 2 km al S del km 78 carr. nacional 46 San Luis Potosí-Zacatecas, 13 Oct 1965, llanura con zacatal, 2000 m, *F. Takaki 2106* (MEXU, SLPM); El Chino, Pinos, 12 Sep 1996, pastizal, 2330 m, *L. Silva 820* (US); SE of Zacatecas, 8 km W of the boundary between Zacatecas and San Luis Potosí on Mex 49, 28 Sep 1991, clay flats with *Prosopis, Larrea tridentata, Opuntia*, and *Sporobolus airoides*, 2070 m, *P.M. Peterson, Annable y J. Valdés 10971* (US); 3 km al SE de la Comunidad El Chino, 12 Sep 1996, pastizal mediano abierto, 2330 m, *L. Silva 806* (CIIDIR); 6 km al SE de San José de Castellanos, Oct 1973, bosque de pino, 2300 m, *R. Banda 137* (CHAPA); Los Patos, carr. federal 70, 2 Oct 1989, *Balleza 2493* (CHAPA); El Sitio, por la terracería Pinos-Ojuelos, Jal. 4 Oct 1989, pastizal de *Eragrostis*, 2450 m, *Balleza 2460* (CHAPA, CIIDIR, SLPM); carr. federal 70, km 72, tramo Ojuelos, Jal.-S.L.P., 4 Oct 1989, pastizal de *Bouteloua gracilis* y *Bouteloua scorpioides*, 2250 m, *Balleza 2493* (CIIDIR). **Río Grande:** rancho El Carrizal, potrero Las Remudas, 7 km al E carr. Zacatecas-Torreón, entrando por km 41 desde el entronque Torreón-Durango, 18 Ago 1979, matorral crassicaule, 2090 m, *M. González-Ledezma y F. Cano s.n.* (CIIDIR, SLPM); pueblo de Tetillas, 1 Sep 1987, matorral desértico, 2150 m, *Silva 155* (MEXU). **Sain Alto:** 2.1 mi W of turnoff to Sain Alto along hwy 45 towards Sombrerete, 7 Oct 2007, desert scrub near hwy with *Opuntia, Acacia, Clematis, Pectis Prosopis* y grasses, 2147 m, *P.M. Peterson, Saarela y M. Flores 21292* (US). **Sombrerete:** Órganos, 1 km al E de la carr. a Durango, por la brecha a Sierra de Órganos, 21 Oct 1988, *Balleza 2110* (CHAPA, ENCB); 9 mi NW of Sombrerete on E bajada of Sierra Papantón, 26 Sep 1948, *H.S. Gentrry 8456* (US). **Villanueva:** km 29 de la carr. Zacatecas-Guadalajara, 8 Ago 1988, matorral crassicaule, 2010 m, *Balleza 1538* (CIIDIR, SLPM); *1566* (SLPM); Malpaso, km 24 carr. a Guadalajara, 8 Ago 1988, lomerío con matorral desértico crassicaule, 2150 m, *Balleza 1538b* (CHAPA, ENCB). **Villa de Cos:** rancho Palula, 22 Jul 1986, *E. Manrique, Lozano y Bravo 1277* (MEXU); Entronque Las Palmas, 8 Sep 1994, *L. Silva 673* (US). **Villa García:** Ejido Copetillo, por la brecha a Villa García, 2 Oct 1989, 2100 m, *Balleza 2480* (CHAPA, SLPM). **Zacatecas:** Zacatecas, 3 Oct 1910, *Hitchc. 7499* (US); 6 mi W of Zacatecas at jct of hwy 54 and 45, 11 Nov 1995, grassy flats, 2370 m, *P.M. Peterson, M.B. Knowles y S. González 13698* (US).

**Bouteloua hirsuta** Lag., Varied. Ci. 2(4):141. 1805.

Plantas perennes; tallos 15–75 cm, con 3–6 nudos glabros a pilosos, erectos o decumbentes en la base; vainas glabras a papiloso-hirsutas, lígula 0.1–0.5 mm, láminas 4–18 cm × 1–2 mm, aplanadas o subinvolutas, con pelos papilosos en el márgen y parte basal de la hoja; inflorescencia 10–40 cm, espigas 1–4, 2–4 cm, pectinadas, persistentes, portando 20–50 espiguillas, subsésiles, con el raquis aplanado, proyectándose 5–10 mm más allá de la inserción de la espiguilla terminal; espiguillas 4–6.5(–7) mm, verde o púrpura obscuro,

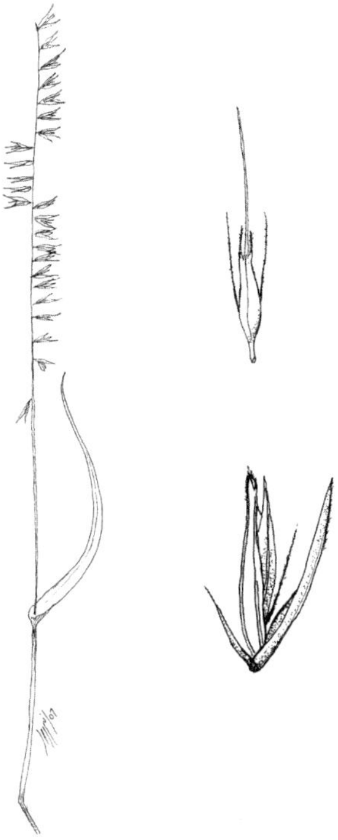

*Bouteloua curtipendula* var. *caespitosa*

*Bouteloua curtipendula* var. *tenuis*

*Bouteloua dactyloides*

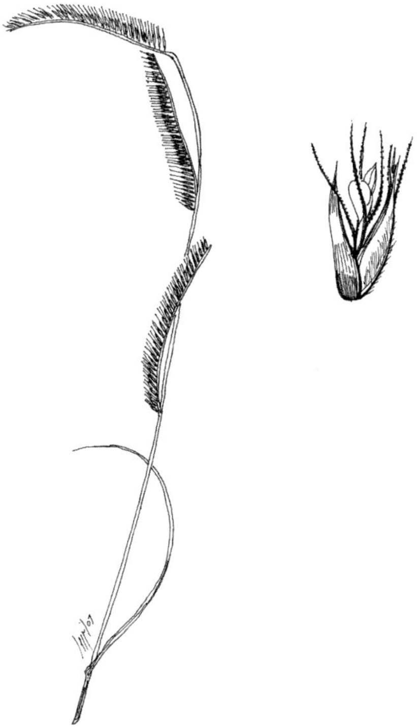

*Bouteloua gracilis*

desarticulación por encima de las glumas; glumas desiguales, lanceoladas, terminando en arista de 1–3 mm, la primera 1.5–2.5(–3) mm, angosta, híspida a lo largo de la nervadura media, la segunda 3–6(–6.5) mm, papiloso-hirsuta a lo largo de la nervadura media, las papilas negras, los pelos hasta 2 mm; lema del flósculo bisexual 4–6 mm, 3-dentada, cada diente termina en una pequeña arista de 1 mm, pilosa a lo largo de los márgenes y la nervadura central; pálea 3.5–4.2 mm, ovada, obtusa, pubescente, enervada; anteras 2–2.5 mm, amarillas a crema; flósculos rudimentarios 2–3, el primero con la lema 2–5 mm, bilobulada y 3-aristada, aristas híspidas, 3–4(–6) mm, los otros flósculos reducidos a brácteas diminutas, hasta cerca de 0.5 mm, raquilla 1–2 mm de ancho; anteras 2–3 mm; cariopsis 0.7–2 mm, amarilla, anguloso-triangular. $2n = 20{,}60$.

1. Tallos glabros bajo los nudos ______ **Boutleoua hirsuta** var. **hirsuta**
1. Tallos híspidos a papiloso-hirsutos bajo los nudos ______ **Boutleoua hirsuta** var. **glandulosa**

**Bouteloua hirsuta** Lag. var. **hirsuta.**

*Bouteloua hirsuta* var. palmeri Vasey ex Beal

Común en pastizales abiertos, matorral xerófilo y bosque de encino-pino, a 1800–2370 m de altitud. Ampliamente distribuida en Estados Unidos y México.

**ZACATECAS. Cuauhtémoc:** cerro Prieto, San Pedro Piedra Gorda, matorral crassicaule, 2350 m, *R. del Castillo y S. Trujillo ZA-92* (CHAPA). **Chalchihuites:** Hidalgo del Manto, 22 Oct 2006, bosque de encino-manzanita, 2322 m, *O. Rosales y Y. Herrera 3577* (CIIDIR). **Guadalupe:** Lo de Vega, 13 Oct 1987, *V. Medina 243* (MEXU). **Monte Escobedo:** km 4 carr. a Mezquitic, Jal., 12 Ago 1988, bosque de encino, 2200 m, *Balleza 1611* (CHAPA, ENCB). **Pinos:** carr. 49, desviación a Saldaña, 17 Ago 1988, *E. Manrique y Beetle 1339* (MEXU). **Sombrerete:** Parque Nacional Sierra de Órganos, alrededores de presón, 8 km al W de la entrada al parque, 22 Sep 2001, pastizal con *Acacia y Forestiera*, 2300 m, *D. Enríquez 3382* (CIIDIR); 9 mi NW of Sombrerete on E bajada of Sierra Papantón, 26 Sep 1948, *Gentry 8453, 8456* (US); 1 km SE of Villa Insurgentes along hwy 45 towards Zacatecas, 29 Sep 2001, calcareous slopes with *Quercus intricata, Pinus cembroides,* and *Rhus virens*, 2348 m, *P.M. Peterson y S. González 15964* (US). **Teúl de González Ortega:** 2 km al N de Teúl, por la carr. a Guadalajara, 30 Sep 1989, pastizal, 1860 m, *Balleza 2425* (CHAPA). **Valparaíso:** Ejido de Santa Lucía de la Sierra, 27 Sep 1989, bosque de pino, 2290 m, *Balleza 2297* (CIIDIR); por la brecha Lobatos-Adjuntas del Refugio, 29 Sep 1989, pastizal con bosque espinoso, 1980 m, *Balleza 2390* (CHAPA); 1 km al N de San Fco., 3 Nov 1963, pastizal, 1800 m, *Rzed. 17638* (ENCB, US). **Vetagrande:** 1 km al S de Vetagrande, 14 Ago 1988, *Balleza 1628* (CHAPA, ENCB). **Villanueva:** Villanueva, 2 Jul 1988, pastizal, 1842 m, *M. Márquez 6* (SLPM); Presa del Carretero, 9 km al SE de la carr. a Guadalajara, Oct 1973, *R. Banda s.n.* (CHAPA); Malpaso, km 29 carr. A Guadalajara, 8 Ago 1988, lomerío con matorral desértico crassicaule, 2150 m, *Balleza 1564* (CIIDIR). **Zacatecas:** Zacatecas, 3 Oct 1910, *Hitchc. 7501* (US); 6 mi W of Zacatecas at jct of hwy 54 and 45, 11 Nov 1995, grassy flats, 2370 m, *P.M. Peterson, M.B. Knowles y S. González 13696* (US).

**Bouteloua hirsuta** Lag. var. **glandulosa** (Cerv.) Gould, J. Arnold Arbor. 60:320. 1979. *Erucaria glandulosa* Cerv., Naturaleza 1:347. 1870.

Plantas escasas, encontradas en pastizal y matorral espinoso, a 2100 m de altitud. Citada desde Arizona a México.

**ZACATECAS. Pánuco:** La Calera, 5 km al W del entronque con la carr. a Saltillo, 13 Oct1989, pastizal de *Bouteloua gracilis* y matorral espinoso, 2100 m, *Balleza 2529* (CIIDIR).

**Bouteloua karwinskii** (E. Fourn.) Griffiths, Contr. U.S. Natl. Herb. 14(3):394, f. 47, t. 76. 1912. *Chondrosum karwinskii* E. Fourn., Mexic. Pl. 2:137. 1886.

Plantas perennes; tallos 20–55 cm, delgados, erectos, ramificados desde una base dura y fuertemente rizomatosa; vainas glabras, con algunos pelos largos en la garganta, lígula una hilera pilosa de 0.3 mm, láminas 3–9 cm × 1–2 mm, aplanadas, escabrosas, curvas; inflorescencia con 3–6 espigas persistentes; espigas 1–1.8 cm, espaciadas y casi erectas, portando 10–15 espiguillas; espiguillas 3–3.5(–4) mm, desarticulación por encima de las glumas; glumas desiguales, glabras, la primera 1.5–2 mm, estrecho-acuminada, la segunda 2–2.5 mm, más ancha que la primera, aguda; lema del flósculo bisexual 2.5–3.2 mm, aplicado-pubescente sobre las nervaduras, con 2 aristas fuertes, de 1–1.5 mm, no sobresalen del ápice agudo de la lema; flósculos rudimentarios (1–)2, lema del primer flósculo rudimentario de 1 mm, ancha, con las tres neraduras prolongadas en aristas de casi 1.5 mm, segundo flósculo un poco más pequeño, raquilla glabra; cariopsis

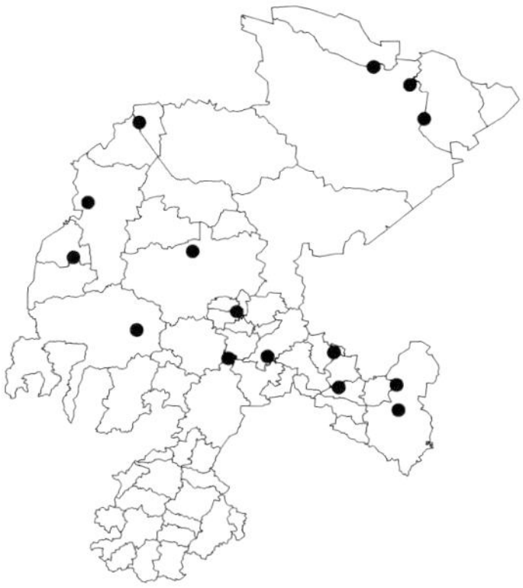

*Bouteloua curtipendula* var. *tenuis*

*Bouteloua dactyloides*

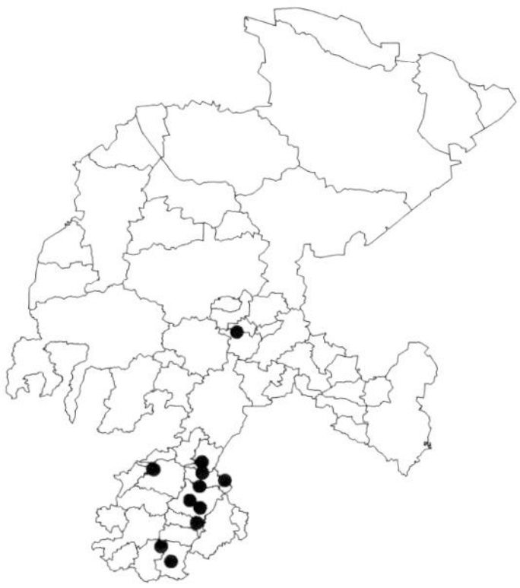

*Bouteloua diversispicula*

*Bouteloua erecta*

*Bouteloua eriopoda*

*Bouteloua gracilis*

*Bouteloua hirsuta* var. *glandulosa*

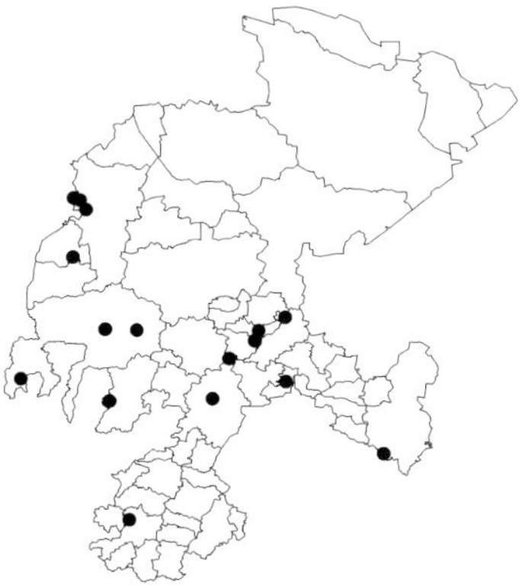

*Bouteloua hirsuta* var. *hirsuta*

*Bouteloua karwinskii*

0.7–1 mm, amarillo claro a parda en la madurez, elíptica. $2n = 20$. Habita en suelos salinos y yesosos, en pastizales y matorrales de *Larrea*, *Flourensia* y *Prosopis*, a 1650–1780 m de altitud.

Distribución conocida del NE de México: Coah., N.L., S.L.P. y Zac.

**ZACATECAS. Concepción del Oro:** alrededores del pueblo, *Núñez 37* (MEXU). **Mazapil:** road from Concepción del Oro S to Cardona, 7 mi N of San Tiburcio, 2 Sep 1938, *I.M. Johnst. 7358* (US); 17 mi S of Concepción del Oro, 2 Nov 1964, *Reeder y C. Reeder 4001* (US); Hacienda de Cedros, 1908, *F.E. Lloyd 170, 183* (US); km 142 carr. a Saltillo, 25 Sep 1988, *Balleza 1998* (CHAPA, ENCB); 12 mi W of

Cedros, 1 Nov 1964, *Reeder y C. Reeder 3994, 3995* (US); 57 mi SSW of Concepción del Oro, 3 Nov 1964, *Reeder y C. Reeder 4009* (US); Noria de Guadalupe, 35 km al S de Concepción del Oro, 12 Jul 1975, matorral desértico micrófilo, 1780 m, *Medrano 8026* (MEXU). **Villa de Cos:** rancho Palula, 22 Jul 1986, *E. Manrique, Lozano y Bravo 1280* (MEXU).

**Bouteloua parryi** (E. Fourn.) Griffiths, Contr. U.S. Natl. Herb.14(3):381, f. 37, pl. 73. 1912. *Chondrosium parryi* E. Fourn., Mexic. Pl. 2:150. 1886.

Plantas anuales, cespitosas; tallos 20–60 cm, erectos o algo geniculados; vainas con los márgenes hialinos, con pubescencia de base papilosa, larga y esparcida, más abundante cerca del collar, lígula pilosa 0.5–0.8 mm, láminas 3–15 cm × 2–3(–4) mm, glabras a piloso-papilosas en ambas superficies; inflorescencia 15–30 cm, con 4–8 espigas persistentes; espigas de 2–3 cm, portando 40–65 espiguillas sobre un raquis plano, piloso-papiloso; espiguillas 3.5–4(–6) mm, desarticulación por encima de las glumas; glumas desiguales, primera gluma 1–1.8 mm, hialina, glabra, aristada, segunda gluma 3–3.5(–5) mm, piloso-papilosa sobre la quilla, corto aristada, la arista hasta de 1 mm, emergiendo de un ápice 2-dentado; lema del flósculo bisexual 3.5–4 mm, pilosa en la base, 3-aristada, aristas 1–3 mm, alternando con 3 lóbulos; pálea del mismo tamaño que la lema, dentada, 2-aristada, aristas pequeñas, ligeramente pubescente en los márgenes; anteras de 2–3 mm, crema a amarillo claro; flósculos rudimentarios 2, lema del primer flósculo rudimentario 2–3 mm, barbada en la base, 3-aristada, aristas de 2–3 mm, con lóbulos obtusos; lema del segundo flósculo rudimentario sin aristas, reducida a una escama; cariopsis 1.8–2.5 mm, anguloso-triangular. Planta escasa en Zacatecas, se le encontró en laderas de cañada húmeda, a 1450 m de altitud.

Distribución conocida del SW de Estados Unidos al Centro de México.

**ZACATECAS. Valparaíso:** Ejido San Juan Capistrano, límite entre los estados de Zacatecas y Durango, 28 Sep 1989, cañada con bosque en galería, 1450 m, *Balleza 2371* (CHAPA, HUAZ, MEXU).

**Bouteloua polymorpha** (E. Fourn.) Columbus, Aliso 18:63. 1999. *Atheropogon polymorphus* E. Fourn., Mexic. Pl. 2:141. 1886. *Pentarrhaphis polymorpha* (E. Fourn.) Griffiths.

Plantas perennes; tallos 7–24 cm, con los nudos vilosos; hojas basales, vainas 1.5–4.5 cm, estriadas, redondeadas en el dorso, esparcido-pilosas, lígula pilosa 0.2–0.3 mm, láminas 6–9 cm × 1 mm, agudas; panícula con 4–6 ramas cortas que se desprenden íntegras, dispuestas en 2 hileras a ambos lados del raquis principal, cada rama con 2 espiguillas sésiles, a veces una de ellas abortiva y substituida por un grupo de aristas, tanto el eje principal como el raquis terminado en una prolongación bífida; espiguillas 7–10 mm, 2-flosculadas; glumas 5–6 mm, 1-nervadas, vilosas, la primera 2.5–4 mm, aristiforme, la segunda lanceolada 4.5–5.5 mm, el ápice con 2 pequeños dientes y una arista corta; lema del flósculo inferior 5–6.5 mm, 3-nervada, algo vilosa en el dorso, partida entre los nervaduras hasta la ½ de su largo, los nervaduras excurrentes en aristas 1.8–4 mm, escabrosas, ápice del lóbulo central 2-dentado; pálea 3.5–4 mm, glabra, 2-dentada, dientes 1.3 mm, con 2 aristas cortas; flósculo superior 5.5–8 mm, glabro pero con el callo piloso; anteras 2–2.5 mm, rojizas; cariopsis elipsoide, comprimida. Habita en bosque de encino, bosque tropical caducifolio y pastizal, a 1150–2250 m de altitud.

Especie mexicana de amplia distribución.

**ZACATECAS. Gral. Fco. R. Murguía:** Ejido Fco. Murguía, 22 Mar 1975, pastizal, 2150 m, *Martínez s.n.* (CHAPA). **Sombrerete:** Santa Rita, 14 Jul 1988, pastizal, 2250 m, *E. García 1* (SLPM). **Valparaíso:** Ejido Ameca, 20 Jul 1988, bosque de encino, 2050 m, *Balleza 1501* (CHAPA, CIIDIR, ENCB); Ejido San Juan Capistrano, por la brecha a Huejuquilla, 20 Sep 1989, selva baja caducifolia, 1150 m, *Balleza 2291* (CHAPA).

**Bouteloua radicosa** (E. Fourn.) Griffiths, Contr. U.S. Natl. Herb. 14:411. t. 81. 1912. *Atheropogon radicosus* E. Fourn., Mexic. Pl. 2:140. 1886.

Plantas perennes; tallos 40–80 cm, erectos, con rizomas muy engrosados y escamosos; hojas basales, vainas glabras, láminas 6–10 cm × 1.5–2.5 mm, aplanadas, con pelos de base papilosa en los márgenes, 2–4 mm; inflorescencia 6–15 cm × 5–8 mm, espigas 5–12, 2–3 cm, caedizas, portando 6–12 espiguillas, barbadas en la base, insertas sobre 3/4 del raquis, así el raquis se prolonga 4–8 mm adelante de la espiguilla terminal, las espiguillas permanecen insertas a las espigas; espiguillas 9–13 mm incluyendo las aristas, con 1 flósculo

*Bouteloua hirsuta* var. *glandulosa*

*Bouteloua hirsuta* var. *hirsuta*

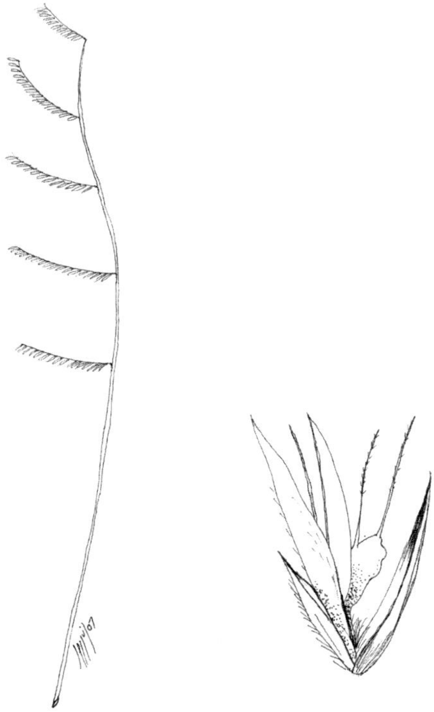

*Bouteloua karwinskii*

*Bouteloua radicosa*

rudimentario; glumas desiguales, 1-nervadas, glabras, con tintes morados, la primera 5–6 mm, ancha, aguda a acuminada, la segunda 6–7 mm, acuminada; lema del flósculo bisexual 7–9 mm, glabra a escabrosa hacia el ápice, sin aristas o con 3 aristas cortas, la central hasta 2 mm; pálea un poco más pequeña que la lema, enervada, glabra; lema del flósculo rudimentario 8–12 mm incluyendo las 3 aristas fuertes, aplanadas, con tonos morados; pálea angosta, casi del largo de la lema; anteras 3–4 mm, rojizas; cariopsis 1.3–1.6 mm, amarilla, ovoide a estrechamente elíptica. *2n* = 20,60. Habita en pastizal y bosque de pino-encino, a 1600–2350 m de altitud.

Citada desde el SW de Estados Unidos a México.

ZACATECAS. **Apozol:** colonia Benito Juárez, Sierra de Nochistlán, 31 Ago 1989, bosque de *Quercus*, 1600 m, *Balleza 2209* (CIIDIR, ENCB). **Juchipila:** al W de Pueblo Viejo, Sierra de Morones, cerro de Piñones, 200 m al N de la casa de Lorenzo Magallanes, 17 Sep 1998, bosque de pino-encino, 2035 m, *Balleza 9058* (CIIDIR). **Monte Escobedo:** carr. a Adjuntas del Refugio, 21 Sep 1989, pastizal, 2000 m, *Balleza 2275* (CIIDIR); brecha a Mezquitic, Jal., 26 Sep 1980, bosque de encino, 2000 m, *Beetle y R. Guzmán M-5832* (MEXU). **Nochistlán:** poblado de Tlachichila, por la brecha Nochistlán-Jalpa, 31 Oct 1989, pastizal con matorral espinoso, 2200 m, *Balleza 2674* (CHAPA, CIIDIR). **Teúl de González Ortega:** Comunidad de Milpillas de Allende, 16 Sep 1988, pastizal, 2350 m, *Balleza 1951* (CHAPA, CIIDIR, ENCB); 2 km al N de Teúl, por la carr. a Guadalajara, 30 Sep 1989, pastizal, 1860 m, *Balleza 2422* (CHAPA). **Tlaltenango:** km 22 brecha a Jalpa, 17 Sep 1989, *Balleza 2252* (CHAPA, ENCB). **Valparaíso:** Santa Lucía de la Sierra, 27 Sep 1989, bosque de pino, 2290 m, *Balleza 2348* (CHAPA). **Villanueva:** Presa del Carretero, 17 km al SE de Villanueva, 9 Oct 1973, *R. Banda s.n.* (CHAPA).

**Bouteloua ramosa** Scribn. ex Vasey, U.S.D.A. Div. Bot. Bull. 12(1): t. 44. 1890.

Plantas perennes, con bases duras, nudosas y subrizomatosa; tallos 25–60 cm, delgados, geniculados, correosos; vainas glabras, lígula 0.1–0.2 mm, láminas 2–5(–7) cm × 1–2 mm, aplanadas, involutas hacia el ápice, acuminadas, pubescentes adaxialmente y glabras abaxialmente; inflorescencia 5–8 cm, espigas (1–)2(–4), 1–2.5(–3.5) cm × 4–5 mm, persistentes, densamente floríferas, pectinadas, portando 25–45(–60) espiguillas; raquis pubescente, casi glabro con el tiempo, terminando en una espiguilla a menudo reducida y en forma de aguja; espiguillas 4–5 mm, con 1–2-flósculos rudimentarios, la raquilla con mechones de pelos de 1 mm en la base del flósculo bisexual, de 2 mm en la base del flósculo reducido inferior, desarticulación por encima de las glumas; glumas desiguales, agudo-acuminadas, glabras, la primera 2–2.5 mm, con arista de casi 0.5 mm, la segunda 3–3.2 mm, con arista 0.8–1 mm, escabrosa; lema del flósculo bisexual 4–5 mm, pubescente, excepto en el ápice, con 3 aristas gruesas, de 1–1.2 mm las laterales y 1.5–2 mm la central, escabrosas, purpúreas; pálea 2.5–4(–5) mm, glabra; primer flósculo rudimentario híspido, con 3 aristas fuertes, de 3–5 mm incluyendo las aristas; el segundo cuando presente en forma de escama diminuta; anteras 1–1.5 mm; cariopsis obovada, 2–2.5 mm, amarillo claro, lanceolado-elíptica. *2n* = 40. Habita en arenas yesosas y calcáreas, a 1800 m de altitud.

Citada desde Texas al N de México.

ZACATECAS. **Mazapil:** Mountains back of Apisolaya, Cedras Hacienda, Apr 1909, *F.E. Lloyd 254* (US).

**Bouteloua reederorum** Columbus, Aliso 18:63. 1999.

*Cyclostachya stolonifera* (Scribn.) Reeder & C. Reeder

Plantas perennes, formando macollos densos, dioicos, los 2 sexos crecen formando colonias separadas, estoloníferas, los estolones arqueados; tallos 5–15 cm; hojas basales, glabras, lígula 0.5–1 mm, hialina, membranácea, láminas 4–8 cm × 0.5–1 mm, aplanadas a ligeramente involutas; inflorescencia en ambas plantas una espiga solitaria, unilateral, curvada en círculo; racimo estaminado 1–2 cm, espiguillas ligeramente pectinadas, con 1 flósculo fértil y 1 flósculo rudimentario corto aristado; glumas membranáceas, 1-nervadas, la primera 1/2 del largo de la espiguilla, la segunda casi tan larga como la espiguilla; lema 4.7–5 mm, imperceptiblemente aristada, flósculo rudimentario 3-nervado, 3-aristado, aristas excediendo la lema; pálea igual a la lema diminutamente bífida y sin aristas; racimos pistilados 2–2.5 cm; espiguillas 1.5–2.5 mm incluyendo las aristas, muy diferentes a las estaminadas, con 1 flósculo fértil y 2–3 rudimentarios, largo aristados, escabrosos; glumas similares a las de las espiguillas estaminadas, ligeramente más largas; lema fértil 8–10 mm incluyendo las aristas, membranácea, barbada en la base, 3-nervada, las nervaduras excurrentes en aristas; pálea ligeramente más corta que la lema, diminutamente 2-aristada, las aristas del rudimento 5–8; cariopsis fusiforme. Común en Zacatecas, localizada en pastizal y matorral xerófilo, a 1780–2300 m de altitud.

Especie endémica de México, conocida de: Ags., Dgo., S.L.P. y Zac.

**ZACATECAS. Fresnillo:** 8 mi W of Fresnillo, 14 Oct 1966, thorn scrub with abundant cacti, 7400 ft, *Reeder y C. Reeder 4709* (ENCB); 3 km al N de la cabecera municipal, por la carr. a Durango, matorral crassicaule, 24 Aug 1988, *Balleza 1689* (ENCB, US); 4 km al W de la carr. a Torreón, por la carr. a Cañitas, 1 Sep 1988, matorral desértico espinoso, 2000 m, *Balleza 1859* (CHAPA, ENCB); 5.3 km N of Fresnillo and ca. 1.6 km E of the microondas, 28 Sep 1991, Calcareous, rocky flats in open grassland, 2300 m, *P.M. Peterson, Annable y J. Valdés 10955* (US). **Gral. Pánfilo Natera:** km 61 carr. federal 49, 19 Ag 1988, matorral desértico espinoso, 2000 m, *Balleza 1656* (CHAPA, ENCB). **Guadalupe:** Santa Monica, 18 Sep 1987, *V. Medina 163* (MEXU); 8 mi SE of Guadalupe, 2 Sep 1965, *Reeder y C. Reeder 4494* (US). **Mazapil:** Noria de Guadalupe, 1 Oct 1975, matorral desértico micrófilo, 1780 m, *M. González-Ledezma 145* (CHAPA); WNW of Concepción del Oro, W of Cedras, 2 Sep 1971, *Henr. 6319* (US); Cedros, Aug 1908, *F.E. Lloyd 104, 105* (US); 57 mi SSW of Concepción del Oro, 3 Nov 1964, *Reeder y C. Reeder 4008* (US). **Miguel Auza:** Plains, La Honda Station, 19 Aug 1890, *Pringle 3174* (US); 2 km al E de la Honda, 12 Sep 1996, pastizal mediano abierto, 2140 m, *L. Silva 797* (CIIDIR). **Pinos:** Ca. del Tecomate 2 km al S del km 78 carr. nacional 46, San Luis Potosí-Zacatecas, 13 Oct 1965, llanura con zacatal, 2000 m, *F. Takaki 2113* (SLPM); Sotoles, 15 Sep 1973, área de desmonte, *A. Gómez González s.n.* (SLPM); 26 mi SE of Salinas, 20 Sep 1963, open thorn scrub, 7500 ft, *Reeder y C. Reeder 3764, 3767* (ENCB, US); Between San Luis Potosí and Salinas, 12 mi SE of Salinas, 20 Sep 1963, *Reeder y C. Reeder 3771* (US); 1 mi E of El Tecomate, 4 mi E of San Luis Potosí state line, 21 Sep 1974, savanna with tree *Yucca, Agave*, and nopales, 2255 m, *Reeder y C. Reeder 6290* (ENCB, US); Los Alpes, carr. federal 70, 4 Oct 1989, *Balleza 2475* (CHAPA). **Río Grande:** 20 mi S of Río Grande, 4 Oct 1974, in area of yuccas, acacias, and cacti, 2105 m, *Reeder y C. Reeder 6471* (ENCB). **Sain Alto:** 35 mi N of Fresnillo, 14 Oct 1966, thorn scrub with abundant *Acacia*, 7200 ft, *Reeder y C. Reeder 4714* (ENCB, MEXU). **Villa de Cos:** Tierra y Libertad, 22 Jul 1986, *Brgigada Cotecoca 70* (MEXU); 30 mi NE of Villa de Cos, 3 Nov 1964, matorral desértico, 7000 ft, *Reeder, C. Reeder y Goodding 4019* (SLPM); Larrea-Yucca desert, 44 mi NE of Villa de Cos, 3 Nov 1964, *Reeder y C. Reeder 4012* (US); 1 mi SW of Villa de Cos, 3 Nov 1964, *Reeder y C. Reeder 4022* (US). **Villa González Ortega:** km 48 carr. Ojocaliente-Pinos, 8 Sep 1988, *Balleza 1915* (CHAPA, ENCB); *1916* (US). **Zacatecas:** 7 mi NNE of Zacatecas along the road to Villa de Cos, 4 Nov 1964, *Reeder y C. Reeder 4038* (US).

**Bouteloua repens** (Kunth) Scribn. & Merr., Bull. Div. Agrostol. U.S.D.A. 24:26. 1901. *Dinebra repens* Kunth, Nov. Gen. Sp. (quarto ed.)1:172. t. 52. 1815.

Plantas perennes, amacolladas; tallos 20–60 cm, erectos a abierto-decumbentes; vainas glabras a diminuto-hirsutas, lígula 0.2–0.3 mm, láminas 4–12 cm × 2–3(–5) mm, aplanadas, glabras o con pelos de base papilosa, de 2–4 mm, cerca de la base y en el márgen; inflorescencia 5–10(–14) cm, largamente exserta, solitaria, terminal, espigas 7–10, 1.5–2.5 cm incluyendo las aristas, ascendentes a patentes, caedizas, espaciadas a lo largo del eje, portando 6–10(–12) espiguillas, insertas en la 1/2 inferior del raquis, las espiguillas permanecen insertas a las espigas; espiguillas congestas, 6–9 mm; glumas anchas, agudas, purpúreas, con el ápice mucronado, la primera 4–7 mm, híspida en la quilla, la segunda 6–9 mm, más ancha, glabra; lema del flósculo bisexual 5–9 mm, glabra, rara vez barbada en la base, con 3 aristas hasta de 1 mm, la central más fuerte y larga; pálea 4.5–8 mm, glabra a finamente estrigosa hacia el ápice, las nervaduras proyectándose en 2 pequeñas aristas; flósculo rudimentario 1, estaminado, lema 5.5–7 mm, con 3 aristas de 2–6 mm, la central fuerte y escabrosa, las laterales más cortas; anteras 3.5–5.5 mm, anaranjadas, amarillas o rojizas; cariopsis 2.4–3 mm, ovoide a estrechamente elíptica. $2n$ = 20,40,60. Habita en el pastizal, matorral xerófilo y bosque de *Pinus cembroides*, a 1024–2400 m de altitud.

Citada desde el S de Estados Unidos a México; Antillas.

**ZACATECAS. Cuauhtémoc:** 9.7 mi NW of Cuauhtémoc, 9 Aug 1969, pastizal, 2293 m, *J. Taylor y C. Taylor 6030* (US). **Fresnillo:** cerca de Fresnillo, Ago 1967, *De la Cruz s.n.* (MEXU); 5.3 km N of Fresnillo and ca. 1.6 km E of the microondas, 28 Sep 1991, Calcareous, rocky flats in open grassland, 2300 m, *P.M. Peterson, Annable y J. Valdés 10959* (US). **Jerez:** 10 km al NW de Jerez por la carr. que va a El Cargadero, 25 Ago 1988, bosque de pino, 2400 m, *Balleza 1762* (CHAPA, CIIDIR, ENCB); alrededores de Jerez, 21 Ago 1988, *E. Manrique y Beetle 1379* (MEXU). **Nochistlán:** por la brecha a Jalpa, 31 Oct 1989, *Balleza 2678* (CHAPA). **Río Grande:** rancho El Carrizal, potrero Las Remudas, 7 km al E carr. Zacatecas-Torreón, entrando por km 41 desde el entronque Torreón-Durango, 8 Ago 1979, matorral crassicaule, 2080 m, *M. González-Ledezma y F. Cano s.n.* (SLPM). **Sain Alto:** 2.1 mi W of turnoff to Sain Alto along hwy 45 towards Sombrerete, 7 Oct 2007, desert scrub near hwy with *Opuntia, Acacia, Clematis, Pectis Prosopis* y grasses, 2147 m, *P.M. Peterson, Saarela y M. Flores 21287* (US). **Valparaíso:** Brecha de Lobatos-Adjuntas del Refugio, 29 Sep 1989, pastizal con bosque espinoso, 1980 m, *Balleza 2398* (CHAPA, CIIDIR); road to Huejuquilla el Alto, Jal., 1 mi W of the road jct 18 mi S of Valparaíso on the road to Mezquitic, Jal., 4 Sep 1958, oak forest, 2000–2100 m, *McVaugh 17654* (US); 16.2 mi W of Huejuquilla above Río Atengo crossing, 30 Sep 2001, dry calcareous flats and slopes with *Prosopis* and *Croton*, 1080 m, *P.M. Peterson y S. González 15977* (US); Ejido Ciénega de La Purísima, 27 Sep 1989, *Balleza 2344* (CHAPA); At Río Atengo crossing along hwy 44 W of Huejuquilla El Alto, 21 Sep 2005, rocky cliffs and steep slopes above río with *Acacia, Bouteloua* and *Opuntia*, 1024 m, *P.M. Peterson y F. Sánchez 19065* (US). **Villanueva:** Villanueva, 2 Jul 1988, pastizal, 1842 m, *M. Márquez 8* (SLPM).

**Bouteloua scorpioides** Lag., Gen. Sp. Pl. 5. 1816.

Plantas perennes, en pequeños macollos o manchones; tallos 10–20(–30) cm, erectos, poco ramificados en la base; hojas basales, vainas glabras, con márgenes hialino-pubescentes y un penacho de pelos de 1–3 mm en la garganta, lígula 0.5–1 mm, láminas 2.5–13 cm, involutas, filiformes, recurvadas o flexuosas; inflorescencia 1 espiga, 2.5–4(–5) cm, unilateral, arqueado-recurvada, persistente, inserta en el ápice del tallo, portando 35–90 espiguillas; espiguillas 5–7 mm, con 1 flósculo bisexual y 2 rudimentarios, desarticulación por encima de las glumas; glumas subagudas, glabras, verdosas o con tintes morados, la primera 2–3 mm, angosta, la segunda 4–7 mm; lema del flósculo bisexual 3.5–5.5 mm, barbada en la base y densamente pilosa sobre los márgenes y nervaduras de la mitad inferior, las nervaduras se prolongan en aristas fuertes 1.5–2 mm la central, 1–1.5 mm las laterales; anteras 3 mm, anaranjadas; primer flósculo rudimentario 5.5–6 mm, con 3 aristas de 1.5–4 mm, con un mechón de pelos en la base; cariopsis 1.8–2.4 mm, amarilla a parda, angulosa-triangular. $2n = 20$. Habita en pastizal, matorral xerófilo, bosque de pino y de encino, entre 1800–2570 m de altitud.

Especie mexicana ampliamente distribuida.

ZACATECAS. **Fresnillo:** rancho Altamira, por la brecha entre Francisco I. Madero y Vasco de Quiroga, 19 Oct 1989, pastizal con encino, 2300 m, *Balleza 2633* (CIIDIR); 5.3 km N of Fresnillo and ca. 1.6 km E of the microondas, 28 Sep 1991, Calcareous, rocky flats in open grassland, 2300 m, *P.M. Peterson, Annable y J. Valdés 10964* (US). **Jerez:** rancho El Roble, 14 Sep 1989, *Balleza 2244* (CHAPA); Sierra Los Cardos, 10.5 mi NW of Jerez, W of El Cargadero, on road towards Monte de los García, 19 Oct 2007, dry rocky slopes with *Quercus, Pinus cembroides, Arctostaphylos pungens,* and *Juniperus*, 2570 m, *P.M. Peterson, Saarela y D. Stancik 21413* (US). **Ojocaliente:** km 72 carr. federal 70, tramo Ojuelos, Jal.- San Luis Potosí, 4 Oct 1989, pastizal de *Bouteloua gracilis*, 2250 m, *Balleza 2492* (CHAPA, CIIDIR). **Mazapil:** km 121 carr. a Saltillo, 27 Sep 1988, *Balleza 1981* (CHAPA, ENCB). **Pinos:** rancho Casa Blanca, km 77 carr. San Luis Potosí-Salinas, 9 Sep 1964, pradera natural, *R. Padilla s.n.* (SLPM); El Sitio, por la terracería Pinos-Ojuelos, 4 Oct 1989, pastizal de *Eragrostis*, 2450 m, *Balleza 2458* (CIIDIR); por la brecha que va a La Estrella, a 4 km del entronque con la terracería Pinos-Ojuelos, 8 Sep 1988, pastizal de *Bouteloua*, 2300 m, *Balleza 1923* (CHAPA, CIIDIR, ENCB); 6 km al SE de San José de Castellanos, Oct 1973, bosque de pino, 2300 m, *R. Banda 138* (CHAPA); 1 mi E of El Tecomote, 4 mi E of San Luis Potosí State Line, 21 Sep 1974, *Reeder y C. Reeder 6293* (US); Between San Luis Potosi and Salinas, 12 mi SE of Salinas, 20 Sep 1963, *Reeder y C. Reeder 3770* (US). **Valparaíso:** km 23 carr. a Huejuquilla, Jal. 29 Sep 1988, bosque de encino, 1800 m, *Balleza 2062* (CHAPA, ENCB). **Villa de Coss:** 44 mi NE of Villa de Cos, 3 Nov 1964, *Reeder y C. Reeder 4013* (US).

**Bouteloua simplex** Lag., Varied. Ci. 2(4):141. 1805.

*Bouteloua procumbens* (P. Durand) Griffiths.

Plantas anuales; tallos 7–23(–35) cm, postrados en la mitad inferior, ascendentes distalmente, glabros; vainas glabras, lígula 0.1–0.2 mm, membranácea, láminas 2–7 cm × 0.5–1.1 mm, aplanadas en la base, involutas distalmente, glabras, márgenes con algunos pelos arriba de la lígula; inflorescencia una espiga unilateral solitaria, 1–3 cm, arqueada en la madurez, persistente, portando 20–40(–60) espiguillas pectinadas; espiguillas 4–5 mm, con 1 flósculo bisexual y 1–2-flósculos rudimentarios, raquilla con un mechón de pelos debajo del flósculo fértil y del primer flósculo rudimentario, desarticulación por encima de las glumas; glumas glabras, acuminadas, la primera 2–3 mm, estrecha, casi transparente, la segunda 3.5–5 mm, más ancha; lema del flósculo bisexual 3–5 mm, pubescente sobre las nervaduras, que se prolongan en aristas cortas, fuertes, aplanadas y escabrosas, arista central hasta de 2 mm, emerge entre 2 lóbulos membranosos de 1 mm; pálea ancha ligeramente más pequeña que la lema; anteras 0.8 mm, amarillo claro; flósculo rudimentario inferior reducido una columna de 1 mm y 3 aristas fuertes, escabrosas, aplanadas, de 2–3 mm; segundo flósculo rudimentario cuando presente constituido por pequeñas escamas; cariopsis 0.7–1.2 mm, pajiza, anguloso-triangular. $2n = 20,40$. Habita en vegetación perturbada del matorral xerófilo, pastizal y bosque de *Pinus cembroides*, a 1850–2640 m de altitud.

Citada desde el S de Estados Unidos a México; Sudamérica.

ZACATECAS. **Concepción del Oro:** km 46, carr. 54 Zacatecas-Saltillo, 19 Dic 1994, matorral desértico micrófilo, 1850 m, *Y. Herrera y A. Cortés 1459* (CIIDIR, ENCB). **Fresnillo:** Por la carr. a Torreón, a 5 km del entronque con la carr. a Durango, 24 Ago 1988, orilla de

*Bouteloua reederorum*

*Bouteloua repens*

*Bouteloua scorpioides*

*Bouteloua simplex*

la carr., 2200 m, *Balleza 1702* (CIIDIR, ENCB); 4 km al E de la carr. a Torreón, por la carr. a Cañitas de Felipe Pescador, 1 Sep 1988, matorral desértico espinoso, 2000 m, *Balleza 1852* (CHAPA, ENCB). **Morelos:** 26 km de Zacatecas por la carr. a Fresnillo, 21 Ago 1988, *E. Manrique y Beetle 1386* (MEXU, ENCB). **Ojocaliente:** alrededores de la cabecera municipal, 12 Sep 1955, *Hern.-Xol. y V. Mathus s.n.* (CHAPA). **Pinos:** cerca de El Tecomate, 13 Oct 1965, *F. Takaki 2108* (MEXU, SLPM); El Sitio, en la brecha Pinos-Ojuelos, Jal. 4 Oct 1989, *Balleza 2465* (CHAPA). **Río Grande:** 5 km de la carr. a Torreón, por la carr. a González Ortega, 24 Ago 1988, *Balleza 1723* (CHAPA, ENCB). **Sain Alto:** 2.1 mi W of turnoff to Sain Alto along hwy 45 towards Sombrerete, 7 Oct 2007, desert scrub near hwy with *Opuntia, Acacia, Clematis, Pectis Prosopis* y grasses, 2147 m, *P.M. Peterson, Saarela y M. Flores 21289* (US). **Villa García:** Ejido Copetillo, por la brecha a Villa García, 2 Oct 1989, *Balleza 2479* (CHAPA). **Villa González Ortega:** km 86 carr. federal 49, entronque con la terracería a Manuel María, 19 Ago 1988, matorral desértico espinoso, 2300 m, *Balleza 1682* (CHAPA, ENCB). **Villanueva:** Presa del Carretero, 9 Oct 1973, *R. Banda s.n.* (CHAPA). **Zacatecas:** Zacatecas, 19 Sep 1905, *D. Griffiths 8139* (US); Cinco Estrellas ±2 km al NE de Zacatecas, 24 Sep 1992, vegetación perturbada, 2640 m, *J.R. Ballín s.n.* (SLPM).

**Bouteloua uniflora** Vasey, Bot. Gaz. 16:26. 1891.

Plantas perennes, sin rizomas ni estolones; tallos 10–60 cm, glabros a escabrosos, erectos, simples; vainas glabras a pubescentes, lígula 0.5–1 mm, láminas 5–20(–30) cm × 1–2 mm, estrechas, aplanadas al menos en la base, involutas al secarse, escabrosas en ambas superficies, con algunos pelos hasta de 3 mm sobre los márgenes; inflorescencia 5–15 cm, espigas 15–70, 6–9(–10) mm, péndulas, caedizas, portando una sola espiguilla, rara vez dos, raquis triangular, hasta de 7 mm, las espiguillas permanecen insertas a las espigas; espiguillas 6–9 mm, con 1 flósculo bisexual y a veces uno rudimentario, pajizo-purpúreas; glumas anchas, redondeadas a agudas, escabrosas sobre la nervadura central, la primera 3–4 mm, la segunda 7–8 mm; lema 7–7.5 mm, aguda, sin arista, glabra; pálea similar a la lema; anteras 2.5–3 mm, amarillo-limón, brillantes; flósculo rudimentario cuando presente representado por 1–3 aristas cortas. Habita en pastizal, bosque de pino piñonero y bosque de encino, a 2100–2535 m de altitud.

Se conocen dos variedades de este taxón, de las cuales sólo *B. uniflora* var. *coahuilensis* habita en Zacatecas. Especie mexicana ampliamente distribuida.

**ZACATECAS. Concepción del Oro:** near Picacho de las Bocas, between Concepción del Oro and Mazapil, 10 Sep 1939, *Shreve 9376* (US). **Fresnillo:** 5.3 km N of Fresnillo and 1.6 km E of the microondas, 28 Sep 1991, calcareous, rocky flats in open grassland, 2300 m, *P.M. Peterson, Annable y J. Valdés 10962* (US). **Jerez:** Sierra Los Cardos, 10.7 mi NW of Jerez, W of El Cargadero, on road towards Monte de los García, 19 Oct 2007, grassy flats with *Juniperus deppeana, Pinus cembroides*, and grasses, 2535 m, *P.M. Peterson, Saarela y D. Stancik 21423* (US). **Pánuco:** La Calera, 5 km al W del entronque con la carr. a Saltillo, 13 Oct 1989, pastizal de *Bouteloua gracilis* con matorral espinoso, 2100 m, *Balleza 2543* (CHAPA, CIIDIR). **Sombrerete:** 1 km SE of Villa Insurgentes along hwy 45 towards Zacatecas, 29 Sep 2001, calcareous slopes with *Quercus intricata, Pinus cembroides,* and *Rhus virens*, 2348 m, *P.M. Peterson y S. González 15965* (US).

**Bouteloua williamsii** Swallen, Ceiba 4:285. 1955.

Plantas perennes, cespitosas, no-rizomatosas; tallos 35–90(–115) cm, delgados, erectos; hojas basales; vainas glabras a hirsutas, lígula 0.2–0.5 mm, una hilera delicada de pelos, láminas 10–25(–35) cm × 1.5–3 mm, aplanadas, ásperas al tacto, con abundantes pelos de 2–5 mm; inflorescencia 8–20 cm, solitaria, terminal, espigas 5–11, 2–5(–7) cm, erectas o patentes, caedizas en la madurez, portando (9–)12–20 espiguillas, raquis aplanado, escabroso-pubescente, con un mechón de pelos en la base de cada espiguilla, las espiguillas permanecen insertas a las espigas; espiguillas 5–9 mm, congestas, permanecen insertas a las espigas; glumas desiguales, anchas, agudas o acuminadas, con tintes purpúreos, la primera 3–4.5 mm, delgada, casi transparente, la segunda 4.2–6 mm; lema del flósculo bisexual 4–6(–7.5) mm, firme, las nervaduras laterales excurrentes en dos aristas de 2–3 mm, la nervadura central en una arista más larga, con un mechón de pelos en la base; pálea con el ápice 2-dentado, ligeramente más larga que la lema, pubescente entre las nervaduras; anteras 2–3 mm, amarillas; flósculo rudimentario 1(–2), estaminado, lema del flósculo rudimentario de 3–4 mm, glabra, con un mechón de pelos plateados en la base, con 3 aristas de 4–6 mm, fuertes de bases aplanadas, raquilla prolongada, el segundo flósculo rudimentario, pequeño cuando presente; cariopsis 3–4 mm, pajiza, ovoide a estrechamente elíptica. $2n = 20$. Creciendo en terrenos secos con bosque de encino y matorral subtropical, a 1600–2280 m de altitud.

Esta especie se confunde fácilmente con *B. radicosa*, de la cual se distingue por carecer de rizomas, presentar hojas ásperas al tacto, espigas más largas y con mayor número de espiguillas.

*Bouteloua parryi*

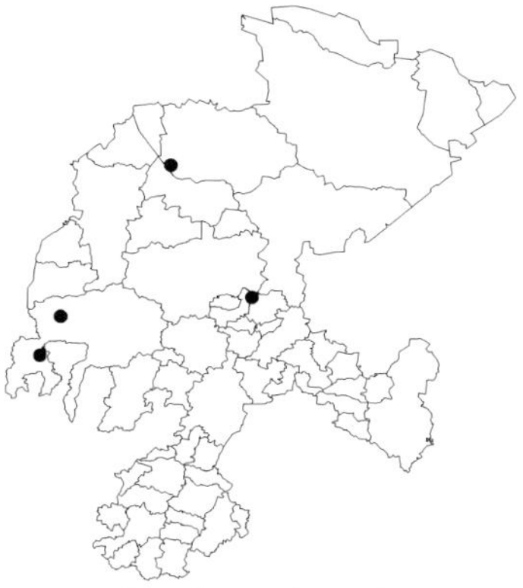

*Bouteloua polymorpha*

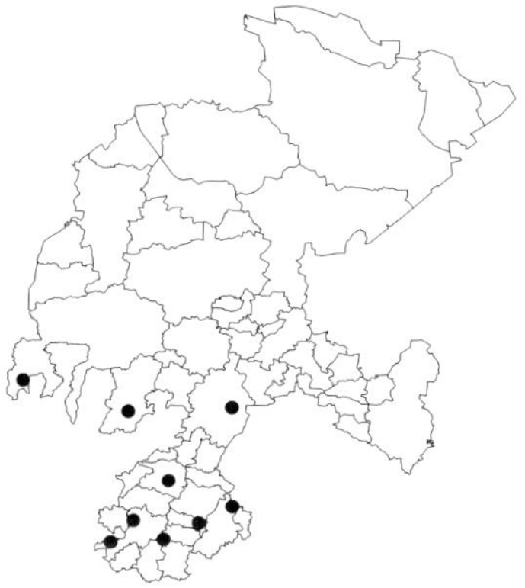

*Bouteloua radicosa*

*Bouteloua ramosa*

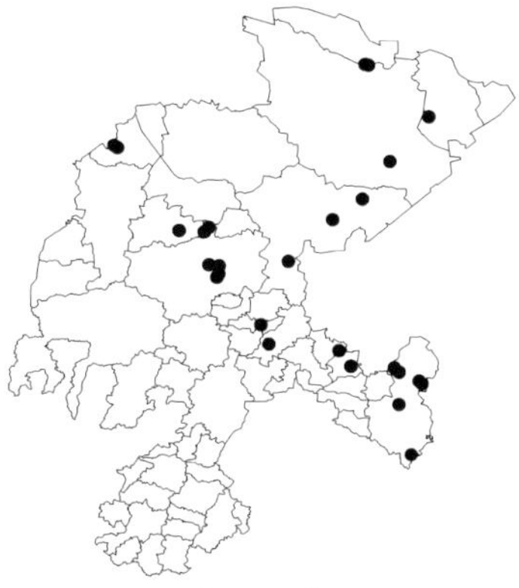

*Bouteloua reederorum*

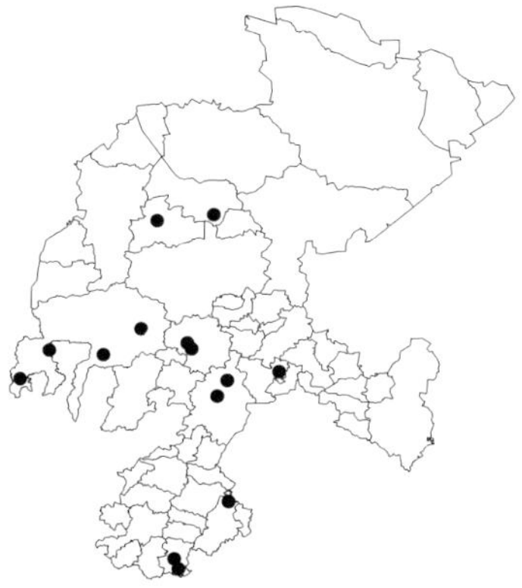

*Bouteloua repens*

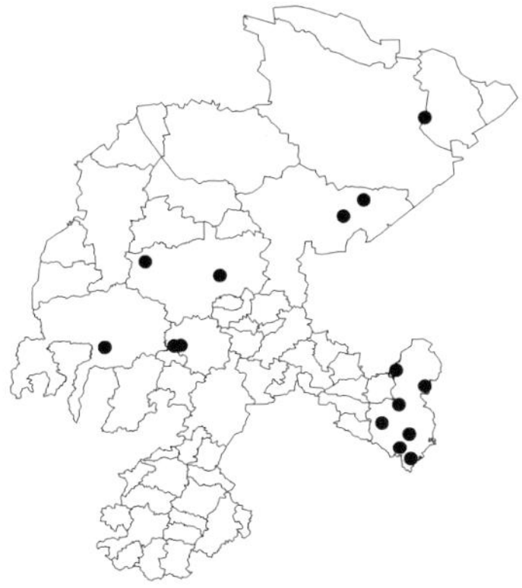

*Bouteloua scorpioides*

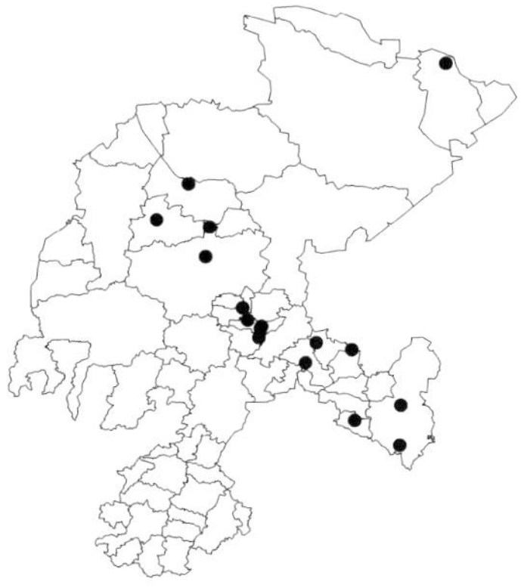

*Bouteloua simplex*

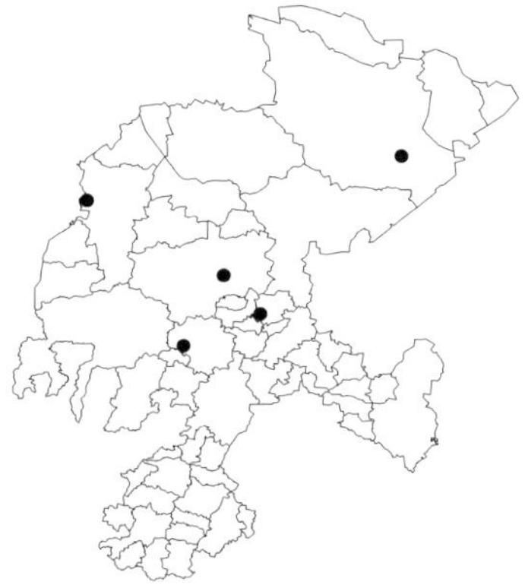

*Bouteloua uniflora* var. *coahuilensis*

Conocida desde México a Honduras.

**ZACATECAS. Apozol:** colonia Benito Juárez, sierra de Nochistlán, 31 Ago 1989, 1600 m, *Balleza 2210* (CHAPA). **Nochistlán:** El Roblal, Sierra del Laurel, Tlachichila, 4 Nov 2006, bosque de encino, 2218 m, *O. Rosales y Y. Herrera 3749* (CIIDIR); Cañada El Pinole, costado del cerro El Castillo, NE de Tlachichila, Sierra del Laurel, 27 May 2006, bosque de encino, 2020 m, *J. Martínez 517* (CIIDIR, INEGI). **Sombrerete:** 6 km al N-NE de Agua Zarca, 29 Oct 2006, pastizal, 2280 m, *O. Rosales y Y. Herrera 3632* (CIIDIR). **Valparaíso:** 35.5 mi W of Huejuquilla towards Canoas, 30 Sep 2001, gentle slopes with *Quercus conzattii, Pinus chihuahuana, Dodonaea viscosa,* and *Quercus magnolifolia*, 1900 m, *P.M. Peterson y S. González 15996* (US).

Especie excluida: *Bouteloua texana* S. Watson, sinónimo de *B. rigidiseta* (Steud.) Hitchc., citada por Hitchc. (1913), su àrea de distribuciòn conocida no llega a Zacatecas, se excluye al no ser encontrada.

## Brachypodium P. Beauv.

Referencia: McVaugh, R. 1983. *Brachypodium*. En: Flora Novo-Galiciana 14:97–98.

Plantas perennes, con tallos delgados, láminas distribuidas sobre toda la planta; espiguillas grandes, multiflosculadas, redondeadas en el dorso o lateralmente comprimidas, corto-pediceladas, usualmente aplicadas, bastante distantes unas de otras, colocadas en racimos simples; desarticulándose arriba de las glumas y entre los flósculos; glumas conspicuamente nervadas, la segunda un poco más larga y ancha que la primera; lema redondeada, obscuramente nervada, corto aristada; pálea casi tan larga como la lema, pilosa en las quillas. Existen cerca de 15 especies en América, en Zacatecas solo se encontró *B. mexicanum*.

**Brachypodium mexicanum** (Roem. & Schult.) Link, Hort. Berol. 1:41. 1827. *Festuca mexicana* Roem. & Schult., Syst. Veg. 2:732. 1817.

Plantas perennes, pubescentes; tallos fuertes de 50–100 cm, solitarios o por lo general formando grandes macollos; vainas abiertas con los márgenes escariosos, lígula 1–3 mm, escariosa, firme, láminas 10–25 cm × 7–12 mm, pubescentes; racimos 8–15 cm, con 6–8 espiguillas, 2.8–3 cm, 8–10 flósculos, a menudo mucho más cortas, con 1–3 espiguillas, que llegan a medir hasta 3 cm; espiguillas a veces 1–1.5 cm, con 2–5 flósculos, pedicelos 2–3 mm; glumas glabras, apiculadas o la segunda subobtusa, la primera 4.5–9 mm, la segunda 7–11 mm; lema 8–12 mm, con arista de 3–6 mm, escabrosa cerca del ápice; lemas de los flósculos inferiores pueden ser más largas; pálea tan larga como la lema, rígida en la madurez, con el ápice más ancho, las dos quillas densamente corto-pilosas. Especie escapada de cultivo y encontrada en pastizal, matorral xerófilo bosque de pino piñonero, a 1750–2820 m de altitud.

Ampliamente distribuida en México, Centro y Sudamérica.

**ZACATECAS. Concepción del Oro:** brecha a Mazapil, 14 Oct 1989, matorral xerófilo, 1750 m, *Balleza 2575* (CHAPA). **Cuauhtémoc:** cerro Prieto, San Pedro Piedra Gorda, Sep 1980, matorral crassicaule, 2400 m, *R. del Castillo y S. Trujillo ZA-81* (CHAPA, ENCB). **Jerez:** Sierra Los Cardos, rancho El Roble, 17.8 mi NW of Jerez, W of El Cargadero on road towards Monte de las García, 20 Oct 2007, slopes and ridge with *Arctostaphylos, Cupressus, Pinus cembroides, Juniperus*, 2820 m, *P.M. Peterson, Saarela y D. Stancik 21439* (US). **Nochistlán:** ladera NE del cerro de las antenas de microondas, carr. Tlachichila-Jalpa, 5 Nov 2006, pastizal con encinos, 2218 m, *O. Rosales y Y. Herrera 3763* (CIIDIR). **Pinos:** near Pinos, 6 Oct 1954, *Sohns 1556* (US). **Sombrerete:** Parque Nacional Sierra de Órganos, orilla de cañada al S de la entrada del parque, 22 Sep 2001, bosque de *Pinus cembroides*, 2360 m, *D. Enríquez 3365* (CIIDIR). **Valparaíso:** 13 mi SW of Valparaíso and 13.8 mi NE of Huejuquilla, 30 Sep 2001, Steep rocky slopes with *Quercus laeta, Arbutus arizonica, Rhus, Buddleja, and Montanoa*, 2180 m, *P.M. Peterson y S. González 15972* (US).

## Bromus L.

Referencia: McVaugh, R. 1983. *Bromus*. En: Flora Novo-Galiciana 14:100–104.

Plantas herbáceas anuales o perennes, amacolladas, cespitosas o rara vez rizomatosas; tallos simples; vainas con los márgenes unidos, lígula membranácea, láminas lineares, por lo general aplanadas; panículas terminales, abiertas o contraidas; espiguillas comprimidas lateralmente, con 3 a numerosos flósculos bisexuales, desarticulación arriba de las glumas y entre las flósculos; glumas agudas desiguales, más cortas que el flósculo inferior, la primera 1–3-nervada, la segunda 3–9-nervada; lemas herbáceas, 3 o 9-nervadas, carinadas o redondeadas en el dorso, el ápice agudo o 2-dentado, mútico o aristado entre los dientes; pálea 2-carinada, de menor tamaño que la lema, con pelos a lo largo de sus quillas; fruto una cariopsis sulcada, oblonga, adherida a la pálea. Cerca de 200 especies de regiones templadas en el Viejo y Nuevo Mundo, y en los trópicos a elevaciones altas.

1. Lema fuertemente comprimido-aquillada; segunda gluma con 5 o más nervaduras; lígula blanca, translúcida, membranácea; plantas anuales o bianuales.
   2. Segunda gluma 5–7-nervada; lema 7-nervada ____ **Bromus carinatus**
   2. Segunda gluma 9-nervada; lema 9–13-nervada ____ **Bromus catharticus**

1. Lema redondeada en el dorso; segunda gluma con 1-3 nervaduras; lígula una membrana corta pardo; plantas perennes ____ **Bromus anomalus**

**Bromus anomalus** Rupr. ex E. Fourn., Mexic. Pl. 2:126. 1886.

Plantas perennes; tallos 45–100 cm, erectos o decumbentes, nudos retrorsamente pubescentes a glabros, entrenudos glabros; vainas glabras o pilosas, aurículas vestigiales presentes al menos en las hojas inferiores, lígula una membrana truncada, erosa, de casi 1 mm, láminas 14–22 cm × 3.5–5 mm, delgadas; panícula 10–22 cm, abierta, péndula; espiguillas 1.5–3 cm, conteniendo 4–10(–12) flósculos; glumas usualmente pubescentes a glabras, la primera 5–6 mm, subulada, 1 ó 3-nervada, la segunda 6–8 mm, subulada, con el ápice agudo rara vez apiculada, 3-nervada; lema 7–10 mm, 7-nervada, pubescente sobre toda la superficie dorsal y marginal, la arista 1–3 mm, inserta debajo de un ápice entero; pálea 7–9.5 mm, pilosa en las nervaduras y puberulenta a pubescente entre ellas; anteras 2–4 mm. $2n$ = 14. Habita en selva baja caducifolia, pastizal y bosque de encino-pino, a 1600–2820 m de altitud.

Conocida del W de Estados Unidos a México.

**ZACATECAS. Apozol:** San Miguel, Arroyo El Tazole, 26 Nov 1992, 1600 m, selva baja caducifolia, *D. Enríquez 387* (MEXU). **Concepción del Oro:** brecha a Mazapil, 14 Oct 1989, *Balleza 2571-B* (CHAPA). **Jalpa:** Sierra de Los Morones, cerca del Plateado, 1 Sep 1987, *Rose 2727* (MEXU, US). **Jerez:** Sierra Los Cardos, rancho El Roble, 17.8 mi NW of Jerez, W of El Cargadero on road towards Monte de las García, 20 Oct 2007, slopes and ridge with *Arctostaphylos, Cupressus, Pinus cembroides, Juniperus*, 2820 m, *P.M. Peterson, Saarela y D. Stancik 21436* (US). **Guadalupe:** km 109.7 de la carr. Guadalupe-Genaro Codina, 9 Oct 1989, pastizal de *Muhlenbergia y Bouteloua*, 2350 m, *Balleza 2509* (CIIDIR); ladera N del cerro de la Virgen, 10 Ago 1988, pastizal, 2490 m, *Balleza 1573* (MEXU). **Jerez:** 10 km al NW de Jerez por la carr. que va a El Cargadero, 1.5 km delante de la comunidad Parral de los Huertos, 23 Ago 1988, bosque de pino, 2400 m, *Balleza 1753* (CHAPA, CIIDIR, ENCB). **Mazapil:** rancho Los Luna, Sierra de Santa Rosa, 15 Oct 1989, *Balleza 2581* (CHAPA, MEXU). Miguel Auza, 2.5 km al W de la colonia Emilio Carranza, por la brecha que va a la Sierra de Santa María, 2 Sep 1988, pastizal con bosque de pino piñonero, 2200 m, *Balleza 1889* (MEXU). **Monte Escobedo:** 8.6 mi NW of Monte Escobedo at Uma Temoc A.C., 3 Oct 2001, grassy flats with *Quercus edwardii, Juniperus dippeana, Arbutus*, and *Pinus chihuahuana*, 2480 m, *P.M. Peterson y S. González 16044* (US); 3.5 mi W of Monte Escobedo at Uma Temoc A.C., 3 Oct 2001, steep slopes along small arroyo with *Quercus edwardii, Arbutus arizonica, A. tesselata*, and *Ceanothus*, 2450 m, *P.M. Peterson y S. González 16051* (US). **Nochistlán:** El Roblal, Sierra del Laurel,Tlachichila, 4 Nov 2006, bosque de encino, 2218 m, *O. Rosales y Y. Herrera 3752* (CIIDIR); Tlachichila, por la brecha a Jalpa, 31 Oct 1989, pastizal con matorral espinoso, 2200 m, *Balleza 2680* (CHAPA, MEXU). **Vetagrande:** 1 km al S de Vetagrande, 14 Ago 1988, *Balleza 1629* (CHAPA, ENCB, MEXU). **Valparaíso:** 13 mi SW of Valparaíso and 13.8 mi NE of Huejuquilla, 30 Sep 2001, Steep rocky slopes with *Quercus laeta, Arbutus arizonica, Rhus, Buddleja, and Montanoa*, 2180 m, *P.M. Peterson y S. González 15968* (US). **Zacatecas:** cerro Los Alamitos, 30 Ago 1991, pastizal, 2500 m, *V. Medina 313* (MEXU).

**Bromus carinatus** Hook. & Arn., Bot. Beechey Voy. 403. 1840.

*Bromus pendulinus* Sessé ex Lag.

Plantas herbáceas de duración indefinida; tallos 50–150 cm, glabros o poco pilosos; vainas glabras, lígula 1–3 mm, membranácea, blanco-translúcida, láminas 5–30 cm × 2–10 mm, glabras, aplanadas; panículas 20–30 cm, erectas o péndulas; espiguillas 2.5–3.5 cm, fuertemente comprimido-carinadas, con 4–10 flósculos, linear elípticos cuando jóvenes; glumas ovado-atenuadas, glabras o poco pubescentes, la primera 5–10 mm × 1.5–2 mm, 3-nervada, con los márgenes hialinos, la segunda 7–11 mm, (5–)7–9-nervada; lema 8–18 mm, 7-nervada, comprimida-aquillada, lanceolada, glabra o escabrosa en el dorso, pilosa en las nervaduras laterales y márgenes a ocasionalmente en todo el dorso, arista 3–10 mm; pálea 8– 14 mm, linear-elíptica, aguda, glabra entre las quillas; anteras 2–3.5 mm, anaranjadas. $2n$ = 56,84. Habita en el pastizal, matorral xerófilo, bosque de encino-pino, a 2200–2535 m de altitud. 3 variedades reconocidas para esta especie, sólo la var. *californicus* en Zacatecas.

Conocida desde California, México a Centroamérica.

**ZACATECAS. Guadalupe:** cerro de la Virgen, 10 Ago 1988, zona de pastizales, 2490 m, *Balleza 1579* (CIIDIR). **Jerez:** 10 km al NW de Jerez por la carr. que va a El Cargadero, 1.5 km delante de la comunidad Parral de los Huertos, 23 Ago 1988, bosque de pino, 2400 m, *Balleza 1754* (CHAPA, ENCB); Sierra Los Cardos, 10.7 mi NW of Jerez, W of El Cargadero, on road towards Monte de los García, 19 Oct 2007, grassy flats with *Juniperus deppeana, Pinus cembroides*, and grasses, 2535 m, *P.M. Peterson, Saarela y D. Stancik 21424* (US). **Mazapil:** 15 (air) mi NE of Estacion Camacho on NW slopes near granitic summit of Pico de Teyra in open chaparral, 23 Sep 1973, 8000 ft, *Henr. 13461, 13484* (MEXU). **Monte Escobedo:** 4 km al N de Monte Escobedo, por la brecha a Mezquitic, Jal., 12 Ago 1988, bosque de encino,

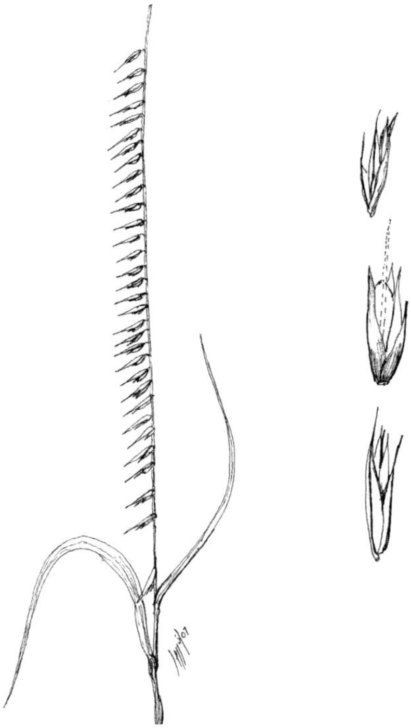

*Bouteloua uniflora*

*Bouteloua williamsii*

*Brachypodium mexicanum*

*Bromus catharticus*

2200 m, *Balleza 1606* (CHAPA, ENCB). **Río Grande:** Ejido 6 de Enero, 25 Jul 1986, *E. Manrique, Lozano y Bravo 1316* (MEXU). **Sombrerete:** límite entre Durango y Zacatecas, 6 Sep 1969, *Almeida 57* (CHAPA); Órganos, a 1 km de la carr. a Durango, por la brecha a Sierra de Órganos, 21 Oct 1988, *Balleza 2123* (CHAPA). **Valparaíso:** Ejido de Santa Lucía de la Sierra, 27 Sep 1989, bosque de pino, 2290 m, *Balleza 2351* (CIIDIR). **Vetagrande:** 4 mi N of Zacatecas, 24 Sep 1959, *Soderstr. 715* (US). **Villa de Cos:** rancho Palula, 20 Ago 1988, *E. Manrique y Beetle 1356* (MEXU). **Zacatecas:** Escuela de Agronomía de la UAZ, km 15.5 carr. a Guadalajara, 11 Ago 1988, *Balleza 1593* (CHAPA, ENCB); Zacatecas, 3 Oct 1910, *Hitchc. 7505* (US).

**Bromus catharticus** Vahl, Symb. Bot. 2:22. 1791.

Plantas anuales o bianuales; tallos 10–100 cm, floreciendo desde una estatura de 10–40 cm; hojas glabras o pilosas, lígula 1–3 mm, membranácea, delgada, blanca, láminas 15–30 cm × 4–7 mm; panículas abiertas, 10–30 cm, más o menos erectas; espiguillas 2–3 cm, con 5–7(–12) flósculos, linear-elípticas cuando jóvenes; glumas atenuadas, comprimido-carinadas, la primera 6–9 mm, 5–7-nervadas, glabra y escabrosa en la quilla, la segunda 10–12(–15) mm, 9-nervada; lema 11–17 mm, acuminada, comprimido-aquillada, 9–13-nervada, antrorsamente escabrosas hacia el ápice, lisas y rugosas hacia la base, con los márgenes anchos y membranáceos, el ápice diminuto-denticulado, arista 0.5–1 mm; pálea casi tan larga como la lema; anteras 2–3 mm, amarillas a pardas en la madurez. $2n = 42$. Maleza de orilla de carr. y en pastizal abierto, a 1890–2400 m de altitud.

Ampliamente distribuida en Estados Unidos, México, Centro y Sudamérica.

ZACATECAS. **Jerez:** en el pueblo, 20 Ago 1988, 2400 m, *Manrique y Beetle 1368* (MEXU). **Morelos:** 26 km de Zacatecas por la carr. a Fresnillo, 23 Ago 1988, 1890 m, *E. Manrique y Beetle 1426* (MEXU). **Zacatecas:** cerca del Lienzo Charro de la ciudad de Zacatecas, 20 Ago 1988, *E. Manrique y Beetle 1398* (MEXU); Escuela de Agronomía de la UAZ, km 15.5 carr. a Guadalajara, 11 Ago 1988, *Balleza 1597-B* (CHAPA, ENCB, IEB).

ESPECIES EXCLUIDAS: *Bromas ciliatus* L., cuya distribución conocida actualmente es Canadá y Estados Unidos, fue citada por Beetle et al. (1987) y por Espejo y López (2000) para la entidad, pero se excluye por no haberse encontrado ejemplares que avalen su presencia.

*Bromus porteri* (J.M. Coult.) Nash citada por Hitchc. (1913) para la entidad, se excluye por no haberse encontrado en la revisión de especies del presente estudio.

## CALAMAGROSTIS ADANS.

REFERENCIA: Hitchcock, A.S. 1935. *Calamagrostis*. En: Manual of the grasses of the United States. Pp. 313–329.

Plantas ásperas, perennes, cespitosas o rizomatosas; tallos simples, delgados; lígula una membrana, láminas lineares, firmes, aplanadas o involutas; inflorescencia una panícula terminal, abierta o contraida; espiguillas comprimidas lateralmente, 1-flosculadas o rara vez 2-flosculadas, desarticulación arriba de las glumas; glumas más largas que el flósculo, iguales o subiguales, agudas o acuminadas, 1–3-nervadas; lema generalmente 5-nervada, membranácea, el ápice truncado a 2-dentado o cortamente 4-aristado, arista emergiéndo desde el dorso, la arista recta o geniculada, a menudo torcida, inserta cerca de la base; callo obtuso, rara vez recurvado o alargado, por lo general piloso, la pubescencia puede ser muy corta a larga y copiosa; pálea delgada, más corta que la lema; raquilla prolongada por detrás de la pálea como una cerda desnuda o pilosa; estambres 1–3; cariopsis con endospermo sólido a menudo líquido o blando. Género con aprox. 150 especies de las regiones templadas y frías del Mundo.

**Calamagrostis pringlei** Scribn. ex Beal, Grasses N. Amer. 2:345–346. 1896.

Plantas perennes, rizomatosas; tallos 50–70(–80) cm, solitarios o amacollados, erectos, glabros, rizomas rastreros; vainas glabras a un poco pilosas o escabrosas cuando jovenes, lígula 1–4 mm, membranácea, irregularmente dentada, láminas 10–15 cm × 1–4 mm, aplanadas, involutas cuando secas, pilosas en ambas superficies; panícula 6–18 cm, angosta, algunas veces nutante, las ramas ascendentes, desnudas o con espiguillas desde la base o entremezcladas ambas condiciones, verde con tintes rosados, eje glabro o escabriúsculo, ramas capilares, escabrosas, las superiores aglomeradas, algunas desnudas en la base, con frecuencia se presentan ramas cortas con pocas espiguillas; glumas 4.5–5 mm, angostas subiguales, acuminadas, 1-nervadas, escabrosas; lema 4.5–5 mm, suave y escabriúscula, casi acuminada, arista 4–6 mm, delgada, geniculada, con frecuencia torcida en la base, escabrosa en la parte terminal, exserta; callo con pelos de 0.8–1 mm; raquilla 1.5–2 mm, pubescente, los pelos 1–2 mm; anteras y cariopsis no vistos. Habita en bosque de encino, a 1800 m de altitud.

Se cita de México en: Ags., Coah., Chih., Dgo., Hgo., Mich., N.L. y Zac.

## Cenchrus L.

Referencias: McVaugh, R. 1983. *Cenchrus*. En: Flora Novo-Galiciana 14:109–114. Davidse, G. et al. (eds.). 1994. *Cenchrus*. En: Flora Mesoamericana 6:374–375.

Plantas anuales o perennes, cespitosas; tallos cilíndricos; vainas comprimido-carinadas, lígula reducida a una hilera de pelos; inflorescencia una espiga terminal, en zigzag y de involucros espinosos, o más o menos recta de involucros cerdosos desarticulándose como una unidad; espinas y cerdas cilíndricas o aplanadas, por lo general retrorso-escabrosas, en ocasiones antrorsamente escabrosas; espiguillas solitarias o en grupos de 2–8, encerradas dentro de un involucro de espinas o cerdas rígidas unidas solo en la base o arriba de la base formando un receptáculo a manera de copa, las espinas son escábridas o barbadas, aplanadas hacia la base; espiguillas comprimidas dorsalmente, con 2 flósculos, el inferior estaminado o estéril, el superior bisexual; glumas membranáceas, lanceoladas a ovado-oblongas, la primera de la mitad de la largo de la segunda, a veces faltante, la segunda alrededor de la 1/2 del largo de la espiguilla; lema del flósculo estéril casi igual al del flósculo bisexual en longitud; lema del flósculo bisexual 3–7-nervadoa, pálea de igual tamaño que la lema; cariopsis elíptica a ovoide, dorsalmente aplanada. Género de alrededor de 22 especies distribuidas en áreas de disturbio y suelos arenosos en trópicos y regiones templadas.

1. Espinas o cerdas unidas solamente por debajo de 1/5 inferior (casi en la base), formando un involucro con un disco pequeño o una copa poco profunda; plantas perennes.
    2. Cerdas suaves y densamente pilosas (plumosas), la más interior hasta 1.5 veces más larga que el resto; espiguillas 2.5–4.8 mm de largo; inflorescencia 1–2.5 cm de ancho ____ **Cenchrus ciliaris**
    2. Cerdas un poco endurecidas (especialmente las interiores), esparcido-pilosas pero nunca plumosas, la más interior 2 o más veces más larga que le resto; inflorescencia 1–1.5 cm de ancho ____ **Cenchrus multiflorus**
1. Espinas o cerdas unidas más o menos hasta la mitad formando un involucro o fascículo que encierra una o más espiguillas; plantas anuales y/o bianuales.
    3. Espinas y cerdas antrorsamente escabrosas; cerdas la mayoría excediendo las espinas interiores ____ **Cenchrus pilosus**
    3. Espinas y cerdas retrorsamente escabrosas; las cerdas más pequeñas o casi del mismo largo que las espinas interiores.
        4. Involucro de espinas unidas, aplanadas y más anchas en la base, en varios círculos concéntricos, sin cerdas adicionales ____ **Cenchrus incertus**
        4. Involucro con una hilera basal de cerdas delgadas numerosas.
            5. Anillo de cerdas tan largas como el involucro; lóbulos del involucro puberulentos o corto-pubescentes, angostamente triangulares, sin ser como espinas; involucros por lo general cerca de 4 mm de ancho ____ **Cenchrus brownii**
            5. Anillo de cerdas menos de la mitad del largo del involucro; lóbulos del involucro pilosos y como espinas, los pelos de 1–1.5 mm; involucros por lo general 4.5 mm de ancho o más ____ **Cenchrus echinatus**

**Cenchrus brownii** Roem. & Schult., Syst. Veg. 2:258. 1817.

Plantas anuales, cespitosas; tallos 20–90 cm, erectos o decumbentes, ramificados, glabros; vainas carinadas, pilosas, lígula 0.6–1.3 mm, láminas 8–30 cm × 4–10 mm, glabras o a pilosas adaxialmente; inflorescencia 5–13 × 1–1.5 cm, involucros 5–8 × 3–4.5 mm; cerdas exteriores tan largas como las espinas del involucro, libres, cilíndricas, retrorsamente escabrosas, espinas interiores unidas más o menos hasta la mitad, aplanadas, pilosas; espiguillas 2–3 por involucro erizadas, de 4–7 mm; primera gluma 1–2.5 mm, 1-nervada, segunda gluma 2.5–4.5 mm, 3–5-nervada; flósculo inferior estaminado; lema inferior 3–5-nervada; pálea inferior casi igual a la lema, a veces un poco más larga; flósculo superior bisexual 4.8–7 × 1.6–2.5 mm; anteras 1.2–2.3 mm. $2n$ = 34,36. De lugares con disturbio, encontrada en bosque tropical caducifolio, a 1100 m de altitud.

Introducida en América y ampliamente distribuida en lugares con disturbio.

**ZACATECAS. Moyahua:** 5 mi NE of Mesquitula near the Río Juchipila, 11 Aug 1969, 1100 m, bosque tropical caducifolio, *J. Taylor y C. Taylor 6066* (US).

**Cenchrus ciliaris** L., Mant. Pl. 302. 1771. *Pennisetum ciliare* (L.) Link.

Plantas perennes emergiendo de una corona dura nudosa o de rizomas cortos; tallos 25–100 cm, erectos, ramificados, glabros; vainas comprimidas, glabras o pilosas cerca del cuello, margen hialino, lígula pilosa 0.5–2.5 mm, láminas 3–24 cm × 2–8 mm, aplanadas, escabrosas a pilosas, estrechándose hacia el ápice; inflorescencia 2–12 cm × 1–2.5 cm, raquis flexible y escabroso, entrenudos 0.8–2 mm; involucros 9–15 mm × 3–4 mm, alargados, pubescentes, pedúnculos pequeños, pilosos; espinas erectas o algo curvas, con pelos largos, pubescentes en los márgenes internos, unidas únicamente en la base o un poco más arriba, antrorsamente escabrosas, las internas plumosas; verticilo inferior de espinas semejantes a cerdas, más cortas que las espinas internas; espiguillas 2–4 por involucro; primera gluma de 1–2.5 mm, 1-nervada, delgada, membranácea; segunda gluma 1–3 mm, 1–3-nervada; flósculo inferior estaminado, lema inferior 2–4.5 mm, 5–6-nervada, pálea inferior 2–4 mm, parcialmente cubierta por la lema; flósculo superior bisexual 2.2–5 mm × 1–1.5 mm; anteras 2.4–2.6 mm. Encontrada como maleza a orilla de cultivos y de caminos, matorral desértico y selva baja caducifolia, a 1250–2250 m de altitud.

Planta originaria del Viejo Mundo, introducida en América desde el S de Estados Unidos a México; Costa Rica; Sudamérica. Ampliamente distribuida en México.

**ZACATECAS. Calera:** Campo Agrícola Experimental del INIFAP, 15–20 Oct 1989, 2160 m, *Balleza 2603*(CIIDIR, SLPM, US); *2608* (US). **Cuauhtémoc:** Presillas y Santa Inés, 22 Jul 1986, matorral crassicaule, 2250 m, *Brigada de Zacatecas 23* (ENCB, MEXU). **Fresnillo:** frente a la caseta de autopista, 31 Oct 2003, pastizal, 2174 m, *M. Piedra 6* (CIIDIR); 5 km al NW de la carr. a Durango, por la carr. a Torreón, 1 Sep 1988, *Balleza 1703* (CHAPA, ENCB). **Genaro Codina:** Santa Inés, Ago 1985, *Brigada Cotecoca 23* (MEXU). **Mezquital del Oro:** 11 km al E de la carr. Teúl-Guadalajara, por la brecha a Moyahua, 30 Sep 1989, bosque tropical caducifolio, 1250 m, *Balleza 2447* (CHAPA). **Moyahua:** cerro El Noieste a 8 km al S de Moyahua por la carr. 54 entre Motyahua e Ixtlahuacán del Río, Jal., ladera W del cerro, 10 Abr 1997, selva baja caducifolia, *D. Enríquez 1473* (MEXU). **Río Grande:** km 70 carr. a Torreón, 1 Sep 1988, *Balleza 1863* (CHAPA, ENCB, US). Zacatecas. **Villa de Cos:** La Tinaja, *A. Herrera 324* (ENCB, MEXU).

**Cenchrus echinatus** L., Sp. Pl. 2:1050. 1753.

Plantas anuales, cespitosas; tallos 15–85 cm, ascendentes con la base geniculada, con pubescencia variable; vainas carinadas, glabras a marcadamente pilosas, lígula 0.7–1.7 mm, pilosa, láminas 4–26 cm × 3.5–11 mm, aplanadas, glabras o esparcido-pilosas adaxialmente hacia la base; inflorescencia 2–10 cm × 2 cm, raquis flexuoso, escabroso, visible entre los involucros, involucros 8–10 mm × 3.5–6 mm, las puntas de las espinas a veces purpúreas con el tiempo, espinas internas erectas, más largas que las cerdas externas, pedúnculo pubescente; espiguillas sésiles 2–3 por involucro, 5–7 mm; primera gluma 1.3–3.4 mm, 1-nervada, segunda gluma 3.8–5.7 mm, 3–6-nervada; flósculo inferior estéril o estaminado, lema inferior 4.5–6.4 mm, 5–7-nervada, pálea casi tan larga como la lema, escabrosa; flósculo superior bisexual, 4.7–7 mm × 1.2–2.3 mm; anteras 0.8–2.4 mm. $2n = 34,68$. Maleza pastoreada antes de la formación del involucro, encontrada en bosque tropical caducifolio y matorral xerófilo con disturbio, a 1340–2000 m de altitud.

Originaria de los trópicos del Viejo Mundo, introducida en América desde el S de Estados Unidos a México; Sudamérica; Jamaica.

**ZACATECAS. Gral. Pánfilo Natera:** km 129.5 carr. federal 49, en el entronque con la terracería al Tule, 17 Ago 1988, matorral desértico espinoso, 2000 m, *Balleza 1631* (CHAPA, ENCB). **Juchipla:** cerro de Piñones, 50 m al W de Pueblo Viejo, por el camino de herradura al rancho de Lorenzo Magallanes, 20 Ago 1999, bosque tropical caducifolio, 1615 m, *Balleza 10440* (MEXU). **Mezquital del Oro:** 10 km al E de la carr. Teúl de González Ortega-Guadalajara, por la brecha a Moyahua, 30 Sep 1989, bosque de encino, 1850 m, *Balleza 2443* (CHAPA). **Momax:** En el pueblo de Momax, 10 Ago 1989, *Balleza 2165* (CHAPA, US). **Moyahua:** cerro La Cantarilla, 8.5 km al S de Moyahua por la carr. federal 54, tramo Moyahua-Ixtlahuacán del Río, 6 Sep 1996, bosque tropical caducifolio, 1340 m, *D. Enríquez y M. Adame 1113* (CIIDIR); km 102 carr. federal 54, 27 Ago 1988, *Balleza 1795* (CHAPA, ENCB, US); Santa Rosa, cerro La Garruñera, 21 Ago 1992, selva baja caducifolia, *D. Enríquez 127, 132* (MEXU). **Tlaltenango:** N of Tlaltenango, 3 Dec 1997, *Ma.C. Arteaga 911* (US). **Valparaíso:** Por la terracería a San Juan Capistrano-Ameca la Vieja, 17 km de San Juan Capistrano, 7 Oct 1988, matorral subtropical, 1550 m, *Balleza 2093* (CHAPA, ENCB, IEB).

**Cenchrus incertus** M.A. Curtis, Boston J. Nat. Hist. 1:135. 1837.

Plantas anuales o bianuales, cespitosas; tallos 10–80 cm, ascendentes o erectos, ramificados, formando grandes macollos, escabrosos; vainas carinadas, glabras a pubescentes a lo largo de los márgenes, lígula 1–1.5 mm, pilosa, láminas 3–10 cm × 2–6 mm, aplanadas a veces subinvolutas; inflorescencia 2–8.5 mm × 0.8–2 cm, el eje delgado flexuoso, escabroso o piloso; involucros 5–10 mm × 2.5–5.5 mm, ovoides o globosos, densamente pubescentes, con 8–40 espinas unidas casi hasta la mitad, extendidas o reflejas, anchas en la base, las exteriores cilíndricas, las interiores aplanadas, el cuerpo del involucro con una hendidura profunda en la cara externa; espiguillas 3.5–5.8 mm, 2–4 por involucro; primera gluma 1.5–3 mm, 1-nervada, segunda gluma 2.8–5 mm, 5–7-nervada; flósculo inferior estaminada, lema inferior 3–5.8 mm, 4–7-nervada, pálea inferior 3–5.8 mm; flósculo superior bisexual, 3.4–6 mm; anteras 0.5–2 mm. $2n = 34$. Maleza típica de áreas con disturbio y terrenos encharcados, encontrada en matorral subtropical, matorral xerófilo y pastizal, a 1250–2200 m de altitud.

Citada desde el SW de Estados Unidos a México; Sudamérica; Antillas.

**ZACATECAS. Fresnillo:** 5 km al NE del entronque con la carr. a Durango, por la carr. a Torreón, 24 Ago 1988, en canal de riego, 2200 m, *Balleza 1705* (CHAPA, CIIDIR, ENCB, SLPM, US). **Mezquital del Oro:** 11 km al E de la carr. Teúl de González Ortega-Guadlajara, por la brecha a Moyahua, 30 Sep 1989, bosque tropical caducifolio, 1250 m, *Balleza 2450* (CHAPA, US). **Pinos:** desviación a Saldaña, 17 Ago 1988, *E. Manrique y Beetle 1358* (MEXU). **Río Grande:** rancho el Polvillo, 18 Sep 1966, sembradíos, 2000 m, *M. Rodríguez s.n.* (ENCB). **Sain Alto:** 2.1 mi W of turnoff to Sain Alto along hwy 45 towards Sombrerete, 7 Oct 2007, desert scrub near hwy with *Opuntia, Acacia, Clematis, Pectis Prosopis* y grasses, 2147 m, *P.M. Peterson, Saarela y M. Flores 21284* (US). **Sombrerete:** 21 mi W of Sombrerete on hwy to Durango, 26 Sep 1959, *Soderstr. 755* (US). **Tabasco:** km 132 carr. Zacatecas-Guadalajara, Oct 1958, *R. Claverán s.n.* (CHAPA).

**Cenchrus multiflorus** J. Presl, Reliq. Haenk. 1(4–5):318. 1830.

Plantas perennes, cespitosas, base con yemas escamosas; tallos 50–160 cm, erectos, simples o esparcido-ramificados, glabros o pilosos; vainas escasamente carinadas, glabras a papiloso-pilosas, lígula 1.3–1.8 mm, láminas 20–45 cm × 5–10(–20) mm, escabrosas, a veces esparcido-papiloso-pilosas adaxialmente; inflorescencia 5–10(–18) cm × 10–15 mm, involucros 7–12 mm × 2.5–3.5 mm, cerdas externas libres, cilíndricas, antrorsamente escabrosas, las interiores solamente unidas en la base, cilíndricas, esparcida a moderadamente pilosas; espiguillas 5–6(–9) mm, 2–5 por involucro; primera gluma 2.2–2.9 mm, 1-nervada, segunda gluma 3–5.2 mm, 3–5-nervada; flósculo inferior estaminado, lema del flósculo inferior del largo de la espiguilla, 5–7-nervada, pálea igual a la lema o un poco más corta; flósculo superior 5.2–6.6 mm × 1–1.5 mm; anteras 1.9–3 mm. $2n = 34$. Habita en el bosque tropical caducifolio, a 1250–1750 m de altitud.

Especie descrita de México, se distribuye en Chih., Chis., Dgo., Gro., Jal., Mich., Oax. y Son. Ahora la reportamos de Zacatecas.

**ZACATECAS. Mezquital del Oro:** 11 km al E de la carr. Teúl de González Ortega-Guadalajara, por la brecha a Moyahua, 30 Sep 1989, bosque tropical caducifolio, 1250 m, *Balleza 2447-B* (CHAPA). **Moyahua:** cerro La Cantarilla, 8.5 km al S de Moyahua por la carr. federal 54, tramo Moyahua-Ixtlahuacán del Río, 19 Sep 1996, bosque tropical caducifolio, 1340 m, *D. Enríquez y Balleza 1235* (CIIDIR). **Valparaíso:** Ejido San Juan Capistrano, límite entre los estados de Zacatecas y Durango, 28 Sep 1989, cañada con bosque de galería, 1750 m, *Balleza 2364* (CHAPA, CIIDIR); near San Juan Capistrano, 21 Aug 1897, *Rose 2453* (US).

**Cenchrus pilosus** Kunth, Nov. Gen. Sp. (quarto ed.) 1:116, t. 36. 1815.

Plantas anuales cespitosas; tallos 30–70 cm, erectos o decumbentes, ramificados, glabros; vainas carinadas, glabras o escabrosas, lígula 1.2–1.6 mm; láminas 6–30 cm × 5–10 mm, glabras o pilosas; inflorescencia 2–13 × 1.5–2 cm; fasciculos erizados 5–8 × 3–5.5 mm; cerdas inferiores más de 2 veces más largas que las exteriores, libres cilíndricas, entrorsamente escabrosas, las espinas interiores unidas más o menos hasta la mitad, aplanadas, pilosas; espiguillas 2–3 por fasciculo erizado, de 6–7.5 mm; primera gluma 1–4 mm, enervada, segunda gluma 3–6 mm, 3–5-nervada; flósculo inferior estaminada o estéril; lema inferior 3–5-nervada, pálea inferior un poco más corta que la lema inferior; flósculo superior 5–7.5 × 1–2.2 mm; anteras 0.9–2 mm. $2n = 34$. Encontrada en áreas perturbadas del bosque de encino, a 1850 m de altitud.

Conocida del S de México a Sudamérica; Antillas.

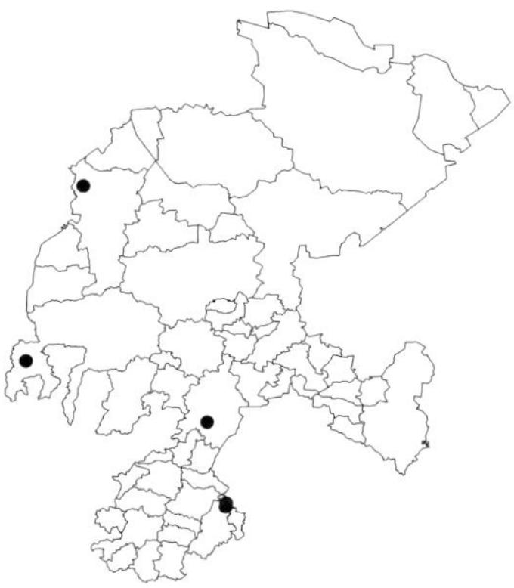
*Bouteloua williamsii*

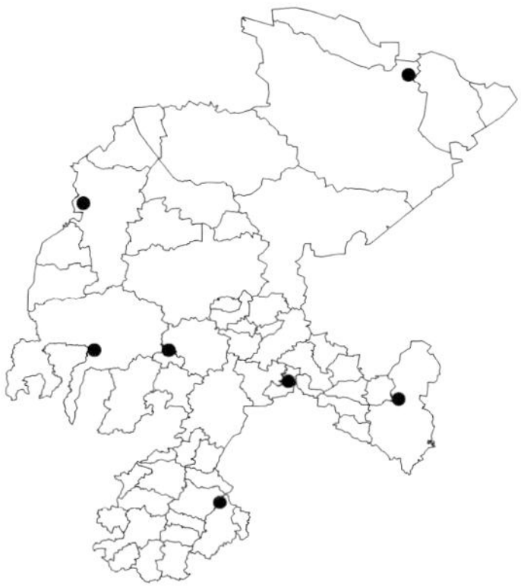
*Brachypodium mexicanum*

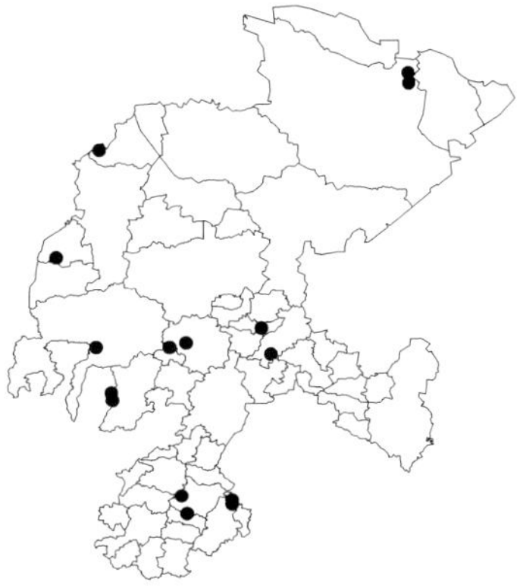
*Bromus anomalus*

*Bromus carinatus*

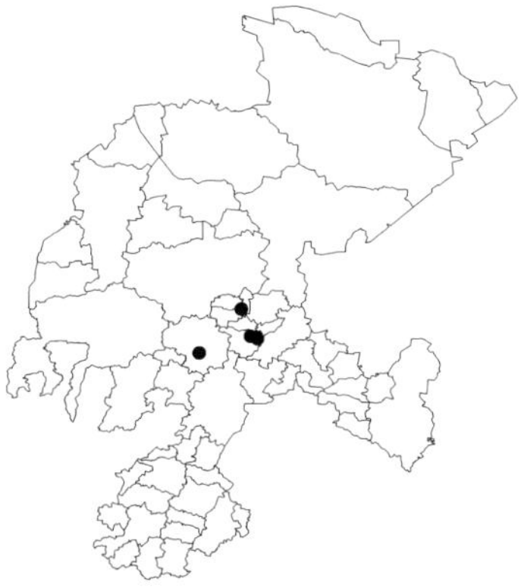
*Bromus catharticus*

*Cenchrus brownii*

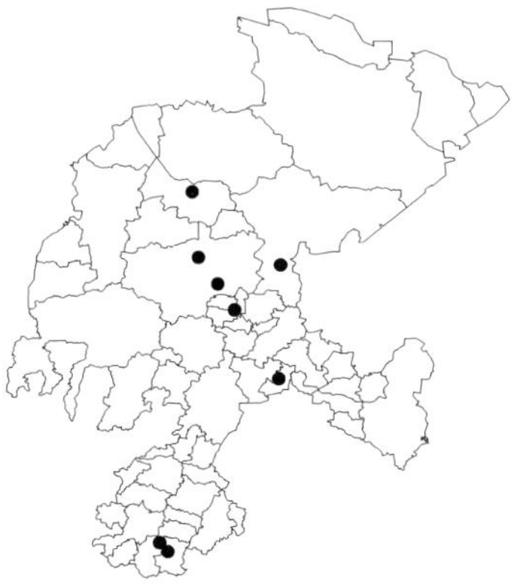
*Cenchrus ciliaris*

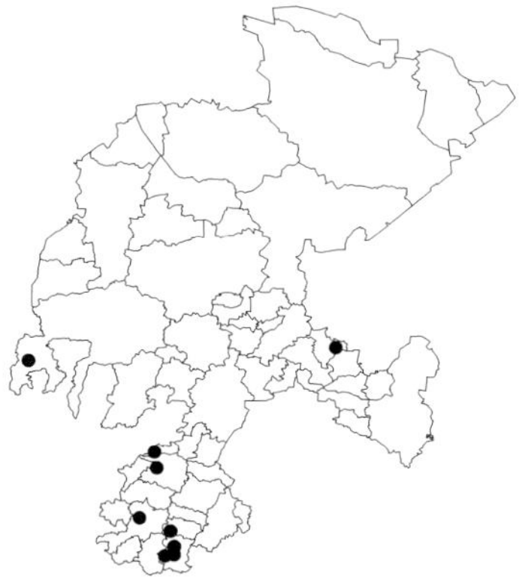
*Cenchrus echinatus*

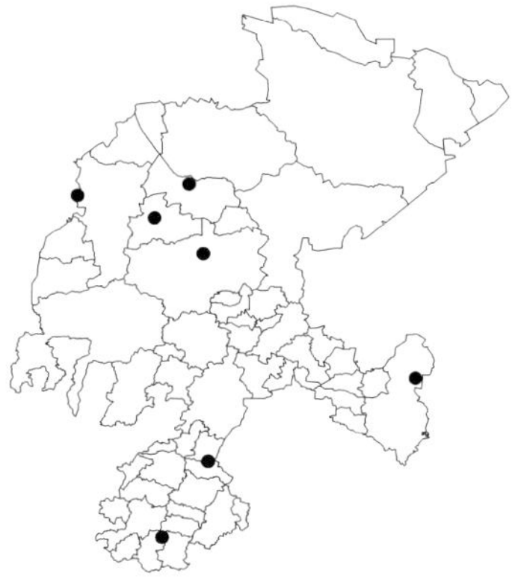
*Cenchrus incertus*

**ZACATECAS. Villa de Cos:** 8 km antes de Charquillos por terracería a Nvo. Mercurio, 13 Oct 2006, matorral desértico micrófilo, 1850 m, *O. Rosales y Y. Herrera 3439* (CIIDIR).

Especie excluida: *Cenchrus myosuroides* Kunth, citada para la entidad por Beetle et al. (1987) y por Espejo y López (2000), no se encontró en los ejemplares revisados y se excluye.

## Chaboissaea E. Fourn.

Referencia: Peterson P.M. & C.R. Annable, Madroño 39:8–30. 1992.

Plantas perennes, amacolladas con tallos delgados, ascendentes o decumbentes, algunas veces con los nudos inferiores enraizados; tallos glabros, fistulosos; vainas abiertas, glabra, lígulas hialinas, a menudo membranáceas, truncadas a agudo-acuminadas, láminas aplanadas a ligeramente involutas, glabras a escaberulosas; inflorescencia una panícula angosta, terminal, con ramas alternas, distantes, subdivididas, fuertemente aplicadas; espiguillas por lo general aplicadas a lo largo de las ramas secundarias, gris obscuras a plomizas, 1–2-flosculadas, ocasionalmente 3-flosculadas, cuando 2-flosculadas el flósculo inferior bisexual y el superior estaminado o neutro, articulación arriba de las glumas; glumas subiguales, generalmente más cortas que los flósculos, agudas o acuminadas, con frecuencia mucronadas, 1-nervadas, a veces obscuramente así; lema obscuramente 3-nervada, lanceolada, manchada, un poco comprimido-aquillada, aristada o sin arista, con pubescencia diminuta a lo largo de los márgenes y de la nervadura central; pálea lanceolada, más corta que la lema, glabra, fuertemente 2-nervada, usualmente excurrente en 2 aristas cortas; cariopsis fusiforme, parda, usualmente conserva la lema y la pálea. Género de algunas 4 especies, 3 en México y 1 en Argentina.

**Chaboissaea ligulata** E. Fourn., Mexic. Pl. 2:112. t. 1. 1886.

Plantas perennes, cespitosas; tallos 20–70(–90) cm, erectos, glabros y en ocasiones púrpura debajo de los nudos; hojas basales, vainas carinadas, glabras con márgenes hialinos, lígula 6–10 mm, hialina, láminas 10–15(20) cm × 1–2.5 mm, aplanadas a conduplicadas o involutas, glabras; panícula 6–28 cm × 1–10 cm, angosta, piramidal, con pocas ramificaciones, ramas una por nudo; espiguillas 2–3 flósculos, plúmbeos, el inferior bisexual y los superiores masculinos o estériles, des-articulándose arriba de las glumas; espiguillas 2.8–3 mm, gris plomizo; glumas 1–4 mm, subiguales, 1-nervadas, glabras y escabrosas a lo largo de la nervadura central, el ápice agudo a acuminado, ocasionalmente aristado, la arista cerca de 0.5 mm, primera gluma 1–3.2 mm, segunda gluma 1.2–4 mm; lema 2.5–3.5(–4) mm, lanceolada, aristada o no, verde-amarillenta con manchas gris-plomizo, comprimido-aquillada hacia el ápice, con pelos cortos aplicados en la nervadura central y en los márgenes hacia la base; pálea 2.4–3.5 mm, lanceolada, nunca aristada, igual a la lema en y manchas, ápice agudo u obtuso; cariopsis 1.1–1.3 mm, fusiforme, pardo. $n = 8$. Crece en terrenos inundables del pastizal y bosque de pino-encino, a 2000–2616 m de altitud.

Especie mexicana conocida de: Ags., Chih., D.F., Dgo., Gto., Jal., Méx., S.L.P. y Zac.

**ZACATECAS. Jerez:** Sierra Los Cardos, rancho El Roble, 17.8 mi NW of Jerez, W of El Cargadero on road towards Monte de las García, 19 Oct 2007, grassy meadow with *Sporobolus indicus, juniperus deppeana, Quercus* and *Baccharis*, 2616 m, *P.M. Peterson, Saarela y D. Stancik 21433* (US). **Pinos:** 1 mi E of Ojuelos, Jal., 18 Nov 1964, *Reeder y C. Reeder 4183* (US); 4.8 mi E of Ojuelos, Jal., on hwy 70 to San Luis Potosí, 7 Oct 1988, 2000 m, *P.M. Peterson y Annable 6198* (US); 2.5 mi E of Ojuelos on hwy 70 towards San Luis Potosí, 29 Aug 1990, *P.M. Peterson 9681* (US). **Tepetongo:** about 13 mi W of Huejucar in an extensive llano, 3 Oct 1974, growing in water in a shallow swale near the road, 2195 m, *Reeder y C. Reeder 6459* (ENCB, US).

## Chascolytrum Desv.

Referencia: McVaugh, R. 1983. *Briza*. En: Flora Novo-Galiciana.14:98–99.

Plantas anuales o perennes; tallos erectos; láminas aplanadas; panículas abiertas; espiguillas multiflosculadas, anchas, a menudo cordadas, con los flósculos agrupados y péndulas, la raquilla se desarticula arriba de las glumas y entre los flósculos; glumas casi iguales, anchas, con los márgenes membranáceos dilatados, multinervadas, las nervaduras son inconspicuas en ocasiones; lemas multinervadas, anchas, acorazonadas, obtusas o agudas, con los márgenes membranáceos y dilatados; pálea mucho más corta y más angosta que la lema. Género de alrededor de 20 especies, la mayoría de ellas en Sudamérica, sin embargo no se le considera de origen americano. En Zacatecas una sola especie.

**Chascolytrum subaristatum** (Lam.) Desv., Nouv. Bull. Sci. Soc. Philom. Paris 2:190. 1810. *Briza subaristata* Lam., Tabl. Encycl. 1:187. 1791.

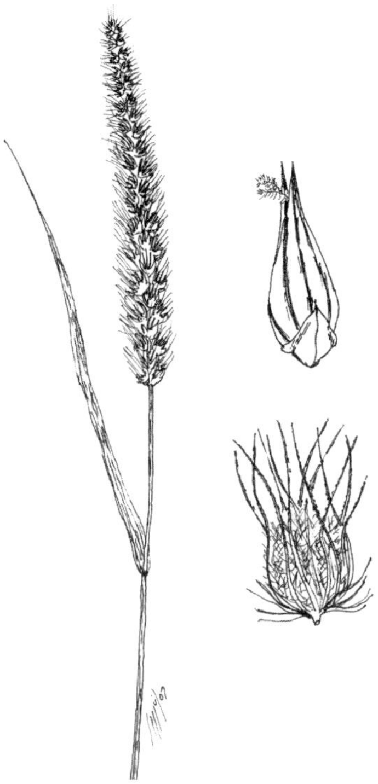

*Cenchrus ciliaris*

*Cenchrus echinatus*

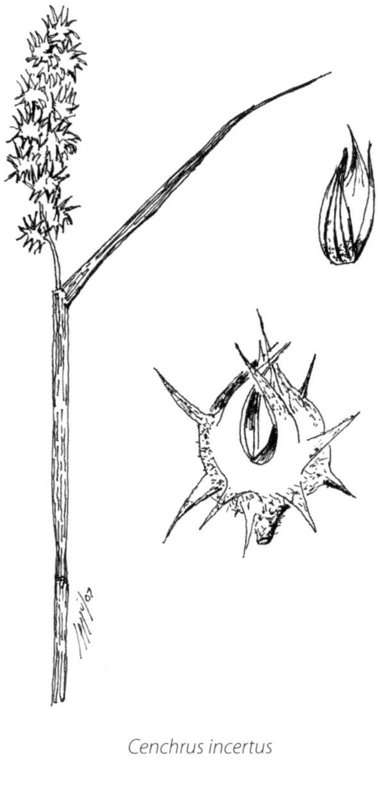

*Cenchrus incertus*

*Chascolytrum subaristatum*

Plantas perennes; tallos 40–80 cm, amacollados y erectos; vainas glabras, lígula membranácea, láminas 15–25 cm × 2.5–3 mm, aplanadas; panícula 5–15 cm, contraída, pedicelos 1 cm; espiguillas multiflosculadas, 3.5–8 mm × 2.5–6 mm, ovoides, algo comprimidas, péndulas con la edad; glumas iguales, 1.5–3.5 mm, la segunda más ancha que la primera; lema 1.8–3.5 mm de largo y ancho, subtrilobada, engrosada en el dorso, ápice agudo o acuminado, mucronado o brevemente aristado; pálea la mitad del largo de la lema, ovada a suborbicular, 1–2 mm; cariopsis 1–1.5 mm. Sumamente escasa en la localidad, encontrada en bosque de encino-pino, a 2219 m de altitud.

Distribuida desde México a Guatemala; Sudamérica.

**ZACATECAS. Nochistlán:** Límites con Jalisco, Paraje Torrecillas, sierra del Laurel, Tlachichila, 4 Nov 2006, bosque de encino, 2219 m, *O. Rosales y Y. Herrera 3737* (CIIDIR).

## Chloris Sw.

Referencias: Davidse, G. et al. (eds.).1994. *Chloris*. En: Flora Mesoamericana 6:287–288. Anderson, D.E. 1974. Brigham Young Univ. Sci. Bull. Biol. Ser. 19(2):1–133.

Plantas anuales o perennes, cespitosas o estoloníferas; tallos sólidos, glabros; vainas carinadas, lígula una membrana ciliolada, láminas lineares, aplanadas o conduplicadas; inflorescencia 1 o más verticilos de espigas unilaterales; espiguillas subsésiles, dispuestas en 2 hileras alternas a lo largo del raquis; espiguillas comprimidas lateralmente, con 1 flósculo inferior bisexual y 1 o varios flósculos estériles reducidos, desarticulación arriba de las glumas y entre los flósculos; glumas subiguales o la primera más corta que la segunda, más cortas que el flósculo bisexual, 1-nervadas, carinadas, agudas o acuminadas; lema inferior membranácea o cartilaginosa, carinada, 3-nervada, emarginada o bífida, generalmente aristada desde el ápice o justo debajo del ápice, las nervaduras marginales generalmente pilosas, la quilla pilosa o glabra; callo piloso; raquilla prolongada por encima del flósculo fértil y portando los flósculos estériles. Género de aproximadamente 55 especies distribuidas en climas cálidos del Nuevo y Viejo Mundo.

1. Lema fértil y rudimento sin arista o con un mucrón corto menor de 2 mm de largo, apiculada ______ **Chloris submutica**
1. Lema fértil y rudimento prominentemente aristados, arista mayor de 3 mm de largo.
   2. Arista de la lema emergiendo desde atrás del cuerpo de la lema, debajo del ápice; pubescencia en la parte superior de la lema fértil escasa, corta y aplicada ______ **Chloris rufescens**
   2. Arista de la lema emergiendo desde su ápice, pubescencia presente en la parte superior de la lema fértil.
      3. Lema fértil con los lados conspicuamente acanalados entre la nervadura media y el margen, pubescencia de 2–4 mm; plantas anuales ______ **Chloris virgata**
      3. Lema fértil sin los lados acanalados, pubescencia de 0.1–1 mm; plantas perennes ______ **Chloris gayana**

**Chloris gayana** Kunth, Révis. Gramin. 2:293. t. 58. 1830.

Plantas perennes, estoloníferas y amacolladas, estolones hasta 1 m de largo; tallos 50–200 cm; vainas glabras o escabrosas, lígulas 0.4–0.5 mm, membranoso-pilosas, láminas 20–45 cm × 5–15 mm, aplanadas, pilosas detrás de la lígula; espigas 7–16(–30), 5–10 cm, en un verticilo a veces con una o varias espigas arriba o abajo; espiguillas 3–5 mm, imbricadas; glumas subiguales, la primera 1–2.8 mm, la segunda 2.2–3.5 mm, a veces con el ápice aristado; flósculo fértil piloso en el cuello, lema 2.7–4 mm, lanceolada a elíptica, los márgenes pilosos, la quilla glabra, arista 2–6 mm, escabrosa, pálea tan larga como la lema, bidentada, anteras casi 2 mm; flósculos estériles 2–4, a veces estaminados, el primero 2.5–3 mm × 0.5–0.8 mm, obovado, 3-nervado, con una arista de 1–3.2 mm, el segundo, tercero y cuarto si presentes progresivamente más pequeños, sin arista. Habita en pastizales, bosques y orilla de carretera, a 1850–2400 m de altitud.

Especie originaria de África, introducida y ampliamente cultivada en América tropical.

**ZACATECAS. Benito Juárez:** terracería Florencia de Benito Juárez–Llano Grande, 30 Sep 1989, pastizal con bosque de *Quercus*, 2150 m, *Balleza 2410* (CHAPA, CIIDIR, SLPM, US). **Calera:** Campo Agrícola Experimental del INIFAP, 20 Oct 1989, material experimental, 2160 m, *Balleza 2605* (CHAPA, CIIDIR). **Jerez:** 10 km al NW de Jerez, por a carr. a El Cargadero, 25 Ago 1988, bosque de pino, 2400 m, *Balleza 1788* (CHAPA, ENCB, US). **Teúl de González Ortega:** carr. a Guadalajara, tramo Tepechitlán–Teúl de González Ortega, 30 Sep

1989, pastizal de *Bouteloua radicosa*, 1850 m, *Balleza 2393-B* (CIIDIR, SLPM, US); Milpillas de Allende, 17 Sep 1988, bosque de encino, 2350 m, *Balleza 1973* (CHAPA, ENCB, US); carr. a Guadalajara, tramo Tepechitlán-Teúl de González Ortega, 30 Sep 1989, *Balleza 2393* (CHAPA). **Tlaltenango:** N of Tlaltenango, 3 Dec 1997, *Ma.C.Arteaga 908* (US).

**Chloris rufescens** Lag., Varied. Ci. 2(4):143. 1805.

Plantas perennes, estoloníferas; tallos 10–50(–80) cm, nudos inferiores comprimidos; vainas glabras con márgenes hialinos, lígula 0.5–0.7 mm, una membrana pilosa, el dorso ligeramente piloso, láminas 5–15 cm × 3–5 mm, aplanadas, escabrosas en los márgenes y en la nervadura central; espigas 4a 8, 6–8 cm, ascendentes violáceas, verticiladas, rara vez una sola, el cuello barbado; espiguillas aplicadas, densamente imbricadas, 5–11 por cm de raquis escabroso; glumas angostamente lanceoladas, glabras excepto por la nervadura central escabrosa, la primera 1.8–2.3 mm × 0.2–0.4 mm, la segunda 3–4 mm × 0.2–0.5 mm; lema fértil 3.2–3.5 mm × 0.8–1 mm, lanceolada a elíptica, el ápice agudo, nervaduras laterales pilosos en la mitad proximal, pubescencia menos densa en la mitad distal, arista 6–12 mm, escabrosa; pálea aquillada, pilosa en las nervaduras, con márgenes hialinos; flósculo estéril 1.6–2.5 mm × 0.6–0.7 mm, bilobulado, arista 3.2–4 mm; cariopsis 1.5–1.9 mm × 0.5–0.7 mm, elipsoide, trígono. Especie menos abundante que las demás del género, colectada en mezquital y bosque de pino, a 2100–2400 m de altitud.

Distribuida desde México a Centroamérica; Antillas.

**ZACATECAS. Fresnillo:** Intersección de la carr. a Torreón con el Trópico de Cáncer, 24 Ago 1988, mezquital, 2100 m, *Balleza 1790* (CIIDIR, ENCB, US). **Jerez:** 10 km al NW de Jerez, por la carr. a El Cargadero, 25 Ago 1988, bosque de pino, 2400 m, *Balleza 1790-C* (CHAPA, ENCB).

**Chloris submutica** Kunth, Nov. Gen. Sp. (quarto ed.) 1:167. t. 50. 1815.

Plantas perennes; tallos 40–65(–75) cm, erectos a veces decumbente y formando estolones cortos; vainas por lo general pilosas en el cuello y márgenes superiores, lígula 1.5–2 mm, una membrana pilosa, láminas 5–15(20) cm × 2–5 mm, aplanadas, pilosas detrás de la lígula, ligeramente escabrosas; inflorescencia parcialmente incluida en una vaina inflada, exserta en la madurez, espigas 6–12(–17), 2–7 cm, erectas cuando jóvenes, reflejas con la edad, distribuidas en 1 o 2 verticilos con 1 o varias espigas adicionales arriba o debajo del verticilo; espiguillas densamente imbricadas, en promedio cerca de 12 por cm de raquis escabroso, con una flósculo fértil y uno estéril; glumas subiguales, lanceoladas, agudas, pálidas, con tintes violáceos, escabrosas en la nervadura, la primera 1.5–3.2 mm, la segunda 2.5–3.4 mm; lema fértil 2.8–3.5 mm, pálida, ampliamente linear a elíptica, con el ápice obtuso, sin arista o con un mucrón corto, menor de 2 mm de largo, los márgenes hialinos, con pelos cortos y adpresos hacia el ápice, pálea casi igual a la lema, truncada y con las nervaduras pilosas; flósculo estéril 1.4–2.2 mm, truncado, sin arista o con un mucrón muy corto; anteras 0.5–0.9 mm; cariopsis 1.7–2.3 mm × 0.5–0.6 mm de grosor, elipsoide, trígono. Habita en pastizal, bosque de encino-pino, matorral xerófilo, a 1900–2400 m de altitud.

Especie ampliamente distribuida desde el SW de Estados Unidos hasta Sudamérica.

**ZACATECAS. Fresnillo:** N of Fresnillo rumbo a Durango, 5 Sep 1981, *Beetle M-7453* (ENCB); Mex 54, 45 mi N of jct with Mex 45, 26 Ago 1970, *Larrea*-cactus, 6200 ft, *L.H. Harv. 8732* (ENCB). **Jerez:** 10 km al NW de Jerez, por la carr. al Roble, 24 Ago 1988, bosque de pino, 2400 m, *Balleza 1789-B* (CIIDIR, ENCB); 10 km al NW de Jerez, por la carr. a El Cargadero, 25 Ago 1988, bosque de pino, 2400 m, *Balleza 1768* (CHAPA, ENCB); km 50 carr. Zacatecas-Jerez, 3 Sep 1986, *Cotecoca 102* (MEXU). **Mezquital del Oro:** 11 km al E de la carr. a Guadalajara, sobre la brecha a Moyahua, 30 Sep 1989, *Balleza 2448-B* (CHAPA). **Miguel Auza:** Jardines de las casas, 12 Jul 1988, suelos profundos y fértiles asociado con plantas de ornato, 2030 m, *J.L. Ruelas 1* (SLPM). **Monte Escobedo:** 4 km al N de Monte Escobedo, por la brecha a Mezquitic, Jal., bosque de encino, 2200 m, 12 Ago 1988, *Balleza 1613* (CHAPA, ENCB, US). **Morelos:** near Morelos jct about 10 mi S of Calera along road between Fresnillo and Zacatecas, 16 Jul 1950, *Reeder, C. Reeder y Gooding 1317* (ENCB, MEXU); a 26 km de Zacatecas por la carr. a Fresnillo, 18 Ago 1988, *E. Manrique y Beetle 1427* (MEXU). **Pinos:** carr. a San Luis Potosí, en la desviación a Saldaña, 17 Ago 1988, *E. Manrique y Beetle 1357* (MEXU); 5 km al N del Mezquital, 13 Ago 1985, *Gómez Lorence 713-B* (CHAPA, SLPM). **Sombrerete:** Agua Zarca, 21 Jul 1988, pastizal de *L. Phleoides*, 2300 m, *E. García 7* (SLPM). **Teúl de González Ortega:** carr. Estatal 23, 1 km al N de la cabecera municipal, 11 Ago 1989, parcelas con maíz de temporal en área inundada, 1900 m, *Balleza 2174* (CIIDIR, SLPM, US); Ejido Milpillas de Allende, 16 Sep 1988, pastizal, 2300 m, *Balleza 1949* (CHAPA, ENCB, SLPM, US). **Zacatecas:** km 15.5 carr. Zacatecas-Guadalajara, terrenos de la escuela de Agronomía de la UAZ, 10 Ago 1988, *Balleza 1597-B* (CHAPA, CIIDIR, ENCB); Zacatecas, 3 Oct 1910, *Hitchc. 7502* (US).

**Chloris virgata** Sw., Fl. Ind. Occid. 1:203. 1797.

*Chloris elegans* Kunth.

Plantas anuales, amacolladas; tallos 20–70(–100) cm, erectos, a veces decumbentes y enraizados en los nudos inferiores; vainas glabras a pilosas hacia el ápice, lígula 3–4 mm, una membrana pilosa, láminas 20–30 cm × 5–15 mm, glabras, con márgenes escabrosos; espigas 4–20, 5–10 cm, más o menos erectas, verde amarillentas, plateadas o purpúreas, en un verticilo, a veces con una espiga adicional por encima del verticilo; espiguillas muy imbricadas, promediando 10 por cada cm de raquis escabroso o híspido, con el flósculo inferior fértil y 1 o 2 estériles; glumas desiguales pálidas, lanceoladas, glabras con la nervadura central escabrosa, la primera 1.5–2.5 mm, la segunda 2.5–4.3 mm, aristada, lema fértil 2.5–4.2 mm, con los lados conspicuamente acanalados entre la nervadura media y el margen, márgenes largo-pilosos, el ápice agudo con una arista subterminal y escabrosa, 8–15 mm de largo, pálea igual que la lema, pilosa en los nervaduras, bidentada, anteras 0.4–0.5 mm; primer flósculo estéril 2–2.4 mm, truncado, con una arista 4–9.5 mm; segundo flósculo estéril de estar presente triangular y rudimentario, sobre una raquilla corta; cariopsis 1.5–2 mm de largo × 0.3–0.5 mm, elíptica. Encontrada en matorral subtropical, matorral xerófilo, pastizal y bosque de pino-encino con disturbio, a 1080–2640 m de altitud.

Especie de muy amplia distribución en el Nuevo y Viejo Mundo.

**ZACATECAS. Fresnillo:** km 846 Juárez hwy, 26 km N of Fresnillo near Tropic of Cancer, 12 Sep 1955, *Hern.-Xol. y V. Mathus N-1670* (US); Desviación a José Maria Morelos, 56 km al SE de Sombrerete y 35 km al NW de Fresnillo, carr. Zacatecas-Durango, 18 Oct 1982, pastizal, 2130 m, *P. Tenorio y C. Romero 2161* (ENCB, MEXU). **Jerez:** cercanías a Jerez, *E. Manrique y Beetle 1369* (MEXU). **Guadalupe:** Troncoso, 25 Oct 1986, matorral xerófilo, 2100 m, *L.M. Villareal 2269* (ENCB); Ejido Casa Blanca, por la terracería a Los Rancheros, 2 Ago 1989, arvenses a orillas del canal de riego, 2250 m, *Balleza 2144* (SLPM). **Miguel Auza:** La Boquilla, 27 Jul 1988, pastizal, 2030 m, *Ruelas 6* (SLPM). **Moyahua:** km 102 carr. a Guadalajara, 27 Ago 1988, *Balleza 1793* (CHAPA, ENCB); Ejido Casa Blanca, por la terracería a Los Rancheros, 2 Aug 1989, *Balleza 2144* (US). **Pinos:** Aprox. 3 km al SE de la comunidad El Chino, 12 Sep 1996, pastizal mediano abierto, 2330 m, *L. Silva 814* (CIIDIR); desviación al Tule, por la carr. Aguascalientes-Ojuelos, Jal., 20 Oct 1973, *R. Banda s.n.* (CHAPA). **Tepetongo:** El Cacalote, km 73 carr. Jerez-Tlaltenango, 10 Ago 1989, terrenos inundados, 1800 m, *Balleza 2157* (CHAPA, US). **Teúl de González Ortega:** Ejido Milpillas de Allende, 17 Sep 1988, pastizal, 2300 m, *Balleza 1969* (CHAPA, ENCB, SLPM, US). **Tlaltenango de Sánchez Román:** km 37 carr. a Tlaltenango, 21 Sep 1989, área con cultivo de maíz, 2200 m, *Balleza 2257* (CHAPA, CIIDIR). **Valparaíso:** 16.2 mi W of Huejuquilla above Río Atengo crossing, 30 Sep 2001, Dry calcareous flats and slopes with *Prosopis* and *Croton*, 1080 m, *P.M. Peterson y S. González 15974* (US). **Villa de Cos:** Valle Hermoso, *E. Manrique, Lozano y Bravo 1257* (MEXU). **Villanueva:** Ruinas de Chicomostoc, cerca de Villanueva, Oct 1958, pastizal, *R. Claverán 22* (ENCB); Malpaso, km 29 carr. a Guadalajara, 8 Ago 1988, lomerío con matorral desértico crassicaule, 2150 m, *Balleza 1557* (CHAPA, ENCB, US). **Zacatecas:** Zacatecas, 3 Oct 1910, *Hitchc. 7506* (US); Cinco Estrellas, ±2 km al NE de Zacatecas, 24 Sep 1992, vegetación perturbada, 2640 m, *J.R. Ballín s.n.* (SLPM).

Especie excluida: *Chloris dandyana* C.D. Adams, sinónimo de *Chloris elata* Desv. conocida de Brasil. Beetle et al. (1987) y Espejo y López (2000) la citan para Zacatecas, no se encontró en los ejemplares revisados y se excluye.

## Cortaderia Stapf

Referencia: Davidse, G. et al. (eds.). 1994. *Cortaderia*. En: Flora Mesoamericana 6:251–252.

Plantas perennes dioicas, formando grupos grandes, densos; tallos 2–3 m; hojas basales, numerosas, lígula una anillo de pelos blancos, láminas aplanadas; inflorescencia una panícula grande, solitaria, plumosa; espiguillas comprimidas lateralmente, con 2–9-flósculos unisexuales, los flósculos pistilados a veces con estambres rudimentarios, desarticulación arriba de las glumas y entre los flósculos; glumas subiguales, casi tan largas como las espiguillas, 1-nervadas, hialinas, linear-lanceoladas, acuminadas; lemas hialinas, linear-lanceoladas o lanceoladas, 3–7-nervadas, atenuadas en una arista, o cortas y ovadas, bífidas, la arista central emergiendo entre 2 dientes acuminados o aristados, pubescentes, los pelos blancos, sedosos, largos, especialmente en los flósculos pistilados; páleas menores que las lemas. Género con aprox. 23 especies del Hemisferio Sur.

**Cortaderia selloana** (Schult. & Schult. f.) Asch. & Graebn., Syn. Mitteleur. Fl. 2(1):325. 1900. *Arundo selloana* Schult. & Schult. f., Mant. 3(Add. 1):605. 1827.

Plantas perennes; tallos altos, hasta 3 m; vainas glabras, sin fibras cuando viejas, lígula 1.5–2 mm, láminas 1–2 m × 6–10 mm, glabras, aplanadas o conduplicadas, muy escabrosas en los bordes, bordes afilados, pelos largos presentes en lugar de las aurículas; panícula 50–70 cm × 15–25 cm, piramidal, densa, brillante, blanco-plateada; espiguillas 15–25 mm; glumas 15–25 mm, lanceolado-atenuadas; flósculos 7–9; lemas 9–10 mm, linear-lanceoladas, 3-nervadas, sin dientes laterales, arista 10–11 mm, recta, pubescente; pálea 4.5–5.5 mm; flósculos pistilados sin estambres rudimentarios en especimenes cultivados. $2n = 72$. Especie cultivada como ornamental en jardines y parques.

Colectada de Calera y Jerez, aun cuando su distribución es más amplia.

**ZACATECAS. Calera:** Centro de Olivos y Lanas, ornamental, 15 Oct 1989, *Balleza 2597* (CHAPA, SLPM). **Jerez:** en el pueblo, 21 Ago 1988, en jardínes, *E. Manrique y Beetle 1367* (MEXU).

## Cottea Kunth

Referencia: McVaugh, R. 1983. *Cottea*. En: Flora Novo-Galiciana 14:126.

Plantas perennes, amacolladas, erectas; láminas aplanadas, angostas; panículas abiertas y oblongas; espiguillas 6–10-floríferas, las superiores reducidas, la raquilla desarticulándose arriba de las glumas y entre los flósculos; glumas más o menos iguales, casi tan largas como la lema inferior, 7–13-nervadas, nervaduras finas, la nervadura central excurrente en una arista corta; lema redondeada en el dorso, pilosa en la parte inferior, 9–13-nervada, nervaduras prominentes, algunas de ellas prolongadas en aristas antrorso-barbadas de diversos tamaños, y algunas prolongadas en dientes aristados; pálea ancha, ligeramente más larga que el cuerpo de la lema, con las quillas cerca de los márgenes.

Género monotípico del SW de los EUA, N y Centro de México, y Sudamérica.

**Cottea pappophoroides** Kunth, Révis. Gramin. 1:84. 1829.

Planta de pubescencia muy suave; tallos 30–70 cm; láminas 5–15 cm × 5–7 mm, involutas; panícula 8–15 cm, las ramas laxas, ascendentes; espiguillas 5–10 mm (incluyendo las aristas), 4–8 mm de ancho, verde a purpúreas; glumas 4–5 mm, con nervaduras muy juntas, por lo general emarginadas y corto aristadas; lemas largo pilosas cerca de la base, 3–4 mm, 8–11-aristadas, las nervaduras marginales excurrentes en un par de dientes divergentes, largo aristados, que se separan cerca o debajo del centro, las otras nervaduras unidas y terminando en aristas o dientes con el ápice aristado, las aristas y dientes en forma más o menos alterna, no siempre así; pálea elíptica, pilosa o pilosa en las quillas; cariopsis fusiforme, de 1.5 mm. Habita en bosque de pino y encino, a 1150–2300 m de altitud.

Distribuida desde el SW de Estados Unidos a México; Sudamérica.

**ZACATECAS. Valparaíso:** Ejido San Juan Capistrano, por la brecha a Huejuquilla, 27 Sep 1988, Selva baja caducifolia, 1150 m, *Balleza 2029* (CHAPA, ENCB, US). **Zacatecas:** La Higuera, 24 Sep 1980, 2300 m, *Beetle y R. Guzman M-5693* (ENCB, MEXU).

## Ctenium Panzer

Referencia: Davidse, G. et al. (eds.). 1994. *Ctenium*. En: Flora Mesoamericana 6:290–291.

Plantas perennes o anuales, cespitosas; tallos erectos; lígula membranácea; láminas lineares, aplanadas a convolutas, las superiores reducidas; inflorescencia de espigas unilaterales recurvadas, solitarias, conjugadas o digitadas en el ápice del pedúnculo, las espiguillas subsésiles en 2 hileras alternas, pectinadas e imbricadas sobre un raquis arqueado; espiguillas comprimidas lateralmente, desarticulación arriba de las glumas; glumas desiguales, la primera más corta, 1-nervada, lanceolada, acuminada, hialina, glabra, la segunda tan larga como la espiguilla, 2–3-nervada, con una arista oblicua, los nervaduras laterales con una hilera conspicua de glándulas; flósculos 4–5, los 2 inferiores reducidos a una lema, rara vez estaminados, el tercero bisexual, los superiores reducidos o estériles; lemas inferiores y lema fértil lanceoladas, membranáceas, cortamente aristadas, lema fértil 3-nervada, la arista subapical, pálea fértil casi tan larga como la lema, 2-carinada, las quillas escabrosas o pilosas; lemas superiores fuertemente pilosas; estambres 3; fruto una cariopsis ovoide. Aprox. 17 spp. América y África.

*Chloris gayana*

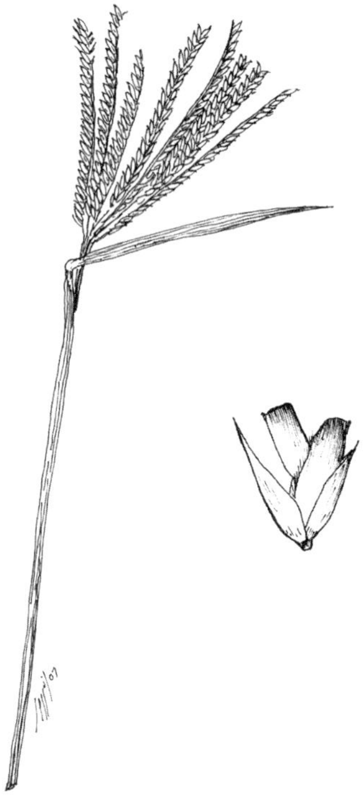

*Chloris submutica*

*Chloris virgata*

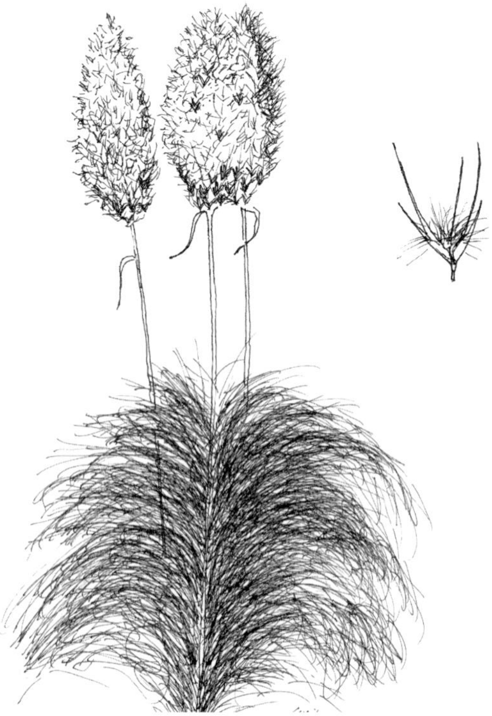

*Cortaderia selloana*

*Cenchrus multiflorus*

*Cenchrus pilosus*

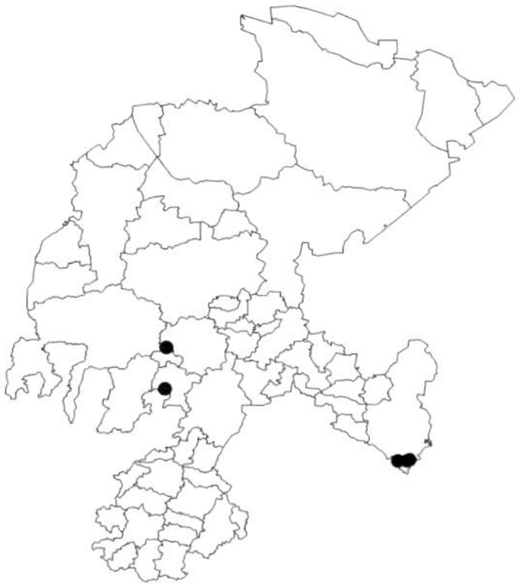
*Chaboissaea ligulata*

*Chascolytrum subaristatum*

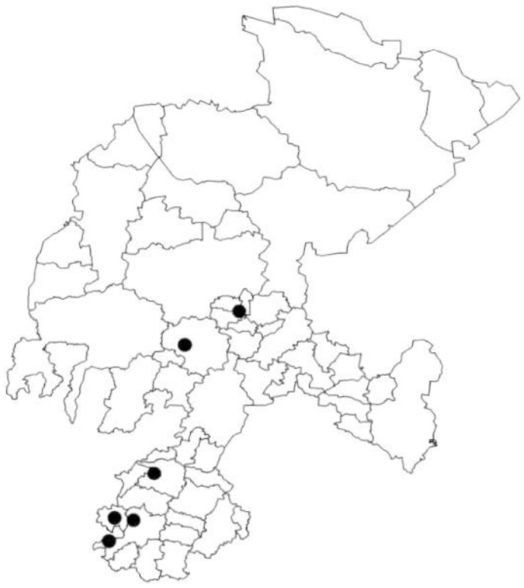
*Chloris gayana*

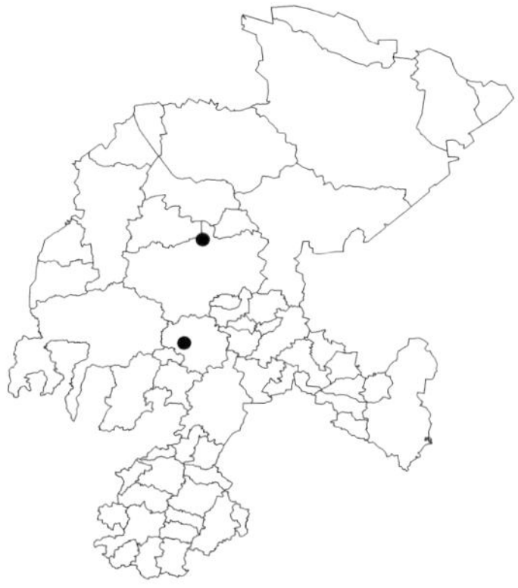
*Chloris rufescens*

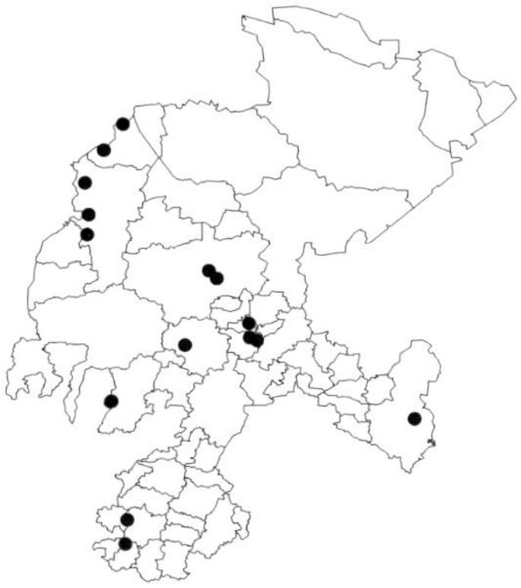
*Chloris submutica*

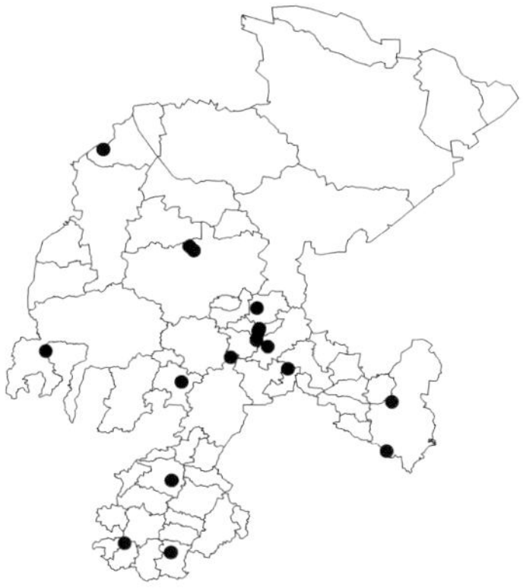
*Chloris virgata*

*Cortaderia selloana*

**Ctenium planifolium** (J. Presl) Kunth, Enum. Pl. 1:275. 1833. *Campulosus planifolius* J. Presl, Reliq. Haenk. 1(4–5):287. 1830.

Plantas perennes; tallos 50–100 cm; lígula 0.8–1 mm, láminas 5–15 cm × 2–3 mm; espiga 7–12 cm, pectinada, solitaria, en un raquis arqueado; espiguillas 7–8 mm; primera gluma 2.5–4 mm; segunda gluma 7–8 mm, con una arista de 2 mm, divergente desde el medio dorsal; flósculo más inferior 3.5–4 mm, estéril; segundo flósculo 4–4.5 mm, estaminado, lema pilosa en el dorso, con una arista de 4–6 mm, recurvada;

tercer flósculo bisexual, 5–6 mm, pálea 4.8–5 mm, pilosa en el dorso; anteras 2–2.5 mm. Habita en bosque de pino-encino, a 2280 m de altitud.

Conocida en México de Oaxaca a Chiapas, ahora la encontramos en Valparaíso, Zacatecas.

**ZACATECAS. Valparaíso:** Ejido Santa Lucía de la Sierra, 27 Sep 1989, bosque de pino-encino, 2280 m, *Balleza 2326* (CHAPA, IEB).

## CYNODON RICH.

REFERENCIA: McVaugh, R. 1983. *Cynodon*. En: Flora Novo-Galiciana.14:129–130.

Plantas perennes, rizomatosas y/o estoloníferas; vainas abiertas, láminas cortas y aplanadas; inflorescencia en forma de varias espigas unilaterales, dispuestas en 1 o más verticilos; espiguillas imbricadas insertas en 2 hileras alternas a lo largo de un solo lado del raquis, con 1 flósculo bisexual y rara vez 1 rudimento, comprimidas lateralmente, la raquilla desarticulándose arriba de las glumas, prolongada delante de la espiguilla en un estipe corto, desnudo; glumas subiguales, acuminadas, 1-nervadas, angostas, la primera curvada, la segunda lanceolada; lema aguda, sin arista, 3-nervada, pubescente, sobre las nervaduras, fuertemente comprimida, semiovada, recta adaxialmente; pálea angosta, aguda, tan larga como la lema.

**Cynodon dactylon** (L.) Pers., Syn. Pl. 1:85. 1805. *Panicum dactylon* L., Sp. Pl. 58. 1753.

Plantas perennes con rizomas y estolones; tallos 10–25 cm, delgados, glabros, erectos o decumbentes; vainas pilosas en el ápice, las inferiores carinadas, los bordes membranáceos, lígulas membranáceas, cilioladas, láminas 2–6.5 cm × 1–3.5 mm, aplanadas, en ocasiones conduplicadas, pilosas detrás de la lígula y en los márgenes inferiores, ocasionalmente en ambas superficies; espigas 4–6, de 2–6 cm, arregladas en un verticilo; espiguillas 2–2.8 mm de largo, imbricadas, verde violáceas; glumas 1–2.3 mm, carinadas sin arista; pálea glabra del largo de la lema o un poco más corta, raquilla prolongada, desnuda o rara vez llevando un segunda flósculo masculino o rudimentario. Ampliamente distribuida en áreas con disturbio, a 1650–2400 m de altitud, se cultiva con frecuencia para formar césped, conocido como "zacate bermuda."

Planta de regiones templadas del Viejo y Nuevo Mundo, introducida en América en casi todo México a Centro y Sudamérica; Antillas.

**ZACATECAS. Huanusco:** Los Patos, carr. federal 70, 2 Oct 1989, *Balleza 2486* (CHAPA). **Ojocaliente:** Predio La Vibora, 28 Sep 1987, *L. Silva 178* (MEXU). **Pinos:** carr. federal 49, en la desviación a Saldaña, 17 Ago 1988, *E. Manrique y Beetle 1346* (MEXU); Los Alpes, carr. federal 70, 2 Oct 1989, *Balleza 2505* (CHAPA). **Sombrerete:** Santa Rita, 1 Ago 1988, a orillas de los arroyos, 2250 m, *E. García 12* (SLPM). **Tabasco:** Tabasco, 17 Sep 1989, pastizal inducido de zacate bermuda, 1650 m, *Balleza 2246* (CHAPA, CIIDIR, ENCB). **Zacatecas:** km 15.5 carr. Zacatecas–Guadalajara, terrenos de Escuela de Agronomía de la UAZ, 11 Ago 1988, arvense a la orilla del canal de riego, 2400 m, *Balleza 1592* (CHAPA, CIIDIR, ENCB, US).

## DACTYLOCTENIUM WILLD.

REFERENCIA: Davidse, G. et al. (eds.). 1994. *Dactyloctenium*. En: Flora Mesoamericana 6:272–273.

Plantas anuales o perennes; vainas carinadas; lígula una membrana; láminas lineares; inflorescencia un verticilo de varias espigas patentes o reflejas, unilaterales, el eje prolongado como una punta desnuda más allá de las espiguillas; espiguillas sésiles, densamente imbricadas en 2 hileras a lo largo del lado inferior del raquis, comprimidas lateralmente, carinadas, con varios flósculos bisexuales, el flósculo superior estéril; desarticulación generalmente arriba de la primera gluma, el resto de la espiguilla caedizo como una unidad, la segunda gluma y las lemas caedizas de la raquilla, las páleas permaneciendo; glumas 1-nervadas, anchas, la segunda truncada, con una arista corta y gruesa, divergente; lemas fuertemente comprimidas, páleas 2-carinadas, 3-nervadas; cariopsis ampliamente ovada, estriada. Existen cerca de 13 especies en los trópicos del Viejo Mundo, una sola especie es maleza cosmopolita.

**Dactyloctenium aegyptium** (L.) Willd., Enum Pl. 2:1029. 1809. *Cynosurus aegyptius* L., Sp. Pl. 72. 1753.

Plantas anuales, extendiéndose por estolones cortos y formando tapetes radiales, las porciones erectas de los tallos 2–50 cm, glabros, sólidos, nudos conspicuos; vainas glabras a pustuloso-pilosas; lígula 0.5 mm, áminas 1–7 cm × 1–7 mm, papiloso-pilosas, a veces glaucas; espigas 2–4, 1–3 cm, subsésiles; espiguillas 3.8–4 mm, grises a purpúreas; primera gluma 2–2.2 mm, ovada, apiculada, segunda gluma 2.8–3 mm, ınchamente ovada; flósculos generalmente 3; lemas 2–3 mm, ovadas, acuminadas, la quilla fuertemente ırqueada, escábrida, la nervadura media conspicua, verde, las nervaduras laterales inconspicuas, pálea 1.8–2 mm, las quillas cilioladas; anteras 3–4 mm, amarillas; cariopsis 0.9–1 mm, ovada a obtriangular, transversalmente rugosa. Maleza de reciente introducción, encontrada a orilla de caminos y matorral subtropical, ı 1080–1650 m de altitud.

Especie nativa en el Viejo Mundo; naturalizada en todos los trópicos y subtrópicos. Introducida en casi todo México.

ZACATECAS. **Apozol:** Ejido San Miguel, 27 Ago 1984, *Balleza 1818* (CHAPA, ENCB, US). **Valparaíso:** 16.2 mi W of Huejuquilla above Río Atengo crossing, 30 Sep 2001, Dry calcareous flats and slopes with *Prosopis* and *Croton*, 1080 m, *P.M. Peterson y S. González 15978* (US).

## DASYOCHLOA WILLD. EX RYDB.

REFERENCIA: Rzedowski, J. & C.G. Rzedowski (eds.). 1990. *Dasyochloa*. En: Flora Fanerogámica del Valle de México III:88–89.

Plantas perennes, formando rosetas, a menudo estoloníferas, con penachos de hojas al final de los estolones ascendentes; tallos usualmente de menos de 10 cm de alto; hojas involutas; inflorescencia en forma de panícula sésil o reducida en número de espiguillas, el cual está incluido en el involucro de las hojas; espiguillas con varias flósculos, desarticulándose arriba de las glumas; glumas subiguales, 1-nervadas, tan largas o más largas que los flósculos, con los márgenes membranosos; lema 3-nervada, partida hasta más allá de la mitad de su largo, los lóbulos obtusos, la nervadura central extendiéndose como una arista recta, todas las nervaduras largamente pilosas, al menos en la base, pálea más corta y más angosta que la lema, pilosa en la base; estambres 3; cariopsis translúcida. Género monotípico, distribuido desde el SW de los Estados Unidos al Centro de México.

**Dasyochloa pulchella** (Kunth) Willd. ex Rydb., Agric. Exp. Sta. Agric. Coll. Colorado Bull. 100:18, 37. 1906.
*Triodia pulchella* Kunth, Nov. Gen. Sp. (quarto ed.)1:155. t. 47. 1815. *Tridens pulchellus* (Kunth) Hitchc.

Plantas perennes 4–10 cm; tallos escabrosos o puberulentos, constituidos por un entrenudo largo que termina en un involucro de hojas el cual gradualmente se dobla y forma raíces produciendo otra planta; vainas estriadas con los márgenes escariosos y un mechón de pelos en el collar, lígula una hilera de pelos de 3–5 mm, láminas involutas con el ápice agudo; inflorescencia 1–2.5 cm × 1–1.5 cm, verde pálido o algunas veces purpúreo, con aspecto blanco lanoso debido a la pubescencia de las lemas; espiguillas 2–4 por rama, 6–9 mm, pediceladas; primera gluma 6–8.5 mm, segunda gluma 6.5–9 mm; lema 4–5.5 mm, conspicuamente pilosas en la base, ápice con una hendidura de 3–3.2 mm de profundidad y una arista de 2.5–4 mm, largamente pilosa al menos en la base y pelos en las quillas. Habita en matorral xerófilo y pastizal con *Acacia*, a 1780–2350 m de altitud. Considerada de regular valor forrajero.

Distribuida desde el SW de Estados Unidos a México.

**ZACATECAS. Calera:** cerca del pueblo de Calera, 8 Nov 1986, vegetación arbustiva y crassicaule, 1940 m, *O. Reséndiz s.n.* (ENCB). **Concepción del Oro:** Along hwy 54, about 1.2 mi SW of Coahuila border, 1 Ago 1976, desert, *W.D. Stevens, M.J. Donoghue, y M.L. Scott 2577* (ENCB); near Conception del Oro, 11 Aug 1904, *Palmer 263* (US). **Fresnillo:** 4 km de rancho Grande, por la brecha a Estación Gutiérrez, 24 Ago 1988, matorral espinoso, 2150 m, *Balleza 1713* (ENCB); 40 km NW Fresnillo, 23 Sep 1946, *Hern.-Xol. et al. X-2651* (US); 3 km al N de Fresnillo, por la carr. a Durango, 24 Ago 1988, *Balleza 1690* (CHAPA, ENCB). **Gral. Fco. R. Murguía:** Jaralillo, 2 Ago 1988, pastizal, 2217 m, *H. Hidrogo s.n.* (SLPM). **Gral. Pánfilo Natera:** km 129.5 carr. federal 49, entronque con la terracería al Tule, 17 Ago 1988, matorral desértico espinoso, 2000 m, *Balleza 1635* (CHAPA, ENCB). **Guadalupe:** km 19.7 carr. Guadalupe-Genaro Codina, 9 Oct 1989, pastizal de *Muhlenbergia* y *Bouteloua*, 2350 m, *Balleza 2540* (CHAPA). **Mazapil:** Noria de Guadalupe, 1 Oct 1975, matorral desértico micrófilo, 1780 m, *M. González-Ledezma 176* (CHAPA); Cedros, Aug 1908, *F.E. Lloyd 89* (US); Valle de Mazapil, antes de las Majadas, 25 Ago 1975, bosque de *Pinus cembroides*, *J. Passini y M.F. Robert 5867* (ENCB); 9 km al SE de la Gruñidora, 7 Feb 1957, terrenos yesosos, 1800 m, *Rzed. 8677* (ENCB); km 142 carr. Zacatecas-Saltillo, 25 Sep 1988, matorral desértico micrófilo, 2300 m, *Balleza 2007* (CHAPA, ENCB). **Ojocaliente:** Ojocaliente, 21 Jul 1907, *W.E. Safford 1365* (US). **Pinos:** km 61 de la carr. 49, tramo San Luis Potosí-

Zacatecas, 19 Ago 1988, pastizal con matorral espinoso, 2200 m, *Balleza 1657* (CIIDIR, ENCB). **Sain Alto:** Peña Blanca, 7 Nov 2003 matorral xerófilo con bosque de *Pinus cembroides*, 2252 m, *M. Piedra 9b* (CIIDIR); 2.1 mi W of turnoff to Sain Alto along hwy 45 toward Sombrerete, 7 Oct 2007, desert scrub near hwy with *Opuntia, Acacia, Clematis, Pectis Prosopis* y grasses, 2147 m, *P.M. Peterson, Saarela y M. Flores 21288* (US). **Sombrerete:** 45.1 km E of Sombrerete on hwy 45 towards Fresnillo, 27 Sep 1991, Calcareous, rocky slopes with *Mortonia, Acacia, Larrea tridentata*, 2130 m, *P.M. Peterson, Annable y J. Valdés 10951* (US). **Villa de Cos:** Cruce de la carr. federal 54 con el Trópico de Cáncer, 26 Oct 1976, mezquital, 2100 m, *J. Brunken y C. Perino 478* (CHAPA); 6 mi S of Sierra Hermosa, 5 Sep 1938, *Shreve 8599* (US). **Zacatecas:** Zacatecas, 3 Oct 1910, *Hitchc. 7536* (US).

## Dichanthelium (Hitchc. & Chase) Gould

Referencia: Gould, F.W. 1980. Brittonia 32:353–364.

Plantas perennes cespitosas, a menudo con una roseta basal de hojas cortas y anchas en la etapa temprana de crecimiento; tallos simples a profusamente ramificados en los nudos medios y superiores ya más avanzada la estación de crecimiento, después produciéndo panículas reducidas con espiguillas en su mayoría cleistógamas; vainas redondeadas, lígula faltante, una membrana pilosa o reducida a una hilera de pelos, láminas lineares a ovadas; inflorescencia una panícula, las terminales en su mayor parte exsertas, casmógamas, floreciendo primero; inflorescencias axilares con 2 flósculos, cleistógamos, floreciendo después que las terminales, desarticulación por debajo de las glumas; glumas desiguales, la primera generalmente 1/4–3/5 la longitud de la espiguilla o la lema inferior ligeramente más corta; flósculo inferior generalmente estéril, rara vez estaminado; flósculo superior bisexual, coriáceo, brillante, glabro; estambres purpúreos; cariopsis con el embrión 1/3–1/2 del largo de la cariopsis. Género de aproximadamente 50 especies Americanas. 1 sola especie en nuestra área de estudio.

**Dichanthelium sphaerocarpon** (Ell.) Gould, Brittonia 26:60. 1974. *Panicum sphaerocarpon* Ell., Sketch Bot. S. Carolina 1:125. 1816.

Plantas perennes, con o sin una roseta basal conspicua; tallos 10–60 cm, erectos, ramificándose escasamente desde los nudos medios o inferiores, entrenudos alargados (2–)3–6, generalmente glabros, nudos glabros o adpreso-pilosos; hojas caulinares, vainas glabras, lígula una hilera de pelos casi de 0.8 mm, láminas 3–9.5 cm × 7–18 mm, aplanadas, lanceoladas, glabras excepto por los pelos basales, basalmente cordadas; panícula 4–13 cm × 2–6 cm, exserta, pedúnculo y raquis glabros; espiguillas 1–1.9 mm, anchamente obovoides a subesféricas, apicalmente redondeadas, generalmente puberulentas; primera gluma 0.4–0.7 mm, obtusa a subaguda. Escasa, encontrada en bosque de pino-encino, a 2020 m de altitud.

Especie con 2 variedades conocidas, sólo la var. típica en Zacatecas.

Conocida del E de Estados Unidos a México y Sudamérica.

**ZACATECAS. Nochistlán:** Cañada El Pinole, costado del cerro El Castillo, NE de Tlachichila, Sierra del Laurel, 27 May 2006, bosque de encino, 2020 m, *J. Martínez 621* (CIIDIR, INEGI).

## Digitaria Haller

Referencia: McVaugh, R. 1983. *Digitaria*. En: Flora Novo-Galiciana 14:135–147. Pohl, R.W. & G. Davidse. 1994. *Digitaria*. En: Davidse, G. et al., eds. Flora Mesoamericana 6:365–371.

Plantas anuales o perennes, cespitosas, rizomatosas o estoloníferas; lígula una membrana, láminas lineares, a veces linear-lanceoladas, aplanadas; inflorescencia de varios racimos unilaterales, en verticilos o racemosos, raquis de los racimos triquetros o aplanados, las espiguillas adpresas en 2 filas, en pares o tríadas, raramente solitarias o en grupo de 4–5; espiguillas ovadas a lanceoladas o elípticas, comprimidas dorsalmente, aplanado-convexas, el dorso de la lema superior hacia el raquis de los racimos, la espiguilla caediza como una unidad; primera gluma diminuta o faltante, hialina a membranácea; segunda gluma más corta o tan larga como la espiguilla, membranácea, 3–5-nervada; flósculo inferior estéril; lema del flósculo estéril tan larga como la espiguilla; flósculo superior bisexual; lema del flósculo superior tan larga como la espiguilla, cartilaginosa, convexa, los márgenes delgados, aplanados; pálea aplanada, similar en textura a la lema. Aproximadamente 170 especies de regiones templadas y tropicales a través del mundo.

Numerosas especies de este género son malezas; unas cuantas son plantas forrajeras cultivadas.

1. Inflorescencia en forma de panícula difusa __________ **Digitaria cognata**
1. Inflorescencia con dos o varias ramas espiciformes.
   2. Espiguillas densamente plateado-pilosas, pubescencia blanca o pardo-cobrizo; inflorescencia una panícula racemosa, densa __________ **Digitaria californica**
   2. Espiguillas glabras o con hileras de pubescencia entre las nervaduras, pero nunca plateado-pilosas; inflorescencia un racimo más o menos digitado en el ápice del tallo.
      3. Lema del flósculo bisexual gris o pajizo en la madurez; láminas esencialmente glabras y esparcido papiloso-híspidas especialmente cerca de la unión con la vaina, en contraste con las siempre papiloso-pilosas vainas.
         4. Nervaduras marginales de la lema inferior escabrosas; inflorescencia verticilada, raquis alado, alas más anchas; vainas esparcido papiloso-híspidas __________ **Digitaria sanguinalis**
         4. Nervaduras marginales de la lema inferior glabras o casi glabras; ramas de la inflorescencia salen de varios puntos, raquis no alado; vainas densamente papiloso-híspidas __________ **Digitaria ciliaris**
      3. Lema del flósculo bisexual pardo claro u obscura a negra en la madurez; láminas y vainas glabras, pubescentes o papiloso-pilosas.
         5. Espiguillas 2–2.5 mm de largo, densamente pubescentes sobre las nervaduras, los pelos no-bulbosos en la punta; raquis alado, los márgenes más anchos que la costilla central, pedicelos con un anillo de pelos tiesos justo debajo de la espiguilla __________ **Digitaria ternata**
         5. Espiguillas 1.5–1.9 mm de largo, por lo general pubescentes con pelos bulbosos en la punta; raquis con los márgenes más angostos o iguales que la costilla central, pedicelos glabros o esparcido-pilosos
            6. Espiguillas consistentemente 1.7 mm de largo, en pares, rara vez en grupos de 3, bien separadas y casi no se sobreponen; segunda gluma y lema estéril alrededor de 1.7 mm de largo, pubescentes y eroso-pilosas en los lados y hacia el ápice, en ocasiones glabras __________ **Digitaria filiformis**
            6. Espiguillas 1.5–1.9 mm de largo, en tríadas, sobrepuestas; segunda gluma 1–1.6 mm de largo, lema estéril 1.5–1.9 mm de largo, densamente adpreso-pubescente __________ **Digitaria panicea**

**Digitaria californica** (Benth) Henrard, Blumea 1:99. 1934. *Panicum californicum* Benth. Bot. Voy. Sulphur 55. 1840.

Plantas perennes; tallos 40–100 cm, erectos desde una base nudosa; vainas glabras a esparcido-pilosas, láminas 10–12 cm × 3–5 mm, desde casi glabras hasta densamente puberulentas; panícula 5–10 cm, los racimos 3–5 cm, ocasionalmente más largos, erectos; espiguillas 2.5–3(–3.5) mm × 0.9–1 mm, excluyendo la pubescencia, pubescencia blanca a purpúrea, excediendo las espiguillas, desparramada; primera gluma 0.5 mm, segunda gluma y lema estéril casi tan larga como la espiguilla; lema estéril largo pilosas, con la nervadura central glabra; lema del flósculo superior casi tan larga como la espiguilla, parda, acuminada; anteras no vistas. Habita matorral xerófilo y pastizal, a 1850–2350 m de altitud. Especie con 2 variedades, sólo la var. típica en México.

Planta conocida desde el S de Estados Unidos a México.

**ZACATECAS. Gral. Fco. R. Murguía:** Por la carr. a Nieves, a 5 km del entronque con la carr. a Torreón, 1 Sep 1988, *Balleza 1868* (CHAPA, ENCB, US). **Guadalupe:** km 20 carr. Guadalupe-Genaro Codina, 9 Oct 1989, pastizal de *Muhlenbergia* y *Bouteloua*, 2350 m, *Balleza 2515* (CHAPA). **Mazapil:** km 142 carr. Zacatecas-Saltillo, 3 km al S de Mahoma, 25 Sep 1988, Izotal con matorral desértico micrófilo, 1850 m, *Balleza 1993* (CHAPA, CIIDIR, ENCB). **Pánuco:** La Calera, 5 km al W del entronque con la carr. a Saltillo, 13 Oct 1989, pastizal de *Bouteloua gracilis* con matorral espinoso, 2100 m, *Balleza 2541* (CHAPA, CIIDIR, SLPM, US). **Villa de Cos:** Trópico de Cáncer, por la carr. federal 54, 23 Oct 1976, mezquital, 2100 m, *J. Brunken y C. Perino 475* (CHAPA). **Villa González Ortega:** km 86 carr. federal 49, en el entronque con la terracería a Manuel María, 19 Ago 1988, matorral desértico espinoso, 2300 m, *Balleza 1675* (CHAPA, ENCB, US). **Villanueva:** Malpaso, km 29 carr. a Guadalajara, 8 Ago 1988, lomerío con matorral desértico crassicaule, 2150 m, *Balleza 1552* (CHAPA, ENCB).

**Digitaria ciliaris** (Retz.) Koeler, Descr. Gram. 27. 1802. *Panicum ciliare* Retz., Observ. Bot. 4:16. 1786.

Plantas de duración indefinida, formando tapetes; tallos decumbentes, enraizados, glabros, muy ramificados, ramas erectas 30–60 cm; vainas papiloso-pilosas, lígula 2–3.5 mm, láminas 5–12 cm × 5–9 mm, glabras a esparcido papiloso-híspidas cerca de la unión con la vaina, lineares a linear-lanceoladas; inflorescencia 7–15 cm; racimos 2–10, de 7–14 cm, solitarios hacia el ápice y a menudo en 1–2 verticilos abajo, raquis de los racimos 0.7–1 mm de ancho, angostamente alado, escabroso en los márgenes; espiguillas 2.6–3.5 mm,

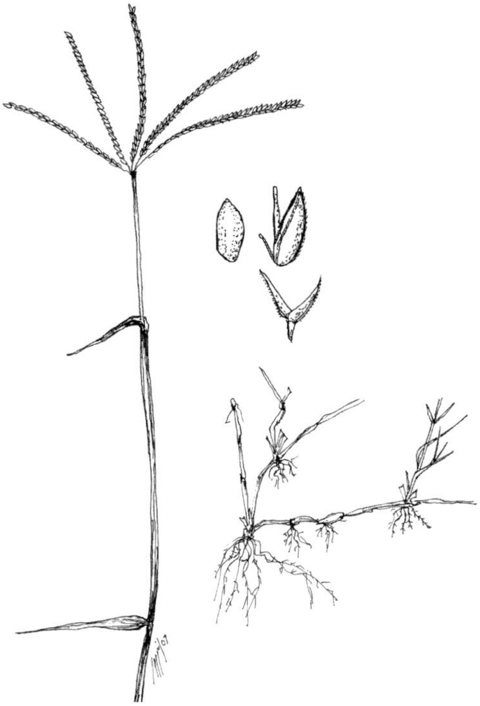

*Cynodon dactylon*

*Dactyloctenium aegyptium*

*Dasyochloa pulchella*

*Digitaria californica*

*Digitaria ciliaris*

*Cottea pappophoroides*

*Ctenium planifolium*

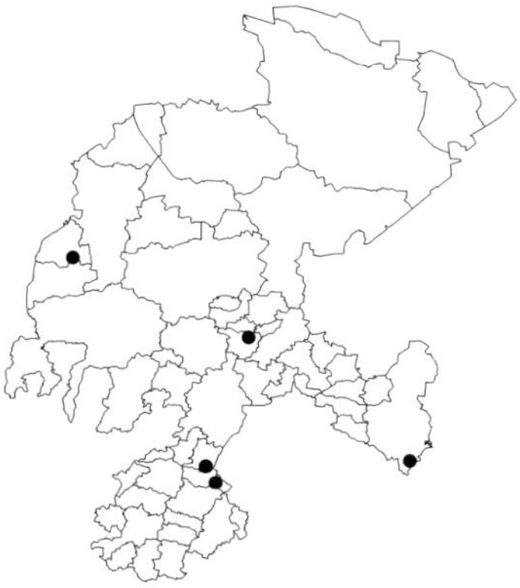

*Cynodon dactylon*

*Dactyloctenium aegyptium*

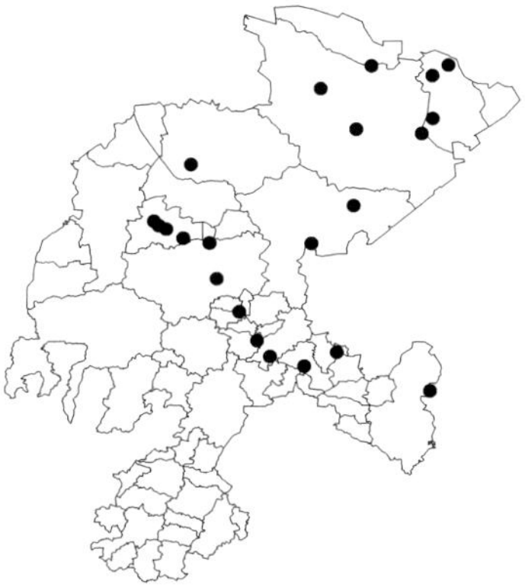

*Dasyochloa pulchella*

*Dichanthelium sphaerocarpon*

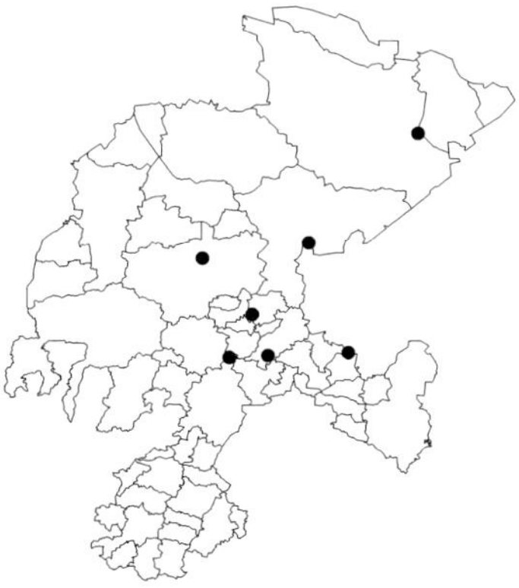

*Digitaria californica*

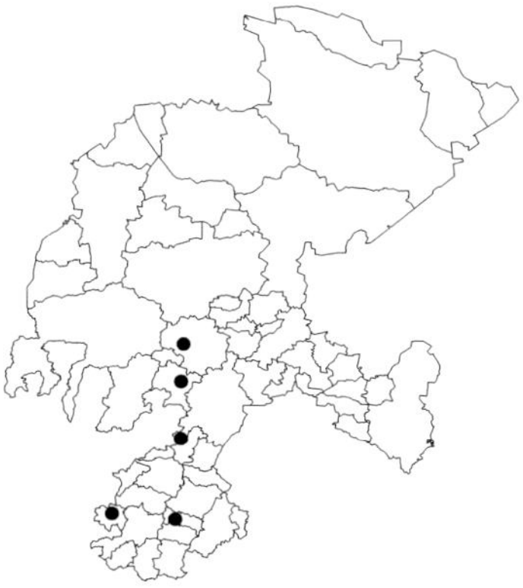

*Digitaria ciliaris*

*Digitaria cognata*

en pares, lanceoladas; primera gluma 0.3–0.5 mm, deltoidea, enervada; segunda gluma (0.5–)1.8–2.3 mm, 3-nervada, sedosa; lema inferior tan larga como la espiguilla, 3–5-nervada, glabra, las áreas internervias centrales doblemente anchas que los áreas internervias marginales, glabras, con una hilera de pelos sobre las áreas internervias marginales; lema superior 2.5–3 mm, gris; anteras 1.2–1.3 mm. $2n = 54$. Encontrada en pastizal, bosque de encino y bosque tropical caducifolio, a 1650–2400 m de altitud.

Conocida del SE de Estados Unidos hasta Sudamérica; Antillas

ZACATECAS. **Apozol:** Ejido San Miguel, 27 Ago 1988, matorral subtropical, 1650 m, *Balleza 1823* (CHAPA, ENCB). **Benito Juárez:** cerca Florencia de Benito Juárez, por la salida a Los Azafranes, 30 Nov 1989, parcelas de maíz en suelo inundado, 2150 m, *Balleza 2415* (CIIDIR, CHAPA, SLPM). **Jerez:** 10 km al NW de Jerez, por la carr. a El Cargadero, 25 Ago 1988, bosque de pino, 2400 m, *Balleza 1758* (CHAPA, ENCB, US). **Tepetongo:** km 73 carr. Jerez-Tlaltenango, 10 Ago 1989, *Balleza 2160* (CHAPA, US). **Villanueva:** km 247 carr. federal 54, 6 Oct 1988, *Balleza 2070* (CHAPA, ENCB).

**Digitaria cognata** (Schult.) Pilg., Nat. Pflanzenfam. (ed. 2) 14e:50. 1940. *Panicum cognatum* Schult., Mant. 2:235. 1824. *Leptoloma cognatum* (Schult.) Chase.

Plantas perennes, amacolladas a rizomatosas cuando en suelos arenosos; tallos 20–50 cm × 1–2 mm, erectos cuando en suelos arcillosos, decumbentes en suelos arenosos, base de los tallos nudosa, peluda, ramas escasas; lígula 1–2 mm, láminas 2–8(–16) cm × 2–6 mm, glabras; inflorescencia 12–20 × 12–25 cm, ramas ampliamente divaricadas, cada rama principal terminando en una espiguilla y conteniendo en el lado abaxial 2 hileras con una a varias espiguillas largo-pediceladas y solitarias; primera gluma casi obsoleta, segunda gluma y lema estéril pilosas en los espacios entre las nervaduras, pubescencia desparramada en la madurez; lema del flósculo bisexual pálido cambiando a pardo o negruzco. $2n$ = 26,70,72. Habita en pastizal y matorral desértico, a 1820–2050 m de altitud.

Citada del E y S de Estados Unidos hasta el N de México.

ZACATECAS. **Juan Aldama:** Estación de microondas Morelos 2, km 109 carr. a Torreón, 1 Sep 1988, 1820 m, *Balleza 1871* (CHAPA, ENCB). **Sain Alto:** 4 to 5 mi SE of Sain Alto, 30 Sep 1948, grama grasslands, *Gentry 8529* (US).

**Digitaria filiformis** (L.) Koeler, Descr. Gram. 26. 1802. *Panicum filiforme* L., Sp. Pl. 57. 1753.

Plantas anuales, en pequeños macollos; tallos 10–60 cm, erectos o ascendentes, ramificados desde la base; vainas inferiores pilosas, las superiores glabras, láminas 5–15 cm × 1–4 mm, glabras; racimos 1–5(–6), 8–10 cm, desiguales, erectos o ascendentes, a menudo distintivamente separados en la base, no fasciculados, raquis triquetro, angostamente alado, los márgenes más angostos que la costilla central; espiguillas consistentemente 1.7 mm, en pares, rara vez en grupos de 3, bien separadas y casi no se sobreponen; primera gluma faltante, segunda gluma y lema estéril pubescentes y eroso pilosas en los lados y hacia el ápice, en ocasiones glabras, los pelos bulbosos en la punta; lema del flósculo fértil pardo obscura, ligeramente apiculada. Maleza de terrenos abiertos, pastizal perturbado y orilla de caminos, a 2290 m de altitud.

Citada del ESE de Estados Unidos a México y Centroamérica.

ZACATECAS. **Valparaíso:** Santa Lucía de la Sierra, 27 Sep 1988, bosque de pino, 2290 m, *Balleza 2303* (CHAPA).

**Digitaria panicea** (Sw.) Urban, Symb. Antill. 8:23. 1920. *Milium paniceum* Sw., Prodr. 24. 1788.

Plantas anuales, cespitosas; tallos 30–80 cm, ramificados desde la base, glabros; vainas papiloso-híspidas, lígula 0.7–1.5 mm, láminas 10–18 cm × 3–5.5 mm, lineares, papiloso-hirsutas; inflorescencia 5–17 cm, racimos 1–5, 2–12 cm, solitarios, raquis de los racimos con los márgenes tan anchos como la costilla central, triquetro, escabroso, ocasionalmente con algunos pelos largos; espiguillas 1.5–1.9 mm, en tríadas, elípticas, pilosas; primera gluma faltante, segunda gluma 1–1.6 mm, 3-nervada, densamente adpreso-pubescente, pelos bulbosos en la punta; lema del flósculo inferior tan larga como la espiguilla, 5–7-nervada, pilosa, pelos bulbosos en la punta; lema superior 1.5–1.9 mm, pardo clara a obscura; anteras 0.3–0.4 mm. Habita en áreas abiertas, perturbadas del pastizal y bosque tropical caducifolio, a 1100–2340 m de altitud.

Especie conocida de México en: Chis., Dgo., Jal., Oax. y Zac.

ZACATECAS. **Moyahua:** carr. federal 54, km 102, tramo Guadalajara-Zacatecas, 27 Ago 1988, selva baja caducifolia, 1100 m, *Balleza 1806* (CHAPA, CIIDIR, ENCB). **Valparaíso:** Ejido Ciénega de la Purísima, cerca de Santa Lucía de la Sierra, 27 Sep 1989, bosque de pino-encino, 2340 m, *Balleza 2342* (CHAPA, CIIDIR). **Teúl de González Ortega:** 1 km al N de Teúl, por la carr. a Guadalajara, 11 Ago 1989, pastizal, 1900 m, *Balleza 2173* (CHAPA, ENCB, US).

**Digitaria sanguinalis** (L.) Scop., Fl. Carniol. (ed. 2) 1:52. 1771. *Panicum sanguinale* L., Sp. Pl. 1:57. 1753.

Plantas anuales, delicadas; tallos 20–50 cm, a menudo decumbentes, enraizados, muy ramificados; vainas esparcido piloso-hirsutas, lígula 1–2 mm, láminas 3–8 cm × 3–8 mm, linear-lanceoladas; inflorescencia

5–15 cm, racimos 5–7, 3.5–10 cm, digitados, raquis de los racimos 0.8–1.1 mm de ancho, alado, marginalmente escabroso; espiguillas 2.5–2.8 mm, en pares, lanceoladas; primera gluma 0.2 mm, deltoidea, enervada, segunda gluma 0.7–1 mm, 3-nervada, pilosa; lema del flósculo inferior tan larga como la espiguilla, 3–5-nervada, las nervaduras marginales escabrosas, sin pubescencia suave intermarginal; lema del flósculo superior 2.5–2.8 mm, gris obscura o azulosa; anteras 0.9–1 mm. Encontrada en cultivar.

*Digitaria sanguinalis* y *D. ciliaris* son especies muy cercanas cuya única diferencia aparentemente es la pubescencia intermarginal y las nervaduras glabras o escabrosas de la lema inferior.

Especie nativa del Viejo Mundo, introducida en América. Única colecta de material experimental cultivado en el campo experimental del INIFAP de Calera, Zac.

**ZACATECAS. Calera:** Campo Agrícola Experimental del INIFAP, 20 Oct 1989, material experimental, 2160 m, *Balleza 2600* (CHAPA, CIIDIR, SLPM, US).

**Digitaria ternata** (A. Rich.) Stapf, Fl. Cap. 7:376. 1898. *Cynodon ternatus* A. Rich., Tent. Fl. Abyss. 2:405. 1850.

Plantas anuales, geniculadas en la base; tallos muy variables en tamaño hasta de 1.25 m; vainas glabras con los márgenes hialinos, lígula membranácea truncada, láminas 5–20(–50) cm × 4–6 mm, aplanadas, apiculadas, glabras, adaxialmente con algunos pelos; panícula 4–10(–15) cm, 2–10 racimos erectos, el raquis cortamente alado, pedicelos con un anillo de pelos tiesos justo debajo de la espiguilla; espiguillas 2–2.5 mm, oblongo-elípticas, en pares y aquellas de la parte media de los racimos en grupos de 3, una sésil y dos pediceladas, tomentosas; primera gluma faltante, segunda gluma 0.9–1.8 mm, elíptico-lanceolada, 3-nervada, pubescente entre las nervaduras; lema del flósculo estéril 1.8–2.5 mm, 5-nervada, densamente pubescente especialmente en las nervaduras laterales; pálea reducida a una escama; lema del flósculo fértil 1.8–2.5 mm, elíptica, pardo obscura. Habita en terrenos de cultivo, pastizales abiertos y orilla de caminos, a 1800–2480 m de altitud.

Maleza aparentemente colectada por primera vez en México, posteriormente introducida en toda América tropical. Conocida de: Ags., Dgo., Gto., Hgo., Jal., Méx., Mich., Oax. Pue.

**ZACATECAS. Monte Escobedo:** 8.6 mi NW of Monte Escobedo at Uma Temoc A.C., 3 Oct 2001, grassy flats with *Quercus edwardii, Juniperus dippeana, Arbutus*, and *Pinus chihuahuana*, 2480 m, *P.M. Peterson y S. González 16046* (US). **Teúl de González Ortega:** 1 km al N de la cabecera municipal, por la carr. a Gudalajara, 15 Sep 1988, pastizal con suelo inundado, 1900 m, *Balleza 1937* (CHAPA, CIIDIR, ENCB). **Valparaíso:** km 23 carr. a Huejuquilla, Jal., 29 Sep 1988, bosque de encino, 1800 m, *Balleza 2064* (CHAPA, ENCB). **Villa García:** Ejido Copetillo, por la brecha a Villa García, 2 Oct 1989, *Balleza 2482* (CHAPA, US).

## Distichlis Raf.

Referencia: Davidse, G. et al. (eds.). 1994. *Distichlis*. En: Flora Mesoamericana 6:262.

Plantas perennes, rizomatosas, dioicas; hojas caulinares, marcadamente dísticas, lígula una membrana pilosa, láminas lineares, aplanadas a convolutas, apiculadas; inflorescencia una panícula o racimo terminal, contraída, a veces reducida a 2 espiguillas; espiguillas de ambos sexos similares, comprimidas lateralmente, con numerosos flósculos unisexuales, desarticulándose entre los flósculos, tardíamente en los flósculos pistilados; glumas cortas, membranáceas, carinadas, 3–7-nervadas inconspicuamente; lemas 7–11-nervadas, coriáceas, glabras, no aristadas, carinadas; páleas tan largas como las lemas o un poco más cortas que ellas, 2-carinadas, las quillas escabrosas; cariopsis sulcada. Género con algunas 5 especies conocidas de América y Australia.

**Distichlis spicata** (L.) Greene, Bull. Calif. Acad. Sci. 2:415. 1887. *Uniola spicata* L., Sp. Pl. 71. 1753.

Plantas perennes, rizomatosas; tallos 20–70 cm, erectos, simples, glabros; hojas numerosas, glabras excepto por algunos pelos auriculares, vainas por lo general sobrepuestas, lígula 0.2–0.5 mm, láminas 1–6 cm × 1–3 mm, dísticas, rígidas, patentes, aplanadas o enrolladas, apiculadas; panícula 2–7 cm, angosta, las espiguillas sobrepuestas; espiguillas 7–12 mm, glabras; primera gluma 2–4 mm, segunda gluma 2.5–4.5 mm, aguda; flósculos 9–12; lema 3.3–4.2 mm, aguda, 7–11-nervada; pálea escasamente más corta que la lema, marcadamente carinada; anteras 2–3 mm, amarillas. Reportada como estricta de áreas salinas, habita en matorral xerófilo y pastizal halófilo, a 1900–2250 m de altitud.

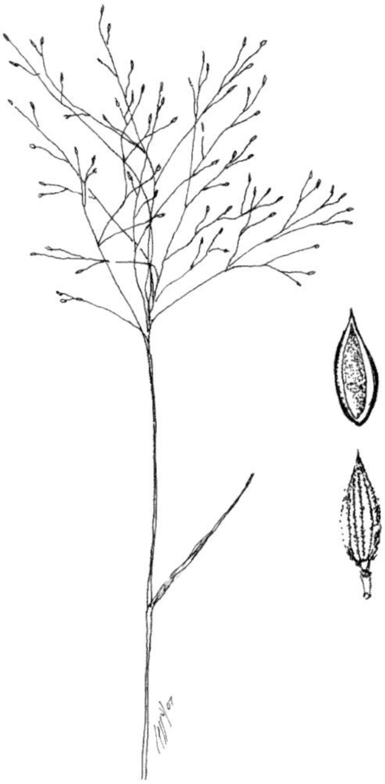

*Digitaria cognata*

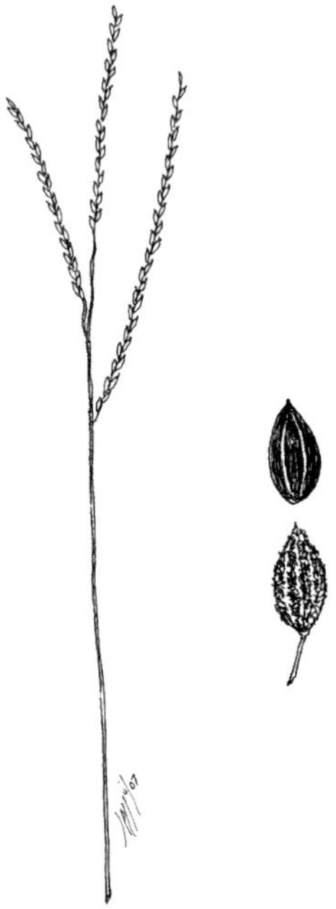

*Digitaria filiformis*

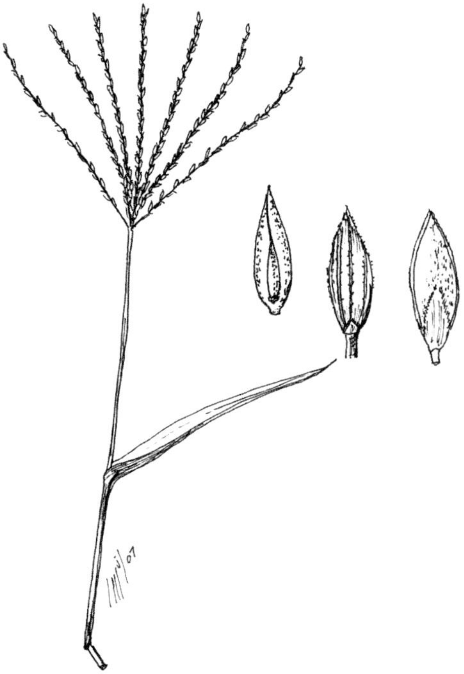

*Digitaria sanguinalis*

*Digitaria ternata*

Se le conoce en casi toda América, desde Canadá hasta Argentina; Antillas.

**ZACATECAS. Fresnillo:** Trópico de Cáncer, por la carr. a Torreón, 24 Ago 1988, mezquital, 2100 m, *Balleza 1734* (CHAPA, ENCB, SLPM, US). **Miguel Auza:** La Boquilla, 27 Jul 1988, suelos calichosos, salinos con vegetación arbustiva, 2030 m, *J.L. Ruelas 5* (SLPM); 15 km al W de Miguel Auza, por la brecha a Ramón Corona, 3 Sep 1988, *Balleza 1902* (CHAPA, ENCB, SLPM, US). **Ojocaliente:** El Salitral, km 66 carr. Ojocaliente-Pinos, 8 Sep 1988, pastizal, 2180 m, *Balleza 1919* (CHAPA, ENCB). **Pinos:** carr. federal 70, a la altura de los Alpes, 4 Oct 1989, campo de cultivo, 2250 m, *Balleza 2507*(CHAPA, CIIDIR); Los Patos, carr. federal 70, 2 Oct 1989, *Balleza 2487* (CHAPA). **Villa de Cos:** cercanías a Villa de Cos, 12 Ago 1982, matorral desértico micrófilo, 1900 m, *Flores 197* (MEXU); Laguna de la Blanca, 12 Oct 1959, matorral desértico micrófilo, 1900 m, *Rzed. 12058* (CHAPA, ENCB).

## ECHINOCHLOA P. BEAUV.

REFERENCIAS: McVaugh, R. 1983. *Echinochloa*. En: Flora Novo-Galiciana.14:148–155. Davidse, G. et al. (eds.). 1994. *Echinochloa*. En: Flora Mesoamericana 6:329–330.

Plantas anuales o perennes; tallos sólidos, decumbentes o erectos; vainas carinadas, lígula faltante o una hilera de pelos, láminas lineares y aplanadas; inflorescencia una panícula con 4 o más racimos unilaterales, cortos; espiguillas en pares o densamente agrupadas sobre ramillas secundarias cortas, comprimidas dorsalmente, aplanado-convexas, aristadas o apiculadas, adpreso-hispídulas, 2-flosculadas, desarticulación por debajo de las glumas, la espiguilla caediza como una unidad; primera gluma casi ½ del largo de la espiguilla, 3–5-nervada, segunda gluma 3–7-nervada, casi igual en tamaño y textura que la lema del flósculo estéril, escabrosas entre las nervaduras, apiculadas, mucronadas o corto-aristadas; lema del flósculo inferior estéril o estaminada, mucronada o largamente aristada, encerrando una pálea membranácea; flósculo superior bisexual, lema superior endurecida, plano convexa junto con la pálea, lisas, brillantes y acuminadas; los márgenes de la lema envuelven a la pálea. Algunas 15–20 especies de distribución cosmopolita, la mayor parte de climas cálidos.

1. Lígula una hilera densa de pelos rígidos, de 2.5–4 mm; flósculo inferior estaminado o estéril.
   2. Arista de la lema estéril un punto, rara vez llega a ser de 1–3 mm, plantas erectas anuales ____ **Echinochloa jaliscana**
   2. Arista de la lema estéril bien desarrollada (0.5–)1–5 cm de largo, plantas perennes, tallos enraizados en los nudos inferiores, 1–2 m de alto ____ **Echinochloa holciformis**
1. Lígula faltante, el área ligular a veces con algo de pubescencia corta, no rígida; flósculo inferior estéril.
   3. Espiguillas de 4–5 mm de largo; arista de la lema estéril de 1.5–3 cm de largo ____ **Echinochloa oplismenoides**
   3. Espiguillas de 2–3.5 mm de largo; lema sin arista o con una arista de menos de 0.5 cm de largo.
      4. Arista de la lema estéril de 3–10 mm de largo; espiguillas 2.8–3.5 mm de largo excluyendo la arista; panícula suave y péndula, ramificada; espiguillas inconspicuamente híspidas ____ **Echinochloa crus-pavonis**
      4. Arista de la lema estéril faltante, o menor de 0.5 cm de largo; espiguillas 2–3 mm de largo; panícula áspera, simple o ramificada, erecta; espiguillas híspidas.
         5. Espiguillas 2–2.5 mm de largo, esparcido híspidas; inflorescencia simple, abierta y con las espiguillas distantes ____ **Echinochloa colona**
         5. Espiguillas 2.5–3 mm de largo, conspicuamente híspidas; inflorescencia rígida, erecta y ramificada ____ **Echinochloa crusgalli**

**Echinochloa colona** (L.) Link, Hort. Berol. 2:209. 1833. *Panicum colonum* L., Syst. Nat. (ed. 10) 2:870. 1759.

Plantas anuales, cespitosas, a veces con raíces en los nudos inferiores; tallos 20–90 cm, erectos o decumbentes y enraizados; vainas glabras, lígula faltante, láminas 8–25 cm × 3–8 mm, aplanadas, a veces con bandas purpúreas; panícula 2–12(–15) cm; racimos 5–10, 1–3 cm; espiguillas 2–2.5 mm, agudas o apiculadas, en pares y dispuestas en 4 hileras a un lado del raquis aplanado; primera gluma 1–1.5 mm, 3-nervada, segunda gluma 5-nervada, tan larga como la lema estéril, similares en textura, con los ápices agudos o mucronados pero no aristados; flósculo estéril con pálea bien desarrollada, casi tan larga como la lema pero más delgada; lema del flósculo bisexual 1.9–2.2 mm, elíptica, mucronada; anteras 0.7–0.8 mm; cariopsis 2–2.5 mm, apiculada, esparcido híspida. $2n$ = 36,54. Maleza en bosque tropical caducifolio, matorral xerófilo y pastizal, a 1100–2080 m de altitud.

Maleza común desde el S de Estados Unidos hasta Sudamérica; Antillas.

**ZACATECAS. Apozol:** Ejido San Miguel, 27 ag 1988, *Balleza 1819* (CHAPA, ENCB, US). **Mezquital del Oro:** 10 km al E de la carr. a

Guadalajara, por la brecha a Moyahua, 30 Sep 1989, bosque tropical caducifolio, 1240 m, *Balleza 2440* (CHAPA). **Moyahua:** 2 km al S de Santa Rosa, por la carr. a Guadalajara, 27 Ago 1988, selva baja caducifolia, 1100 m, *Balleza 1814* (CHAPA, ENCB). **Río Grande:** rancho El Carrizal, potrero Las Remudas, 7 km al E. Carr. Zacatecas-Torreón, entrando por km 41 desde el entronque Torreón-Durango, 18 Ago 1979, matorral crassicaule, 2080 m, *M. González-Ledezma y F. Cano sn* (SLPM). **Tepetongo:** El Cacalote, km 73 carr. Jerez-Tlaltenango, 10 Ago 1989, terrenos inundados, 1800 m, *Balleza 2159* (CHAPA, ENCB, US).

**Echinochloa crusgalli** (L.) P. Beauv., Ess. Agrostogr. 1:53. 161, 169, t. 11, f. 2. 1812. *Panicum crusgalli* L., Sp. Pl. 1:56. 1753.

Plantas anuales, robustas; tallos 30–100 cm, erectos o decumbentes, glabros, con muchos nudos; lígula faltante, láminas 20–50 × 0.5–2.5 cm; panícula 10–20 cm, erecta o péndula con tintes púrpura, 5–25 ramas aplicadas o abiertas, las ramas inferiores distantes, a veces ramificadas, eje principal y ramas con pelos firmes, papilosos en la base, con frecuencia del tamaño de las espiguillas; espiguillas 2.5–3 × 1.1–2.3 mm, aristadas o sin arista; glumas y lema del flósculo bisexual coriáceas, obtusas a agudas, con pelos glandulosos en el dorso, el ápice membranáceo, pálea bien desarrollada; anteras no vistas.

Se le conoce desde el SW de Estados Unidos hasta Sudamérica. Existen 4 variedades reconocidas para este taxón, en México se presentan 3 de ellas, 2 en Zacatecas.

1. Racimos de 10–20(–25) mm de largo, simples o ramificados, abiertos; espiguillas híspidas y papilosas, algunas veces con tintes morados ____ **var. crusgalli**
1. Racimos de 8–10(–14) mm de largo, simples, aplicados; espiguillas poco papilosas, generalmente verdes ____ **var. zelayensis**

**Echinochloa crusgalli** (L.) P. Beauv. var. **crusgalli**

Habita en zonas inundables, orilla de cultivo o de bordos en diversos tipos de vegetación, a 1560–2350 m de altitud.

**ZACATECAS. Guadalupe:** Ejido Casa Blanca, por la terracería a Los Rancheros, 2 Ago 1989, arvense a orilla del canal de riego, 2250 m, *Balleza 2149* (CIIDIR). **Jerez:** En el pueblo, *E. Manrique y Beetle 1381* (MEXU). **Jalpa:** Jalpa, 13 Oct 1968, terreno baldío, 1560 m, *L.M. Villarreal 7884* (ENCB). **Juchipila:** W de Pueblo Viejo, Sierra de Morones, cerro de Piñones, casa de Lorenzo Magallanes, 17 Sep 1998, bosque de pino-encino, 2070 m, *Balleza 9095* (CIIDIR). **Miguel Auza:** 15 km al W de Miguel Auza, por la terracería a Ramón Corona, 3 Sep 1988, *Balleza 1898* (CHAPA). **Monte Escobedo:** road from Monte Escobedo to Mezquitic, 26 Sep 1980, oak forest, 2160 m, *Beetle y R. Guzmán M-5842* (CHAPA, ENCB). **Río Grande:** 5 km al W de la carr. a Torreón, por la carr. a González Ortega, 24 Ag 1988, *Balleza 1724* (CHAPA). **Villanueva:** km 130 carr. federal 54, por la brecha a Laguna de Carretero, 6 Oct 1988, *Balleza 2150* (CHAPA, US). **Zacatecas:** km 15.5 carr. Zacatecas-Guadalajara, 11 Ago 1988, 2350 m, *Balleza 1590* (SLPM, US).

**Echinochloa crusgalli** var. **zelayensis** (Kunth) Hitchc., Man. Grasses U.S. 841. 1935. *Oplismenus zelayensis* Kunth, Nov. Gen. Sp. (quarto ed.)1:108. 1815.

Habita en zonas inundables, orilla de cultivo o de bordos en diversos tipos de vegetación, a 2020–2380 m de altitud.

**ZACATECAS. Nochistlán:** Cañada El Pinole, costado del cerro El Castillo, NE de Tlachichila, Sierra del Laurel, 27 May 2006, bosque de encino, 2020 m, *J. Martínez 572* (CIIDIR, INEGI).**Valparaíso:** Ejido de Santa Lucía de la Sierra, 27 Sep 1989, bosque de pino, zona agrícola, 2290 m, *Balleza 2302* (CHAPA, CIIDIR, SLPM, US). **Zacatecas:** Zacatecas, 3 Oct 1910, *Hitchc. 7526* (US).

**Echinochloa crus-pavonis** (Kunth) Schult., Mant. 2:269. 1824. *Oplismenus crus-pavonis* Kunth, Nov. Gen. Sp. (quarto ed.) 1:108. 1815.

Plantas anuales o de duración indefinida, robustas; tallos 70–150 cm, a menudo púrpura, decumbentes y enraizados, ramificados, glabros; vainas glabras, lígula faltante, láminas 15–50 cm × 1–2.5 cm, glabras, con los márgenes diminuto-aserrados; panícula 10–30 cm, rosa a púrpura, densamente atestada con espiguillas, el eje principal con abundantes pelos ásperos; espiguillas 2.8–3.5 × 1.2–1.3 mm; primera gluma 1.4–1.7 mm, 3–4-nervada, segunda gluma y lema del flósculo estéril iguales, 2.8–3.5 mm, sin arista o a veces la lema con una arista de 1–2.5 mm, flósculo inferior neutro, con pálea bien desarrollada, 3/4 del largo de la lema; lema del flósculo bisexual 2.8–3.5 mm, grisácea, coriácea, angostamente elíptica, el ápice agudo u obtuso, membranáceo; anteras 1–1.2 mm. $2n = 36$. Habita en zonas inundables, a 1800–1900 m de altitud. Se conocen 2 variedades de este taxón, ambas en México, *E. crus-pavonis* var. *crus-pavonis* en Zac.

*Digitaria filiformis*

*Digitaria panicea*

*Digitaria sanguinalis*

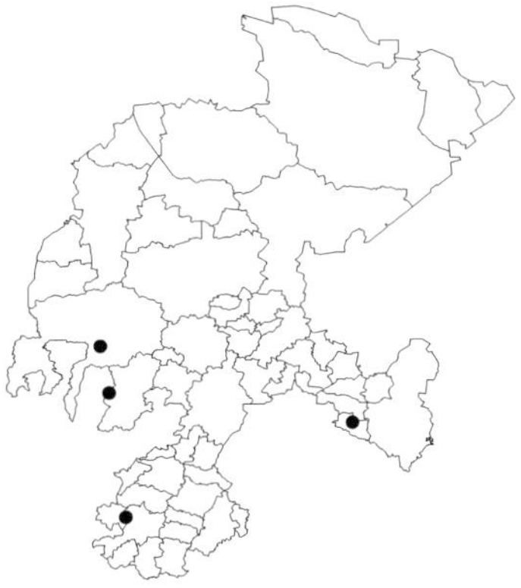

*Digitaria ternata*

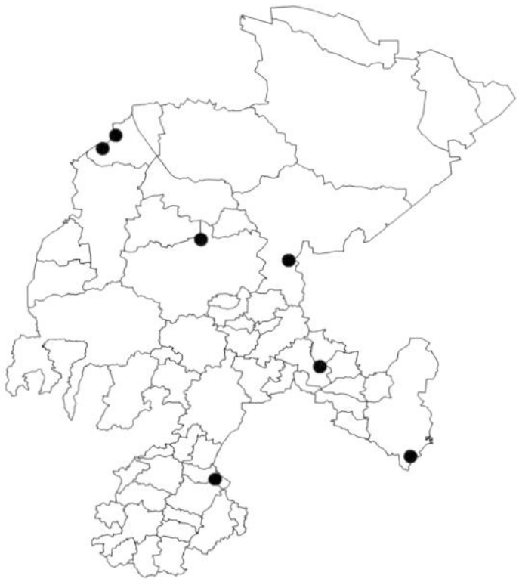

*Distichlis spicata*

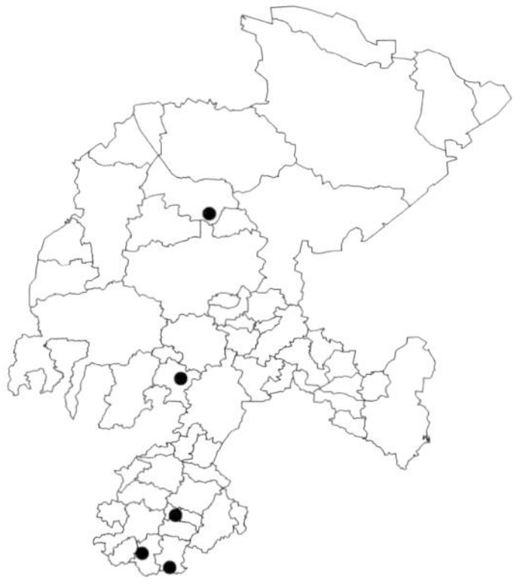

*Echinochloa colona*

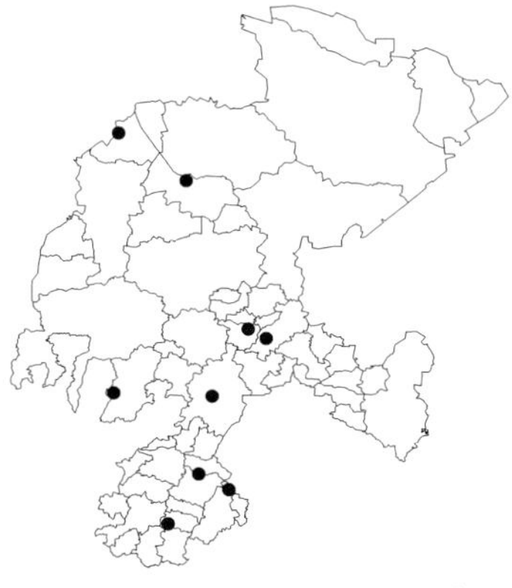

*Echinochloa crusgalli* var. *crusgalli*

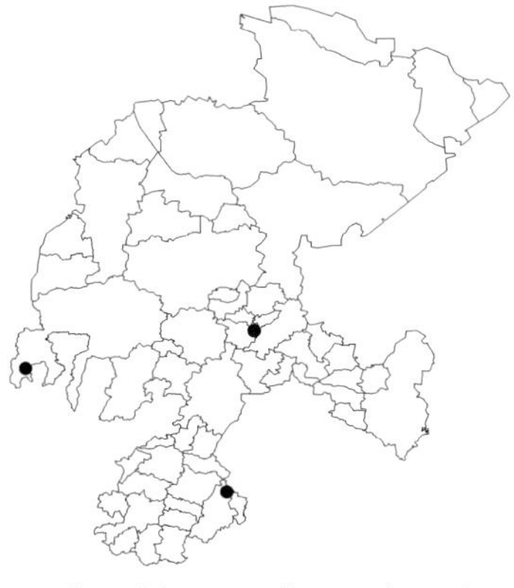

*Echinochloa crusgalli* var. *zelayensis*

*Echinochloa crus-pavonis*

Citada de Texas y México a Centro y Sudamérica; Antillas.

**ZACATECAS. Teúl de gonzález Ortega:** 1 km al N de Teúl de González Ortega, 15 Sep 1988, pastizal, 1900 m, *Balleza 1936* (CHAPA, ENCB, US). **Tepetongo:** El Cacalote, km 73 carr. a Tlaltenango, 10 Ago 1989, terrenos inundados, 1800 m, *Balleza 2161* (CHAPA, ENCB, US).

**Echinochloa holciformis** (Kunth) Chase, Proc. Biol. Soc. Wash. 24:155. 1911. *Oplismenus holciformis* Kunth, Nov. Gen. Sp. (quarto ed.)1:107. 1815.

*Distichlis spicata*

*Echinochloa colona*

*Echinochloa crusgalli*

*Echinochloa crus-pavonis*

Plantas perennes, cespitosas; tallos 100–150(–200) cm, bases decumbentes con raíces en los nudos inferiores, glabros; vainas glabras, lígula 1.5–3.5 mm, una hilera densa de pelos rígidos, láminas 30–45 cm × 8–15 mm, escabrosas en los márgenes; panícula 15–40 cm, densa, ligeramente péndula, racimos numerosos, 6–8 cm, raquis escabroso y esparcido-híspido, espiguillas en 4 hileras o irregularmente agrupadas, tornándose púrpura o negras al madurar, las aristas permanecen verdes o algunas veces con tintes purpúreos; espiguillas 6.5–9 mm, densamente híspidas, con pelos cortos aplicados; primera gluma 2.6–3.9 mm, 3-nervada, mucronada, segunda gluma 6.5–7 mm, 5-nervada, también mucronada; flósculo inferior estéril, lema inferior 5-nervada, la arista 30–55 mm, pálea faltante; lema del flósculo bisexual 5.5–6 mm, aguda, mucronada o aristada, arista 1.5–3 mm; anteras 0.7–1.1 mm. Acuáticas o subacuáticas, encontradas en parcelas de maíz inundado, a 2150 m de altitud.

Conocida desde México a Guatemala.

**ZACATECAS. Benito Juárez:** cerca de la cabecera municipal, por la salida a los Azafranes, 30 Sep 1989, parcelas de maíz en suelo inundado, 2150 m, *Balleza 2418* (CHAPA, CIIDIR).

**Echinochloa jaliscana** McVaugh, Fl. Novo-Galiciana 14:153. f. 13. 1983.

Plantas anuales; tallos 30–60 cm, casi siempre erectos con raíces en los nudos inferiores; vainas a veces con pelos papilosos, lígula 0.7–1.5 mm, láminas 10–20 cm × 7–10 mm, las superiores a veces redondeadas en la base; panícula angosta, de 4–15 cm, racimos 5–10, de 2–3 cm, espiguillas (4–)5–6 mm, aglomeradas a un lado del raquis, pedicelos hirsutos; glumas y lema estéril hirsutos en las nervaduras; lema estéril membranácea y con una arista muy corta, 0.3–2(–3) mm, vacía, sin pálea; lema fértil de 3.3–4 mm × 2.3–2.5, planoconvexa, blanco amarillenta, lustrosa, diminutamente estriada, el ápice con una arista corta y pubescente, bordes revolutos, rodeando a la pálea; pálea similar a la lema, muy aplanada, arista de la lema meramente puntual, rara vez hasta de 3 mm. Escasa, creciendo en pastizal a 2300 m.

Recientemente descrita de Jalisco, ahora encontrada en Zacatecas en los límites con Jalisco.

**ZACATECAS. Teúl de González Ortega:** Ejido Milpillas de Allende, 17 Sep 1989, pastizal, 2300 m, *Balleza 1972* (CHAPA, ENCB).

**Echinochloa oplismenoides** (E. Fourn.) Hitchc., Contr. U.S. Natl. Herb. 22(3):136. f. 27. 1920. *Berchtoldia oplismenoides* E. Four., Mexic. Pl. 2:41. 1886.

Plantas anuales; tallos 50–100 cm, glabros; lígula faltante, rara vez con pelos cortos, láminas 10–35 cm × 5–10 mm, escábridas en los márgenes y superficie superior; panícula 15–20 cm, angosta, los ejes angulados, escabrosos, racimos aplicados, ramas inferiores 3–6 cm; espiguillas 4–5 mm, agrupadas densamente; primera gluma 1.8–2 mm, aguda, glabra o híspida, segunda gluma y lema estéril tan largas como la espiguilla, acuminadas, híspida en las nervaduras, lema del flósculo inferior estéril, a veces acompañado de una pálea, la arista 0.8–1.5 cm; lema del flósculo bisexual 4–4.8 mm de largo, con un mucrón 0.5–1 mm; anteras no vistas. Habita en la orilla de bordos, matorral espinoso y zona inundable con bosque de encino-pino, a 2000–2350 m de altitud.

Descrita de México, conocida desde Estados Unidos hasta Guatemala.

**ZACATECAS. Miguel Auza:** colonia Emiliano Carranza a 1.5 km al S de esta comunidad, 3 Sep 1988, sitios encharcados, 2100 m, *Balleza 1894* (CHAPA, CIIDIR, ENCB, SLPM, US). **Monte Escobedo:** brecha a Mezquitic, oak forest, 2000 m, *Beetle M-5835* (MEXU). **Zacatecas:** Zacatecas, 3 Oct 1910, *Hitchc. 7527* (US).

Especie excluida: *Echinochloa polystachya* (Kunth) Hitchc., citada para la entidad por Espejo y López (2000) y por Dávila et al. (2006), pero no se encontró en los ejemplares revisados y se excluye.

## Eleusine Gaertn.

Referencia: McVaugh, R. 1983. *Eleusine*. En: Flora Novo-Galiciana14:156–158.

Plantas herbáceas, anuales, amacolladas, estoloníferas; tallos amacollados en la parte inferior; vainas carinadas, glabras o con pelos en la garganta, lígula membranácea corta; inflorescencia con 2 o más espigas digitadas en el ápice de los tallos, en ocasiones con una o dos adicionales un poco más abajo que las otras; espiguillas densamente imbricadas en 2 hileras de un lado del raquis más o menos ancho, lateralmente comprimidas, multifloras, raquilla desarticulándose arriba de las glumas y entre los flósculos; glumas desiguales o casi iguales, más cortas que el primer flósculo, la primera gluma 1-nervada, la segunda 3–7-nervada; lema con 3–5 nervaduras prominentes, sin arista; fruto un utrículo, semilla laxa en un pericarpio delgado, obscura ornamentada en la superficie. Género con cerca de 9 especies africanas, una especie cosmopolita, otra especie sudamericana, dos especies introducidas en México.

1. Espigas 1–3 cm de largo, 6–10(–12) mm de ancho; raquis prominentemente alado y dentado; segunda gluma con la quilla alada ______ **Eleusine multiflora**
1. Espigas 4–15 cm de largo, 2–4 mm de ancho; raquis sin alas o con una ala no dentada, segunda gluma con la quilla no alada ______ **Eleusine indica**

**Eleusine indica** (L.) Gaertn., Fruct. Sem. Pl. 1:8. 1788. *Cynosurus indicus* L., Sp. Pl. 1:72–73. 1753.

Plantas anuales; tallos 40–60 cm, glabros, erectos o geniculados y ramificados en la base; vainas carinadas, lígula membranácea y erosa, láminas 10–20 cm × 2–8 mm, a menudo plegadas, glabras pero con un mechón de pelos en la garganta y en los márgenes cerca de la base; inflorescencia con 2–10 espigas, 4–10 cm, dispuestas en forma digitada, 1 o 2 se sitúan más abajo; espiguillas 3–7 mm, compuestas de 4–9 flósculos, densamente apiñadas sobre un raquis angostamente alado o sin alas; primera gluma 1.5–1.8 mm, segunda gluma 2–3 mm; lema 2.5–4 mm, con las nervaduras laterales prominentes cerca del ápice; pálea 2.5–3.5 mm; semilla 1–2 mm, sulcada, rugosa en la superficie. Maleza de terrenos inundables de pastizal y matorral subtropical, a 1240–2300 m de altitud.

Originaria del Viejo Mundo, introducida y ampliamente distribuida en Estados Unidos y México.

**ZACATECAS. Apozol:** Ejido San Miguel, 27 Ago 1988, *Balleza 1824* (CHAPA, ENCB). **Moyahua:** km 102 carr. federal 54, 24 Ago 1988, *Balleza 1790-B* (CHAPA, ENCB, US). **Mezquital del Oro:** 10 km al E de la carr. a Guadalajara, por la brecha a Moyahua, 30 Sep 1989, bosque tropical caducifolio, 1240 m, *Balleza 2436* (CHAPA, US). **Teúl de González Ortega:** Ejido Milpillas de Allende, 17 Sep 1988, pastizal, 2300 m, *Balleza 1970* (CHAPA, ENCB).

**Eleusine multiflora** Hochst. ex A. Rich., Tent. Fl. Abyss. 2:412. 1851.

Plantas anuales; tallos 20–30 cm, densamente amacollados, delgados, estriados, glabros o pilosos; vainas aplanadas, collar con pelos esparcidos blancos, lígula 0.8–1 mm, truncada, láminas 10–20 cm × 3–6 mm, esparcido-pilosas; inflorescencia con 2–4 espigas cortas, alternas, de 1–4 cm, sobre un raquis alado y dentado; espiguillas 4.5–5 mm, ovadas, con 5–10 flósculos; glumas 3–4 mm, comprimidas lateralmente, carinadas, la segunda alada en la quilla; lema 4.5–5 mm, ancha, comprimida lateralmente, apiculada, con la quilla escábrida y márgenes membranáceos; semilla 1–1.2 mm, lateralmente comprimida, profundamente sulcada, superficie fina y densamente glandular, ligeramente arrugada. Maleza de áreas rurales y a orilla de cultivos, escasa en la localidad, a 2140–2380 m de altitud.

Nativa de África, introducida en América involuntariamente, mezclada en semillas de pastos forrajeros.

**ZACATECAS. Ojocaliente:** predio La Loma, *L. Silva 202* (MEXU). **Sombrerete:** Ejido Aquiles Serdán, 22 Oct 1988, *Balleza 2140* (CHAPA, ENCB, SLPM, US). **Zacatecas:** cerca del Lienzo Charro de la ciudad de Zacatecas, 23 Ago 1988, *E. Manrique y Beetle 1400* (MEXU).

## ELIONURUS HUMB.& BONPL. EX WILLD.

REFERENCIAS: McVaugh, R. 1983. *Elyonurus.* En: Flora Novo-Galiciana 14:158–160. Davidse, G. et al. (eds.). 1994. *Elyonurus.* En: Flora Mesoamericana 6:395–396.

Plantas perennes, erectas, amacolladas, con o sin rizoma; hojas angostas aplanadas o involutas, lígula membranácea con pelos cortos; racimos solitarios terminales con frecuencia lanosos; espiguillas en pares, sin aristas, una sésil y una pedicelada casi de igual tamaño y forma; espiguilla sésil con un flósculo bisexual y un flósculo estéril representado por la lema; primera gluma subcoriácea, lisa, con 2 quillas, éstas con pelos prominentes, márgenes encerrando la segunda gluma; lema estéril hialina y angosta, casi tan larga como las glumas, lema del flósculo bisexual hialino, sin arista; pálea obsoleta; espiguilla pedicelada estaminada,

*Echinochloa holciformis*

*Echinochloa oplismenoides*

*Eleusine indica*

pedicelo engrosado densamente piloso. Género de aproximadamente 15 especies de distribución pantropical, aparentemente solo dos especies en México.

1. Rizomas presentes; tallos con los nudos glabros; racimos ligeramente pubescentes; primera gluma glabr ____ **Elionurus tripsacoides**
1. Rizomas faltantes; tallos hirsutos a largo pilosos debajo de los nudos; racimos conspicuamente lanosos; primera gluma pilosa ____ **Elionurus barbiculmis**

**Elionurus barbiculmis** Hack., Monogr. Phan. 6:339. 1889.

Plantas perennes, cespitosa; tallos 50–150 cm, erectos, entrenudos hirsutos a largo pilosos justo debajo de los nudos; vainas glabras o pilosas cerca de la base, lígula 0.4–0.7 mm, una hilera pilosa, láminas 12–45 cm × 2–3 mm, pilosas adaxialmente, conduplicadas o involutas; racimos 4.5–13 cm, raquis y pedicelos pilosos; espiguillas sésiles 7.5–14 mm, lanoso-pubescentes, lanceoladas; primera gluma del flósculo estéril, apicalmente 2-dentada, 9-nervada, pilosa; lema estéril 5–6.5 mm; primera gluma del flósculo bisexual 5.5–7.5 mm, 3-nervada, pilosa, lema del flósculo bisexual 4–6 mm, ciliolada; anteras 2.5–3.5 mm; espiguillas pediceladas 5–6.5 mm. Característica de los pastizales y bosque de pino y encino de esta región, a 1980–2570 m de altitud.

Reportada del SW de Estados Unidos a México.

**ZACATECAS. Fresnillo:** rancho Altamira, por la brecha Fco. I. Madero-Vasco de Quiroga, 20 Oct 1989, pastizal con encinos, 2300 m, *Balleza 2648* (CHAPA). **Guadalupe:** parte superior del cerro de la Virgen, 10 Ago 1988, zona de pastizales, 2490 m, *Balleza 1578* (CIIDIR, SLPM, US); cerro de La Virgen, *V. Medina 143* (MEXU). **Jerez:** Sierra Los Cardos, 10.5 mi NW of Jerez, W of El Cargadero, on road towards Monte de los García, 19 Oct 2007, dry rocky slopes with *Quercus, Pinus cembroides, Arctostaphylos pungens,* and *Juniperus*, 2570 m, *P.M. Peterson, Saarela y D. Stancik 21408* (US). **Miguel Auza:** km 9 de la terracería San Miguel Auza a Tierra Generosa, 23 Jul 1987, matorral-pastizal, 2080 m, *A. González s.n.* (SLPM); 2.5 km al W de la colonia Emilio Carranza, por la terracería que va a la Sierra de Santa María, 2 Sep 1988, pastizal con bosque de pino piñonero, 2200 m, *Balleza 1893* (CHAPA, CIIDIR, ENCB). **Monte Escobedo:** cerros al W de Monte Escobedo, bosque de pino-encino, 2190 m, *Beetle y R. Guzmán M-5861* (ENCB, MEXU). **Pánuco:** La Calera, 5 km al W del entronque con la carr. a Saltillo, 13 Oct 1989, pastizal de *Bouteloua gracilis*, 2100 m, *Balleza 2533* (CIIDIR). **Sombrerete:** 6 km al N-NE de Agua Zarca, 29 Oct 2006, pastizal natural, 2280 m, *O. Rosales y Y. Herrera 3624* (CIIDIR); 2 km de Santa Lucía rumbo a Luis Moya, 20 Dic 1975, *Martínez s.n.* (CHAPA); poblado de Órganos, 1 km del crucero con la carr. a Durango, por la brecha a Sierra de Órganos, 21 Oct 1989, *Balleza 2119* (US). **Valparaíso:** Por la brecha Lobatos-Adjuntas del Refugio, 29 Sep 1989, pastizal con bosque espinoso, 1980 m, *Balleza 2396-B* (CIIDIR), *2378* (CHAPA, CIIDIR).

**Elionurus tripsacoides** Humb. & Bonpl. ex Willd., Sp. Pl. 4(2):941. 1806.

Plantas perennes, con rizomas cortos; tallos 50–120 cm, erectos, entrenudos glabros o con escasa pubescencia, nudos glabros; vainas glabras o pilosas, lígula 0.5–1 mm, una hilera de pelos, láminas 15–45 cm × 2–3 mm, pilosas adaxialmente, conduplicadas o involutas; racimos 4.5–13 cm, raquis y pedicelos ligeramente pubescentes; espiguillas sésiles 7.5–14 mm, lanceoladas; primera gluma del flósculo estéril apicalmente 2-dentada, 9-nervada, glabra; lema estéril 5–6.5 mm; primera gluma del flósculo bisexual 5.5–7.5 mm, 3-nervada, glabra, lema del flósculo bisexual 4–6 mm, ciliolada; anteras 2.5–3.5 mm; espiguillas pediceladas 5–6.3 mm. Menos común que la anterior, colectada en la localidad en bosque de encino y pastizal, a 1850–2560 m de altitud.

Especie conocida desde México a Centro y Sudamérica.

**ZACATECAS. Fresnillo:** rancho Altamira, por la brecha Fco. I. Madero-Vasco de Quiroga, 20 Oct 1989, pastizal con encinos, 2300 m, *Balleza 2641* (CHAPA); rancho Altamira, por la brecha entre Fco. I. Madero y Vasco de Quiroga, 19 Oct 1989, pastizal con encinos, 2300 m, *Balleza 2631-B* (SLPM, US). **Miguel Auza:** 10 km al W de la cabecera municipal, por la terracería a Emilio Carranza, lomeríos con pastizal de Stipa, 2 Sep 1988, *Balleza 1876* (US). **Nochistlán:** Tlachichila, por la brecha a Jalpa, 31 Oct 1989, pastizal con matorral espinoso, 2200 m, *Balleza 2663* (CHAPA, SLPM, US). **Teúl de González Ortega:** carr. a Guadalajara, tramo Tepechitlán-Teúl, 30 Sep 1989, pastizal de *Bouteloua radicosa*, 1850 m, *Balleza 2394-B* (CIIDIR). **Valparaíso:** near San Juan Capistrano, 18 Aug 1897, *Rose 2407* (US). **Villanueva:** 12 mi S of Villanueva, 25 Sep 1963, *Reeder y C. Reeder 3824* (US). **Zacatecas:** Las Boquillas ±10 km al W de Zacatecas, Zac., 2560 m, 22 Sep 1992, en cima, *J.R. Ballín s.n.* (SLPM).

## Elymus L.

Referencia: Gould, F.W. 1947. Madroño 9:125.

Plantas perennes, a menudo rizomatosas; tallos erectos y espiguilla verde o purpúreas; espiguillas multifloras, solitarias, sésiles, colocadas sobre un raquis continuo, la raquilla desarticulándose arriba de las glumas y entre los flósculos; glumas iguales, firmes, multinervadas, rara vez 1 o 2-nervadas, por lo general más cortas que la lema inferior; lemas convexas en el dorso, bastante firmes, 5–7-nervadas, agudas o aristadas en el ápice; pálea casi tan larga como la lema. La mayoría de las especies de este género son caracterizados como buenos forrajes, alrededor de 20 especies se conocen en Norte américa.

1. Espiga de la inflorescencia con 3–13 espiguillas por nudo; raquis de la inflorescencia desarticulándose en la madurez; glumas tubuladas, excurrentes en aristas largas, de 3–10 cm de largo; arista de la lema recta, 2–10 cm de largo; anteras 0.9–2.2 mm de largo ____ **Elymus elymoides**
1. Espiga de la inflorescencia con 1 espiguilla por nudo; raquis de la inflorescencia contínuo, rara vez desarticulándose tardíamente; glumas anchas o angostas, acuminadas, sin nervaduras excurrentes en aristas; arista de la lema 12–20 mm de largo, recta; anteras 3–7 mm de largo.
   2. Arista de la lema recta a flexuosa; plantas con rizomas; láminas 6–10 mm de ancho ____ **Elymus repens**
   2. Arista de la lema marcadamente divergente, recurvada; plantas sin rizomas, cespitosas; láminas 2.5–6 mm de ancho ____ **Elymus arizonicus**

**Elymus arizonicus** (Scribn. & J.G. Sm.) Gould, Madroño 9:125. 1947. *Agropyron arizonicum* Scribn. & J.G. Sm., Bull. Div. Agrostol. U.S.D.A. 4:27–28. 1897. *Elytrigia arizonica* (Scribn. & J.G. Sm.) D.R. Dewey.

Plantas perennes, cespitosas, sin rizomas; tallos 80–110 cm; erectos, entrenudos glabros; vainas glabras, lígula 0.5–1.5 mm, láminas 20–45 cm × 2.5–6(–7) mm, aplanadas o conduplicadas, laxamente pilosas adaxialmente; inflorescencia una espiga de 10–20 cm, escasamente florífera, raquis flexuoso, inclinado, entrenudos 12–20 mm; espiguillas 5–13, de 18–25 mm; primera gluma 6.8–7.5 mm, lanceolada, acuminada, 3-nervada; segunda gluma 7–8 mm, lanceolada, cortamente aristada, 4–5-nervada; flósculos 4–6; lemas 10–13 mm, glabras o escábridas, 5-nervadas, con arista de 20–26 mm, curvada; páleas 10–12 mm; anteras 3–4.5 mm, amarillas. Habita en pastizales y bosque de enebro, a 2000–2500 m de altitud.

Citada de Estados Unidos a Centroamérica.

**ZACATECAS. Jerez:** rancho El Roble, por la brecha Jerez-Monte de Los García, 14 Sep 1989, pastizal con *Juniperus*, 2500 m, *Balleza 2242* (CHAPA). **Pinos:** near Pinos, 5 Oct 1954, 2000–2200 m, grassland, *Sohns 1542* (TAMU, US).

**Elymus elymoides** (Raf.) Swezey, Doane Coll. Nat. Hist. Stud. 1:155. 1891. *Sitanion elymoides* Raf., J. Phys. Chim. Hist. Nat. Arts 89:103. 1819.

Plantas perennes; tallos 10–50 cm, esparcidos a erectos, bastante rígidos; vainas glabras a puberulentas, láminas 5–20 cm × 1–3(–5) mm, aplanadas a involutas, tiesas, ascendentes; inflorescencia espigada, espiga 2–7(–10) cm × 5–10 mm; espiguillas 3(–5), de 2–3 mm sin incluir las aristas; glumas 2–2.8 mm sin incluir las aristas, subuladas, muy angostas, 1–2-nervadas, las nervaduras extendiéndose en aristas escabrosas, de 3–10 cm, en ocasiones bífidas en el centro, ó con una arista cerdosa a lo largo de un margen; lema 2–3 mm, convexa, glabra o escabrosa a aplicado pubescente, algunas veces glauca, arista de la lema 2–10 cm; pálea casi tan larga como la lema; anteras 0.9–2.2 mm. Habita en pastizal, matorral xerófilo y bosque de pino piñonero, a 2020–2600 m de altitud.

Especie americana conocida de Estados Unidos a México. Con 4 subespecies reconocidas, sólo *E. elymoides* subsp. *brevifolius* se distribuye en México.

**ZACATECAS. Concepción del Oro:** brecha a Mazapil, cerca del poblado "El Cobre", 25 Sep 1988, bosque de pino piñonero, 2600 m, *Balleza 1802-B* (CIIDIR); *2020* (CHAPA, CIIDIR). **Gral. Fco. R. Murguía:** Tierra Blanca, *Brigada Zacatecas 45* (MEXU). **Mazapil:** rancho Las Lunas, Sierra de Santa Rosa, 15 Oct 1989, *Balleza 2582* (CHAPA). **Pinos:** 1 km al W de Pinos, 13 Ago 1985, matorral xerófilo, 2400 m, *F. Gómez-Lorence 718* (SLPM); cerca de Pinos, 6 Oct 1954, *Shons 1545* (MEXU, US); Los Alpes, carr. Méx 70, 4 Oct 1989, pastizal, 2020 m, *Balleza 2508* (CHAPA). **Río Grande:** Ejido Tierra Blanca, 22 Jul 1986, *E. Manrique, Lozano y Bravo 1302* (MEXU). **Villa de Cos:** rancho Palula, 21 Jul 1986, *E. Manrique, Lozano y Bravo 1273* (MEXU). **Villa González Ortega:** km 86 carr. 49, tramo San Luis Potosí-Zacatecas, intersección con la terracería a Manuel María, 19 Ago 1988, matorral desértico, 2300 m, *Balleza 1670* (CHAPA, CIIDIR).

**Elymus repens** (L.) Gould, Madroño 9:127. 1947. *Triticum repens* L., Sp. Pl. 1:86. 1753.

*Echinochloa holciformis*

*Echinochloa jaliscana*

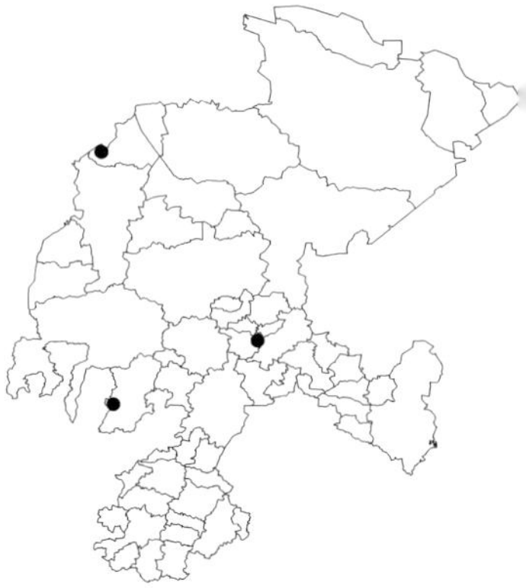

*Echinochloa oplismenoides*

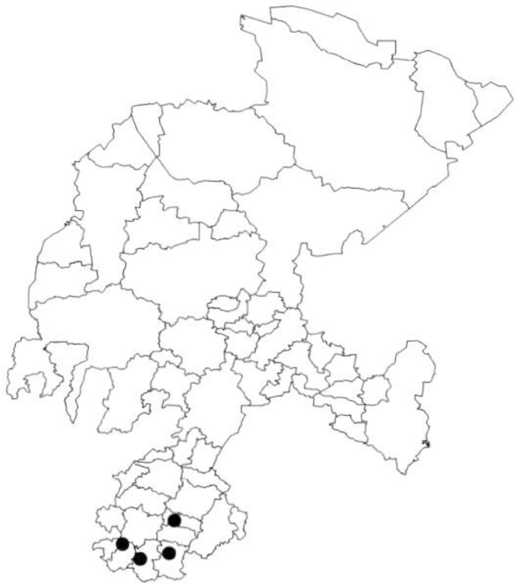

*Eleusine indica*

*Eleusine multiflora*

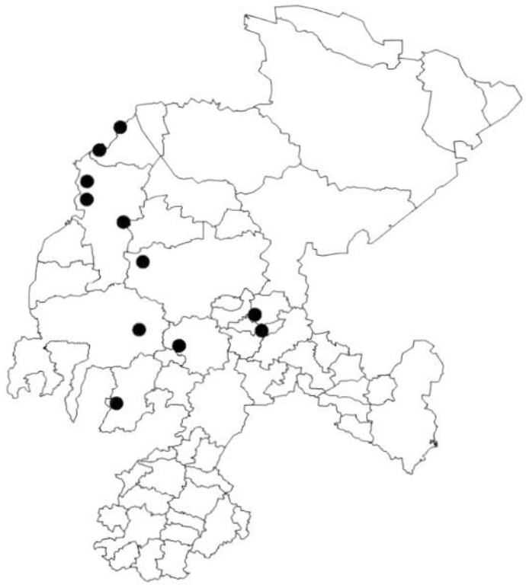

*Elionurus barbiculmis*

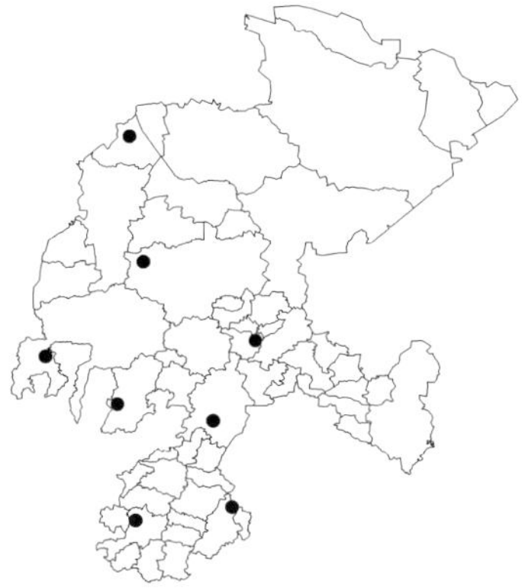

*Elionurus tripsacoides*

*Elymus arizonicus*

*Elymus elymoides* ssp. *brevifolius*

Plantas perennes, herbáceas, generalmente con rizomas alargados; tallos hasta 1.2 m, erectos, fistulosos cuando inmaduros; lígula menor de 1 mm, membranácea, láminas 18–30 cm × 6–10 mm, aplanadas, diminuto-auriculadas en la base, glabras a escábridas, inflorescencia una espiga de 10–15(–30) cm, densa o laxa, comprimida; espiguillas solitarias (1 por nudo), de 1–2 cm, con 3–8 flósculos, de 5–15 mm, glumas iguales, lanceoladas, 3–7-nervadas, obtusas o agudas en el ápice y a veces corto-aristadas; lemas 8–15 mm, 5-nervadas, obtusas o agudas en el ápice; páleas 8–14 mm, escábridas en las quillas. Especie común encontrada en pastizal y bosque de pino piñonero, a 2140–2820 m de altitud.

*Eleusine multiflora*

*Elionurus barbiculmis*

*Elionurus tripsacoides*

*Enneapogon desvauxii*

Originaria del Viejo Mundo, ahora ampliamente distribuida, especialmente en Norteamérica.

**ZACATECAS. Jerez:** Sierra Los Cardos, 10.7 mi NW of Jerez, W of El Cargadero, on road towards Monte de los García, 19 Oct 2007, grassy flats with *Juniperus deppeana*, *Pinus cembroides*, and grasses, 2535 m, *P.M. Peterson, Saarela y D. Stancik 21430* (US); Sierra Los Cardos, rancho El Roble, 17.8 mi NW of Jerez, W of El Cargadero on road towards Monte de las Garcia, 20 Oct 2007, slopes and ridge with *Arctostaphylos, Cupressus, Pinus cembroides, Juniperus, Stevia*, 2820 m, *P.M. Peterson, Saarela y D. Stancik 21434* (US). **Miguel Auza:** 2 km al E de Manantial de La Honda, 2 Sep 1988, pastizal mediano abierto, 2140 m, *Balleza 1882* (CHAPA, ENCB, IEB).

## Enneapogon Desv. ex P. Beauv.

Referencia: McVaugh, R. 1983. *Enneapogon*. En: Flora Novo-Galiciana.14:160–161.

Plantas perennes, erectas, formando macollos, con hojas angostas, por lo general involutas; panículas angostas, espigas plumosas; espiguillas cleistógamas producidas en las vainas inferiores; espiguillas de la panícula 3-flosculadas, el primer flósculo fértil, el segundo más pequeño y estéril, el tercero rudimentario; glumas membranáceas, 7-nervadas, las nervaduras muy prominentes, al menos la nervadura central y la parte inferior de las otras; lema redondeada en el dorso, firme, el ápice truncado, conteniendo 9 aristas subiguales, plumosas; pálea ligeramente más larga que el cuerpo de la lema, membranácea, las quillas cerca de los márgenes, pilosas; cariopsis elipsoide, ovoide, comprimida. Cerca de 35 especies conforman este género, de distribución en Australia, Africa y Asia; una sola especie introducida en América.

**Enneapogon desvauxii** P. Beauv., Ess. Agrostogr. 82, 161, t. 16, f. 11. 1812.

Plantas perennes; tallos 20–40 cm, pilosos en los nudos; lígula una hilera de pelos cortos, láminas 6–10 cm × 1.5–2 mm, enrolladas, filiformes; panícula angosta, 2–5 cm × 0.6–1 cm, grisácea; espiguillas 3-flosculadas, el flósculo inferior fértil, 5–7 mm; glumas 3.5–5 mm, ovadas, puntiagudas, con los márgenes anchos, subhialinos, grises con la edad; lema 1.5–2 mm sin contar las 9 aristas plumosas (más largas que el cuerpo de la lema), pálida o con líneas obscuras debajo de las aristas; aristas 2.5–4 mm, negro o grisáceo; pálea plumosa excepto en los ápices; cariopsis 0.8–1 mm. En los nudos inferiores se presentan inflorescencias cleistógamas casi desprovistas de aristas. Habita en el pastizal, matorral xerófilo, bosque de encino, a 1700–2250 m de altitud.

Citada desde el SW de Estados Unidos a México; Sudamérica.

**ZACATECAS. Fresnillo:** 3 km al E de la carr. a Torreón, por la carr. a Cañitas, 1 Sep 1988, matorral desértico espinoso, 2000 m, *Balleza 1850* (CHAPA, ENCB). **Genaro Codina:** terracería Guadalupe-Ciudad Cuauhtémoc, 9 Oct 1989, pastizal con encinos, 2250 m, *Balleza 2535* (CHAPA, US). **Loreto:** Salida a Luis Moya, 4 Oct 1989, pastizal de *Sporobolus airoides*, 2100 m, *Balleza 2474* (CIIDIR, ENCB). **Moyahua:** km 102 carr.Federal 54, 27 Ago 1988, *Balleza 1799* (CHAPA, ENCB). **Pánfilo Natera:** km 129.5 carr. 49, tramo San Luis Potosí-Zacatecas, entronque con la terracería al Tule, 17 Aug 1988, matorral desértico espinoso, 2000 m, *Balleza 1644* (ENCB, US). **Pánuco:** La Calera, 5 km al W de la carr. a Saltillo, 14 Oct 1989, de *Bouteloua gracilis* con matorral espinoso, 2100 m, *Balleza 2544* (CHAPA, US); La Calera, 5 km al W del entronque con la carr. a Saltillo, 13 Oct 1989, de *Bouteloua gracilis* con matorral espinoso, 2100 m, *Balleza 2535* (US). **Pinos:** carr. a San Luis Potosí, desviación a Saldaña, 23 Ago 1988, *E. Manrique y Beetle 1341* (MEXU); Los Alpes, carr. federal 70, 4 Oct 1989, *Balleza 2474* (CHAPA). **Tabasco:** Mex 41, 25 mi N of Jalpa, 25 Ago 1970, mezquite, cactus, 5000 ft, *L.H. Harv. 8708* (ENCB). **Zacatecas:** La Higuera, 24 Sep 1980, *Beetle y R. Guzmán M-5697* (MEXU).

## Enteropogon Nees

Referencia: Davidse, G. et al. (eds.). 1994. *Enteropogon*. En: Flora Mesoamericana 6:289.

Plantas anuales o perennes, cespitosas o rizomatosas; hojas lineares, lígula una hilera de pelos cortos, láminas lineares; inflorescencia terminal y axilar, una panícula de espigas unilaterales, delgadas, o las espigas subdigitadas o solitarias; espiguillas comprimidas dorsalmente, con un flósculo fértil y un flósculo rudimentario, la raquilla articulada y el callo de ambos flósculos barbado, desarticulación arriba de las glumas; glumas desiguales, lanceoladas, membranáceas, lema fértil rígida, 3-nervada, 2-dentada, aristada, flósculo rudimentario aristado; cariopsis sulcada. Género con 17 especies de los pastizales tropicales y subtropicales, 4 en el Nuevo Mundo.

**Enteropogon chlorideus** (J. Presl) Clayton, Kew Bull. 37:419. 1982. *Dinebra chloridea* J. Presl, Reliq. Haenk. 1(4–5):291. 1830. *Chloris chloridea* (J. Presl) Hitchc.

Plantas perennes amacolladas; tallos de 50–100 cm, erectos, espiguillas cleistógamas presentes, solitarias, ovoides, de 6–7 mm, colocadas en la punta de rizomas escamosos delgados; rizomas 10–20 cm, ramificados, con las puntas estériles en forma de espina; láminas 10–30 cm × 7–10 mm; panícula 7–20 cm; espigas 5–12, 10–20 cm, en 3–4 verticilos, a veces solitarias; espiguillas 5–7.5 mm, distantes, adpresas; glumas desiguales, la primera 0.5–2 mm, la segunda 1.2–3.5 mm; lema fértil 5–7.5 mm × 1 mm, pardo-púrpura cuando madura, con márgenes pilosos, la arista 7–15 mm; anteras 2–2.8 mm, flósculo rudimentario 2–3 mm × 0.1–0.2 mm, cilíndrico. Crece en bosque tropical caducifolio, a 1250 m de altitud.

Citada desde el SW de Estados Unidos a Centroamérica.

**ZACATECAS. Mezquital del Oro:** brecha Mezquital del Oro-Moyahua, 11 km del entronque con la carr. a Guadalajara, 30 Sep 1989, 1250 m, *Balleza 2448* (CIIDIR, SLPM, US). **Moyahua:** cerro La Cantarilla, 8.5 km al S de Moyahua por la carr. federal 54, tramo Moyahua-Ixtlahuacán del Río, 2 Oct 1996, bosque tropical caducifolio, *D. Enríquez, S.D. Koch, M. González-Ledezma y Balleza 1292* (CIIDIR).

## Eragrostis Wolf

Referencias: McVaugh, R. 1983. *Eragrostis*. En: Flora Novo-Galiciana.14:161–175. Peterson, P.M. 2003. *Eragrostis*. In: M.E. Barkworth et al., eds. Flora of North America North of Mexico. 25:65–105.

Plantas anuales o perennes, cespitosas, estoloníferas o rizomatosas; lígula una línea de pelos, rara vez una membrana con o sin pelos, láminas lineares; inflorescencia una panícula abierta a espigada o glomerular; espiguillas pediceladas, comprimidas lateralmente, con 2 a numerosos flósculos bisexuales, desarticulación variada, principalmente desde la base hacia arriba, la raquilla rompiéndose entre las flósculos, la lema, pálea y cariopsis cayendo juntas; flósculos reducidos hacia arriba; glumas subiguales, usualmente más cortas que los flósculos más inferiores, por lo general lanceoladas, 1-nervadas, rara vez 3-nervadas; lema 3-nervada, herbácea a membranácea, glabra o escabriúscula, enteras, obtusas o emarginadas a acuminadas, las nervaduras laterales tenues o conspicuas; pálea con las quillas pilosas, escabrosas o glabras; estambres 2 o 3; cariopsis de varias formas. Aprox. 350 especies cosmopolitas, especialmente en los trópicos y subtrópicos.

1. Lema con pequeñas glándulas crateriformes presentes sobre la quilla, o bien, el tejido glandular evidente en forma de anillos o bandas amarillentas sobre los nudos de los tallos o en los pedicelos.
  2. Lema con pequeñas glándulas crateriformes sobre la quilla; sin anillos o bandas amarillentas sobre los tallos o pedicelos ________ **Eragrostis cilianensis**
  2. Lema sin pequeñas glándulas crateriformes sobre la quilla; con anillos o bandas amarillentas sobre los nudos de los tallos o en los pedicelos
    3. Plantas hasta 50 cm de alto, con una banda o mancha glandular debajo de cada nudo, especialmente del nudo inferior de la inflorescencia; espiguillas 4–12 mm, con 6–16(–20) flósculos ________ **Eragrostis barrelieri**
    3. Plantas 10–25 cm de alto, sin una banda glandular debajo de cada nudo, pero con un anillo glandular en la parte media de los pedicelos; espiguillas 1.7–2.3 mm, con 2–3(–5) flósculos ________ **Eragrostis pringlei**
1. Lema sin pequeñas glándulas crateriformes sobre la quilla y pedicelos sin tejido glandular evidente en forma de anillos o bandas amarillentas.
  4. Plantas anuales, cespitosas, sin renuevos.
    5. Cariopsis truncada en uno o ambos extremos, con un surco ancho o depresión en la cara adaxial ________ **Eragrostis mexicana**
    5. Cariopsis por lo general redondeada o aguda en ambos extremos, sin un surco o depresión adaxial ________ **Eragrostis pectinacea**
  4. Plantas perennes, a veces rizomatosas, formando renuevos en los nudos basales.
    6. Pálea con la porción inferior ancha formando una pequeña ala o diente en cada lado, a menudo proyectándose más allá de la lema ________ **Eragrostis superba**
    6. Pálea sin la porción inferior más ancha y formando una ala o diente.
      7. Plantas rizomatosas; desarticulación siempre debajo de las flores, la pálea callendo con la lema y la cariopsis ________ **Eragrostis obtusiflora**
      7. Plantas no rizomatosas, desarticulación a menudo debajo de la lema, la pálea persistente, algunas veces debajo de las flores y la pálea callendo con la lema y la cariopsis.
        8. Cariopsis fuertemente comprimida dorsalmente, translucida, pardo brillante, a veces con la base verdosa.
          9. Lema 1.8–3 mm de largo; panícula 16–40 cm de largo y 5–25 cm de ancho; hojas 15–65 cm de largo, filiformes y curvadas; cariopsis 1–1.7 mm ________ **Eragrostis curvula**

9. Lema 1.5–1.7 mm de largo; panícula 7–18 cm de largo y 2–8 cm de ancho; hojas 5–12 cm de largo, apiculadas; cariopsis 0.6–0.8 mm **Eragrostis lehmanniana**
8. Cariopsis comprimida lateralmente, redondeada o ligeramente comprimida dorsalmente, por lo general opaca, pardo rojiza.
   10. Lema 1.2–1.6 mm de largo; tallos 30–60 cm de alto; vainas usualmente glabras **Eragrostis lugens**
   10. Lema 1.6–3 mm de largo; tallos 40–170 cm de alto; vainas usualmente pilosas.
      11. Vainas con pelos de base papilosa cerca del ápice y de los márgenes **Eragrostis hirta**
      11. Vainas sin pelos de base papilosa en el ápice ni en los márgenes.
         12. Lema 1.6–2.2 mm de largo; anteras 0.5–0.8 mm de largo, purpúreas; 3–8-flósculos por espiguilla **Eragrostis intermedia**
         12. Lema 2–3.5 mm de largo; anteras 0.6–1.7 mm de largo, purpúreas o amarillas; 3–12-flósculos por espiguilla.
            13. Lema con el ápice fuertemente agudo o acuminado, plomizo, sin la nervadura central marcadamente verde; 8–12-flósculos por espiguilla; plantas características de terrenos húmedos **Eragrostis plumbea**
            13. Lema verde a veces con tintes purpúreos, con la nervadura central contrastante verde o palida; 3–12-flósculos por espiguilla; plantas de terrenos secos.
               14. Cariopsis 0.8–1.6 mm de largo; lema 2.4–3 mm **Eragrostis erosa**
               14. Cariopsis 0.6–0.8 mm de largo; lema 2–2.6 mm **Eragrostis palmeri**

**Eragrostis barrelieri** Daveau, J. Bot. (Morot) 8:289. 1894.

Plantas anuales; tallos 15–50 cm, erectos a geniculados en la base, simples, con una banda o mancha glandular debajo de cada nudo, especialmente del nudo inferior de la inflorescencia; vainas no glandulosas, pilosas en el ápice, láminas 2–10 cm × 2–3(–5) mm, aplanadas, involutas cuando secas; inflorescencia 3–20 cm × 3–8 cm, abierta, ramas primarias de 1–6 cm, escasas, rígidas, ascendentes a divergentes, pedicelos 0.5–4 mm, algunas veces con glándulas; espiguillas 4–12 mm, angostamente ovadas, verde-purpúreas, a veces grisáceas, con 6–16(–20) flósculos, lineares ascendentes a divaricadas; glumas 1–1.6 mm, subiguales, ovadas, membranáceas; lema 1.5–2 mm, ápice agudo a obtuso, cayendo individualmente y dejando el eje de la espiguilla intacto, quilla escabrosa, nunca glandular; anteras 0.2–0.3 mm, casi tan largas como anchas, pardas; cariopsis 0.4–0.8 mm, pardo claro, no acanalada. $2n = 40$. En orilla de carr. y matorral xerófilo, a 1621–2326 m de altitud.

Europea naturalizada en América, del SW de Estados Unidos al N de México.

**ZACATECAS. Jalpa**, Límites con Aguascalientes por carr. Jalpa-Calvillo, 31 Oct 2006, matorral espinoso, 1621 m, *O. Rosales y Y. Herrera 3653* (CIIDIR). **Sombrerete:** 4 km al SE de San José de Mesillas, 2 Nov 2006, matorral xerófilo, 2326 m, *O. Rosales y Y. Herrera 3672* (CIIDIR). **Villa de Cos:** 8 km antes de Charquillos por terracería a Nvo. Mercurio, 13 Oct 2006, matorral desértico microfilo, 2300 m, *O. Rosales y Y. Herrera 3445* (CIIDIR).

**Eragrostis cilianensis** (All.) Vignolo ex Janch. Mitt. Naturwiss. Vereins Univ. Wien, n.s., 5:110. 1907. *Poa cilianensis* All., Fl. Pedem. 2:246. 1785.

*Eragrostis megastachya* (Koeler) Link

Plantas anuales, cespitosas, glandulares; tallos 15–60(–90) cm, erectos o decumbentes, simples o ramificados, glabros, con anillos glandulosos debajo de los nudos; vainas carinadas, generalmente glandulares en las quillas y en los márgenes, lígula 0.3–0.5 mm, una línea de pelos, láminas 3–20 cm × 3–8 mm, aplanadas, glabras o esparcido-pilosas; panícula 3–16 cm × 2–5 cm, densa, oblonga a ovada, axilas pilosas o glabras, ramas con espiguillas casi hasta la base, pedicelos cortos, divergentes, eglandulares; espiguillas 5–20 mm × 2.4–4 mm, oblongo-lanceoladas, verde plomizo a pajizo; flósculos 10–40; glumas 1–3-nervadas, agudas, la primera 1.2–2 mm, la segunda 1.2–2.6 mm; lema 2–2.8 mm, subaguda, glabra o glandular a lo largo de la quilla, sobrepuestas por encima de la mitad, nervaduras laterales conspicuas, pálea 1.5–2.2 mm, ciliolada en las quillas, anteras 3, 0.3–0.5 mm, amarillas; cariopsis 0.5–0.7 mm × 0.4–0.5 mm, rojiza. $2n = 20$. Maleza de terrenos de cultivo y áreas con disturbio en el bosque tropical caducifolio, matorral xerófilo y pastizal, a 1250–2300 m de altitud.

Especie cosmopolita nativa del Viejo Mundo, ampliamente distribuida en América.

**ZACATECAS. Apozol:** entre la colonia Benito Juárez y la colonia Fco. I. Madero, 31 Ago 1989, *Balleza 2217* (CHAPA, US). **Fresnillo:** Trópico de Cáncer, por la carr. a Torreón, 24 Ago 1988, mezquital, 2100 m, *Balleza 1733* (CHAPA). **Gral. Fco. R. Murguía:** 0.5 km al E de la carr. a Torreón, por la carr. a Nieves, 1 Sep 1988, *Balleza 1865* (CHAPA, ENCB, US). **Gral. Pánfilo Natera:** km 129.5 carr. federal 49, en el entronque con la terracería al Tule, 17 Ago 1988, matorral desértico espinoso, 2000 m, *Balleza 1636* (CHAPA, ENCB, US). **Mezquital del Oro:** brecha Mezquital del Oro-Moyahua, a 11 km del entronque con la carr. a Guadalajara, 30 Sep 1989, 1250 m, *Balleza 2446* (CHAPA, CIIDIR, US). **Moyahua:** Moyahua Mnt., Route 54, km 102, 27 Aug 1988, *Balleza 1800* (US). **Pinos:** km 54 carr. Ojocaliente-Pinos, 7 Sep 1973, *R. Banda s.n.* (CHAPA). **Sain Alto:** 2.1 mi W of turnoff to Sain Alto along hwy 45 towards Sombrerete, 7 Oct 2007, desert scrub near hwy with *Opuntia, Acacia, Clematis, Pectis Prosopis* y grasses, 2147 m, *P.M. Peterson, Saarela y M. Flores 21286* (US). **Sombrerete:** Parque Nacional Sierra de Órganos, alrededores de presón, 0.8 km al W de la entrada del parque, 22 Sep 2001, pastizal con *Acacia* y *Forestiera*, 2300 m, *D. Enríquez, M. Adame, S. González y L. Chávez 3386* (CIIDIR). **Tabasco:** km 132 carr. Zacatecas-Guadalajara, Oct 1958, *R. Claverán 56* (CHAPA). **Zacatecas:** Zacatecas, 3 Oct 1910, *Hitchc. 7534* (US).

**Eragrostis curvula** (Schrad.) Nees, Fl. Afr. Austral. III. 397. 1841. *Poa curvula* Schrad., Gott. Gel. Anz. 3:2073. 1821.

Plantas perennes cespitosas, esparcido-glandulares; tallos 75–150 cm, erectos, simples, glabros, los entrenudos a veces con una línea de glándulas por debajo de los nudos; hojas basales; vainas redondeadas, adpreso-híspidas en las internervaduras, el ápice piloso, lígula 0.5–1 mm, una línea de pelos, láminas 5–10 cm × 2–3 mm, aplanadas a involutas, erectas en la ½ inferior, inclinadas en la ½ superior; panícula 17–25 cm × 4–7 cm, elipsoide, abierta, ramas desnudas o con espiguillas cerca de la base, glandulares, pedicelos cortos, adpresos, glandulares; espiguillas 4–10 mm × 2–2.5 mm, linear-oblongas, gris plomizo, desarticulándose desde la base, raquilla persistente; 5–11 flósculos; glumas agudas, la primera 1.5–2 mm, 1-nervada, la segunda 2–3 mm, 1(–3)-nervada; lema 2.4–3.4 mm, aguda, escabrosa, redondeada en el dorso, sobrepuestas cerca de la ½ , nervaduras laterales evidentes; pálea casi igual a la lema, quillas escabriúsculas; anteras 3, de 1–1.6 mm, purpúreas; cariopsis 1.4–1.5 mm × 0.7–0.8 mm, elíptica, ancha, someramente acanalada en sección transversal, obtusa apicalmente. $2n$ = 40,60. Maleza de terrenos de cultivo y pastizal, a 2160–2450 m de altitud.

Nativa del S de África introducida en el S de Estados Unidos a Sudamérica; Australia.

**ZACATECAS. Calera:** Campo agrícola experimental del INIFAP, 20 Oct 1989, material experimental, 2160 m, *Balleza 2611* (CHAPA, CIIDIR, US). **Pinos:** El Sitio, por la terracería Pinos-Ojuelos, 4 Oct 1989, pastizal de *Eragrostis*, 2450 m, *Balleza 2459* (CHAPA, CIIDIR, SLPM, US). **Zacatecas:** rancho Lorena, 12 Jul 1973, *A. Gómez s.n.* (SLPM).

**Eragrostis erosa** Scribn. ex Beal, Grass. N. Amer. 2:483. 1896.

Plantas perennes, amacolladas; tallos 60–100 cm, no glandulares, con las hojas colocadas en la mitad inferior; hojas muy delgadas, vainas pilosas en el ápice, lígula una hilera de pelos, láminas 10–30 cm, involutas a aplanadas, esparcido-pilosas cerca de la base; inflorescencia 25–40 cm × 10–30 cm, abierta, ramas primarias 5–18 cm, 1–2 en cada nudo, ascendentes a divergentes, flexuosas, pedicelos 1–2 mm, aplicados o divergentes; espiguillas 5–8.5 mm × 1–3 mm, con 3–12 flósculos, pajizos a dorados; glumas lanceoladas, la primera 1.3–2.5 mm, la segunda 1.5–2.6 mm; lema 2.3–2.8 mm, ovada, cayendo individualmente y dejando la pálea en el eje intacta; anteras 0.7–1.5 mm, purpúreas; cariopsis 0.7–1.4 mm, elipsoide, acanalada adaxialmente. $2n$ = desconocido. En pastizal a 2000–2200 m de altitud.

Se distribuye desde Nuevo Mexico al W de Texas y N de México.

**ZACATECAS. Fresnillo:** km 857 carr. a Cd. Juárez, 12 Sep 1955, *Hern.-Xol. y V. Mathus 1675* (MEXU). **Sombrerete:** 45.1 km E of Sombrerete on hwy 45 towards Fresnillo, 27 Sep 1991, Calcareous, rocky slopes with *Mortonia, Acacia, Larrea tridentata*, 2130 m, *P.M. Peterson, Annable y J. Valdés 10953* (US). **Villa de Cos:** 76 mi NE of Zacatecas (road jct with hwy 45), 20 Oct 1966, scattered *Yucca* and *Opuntia*, 6500 ft, *Gould 12348* (ENCB, US).

**Eragrostis hirta** E. Fourn., Mexic. Pl. 2:115. 1886.

Plantas perennes caespitosas, con innovaciones; tallos 60–170 cm, erectos o ascendentes, glabros o pilosos debajo de los nudos, con yemas de crecimiento extravaginales; Vainas sobrepuestas en la base, 2/3 del largo de los entrenudos arriba, villosas en ls márgenes y el ápice, la pubescencia de 4 mm, de base papilosa, lígulas una hilera de pelos 0.2–0.4 mm, láminas 20–65 cm × 2–8 mm, aplanadas a parcialmente conduplicadas o involutas, glabras y los márgenes escabrosos; panícula 26–70 cm × 4–40 cm, condensada o abierta, ovada o

*Eragrostis barrelieri*

*Eragrostis cilianensis*

*Eragrostis curvula*

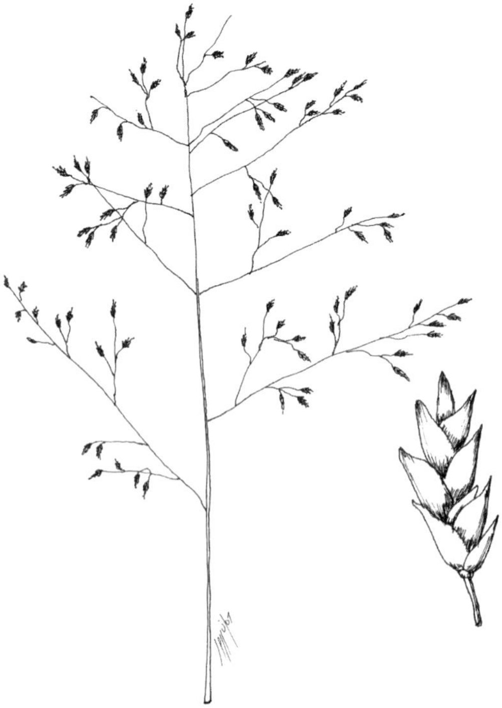

*Eragrostis erosa*

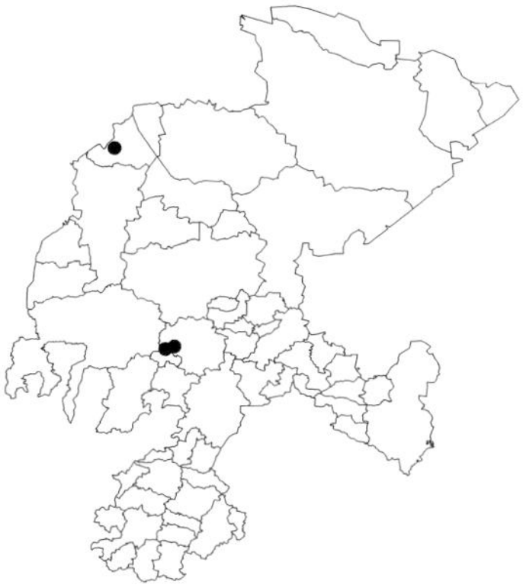

*Elymus repens*

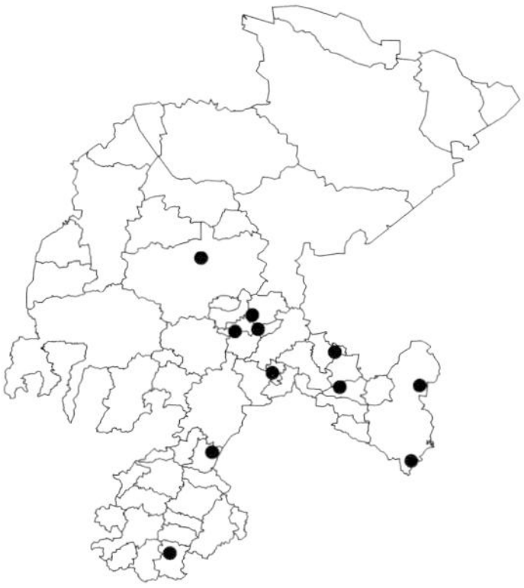

*Enneapogon desvauxii*

*Enteropogon chlorideus*

*Eragrostis barrelieri*

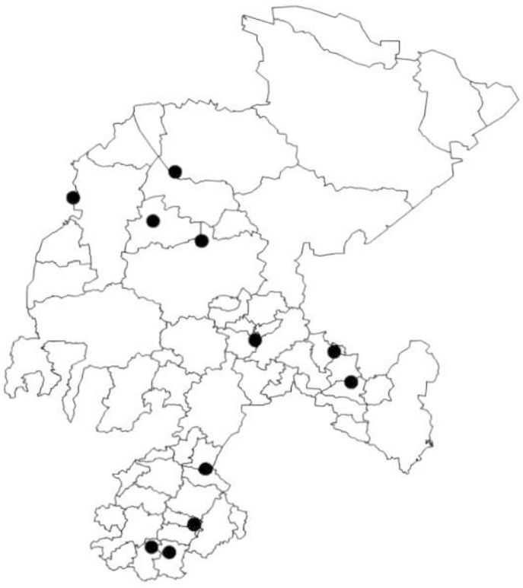

*Eragrostis cilianensis*

*Eragrostis curvula*

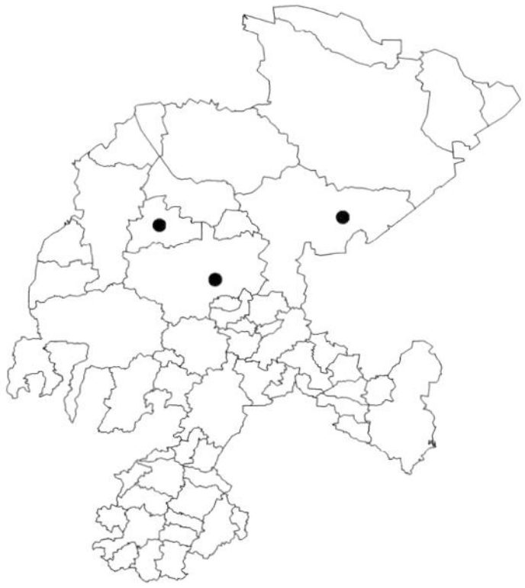

*Eragrostis erosa*

*Eragrostis hirta* var. *hirta*

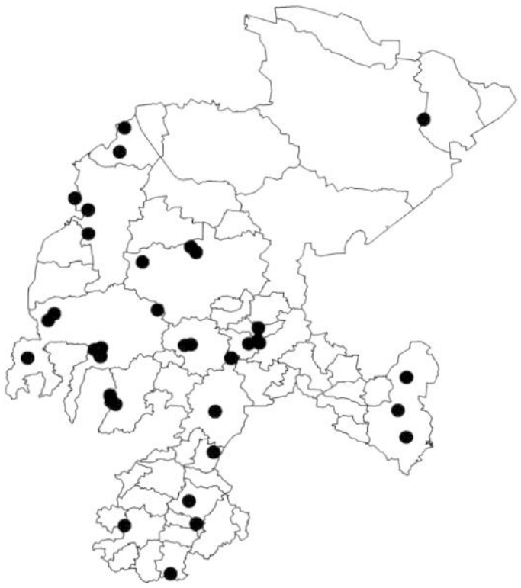

*Eragrostis intermedia*

elíptica, ramas inferiores 4–25 cm, verticiladas, solitarias u opuestas arriba; pedicelos 2.5–15 mm, erectos, más largos que las espiguillas, glabros; espiguillas 3–5.5 mm × 1.4–2 mm, ovados a linear-ovados, plumbeas a púrpura-rojizo, con 4–7 flósculos; glumas desiguales, lanceoladas, con las quillas escábridas, la primera 1–1.8 mm, la segunda 1.6–2.2 mm; lema 1.6–2.2 mm, ovada, membranácea, glabra, venas laterales inconspicuas, quillas escábridas hacia el ápice, ápice agudo; pálea 1.5–2 mm, membranáceo, escábrido en las quillas; anteras 0.5–0.8 mm, purpúreas; cariopsis 0.6–0.9 mm, prismático-rectangular, comprimida lateralmente, estriada, con hendidura adaxial, pardo-rojiza. Encontrada en matorral xerófilo, a 2170 m de altitud.

Especie nativa de México, conocida de Chis., Jal., Méx., S.L.P. y Tams., ahora de Zac.

Cuenta con 2 variedades: *E. hirta* var. *hirta* y *E. hirta* var. *longiramea*, la var. típica en Zac.

**ZACATECAS. Fresnillo:** 45.5 km NW of Fresnillo on Mex hwy 45 to Durango, 28 Aug 1990, rocky slopes with *Acacia* and *Opuntia*, 2170 m, *P.M. Peterson 9655* (US).

**Eragrostis intermedia** Hitchc., J. Wash. Acad. Sci. 23(10):450. 1933. *Eragrostis lugens, sensu* Hitchc., Contr. U.S. Natl. Herb. 17:366. 1913.

Plantas perennes, cespitosas, eglandulares; tallos 40–100 cm, erectos, simples, glabros; hojas basales, vainas redondeadas, glabras, lígula 0.3–0.4 mm, una línea de pelos, láminas 5–20 cm × 1–5 mm, aplanadas a enrolladas, glabras; panícula 15–35 cm × 10–30 cm, abierta, anchamente ovoide, axilas esparcido-pilosas, ramas desnudas cerca de la base, pedicelos capilares por lo general 2 veces más largos que las espiguillas, divergentes; espiguillas 2.9–5 mm, lanceoladas, púrpura-verdosas, desarticulándose desde la base, raquilla persistente; glumas 1-nervadas, agudas, la primera 1–1.5 mm, la segunda 1.2–1.6 mm; flósculos 3–8; lema 1.5–2 mm, aguda, redondeada en el dorso, glabra, grisácea a rojiza, sobrepuestas casi hasta la mitad, las nervaduras laterales tenues; pálea un poco más corta que la lema, las quillas escabriúsculas; anteras 3, 0.3–0.5 mm, purpúreas; cariopsis 0.6–0.7 mm × 0.4–0.5 mm, truncada apicalmente, con un surco amplio en la cara adaxial. $2n$ = 60,72,80,100,120. Habita en bosque tropical caducifolio, bosque de encino-pino, pastizal y matorral xerófilo, a 1250–2500 m de altitud.

Citada desde el S de Estados Unidos hasta Costa Rica. Taxón con 3 variedades reconocidas.

*Eragrostis intermedia* var. *appressa* Witherspoon presente en Zacatecas.

**ZACATECAS. Apozol:** colonia Benito Juárez, Sierra de Nochistlán, 31 Ago 1989, bosque de *Quercus*, 1600 m, *Balleza 2214* (CHAPA, CIIDIR, SLPM, US). **Fresnillo:** rancho Altamira, brecha Fco. I. Madero-Vasco de Quiroga, 20 Oct 1989, pastizal con encinos, 2300 m, *Balleza 2636* (CHAPA, US); 22 km N of Fresnillo rumbo a Durango, 5 Sep 1981, *Acacia* area, *Beetle M-7485* (CHAPA, ENCB); 20 mi NW of Fresnillo on hwy 45, 22 Ago 1975, *G. Davidse 10015* (MEXU, US). **Gral. Joaquín Amaro:** 3 km al SW del Plateado, *Boyas s.n.* (MEXU). **Jalpa:** km 8 de la terracería Jalpa–Tlaltenango, 17 Sep 1989, selva baja caducifolia, 1650 m, *Balleza 2247* (ENCB). **Jerez:** 10 km al NW de Jerez, por la carr. a El Cargadero, 25 Ago 1988, bosque de pino, 2400 m, *Balleza 1745* (CHAPA, ENCB, US); brecha Jerez-Guadalupe Victoria, 14 Sep 1989, bosque de pino-encino, 2450 m, *Balleza 2229* (US). **Mazapil:** km 121 carr. federal 54, 25 Sep 1988, pastizal, 2500 m, *Balleza 1980* (CHAPA, ENCB, SLPM, US). **Miguel Auza:** cerro las Peñitas, 22 Jul 1988, pastizal, 2030 m, *J.L. Ruelas 3* (SLPM); 6 mi SE of Carboneras, Llano de Zaragosa, 28 Sep 1948, *Gentry 8520* (US). **Monte Escobedo:** Escobedo, por la brecha a Mezquitic, Jal., 12 Ago 1988, bosque de encino, 2200 m, *Balleza 1604-B* (CHAPA); cerros al W de Monte Escobedo, 26 Sep 1980, bosque de pino-encino, 2190 m, *Beetle M-5855* (CHAPA); 8.6 mi NW of Monte Escobedo at Uma Temoc A.C., 3 Oct 2001, grassy flats with *Quercus edwardii, Juniperus dippeana, Arbutus,* and *Pinus chihuahuana*, 2480 m, *P.M. Peterson y S. González 16050* (US). **Moyahua:** Mex 41, 44 mi N of Guadalajara, 25 Aug 1970, *L.H. Harv. 8704* (US). **Pinos:** 6 km al SE de San José de Castellanos, 10 Oct 1973, bosque de pino, 2300 m, *R. Banda 135* (CHAPA); rancho Casa Blanca km 77 carr. San Luis Potosí–Salinas, 9 Sep 1964, pradera natural, *R. Padilla s.n.* (ENCB); Cerca del Tecomate, 2 km al S del km 78 carr. nacional 49 S.L.P.–Zacatecas, 13 Oct 1965, zacatal, 2000 m, *F. Takaki 2104* (ENCB). **Sombrerete:** Agua Zarca, 14 Jul 1988, pastizal, 2300 m, *E. García 2* (SLPM); 14 mi SE of Durango–Zacatecas on Méx 45, 10 Oct 1972, grama grassland, 7600 ft, *L.H. Harv. 9329* (ENCB); 9 mi NW of Sombrerete on E bajada of Sierra Papantón, 26 Sep 1948, *Gentry 8482* (US). **Tabasco:** 25 mi N of Jalpa on Mex 41, 25 Aug 1970, *L.H. Harv. 8711* (US). **Teúl de González Ortega:** adelante del Lacandón, por la carr. 23, 11 Ago 1989, bosque de encino, 1900 m, *Balleza 2169* (US); Adelante del poblado llamado El Lacandón, por la carr. Zacatecas–Guadalajara, tramo Teúl de González Ortega–García de la Cadena, 12 Ene 1989, bosque de encino, 1900 m, *Balleza 2728* (CIIDIR, ENCB). **Valparaíso:** 29 mi SW of Fresnillo on road to Valparaíso, 11 Sep 1966, grassland, 2000–2300 m, *Anderson y Laskowski 3590* (ENCB); Puerto de la Paja, 20 km WSW of Valparaíso, sobre el camino a Huejuquilla, 30 Oct 1963, bosque de encino, 2286 m, *Rzed. 17551* (ENCB, US); 6 km de Ameca el nuevo, por la brecha que va a Milpillas, 20 Jul 1988, bosque de encino, 2050 m, *Balleza 1503* (US); km 23, carr. Huejuquilla, tramo Valparaíso-Huejuquilla, Jal., 29 Sep 1988, bosque de encino, 1800 m, *Balleza 2063* (US); Ejido de Ameca la Vieja, por la brecha a Huejuquilla, ca. 3 km de Ameca, 7 Oct 1989, bosque de encino, 1750 m, *Balleza 2094* (US); 35 mi W of Huejuquilla towards Canoas, 30 Sep 2001, rhyolitic rock outcrops with *Quercus conzattii* and *Pinus chihuahuana*, 1840 m, *P.M. Peterson y S. González 15983* (US). **Villanueva:** 29 km of Cd. de Zacatecas, por la carr. fed. 54, 8 Ago 1988, *Balleza 1553* (US); 47 mi N of Jalapa on Mexico 41, 25 Ago 1970, mesquite-oak, 6000 ft, *L.H. Harv. 8712* (ENCB). **Zacatecas:** Lomeríos ubicados al S de la central camionera, por la brecha que va a la estación de microondas, 10 Ago 1988, matorral espinoso, 2400 m, *Balleza 1586* (CIIDIR, SLPM, US); Zacatecas, 3 Oct 1910, *Hitchc. 7515* (US); 3 mi NE of Zacatecas, Mex 54, 26 Sep 1970, *L.H. Harv. 8715* (US).

**Eragrostis lehmanniana** Nees, Fl. Afr. Austral. III. 402. 1841.

Plantas perennes, amacolladas; tallos 20–75 cm, no glandulares, ascendentes, fuertemente geniculados en la base, enraizados en los nudos inferiores, esparcido-ramificados; vainas pilosas en la garganta, lígula 0.3–0.4 mm, una hilera de pelos, láminas 5–12 cm × 1–3 mm, laxamente involutas; inflorescencia 8–18 cm × 4–8 cm, abierta, ramas primarias 1–8 cm, escasas, ascendentes, pedicelos 0.5–3 mm; espiguillas 5–13 mm × 0.9–1.2 mm, linear-lanceoladas, plúmbeas, con 6–12 flósculos, desarticulación irregular en la base de cada nudo, las páleas persistentes; glumas lanceoladas, membranáceas, la primera 1–1.3 mm, la segunda 1.3–1.8 mm; lema 1.5–1.8 mm, membranácea, las venas laterales inconspicuas; pálea igual a la lema; anteras 0.6–0.8 mm, amarillas; cariopsis 0.6–0.8 mm, elipsoide, comprimida, translúcida. *2n* = 40,60. Encontrada en campo experimental y orillas de carr., a 1750–2317 m de altitud.

Nativa del Viejo Mundo, introducida como forraje en Norte y Sudamérica.

**ZACATECAS. Calera:** Campo Agrícola Experimental del INIFAP, 20 Oct 1989, material experimental, 2160 m, *Balleza 2601* (CHAPA, CIIDIR, SLPM, US). **Concepción del Oro:** 32 km S of the jct of hwys 54 y 45, E of Concepción del Oro, 26 Ago 1981, *S.L. Hatch, C.W. Morden y J. Valdés 4519* (ENCB); alrededores de Concepción del Oro, 1750 m, *Núñez 39* (MEXU). **Cuauhtémoc:** 15.4 mi N of Zacatecas-Ags. border on hwy 45, 7 Oct 2007, desert scrub with *Yucca, Acacia, Opuntia*, y grasses, 2317 m, *P.M. Peterson, Saarela y M. Flores 21295* (US).

**Eragrostis lugens** Nees, Fl. Bras. Enum. Pl. 2:505–506. 1829.

Plantas perennes, delicadas, cespitosas; tallos 20–60 cm, erectos, simples, glabros; hojas basales, vainas redondeadas, glabras o esparcido papiloso-pilosas, lígula 0.2–0.3 mm, una línea de pelos, láminas 5–15 cm × 1–3 mm, aplanadas a enrolladas, glabras a pilosas; panícula 8–30 cm × 5–22 cm, difusa, anchamente ovoide, axilas pilosas, ramas desnudas en el tercio inferior, glabras a esparcido-pilosas; pedicelos del doble de largo que las espiguillas, divergentes; espiguillas 2.4–3.5(–5) mm × 0.8–1.3 mm, oblongo-lanceoladas, púrpura-verdosas, desarticulándose desde la base, raquilla persistente; glumas 1-nervadas, agudas, la primera 0.7–1.2 mm, la segunda 0.7–1.3 mm; flósculos 3–5(–8); lema 1.2–1.6 mm, aguda, glabra, redondeada en el dorso, sobrepuestas casi la mitad, las nervaduras laterales tenues; pálea casi tan larga como la lema, las quillas escábridas; anteras 3, 0.3–0.4 mm, purpúreas; cariopsis 0.6–0.7 mm × 0.4–0.5 mm, redondeada, truncada en el ápice. *2n* = 40,80. Maleza de terrenos de cultivo encontrada en pastizal, bosque de encino-enebro y matorral xerófilo, a 2030–2535 m de altitud.

Distribuida en toda América.

**ZACATECAS. Chalchihuites:** Along hwy 45, 34.6 mi S of Villa Unión, Durango, in the state of Zacatecas, 8 Ene 1977, cultivated area, 8000 ft, *Wieder, Dunn, Bennett y Torke 196* (ENCB). **Fresnillo:** La Labor, 22 Ago 1975, zacatal, 2050 m, *H. Puig 6521* (ENCB). **Jerez:** Sierra Los Cardos, 10.7 mi NW of Jerez, W of El Cargadero, on road towards Monte de los García, 19 Oct 2007, grassy flats with *Juniperus deppeana, Pinus cembroides*, and grasses, 2535 m, *P.M. Peterson, Saarela y D. Stancik 21428, 21432* (US). **Miguel Auza:** Huerto González, 12 Jul 1988, pastizal, 2030 m, *J.L. Ruelas 10* (SLPM). **Monte Escobedo:** 5 mi E of Monte Escobedo, 3 Oct 1974, area of scattered oaks and manzanitas, 2195 m, *Reeder y C. Reeder 6439* (ENCB). **Pinos:** El Sitio, terracería Pinos–Ojuelos, 4 Oct 1989, pastizal de *Eragrostis*, 2450 m, *Balleza 2455-B* (CIIDIR, SLPM). **Villanueva:** km 29 de la carr. Zacatecas-Guadalajara, 8 Ago 1988, matorral desértico crassicaule, 2120 m, *Balleza 1567* (ENCB). **Zacatecas:** Ejido Las Cholotas, 18 Ago 1989, pastizal de *Microchloa*, 2450 m, *Balleza 2177* (CIIDIR, ENCB).

**Eragrostis mexicana** (Hornem.) Link, Hort. Berol. 1:190. 1827. *Poa mexicana* Hornem., Hort. Bot. Hafn. 2:953. 1815.

Plantas anuales, cespitosas, esparcido-glandulares; tallos 10–80(–140) cm, erectos a geniculados, simples o ramificados en los nudos inferiores, glabros, a menudo con un anillo de glándulas debajo de los nudos; hojas caulinares, vainas carinadas, glabras a esparcido papiloso-pilosas, lígula 0.2–0.5 mm, una membrana pilosa, láminas 5–25 cm × 3–9 mm, aplanadas, glabras abaxialmente, papiloso-pilosas adaxialmente, a veces glandulares; panícula 10–40 cm × 2–18 cm, ovoide, abierta, axilas glabras o pilosas, ramas desnudas hacia la base, a veces glandulares, pedicelos capilares, los laterales hasta 5 mm de largo, divergentes, eglandulares; espiguillas 4–9 mm × 1.2–2.4 mm, oblongo-ovoides, verdosas a purpúreas, desarticulándose desde la base, raquilla persistente; glumas 1.2–2.4 mm, subiguales, 1-nervadas, agudas; flósculos 6–10(–13); lema 1.4–2.3 mm, aguda, escábrida, carinada, sobrepuestas ½–2/3, nervaduras laterales conspicuas, pálea ¾ del largo de la lema, ciliolada en las quillas, persistente; anteras 3, 0.2–0.3 mm, purpúreas; cariopsis 0.6–0.9 mm × 0.3–0.4 mm, truncada en ambos extremos. *2n* = 60. Habita diversos tipos de matorrales, pastizal y bosque de encino-pino con disturbio, a 1800–2535 m de altitud.

*Eragrostis intermedia*

*Eragrostis lehmanniana*

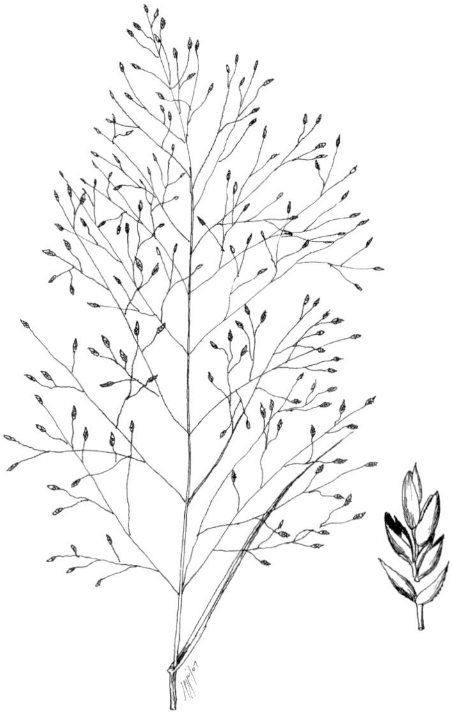

*Eragrostis lugens*

*Eragrostis mexicana*

Se reconocen dos subespecies de este taxón, sólo *E. mexicana* subsp. *mexicana* presente en Zacatecas. Distribuida desde Estados Unidos hasta Brasil, introducida en Hawaii y Australia.

**ZACATECAS. Cañitas de Felipe Pescador:** Cañitas, 10 Jun 1935, matorral desértico, 2000 m, *W.A. Archer 3981a* (US); 1.5 km W of the cabecera municipal, por la terracería que entronca con la carr. a Torreón, 1 Sep 1988, *Balleza 1833* (US). **Concepción del Oro:** Concepción del Oro, 25 Ago 1975, bosque de *Pinus cembroides*, 2200 m, *MF. Robert y J. Passini 5875* (ENCB). **Fresnillo:** Mex 54, 5 mi N of jct with Mex 45, 25 Sep 1970 to 26 Sep 1970, *L.H. Harv. 8721* (US); Entrada N a Fresnillo, alrededores del motel La Fortuna, 8 Oct 1978, suelo arcilloso-somero, 2190 m, *S.D. Koch 78168 y I. Sánchez* (ENCB). **Guadalupe:** 8 km al E de Zacatecas, sobre la carr. a Ags., 3 Oct 1978, pastizal, 2190 m, *S.D. Koch 78169* (ENCB); Ejido Casa Blanca, por la terracería a Los Rancheros, 2 Ago 1989, *Balleza 2148* (US); Troncoso, 25 Oct 1968, orilla de carr, 2100 m, *L.M. Villarreal 2259* (ENCB). **Jerez:** Sierra Los Cardos, 10.7 mi NW of Jerez, W of El Cargadero, on road towards Monte de los García, 19 Oct 2007, grassy flats with *Juniperus deppeana, Pinus cembroides*, and grasses, 2535 m, *P.M. Peterson, Saarela y D. Stancik 21429* (US). **Loreto:** salida a Luis Moya, 4 Oct 1989, pastizal, 2000 m, *Balleza 2471* (US). **Miguel Auza:** 6 mi SE of Carboneras, Llano de Zaragosa, 28 Sep 1948, *Gentry 8518, 8519* (US). **Morelos:** 26 km de la Cd. de Zacatecas, cerca de CECCAM, 23 Ago 1988, *E. Manrique y Beetle 1389* (MEXU). **Moyahua:** km 102 carr. federal 54, 27 Ago 1988, *Balleza 1796* (CHAPA, US). **Nochistlán:** cerca del poblado Los Carlos por la brecha Nochistlán–Jalpa, 31 Oct 1989, pastizal con encino, 2000 m, *Balleza 2679* (CHAPA, CIIDIR); poblado de Tlachichitla, por la brecha Nochistlán-Jalpa, 31 Oct 1989, *Balleza 2665* (SLPM, US). **Ojocaliente:** road from Zacatecas E to San Luis Potosí (via Pinos), 3 mi E of Noria de Angeles, 6 Sep 1938, *I.M. Johnst. 7460* (US). **Pinos:** carr. federal 70, km 72, tramo Ojuelos–San Luis Potosí, 4 Oct 1989, pastizal de *Bouteloua gracilis y B. scorpioides*, 2250 m, *Balleza 2490* (CHAPA, CIIDIR); cerca del Tecomate, 2 km al S del km 78 carr. federal 49, 13 Oct 1965, *F. Takaki 2104* (MEXU); SE of Zacatecas, 8 km W of the boundary between Zacatecas and San Luis Potosí on Mex 49, 28 Sep 1991, clay flats with *Prosopis, Larrea tridentata, Opuntia*, and *Sporobolus airoides*, 2070 m, *P.M. Peterson, Annable y J. Valdés 10967* (US). **Sáin Alto:** 26 km al SE de Sombrerete, sobre la carr. a Fresnillo, 7 Oct 1978, suelo arcilloso, 2240 m, *S.D. Koch y I. Sánchez 78165* (CHAPA, ENCB, US); 2.1 mi W of turnoff to Sain Alto along hwy 45 towards Sombrerete, 7 Oct 2007, desert scrub near hwy with *Opuntia, Acacia, Clematis, Pectis Prosopis* y grasses, 2147 m, *P.M. Peterson, Saarela y M. Flores 21281, 21283* (US). **Sombrerete:** 2 km al O de la carr. Durango-Fresnillo, por la carr. a la unidad minera Asarco (entronque 11 km al NO de Sombrerete), 7 Oct 1978, bosque abierto de *Juniperus*, 2480 m, *S.D. Koch y I. Sánchez 78162* (ENCB, US). **Tabasco:** Mex 41, 47 mi N of Jalpa, 25 Sep 1970, *L.H. Harv. 8716* (US). **Valparaíso:** Ejido Ciénega de la Purísima, cerca de Santa Lucía de la Sierra, 27 Sep 1988, bosque de pino-encino, 2340 m, *Balleza 2346b* (US); road to Huejuquilla el Alto, Jal, 1 mi W of the road jct 18 mi S of Valparaíso on the road to Mezquitic, Jal, 4–5 Sep 1958, oak forest, 2000–2100 m, *McVaugh 17707* (ENCB, US); Puerto de la Paja, 20 km al WSW de Valparaíso, sobre el camino a Huejequilla, 30 Oct 1963, ladera riolítica con vegetación de encinar bajo, 2250 m, *Rzed. 17543* (ENCB). **Villanueva:** 5 km al N de Zapoqui, 21 Ago 1975, matorral subinerme, 1800 m, *H. Puig 6490* (ENCB); km 247 de la carr. federal 54, 6 Oct 1988, matorral espinoso con nopaleras, 1900 m, *Balleza 2072* (CIIDIR, ENCB); Villanueva, 12 Oct 1969, matorral de *Opuntia* y *Yucca*, 1600 m, *C.L. Díaz 1429* (ENCB); 5 km antes de Villanueva, Oct 1958, *R. Claverán 26* (CHAPA). **Villa de Cos:** Valle Hermoso, *E. manrique, Lozano y Bravo 1259* (MEXU). **Zacatecas:** Zacatecas, 3 Oct 1910, *Hitchc. 7531* (US); km 15.5 carr. Zacatecas-Guadalajara, terrenos de la Escuela de Agronomía de la U.A.Z., 11 Ago 1988, a orilla de canal, 2400 m, *Balleza 1594* (US).

**Eragrostis obtusiflora** (E. Fourn.) Scribn., U.S.D.A. Div. Agrost. Bull. 8:10. 1897. *Brizopyrum obtusiflorum* E. Fourn., Mex. Pl. 2:120. 1886.

Plantas perennes, rizomatosas, glaucas, rígidas, rizomas 5–8 mm de grosor, fuertes, cubiertos por escamas imbricadas, ampliamente ovadas, pungentes, muy estriadas, pajizas; tallos 30–60(–90) cm, glabros, nudos negros; vainas glabras, muy estriadas, pajizas con tintes purpúreos, lígula una línea densa de pelos, láminas 5–15 cm × 1–1.5 mm cuando enrolladas, firmes, involutas, pungentes; inflorescencias 8–15 cm, extendidas; espiguillas 7–15 mm, con 5–12 flores, lanceoladas, apiñadas; glumas desiguales, ovado-lanceoladas, comprimidas, primera gluma 2.2–3 mm, 1-nervada, angosta, segunda gluma 3–3.8 mm, 3-nervada, más ancha que la primera; lema 3.5–4 mm, ampliamente obtusa, fuertemente 3-nervada; pálea 3.5–4 mm, más angosta, 2-quillada; anteras 0.5–0.6 mm; cariopsis 1–1.2 mm × 0.6–0.8 mm, truncada en el ápice. Habita en el pastizal, a 1900 m de altitud.

Citada desde el SW de Estados Unidos a México en: Coah., Chih., D.F., Gto., Jal., Méx., Mich., N.L., Oax., Son. y Ver.

**ZACATECAS. Villa Hidalgo:** El Salitral, km 66 carr. Ojocaliente-Pinos, 8 Sep 1988, pastizal, 1900 m, *Balleza 1918* (CHAPA).

**Eragrostis palmeri** S. Watson, Proc. Amer. Acad. Arts 18:182. 1883.

Plantas perennes, fuertemente amacolladas; tallos 50–80(–100) cm, erectos, simples, foliosos en el 1/3 o la ½ inferior; vainas pilosas, lígula una hilera pilosa, láminas 10–30(–50) cm, muy delgadas, ascendentes, pilosas cerca de la base, involutas, rara vez aplanadas, con los ápices agudos; panícula 12–30(–40) cm × 5–10(–15) cm, ramas primarias 1–2 en el nudo inferior de la inflorescencia, glabras en las axilas, ascendentes a divaricadas, ramas y ramillas flexuosas; espiguillas linear-ovadas, pajizas, con 3–12 flósculos; primera gluma 1.6–2.6 mm, caediza después de la madurez, segunda gluma 1.9–2.6(–3) mm; lema inferior 2.3–2.8 mm, cayendo individualmente desde un eje entero; anteras 0.7–1.5 mm; cariopsis 0.7–1 mm, inflada con una acanaladura adaxial. $2n = 40$. Encontrada en el matorral xerófilo, pastizal y bosque de encino, a 1750–2370 m de altitud.

Citada del S de Texas a México.

**ZACATECAS. Mazapil:** km 161 carr. federal 54, 3 km al S de rancho Nuevo, 25 Sep 1988, *Balleza 2011* (CHAPA, SLPM, US). **Pinos:** rancho Casa Blanca, km 77, Carr. San Luis Potosí–Salinas, 9 Sep 1964, *R. Padilla s.n.* (SLPM). **Sombrerete:** 1 km al E de Doroteo Arango, 29 Oct 2006, pastizal con encinos aislados, 2370 m, *O. Rosales y Y. Herrera 3618* (CIIDIR).

**Eragrostis pectinacea** (Michx.) Nees, Fl. Afr. Austral. III. 406. 1841. *Poa pectinacea* Michx., Fl. Bor.-Amer. 1:69 1803.

Plantas anuales, cespitosas; tallos 10–60 cm, erectos o algo ascendentes, ramificados en los nudos inferiores; hojas caulinares, vainas redondeadas, glabras, lígula 0.2–0.5 mm, una línea de pelos, láminas 10–15(–25) cm × 2–5(–6) mm; panículas 10–26 cm × 2.5–15 cm, abiertas, ovoides o piramidales, ramas de la panícula de los nudos inferiores solitarias o en pares, esporádicamente 3, pedicelos aplicados a las ramas desnudas; espiguillas 4.5–11 mm × 1.2–1.9 mm, oblongo-lanceoladas, grisáceas a verde claro, a menudo con tintes purpúreos, desarticulándose desde la base, raquilla persistente; glumas 1-nervadas, agudas, la primera 0.5–1.5 mm, la segunda 1.1–1.7 mm, flósculos 6–15(–22); lema 1.5–2.2 mm, aguda, glabra, redondeada en el dorso, sobrepuestas cerca de la mitad, a menudo transparente con las nervaduras evidentes; pálea persistente, casi igual a la lema, ciliolada en las quillas; estambres 3, 0.2–0.4 mm; cariopsis 0.5–1 mm, elipsoide, rojiza o parda. $2n = 60$.

Distribuida desde el SE de Canadá hasta Centroamérica y Antillas. A través de casi todo México.

1. Pedicelos aplicados divergiendo menos de 20° del eje principal, por lo general 1–4 mm de largo ________ **Eragrostis pectinacea** var. **pectinacea**
1. Pedicelos no aplicados, divergiendo 30° a 60° del eje principal, por lo general 4–10 mm de largo ________ **Eragrostis pectinacea** var. **miserrima**

**Eragrostis pectinacea** var. **miserrima** (E. Fourn.) Reeder, Phytologia 60:154. 1986. *Eragrostis purshii* var. *miserrima* E. Fourn., Mexic. Pl. 2:116. 1886.

*Eragrostis tephrosanthos* Schult.

Variedad poco común, encontrada creciendo en matorral subtropical, a 1600 m de altitud.

**ZACATECAS. Tepechitlán:** rancho el Jaral, Tepechitlán, 3 Jul 1971, matorral subtropical, 1600 m, *C.L. Díaz 2371* (ENCB).

**Eragrostis pectinacea** (Michx.) Nees var. **pectinacea**

Variedad de amplia distribución, encontrada en selva baja caducifolia, matorral xerófilo, pastizal y bosque de pino, a 1340–2535 m de altitud.

**ZACATECAS. Cañitas de Felipe Pescador:** Cañitas, 10 Jun 1935, matorral desértico, 2000 m, *W.A. Archer 3981, 3983* (US). **Fresnillo:** Twelve mi N of Fresnillo, 4 Oct 1974, savanna with *Acacia, Yucca*, and cactus, 2075 m, *Reeder y C.Reeder 6467* (ENCB); 15 km al N de Fresnillo, 25 Oct 1968, ladera con *Opuntia sp.* y *Yucca sp.*, 2000 m, *C.L. Díaz 989* (ENCB); km 846 de la carr. a Cd. Juárez, 26 km al N de Fresnillo, 12 Sep 1955, *Hern.-Xol. y V. Mathus N-1656* (CHAPA); Mex 54, 45 mi N of jct with Mex 45, 26 Sep 1970, *L.H. Harv. 8735* (US); Fresnillo, 28 Aug 1939, *Shreve 9216* (US). **Gral. Fco. R. Murguía:** Ejido Gral. Fco. R. Murguía, 22 Mar 1975, *Martínez s.n.* (CHAPA). **Gral. Pánfilo Natera:** km 129.5 carr. federal 49, tramo San Luis Potosí–Zacatecas, entronque con la carr. al Tule, 17 Ag 1988, matorral desértico espinoso, 2000 m, *Balleza 1652* (CHAPA, ENCB). **Jerez:** Sierra Los Cardos, 10.7 mi NW of Jerez, W of El Cargadero, on road towards Monte de los García, 19 Oct 2007, grassy flats with *Juniperus deppeana, Pinus cembroides*, and grasses, 2535 m, *P.M. Peterson, Saarela y D. Stancik 21431* (US). **Moyahua:** cerro La Cantarilla, a 8.5 km al S de Moyahua por la carr. federal 54, tramo Moyahua–Ixtlahuacán del Río, 6 Sep 1996, bosque tropical caducifolio, 1340 m, *D. Enríquez y M. Adame 1123* (CIIDIR). **Ojocaliente:** Las Bocas, *L. Silva 230* (MEXU). **Pinos:** cerca del Tecomate, 2 km al S del km 78 de la carr. federal 49 San Luis Potosí–Zacatecas, 13 Oct 1965, llanura con vegetación de zacatal, 2104 m, *F. Takaki 2102, 2104* (SLPM); SE of Zacatecas, 8 km W of the boundary between Zacatecas and San Luis Potosí on Mex 49, 28 Sep 1991, Clay flats with *Prosopis, Larrea tridentata, Opuntia*, and *Sporobolus airoides*, 2070 m, *P.M. Peterson, Annable y J. Valdés 10968* (US). **Sombrerete:** Parque Nacional Sierra de Órganos, alrededores de presón, 0.8 km al W de la entrada del parque,

22 Sep 2001, pastizal con *Acacia y Forestiera*, 2300 m, *S. González, D. Enríquez, M. Adame y L. Chávez 6387* (CIIDIR); **Tabasco:** km 132 carr. Zacatecas-Guadalajara, Oct 1958, *R. Claverán 57-B* (CHAPA). **Valparaíso:** Ejido Ciénega de la Puríima, 27 Sep 1989, *Balleza 2298-B* (CHAPA); Santa Lucía de la Sierra, 27 Sep 1989, bosque de pino, 2290 m, *Balleza 2298* (CHAPA); 16.2 mi W of Huejuquilla above Río Atengo crossing, 30 Sep 2001, Dry calcareous flats and slopes with *Prosopis* and *Croton*, 1080 m, *P.M. Peterson y S. González 15979* (US). **Vetagrande:** 16 mi NE of Zacatecas (Hwy 45 road jct), 20 Oct 1966, *Gould 12327* (US). **Villanueva:** km 247 de la carr. federal 54, 6 Oct 1988, matorral espinoso asociado con nopalera, 1900 m, *Balleza 2073* (CHAPA, ENCB); 12 mi SSW of Villanueva, 11 Sep 1967, *Reeder y C. Reeder 4934* (US). **Zactecas:** Zacatecas, 3 Oct 1910, *Hitchc. 7500, 7532* (US).

**Eragrostis plumbea** Scribn. ex Beal, Grass. N. Amer. 2:484. 1896.

Plantas perennes; tallos hasta de 65–100 cm, erectos, glabros excepto unos mechones de pelos en la garganta de las hojas; láminas 10–20 cm × 2–5 mm, aplanadas o enrolladas; panícula 10–25 cm, abierta, con 5–10 ramas primarias ascendentes, desnudas en la base, ramificadas en el ápice, las inferiores 6–12 cm; espiguillas 5–11 mm × 2–3 mm, oblongo-lanceoladas, con 8–12 flósculos, en pedicelos cortos, aplicados; glumas desiguales, la segunda hasta (2–)3 mm; lema 2.2–3.2 mm, acuminada, aquillada en el dorso, gris-plomizo, pálea, más corta que la lema; cariopsis cilíndrica, de casi 0.8 mm. Habita en parcelas de maíz inundado, pastizal y bosque de encino, a 1860–2200 m de altitud.

Especie mexicana conocida de: Ags., Col., Gto., Jal., Méx., Mich., Pue., S.L.P., Ver. y ahora de Zac.

**ZACATECAS. Benito Juárez:** Llano Grande, 30 Sep 1989, *Balleza 2413* (CHAPA, SLPM, US). **Monte Escobedo:** 5 mi E of Monte Escobedo, 3 Oct 1974, in area of scattered oaks and manzanitas, 2195 m, *Reeder y C. Reeder 6444* (ENCB); 4 km al N de Monte Escobedo, por la carr. a Mezquitic, Jal., bosque de encino, 2200 m, 12 Ago 1988, *Balleza 1604* (CHAPA, ENCB, US). **Teúl de González Ortega:** carr. estatal 23, 1 km, al N de Teúl de González Ortega, 11 Ago 1989, parcelas con maíz de temporada, área inundada, 1900 m, *Balleza 2171* (CHAPA, CIIDIR, ENCB); 15 Sep 1988, *Balleza 1939* (CHAPA, CIIDIR, SLPM, US). 2 km al N de Teúl, carr. a Guadalajara, 30 Sep 1989, pastizal, 1860 m, *Balleza 2426* (CHAPA).

**Eragrostis pringlei** Mattei, Contr. Biol. Veg. 4:241. 1909.

Plantas anuales amacolladas; tallos 10–25 cm; vainas papiloso-hirsutas, lígula una línea de pelos cortos, láminas 1.5–5 cm × 1–4 mm, generalmente más anchas hacia la base, densamente papiloso-hirsutas; inflorescencia 7–10 cm × 0.5–2.5 cm, oblongo-elipsoide, multifloscular, pedicelos 1.8–2.5 mm, con un anillo glandular en la parte media; espiguillas 1.7–2.3 mm, ovadas, con 2–3(–5) flósculos; glumas desiguales, más cortas que la lema, primera gluma 0.5–0.8 mm, segunda gluma 0.8–1.1 mm; lema más inferior de 1–1.4 mm, con nervaduras inconspicuas, opaca en la madurés; pálea 0.9–1.2 mm, persistente; cariopsis subglobosa, cerca de 0.5 mm, diminuto-estriada, la superficie con una capa crustácea, pálida. Habita en el bosque de encino-pino, a veces con disturbio, a 1900 m de altitud.

Especie mexicana conocida de Chih., Dgo., Jal., Mich., Son., y Zac.

**ZACATECAS. Tlaltenango:** NW de Jalpa, sobre la brecha a Tlaltenango de Sánchez Román cerca del km 36, *R. Guzmán 481* (IBUG).

**Eragrostis superba** Peyr., Sitzungsber. Kaiserl. Akad. Wiss., Math.-Naturwiss. Cl. 38:584. 1860.

Plantas perennes cespitosas, eglandulares; tallos 60–75 cm, erectos, simples, glabros; hojas basales, vainas carinadas, glabras, el ápice piloso, lígula 0.5–1 mm, una anillo piloso, láminas 10–15 cm × 5–7 mm, aplanadas, glabras a escabrosas; panícula 15–25 cm × 2–5 cm, oblonga, abierta, axilas glabras, ramas con espiguillas casi desde la base, adpresas, pedicelos más cortos que las espiguillas; espiguillas 7–10 mm × 5–5.5 mm, ovadas, verde-amarillentas, desarticulándose por debajo de las glumas y cayendo enteras, raquilla persistente, glumas 2.8–3.2 mm, 1-nervadas, agudas, subiguales; flósculos 12–18 mm; lema 3.8–4.5 mm, aguda, glabra, carinada, sobrepuestas en más de ¾ , las nervaduras laterales conspicuas; pálea tan larga como la lema, con las quillas escabrosas, aladas; anteras 3, 2.2–2.4 mm, amarillentas; cariopsis 0.9–1 mm × 0.3–0.4 mm, ampliamente elíptica, obtusa apicalmente. $2n = 40$. Introducida, una sola colecta en campos experimentales del INIFAP.

Nativa de África tropical y subtropical, introducida como forraje en América.

**ZACATECAS. Calera:** Campo Agrícola Experimental del INIFAP, 20 Oct 1989, material experimental, 2160 m, *Balleza 2598* (CHAPA, SLPM, US).

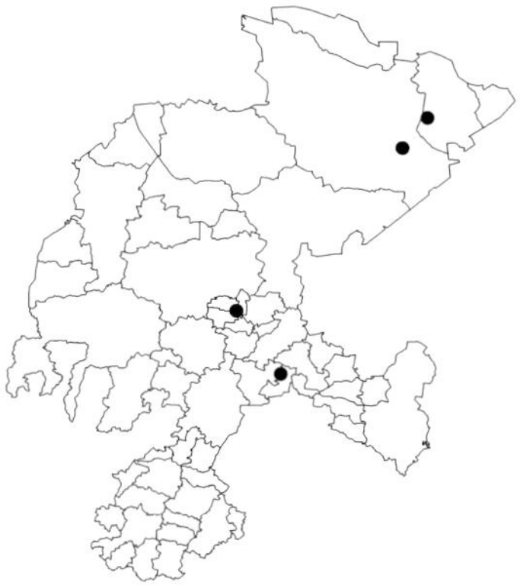
*Eragrostis lehmanniana*

*Eragrostis lugens*

*Eragrostis mexicana*

*Eragrostis obtusiflora*

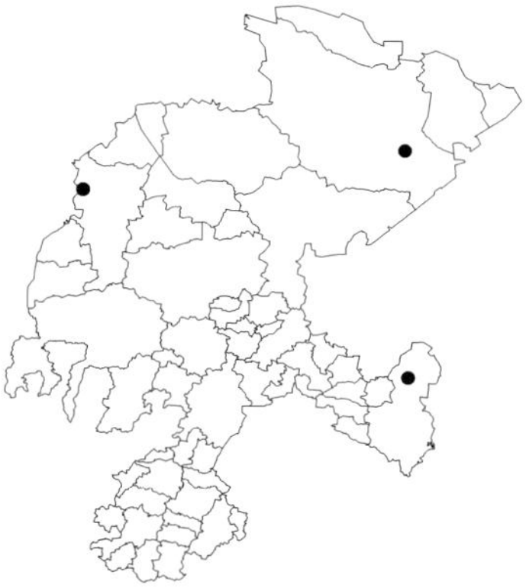
*Eragrostis palmeri*

*Eragrostis pectinacea* var. *miserrima*

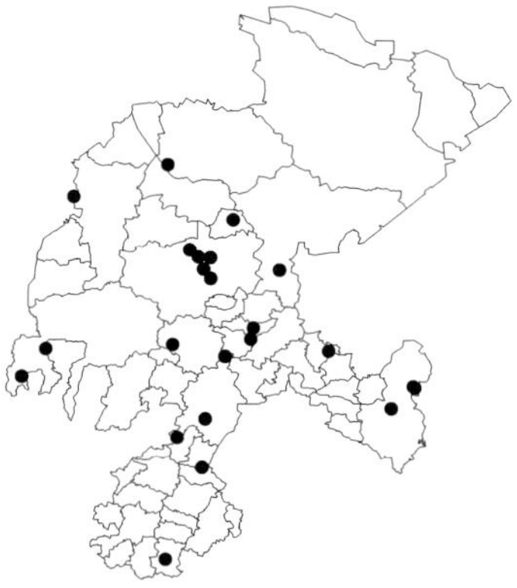
*Eragrostis pectinacea* var. *pectinacea*

*Eragrostis plumbea*

*Eragrostis pringlei*

ESPECIES EXCLUIDAS: *Eragrostis intermedia* Hitchc. var. *intermedia*, citada para la entidad por Espejo y López (2000), sólo se encontró la var. *appresa* en los ejemplares revisados y se excluye la var. típica.

*Eragrostis glandulosa* L.H. Harv., citada por Dávila et al. (2006) para Zacatecas, no fue encotrada en los ejemplares revisados y se excluye.

*Eragrostis pilosa* (L.) P. Beauv., citada por Hitchc. (1913) y por Espejo y López (2000) para la entidad, sin embargo se excluye por no haberse encontrado ejemplares que avalen su presencia en la entidad.

## ERIOCHLOA KUNTH

REFERENCIAS: McVaugh, R. 1983. *Eriochloa*. En: Flora Novo-Galiciana 14:175–178. Davidse, G. et al. (eds.). 1994. *Eriochloa*. En: Flora Mesoamericana 6:333–335.

Plantas anuales o perennes, cespitosas o estoloníferas; lígula membranácea, diminuta, pilosa, láminas linear-lanceoladas, aplanadas a rara vez involutas; inflorescencia de 1 a numerosos racimos espiciformes en un eje común, racimos con las espiguillas a lo largo del lado inferior del raquis, las espiguillas solitarias o en pares, subsésiles o corto-pediceladas, lema inferior frente al raquis en las espiguillas solitarias; espiguillas comprimidas dorsalmente, elipsoides u ovoides, acuminadas o aristadas, desarticulación por debajo de las glumas, la espiguilla caediza como una unidad, entrenudo basal de la raquilla y la base de la primera gluma unidos en un callo engrosado, sobresaliente, segunda gluma y lema inferior tan largas como la espiguilla, similares; flósculo inferior estéril, sin pálea; flósculo superior bisexual, lema superior coriácea, estriado-rugosa o papilosa, con una arista pequeña, los márgenes enrollados, cubriendo los márgenes de la pálea aplanada de textura similar; fruto una cariopsis. Aprox. 25 especies de trópicos y subtrópicos.

**Eriochloa acuminata** (J. Presl) Kunth, Enum. Pl. 1:72. 1833. *Piptatherum acuminatum* J. Presl, Rel. Haenk. 1(4–5):221. 1830.
*Eriochloa gracilis* (E. Fourn.) Hitchc., J. Wash. Acad. Sci. 23:455. 1933.

Plantas anuales; tallos 30–80 cm, erectos o decumbentes, nudos glabros o pilosos; vainas glabras o pubescentes, lígula una línea de pelos cortos, láminas 5–12 cm × 5–10 mm, aplanadas, glabras o pilosas en la superficie abaxial; inflorescencia una panícula estrecha 7–16 cm, eje principal escabroso-piloso, con 5–12 ramas rígidas, erectas, 1–1.5(–2) cm, 10–20 espiguillas en pares, con pedicelos 0.1–1 mm, pilosas con el ápice glabro o piloso; espiguillas 3.5–4 mm × 1.1–1.4 mm, lanceoladas a ovadas; primera gluma fusionada al callo formando una estructura en forma de anillo en la base, segunda gluma 5-nervada, pilosa aguda a acuminada; lema del flósculo bisexual 2.3–3.3 mm, mucronado. Crece en canales de riego, en terrenos pantanosos del pastizal, matorral xerófilo y bosque tropical caducifolio, a 1100–2200 m de altitud.

Citada de Estados Unidos a México, se reconocen 2 variedades, la var. típica encontrada.

**ZACATECAS. Apozol:** Entre las cols. Benito Juárez y Fco. I. Madero, Sierra de Nochistlán, 31 Ago 1989, matorral espinoso, 1600 m, *Balleza 2216* (CHAPA, CIIDIR, ENCB). **Fresnillo:** Por la carr. a Torreón, a 5 km del entronque con la carr. a Durango, 24 Ago 1988, orilla de la carr., 2200 m, *Balleza 1701* (CHAPA, CIIDIR, ENCB). **Moyahua:** carr. 54, km 102, 27 Ago 1988, selva baja caducifolia, 1100 m, *J.J Balleza 1804* (CIIDIR, ENCB). **Río Grande:** carr. a González Ortega, a 5 km del entronque con la carr. a Torreón, 24 Ago 1988, arvense sobre el canal de riego, 1900 m, *Balleza 1726* (CHAPA, CIIDIR, ENCB). **Villanueva:** km 247 de la carr. federal 54, 6 Oct 1988, matorral espinoso, 1900 m, *Balleza 2071* (CHAPA, CIIDIR).

Especie excluida: *Eriochloa punctata* (L.) Desv., citada para Zacatecas por Beetle et al. (1991), Espejo y López (2000) y Dávila et al. (2006), sin embargo se excluye por no haberse encontrado en los ejemplares revisados.

## ERIONEURON NASH

REFERENCIAS: McVaugh, R. 1983. *Erioneuron*. En: Flora Novo-Galiciana.14:179–181. Henrickson, J. & M.C. Johnston. 1997. *Erioneuron*. En: A flora of the Chihuahuan Desert region, ed. 1.2:1561–1563.

Plantas perennes, bajas, amacolladas, ocasionalmente estoloníferas, erectas, simples, hojas basales, conduplicadas rara vez aplanadas, con márgenes cartilaginosos; inflorescencia en panículas abiertas o contraidas, a veces un racimo; espiguillas con varios flósculos, los superiores estaminados o neutros, desarticulación arriba de las glumas y entre los flósculos, glumas membranáceas, delgadas desiguales, agudas o acuminadas, 1-nervadas; lema 3-nervada, nervaduras con pelos largos al menos en la base, la nervadura central a menudo excurrente como mucrón o arista corta, las laterales cercanas a los márgenes y algunas veces extendiéndose como pequeños mucrones, ápice de la lema dentado o 2-lobulado; pálea más corta que la lema, pilosa en las quillas con pelos largos entre las nervaduras, hacia la base. Género con algunas 4 especies de las regiones semiáridas en el SW de Estados Unidos y México; de ellas *E. pulchellum* pasó a formar parte del género *Dasyochloa*.

1. Lema con una hendidura de 1–2.5 mm de profundidad, nervadura central extendiéndose en una arista de 2–4 mm de largo; glumas (al menos la 2ª) tan largas como o más largas que el flósculo inferior.
   2. Hendidura de la lema 1–1.5 mm de profundidad; nervaduras laterales nunca excurrentes en pequeños mucrones; plantas amacolladas de 10–30 cm de alto ________________ **Erioneuron avenaceum var. avenaceum**
   2. Hendidura de la lema 1.5–2.5 mm de profundidad; nervaduras laterales de la lema excurrentes en pequeños mucrones hasta de 0.5 mm de largo; plantas por lo general más altas, de 35–65 cm de alto __________ **Erioneuron nealleyi**
1. Lema sin una hendidura o si presente de 0.1–0.5 mm de profundidad; nervadura central extendiéndose en una pequeña arista de 0.5–2(–2.5) mm de largo; glumas más cortas que el flósculo inferior ______ **Erioneuron pilosum var. pilosum**

**Erioneuron avenaceum** (Kunth) Tateoka, Amer. J. Bot. 48:572. 1961. *Triodia avenacea* Kunth, Nov. Gen. Sp. (quarto ed.)1:156. t. 48. 1815.

*Erioneuron avenaceum* var. *grandiflorum* (Vasey) Gould.
*Tridens avenaceus* (Kunth) Hitchc.

Plantas perennes, rara vez formando estolones; tallos 10–30 cm, glabras, a veces los nudos pilosos; hojas en su mayoría basales, vainas lisas estriadas, carinadas con márgenes hialinos, con un mechón de pelos en el cuello, lígula una hilera de pelos hasta 0.5 mm, láminas 3–5 cm × 1–1.5 mm, conduplicadas rara vez aplanadas, con los márgenes cartilaginosos, pilosas cerca del cuello; inflorescencia 2–8 cm, abierta o cerrada, ovoide, pajizo a purpúrea, con 2–10 espiguillas corto-pediceladas; espiguillas 6–9 mm; glumas 4–7 mm, persistentes; lema 4–6 mm, 3-nervada, densamente pilosa cerca de la base, lóbulos obtusos o ampliamente agudos, nervadura central prolongada en arista de 2–4 mm, emergiendo desde una hendidura de 1–1.5 mm de profundidad; pálea 2–3.5 mm, elíptica, pilosa en el dorso y cerca de la base sobre los márgenes. Especie muy abundante en pastizales, matorrales xerófilos y bosque de pino piñonero, a 1850–2500 m de altitud.

Especie con 4 variedades reconocidas, sólo *E. avenaceum* var. *avenaceum* en Zacatecas.

Se distribuye desde el SW de Estados Unidos a México; Sudamérica.

**ZACATECAS. Cañitas de Felipe Pescador:** 1.5 km al W de Cañitas de Felipe Pescador, por la terracería que entronca con la carr. a Torreón, 1 Sep 1988, matorral desértico espinoso, 2000 m, *Balleza 1840* (CIIDIR, ENCB). **Chalchihuites:** 5 km al N de Chalchihuites, 23 Ago 1975, matorral aciculifolio, 2150 m, *H. Puig 6563* (ENCB). **Concepción del Oro:** near Conception del Oro, 11 Aug 1904, *Palmer 265, 280* (US). **Fresnillo:** 3 km al W de la carr. a Torreón, por la carr. a Cañitas de Felipe Pescador, 1 Sep 1988, matorral desértico espinoso, 2000 m, *Balleza 1839* (CHAPA); 30 km N of Fresnillo rumbo a Durango, sandy soil, 5 Sep 1981, *Beetle M-7499* (ENCB); 3 km al N de Fresnillo por la carr. a Durango, 24 Ago 1988, *Balleza 1693* (CHAPA, ENCB); 45.5 km NW of Fresnillo on Mex hwy 45 to Durango, 28 Aug 1990, rocky slopes with *Acacia* and *Opuntia*, 2170 m, *P.M. Peterson 9653* (US); 5.3 km N of Fresnillo and ca. 1.6 km E of the microondas, 28 Sep 1991, Calcareous, rocky flats in open grassland, 2300 m, *P.M. Peterson, Annable y J. Valdés 10956* (US). **Gral. Fco. R. Murguía:** Jaralillo, 2 Ago 1988, pastizal, 2217 m, *H. Hidrogo s.n.* (SLPM). **Gral. Pánfilo Natera:** km 129.5 carr. federal 49, en el entronque con la terracería al Tule, 17 Ago 1988, matorral desértico espinoso, 2000 m, *Balleza 1633* (CHAPA). **Mazapil:** al S de Ignacio Allende, 18 Ago 1987, matorral desértico, 2200 m, *J. Maldonado s.n.* (SLPM). Hacienda de Cedros, Sum 1908, *F.E. Lloyd 180, 232* (US); km 142 carr. Zacatecas-Saltillo, 25 Sep 1988, Izotal con matorral desértico microfilo, 1850 m, *Balleza 1990* (CIIDIR, ENCB), *2002* (ENCB); km 121 carr. federal 54, tramo Zacatecas-Saltillo, 25 Sep 1988, matorral desértico micrófilo, pastizal de *Bouteloua gracilis*, 2500 m, *Balleza 1985* (ENCB); 3 km antes del rancho Nuevo, km 165 carr. federal 54, 25 Sep 1988, pastizal, 2300 m, *Balleza 2008* (CHAPA, CIIDIR, ENCB). **Miguel Auza:** cerro de la casita, 1 Ago 1988, matorral espinoso, 2030 m, *J.L. Ruela 7* (SLPM). **Ojocaliente:** cerro Muñóz, 6 Oct 1987, *L. Silva 219* (MEXU). **Pánuco:** Mex. 54, 5 mi N of jct with mex. 45, 26 Ago 1970, mesquite, cactus, yucca, 7200 m, *L.H. Harv. 8723* (ENCB); La Calera, 5 km al W de la carr. a Saltillo, 14 Oct 1989, de *Bouteloua gracilis* con matorral espinoso, 2100 m, *Balleza 2554* (CHAPA, ENCB). **Pinos:** 1 km al W de Pinos, 13 Ago 1985, pastizal, 2400 m, *F. Gómez-Lorence 719* (SLPM); cerca del Tecomate, 2 km al S del km 78 de la carr. federal 46 San Luis Potosí–Zacatecas, 13 Oct 1965, llanura con zacatal, 2000 m, *F. Takaki 2114* (SLPM); El Chino, Pinos, 12 Sep 1996, pastizal, 2330 m, *L.S. Rivera 817* (US); 1 mi E of El Tecomote, 4 mi E of San Luis Potosí line state, 21 Sep 1974, savanna with tree *Yucca, Agave*, and nopales, 2255 m, *Reeder y C. Reeder 6292* (ENCB, US); 86 km de la carr. No. 49, tramo San Luis Potosí- Zacatecas, crucero con la terracería a Manuel María, 19 Ago 1988, matorral desértico espinoso, 2300 m, *Balleza 1671* (ENCB); camino al Tecomate, 2 km al S del km 78 de la carr. federal 46, *F. Takaki 2114* (MEXU). **Río Grande:** Tetillas, 4 Sep 1988, matorral desértico, 2150 m, *L. Silva 156* (MEXU). **Sain Alto:** 19 mi E of Sombrerete, 13 Oct 1966, grassy slope with scattered *Acacia* and cacti, 7500 ft, *Reeder y C. Reeder 4697* (ENCB, US). **Sombrerete:** 45.1 km E of Sombrerete on hwy 45 towards Fresnillo, 27 Sep 1991, Calcareous, rocky slopes with *Mortonia, Acacia, Larrea tridentata*, 2130 m, *P.M. Peterson, Annable y J. Valdés 10950* (US); Parque Nacional Sierra de Órganos, 1 km al S de Villa Insurgentes y 2.5 km al W de San Fco. de Órganos, 22 Sep 2001, bosque de *Pinus–Juniperus*, 2300 m, *S. González y P.M. Peterson 6433* (CIIDIR); 71 mi SE of Durango on hwy 45, 24 Ago 1958, growing along road sides and in fields, 7500 m, *G.A. Pratt 604* (ENCB); 55 km al N de Fresnillo por la carr. a Durango, 5 Sep 1981, *Beetle M-7534* (MEXU); 1 km SE of Villa

*Eragrostis obtusiflora*

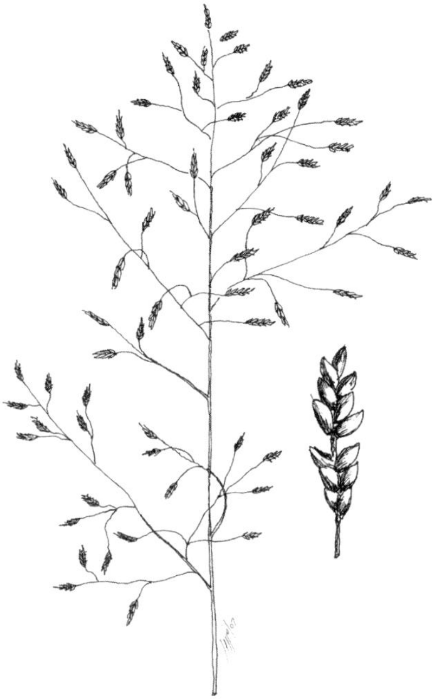

*Eragrostis pectinacea*

*Eragrostis pringlei*

*Eragrostis pectinacea* var. *miserrima*

*Eragrostis superba*

Insurgentes along hwy 45 towards Zacatecas, 29 Sep 2001, calcareous slopes with *Quercus intricata, Pinus cembroides*, and *Rhus virens*, 2348 m, *P.M. Peterson y S. González 15956* (US). **Villanueva:** 29 km de la cd de Zacatecas, por la carr. federal 54, 8 Ago 1988, matorral desértico crassicaule, 2300 m, *J. Balleza 1561* (CIIDIR, ENCB); km 247 de la carr. federal 54, 6 Oct 1988, matorral espinoso con nopalera, 1900 m, *Balleza 2071-B* (ENCB). **Villa de Cos:** 2 km al E de Villa de Cos, 26 Ago 1975, matorral micrófilo, 1900 m, *H. Puig 6615* (ENCB). **Zacatecas:** Zacatecas, 3 Oct 1910, *Hitchc. 7512* (US).

**Erioneuron nealleyi** (Vasey) Tateoka, Amer. J. Bot. 48:572. 1961. *Triodia nealleyi* Vasey, Bull Torrey Bot. Club 15:49. 1890.

Plantas perennes, sin estolones, rara vez estolones presentes; tallos (20–)35–65 cm, glabros a hispídulos; láminas 5–10 cm × 2–2.5 mm, conduplicadas; panícula 5–10 cm × 1–3 cm, en ocasiones interrumpida en la mitad inferior, verde pálido a purpúrea; glumas subiguales, la primera 5–7 mm, la segunda 6–9 mm, tan larga o en ocasiones más larga que el flósculo inferior; lema 4–6 mm, terminando en 2 lóbulos redondeados o truncados, hendidura 1.5–2.5 mm, las nervaduras laterales extendiéndose como un pequeño mucrón menor de 1 mm. $2n = 16$. Escasa, encontrada en el matorral de gobernadora, a 2130–2180 m de altitud.

Se le conoce desde el S de Estados Unidos al Centro de México.

**ZACATECAS. Pinos:** ladera de cerro vertiente W 4 km al N de Espiritu Santo, 30 Sep 2006, matorral de gobernadora, 2180 m, *O. Rosales & Y. Herrera 3374* (CIIDIR). **Sombrerete:** 45.1 km E of Sombrerete on hwy 45 towards Fresnillo, 27 Sep 1991, Calcareous, rocky slopes with *Mortonia, Acacia, Larrea tridentata*, 2130 m, *P.M. Peterson, Annable y J. Valdés 10949* (US).

**Erioneuron pilosum** (Buckley) Nash, Fl. S.E. U.S. 144, 1327. 1903. *Uralepis pilosa* Buckley, Proc. Acad. Nat. Sci. Philadelphia 14:94. 1862.

Plantas perennes, rara vez estoloníferas; tallos 10–30(–40) cm, glabras; hojas apretadas basalmente, vainas carinadas con márgenes hialinos, lígula una hilera de pelos cortos, láminas 2–10 cm × 1.5–2 mm, conduplicadas, pilosas, al menos cerca del cuello; inflorescencia 3–8 cm, ovoide, rara vez alargada, con 2–8 espiguillas; espiguillas 6–9 mm; glumas 3–5 mm, persistentes, más cortas que el flósculo inferior; lema 4–6 mm, 3-nervada, densamente pilosa, lóbulos obtusos o ampliamente agudos, nervadura central prolongada en arista pequeña de 0.5–2 mm, sin hendidura o cuando presente de 0.1–0.5 mm de profundidad; pálea 3–3.5 mm, elíptica, pilosa. Especie poco común encontrada en pastizal y matorral xerófilo, a 1780–2020 m de altitud. Se reconocen 3 variedades de esta especie, 2 de ellas distribuidas en Argentina y sólo *E. pilosum* var. *pilosum* se distribuye en Estados Unidos y México; presente en Zacatecas.

**ZACATECAS. Concepción del Oro:** brecha a Mazapil, 14 Oct 1989, 1780 m, *Balleza 2573* (CHAPA). **Fresnillo:** carr. Fresnillo–Sombrerete, 2–3 km por la desviación a José María Morelos, 22 Jul 1987, matorral micrófilo con patizal, 2020 m, *M. González-Ledezma s.n.* (SLPM). **Mazapil:** Noria de Guadalupe, 1 Oct 1975, matorral desértico micrófilo, 1780 m, *M. González-Ledezma 112* (CHAPA). **Río Grande:** Ejido 6 de Enero, 23 Jul 1986, *E. Manrique, Lozano y Bravo 1313* (MEXU).

## Festuca L.

Referencias: McVaugh, R. 1983. *Festuca*. En: Flora Novo-Galiciana.14:182. J. Henrickson & M.C. Johnston. 1997. *Festuca*. En: A flora of the Chihuahuan Desert region, ed. 1.2:1520–1521.

Plantas perennes, cespitosas o rizomatosas; vainas con los márgenes libres o parcialmente unidos, lígula membranácea, láminas lineares, aplanadas a involutas; inflorescencia una panícula abierta a contraída; espiguillas comprimidas lateralmente, con 2 a numerosos flósculos bisexuales, desarticulación por encima de las glumas y entre los flósculos; glumas a menudo subiguales, más cortas que los flósculos más inferiores, glumas 1(–3)-nervada, la segunda usualmente lanceolada; lema lanceolada, carinada a redondeada en el dorso, 5-nervadas, por lo general aristadas desde el ápice, a menudo sin arista o la arista subterminal desde un ápice 2-denticulado o entero, el callo glabro, generalmente bien desarrollado; pálea un poco más corta que la lema; ovario glabro o hispídulo en el ápice; cariopsis adherente a la lema y pálea o libre. Género con aprox. 450 spp. del Ártico a regiones templadas del mundo, extendiéndose a las altas montañas tropicales.

1. Hojas de 2 formas, las basales involutas, filiformes, las caulinares aplanadas aún cuando secas ________ **Festuca pringlei**
1. Hojas todas similares, láminas basales y caulinares aplanadas o involutas.
   2. Espiguillas 8–12 mm de largo, con 3–7 flósculos; lemas de los flósculos inferiores 5.5–7 mm de largo; arista de 0–2 mm de largo.

3. Inflorescencia una panícula de 15–30 cm de largo × 2–5 cm de ancho, abiertas, laxas, algo nutantes; láminas cerrado- involutas ________ **Festuca rosei**
3. Inflorescencia 8–18 cm de largo, angosta, a menudo espigada e interrumpida; láminas aplanadas, parcialmente involutas ________ **Festuca arizonica**
2. Espiguillas 14–20 mm de largo con 3–5(–6) flósculos; lemas de los flósculos inferiores 10–12.5 mm de largo, arista de 1–3(–3.7) mm de largo ________ **Festuca roblensis**

**Festuca arizonica** Vasey, Contr. U.S. Natl. Herb. 1(8):277. 1893

Plantas perennes, amacolladas; tallos 50–90 cm; hojas glaucas, agrupadas en la mitad inferior de la planta, vainas fibrosas, lígula 0.5–1.5 mm, láminas 25–50 cm × 1.5 mm, aplanadas, parcialmente involutas; inflorescencia 8–18 cm, angosta, a menudo espigada e interrumpida; espiguillas 8–10 mm, con 4–7 flósculos; glumas lanceoladas, la primera 1-nervada, más pequeña que la segunda, la segunda 3-nervada, más pequeña que la lema inferior; lema 5.5–7 mm, lanceolada, en forma de U en corte transversal, aguda, arista de la lema 0–2 mm, pálea similar a la lema. $2n = 42$. Habita en bosque de encino, a 2200 m de altitud.

Conocida del SW de Estados Unidos al N de México.

**ZACATECAS. Concepción del Oro:** 16 mi al E de Concepción del Oro, sobre el lado N de la Sierra del Astillero, casi 3 mi al NE de Guadalupe Garcarón, a media mi de la cima, 22 Sep 1973, *Henr. 13359* (US).

**Festuca pringlei** St.-Yves, Candollea 2:305. 1925.

Plantas perennes, cespitosas; tallos hasta 1.5 m, glabros; hojas de dos formas, las basales convolutas, filiformes, las caulinares aplanadas e involutas hacia el ápice, vainas basales fibrosas desintegrándose al madurar, sin aurículas, lígula 0.5 mm, membranácea y pilosa, láminas 20–30 cm × 2.5–3 mm; panículas 15–22 cm, con las ramas divaricadas, desnudas en la base y con las espiguillas hacia el ápice; espiguillas escasas, de 10–15 mm, con 4–5-flósculos aplanados; glumas glabras y apiculadas, la primera 4–4.5 mm, la segunda 5–6.5 mm, más ancha; lema 6.5–8 mm, lisa en el dorso; pálea igual o más pequeña que la lema; anteras 4–4.5 mm, ovario piloso hacia el ápice. Se le encontró en bosque de pino piñonero, a 2820 m de altitud.

Especie mexicana conocida de Ags., Chih., Dgo., Jal. y Zac.

**ZACATECAS. Jerez:** Sierra Los Cardos, rancho El Roble, 17.8 mi NW of Jerez, W of El Cargadero on road towards Monte de las García, 20 Oct 2007, slopes and ridge with *Arctostaphylos, Cupressus, Pinus cembroides, Festuca, Muhlenbergia, Comarostaphylos, Juniperus, Stevia*, 2820 m, *P.M. Peterson, Saarela y D. Stancik 21440* (US).

**Festuca roblensis** M. González-Ledezma, Novon 8:147. 1998.

Plantas perennes, cespitosas, no rizomatosas; tallos 100–130 cm; vainas glabras a escaberulosas, aurículas faltantes, fibras de las vainas de otros años persistentes, lígula (1.3–)3–5 mm, láminas 30–55 cm × 1.5–3.6 mm, laxas, aplanadas a involutas cuando secas y hacia el ápice; panícula 16–26 cm de largo, abierta, laxa, el eje redondeado y glabro abajo, angular y escaberuloso arriba, el nudo inferior con 2 ramas y (5–)7–14 espiguillas, pedicelos (3–)4–8 mm; espiguillas 14–20 mm, con 3–5(–6) flósculos, el raquis escabroso; glumas desiguales, con márgenes anchos y hialinos, la primera 3.5–4.5 mm, 1-nervada, la segunda 4–5.5 mm 3-nervada; lema de los 2-flósculos inferiores 10–12.5 mm, glabras a escaberulosas hacia el ápice, con una arista terminal de 1–3(–3.7) mm; pálea hialina, mas corta que la lema; anteras 4.8–5.5 mm; cariopsis 5.5–7 mm. Conocida de la localidad tipo en Jerez, Zac., de 2500–2800 m de altitud.

**ZACATECAS. Jerez:** rancho El Roble, brecha Jerez- Monte de los García, 14 Sep 1989, bosque de pino-encino y táscate, 2500 m, *Balleza 2240* (CHAPA, ENCB, HUAZ). rancho El Roble, brecha Jerez- Monte de los García, 7 Sep 1993, bosque de pino, 2800 m, *M. González-Ledezma 530* (CHAPA, ENCB).

**Festuca rosei** Piper, Contr. U.S. Natl. Herb. 10:45. 1906.

Plantas perennes, con rizomas no alargados; tallos 70–130 cm, glabros; vainas glabras, pajizas, fibrosas, los márgenes libres; aurículas faltantes, lígulas 0.3–0.6 mm, cilioladas, láminas 20–40 cm × 0.5–0.8 mm, cerrado-involutas y permanentemente enrolladas, glabras; panículas 15–30 cm × 2–5 cm, abiertas, laxas, algo nutantes; eje glabro; ramas inferiores 3–5 cm, solitarias, patentes, desnudas en 1/3–½ inferior, pedicelos glabros a escabrosos; espiguillas (7–)9–12 mm; primera gluma 3–4.5 mm, lanceolada, 1-nervada; segunda gluma 4–6(–6.5) mm, 3-nervada; flósculos 3–6; lema 6–7 mm, glabra, los márgenes enrollados sobre la pálea, entera, acuminada, no aristada, ocasionalmente con un mucrón corto (menor de 0.5 mm); pálea un poco más corta o más larga que la lema, atenuada, bífida; anteras 3.3–4 mm, amarillas; ovario glabro. Habita en áreas abiertas del bosque de encino, a 2200 m de altitud.

Especie mexicana de amplia distribución, aunque poco abundante en las localidades.

**ZACATECAS. Monte Escobedo:** Límites entre Zacatecas y Jalisco, por la carr. a Mexquitic, 21 Sep 1989, potreros con bosque de encino, 2200 m, *Balleza 2269, 2270* (CHAPA, ENCB, HUAZ); por la brecha a Mezquitic, 3 km al NW de la cabecera municipal, 22 Sep 1989, encinar, 2190 m, *Balleza 2278* (CHAPA, CIIDIR, ENCB); 4 km al N de la cabecera municipal, por la terracería que va a Mexquitic, 12 Ago 1988, bosque de encino, 2200 m, *Balleza 1599* (CHAPA, CIIDIR, ENCB)

Especie excluida: *Festuca ovina* L., citada para Zacatecas por Beetle et al. (1991), conocida de Canadá, Estados Unidos, Costa Rica y Perú, se excluye por no tener distribución conocida en México.

## Gouinia E. Fourn. ex Benth.

Referencia: Ortiz Díaz, J.J. 1993. Acta Bot. Mexicana 23:1–33.

Plantas perennes cespitosas; tallos glabros; lígula una membrana pilosa o sin pelos; láminas lineares, aplanadas; inflorescencia una panícula terminal abierta de unos cuantos racimos unilaterales, las espiguillas brevipediceladas, adpresas en 2 hileras a lo largo de los lados inferiores de la rama; espiguillas comprimidas lateralmente, con varios flósculos bisexuales, la más superior estéril; desarticulación arriba de las glumas y entre los flósculos; raquilla generalmente terminado en un rudimento; glumas subiguales, más cortas que el flósculo inferior, carinadas, primera gluma 1–5-nervada, la segunda 3–7-nervada; lema 3–7-nervada, carinada, aristada, pilosa en la mitad inferior de la quilla, los márgenes y la ½ inferior del dorso; pálea 2-carinada, dentada en el ápice; cariopsis sulcada. Cerca de 13 especies de América tropical, una sóla en Zacatecas.

**Gouinia virgata** (J. Presl) Scribn., Bull. Div. Agrost. U.S.D.A. 4:10. 1897. *Bromus virgatus* J. Presl, Reliq. Haenk. 1:263. 1830.

Plantas perennes; tallos 30–180 cm, erectos, simples; vainas ligeramente carinadas arriba, glabras o un poco híspidas cerca del cuello, lígula 0.5–1.5 mm, pilosa, láminas 20–40 cm × 4–15 mm, glabras, márgenes escabrosos; panícula 10–40(–45) cm; ramas 8–20(–30) cm, escasas, solitarias, en su mayoría simples, rígidamente patentes, con espiguillas casi hasta la base; pedicelos 1–5 mm; espiguillas 8–13.5 mm; primera gluma 4–5 mm × 1.2–1.9 mm, 1–3(–5)-nervada, gradualmente aguda, mucronada, segunda gluma 5–7.2 mm, 3–7-nervada, apiculada; flósculos 2–4, lema del primer flósculo 6–10 mm, 3–7-nervada, arista (7–)9–17 mm; pálea 6–8 mm, márgenes pilosos, entrenudo inferior de la raquilla 1.4–2.5 mm; anteras 0.4–1.5 mm. $2n = 40$. Encontrada en bosque tropical caducifolio, a 1260–1750 m de altitud.

Se reconocen 2 variedades para este taxón, sólo *G. virgata* var. *robusta* J.J. Ortíz en Zacatecas.

Citada del W de México a Centro y Sudamérica; Antillas.

**ZACATECAS. Moyahua:** 5 mi S of Moyahua, on the hwy to Guadalajara, 15 Oct 1966, 1260 m, *Reeder y C. Reeder 4717* (MEXU, US). **Valparaíso:** San Juan Capistrano, límite entre los estados de Zacatecas y Durango, 28 Sep 1989, cañada con bosque en galería, 1750 m, *Balleza 2365* (CHAPA, CIIDIR).

Especie excluida: *Gouinia virgata* (J. Presl) Scribn. var. *virgata*, citada para Zacatecas por Espejo y López (2000), sin embargo se excluye por no haberse encontrado en los ejemplares revisados.

## Guadua Kunth

Referencia: Davidse, G. et al. (eds.). 1994. *Guadua*. En: Flora Mesoamericana 6:194–195.

Bambúes generalmente altos, espinosos; rizomas paquimorfos; tallos leñosos, cilíndricos, fistulosos o casi sólidos, generalmente con una banda de pelos blancos cortos por encima y debajo de la línea nodal, ramificándose en los 2/3 superiores, generalmente con 1 rama primaria por nudo y generalmente con 1–2(–5) espinas recurvadas o rectas, especialmente en las ramas inferiores; ramas secundarias escasas a varias en

*Eragrostis superba*

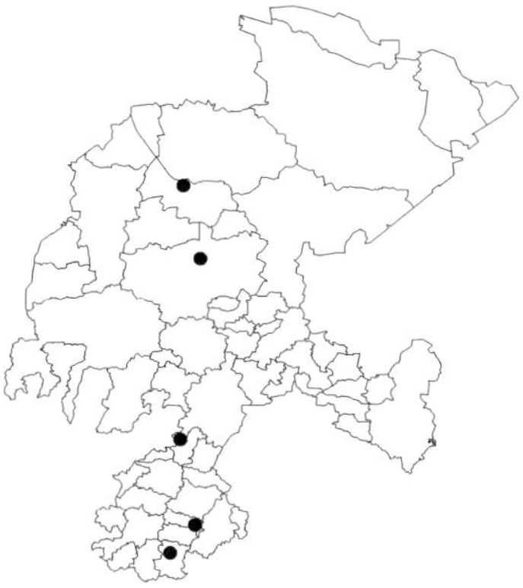

*Eriochloa acuminata*

*Erioneuron avenaceum*

*Erioneuron nealleyi*

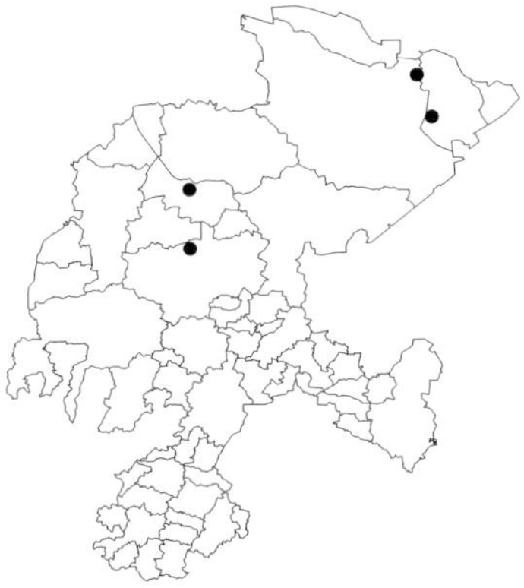

*Erioneuron pilosum*

*Festuca arizonica*

*Festuca pringlei*

*Festuca roblensis*

*Festuca rosei*

los nudos basales; hojas del tallo con las láminas triangulares, erectas, más o menos continuas con la vaina, densamente híspidas entre las nervaduras adaxialmente; hojas de las ramas seudopecioladas, lígula externa un diminuto borde, lígula interna membranácea; inflorescencia paniculada, compuesta, sésil, a veces sobre ramas secundarias en su mayoría sin hojas; seudosepiguillas presentes, con sus profilos y brácteas básales a menudo encerrando yemas de espiguillas axilares; espiguillas con numerosos flósculos, raramente con 1 solo flósculo bisexual y otro rudimentario, desarticulación entre los flósculos; lemas multinervadas, generalmente sin arista; páleas con 2 quillas usualmente aladas; estambres 6, raramente 3; fruto una cariopsis.

Género de aproximadamente 30 especies distribuidas desde México hasta Argentina. En Zacatecas una sola especie está presente.

**Guadua angustifolia** Kunth, Syn. Pl. 1:253. 1822.

Plantas arbóreas; tallos 4–10(–15) m, 2–5(–7) cm de grosor, erectos, con paredes anchas; entrenudos verdes, glabros; hojas del tallo con las vainas glabras a esparcidamente adpreso-pilosas, los pelos blancos; aurículas y setas orales faltantes, láminas 2–9 cm, 3/8–2/3 veces más largas que las vainas, los pelos blancos; hojas de las ramas con las vainas pilosas, glabras a esparcido-híspidas en el dorso, sin aurículas, setas orales 2–7 mm de ancho, lígula interna 0.1–0.2 mm, láminas 13–27 cm × 0.4–0.7 cm, 14–72 veces más largas que anchas, lineares, glabras salvo por algunos pelos cerca de la base, a veces esparcido-pilosas; seudoespiguillas 3–16, 50–130 mm × 3–4 mm, en grupos o espigadas, brácteas basales 3–8, 3–14 mm; flósculos 5–8; lema 15–21 mm, 17–23-nervada, glabra, con una arista de 3–5 mm; pálea 10–15 mm, más corta que la lema, las quillas pilosas de forma prominente; estambres 3, las anteras de 7–8.5 mm. Encontrada en matorral subtropical y bosque de encino, a 1300–2020 m de altitud.

Conocida de México a Honduras.

**ZACATECAS. Apozol:** Cañaveral cercano al balneario "Paraíso Caxcan", ejido San Miguel, 30 Sep 1989, 1300 m, *Balleza 2455* (CIIDIR, ENCB). **Nochistlán:** Cañada El Pinole, costado del cerro El Castillo, NE de Tlachichila, Sierra del Laurel, 27 May 2006, bosque de encino, 2020 m, *J. Martínez 622* (CIIDIR, INEGI).

## HETEROPOGON PERS.

REFERENCIA: Davidse, G. et al. (eds.). 1994. *Heteropogon*. En: Flora Mesoamericana 6:395.

Plantas anuales o perennes, cespitosas o rizomatosas; tallos sólidos, comprimidos; vainas carinadas, lígula una membrana pilosa, láminas lineares, aplanadas o conduplicadas; inflorescencia un racimo solitario, cilíndrico, terminal o axilar; espiguillas en pares, iguales en la porción basal del racimo, comprimidas dorsalmente, sin aristas, una pedicelada y una sésil, ocultando al raquis; primera gluma herbácea, asimétrica, convexa, 7–9-nervada, segunda gluma más ancha que la primera, herbácea, simétrica; flósculo inferior estéril; flósculo superior estéril o estaminado, con 3 estambres, lema inferior y superior iguales, hialinas, pálea faltante; espiguillas dimorfas en la porción superior del racimo, desarticulándose entre los pares de espiguillas, una espiguilla de cada par sésil y la otra brevipedicelada; espiguillas sésiles cilíndricas, rígidas, pardas, híspidulas, largo-aristadas, 2-flosculadas, callo alargado, oblicuo, afilado, híspido, formado por el entrenudo basal del raquis; primera gluma coriácea, convexa, truncada, los márgenes incurvados y abrazando a la segunda gluma en 2 canales formados entre una costilla media saliente y 2 bordes marginales; flósculo inferior estéril, lema inferior hialina, pilosa hacia el ápice, enervada, pálea inferior faltante; flósculo superior bisexual, lema superior reducida a la base hialina angosta de la arista, entera, la arista geniculada, torcida, pilosa, largamente exserta, pálea superior faltante; fruto una cariopsis. Género de aprox. 6 especies. Cosmopolita, probablemente nativa del Viejo Mundo.

1. Espiguillas sésiles y pediceladas 8–10 mm de largo, a menudo con pubescencia rígida de base pustulosa cerca del ápice; primera gluma sin una línea media de glándulas ____ **Heteropogon contortus**
1. Espiguilla sésiles y pediceladas 15–20 mm de largo, glabras; primera gluma con una línea media de glándulas deprimidas ____ **Heteropogon melanocarpus**

**Heteropogon contortus** (L.) P. Beauv. ex Roem. & Schult., Syst. Veg. 2:836. 1817. *Andropogon contortus* L., Sp. Pl. 2:1045. 1753.

Plantas perennes; tallos 30–100 cm, rojizo en la madurez, glabros, esparcido-ramificados en la parte superior, las ramas erectas; vainas lisas comprimido-carinadas, lígula 1–1.5 mm, terminando en un fleco blanco, láminas 10–18(20) cm × 3–7 mm, aplanadas; inflorescencia 2–7 cm, en forma de racimos solitarios, terminales, exsertos o inclusos en la base, pedúnculos híspidos, entrenudos superiores densamente pardo hispídulas; espiguillas en un solo lado del raquis, 8–10 mm; espiguillas pediceladas de la porción basal del racimo estériles, primera gluma 7–10 mm, pardo hispídulas, casi oculta por lo sobrepuesto de las espiguillas pediceladas; espiguillas sésiles de la porción apical del racimo 8–10 mm, cilíndricas, primera gluma 5–8 mm, pardo hispídulas, obtusas o truncadas en el ápice, estriadas, arista del flósculo bisexual 5–12 mm; callo casi 3 mm, pardo barbado. Encontrada en matorral espinoso y pastizal, a 1980–2350 m de altitud.

Citada del SW de Estados Unidos hasta Sudamérica; Antillas.

**ZACATECAS. Guadalupe:** km 19.7 carr. Guadalupe-Genaro Codina, 9 Oct 1989, pastizal de *Muhlenbergia* y *Bouteloua*, 2350 m, *Balleza 2537* (CHAPA). **Juan Aldama:** estación de microondas Morelos 2, km 109 carr. a Torreón, 1 Sep 1988, *Balleza 1873* (CHAPA). **Momax:** N of Momax, 3 Dec 1997, *V.J. Acuna 904* (US). **Pánuco:** La Calera, 5 km al W del entronque con la carr. a Saltillo, 13 Oct 1989, pastizal de *Bouteloua gracilis* y matorral espinoso, 2100 m, *Balleza 2550* (ENCB). **Pinos:** carr. Aguascalientes-Ojuelos, Jal., desviación al Tule, 20 Oct 1973, *R. Banda s.n.* (CHAPA). **Valparaíso:** por la brecha Lobatos-Adjuntas del Refugio, 29 Sep 1989, pastizal con bosque espinoso, 1980 m, *Balleza 2386* (CHAPA). **Villanueva:** km 130 carr. federal 54, por la brecha a Laguna del Carretero, 6 Oct 1988, *Balleza 2079* (CHAPA); W of Parada Villanueva, 4 Dec 1997, *Ma.C. Arteaga 919* (US).

**Heteropogon melanocarpus** (Elliott) Benth., J. Linn. Soc. Bot. 19(115–116):71. 1881. *Andropogon melanocarpus* Elliott, Sketch Bot. S. Carolina 1:146. 1816.

Plantas anuales; tallos 50–200 cm, glabros, ramificados desde los nudos medios y superiores; vainas glabras, con una hilera de glándulas crateriformes obscuras a lo largo de la costilla media, lígula 2–4 mm, láminas 30–70 cm × 5–10 mm, papiloso-híspidas en las aurículas y el haz; racimos 3–5 cm; espiguillas de la porción basal del racimo 15–20 mm, estaminadas; primera gluma con una hilera de glándulas rectangulares deprimidas a lo largo de la línea media, segunda gluma glabra, anteras 3.6–4.5 mm; espiguillas sésiles de la porción apical del racimo 15–20 mm, primera gluma 5–6 mm, arista del flósculo bisexual 10–12 mm; espiguillas pediceladas iguales a las de la porción basal del racimo, generalmente con una línea de glándulas en la primera gluma. Habita en selva baja caducifolia, bosque de encino y matorral xerófilo, a 1100–2000 m de altitud.

Citada desde el SE de Estados Unidos a Sudamérica; Antillas.

**ZACATECAS. Jalpa:** km 4.7 carr. a Calvillo, 27 Ago 1984, *Balleza 1836* (CHAPA). **Mezquital del Oro:** por la brecha Mezquital del Oro-Moyahua, 10 km del entronque con la carr. a Guadalajara, cerca del poblado Palo Verde, 30 Sep 1989, selva baja caducifolia, 1250 m, *Balleza 2444* (CHAPA, CIIDIR). **Monte Escobedo:** brecha a Mezquitic, Jal., 26 Sep 1980, bosque de encino, 2000 m, *Beetle y R. Guzmán M-5836* (MEXU). **Moyahua:** carr. federal 54, km 102, tramo Guadalajara-Zacatecas, 27 Ago 1988, selva baja caducifolia, 1100 m, *Balleza 1807* (CHAPA, CIIDIR). **Pinos:** km 35 por la carr. a Ojocaliente, 6 Sep 1973, *R. Banda s.n.* (CHAPA). **Villanueva:** cercanías del pueblo, 12 Oct 1969, *C.L. Díaz 1426* (MEXU, SLPM).

## Hilaria Kunth

Referencias: McVaugh, R. 1983. *Hilaria*. En: Flora Novo-Galiciana 14:190–193. J. Henrickson & M.C. Johnston. 1997. *Hilaria*. En: A flora of the Chihuahuan Desert region, ed. 1.2:1594–1595.

Plantas perennes, estoloníferas o rizomatosas; vainas redondeadas, lígula membranácea, pilosa o erosa, láminas lineares; inflorescencia una espiga; espiguillas en glomérulos (falsos involucros) sésiles o subsésiles, los glomérulos desarticulándose como una unidad, formados por 3 espiguillas, comprimidas lateralmente, callo obtuso; espiguillas laterales subsésiles, glumas más cortas a más largas que las flósculos, asimétricas, flabeladas, papiráceas o coriáceas y connatas en la base, 3–7-nervadas, el ápice generalmente ensanchado y lobado, con 0–6 aristas desde el seno o el dorso, flósculos 1–5, estaminados o estériles, lema membranácea, aguda a 2-lobada, 3-nervada; pálea similar a la lema; espiguilla central sésil, casi oculta por las espiguillas laterales, glumas 1–7-nervadas, más cortas que los flósculos, papiráceas a coriáceas, asimétricas, basalmente connatas o libres, bilobadas a truncadas o agudas, 2-aristadas desde el seno o del dorso, flósculos 1(–2), el inferior bisexual o pistilado, el superior estaminado o estéril cuando presente, lema membranácea, a veces atenuándose en un cuello largo y angosto, bífida o 2-lobada, aristada o sin aristas, pálea casi tan larga como la lema, 2-nervada; fruto una cariopsis. Género con algunas 9 especies distribuidas desde el SW de Estados Unidos hasta Guatemala.

1. Glumas de las espiguillas laterales tan largas como las lemas; glomérulos de 6–8 mm de largo; lemas densamente glandulosas ____ **Hilaria swallenii**
1. Glumas de las espiguillas laterales mucho más cortas que las lemas; glomérulos de 5–6 mm de largo; lemas glandulosas o no ____ **Hilaria cenchroides**

*Eriochloa acuminata*

*Erioneuron avenaceum*

*Erioneuron pilosum*

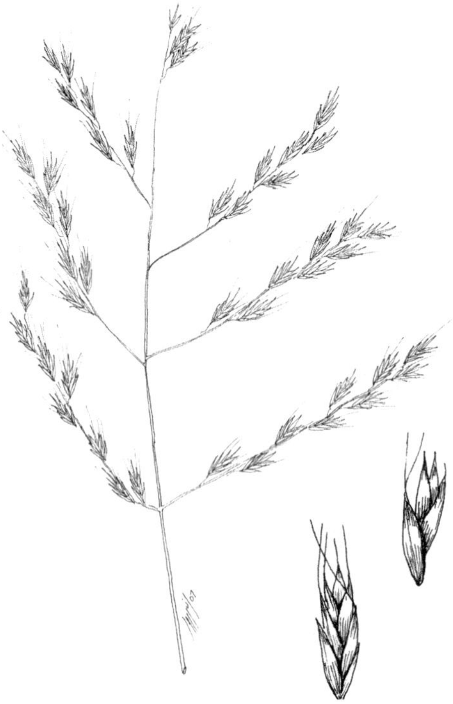

*Gouinia virgata*

**Hilaria cenchroides** Kunth, Nov. Gen. Sp. (quarto ed.) 1:117. t. 37. 1815.

Plantas perennes; tallos 5–60 cm, erectos y estoloníferos, nudos pilosos; vainas con los márgenes hialinos, papiloso-pilosos a glabros, lígula 1–2 mm, erosa, láminas 4–10 cm × 2–4 mm, aplanadas a involutas, escabrosas; espigas 1.5–4 cm, pardo obscuro a purpúreas, glomérulos (falsos involucros) 5–6 mm; espiguillas laterales 4.5–5.6 mm, glumas más cortas que los flósculos, basalmente connatas en el costado, escabrosas en su mayoría, la primera 2.5–3.5 mm, la segunda 3.5–5 mm, 5-nervada, truncada a escasamente emarginada, basalmente connata en un margen con una gluma de la espiguilla central; flósculos rudimentarios 2 o 3, estaminados; espiguilla central 5–6 mm, gris o negra, con numerosas glándulas negras escabrosas, glumas 3.8–4 mm, 7-nervadas, connatas en los 2/3 inferiores del dorso, libres en el frente, y marginalmente connatas en el costado con la gluma superior de la espiguilla lateral, escabrosas, profundamente 2-lobada, dorsal y ventralmente 2-aristada desde el seno, la arista dorsal 1.2–2.5 mm, la arista ventral 0.5 mm; flósculo fértil 1, de 5.2–6 mm, pistilada, lema estrechándose en los 2/3 superiores. Habita en pastizal, matorral xerófilo, matorral de pino piñonero, bosque de encino y pino con disturbio, a 1800–2535 m de altitud.

Se Conoce desde México a Guatemala.

**ZACATECAS. Cuauhtémoc:** 15.4 mi N of Zacatecas-Ags. border on hwy 45, 7 Oct 2007, desert scrub with *Yucca, Acacia, Opuntia*, y grasses, 2317 m, *P.M. Peterson, Saarela y M. Flores 21296* (US). **Gral. Pánfilo Natera:** km 61 carr. federal 49, 19 Ago 1988, matorral desértico espinoso, 2000 m, *Balleza 1655* (CHAPA). **Jerez:** Sierra Los Cardos, 10.7 mi NW of Jerez, W of El Cargadero, on road towards Monte de los García, 19 Oct 2007, grassy flats with *Juniperus deppeana, Pinus cembroides*, and grasses, 2535 m, *P.M. Peterson, Saarela y D. Stancik 21426* (US). **Miguel Auza:** On Hacienda de Zaragoza, Llano de Zaragoza, 28 Sep 1948, *Gentry 8504* (MEXU, US). **Monte Escobedo:** 4 km al N de Monte Escobedo, por la brecha que conduce a Mezquitic, 12 Ago 1988, bosque de encinos, 2200 m, *Balleza 1608* (CIIDIR). **Nochistlán:** Los Cardos, brecha a Jalpa, 31 Oct 1989, *Balleza 2677* (CHAPA). **Pinos:** carr. a San Luis Potosí, en la desviación a Saldaña, 17 Ago 1988, *E. Manrique y Beetle 1342* (MEXU). **Sombrerete:** 1 km SE of Villa Insurgentes along hwy 45 towards Zacatecas, 29 Sep 2001, calcareous slopes with *Quercus intricata, Pinus cembroides*, and *Rhus virens*, 2348 m, *P.M. Peterson y S. González 15963* (US). **Teúl de González Ortega:** Ejido Milpillas de Allende, 16 Sep 1988, pastizal, 2300 m, *Balleza 1948* (CIIDIR). **Valparaíso:** km 23 carr. a Huejuquilla, Jal., 29 Sep 1988, bosque de encino, 1800 m, *Balleza 2066* (CHAPA). **Villanueva:** 29 km de la Cd. de Zacatecas, por la carr. federal 54, 8 Ago 1988, matorral desértico crassicaule, 2300 m, *Balleza 1798* (CIIDIR).

**Hilaria swallenii** Cory, Wrightia 1:215. 1948.

Plantas perennes, en macollos pequeños, con estolones 5–20 cm, delgados, alambrudos, arqueados, los macollos emergen cada vez que los estolones tocan el suelo; tallos 10–35 cm, erectos, pilosos en los nudos; hojas en grupos basales cortos, láminas 5–15 cm × 2 mm, aplanadas, escasamente enrolladas; espigas 2–4.5 cm, con 3–8 glomérulos (falsos involucros), de 6–8 mm, el eje aplanado, los entrenudos alternativamente curvados, de 4–6 mm; espiguillas laterales 4.2–5.2 mm, glumas similares, oblongas, atenuadas en la base, tan largas como la lema, firmes y usualmente cubiertas con abundantes glándulas negras, excepto en el ápice, venas a menudo obscuras, aristas de las glumas sobrepasándolas ligeramente; espiguilla fértil 4.2–5.3 mm. Especie rara de vegetación secundaria del bosque de encino, a 1600–2480 m de altitud.

Citada desde Texas a México en: Coah., Chih., Dgo., N.L., S.L.P. y Zac.

**ZACATECAS. Apozol:** colonia Benito Juárez, Sierra de Nochistlán, 31 Ago 1989, bosque de *Quercus*, 1600 m, *Balleza 2211* (CHAPA, CIIDIR). **Nochistlán:** El Roblal, Sierra del Laurel, Tlachichila, 4 Nov 2006, bosque de encino, 2218 m, *O. Rosales y Y. Herrera 3758* (CIIDIR). **Río Grande:** Ejido Tierra Blanca, 23 Jul 1986, *E. Manrique, Lozano y Bravo 1304* (MEXU). **Tlaltenango:** km 22 de la terracería Jalpa–Tlaltenango, 17 Sep 1989, vegetación secundaria, 2480 m, *Balleza 2251* (CIIDIR).

## Hopia Zuloaga & Morrone

Referencia: Zuloaga & Morrone. 2007. *Hopia*, a new monotypic genus segregated from *Panicum*. Taxon 56: 145–156.

Plantas perennes, corto rizomatosas y largo estoloníferas; tallos sin formar cormos en la base, no ramificados, nudos huecos, pilosos, particularlmente en los estolones; lígula membranácea, papirácea, láminas linear-lanceoladas; paniculas contraídas, ramas espigadas, aplicadas, espiguillas en 1 sólo lado, naciendo en pares; Espiguillas elipsoides a obovoides; primera gluma ¾–4/5 del largo de la espiguilla, 5–7-nervada,

*Gouinia virgata* var. *robusta*

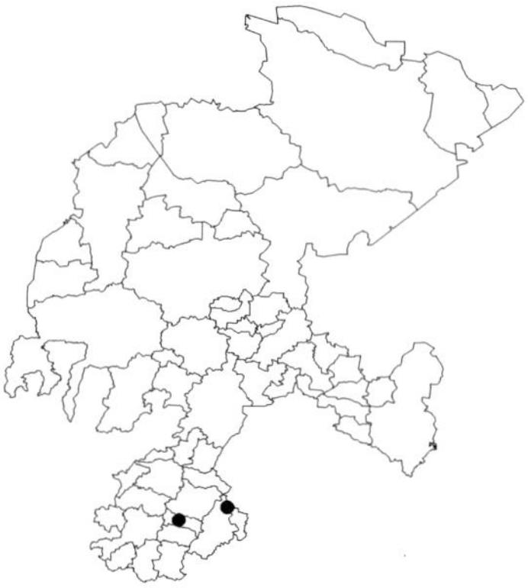

*Guadua angustifolia*

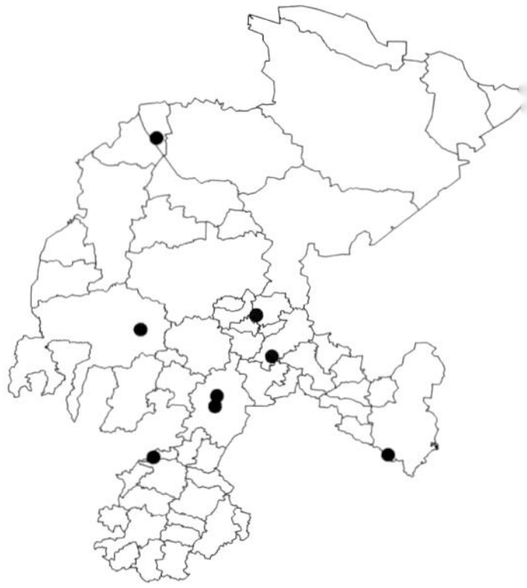

*Heteropogon contortus*

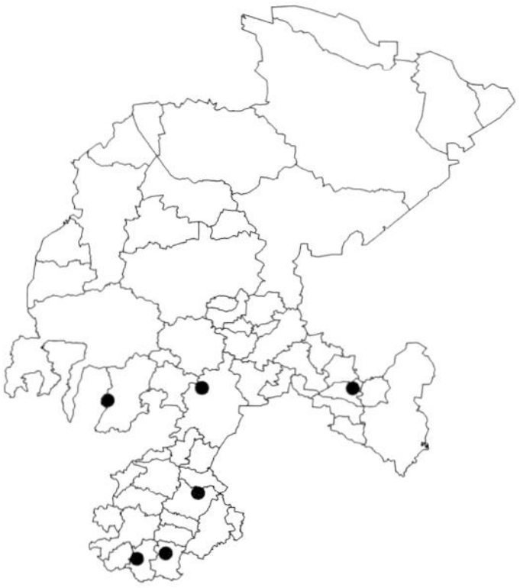

*Heteropogon melanocarpus*

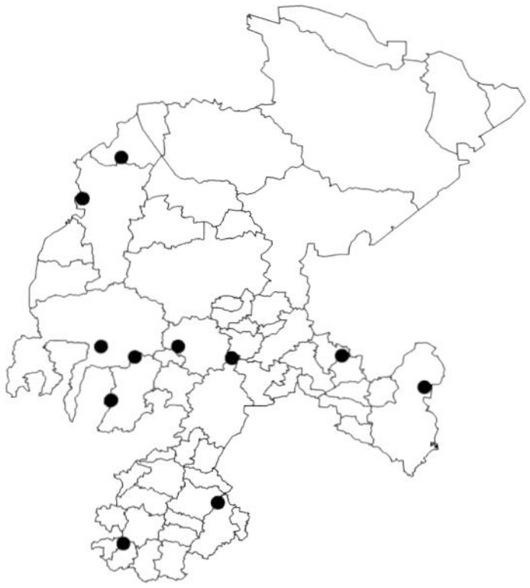

*Hilaria cenchroides*

*Hilaria mutica*

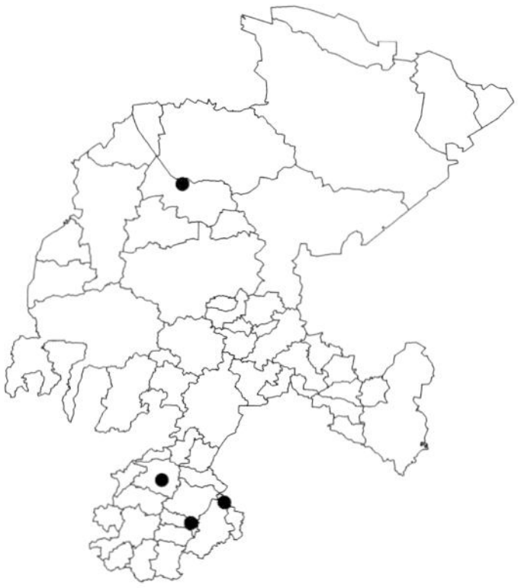

*Hilaria swallenii*

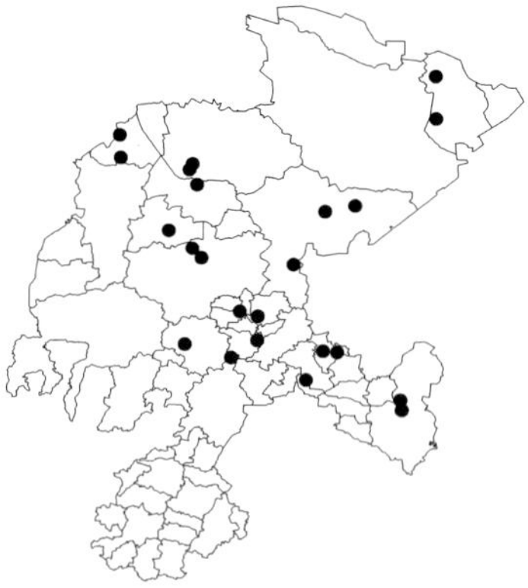

*Hopia obtusa*

*Hordeum jubatum*

segunda gluma subigual a la lema inferior, 7–11-nervada, obtusa; flósculo inferior estaminado, pálea inferior bien desarrollada; flósculo superior obovoide, endurecido, liso,con micropelos y papilas simples cerca de la base y el ápice. × = 10.

**Hopia obtusa** (Kunth) Zuloaga & Morrone, Taxon 56:145–156. 2007. *Panicum obtusum* Kunth, Nov. Gen. Sp. (quarto ed.) 1:98–99. 1815.

Plantas perennes, amacolladas a partir de un bulbo nudoso, con estolones extensos provistos de nudos

Heteropogon contortus

Heteropogon melanocarpus

Hilaria cenchroides

Hopia obtusa

conspicuamente pilosos, a menudo con una protuberancia escamosa; tallos delgados (20–)50–80 cm, sin ramificar, decumbentes en la base, glabros; vainas glabras a veces las inferiores y las de los estolones pilosas, lígula 0.5–0.8 mm, membranácea, láminas 10–20 cm × 2–7 mm, erectas, firmes, involutas hacia el ápice, glabras; panícula 3–12 × 0.8–1 cm, terminal, los racimos aplicados, densamente floríferos con las espiguillas a lo largo de un solo lado de las ramas espigadas, raquis ligeramente aplanado, espiguillas usualmente subsésiles, los pedicelos menores de 2 mm; espiguillas 3–4 × 1.5–1.8 mm, túrgidas, obovoides, obtusas, pardo; primera gluma casi tan larga como las espiguillas 5-nervada, segunda gluma y lema del flósculo estéril 3–4 mm, subiguales, 7–9-nervadas; flósculo superior bisexual, fruto 3–3.5 × 1.5–1.7 mm, liso, brillante, a veces pubescente solo en el ápice, subagudo. Habita en matorral xerófilo, bosque de pino-encino, a 1780–2400 m de altitud. $2n$ = 20,36,40.

Especie abundante conocida desde el SW de Estados Unidos a México

**ZACATECAS. Calera:** cercanías del pueblo, 1 Ago 1974, pastizal con nopalera, 2200 m, *Rodríguez 1164* (CHAPA). **Concepción del Oro:** near Concepción del Oro, 11 Aug 1904, *Palmer 266* (US). **Fresnillo:** carr. Fresnillo-Sombrerete, 2–3 km por la desviación a José María Morelos, 22 Jul 1987, matorral micrófilo con pastizal, 2020 m, *Antonia González E. s.n.* (SLPM). **Gral. Fco. R. Murguía:** Jaralillo, 27 Jul 1988, *H. Hidrogo s.n.* (IBUG, MEXU, SLPM); 4 km al S de Nieves, 5 Ago 1975, matorral micrófilo, 1850 m, *H. Puig 6606* (ENCB). **Gral. Pánfilo Natera:** km 129.5 carr. Méx 49, entronque con la terracería al Tule, 27 Ago 1988, matorral desértico espinoso, 2000 m, *Balleza 1651* (CHAPA); Las Huertas, 6 Oct 1975, matorral crassicaule, 2060 m, *H. Puig 6886* (ENCB). **Jerez:** 10 km al NW de Jerez, por la carr. al Cargadero, 25 Ago 1988, bosque de pino, 2400 m, *Balleza 1777* (CHAPA). **Luis Moya:** Zacatecas, 3 Oct 1910, *Hitchc. 7525* (US); Along hwy 45, 9.3 mi NW of state line of Zacatecas in Zacatecas, 8 Ene 1977, matorral espinoso, 7000 ft, *Dunn, Bennett, Wieder y Torke 22572* (ENCB). **Mazapil:** Noria de Guadalupe, 1 Oct 1975, matorral desértico micrófilo, 1780 m, *M. González-Ledezma 206* (CHAPA). **Miguel Auza:** 15 km al W de Miguel Auza, por la terracería al manantial Ojocaliente, 3 Sep 1988, pastizal, 2037 m, *Balleza 1899* (CHAPA). **Pánuco:** Mex. 54, 5 mi N of jct with Mex. 45, 26 Aug 1970, mesquite, cactus, yucca, 7200 ft, *L.H. Harv. 8725a* (ENCB).**Pinos:** near Pinos, 6 Oct 1954, *Sohns 1552* (US); cerca del Tecomate, 2 km al S del km 78, carr. federal 46 a San Luis Potosí, 27 Jul 1973, llanura con zacatal, 2000 m, *F. Takaki 2109* (ENCB, MEXU, SLPM); El Tecomate, 27 Jul 1973, pastizal, 2180 m, *J. Villa s.n.* (CHAPA). **Río Grande:** Camino a Loreto, 22 Jul 1986, pastizal, 1850 m, *E. Manrique, Lozano y Bravo 1296* (ENCB, MEXU). **Sain alto:** 4–5 mi SE of Sain Alto, 30 Sep 1948, *Gentry 9547* (US); 3 mi de Sain Alto, 16 Jul 1950, *Reeder, C. Reeder y Goodd.1314-A* (MEXU, ENCB); On Hacienda de Zaragoza, Llano de Zaragoza, 27 Sep 1948, Grama Grasslands, *Gentry 8502* (US). **Sombrerete:** 20 km N Sombrerete, 18 Sep 1946, *Hern.-Xol. et al. X-2544* (US).**Villa de Cos:** road from Sierra Hermosa SW to Zacatecas, 6 mi S of Sierra Hermosa, 4 Sep 1938 to 5 Sep 1938, *M.C. Johnst. 7419* (US); El Capirote, Villa de Cos, 4 Jul 1997, pastizal halófilo, 2070 m, *V.J. Acuña 845* (US); 2 km de Villa de Cos rumbo a Tierra y Libertad, 21 Jul 1986, pastizal, 1850 m, *E. Manrique, Lozano y Bravo 1267* (ENCB, MEXU). **Villanueva:** Malpaso, km 29 carr. a Guadalajara, 8 Ago 1988, lomerío con matorral desértico crassicaule, 2150 m, *Balleza 1534* (CHAPA).

## Hordeum L.

Referencias: Henrickson & Johnston. 1997. *Hordeum*. En: A flora of the Chihuahuan Desert region, ed. 1.2:1526–1527. 1997. Hitchcock, A.S. 1935. *Hordeum*. En: Manual of the grasses of the United States. Pp. 267–274.

Plantas anuales o perennes, cespitosas; tallos simples; hojas básales o caulinares, vainas con o sin aurículas, lígula membranácea, láminas lineares, aplanadas; inflorescencia una espiga bilateral, raquis aplanado, articulado, persistente en especies cultivadas, cada nudo con una tríada de espiguillas, la tríada caediza como una unidad y con el entrenudo inferior; espiguilla central de cada tríada sésil o raramente pedicelada, comprimida dorsalmente, con 1 flósculo bisexual; glumas setáceas, aciculares o aplanadas, alargadas, abaxiales, 1–3-nervada; lema cartácea, redondeada en el dorso, inconspicuamente 5-nervada, acuminada o con una arista terminal; pálea tan larga como la lema, 2-carinada; raquilla extendida atrás de la pálea como una cerda desnuda; lodículas 2, pilosas o glabras; estambres 3; estilos 2; ovario piloso en el ápice; fruto una cariopsis sulcada, retenida entre la lema y pálea; espiguillas laterales estaminadas o estériles (a veces fértiles en H. vulgare), pediceladas, generalmente muy reducidas. Alrededor de 35 especies en Eurasia, Norte y Sudamérica templadas; algunas especies ampliamente naturalizadas como malezas en climas templados y mediterráneos.

1. 3 espiguillas bisexuales, sésiles; lema 4–6 mm de ancho; hojas con aurículas prominentes en la base; plantas cultivadas a veces escapada de cultivo ____ **Hordeum vulgare**
1. 1 espiguilla bisexual y 2 espiguillas laterales pediceladas o reducidas a una lema aristada; lema 1–1.5 mm de ancho; hojas carentes de aurículas; plantas no cultivadas ____ **Hordeum jubatum**

**Hordeum jubatum** L., Sp. Pl. 1:85. 1753.

Plantas anuales, bianuales o perennes de vida corta; tallos 30–70 cm; lígula diminuta, truncada, láminas 6–15 cm × 5–8 mm; inflorescencia espigada, 3–12 cm × 5–10 mm, un poco péndula; espiguillas laterales 2.5–8 cm, reducidas a menudo sólo representadas por 1–3 aristas de 3–6 cm; glumas de la espiguilla fértil también aristiformes y más o menos del mismo largo; lema 4–8 mm, igualmente terminada en arista de similar longitud. Encontrada como maleza en zonas de disturbio, orilla de cultivo y en jardines, de 1800–2480 m de altitud.

Maleza ampliamente distribuida en todo el Mundo.

**ZACATECAS. Miguel Auza:** Huerto González, 12 Jul 1988, pastizal, 2030 m, *J.L. Ruelas 11* (SLPM). **Tepetongo:** El Cacalote, km 75.5 carr. a Tlaltenango, 10 Ago 1989, terrenos inundados, 1800 m, *Balleza 2158* (CHAPA, CIIDIR). **Zacatecas:** Lago La Encantada, 31 Oct 1988, a orilla de lago, 2480 m, *Balleza 2142* (CHAPA, CIIDIR).

**Hordeum vulgare** L., Sp. Pl. 1:84–85. 1753.

Plantas anuales; tallos 55–120 cm; vainas delgadas, glabras a pubescentes, lígula 1.5–3 mm, truncada, láminas de largo variable, hasta 30 cm × 5–15 mm de ancho, glabras, manifiestamente auriculadas en la base; inflorescencia espigada, espigas 4–12 cm × 1 cm de diámetro, con las espiguillas en grupo de 3 fértiles, raquis persistente; espiguilla central con las glumas 10–30 mm, aplanadas, lema 10–12 mm, finalmente endurecida, glabra, la arista 10–15 cm, raquilla 4–5 mm; espiguillas laterales ambas fértiles, similares a la espiguilla central, o 1 espiguilla fértil y 1 reducida, lema aristada, arista de 10–15 cm, algunas formas cultivadas sin arista. Nombre común «Cebada», cultivada, rara vez se le encuentra como maleza arvense o ruderal, creciendo a 1850–2350 m de altitud.

**ZACATECAS. Mazapil:** rancho Mahoma, 15 Oct 1989, planta cultivada, 1850 m, *Balleza 2594* (CHAPA). **Pinos:** carr. federal 70, km 72, tramo Ojuelos–San Luis Potosí, 4 Oct 1989, pastizal de *Bouteloua gracilis y B. scorpio des.*, 2250 m, *Balleza 2501* (CHAPA, CIIDIR). **Zacatecas:** campo experimental de la Escuela de Agronomía, Universidad Autónoma de Zacatecas, 5 Mayo 1990, 2350 m, *Balleza 2738* (CHAPA, CIIDIR).

## KOELERIA PERS.

REFERENCIA: Rzedowski, J. & G.C. Rzedowski (eds.). 2001. *Koeleria.* En: Flora Fanerogámica del Valle de México 2ª ed. P. 1062.

Plantas herbáceas, anuales o perennes; hojas angostas; inflorescencia una panícula espiciforme, terminal, brillante; espiguillas con 2–4 flósculos, lateralmente comprimidas, raquilla desarticulándose arriba de las glumas y entre los flósculos, prolongándose más allá de los flósculos bisexuales, en forma de una cerda delgada o bien portando un flósculo reducido en el ápice; glumas subiguales, disimilares en forma, la primera angosta, 1-nervada, la segunda más ancha, ensanchada arriba del centro, 3–5-nervada; primera lema un poco más larga que las glumas, lema escariosa, brillante en los márgenes, inconspicuamente 5-nervada, a veces aristada cerca del ápice. Género de unas 50 especies distribuidas por lo general en regiones de clima templado.

**Koeleria pyramidata** (Lam.) P. Beauv., Ess. Agrostogr. 84, 166, 175. 1812. *Poa pyramidata* Lam., Tabl. Encycl. 1:183. 1791. *Koeleria cristata* Pers.

Plantas perennes, alambrudas; tallos 50–80 cm, las bases endurecidas, pubescentes debajo de los nudos; hojas basales, glabras o pubescentes, lígulas 0.5–2 mm, láminas 15–25 cm × 2–4 mm; panículas 10–15 cm × 0.6–1.6 cm, interruptas en la parte inferior, eje de las ramas cortas densamente piloso con pubescencia diminuta; espiguillas 4–6 mm, angostas; flósculos 2(–3); glumas desiguales, primera gluma 3–4 mm, segunda gluma y lema 3.5–6 mm, lema puntiaguda; pálea igual a la lema, hialina. Especie poco común encontrada en pastizal, a 2100 m de altitud.

De regiones templadas del Viejo Mundo, distribuida del S de Canadá hasta México.

**ZACATECAS. Pinos:** near Pinos, 6 Oct 1954, *Sohns 1543* (US).

## Lasiacis (Griseb.) Hitchc.

Referencia: Davidse, G. et al. (eds.). 1994. *Lasiacis*. En: Flora Mesoamericana 6:318–321.

Plantas perennes, rara vez anuales, cespitosas y erectas, trepadoras o rastreras; vainas redondeadas, lígula una membrana, láminas lineares a ovadas, aplanadas, generalmente sin seudopecíolos; inflorescencia una panícula abierta o contraída; espiguillas subglobosas, obovoides o elipsoides, colocadas oblicuamente sobre el pedicelo, con 2 flósculos; desarticulación por debajo de las glumas, la espiguilla caediza como una unidad; glumas y lema inferior abruptamente apiculadas, lanosas apicalmente, negras brillante y con la epidermis inferior aceitosa en la madurez; primera gluma 1/3–2/3 del largo de la espiguilla, 5–13-nervada, segunda gluma casi tan larga como la lema inferior, 7–15-nervada; flósculo inferior estéril o estaminado, pálea inferior ¼ a tan larga como la lema; flósculo superior bisexual, lema y pálea superiores fuertemente endurecidas, lanosas apicalmente en ligeras excavaciones; fruto una cariopsis. Aprox. 13 especies americanas.

**Lasiacis nigra** Davidse, Phytologia 29:152. 1974.

Plantas perennes; tallos 1–8 m, leñosos, erectos, fistulosos; vainas pilosas a glabras, lígula 0.5–1.3(–2) mm, glabra o pilosa, láminas 5–11(–15) cm × 0.6–2(–2.5) cm, lineares a lanceoladas, puberulentas o pilosas; panícula 5–19 cm, ovoide u obovoide, exserta, ramas ascendentes a divergentes, escasamente ramificadas; pedicelos alargados, patentes, algo flexuosos; espiguillas (3.6–)4–5 mm, obovoides, numerosas, sobre pedicelos de 0.5–1.5(–3) cm, púrpura; primera gluma (1.6–)2–2.7(–3.2) mm, 5–13-nervada, segunda gluma 7–13-nervada; flósculo inferior estéril o estaminado, lema inferior 9–11-nervada, pálea inferior casi tan larga como el flósculo superior; flósculo superior bisexual, 3.8–4.6 mm × 2.5–2.9 mm, pardo. $2n = 36$. Habita en bosque tropical caducifolio, a 1750 m de altitud.

Especie conocida desde el Centro de México hasta Sudamérica.

**ZACATECAS. Valparaíso:** San Juan Capistrano, límite entre los estados de Dgo. y Zac., 28 Sep 1989, cañada con bosque de galería, 1750 m, *Balleza 1562* (CIIDIR), *2362, 2363* (CHAPA, ENCB).

## Leersia Sw.

Referencia: Davidse, G. et al. (eds.). 1994. *Leersia*. En: Flora Mesoamericana 6:221.

Plantas perennes cespitosas o rizomatosas; láminas lineares, lígula membranácea, adnata con las aurículas de la vaina; inflorescencia una panícula terminal, abierta; espiguilla comprimida lateralmente, carinada, sin arista, con 1 flósculo bisexual, desarticulación arriba de las glumas; glumas reducidas a crestas diminutas en la punta del pedicelo; lema carinada, 5-nervada; pálea tan larga como la lema, carinada, 3-nervada; estambres 1–6; fruto una cariopsis comprimida lateralmente. Plantas acuáticas o subacuáticas con 18 especies de regiones templadas y tropicales del Mundo, algunas de ellas cosmopolitas.

**Leersia hexandra** Sw. Prodr. 21. 1788.

Plantas perennes con rizomas delgados o estoloníferas; tallos 25–100 cm, decumbentes, glabros o escabrosos, nudos retrorsamente pilosos; hojas escabrosas a glabras o pilosas, lígula 1–6 mm, láminas 5–25 cm × 3–15 mm, cuando sumergidas 6–8 cm, lanceoladas; panículas 5–15 cm; espiguillas comprimidas lateralmente, imbricadas, finalmente separadas en la madurez, dispuestas en los 2/3 superiores de las ramas, púrpura; espiguillas 3–5 mm × 1–1.5 mm, sobre pedicelos de 0.5–1 mm; lema apiculada, pilosa en la quilla, escabrosa a los lados; pálea visible en parte, casi 1/2 del largo de la lema; estambres 6, anteras 2–3.5 mm. $2n = 48$. De lugares pantanosos o en bordos de arroyos del pastizal, a 1900–2150 m de altitud.

Citada desde el SE de Estados Unidos a Centroamérica; Antillas.

**ZACATECAS. Benito Juárez:** cerca de Florencia, salida a Los Azafranes, 30 Sep 1989, pastizal, 2150 m, *Balleza 2418-B* (CHAPA). **Tepechitlán:** presa Miguel Alemán, 11 Ago 1989, pastizal, 1900 m, *Balleza 2175* (CHAPA, IEB). **Teúl de González Ortega:** 1 km al N de Teúl, por la carr. federal 23, 15 Sep 1988, pastizal, 1900 m, *Balleza 1934* (CHAPA, IEB).

## Leptochloa P. Beauv.

Referencias: McVaugh, R. 1983. *Leptochloa*. En: Flora Novo-Galiciana.14:211–218. Davidse, G. et al. (eds.). 1994. *Leptochloa*. En: Flora Mesoamericana 6:260–261.

Plantas anuales o perennes cespitosas; lígula una membrana pilosa o sin pelos, láminas lineares, generalmente aplanadas; inflorescencia una panícula de racimos delgados unilaterales, las espiguillas brevipediceladas, en 2 hileras; espiguillas comprimidas lateralmente, carinadas, con 2–10-flósculos bisexuales, la superior reducida, desarticulación arriba de las glumas y entre los flósculos; glumas subiguales, más cortas que las espiguillas, 1-nervadas, carinadas; lemas membranáceas, 3-nervadas, el ápice obtuso a 2-lobado, aristado o sin aristas; páleas más cortas que las lemas, 2-carinadas; estambres 2 o 3; fruto una cariopsis sulcado o no. Aprox. 40 especies en los trópicos y climas cálidos.

1. Lemas 2-lobadas en el ápice, no aristadas, ampliamente divaricadas en la madurez; plantas perennes ____ **Leptochloa dubia**
1. Lemas obtusas a diminuto-emarginadas en el ápice, no aristadas o cortamente aristadas, no divaricadas; plantas anuales.
    2. Espiguillas 5–12 mm de largo; flósculos 6–12; lema no aquillada.
        3. Lema inferior 2.5–3.5 mm de largo, obtusamente emarginada y diminutamente mucronada en el ápice ____ **Leptochloa fusca subsp. uninervia**
        3. Lema inferior 3–5 mm de largo, agudamente emarginada y aristada, 0.4–1 mm en el ápice ____ **Leptochloa fusca subsp. fascicularis**
    2. Espiguillas 1.8–6 mm de largo, flósculos 2–6; lema aquillada.
        4. Espiguillas 4–7 mm de largo; lemas 3–3.5 mm y glumas 1.6–2 mm de largo, menores que los flósculos ____ **Leptochloa aquatica**
        4. Espiguillas 1.8–3 mm de largo; lemas 1–2 mm y glumas 1–2.7 mm de largo, igual o mayores que los flósculos ____ **Leptochloa panicea subsp. brachiata**

**Leptochloa aquatica** Scribn. & Merr., Bull. Div. Agrostol. U.S.D.A. 24:26. 1901.

Plantas anuales, glabras; tallos 60–100 cm, enraizados en los nudos inferiores; vainas carinadas, glabras, lígula 0.5–1 mm, erosa, láminas 10–20(–30) cm × 4–10 mm; panícula 7–22 cm, ramas numerosas, racemosas, 2–6(–8) cm, ascendentes, laxamente floríferas; espiguillas 4–6 mm, con 2–6 flósculos, lateralmente comprimidas, pediceladas, verde grisáceo o plomizo; segunda gluma ovada, aguda, conduplicada, 1.8–2 mm; lema 3–3.5 mm, membranácea, casi translúcida, obtusa u obscuramente emarginada en el ápice, rara vez mucronada, pilosa cerca de la base y en las nervaduras laterales cerca del margen; pálea membranácea, subhialina con los márgenes inconspicuamente verdes. De hábitos acuáticos, encontrada en terrenos inundados del pastizal, a 2300 m de altitud.

Especie mexicana escasa, citada de Nay., Jal., Mor., Gro., ahora la citamos de Zac.

**ZACATECAS. Teúl de González Ortega:** Ejido Milpillas de Allende, 16 Sep 1988, pastizal, 2300 m, *Balleza 1945* (CHAPA, ENCB).

**Leptochloa dubia** (Kunth) Nees, Syll. Pl. Nov. 1:4. 1824. *Chloris dubia* Kunth, Nov. Gen. Sp. (quarto ed.) 1:169. 1815.

Plantas perennes; tallos 60–125 cm, erectos, generalmente simples, glabros; hojas en su mayoría glabras, vainas redondeadas, lígula 0.5–1.3 mm, densamente pilosa, láminas 10–40 cm × 2–6 mm; panícula 8–20 cm, abierta; racimos 4–20, patentes, los inferiores 5–10 cm; espiguillas 4–9 mm; glumas 2–4 mm, desiguales; flósculos 3–7, aplanados en sección transversal; lema más inferior 3–5 mm, anchamente divaricada en la madurez, pilosa en la ½ inferior en el dorso y los márgenes, 2-lobada en el ápice, no aristada, callo puberulento; cariopsis no sulcada. Habita en pastizal, matorral xerófilo, bosque de pino piñonero y en terrenos de cultivo, a 1780–2400 m de altitud.

Especie de muy amplia distribución desde el SW de Estados Unidos a México.

**ZACATECAS. Calera:** Campo Agrícola Experimental del INIFAP, 20 Oct 1982, Material experimental, 2160 m, *Balleza 2602* (CHAPA, CIIDIR, ENCB, IEB). **Concepción del Oro:** cerca de Concepción del Oro, 14 Nov 1904, *Palmer 268* (GH, MEXU, NY, UC, US) ; Along hwy 54, 0.4 road mi S of hwy 60 turnoff towards Fresnillo, at jct of dirt road leading (unmarked) to Ranchito San Ramón, *Snow 6673* (MO, MEXU). **Cuauhtémoc:** cerro Salaverna, Sep 1980, matorral crassicaule, 2400 m, *R. del Castillo y S. Trujillo ZA-79* (CHAPA). **Fresnillo:**

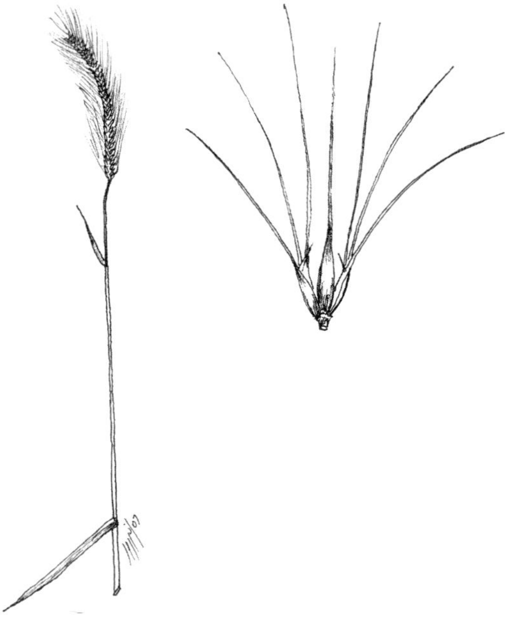

*Hordeum jubatum*

*Hordeum vulgare*

*Lasiacis nigra*

*Leersia hexandra*

*Leptochloa dubia*

Intersection of Mexico 54 and the Tropic of Cancer, *J. Brunken and C. Perino 476* (MO, TAES); 81 mi SE of Durango on Hsy 45, *Pratt 614* (TEX); 71 mi SE of Durango on Hsy 45, *Pratt 606* (TEX); 15 km al N de Fresnillo, *C.L. Díaz 988* (RSA); 20 km N of Fresnillo, rumbo a Durango, *Beetle M-7466* (MO); *M-7474* (ANSM); 45.5 km NW of Fresnillo on Mex hwy 45 to Durango, *Peterson 9661* (BISH, K, MO, US); 40 km N of Fresnillo rumbo a Durango, 5 Sep 1981, cactus forest, *Beetle M-7504* (ENCB, TAES); Mex 54, 45 mi N of jct with Mex 45, Zacatecas, 26 Ago 1970, cactus-yucca area, 6200 ft, *L.H. Harv. 8731* (ENCB); 22 km al N de Fresnillo por la carr. a Durango, 2150 m, pastizal, *Beetle M-7483* (MEXU). **Guadalupe:** km 19.7 de la carr. Guadalupe–Genaro Codina, 9 Oct 1989, patizal de *Muhlenbergia y Bouteloua*, 2350 m, *Balleza 2512* (CIIDIR). **Gral. Pánfilo Natera:** Las Huertas, 6 Oct 1975, matorral crassicaule, 2060 m, *H. Puig 6887* (ENCB). **Jalpa:** km 4.7 carr. a Calvillo, 27 Ago 1988, *Balleza 1834* (CHAPA). **Jerez:** 10 km al NW de Jerez, por la carr. a El Cargadero, 25 Ago 1988, bosque de pino, 2400 m, *Balleza 1748* (CHAPA). **Mazapil:** road from Concepción del Oro S to Cardona, 5 mi N of Cardona, 2 Sep 1938, *I.M. Johnst. 7371* (GH, US); Hacienda de Cedros, Sum 1908, *F.E. Lloyd 231* (US); Pico de Teira, E face, Sep 1908, *F.E. Lloyd 240, 241* (US); 15 (air) mi NE of Estacion Camacho on NW slopes of Pico de Teyra, *Henr. 13424* (LL); Ejido Noria de Guadalupe, 19 Ago 1978, matorral micrófilo inerme, 1780 m, *F. del Río s.n.* (ENCB); km 142 carr. Zacatecas–Saltillo, 3 km antes de Mahoma, 25 Sep 1988, izotal con matorral desértico micrófilo, 1850 m, *Balleza 1979* (CIIDIR). **Miguel Auza:** 2 km al E de la Honda, 12 Sep 1996, pastizal mediano abierto, 2140 m, *L. Silva 804* (CIIDIR). **Ojocaliente:** carr. a Pinos, 17 Ago 1989, terrenos con agricultura de riego, 2100 m, *Balleza 2176* (CIIDIR); km 63 brecha Pinos-Ojocaliente, 20 Sep 1974, pastizal, 2180 m, *R. Banda 76* (CHAPA). **Pánuco:** Mex 54, 5 mi N of jct with Mex 45, 26 Ago 1970, mesquite-cactus area, 7200 ft, *LeRoy H. L.H. Harv. 8720* (ENCB). **Pinos:** 10 km al W de Saldaña, 19 Ago 1975, matorral crassicaule, 2100 m, *H. Puig 6448* (ENCB); 3 km al SE de la comunidad El Chino, 12 Sep 1996, pastizal mediano abierto, 2330 m, *L. Silva 811* (CIIDIR); Los Alpes, carr. 70, 4 Oct 1989, *Balleza 2467* (CHAPA). **Río Grande:** 5 km al NE de Tetillas, 4 Sep 1988, matorral desértico, 2150 m, *Balleza 1911* (CHAPA). **Sain Alto:** 2.1 mi W of turnoff to Sain Alto along hwy 45 towards Sombrerete, 7 Oct 2007, desert scrub near hwy with *Opuntia, Acacia, Clematis, Pectis, Prosopis* y grasses, 2147 m, *P.M. Peterson, Saarela y M. Flores 21282* (US). **Sombrerete:** Agua Zarca, 21 Jul 1988, pastizal, 2300 m, *E. García 9* (SLPM); near Sombrerete on hwy 45 (48 mi SE of Nombre de Dios), 16 Aug 1959, *D.L. Marsh 1898* (US); Parque Nacional Sierra de Órganos, orilla de cañada al S de la entrada del parque, 22 Sep 2001, bosque de *Pinus–Quercus cembroides*, 2360 m, *S. González, D. Enríquez, M. Adame y L. Chávez 6406* (CIDIIR). **Valparaíso:** Por la brecha de Lobatos–Adjuntas del Refugio, 29 Sep 1989, pastizal con bosque de pino, 1980 m, *Balleza 2387* (CIIDIR); road to Huejuquilla el Alto, Jal., 1 mi W of the road jct 18 mi S of Valparaíso on the road to Mezquitic, Jal., 4 Sep 1958, oak forest, 2000–2100 m, *McVaugh 17706* (US). **Villa de Cos:** 76 mi NE of Zacatecas (road jct with hwy 45), 20 Oct 1966, *Gould 12347* (TAES, US). **Villa González Ortega:** km 86 de la carr. federal 49, tramo S.L.P.–Zacatecas, intersección con la terracería a Manuel María, 19 Ago 1988, matorral desértico espinoso, 2300 m, *Balleza 1669* (CHAPA, CIIDIR). **Villanueva:** Villanueva, 12 Oct 1969, matorral de *Opuntia* y *Yucca*, 1600 m, *C.L. Díaz 1428* (ENCB); ruinas de Chicomostoc, Oct 1958, pastizal, 2020 m, *R. Claverán 19* (CHAPA). **Zacatecas:** Zacatecas, 3 Oct 1910, *Hitchc. 7523* (US); 10 mi E of Zacatecas at Guadalupe, *Beetle et al. M-1793* (UC).

**Leptochloa fusca** (L.) Kunth, Revis Gramin 1:191. 1829. *Festuca fusca* L., Syst. Nat. (ed. 10) 2:876. 1759.

Plantas anuales; tallos 10–250 cm, erectos, a veces postrados, simples o esparcido-ramificados, glabros; vainas redondeadas, glabras, lígula 2.5–6 mm, hialina, decurrente en las vainas, láminas 15–50 cm × 2–6 mm, escabrosas; panícula 15–80 cm, densa, racimos 4–20, ascendentes, el inferior hasta 20 cm de largo; espiguillas 5–12 mm; glumas desiguales, la primera 1–3.5mm, lanceolada a ovada, la segunda 1.8–5.5 mm, ampliamente ovada, aguda en el ápice; flósculos 6–12, casi aplanados en sección transversal; lema 2–4.5 mm, ascendente, pilosa en la ½ inferior de los márgenes y la quilla, obtusa, truncada o agudamente emarginada y aristada, arista 0.4–1.5(–3) mm, callo glabro; cariopsis no sulcada. Especie de ambientes acuáticos, citada de Estados Unidos a Sudamérica; Antillas.

1. Lemas 2–3 mm de largo, obtusas a truncadas, con un mucrón hasta de 0.4 mm; espiguillas 5–6 mm de largo ____ **Leptochloa fusca** subsp. **uninervia**
1. Lemas 3–4.5 mm de largo, agudas, aristadas, la arista 0.5–1.5(–3) mm de largo; espiguillas 8–12 mm de largo ____ **Leptochloa fusca** subsp. **fascicularis**

**Leptochloa fusca** subsp. **fascicularis** (Lam.) N. Snow, Novon 8:78. 1998. *Festuca fascicularis* Lam., Tabl. Encycl. 1:189. 1791

Variedad más común, de ambientes acuáticos encontrada en terrenos de cultivo y pastizal, de 1800–2250 m de altitud.

**ZACATECAS. Jalpa:** Along hwy 54, at turnoff to Jalpa, *Snow 6672* (MEXU, MO). **Miguel Auza:** 15 km al W de la cabecera municipal, por la terracería que va a Ramón Corona, Dgo., 3 Sep 1988, pastizal de *Sporobolus*, 2037 m, *Balleza 1903* (CHAPA, CIIDIR). **Momax:** 2 km al N de Momax, 14 Ago 1983, *F.J. Santana y Hernández 1258* (MEXU). **Monte Escobedo:** salida a Mezquitic, 22 Sep 1989, terreno abandonado, 2190 m, *Balleza 1994* (CIIDIR). **Pinos:** carr. federal 70, a la altura de los Alpes, 4 Oct 1989, campo de cultivo, 2250 m, *Balleza 2502* (CHAPA, CIIDIR). **Tepetongo:** El Cacalote, km 73.5 carr. a Tlaltenango, 10 Ago 1988, terrenos inundados, 1800 m, *Balleza 2154* (CHAPA, CIIDIR). **Tlaltenango:** km 37 de la carr. a Tlaltenango, 21 Nov 1989, área con cultivo de maíz, 2200 m, *Balleza 2255-B* (CHAPA, CIIDIR). **Villa de Cos:** road from Sierra Hermosa SW to Zacatecas, Villa de Cos, 4 Sep 1938, *I.M. Johnst. 7429* (GH, US).

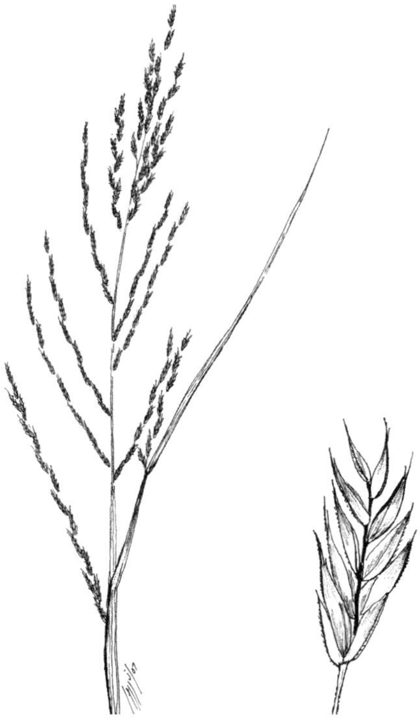

*Leptochloa fusca* ssp. *fascicularis*

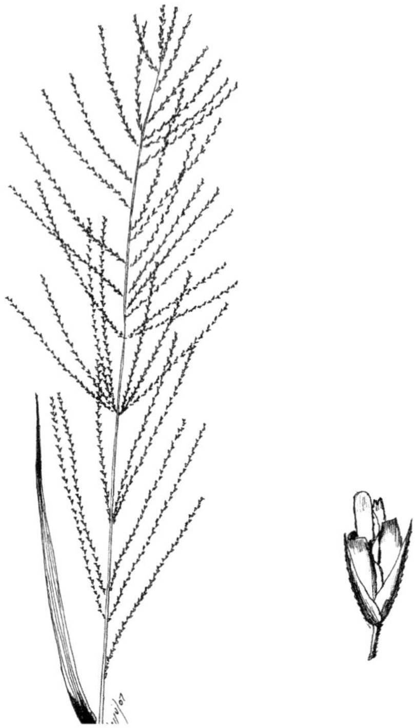

*Leptochloa panicea* ssp. *brachiata*

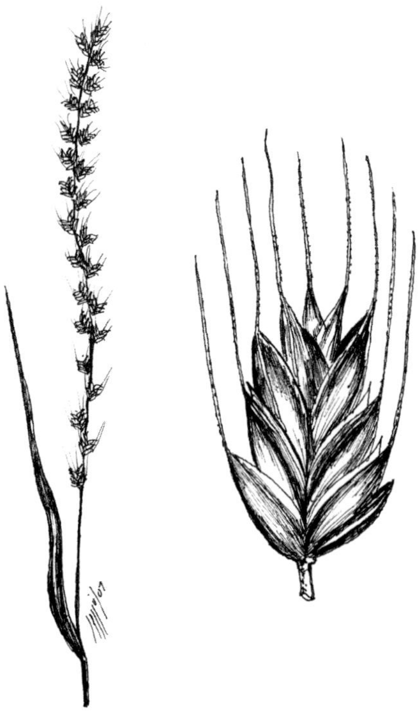

*Lolium multiflorum*

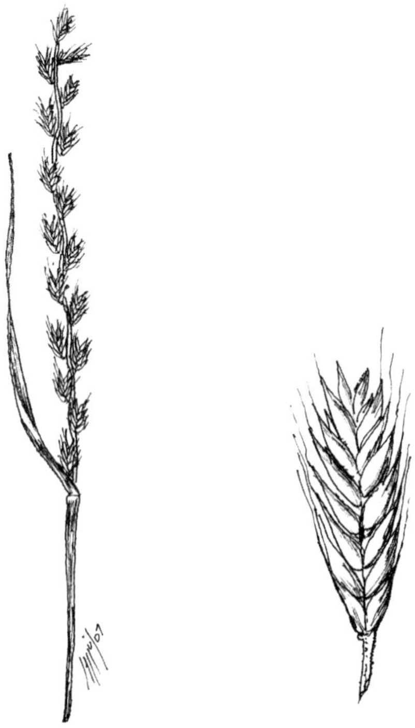

*Lolium perenne*

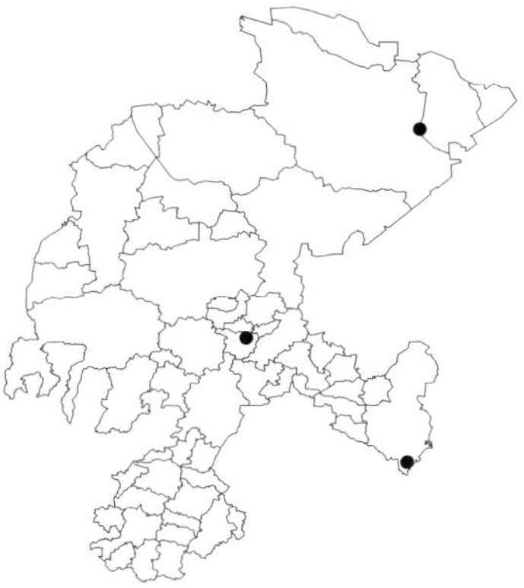

*Hordeum vulgare*

*Koeleria pyramidata*

*Lasciacis nigra*

*Leersia hexandra*

*Leptochloa aquatica*

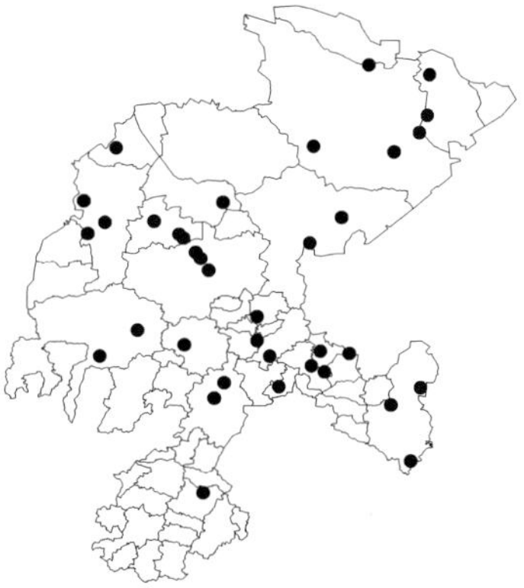

*Leptochloa dubia*

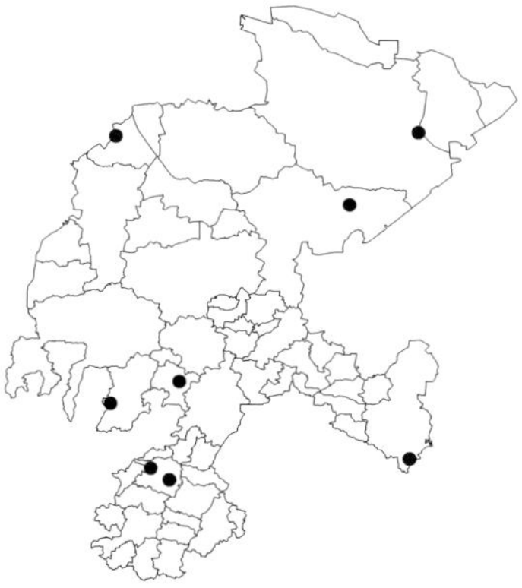

*Leptochloa fusca* ssp. *fascicularis*

*Leptochloa fusca* ssp. *uninervia*

*Leptochloa panicea* ssp. *brachiata*

**Leptochloa fusca** subsp. **uninervia** (J. Presl) N. Snow, Novon 8:78. 1998. *Megastachya uninervia* J. Presl, Reliq. Haenk. 1(4–5):283. 1830.

Variedad poco común, presente sólo en el Campo Agrícola del INIFAP, Calera, Zacatecas.

**Leptochloa panicea** (Retz.) Ohwi, Bot. Mag. (Tokyo) 55(655):311. 1941. *Poa panicea* Retz. Observ. Bot. 3:11. 1783.

Plantas anuales, delicadas; tallos 25–90 cm, ascendentes, geniculados y enraizados en los nudos inferiores, esparcido-ramificados, generalmente erectos; hojas basales, suaves, vainas papiloso-pilosas; lígula 0.5–1 mm, hialina, una escama lacerada, láminas 2–20 cm × 3–6 mm, delgadas, aplanadas; inflorescencia 7–35 cm × 3–20 cm, ramas 20–70, espaciadas, 1–1.5 cm × 1–2 mm, ascendentes a abiertas; espiguillas 1.8–3 mm, con 2–4 flósculos, rojizas o purpúreas; glumas membranáceas, lanceoladas a veces aristadas, escabrosas en la nervadura central, la primera 1–2 mm, la segunda 1.3–2.7 mm; lema 1–2 mm, sericea en la nervaduras, verde claro a pardo, ampliamente obtusa a apiculada, sin arista; pálea subigual a la lema, glabra; estambres 0.2–0.3 mm; cariopsis 0.7–1.2 mm. $2n$ = 20. Escasa en terrenos húmedos del bosque de galería y matorral subtropical, a 1250–1750 m de altitud.

Descrita de Sudamérica, citada del S de Estados Unidos al NE de México.

Se reconocen 3 subespecies de este taxón, *L. panicea* subsp. *brachiata* (Steud.) N. Snow, es la más ampliamente distribuida en el Continente y se le encuentra en México.

**ZACATECAS: Apozol:** Ejido San Miguel, 27 Ago 1988, *Balleza 1825* (CHAPA). **Jalpa:** Along hwy 54 at turnoff to Jalpa, *Snow 6672-a* (MEXU, MO). **Moyahua:** km 102, carr. federal 54, tramo Zac.-Guad., 27 Ago 1988, pastizal con matorral subtropical, *Balleza 1812* (CHAPA, CIIDIR, ENCB); Along hwy 54, 0.9 road mi S of turnoff to Moyahua and Cuxpala, *Snow 6654* (MEXU, MO).**Valparaíso:** San Juan Capistrano, límite entre los estados Dgo. y Zac., 28 Sep 1989, cañada con bosque en galería, 1750 m, *Balleza 2372* (CHAPA, ENCB).

## Lolium L.

Referencia: Davidse, G. et al. (eds.). 1994. *Lolium*. En: Flora Mesoamericana 6:227–228.

Plantas anuales o débilmente perennes, cespitosas o raramente rizomatosas; vainas con aurículas, lígula membranácea, láminas lineares; inflorescencia una espiga terminal bilateral; espiguillas sésiles, colocadas con la parte dorsal de la segunda gluma alejada del raquis, desarticulación arriba de la gluma y entre los flósculos; primera gluma faltante excepto en la espiguilla terminal, segunda gluma más corta a más larga que la espiguilla, lanceolada a oblonga; flósculos bisexuales, varios a numerosos; lema aristada o sin arista, 5-nervada; pálea un poco más larga o más corta que la lema, ciliolada; fruto una cariopsis. Aprox. 8 especies nativas de Eurasia, introducidas en climas templados o alpinos.

1. Glumas más cortas que la espiguilla; plantas anuales o perennes; flósculos nunca inflados.
   2. Láminas jóvenes conduplicadas; flósculos bisexuales 4–10; lema sin arista o con una arista 6–8 mm de largo ______ **Lolium perenne**
   2. Láminas jóvenes enrolladas; flósculos bisexuales 11–22; lema con una arista 13–15 mm de largo ______ **Lolium multiflorum**
1. Glumas tan largas como o más largas que la espiguilla; plantas anuales; flósculos túrgidos (inflados) en la madurez, 6–8 mm de largo ______ **Lolium temulentum**

**Lolium multiflorum** Lam., Fl. Franc. 3:621. 1779.

Plantas anuales, en ocasiones bianuales, cespitosas; tallos 90–120 cm, erectos o geniculados; vainas redondeadas con aurículas pequeñas, lisas, glabras, lígula 1–3 mm, truncada, láminas 15–25 cm × 3–8 mm, enrolladas cuando jóvenes; inflorescencia espigada, espigas 17–45 cm, delgadas; espiguillas 10–25 mm, solitarias, alternas, adpresas, con la raquilla desarticulándose en segmentos planos; gluma 0.5–1.5(–2) mm, 3–7-nervada; flósculos bisexuales 11–22; flósculos estériles faltantes o 1; lemas 4–8.5 mm, 3–5-nervadas, no túrgidas cuando maduras, con una arista 8–15 mm; anteras 3–4.5(–5) mm. $2n$ = 14. Se le encuentra cultivada y en potreros cercanos a las poblaciones, a 1850–2350 m de altitud.

Especie nativa de Eurasia, introducida y naturalizada en todo México.

**ZACATECAS. Jerez:** alrededores del pueblo, 23 Ago 1988, *E. Manrique y Beetle 1378* (MEXU). **Mazapil:** rancho Mahoma, 15 Oct 1989, planta cultivada, 1850 m, *Balleza 2593* (ENCB). **Zacatecas:** Campo agrícola de la Escuela de Agronomía de la UAZ, 3 Mar 1990, arvense a la orilla del canal de riego, 2350 m, *Balleza 2734* (CIIDIR, ENCB).

**Lolium perenne** L., Sp. Pl. 1:83. 1753.

Plantas perennes de vida corta, cespitosas, produciendo rizomas en lugares húmedos; tallos 10–90 cm; hojas glabras, aurículas faltantes o hasta 3 mm, lígula 2–2.5 mm, láminas 3–20 cm × 2–6 mm, conduplicadas cuando jóvenes; espigas hasta cerca de 20 cm de largo, delgadas; espiguillas 7–20 mm; segunda gluma 3.5–15 mm, 1/3 del largo de la espiguilla, 5–7-nervada; flósculos bisexuales 4–10; flósculos estériles faltantes o sólo 1; lema 3.5–9 mm, 5-nervadas, no túrgida cuando madura, aguda o con una arista 6–8 mm; anteras 2–4.2 mm. $2n = 14$. Cultivada para forraje, persistiendo escapada de cultivo, se le encuentra en potreros. En Zacatecas en terrenos de la Escuela de Agronomía de la UAZ.

Especie nativa de Eurasia, introducida y naturalizada en todo México.

**ZACATECAS. Zacatecas:** km 15.5 carr. Zacatecas-Guadalajara, 11 Ago 1988, terrenos de la Escuela de Agronomía de la UAZ, 2350 m, *Balleza 1595* (CHAPA, ENCB).

**Lolium temulentum** L., Sp. Pl. 1:83. 1753.

Plantas anuales cespitosas; tallos 40–120 cm; hojas glabras, aurículas faltantes o si presentes de 3–4 mm, lígula 1–3 mm, láminas 10–30 cm × 5–10 mm, enrolladas cuando jóvenes; inflorescencia en forma de espigas de 5–40 cm, rígidas; espiguillas 8–28 mm; glumas 10–30 mm, 3–11-nervada; flósculos bisexuales 2–10; flósculos estériles faltantes o hasta 4; lema 5–8 mm, 5–7-nervadas, túrgidas (infladas) cuando maduras, con arista 15–20(–23) mm; anteras 2–3.2(–4) mm. $2n = 14$. En orilla de una banqueta en la población de Guadalupe, Zac.

Nativa de Eurasia; introducida y naturalizada en climas templados del mundo.

**ZACATECAS. Guadalupe:** Fracc. Las Arboledas, 3 Mar 1990, arvense a la orilla de la banqueta, 2450 m, *Balleza 2732* (CHAPA, ENCB, IEB).

## Luziola Juss

Referencia: Rzedowski, J. & G.C. Rzedowski (eds.). 2001. *Luziola*. En: Flora fanerogámica del Valle de México, 2ª Ed. Pp. 1064–1065.

Plantas perennes, monoicas, acuáticas o paludícolas; lígula membranácea, láminas lineares, aplanadas; inflorescencias unisexuales, las pistiladas en panículas axilares o partes de racimos conjugados, las estaminadas en panículas terminales o racimos solitarios; espiguillas unisexuales, 1-flosculadas, sin arista; glumas reducidas a una cúpula diminuta, desarticulación arriba de la cúpula; espiguillas estaminadas con lemas membranáceas, 7-nervadas, pálea 2-nervada, estambres 6–8; espiguillas pistiladas en espigas axilares escasamente floríferas, glumas faltantes, lema y pálea iguales, membranáceas, la lema 7-nervada y la pálea 5-nervada; estilos y estigmas 2; fruto un aquenio endurecido, ovoide o esférico. Género con aprox. 12 especies distribuidas en los trópicos y subtrópicos del Nuevo Mundo.

**Luziola fluitans** (Michx.) Terrell & H. Rob., Bull. Torrey Bot. Club 101:244. 1974. *Zizania fluitans* Michx., Fl. Bor.-Amer. 1:75. 1803.

*Hydrochloa caroliniensis* P. Beauv.

Plantas acuáticas sumergidas; tallos 50–100 cm, la mayor parte sumergidos, rastreros a menudo enraizantes; hojas flotantes, vainas cerdosas en el ápice, lígula en forma de collar de 0.5–2 mm, láminas 2–8 cm × 1–5 mm, aplanadas, algo auriculadas en la base con numerosas nervaduras prominentes; panículas masculinas 3–7 cm, terminales, sobresaliendo del agua, blanquecinas, espiguillas masculinas 3–6, glumas faltantes, lema y pálea 4.5–7 mm, casi iguales, multinervadas, anteras 6–8, de 3–4 mm, amarillas; panículas femeninas poco conspicuas, escondidas en las vainas de las hojas, solo destacando por sus estigmas plumosos exsertos, de 5–7 mm; espiguillas femeninas 1.7–2.2 mm. Encontrada en charcos temporales del pastizal con bosque de encino y en la orilla de bordos, a 2300 m de altitud.

Conocida del SE de Estados Unidos a México.

**ZACATECAS. Fresnillo:** rancho Altamira, brecha Fco. I. Madero-Vasco de Quiroga, 20 Oct 1989, pastizal con encinos, 2300 m, *Balleza 2652* (CHAPA, ENCB).

## Lycurus Kunth

Referencia: Reeder, C.G. 1985. Phytologia 57:283–291.

Plantas perennes cespitosas; tallos con numerosos nudos; vainas carinadas, lígula membranácea, láminas lineares, conduplicadas; inflorescencia una panícula densa, espiciforme, terminal o axilar, portando espiguillas en pares, a veces solitarias o rara vez en tríadas, desigualmente pediceladas, raramente ambas sésiles; espiguillas desarticulándose arriba de las glumas, espiguilla superior bisexual, a veces estaminada o estéril; espiguillas con 1 flósculo, sin una extensión de raquilla, lateralmente comprimidas, inconspicuamente carinadas; glumas subiguales, más cortas que el flósculo, la primera (1–)2-nervada, (1–)2(–3)-aristada, las aristadas iguales o desiguales, la segunda 1–2-nervada, 1-aristada; lema cartilaginosa, 3-nervada, 1-aristada, marginalmente pilosa; pálea, 2-nervada, pilosa en el dorso y el lado; fruto una cariopsis. Género con 3 especies del SW de los Estados Unidos hasta Argentina, a lo largo de los Andes.

1. Lígula 0.5–1 mm de largo, truncada o ampliamente deltoidea, poco o nada visible por fuera; hojas generalmente cortas, con el ápice navicular, obtuso a subagudo; plantas más o menos rastreras a ascendentes ________ **Lycurus phalaroides**
1. Lígula 2–3 mm de largo, auriculada, claramente visible por fuera; hojas con ápice agudo; plantas con tallos ascendentes o erectos ________ **Lycurus phleoides**

**Lycurus phalaroides** Kunth, Nov. Gen. Sp. (quarto ed.) 1:142. 1815.

Plantas perennes; tallos 10–40 cm, decumbentes o patentes, aplanados, ramificados, nudos y entrenudos escabrosos; vainas esparcido puberulentas cerca de los márgenes, lígula 0.5–1 mm, truncada a ampliamente deltoidea, láminas 1–6 cm × 0.3–0.7 mm, glabras a esparcido-puberulentas, apicalmente naviculares a corto-agudas; panícula 1–6.5 cm × 3–5 mm; espiguillas 3–4 mm, bisexuales, rara vez estaminadas o estériles; primera gluma 0.8–2 mm, 1–2-aristada, las aristas 0.7–2.5 mm, segunda gluma 1–2 mm, arista 1–3 mm; lema 3–4 mm, la arista 0.9–2.9 mm, escabrosa; anteras 1.5–2.1 mm; cariopsis 1.8–2 mm. Habita en pastizal y bosque de encino, a 2218–2535 m de altitud.

Citada desde México a Guatemala.

**ZACATECAS. Jalpa:** Sierra Morones, 10 km W of Mex 54, on road to Tlaltenango, 6 Oct 1988, *P.M. Peterson y Annable 6178* (US). **Jerez:** Sierra Los Cardos, 10.7 mi NW of Jerez, W of El Cargadero, on road towards Monte de los García, 19 Oct 2007, grassy flats with *Juniperus deppeana, Pinus cembroides*, and grasses, 2535 m, *P.M. Peterson, Saarela y D. Stancik 21427* (US). **Nochistlán:** ladera NE del cerro de las Antenas de microondas, carr. Tlachichila-Jalpa, 5 Nov 2006, pastizal con encinos, 2218 m, *O. Rosales y Y. Herrera 3771* (CIIDIR). **Pinos:** 11 mi NW of Ojuelos, Jalisco, 18 Nov 1964, *Reeder y C. Reeder 4186* (SLPM, US). **Sombrerete:** 4 km al SE de San José de Mesillas, 2 Nov 2006, matorral xerófilo, 2326 m, *O. Rosales y Y. Herrera 3682* (CIIDIR); 1 km al E de Doroteo Arango, 29 Oct 2006, pastizal con encinos aislados, 2370 m, *O. Rosales y Y. Herrera 3613* (CIIDIR). **Teúl de González Ortega:** Comunidad de Milpillas de Allende, 17 Sep 1988, bosque de encino, 2350 m, *Balleza 1964* (CHAPA, CIIDIR, ENCB).

**Lycurus phleoides** Kunth, Nov. Gen. Sp. (quarto ed.) 1:142. t. 45. 1815.

Plantas perennes; tallos 25–40 cm, erectos o ascendentes, geniculados; hojas basales, vainas comprimidas y carinadas, lígula 2–3 mm, auriculadas, claramente visibles por fuera, láminas 6–10(–15) cm × 2–6 mm, aplanadas o enrolladas, apiculadas; inflorescencia 5–8 cm × 6–10 mm; espiguillas grisáceas; glumas 1.7–2 mm, la primera 2-aristada, 3–5 mm, desiguales; lema pubescente, con arista de 2–5 mm; pálea pubescente, no encerrada por la lema en la madurez. Habita en pastizal, matorral xerófilo y bosque de pino-encino, a 2000–2500 m de altitud.

Conocida desde el SW de Estados Unidos a Guatemala.

**ZACATECAS. Cuauhtémoc:** rancho Presillas, matorral crassicaule, 2300 m, *S. Trujillo y R. del Castillo ZA-78* (CHAPA). **El Plateado de Joaquín Amaro:** near Plateado, 4 Sep 1897, *Rose 2794* (US). **Guadalupe:** cerro de La Virgen, *V. Medina 147* (MEXU); Zacatecas, 3 Oct 1910, *Hitchc. 7496* (US). **Jerez:** 10 km al NW de Jerez, por la carr. al cargadero, 1.5 km de Parral de las Huertas, 25 Ago 1988, arvense en huerta de durazno, 2450 m, *Balleza 1770* (ENCB). **Fresnillo:** carr. Fresnillo-Sombrerete, 2–3 km por la desviación a José María Morelos, 2020 m, 22 Jul 1987, matorral micrófilo con pastizal, *A. González s.n.* (SLPM); 30 km N of Fresnillo rumbo a Durango, 5 Sep 1981, grassland, *Beetle M-9502* (ENCB); 12 mi N of Fresnillo, 4 Oct 1974, savanna with Acacia, Yucca and cacto, 2075 m, *Reeder y C. Reeder 6469* (ENCB); 45.5 km NW of Fresnillo on Mex hwy 45 to Durango, 28 Aug 1990, rocky slopes with Acacia and Opuntia, 2170 m, *P.M. Peterson 9657* (US); 5.3 km N of Fresnillo and ca. 1.6 km E of the microondas, 28 Sep 1991, Calcareous, rocky flats in open grassland, 2300 m, *P.M. Peterson, Annable y J. Valdés 10965* (US); 3 km al E de la carr. a Torreón, por la carr. a Cañitas, 1 Sep 1988, matorral desértico-espinoso, 2000 m, *Balleza 1846* (CHAPA). **Gral. Pánfilo Natera:** km 129.5 carr. federal 49, entronque con la terracería al Tule, 17 Ago 1988, matorral desértico espinoso, 2000 m, *Balleza 1645* (CHAPA). **Mazapil:** Hacienda de Cedros, Sum 1908, *F.E. Lloyd 179* (US); Valle de Mazapil, antes de las Majadas, 25 Ago 1975, bosque de *Pinus cembroides*, 2450–2500 m, *J. Passini y M.F. Robert 5870* (ENCB). **Miguel**

**Auza:** 2 km al E de la Honda, 12 Sep 1996, pastizal mediano abierto, 2140 m, *L. Silva 803* (CIIDIR). **Monte Escobedo:** 7 mi E of Monte Escobedo, 3 Oct 1974, oaks forest, 2135 m, *Reeder y C. Reeder 6456* (ENCB); 5 mi E of Monte Escobedo, 3 Oct 1974, scattered oaks and manzanitas, 2195 m, *Reeder y C. Reeder 6446* (ENCB). **Nochistlán:** cerca del poblado Los Cardos, por la brecha Nochistlán–Jalpa, 31 Oct 1989, pastizal con encino, 2000 m, *Balleza 2687* (CIIDIR, CHAPA). **Pánuco:** Mex 54, 5 mi N of jnct with Mex 45, mesquite-cactus, 7200 ft, *L.H. Harv. 8724* (ENCB); La Calera, 5 km al W del entronque con la carr. a Saltillo, 13 Oct 1989, pastizal de *Bouteloua gracilis* con matorral espinoso, 2100 m, *Balleza 2556* (ENCB). **Pinos:** rancho Casa Blanca, km 77 carr. San Luis Potosí–Salinas, 9 Sep 1964, pradera natural, *R. Padilla s.n.* (SLPM); 1 mi E of El Tecomate, 4 mi E of San Luis Potosí state line, 21 Sep 1974, extensive savanna with *Yucca, Agave*, and *Opuntia*, 2255 m, *Reeder y C. Reeder 6295* (ENCB); El Chino, 12 Sep 1996, pastizal, 2330 m, *L.S. Rivera 818* (US); El Sitio, terracería Pinos-Ojuelos, Jal., 4 Oct 1989, pastizal de *Eragrostis*, 2450 m, *Balleza 2454-B* (CHAPA, CIIDIR); San José de Bernlejo, *L. Silva 138* (MEXU). **Sain Alto:** 2.1 mi W of turnoff to Sain Alto along hwy 45 towards Sombrerete, 7 Oct 2007, desert scrub near hwy with *Opuntia, Acacia, Clematis, Pectis Prosopis* y grasses, 2147 m, *P.M. Peterson, Saarela y M. Flores 21294* (US). **Sombrerete:** Agua Zarca, 20 Jul 1988, 2300 m, *E. García 3* (SLPM); Parque Nacional Sierra de Órganos, 1 km al S de Villa Insurgentes y 2.5 km (en línea recta) al W de San Fco. de Órganos, 22 Sep 2001, bosque de *Pinus–Juniperus*, 2300 m, *S. González y P.M. Peterson 6437* (CIIDIR); 1 km SE of Villa Insurgentes along hwy 45 towards Zacatecas, 29 Sep 2001, calcareous slopes with *Quercus intricata, Pinus cembroides,* and *Rhus virens*, 2348 m, *P.M. Peterson y S. González 15960* (US). **Valparaíso:** 18 mi NE of Valparaíso, on road to Fresnillo, 14 Oct 1966, thorn savanna, 7200 ft, *Reeder y C. Reeder 4708* (ENCB); 7.2 mi W of Valparaíso, 16 Aug 1969, *J. Taylor y C. Taylor 6148* (US). **Villanueva:** Malpaso, km 29 carr. a Guadalajara, 8 Ago 1988, lomerío con matorral desértico crassicaule, 2150 m, *Balleza 1560* (CHAPA); 78 km al S de Zacatecas, por la carr. 54, 22 Oct 1976, pastizal, 2100 m, *J. Brunken y C. Perino 460* (CHAPA). **Zacatecas:** 5 mi N of Cd. Zacatecas along hwy. 45, cultivated field, 7600 ft, 4 Nov 1964, *Reeder y C. Reeder 4041* (SLPM).

## Melinis P. Beauv.

Referencia: Zizka, G. 1988. *Melinis*. In: Biblioth. Bot. 138:55.

Plantas anuales o perennes, cespitosas; lígula una hilera de pelos, láminas lineares, aplanadas; inflorescencia una panícula sedosa, rosada o blanca; espiguillas pilosas con pelos suaves alargados, comprimidas lateralmente, 2-flosculadas, desarticulación por debajo de las glumas y prontamente por debajo del flósculo superior; glumas desiguales, entrenudos alargados entre las glumas, primera gluma corta, linear, enervada o 1-nervada, segunda gluma y lema inferior subiguales, cartáceas, gibosas en la ½ inferior, adelgazándose hacia el ápice, 5–7-nervadas, carinadas, cortamente aristada; flósculo inferior estaminado, lema y pálea del flósculo inferior semejantes, carinadas; flósculo superior bisexual, liso, brillante, corto-estipitado, lema del flósculo superior 2/3 de la espiguilla, navicular, cartácea, no aristada, los márgenes delgados y aplanados, pálea subigual a la lema; fruto una cariopsis. Género de algunas 14 especies africanas, 1 especie es maleza pantropical.

**Melinis repens** (Willd.) Zizka, Biblioth. Bot. 138:55. 1988. *Saccharum repens* Willd., Sp. Pl. 1:322. 1797. *Rhynchelytrum repens* (Willd.) C.E. Hubb.

Plantas perennes; tallos 75–100 cm, erectos o decumbentes, ramificados desde los nudos inferiores, papiloso-hirsutos; vainas papiloso-hirsutas a glabras, lígula 0.8–1.2 mm, láminas 6–17 cm × 2–5 mm, hirsutas; panícula 14–22 cm, piramidal, pedicelos flexuosos; espiguillas 3.5–5 mm, ovadas, cubiertas con pubescencia suave hasta 8.5 mm, rojizas, rosadas o blanco-plateadas; primera gluma 1–1.6 mm, entrenudo entre las glumas casi 0.5 mm, segunda gluma y lema del flósculo inferior 2.8–3 mm, pilosa apicalmente; flósculo superior 2.2–2.8 mm, anteras 2.1–2.3 mm. $2n = 36$. Se dispersa por las carr.s y caminos invadiendo pastizales y matorrales, a 1663–2400 m de altitud.

Especie nativa de África; ahora pantropical. Introducida en toda América.

**ZACATECAS. Jerez:** km 50 carr. Zacatecas-Jerez, 19 Jul 1986, *Brigada Cotecoca 99* (ENCB, MEXU); 10 km al NE de Jerez, por la carr. a El Cargadero, 25 Ago 1988, bosque de pino, 2400 m, *Balleza 1761* (CHAPA). **Juchipila:** al W de Pueblo Viejo, ladera E del cerro de Piñones, rancho de Jesús Ayala, 7 Ago 1998, selva baja caducifolia, 1663 m, *Balleza y M. Adame 8696* (CIIDIR). **Nochistlán:** Tlachichila, por la brecha a Jalpa, 31 Oct 1989, pastizal con matorral espinoso, 2200 m, *Balleza 2688* (CHAPA). **Tepetongo:** carr. Jerez-Tlaltenango, km 73.5 en El Cacalote, 10 Ago 1989, terrenos inundados, 1800 m, *Balleza 2156* (CHAPA, CIIDIR). **Tlaltenango:** 38 km W of Jalapa, along the road to Tlaltenango, 30 km from the entronque with the Jalpa-Juchipila rd, 21 Oct 1973, *Rzed. y McVaugh 1033* (US); N of Tlaltenango, 3 Dic 1997, *Ma.C. Arteaga.909* (US). **Valparaíso:** Ejido San Juan Capistrano, 27 Sep 1988, bosque de encino-pino, 1700 m, *Balleza 2028* (CHAPA). **Villanueva:** Malpaso, km 29 carr. a Guadalajara, 8 Ago 1988, lomerío con matorral desértico crassicaule, 2150 m, *Balleza 1565* (CHAPA, CIIDIR). **Zacatecas:** cerro de La Bufa, 21 Ago 1988, matorral crassicaule, 2310 m, *E. Manrique y Beetle 1395* (MEXU).

## Metcalfia Conert

Referencia: Conert, H.J. 1960. *Metcalfia*. En: Eine neue Gattung der Gramineen. Willdenowia 2:417–419. 1960.

**Metcalfia mexicana** (Scribn.) Conert, Willdenowia 2:417. 1960. *Danthonia mexicana* Scribn., Proc. Acad. Nat. Sci. Philadelphia 43(2):301, t. 13, f. 7, 7a-7d. 1891.

Plantas perenne amacollado; tallos erectos 60–90 cm, con 2–3 nudos; vainas glabras, lígula 2–5 mm, escamosa, láminas 20–40 cm, involutas, algo rígidas; Inflorescencia 15–30 cm × 0.5–1 cm, terminal, espigada, erecta, esparcida, con pocas ramas, aplicadas o las espiguillas de la porción superior solitarias y mas o menos sésil; espiguillas con 3–4 flósculos, 13–18 mm excluyendo las aristas, el superior reducido, un poco comprimido lateralmente, lanceolado, las espiguillas con entrenudos de 2.5–4 mm, desarticulación entre los flósculos en la base de cada lema, el eje prolongado adelante del flósculo superior; glumas 7–9-nervadas, ampliamente lanceoladas o agudas en el ápice, con una arista de 1.2–1.6 mm, la primera 12–15 mm, la segunda 13–16 mm; lemas 6–11 mm, ampliamente ovadas, 7-nervadas, bífidas en el ápice, pilosas en la mitad inferior, con la nervadura central prolongada en una arista que emerge entre los diente, la arista 6–12 mm, geniculada y torcida en la porción basal. Prefiere suelos calcáreos, encontrada en bosque de pino a 2543 m de altitud, de Concepción del Oro, Zac.

Especie mexicana escasa, citada de los estados del altiplano oriental de México.

**ZACATECAS. Concepción del Oro:** por la terracería entre Concepción del Oro y Mazapil, 13 Oct 1989, bosque de pino, 2543 m, *Balleza 2576* (CHAPA, CIIDIR, ENCB).

## Microchloa R. Br.

Referencia: Davidse, G. et al. (eds.). 1994. *Microchloa*. En: Flora Mesoamericana 6:291.

Plantas anuales o perennes cespitosas; hojas basales, lígula una pequeña membrana pilosa, láminas lineares, setáceas; inflorescencia una espiga solitaria, terminal, unilateral, las espiguillas solitarias, en 2 hileras intercaladas en el lado inferior de un raquis arqueado, las glumas superiores mirando hacia afuera; espiguillas un poco comprimidas dorsalmente, con 1 flósculo fértil; desarticulación arriba de las glumas; glumas subiguales, más largas que el flósculo, membranáceas, 1-nervadas, primera gluma carinada, segunda gluma aplanada dorsalmente, los márgenes reflejos; lema membranácea, subaguda a emarginada y mucronada, 3-nervada, las nervaduras marginales y la quilla pilosa, callo agudo, piloso; pálea casi tan larga como la lema, 2-carinada, pilosa en las quillas.

**Microchloa kunthii** Desv., Mem. Soc. Agric. Angers 1:179. 1831.

Plantas perennes amacolladas; tallos de 5–35 cm, erectos, entrenudos y nudos glabros; vainas 1–4 cm, glabras o escábridas en el ápice, los márgenes membranosos; lígula 0.2–0.3 mm, pilosa, láminas 2–6 cm × 0.8–1.5 mm, rígidas, aplanadas o conduplicadas, pilosas en la base, márgenes y nervadura central gruesos, con pelos débiles, alargados; inflorescencia 5–10 cm × 1–2 mm, en forma de espiga solitaria, unilateral, curvada en la madurez, raquis corto-piloso; espiguillas 2.2–3 mm, imbricadas; primera gluma 2.2–2.9 mm, lanceolada a elíptica, aplanada en el dorso, los márgenes involutos; lema 1.7–2.5 mm, anchamente elíptica, las nervaduras densamente pilosos; pálea tan larga como la lema, pilosa en las quillas; anteras 0.3–0.5 mm, purpúreas. $2n$ = 24,44. Habita en matorral xerófilo, pastizal, bosque de encino y pino, a 1940–2650 m de altitud.

Conocida desde el S de Estados Unidos a Sudamérica.

**ZACATECAS. Cuauhtémoc:** rancho Santa Fe, 23 Ago 1988, *E. Manrique y Beetle 1418* (MEXU). **Fresnillo:** carr. Zacatecas-Fresnillo, 8 Nov 1987, vegetación arbustiva y crassicaule, 1940 m, *O. Reséndiz s.n.* (ENCB); 3 km al N de Fresnillo, por la carr. a Durango, 24 Ago 1988, *Balleza 1691* (CHAPA); 5.3 km N of Fresnillo and ca. 1.6 km E of the microondas, 28 Sep 1991, Calcareous, rocky flats in open grassland, 2300 m, *P.M. Peterson, Annable y J. Valdés 10957* (US). **Gral. Fco. R. Murguía:** Ejido Fco. R. Murguía, 22 Mar 1975, pastizal, 2150 m, *Martínez s.n.* (CHAPA). **Guadalupe:** San José de Tapias, *Brigada Cotecoca129* (MEXU). **Monte Escobedo:** 4 km al N de Monte Escobedo, por la terracería a Meziquitic, Jal, 12 Ago 1988, bosque de encino, 2200 m, *Balleza 1601* (ENCB). **Ojocaliente:** carr. a Pinos, 7 Ago 1989, pastizal, 2160 m, *Balleza 2185* (CHAPA). **Pinos:** 5 mi E of the San Luis Potosí state line, one mi E of El Tecomote along hwy 49, 2 Oct 1974, extensive savanna with *Yucca, Agave,* and *Opuntia*, 2195 m, *Reeder y C. Reeder 6428* (ENCB). **Sombrerete:** about 8 mi

*Lolium temulentum*

*Lycurus phalaroides*

*Lycurus phleoides*

*Melinis repens*

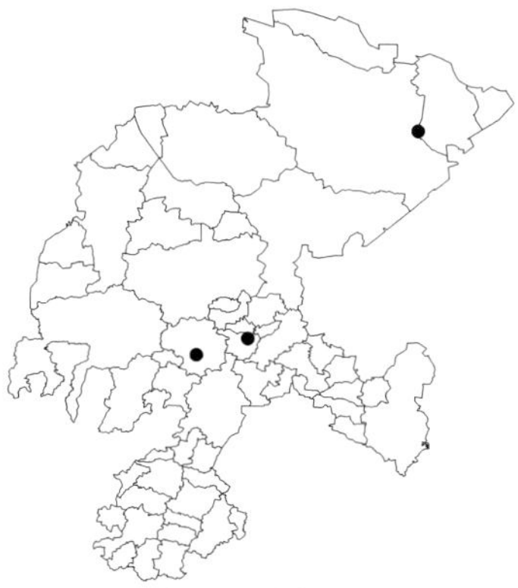
*Lolium multiflorum*

*Lolium perenne*

*Lolium temulentum*

*Luziola fluitans*

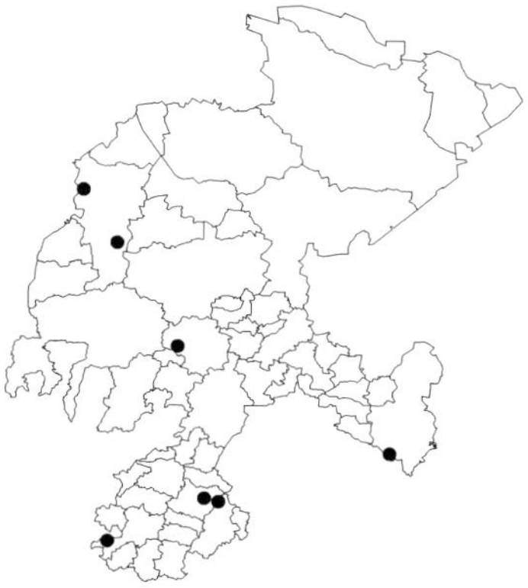
*Lycurus phalaroides*

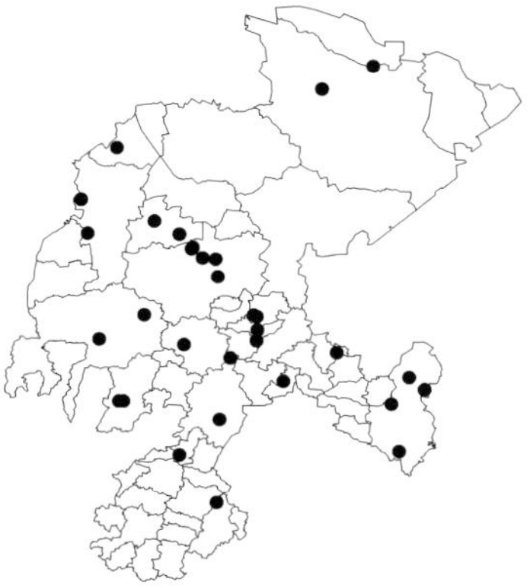
*Lycurus phleoides*

*Melinis repens*

*Metcalfia mexicana*

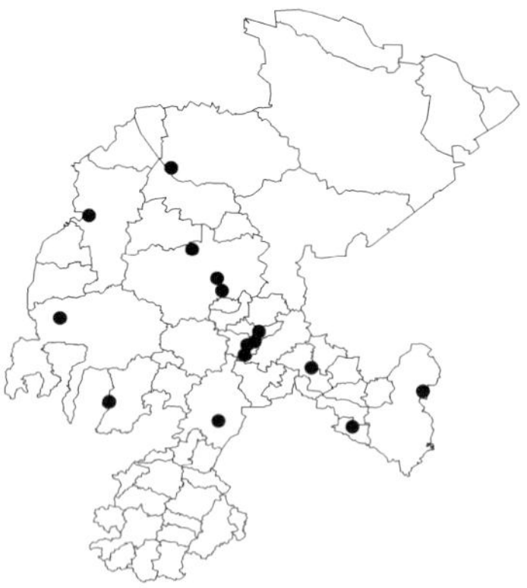
*Microchloa kunthii*

W of Sombrerete, in open rangeland, 16 Jul 1950, *Reeder, C. Reeder y Gooding 1310A* (ENCB, MEXU). **Valparaíso:** Ejido Ameca, a 6 km por la brecha que va a Milpillas de Allende, 20 Jul 1988, bosque de encino, 2050 m, *Balleza 1504* (CHAPA, ENCB). **Vetagrande:** 1 km al S de Vetagrande, 14 Ago 1988, bosque de pino, 2650 m, *Balleza 1624* (CHAPA). **Villa García:** Ejido Copetillo, al inicio de la brecha Villa García-Copetillo, 4 Oct 1989, pastizal, 2100 m, *Balleza 2485* (CHAPA, ENCB). **Villanueva:** 78 km al S de Zacatecas, por la carr. federal 54, 23 Oct 1976, 2100 m, *J. Brunken y C. Perino 465* (CHAPA). **Zacatecas:** Ejido Las Cholotas, 18 Ag 1989, pastizal de *Microchloa kunthii*, 2450 m, *Balleza 2185* (ENCB); 6 mi W of Zacatecas at jct of hwy 54 and 45, 11 Nov 1995, grassy flats, 2370 m, *P.M. Peterson, M.B. Knowles y S. González 13701* (US).

## Mnesithea Kunth

Referencia: Veldkamp et al. 1986. *Mnesithea.* Blumea 31:281–307.

Plantas perennes cespitosas; tallos sólidos, muy ramificados; vainas carinadas, lígula una membrana pilosa, láminas anchamente lineares, aplanadas; inflorescencia un racimo solitario, racimos terminales y axilares, exsertos, agregados en una falsa panícula compuesta, espatácea; raquis articulado, aplanado, glabro, espiguillas en pares, las 2 espiguillas y entrenudo del raquis caedizos como una unidad; espiguillas dimorfas, sin aristas, sésiles y pediceladas, espiguillas sésiles globosas, rígidas, con 2 flósculos; callo truncado, con una proyección cortamente cilíndrica; primera gluma muy inflada, la porción superior redondeada, negruzca, 13–15-nervada, su superficie cubierta con cuadros esculpidos en hileras transversales o punteada en hileras entre las nervaduras,, sus márgenes abrazando las orillas del entrenudos del raquis y del pedicelo, segunda gluma adpresa al entrenudo del raquis, oblonga, 3-nervada, obtusa, ligeramente carinada, cartácea; flósculo inferior estéril, lema inferior hialina, pálea inferior faltante; flósculo superior bisexual, estaminado o estéril; lema y pálea superiores hialinas, enervadas, enteras; estambres 3; fruto una cariopsis; espiguillas pediceladas herbáceas, estériles, raramente estaminadas; pedicelo adnato al entrenudo del raquis; primera gluma ovada, aguda, verde, 7–9-nervada, abrazando los márgenes de la segunda gluma por 2 bordos; flósculos rudimentarios faltantes o cuando presentes, el rudimento inferior estéril, el superior estaminado. Género con 2 especies de los Trópicos de Asia, 1 especie naturalizada en todos los trópicos.

1. Espiguillas sésiles 1–1.7 mm de largo; primera gluma 1.3–1.7 mm, con la superficie cubierta con cuadros esculpidos en hileras transversales, segunda gluma 0.8–1 mm de largo; anteras 0.2–0.4 mm ______ **Mnesithea granularis**
1. Espiguillas sésiles 4.5–5.5 mm de largo; primera gluma 4.5–5.5 mm, con la superficie punteada en hileras entre las nervaduras, segunda gluma 3.5–4.5 mm de largo; anteras 1–1.2 mm ______ **Mnesithea ramosa**

**Mnesithea granularis** (L.) de Koning & Sosef, Blumea 31:295.1986. *Cenchrus granularis* L., Mant. Pl. 2:575. 1771. *Hackelochloa granularis* (L.) Kuntze.

Plantas perennes, raíces fúlcreas a menudo presentes; tallos 10–120 cm, pustuloso-híspidos; vainas infladas, pustuloso-híspidas, lígula 0.8–1.5 mm, láminas 2–20 cm × 4–15 mm, pustuloso-híspidas; racimos 7–15 mm; espiguillas sésiles 1–1.7 mm; primera gluma 1.3–1.7 mm, con la superficie cubierta con cuadros esculpidos en hileras transversales, segunda gluma 0.8–1 mm; lema y pálea superiores 0.8–1 mm; anteras 0.2–0.4 mm; espiguillas pediceladas 1–1.9 mm; anteras 0.3–0.5 mm. $2n = 14$. Se encuentra en bosque tropical caducifolio y pastizal con bosque espinoso, a 1100–1980 m de altitud.

Especie nativa del Viejo Mundo, introducida en toda América.

**ZACATECAS. Moyahua:** carr. federal 54, km 102, 27 Ago 1988, selva baja caducifolia, 1100 m, *Balleza 1798-B* (CHAPA, CIIDIR). **Valparaíso:** brecha Lobatos-Adjuntas del Refugio, 29 Sep 1989, pastizal con bosque espinoso, 1980 m, *Balleza 2384-B* (CHAPA).

**Mnesithea ramosa** (E. Fourn.) de Koning & Sosef, Blumea 31:291.1986. *Apogonia ramosa* E. Fourn., Mexic. Pl. 2:63. 1886.

Plantas perennes; tallos 75–125 cm × 1–3 mm, glabros; vainas glabras, lígula 0.5–1 mm, láminas 35–60 cm × 5–7 mm; racimos terminales 7–13 cm × 2–3.5 mm, los axilares mas cortos, entrenudos del raquis 3.5–4.5 mm; espiguillas sésiles 4.5–5.5 mm; primera gluma 4.5–5.5 mm, con la superficie punteada en hileras entre las nervaduras, segunda gluma 3.5–4.5 mm; lema superior 3–3.5 mm; pálea superior 2.5–3.4 mm; anteras 1–1.2 mm, purpúreas; espiguillas pediceladas 3.5–4.5 mm; lema 2.4–2.7 mm; pálea cerca de 2 mm; anteras 1.1–1.2 mm. $2n = 36$. Habita en lugares cenagosos del bosque de pino.

Especie conocida desde el Centro de México hasta el N de Sudamérica.

**ZACATECAS. Tlaltenango de Sánchez Román:** 1 km al N de Tlaltenango, 8 Ago 1986, vegetación riparia con *Salix bonplandiana*, 1760 m, *F.J. Santana 1715* (IBUG).

## Muhlenbergia Schreb.

Referencias: P.M. Peterson. 2003. *Muhlenbergia.* In: Flora of North America North of Mexico. M.E. Barkworth et al., eds. 25:145–201. Peterson P.M. y Annable. 1991. Syst. Bot. Monogr. 31:1–109. Herrera A., Y. 1998. Brittonia 50:23–50. Herrera A., Y y P.M. Peterson. 2007. Sida, Bot. Misc. 29:1–109.

Plantas anuales o perennes, cespitosas a rizomatosas; tallos delicados y bajos o altos, robustos y toscos, erectos o decumbentes y enraizadas en los nudos inferiores; vainas carinadas a redondeadas, lígula membranácea, láminas lineares, aplanadas, conduplicadas o involutas; inflorescencia una panícula simple, con pocas espiguillas hasta una compuesta con numerosas ramificaciones, abiertas y difusas a espigadas; espiguillas 1-flosculadas, pequeñas, desarticulación arriba de las glumas; glumas más cortas que la lema a más largas, membranáceas 2–3-nervadas; lema 3-nervada, membranácea, glabra a pilosa, sin aristas, mucronada o variadamente aristada; pálea similar a la lema; anteras 2; fruto una cariopsis fusiforme o elipsoide, el pericarpio envolviendo apretadamente a la semilla. $n$ = 10, raramente $n$ = 9. Aprox. 160 especies, la mayoría del Nuevo Mundo, concentradas del SW de Estados Unidos a México, alrededor de 6 especies en el Viejo Mundo. Algunas 120 especies en México y 41 de ellas en Zacatecas.

1. Plantas anuales, perennes de vida corta o de duración indefinida, delgadas, delicadas o bajas, muy ramificadas a veces desparramadas, por lo general enraizadas muy someramente.
  2. Lema sin arista, a veces mucronada, el mucrón 0.2–1 mm de largo.
    3. Glumas glabras o diminuto escabrosas cerca del ápice __________ **Muhlenbergia fragilis**
    3. Glumas pubescentes cerca del ápice, corto-pilosas a vilosas.
      4. Lema 1.4–2.2 mm de largo, acuminada, corto-aristada, la arista hasta de 1(2) mm __________ **Muhlenbergia texana**
      4. Lema 0.8–1.5 mm de largo, obtusa o subaguda, sin arista __________ **Muhlenbergia minutissima**
  2. Lema aristada, la arista de 2–30 mm de largo.
    5. Lema 1.4–2.5 mm de largo.
      6. Ápice de la segunda gluma ancha y truncada, usualmente 2–3-dentada.
        7. Arista de la lema sinuoso-ondulada, crispada y flexuosa, verde-olivo; lema inflada cerca de la porción central, lanceolada, 1.7–2.2 mm de largo __________ **Muhlenbergia crispiseta**
        7. Arista de la lema irregularmente flexuosa, purpúrea; lema estrechamente lanceolada, 1.4–4.2 mm de largo __________ **Muhlenbergia peruviana**
      6. Ápice de la segunda gluma agudo, acuminado o subulado, a menudo aristado.
        8. Arista 1(2) mm de largo; glumas pubescentes cerca del ápice, corto-pilosas a vilosas __________ **Muhlenbergia texana**
        8. Arista 5–30 mm de largo; glumas glabras.
          9. Plantas de 20–75 cm de alto, decumbentes, muy ramificadas en los nudos inferiores y superiores, de aspecto alambrudo; panícula 8–20 cm de largo; primera gluma 1.3–1.8 y la segunda 1.7–2.8 mm de largo; lígula 1.2–3(–5) mm __________ **Muhlenbergia tenuifolia**
          9. Plantas (7–)10–30 cm de alto, erectas, con algunas ramificaciones en los nudos inferiores, de aspecto delicado; panícula 4–7(–10) cm de largo; primera gluma 0.8–1.3, la segunda 1–1.8 mm de largo; lígula 0.3–0.9 mm __________ **Muhlenbergia ciliata**
    5. Lema mayor de 2.5 mm de largo.
      10. Ápice de la segunda gluma ancha y truncada, usualmente 2–3-dentada; arista de la lema flexuosa, purpúrea __________ **Muhlenbergia peruviana**
      10. Ápice de la segunda gluma obtusa, aguda o acuminada, a menudo aristada; arista de la lema recta a flexuosa, pardo-verdusca a purpúrea.
        11. Panícula contraída, angosta, ascendente y cerrado-aplicada, menor de 2 cm de ancho en la madurez.
          12. Glumas elípticas, oblongas o lanceoladas, menores de 2 mm de largo, excluyendo la arista; primera gluma 1-nervada, el ápice no 2-dentado; espiguillas nacen solitarias.
            13. Lígula 0.3–0.9 mm de largo, lema 3–4.5(–5) mm de largo, subulada a lanceolada, no redondeada, glabra a antrorsamente escabrosa, aparentando ser 5-nervada; espiguillas cleistógamas usualmente faltantes en las axilas de las ramas inferiores __________ **Muhlenbergia pectinata**
            13. Lígula 1–3 mm de largo; lema 2.5–3.5(–4) mm de largo, angostamente lanceolada, redondeada, escábrida, 3-nervada; espiguillas cleistógamas usualmente presentes en las axilas de las ramas inferiores __________ **Muhlenbergia microsperma**
          12. Glumas de las espiguillas superiores de cada rama subuladas, 2–5 mm de largo; primera gluma 2-nervada, con 2 pequeños dientes aristados, las aristas 0.8–1.3 mm de largo; espiguillas con frecuencia nacen y se desarticulan en pares.

14. Glumas igual o más largas que la lema; lema 2.5–4.5 mm de largo, la arista 7–15 mm de largo en las espiguillas superiores de cada rama ____________ **Muhlenbergia depauperata**
14. Glumas la mitad del largo de la lema o menos, lema 4–5(6) mm de largo, las aristas 10–20 mm de largo en la espiguilla superior de cada rama ____________ **Muhlenbergia brevis**

11. Panícula abierta con ramas extendidas, en la madurez más de 2 cm de ancho.
15. Glumas obtusas a agudas, 0.2–0.7 mm de largo.
16. Glumas dimórficas, las de la espiguilla inferior de cada rama a menudo sin arista, aquellas de las espiguillas superiores a menudo una o ambas aristadas; lígula hasta 0.8 mm de largo; inflorescencia aparentemente secundaria o colocada a un lado del eje principal ____________ **Muhlenbergia diversiglumis**
16. Glumas semejantes en todas las espiguillas, sin aristas; lígula 1–2.5(–3) mm de largo; inflorescencia no secundaria.
17. Inflorescencia difusa en la madurez; pedicelos alargados, delgados y flexuosos, glabros; espiguillas cleistógamas faltantes; lemas escábridas en y entre las nervaduras ____________ **Muhlenbergia implicata**
17. Inflorescencia no difusa; pedicelos cortos y gruesos, antrorsamente escabrosos; espiguillas cleistógamas usualmente presentes en las axilas de las ramas inferiores; lemas escábridas, con pelos cortos, adpresos en las nervaduras cerca de la base ____________ **Muhlenbergia microsperma**
15. Glumas de la mayoría de las espiguillas agudas o aristadas, 0.8–2(–3) mm de largo.
18. Glumas dimórficas, las de las espiguillas inferiores de cada rama a menudo sin aristas, 0.2–0.7 mm de largo, aquellas de las espiguillas superiores a menudo una o ambas aristadas; inflorescencia aparentemente secundaria o inserta en un lado del eje principal ____________ **Muhlenbergia diversiglumis**
18. Glumas semejantes en todas las espiguillas; inflorescencia no secundaria.
19. Lígula 1.2–3(–5) mm de largo; anteras 0.9–1.6 mm de largo; lema escabrosa y rugosa, 2–3.5(–4) mm de largo, nervaduras inconspicuas ____________ **Muhlenbergia tenuifolia**
19. Lígula 0.3–0.9 mm de largo; anteras 0.3–0.6 mm de largo; lema delicada y no escabroso-rugosa, 3–4.5(–5) mm de largo, con nervaduras conspicuas ____________ **Muhlenbergia pectinata**

1. Plantas perennes, cespitosas, rizomatosas, o a veces decumbentes y enraizadas en los nudos inferiores.
20. Plantas con rizomas postrados, escamosos.
21. Panícula abierta, las espiguillas sobre pedicelos delgados ____________ **Muhlenbergia plumbea**
21. Panícula angosta, con las ramas cortas, aplicadas.
22. Láminas articuladas en la base y pronto caedizas, los tallos muy ramificados y leñosos como bamboo permanecen cubiertos por las vainas cilíndricamente truncadas en su ápice; tallos 50–150(–300) cm de alto; rizomas 2–5 mm de grosor ____________ **Muhlenbergia dumosa**
22. Láminas persistentes, en ocasiones constreñidas en la base pero sin una abscisión lineal definitiva, si tardíamente caedizas, el ápice de las vainas se rompen de forma irregular; tallos usualmente menores de 50 cm de alto, si ocasionalmente son como bamboos, entonces los tallos en la base (o estolones) 1–2 mm de grosor y enraizados en los nudos.
23. Lema mucronada a corto aristada, arista 0.1–3 mm de largo; rizomas largos y evidentes.
24. Lema y pálea densamente pilosas, pelos blancos de 0.5–1.2 mm de largo.
25. Glumas acuminadas, usualmente aristadas, la arista 0.5–1.5 mm de largo; espiguillas 3–4 mm de largo; anteras anaranjadas; láminas 4–10 cm de largo ______ **Muhlenbergia glauca**
25. Glumas agudas, carentes de mucrón o arista; espiguillas 2–2.5 mm de largo; antera amarillas, verde obscuro o purpúreas; láminas 2.5–3.5 cm de largo ______ **Muhlenbergia villiflora**
24. Lema y pálea glabras, en ocasiones escabrosas.
26. Espiguillas 2.8–3(–3.5) mm de largo; lema marcadamente apiculada, su nervadura inconspicua; glumas hialinas, la mitad o más del largo de la lema ______ **Muhlenbergia repens**
26. Espiguillas 1.6–2 mm de largo; lema no marcadamente apiculada, su nervadura conspicua; glumas membranáceas a coriáceas, no hialinas, la mitad o menos del largo de la lema ____________ **Muhlenbergia utilis**
23. Lema aristada, arista de 3–25 mm de largo; rizomas cortos, poco evidentes.

27. Arista de la lema (7–)10–25 mm de largo; panícula 3–15 cm de largo, con más de 30 espiguillas, espiguillas verde claro o purpúreas; anteras anaranjadas __________ **Muhlenbergia polycaulis**
27. Arista de la lema 3–8 mm de largo; panícula pequeña 1–3.5(–4) cm de largo, 5–10 mm de ancho, con 10–20(–30) espiguillas, verde obscuro siempre, con la arista pajizo a amarillenta; anteras purpúreas a pardo obscuro __________ **Muhlenbergia brevivaginata**

20. Plantas cespitosas, rizomas faltantes.
28. Segunda gluma 3-nervada, el ápice 3–4-dentado o al menos eroso.
29. Espiguillas 2.5–4.5 mm de largo; glumas generalmente subiguales, mas cortas que las espiguillas, al menos la primera.
30. Segunda gluma con el ápice 3–4-dentado; arista de la lema verde olivo.
31. Superficie adaxial de las láminas densamente plateado pubescentes; panicula incluida a corto-exserta; arista de la lema evidentemente recta; glumas subiguales__________ **Muhlenbergia eriophylla**
31. Superfice adaxial de las láminas glabra a escabrosa, nunca con pelos plateados; panícula exserta; arista de la lema flexuosa; glumas desiguales.
32. Lígula 1–2 mm de largo; vainas basales más viejas enrolladas en espiral; glumas blanquecinas membranáceas, primera gluma 2.5–3.5 mm de largo, segunda gluma 3.5–5 mm de largo __________ **Muhlenbergia virescens**
32. Lígula 2–7 mm de largo; vainas nunca enrolladas en espiral; glumas verde olivo; primera gluma 1.8–2.5(3) mm de largo, segunda gluma (3–)3.2–4 mm de largo __________ **Muhlenbergia quadridentata**
30. Segunda gluma con el ápice 3-dentado; arista de la lema verde olivo, plateada-verde olivo o amarillenta.
33. Glumas desiguales, la primera (0.5–)1–1.8 mm de largo, sin mucrón o arista alguna; hojas solamente basales; arista de la lema amarilla __________ **Muhlenbergia flaviseta**
33. Glumas subiguales 2–3.5 mm de largo, mucronadas a corto aristadas; hojas basales y caulinares; arista de la lema verde olivo __________**Muhlenbergia montana**
29. Espiguillas 4–7(–7.5) mm de largo; glumas iguales en longitud, tan largas como las espiguillas __________**Muhlenbergia durangensis**
28. Segunda gluma 1-nervada, el ápice entero, obtuso a acuminado o aristado.
34. Tallos robustos, mayores de 1 m de alto; vainas fuertemente comprimido-carinadas, láminas alargadas, correosas, aplanadas a conduplicadas; glumas tan largas como o más largas que la lema.
35. Lema aristada, arista 8–30 mm de largo.
36. Arista de la lema 2–6.5 cm de largo; espiguillas (3.5–)4–7 mm de largo (sin incluir la arista); glumas al menos la segunda, a menudo con una arista de 0.5–1 mm de largo __________ **Muhlenbergia longiglumis**
36. Arista de la lema 8–15(–20) mm de largo; espiguillas 1.2–3.2 mm de largo; glumas ambas obtusas o corto aristadas.
37. Espiguillas 2.2–3.2 mm de largo, verde grisáceo; glumas más largas que la lema __________ **Muhlenbergia emersleyi**
37. Espiguillas 1.2–2.2 mm de largo, generalmente rojizas o purpúreas; glumas del mismo largo o más cortas que la lema.
38. Ramas, hojas, glumas y lema lanoso-pubescentes; glumas del mismo largo que la lema, subiguales, con el ápice obtuso, sin arista __________ **Muhlenbergia speciosa**
38. Ramas, hojas, glumas y lema glabras a escaberulosas; glumas más cortas que la lema, desiguales, con el ápice acuminado, aristadas, arista hasta 1 mm de largo __________ **Muhlenbergia scoparia**
35. Lema sin arista o con una arista o mucrón no mayor de 5 mm de largo.
39. Lema pilosa sobre la mitad inferior o en toda su superficie; aurículas no desarrolladas.
40. Plantas esparcido a densamente pilosas en los tallos, hojas y espiguillas; lema (2–)2.4–2.6(–3) mm de largo; lígula 2–4 mm de largo __________ **Muhlenbergia pubescens**
40. Plantas glabras a escabrosas en los tallos, hojas y espiguillas; lema 2.2–3.5 mm de largo; lígula 5–25 mm de largo.
41. Panícula grisáceo (cenizo), gris claro cuando madura, densamente florífera y robusta; lema glabra, con algunos pelos largos en la nervadura central y los márgenes hacia la base; plantas robustas 150–300 cm de alto __________ **Muhlenbergia robusta**

41. Panícula verde, en ocasiones con tintes grisáceos o purpúreos en la madurez; lema pilosa al menos en la mitad inferior; plantas no robustas 60–150 cm de alto ______ **Muhlenbergia emersleyi**

39. Lema glabra o diminuto escabrosa, en ocasiones con algunos pelos cortos en la base; aurículas desarrolladas a faltantes, cuando presentes 2–4(–6) mm de largo, membranosas ______ **Muhlenbergia robusta**

34. Tallos usualmente no robustos, menores de 1 m de alto; vainas redondeadas, láminas no muy largas ni correosas; glumas generalmente menores que la lema.

42. Inflorescencia espigada, 1–2(–4) cm de largo, 5–10 mm de ancho; láminas filiformes, 8–15 cm de largo; espiguillas 4–5.5 mm de largo, verde obscuro; arista de la lema 3–8 mm de largo, rígida y pajizo a amarillenta ______ **Muhlenbergia brevivaginata**

42. Inflorescencia una panícula 10–50 cm de largo (4–10 cm en M. porteri), generalmente más de 1 cm de ancho; láminas nunca filiformes, (10–)20–50 cm de largo; lemas varios pero nunca verde obscuro y con la arista amarillenta.

43. Panículas abiertas con las ramas extendidas en la madurez, 4–15 cm de ancho, carentes de espiguillas cerca de la base; pedicelos generalmente más largos que las espiguillas.

44. Plantas decumbentes o geniculadas, generalmente pequeñas, tallos 15–40(–50) cm de alto, láminas 1–8 cm de largo.

45. Plantas muy ramificadas y alambrudas con la base nudosa; panícula 4–10(–12) cm de largo, con las ramas abiertas ascendentes; arista de la lema 2–13 mm de largo; arista de las glumas 0–1.2 mm ______ **Muhlenbergia porteri**

45. Plantas no son ramificadas y alambrudas, ni la base es nudosa; panícula 10–30 cm de largo, con las ramas patentes; arista de la lema 1–2(–2.5) mm de largo; glumas sin arista.

46. Base de la planta sin formar rizomas; láminas 1–3(–7)cm de largo, aplanadas, a veces conduplicadas pero entonces con los márgenes y la nervadura central blancos, endurecidos, cartilaginosos ______ **Muhlenbergia arenacea**

46. Base de la planta formando rizomas cortos; láminas 5–10(–15) cm de largo, conduplicadas, márgenes y nervadura central no son cartilaginosos ______ **Muhlenbergia arenicola**

44. Plantas erectas, de mediana estatura, tallos 50–150 cm de alto, láminas 15–50 cm de largo; panículas casi tan largas como anchas, laxas a muy floríferas.

47. Panícula 15–50 cm de largo; lema 2–3.5 mm de largo; tallos y vainas inferiores más o menos pubescentes, las vainas conduplicadas, algo carinadas ______ **Muhlenbergia stricta**

47. Panícula 10–20(–30 cm de largo; lema 3.5–4.5 mm de largo; tallos glabros, rojo-púrpura; vainas inferiores redondeadas, glabras.

48. Lema aristada, arista 10–22 mm de largo; glumas 1–1.7(–2) mm de largo, con el ápice obtuso a subagudo, a veces eroso ______ **Muhlenbergia rígida**

48. Lema mucronada o corto-aristada, la arista o mucrón 0.5–1(–2) mm de largo; 1.5–2 mm de largo, agudas ______ **Muhlenbergia mucronata**

43. Panículas angostas, algunas veces como espiga, las ramas ascendentes en la madurez, usualmente 0.5–2(–4) cm de ancho, floríferas desde la base.

49. Lema sin arista o con una arista no mayor de 6 mm de largo.

50. Espiguillas 2.5–3 mm de largo, vainas basales comprimido carinadas o aplanadas; anteras 1.1–1.6 mm de largo, amarillas o purpúreas; lígula decurrente, pardo en la base ______ **Muhlenbergia plumbea**

50. Espiguillas 3.8–5 mm de largo; vainas basales redondeadas; anteras 1.5–2.3 mm de largo, verdosos, lígla no decurrente y pardo en la base.

51. Glumas tan largas como o más largas que la lema; panículas 5–12 mm de ancho, espiciformes o espigadas, ramas cortas y plegadas; glumas 2–3.2 mm de largo, casi tan largas como o ligeramente más cortas que la lema, esta nunca aristada o mucronada ______ **Muhlenbergia rigens**

51. Glumas distintivamente más cortas que las lemas; panículas generalmente mas de 1 cm de ancho, ramas ascendentes o abiertas; glumas 1.8–2.5 mm de largo, ápice obtuso, nervaduras inconspicuas, menos de la mitad del largo de la espiguilla; arista de la lema 0.5–6 mm de largo, panícula angosta, ramas ascendentes ______ **Muhlenbergia dubia**

49. Lema con una arista de 6 mm de largo o más.
   52. Panículas abiertas, 6–20 cm de largo, ovoides o piramidales, ramas extendidas; anteras 0.9–1.6 mm de largo, amarillas.
      53. Plantas decumbentes, alambrudas, delicadas; arista de la lema 10–30 mm de largo; glumas la mitad o menos del largo de la espiguilla _______ **Muhlenbergia tenuifolia**
      53. Plantas erectas, nunca decumbentes, alambrudas ni delicadas; arista de la lema (5–)10–20 mm de largo; glumas más de la mitad del largo de la lema_______ **Muhlenbergia alamosae**
   52. Panículas angostas, 1–15 cm de largo, espiciformes, ramas adpresas o ascendentes; anteras 1.5–2.7(–3) mm de largo, nunca amarillas, de otro color.
      54. Anteras anaranjadas, 1.5–2 mm de largo; lema elíptica, inflada cerca del medio, 2.3–3.5 mm de largo, arista 10–20(–25) mm de largo; panícula 3–8 cm de largo, verde claro a pajizo en la madurez, densamente florífera _______ **Muhlenbergia polycaulis**
      54. Anteras púrpura a pardo obscuro, 2.3–2.7(–3) mm de largo; lema lanceolada, (4–)4.5–5.5 mm de largo, arista 3–8 mm de largo; panícula 1–2(–4) cm de largo, verde obscuro permanente, escasamente florífera con 10–20 espiguillas _______ **Muhlenbergia brevivaginata**

**Muhlenbergia alamosae** Vasey, Bot. Gaz. 16:146–147. 1891.

Plantas perennes, erectas; tallos 30–70 cm, glabros; vainas 3.5–6.5 cm, redondeadas, lígula 1–4 mm, membranácea, transparente, láminas 5–15 cm × 1–3 mm, aplanadas; inflorescencia una panícula 6–12 cm × 2.5–3.5 cm, parcialmente incluida en la vaina superior, ovoide, abierta con ramificaciones ascendentes, las ramillas 3.5–5 cm, los pedicelos laterales más cortos que las espiguillas; espiguillas 2–3.2 mm, hialinas con nervaduras prominentes, verde a purpúreas; glumas 1–2 mm, glabras, 1-nervadas, nervaduras verdosas o purpúreas, ovado-lanceoladas, aristadas, la primera 1–1.5 mm, arista 0.5 mm, la segunda 1.5–2 mm, arista de 0.5–1 mm; lema 2–3.2 mm, subulada, pilosa solo en la base, escabrosa en el ápice, 3-nervada, nervaduras verdes, arista de (5)10–20 mm; pálea igual a la lema; anteras 1–1.2 mm, amarillo; cariopsis 1–1.2 mm × 0.3–0.4 mm, fusiforme. Habita en bosque de pino-encino, a 1700–2380 m de altitud.

Especie mexicana conocida del N y Centro de México.

**ZACATECAS. Fresnillo:** 5 km al N de Fresnillo, 2380 m, *L.M. Villareal 2257-B* (US). **Valparaíso:** Ejido San Juan Capistrano, 28 Sep 1989, bosque de encino-pino, 1700 m, *Balleza 2373* (CHAPA).

**Muhlenbergia arenacea** (Buckley) Hitchc., Proc. Biol. Soc. Wash. 41:161. 1928. *Sporobolus arenaceus* Buckley, Proc. Acad. Nat. Sci. Philadelphia 14:89. 1862.

Plantas perennes, rizomatosas nunca cespitosas; tallos 10–40 cm, decumbentes, glabros y escábridos debajo de los nudos; vainas con márgenes hialinos, lígula 1–2 mm, hialina, con lóbulos laterales de 1–2 mm, láminas 1–4(6) cm × 1–1.8 mm, aplanadas a conduplicadas, apiculadas, escabrosas a estrigulosas, márgenes y nervadura central endurecidas y blanquecinas, ápices puntiagudos; panícula 7–15 × 4–15 cm, ampliamente ovoide, abierta; ramas 2–8 cm, capilares, rectas a ligeramente flexuosas, divergiendo 45°–90° del eje principal, nunca fasciculadas, desnudas en la base, pedicelos 2–10 mm, usualmente más largos que las espiguillas; espiguillas 1.5–2.5 mm; glumas 1–2 mm, iguales, 1-nervadas, agudas a acuminadas, a veces erosas y mucronadas, mucrón hasta 0.2 mm; lema 1.5–2.5 mm, lanceolada a oblongo-elíptica, plúmbea a purpúrea, esparcido-pubescente en la ½ inferior de los márgenes y de la nervadura central, los pelos hasta 0.3 mm, ápices agudos a obtusos, mucronada, mucrón de 0.3 mm; pálea 1.5–2.4 mm, glabra, obtusa a aguda; anteras 1–1.5 mm, amarilla a purpúrea; cariopsis 1–1.3 mm, elíptica, pardo parduzco. Se encuentra en pastizal, matorral xerófilo y bosques de encino, a 1780–2120 m de altitud.

Escasa distribuida desde el SE de Estados Unidos al N de México.

**ZACATECAS. Loreto:** entre Pedregoso y La Lobeña, 6 Sep 1973, pastizal, 2000 m, *R. Banda s.n.* (CHAPA, US). **Mazapil:** km 142 carr. a Saltillo, 3 km al S de Mahoma, 25 Sep 1988, Izotal con matorral desértico micrófilo, 1850 m, *Balleza 1997* (CHAPA, IEB, US); Noria de Guadalupe, 1 Oct 1975, matorral desértico micrófilo, 1780 m, *M. González-Ledezma 178* (CHAPA). **Villa de Cos:** 135 km al NE del cruce entre las carr.s 54 y 45, 23 Oct 1976, matorral xerófilo, 2120 m, *J. Brunken y C. Perino 483* (CHAPA, US).

**Muhlenbergia arenicola** Buckley, Proc. Acad. Nat. Sci. Philadelphia 14:91. 1862.

Plantas perennes, con rizomas cortos; tallos 30–60 cm, densamente amacollados, con uno o más nudos puberulentos a hispídulos o escabrosos debajo de los nudos, a veces ramificados en los nudos inferiores; lígula 2–7 mm, membranácea, hialina, a veces con aurículas, láminas 5–15 cm × 0.8–1.5 mm, conduplicadas, firmes, algo falcadas, escabrosas; panícula 10–15(22) cm × 5–12 cm, abierta, pajiza, ramillas secundarias y pedicelos adpresos; espiguillas 2.5–3.5 mm; glumas desiguales, escabrosas, lanceoladas, agudo-acuminadas, la primera 1.5–2 mm, la segunda 2.5–3.5 mm; lema 2.5–3.5 mm, pajiza o purpúrea, escabrosa hacia el ápice, con arista de 1–2(2.5) mm; pálea 2.5–3.5 mm, escabrosa hacia el ápice, las nervaduras a veces decurrentes en pequeños mucrones; anteras 1.7–2 mm, amarillas a verdosas. Habita en pastizales y matorral xerófilo, a 1780–2000 m de altitud.

Se cita desde el S de Estados Unidos a México.

ZACATECAS. **Fresnillo:** 8 mi N of Fresnillo, 1 Sep 1965, *Reeder y C. Reeder 4493* (US). **Mazapil:** km 142 carr. Zacatecas-Saltillo, 3 km antes de Mahoma, 25 Sep 1988, Izotal con matorral desértico micrófilo, 1850 m, *Balleza 1999, 2000* (CHAPA, CIIDIR); Campo Experimental CNIZA, Noria de Guadalupe, 1 Oct 1975, matorral desértico micrófilo, 1780 m, *M. González-Ledezma 111* (CHAPA, US); 5 mi N of Cardona, road from Concepción del Oro S to Cardona, 2 Sep 1938, *I.M. Johnst. 7373* (US); 32 km S of the jct. of hwys 54 y 45, E of Concepción del Oro, on Noria de Guadalupe Experimental rancho, *S.L. Hatch, C.W. Morden y J. Valdés 4520* (US). **Pinos:** 14 mi ESE of Salinas, *Reeder y C. Reeder 4051a* (US); km 61 carr. Méx 49, tramo San Luis Potosí-Zacatecas, 18 Ag 1988, pastizal con matorral desértico, 2000 m, *Balleza 1666* (CIIDIR, CHAPA, IEB, US); cerca del Tecomate, 2 km al S del km 78 de la carr. federal 49, 13 Oct 1965, *F. Takaki 2103* (MEXU, SLPM, US); cerca del Tecomate, 2 km al S del km 78 carr. 49 San Luis Potosí-Zacatecas, *F. Takaki 7891* (US). **Villa de Cos:** rancho Palula, 21 Jul 1986, *E. Manrique, Lozano y Bravo 1276* (MEXU).

**Muhlenbergia brevis** C.O. Goodd., J. Wash. Acad. Sci. 31:505. 1941.

Plantas anuales cespitosas; tallos 3–20 cm, erectos, delgados, muy ramificados en la base, escabrosos a hispídulos; vainas estriadas, glabras o escabrosas, lígula 1–3 mm, delgada, lacerada, a menudo auriculada, láminas 1–4.5 cm × 1–2 mm, aplanadas o involutas, escabrosas, con el centro y los márgenes cartilaginosos; panículas 3–12 cm × 0.5–1.8 cm, a menudo incluidas en la base, densamente floríferas, verde pálido teñido con púrpura, ramas 1–3.8 cm, aplicadas, ascendentes, pedicelos 0.2–8 mm; espiguillas 4–5 mm, delgadas, en pares, una espiguilla sésil y otra pedicelada, desarticulación debajo del par de espiguillas; glumas escabrosas, desiguales, más cortas que la lema, la primera 2–3.5 mm, 2-nervada, subulada, diminuto a profundamente bífida, los dientes delgados, en ocasiones corto-aristados, arista 1, 6–1.8 mm, segunda gluma 2.4–4 mm, entera, angosta, acuminada a atenuada, 1-nervada, aristada, arista hasta 2 mm; lema 3.5–5 mm, angostamente lanceolada, pardo-verdosa a purpúrea, escabrosa, aplicado-pubescente entre las nervaduras hacia la base, ápice acuminado, a veces 2-dentado, aristado, arista 10–20 mm, rígida a ligeramente flexuosa, escabrosa; pálea similar a la lema; anteras 0.5–0.9 mm, purpúreas a amarillentas; cariopsis 2–2.8 mm, angosta, fusiforme, pardo. $2n = 20$. Habita en bosque de encino a 1700 m de altitud. Encontrada en Jalpa, Zac.

Citada desde el S de Estados Unidos al Centro de México.

ZACATECAS: **Jalpa:** al NW de Jalpa sobre la brecha a Sánchez Román, cerca del km 37 *R. Guzmán 494* (US).

**Muhlenbergia brevivaginata** Swallen, Bol. Soc. Bot. Méx. 23:30, f. 3. 1958.

Plantas perennes, glabras; tallos 10–40 cm, muy delgados, en pequeños macollos, con rizomas cortos y escamosos en la base; vainas glabras, lígula 2–3 mm, hialina, láminas 8–15 cm, filiformes, involutas, las superiores más cortas; panícula 1–2(4) cm × 5–10 mm, con 10–20 flósculos, las ramillas apretadas con 1–3 espiguillas, espiguillas verde obscuro con las aristas pajizas a amarillentas (algunas obscuras), glabras, lisas, sobre pedicelos 3–6 mm, flexuosos; espiguillas (4–)4.5–5.5 mm; glumas glabras, desiguales, lanceolado-ovadas, agudas o acuminadas, la primera 1.3–2.4 mm, la segunda 2.5–3.5 mm; lema (4–)4.5–5.5 mm, subulada, densamente pilosa en la base, la arista 3–8 mm, recta; pálea 4–4.5 mm, subulada, pilosa en la base, a veces divergente de la lema; anteras 2.3–2.7(3) mm, purpúreas a pardo obscuro. Habita en bosque abierto de encino-pino y pastizal con encinos, a 2219–2550 m de altitud.

Especie mexicana muy escasa, conocida solo de: Ags., Dgo., Jal., Nay. y Zac.

**ZACATECAS. Jalpa:** km 39 de la brecha Jalpa-Tlaltenango, 11 Nov 1989, bosque de encino-pino, 2550 m, *Balleza 2701* (CHAPA, CIIDIR, IEB, US); km 30 de la terracería entre Tlaltenango y Jalpa, 12 En 1990, bosque de encino, 2500 m, *Balleza 2720* (CHAPA, CIIDIR, IEB, US); 35 km al W de Jalpa, por la brecha a Tlaltenango, 21 Oct 1973, bosque de encino-pino, 2450 m, *Rzed. y McVaugh 932* (CHAPA); 27 km del entronque con la carr. Jalpa-Juchipila, 23 Oct 1970, bosquede encino, *McVaugh y Rzed. 1042* (US). **Nochistlán:** límites con Jalisco, Paraje Torrecillas, Sierra del Laurel, Tlachichila, 4 Nov 2006, bosque de encino, 2219 m, *O. Rosales y Y. Herrera 3721* (CIIDIR).

**Muhlenbergia ciliata** (Kunth) Trin., Gram. Unifl. Sesquifl. 193, t. 5, f. 16. 1824. *Podosaeum ciliatum* Kunth, Nov. Gen. Sp. (quarto ed.) 1:128. 1815.

Plantas anuales, delicadas; tallos (7)10–30 cm, delgados, laxos, glabros, a menudo ramificándose desde los nudos inferiores; vainas 1.5–5 cm, redondeadas, glabras, con aurículas pilosas muy pequeñas, lígula 0.3–0.9 mm, una membrana pilosa y/o erosa, láminas 1.5–4 cm × 1–1.5(2) mm, conduplicadas o involutas, glabras a esparcido-pilosas, a menudo reflejas o patentes; panículas 4–7(10) cm, ramas (1)1.5–2 cm, algo distantes, ampliamente patentes o reflejas, floríferas desde la base; espiguillas 2–2.5 mm, adpresas a las ramas y traslapándose; glumas subiguales, glabras, acuminadas o cortamente aristadas, la primera 0.8–1.3 mm, la segunda 1–1.8 mm; lema 2–2.2(2.5) mm, 3-nervada, a menudo aparentando ser 5-nervada, nervaduras laterales pilosas hacia el ápice, rara vez sólo escabrosas, la arista 5–7(10) mm; anteras 0.3–0.5 mm, amarillentas y tornándose pálidas con la edad; cariopsis 1–1.2 mm, angostamente fusiforme, pardo-rojiza. Habita en bosques de pino o encino y pastizal, a 2000–2314 m de altitud.

Se distribuye de México a Centroamérica.

**ZACATECAS. Monte Escobedo:** ca. 1.5 mi beyond Monte Escobedo on the road to Mesquitic, *Reeder y C. Reeder 6455* (US); 5 mi E of Monte Escobedo, *Beetle y R. Guzmán M-5845* (US); Salida a la Laguna Grande, *Balleza 2289* (US). **Nochistlán:** ladera NE del cerro de las Antenas de microondas, carr. Tlachichila-Jalpa, 5 Nov 2006, pastizal con encinos, 2218 m, *O. Rosales y Y. Herrera 3760* (CIIDIR). Parque Recreativo Sierra de Órganos, 7 km al N de San José de Órganos, 29 Oct 2006, bosque de pino piñonero, 2314 m, *O. Rosales y Y. Herrera 3590* (CIIDIR). **Teúl de González Ortega:** Comunidad de Milpillas de Allende, *Balleza 1960* (US); 9.1 mi N.E. of Milpillas de Allende, 3 Oct 2001, roadcut and slopes with *Quercus* and *Acacia*, 2000 m, *P.M. Peterson y O. Rosales 16055* (US). **Tlaltenango:** km 39 de la brecha Jalapa-Tlaltenango, *Balleza 270* (US).

**Muhlenberia crispiseta** Hitchc., N. Amer. Fl. 17(6):440. 1935.

Plantas anuales, cespitosas; tallos 7–16 cm, erectos, muy ramificados en los nudos inferiores; vainas glabras, las inferiores sobrepuestas, lígula 1.3–2 mm, membranácea, redondeada en el ápice, láminas 1–5 cm × 0.7–1.4 mm, aplanadas a involutas, pubescentes a glabras; panículas 1.8–4.5 cm, largamente exsertas, ramas 1.5–2.8 cm, ascendentes, floríferas desde la base, pedicelos 0.5–2 mm, a menudo curvados; glumas pálidas, desiguales, glabras, la primera 1.2–1.6 mm, ápice aguado, 1-nervada, la segunda 1.6–1.8 mm, más ancha, oblonga, 3-nervada, ápice truncado, 3-dentado; lema 1.7–2.2 mm, cilíndrica, lanceolada, densamente pilosa en la ½ inferior, glabra arriba, ápice 2-dentado, la arista 8–18 mm, delgada, sinuoso-ondulada o crispada y flexuosa, verde-olivo; pálea 1.1–1.7 mm, lanceolada, escasamente pilosa entre las nervaduras en la 1/2 inferior, ápice acuminado; anteras 0.4–0.7 mm, rojo-purpúreas; cariopsis 0.5–1 mm, elipsoide, pardo. $n$ = 10. Habita en bosque de encino o pino, a 1750–2326 m de altitud.

Citada del SE de Estados Unidos a México.

**ZACATECAS. Jalpa:** al NW de Jalpa sobre la brecha a Sánchez Román, cerca del km 37, 1750 m, *R. Guzmán 495* (US). **Monte Escobedo:** 5 mi E of Monte Escobedo, *Reeder y C. Reeder 6442* (US). **Sombrerete:** 4 km al SE de San José de Mesillas, 2 Nov 2006, matorral xerófilo, 2326 m, *O. Rosales y Y. Herrera 3685* (CIIDIR).

**Muhlenbergia depauperata** Scribn., Bot. Gaz. 9:187. 1884.

*Muhlenbergia schaffneri* E. Fourn.

Plantas anuales, cespitosas; tallo 3–17 cm, ramificados en los nudos inferiores, toda la planta pálida o pajiza; vainas estriadas, glabras o escabrosas, lígula 1.5–2.5 mm, membranácea, lacerada, láminas 1–4 cm × 0.5–1.2 mm, aplanadas o involutas, escabrosas o estrigosas con los márgenes y la nervadura central blanca, endurecida; panícula 2–8 cm × 5–7 mm, ramas 1–2.5 cm, aplicadas, ascendentes, desarticulándose en una unidad; espiguillas en pares, una espiguilla basal casi sésil y otra con un pedicelo de 3–5 mm; espiguillas 2.5–4 mm, angostas; glumas subuladas, firmes y visiblemente nervadas, la primera 2.3–3.8 mm, 2-nerva-

*Mnesithea granularis*

*Mnesithea ramosa*

*Muhlenbergia alamosae*

*Muhlenbergia arenacea*

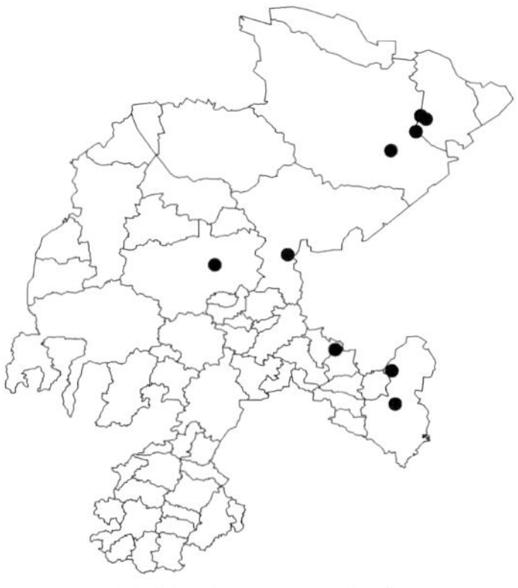

*Muhlenbergia arenicola*

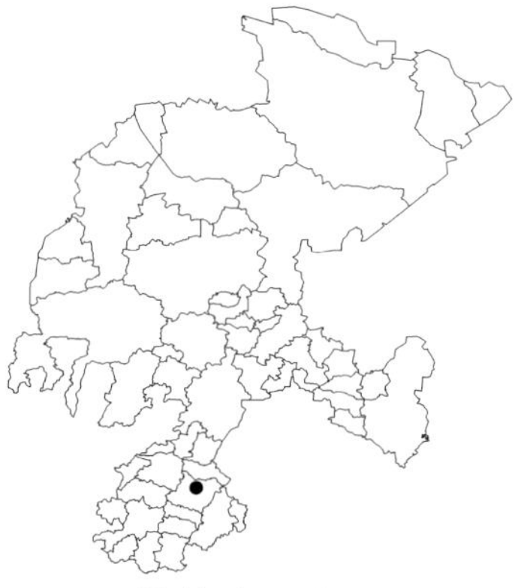

*Muhlenbergia brevis*

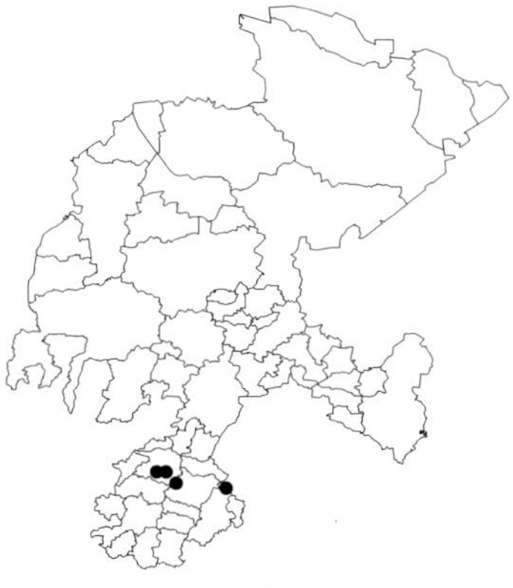

*Muhlenbergia brevivaginata*

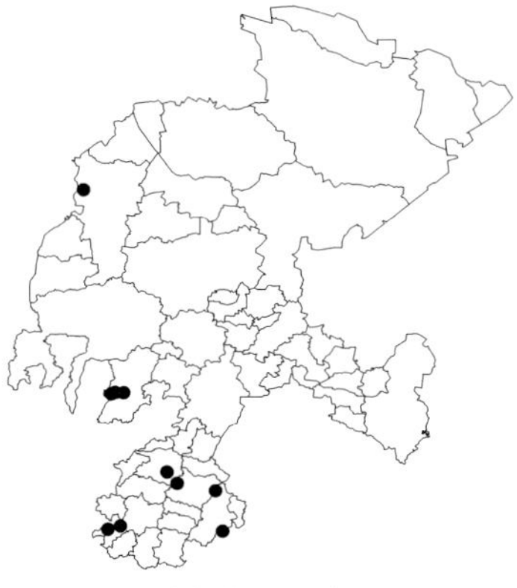

*Muhlenbergia ciliata*

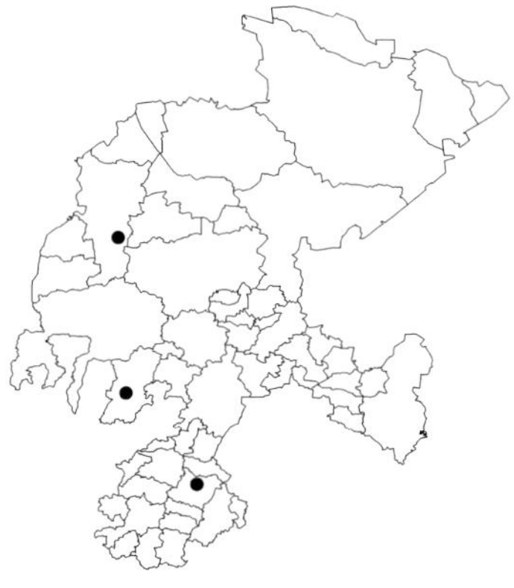

*Muhlenbergia crispiseta*

da, 2-dentada, los dientes aristados, las aristas 0.8–1.3 mm, la segunda 3–5 mm, 1-nervada, lanceolada, acuminada; lema 2.5–4 mm, lanceolada, aplicado-pubescente en los márgenes y en la nervadura central, la arista 7–15 mm, erecta; pálea un poco menor a la lema; anteras 0.5–0.8 mm, purpúreas a amarillentas; cariopsis 1.5–2.2 mm, angosta, parda, fusiforme. $n = 10$. Habita en pastizal y bosque de pino piñonero, a 2100–2600 m de altitud.

Especie Citada desde el SW de Estados Unidos a México.

**ZACATECAS. Concepción del Oro:** 1 km al N de El Cobre, por la brecha a Mazapil, 25 Sep 1988, bosque de pino piñonero, 2600 m, *Balleza 2018* (CHAPA, US). **Fresnillo:** 13 mi NW of Fresnillo, on hwy 45, 30 Sep 1986, *P.M. Peterson y Annable 4594* (MEXU, US); 5 mi NW of Fresnillo, on hwy 45 towards Durango, 30 Sep 1986, *P.M. Peterson y Annable 4596* (MEXU, US); cercanías de Fresnillo por la carr. a Durango, 5 Sep 1981, *Beetle y Yatskievich 7435* (CHAPA); 12 mi N of Fresnillo, *Reeder y C. Reeder 6462* (US). **Pánuco:** La Calera, 5 km al W de la carr. a Saltillo, 14 Oct 1989, de *Bouteloua gracilis* con matorral espinoso, 2100 m, *Balleza 2542* (CHAPA, US). **Pinos:** 5 mi E of the San Luis Potosí state line, 1 mi E of El Tecomote along hwy 49, *Reeder y C. Reeder 6427* (US). **Río Grande:** Río Grande, *C. Pringle 3894* (US). **Sain Alto:** 29 mi SE of Sombrerete, 13 Oct 1966, *Reeder y C. Reeder 4699A* (MEXU, US); 45.1 km E of Sombrerete on hwy 45 towards Fresnillo, *P.M. Peterson, Annable y J. Valdés 10954* (US); 2.1 mi W of turnoff to Sain Alto along hwy 45 towards Sombrerete, 7 Oct 2007, desert scrub near hwy with *Opuntia, Acacia, Clematis, Pectis Prosopis* y grasses, 2147 m, *P.M. Peterson, Saarela y M. Flores 21293* (US). **Sombrerete:** 13 mi NW of Sombrerete on hwy 45, 30 Sep 1986, *P.M. Peterson y C. Annable 4594* (US); 45.1 km E of Sombrerete on hwy 45 towards Fresnillo, 27 Sep 1991, Calcareous, rocky slopes with *Mortonia, Acacia, Larrea tridentata*, 2130 m, *P.M. Peterson, Annable y J. Valdés 10954* (US). **Tlaltenango:** Momax, 10 km al N de Tlaltenango, *R. Hernández 9381* (US). **Valparaíso:** 18 mi NE of Valparaíso, on road to Fresnillo, *Rzed. 4701b* (US). **Villa de Cos:** Laguna de La Blanca, cerca de Villa de Cos, *Rzed. 12057* (US). **Villanueva:** 28 mi S of Villanueva, *Reeder y C. Reeder 3820* (SLPM, US). **Zacatecas:** La Higuera, 24 Sep 1980, *Beetle y R. Guzmán M-5699* (MEXU, US).

**Muhlenbergia diversiglumis** Trin., Mém. Acad. Imp. Sci. St.-Pétersb. Ser. 6, Math., Seconde Pt. Sci. Nat. 6,4(3–4):298. 1841.

Plantas anuales delicadas, laxas; tallos 20–50(–70) cm, glabros y lustrosos, nudos inferiores retrorso-pilosos, enraizados; vainas papiloso-pilosas a glabras, con aurículas pilosas muy cortas, lígula 0.5–1 mm, erosa, pilosa, láminas 1.5–4(–6) cm × 1–1.5(–2) mm, aplanadas o laxamente involutas, glabras, papiloso-pilosas cerca de la base; panícula 4–10(–15) cm, abierta, verde pálido o a veces purpúrea; ramas 10–20 × 1–2 cm, patentes o reflejas, desarticulándose en la base con espiguillas adpresas y cayendo como una unidad; espiguillas dimórficas, 2–5 en cada rama, pedicelos cortos, escabrosos o cortamente pilosos; glumas 0.2–8 mm, dimórficas, en las espiguillas proximales de cada rama 0.2–0.7 mm, orbiculares, erosas a 2–3-dentada, subiguales, en las espiguillas distales desiguales, la primera 5–8 mm, ovada, apiculada, con una arista 1–2.5(–7) mm, la segunda 0.2–0.7 mm, orbicular, apiculada, ocasionalmente aristada; lema 4–7.5 mm, con una arista de 5–15 mm, papiloso-áspera en el dorso, con escasa pubescencia en la base; pálea 3.8–6.5 mm, atenuada, las 2 nervaduras prominentes, a veces 2-dentada, papiloso-áspera entre las nervaduras; anteras 0.4–0.8 mm, anaranjadas; cariopsis 1.8–3 mm, angostamente fusiforme. $n = 10$. Habita en bosque de encino, a 1750–2000 m de altitud.

Citada de México; Sudamérica.

**ZACATECAS. Tepechitlán:** rancho Los Ramírez, por la carr. a Guadalajara, 19 Oct 1990, bosque de encino, 1750 m, *Balleza 3220* (CHAPA). **Teúl de González Ortega:** 9.1 mi N.E. of Milpillas de Allende, 3 Oct 2001, roadcut and slopes with *Quercus* and *Acacia*, 2000 m, *P.M. Peterson y O. Rosales 16060* (US).

**Muhlenbergia dubia** E. Fourn., Biol. Cent.-Amer., Bot. 3(29):540. 1885.

Plantas perennes, densamente cespitosas; tallos 30–100 cm de alto, erectos, puberulentos, duros y alambrudos en la base; vainas 4–30 cm, glabras, redondeadas, lígula 4–12 mm, firme, truncada, lacerada, láminas 15–60 cm × 1–2 mm , involutas, ocasionalmente aplanadas, escabrosas abaxialmente, hispídulas adaxialmente; panícula 10–40 cm × 0.8–2 cm, densa a escasamente florífera, angosta, contraída, erecta, verde-grisáceo a purpúrea, las ramas 0.5–7 cm, aplicadas, ascendentes, sobrepuestas, pedicelos 0.5–5 mm, hispídulos; espiguillas 3.8–5 mm; glumas 1.8–2.5 mm, iguales, glabras a escábridas, delgadas, hialinas, casi sin nervaduras, obtusas y erosas; lema 3.5–5 mm, atenuada, con las nervaduras formando un reborde prominente, escaberulosa a glabra en la base del lado abierto, sin arista o con una arista 0.5–6 mm; pálea del mismo largo que la lema, lanceolada, glabra, ápice acuminado; anteras 1.5–2 mm, verdosas; cariopsis 2.5–3.5 mm, parda, fusiformes. $2n = 40,50$. Habita en bosque de pino-encino y táscate, a 1950–2600 m de altitud.

Conocida de Estados Unidos a México.

**ZACATECAS. Concepción del Oro:** por la brecha a Mazapil, cerca del poblado "El Cobre", 25 Sep 1988, bosque de pino piñonero, 2600 m, *Balleza 2019* (CHAPA, CIIDIR, US); *Balleza 2026* (CIIDIR, US), *2021* (CIIDIR, CHAPA). **Mazapil:** rancho La Luna, Sierra de Santa Rita, 1900 m, *Balleza 2585* (US). **Tlaltenango:** 40 km al SSW de Gral. Joaquín Amaro, 6 km SSW de Morones, *F. Medina 30* (US).

**Muhlenbergia dumosa** Scribn. ex Vasey, Contr. U.S. Natl. Herb. 3(1):71. 1892.

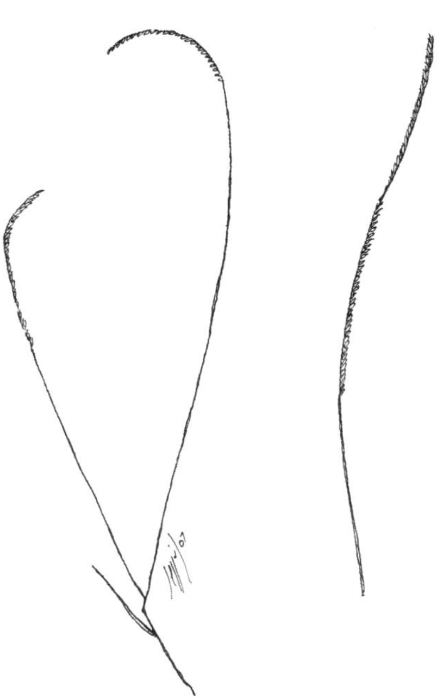

*Microchloa kunthii*

*Mnesithea granularis*

*Muhlenbergia alamosae*

*Muhlenbergia brevivaginata*

*Muhlenbergia depauperata*

Plantas perennes, arbustivas, rizomatosas; tallos 50–150(–300) cm, leñosos en la base, libremente ramificados en los nudos superiores y centrales, con forma de pequeño bamboo, emergiendo de un rizoma de 2–5 mm de grosor, escamoso, ramas numerosas, fasciculadas, abiertas; lígula 0.3–0.5 mm, truncada, erosa, láminas 2–5(–10) cm × 0.5–1.5 mm, aplanadas o finalmente involutas, articuladas en la base y caedizas en el ápice de las vainas, el tallo central y las ramas proximales quedan así cubiertas con vainas hasta que éstas se desintegran; panícula 1–3(–4) cm, angosta y flexuosa, pedicelos muy cortos; glumas desiguales, aristadas, pálidas con nervaduras verdes, glabras, primera gluma 1–1.3 mm, arista 0.5–1 mm, segunda gluma 1.3–1.5 mm, arista 0.6–1(–2) mm; lema 2–2.2 mm, membranácea, pálida, con las nervaduras verdes, ocasionalmente purpúreas, la arista (3–)5–11 mm; pálea 2–2.2 mm, similar a la lema; anteras 1.2–1.3 mm. Especie del bosque de encino y bosque tropical caducifolio y bosque de encino, encontrado a 1600–2020 m de altitud.

Citada del SW de Estados Unidos a México.

**ZACATECAS. Benito Juárez:** Florencia, 3 km al W del pueblo, *C.L. Díaz 15291* (US). **Jalpa:** 20 km W toward Tlaltenango from the road jct S of Jalpa, *McVaugh 25595* (US). **Juchipila:** rancho Antonio Benavides, *J. Balleza 11430* (US); al W de Pueblo Viejo, cerro Piñones, camino de Herradura al rancho de Antonio Benavides, *Balleza y M. Adame 7992* (SLPM, US). **Moyahua:** cerro La Cantarilla, 8.5 km al S de Moyahua por la carr. 54, 1600 m, *D. Enriquez y Balleza 1398, 1425* (US). **Nochistlán:** Cañada El Pinole, costado del cerro El Castillo, NE de Tlachichila, Sierra del Laurel, 27 May 2006, bosque de encino, 2020 m, *J. Martínez 597* (CIIDIR, INEGI). **Tlaltenango:** km 30 de la brecha a Jalpa, 12 Ene 1990, *Balleza 3628* (CHAPA).

**Muhlenbergia durangensis** Y. Herrera, Phytologia 63:457. 1987.

Plantas perennes caespitosas, con rizomas cortos; tallos 40–70 cm, densamente ramificados en la base; vainas con márgenes hialinos y formando aurículas, lígula 0.5–0.7 mm, membranácea, láminas 10–30 cm × 2–4 mm, aplanadas en ocasiones involutas, glabras o algo escabrosas adaxialmente; panícula (10–)15–25 cm, laxa, cortamente exserta; espiguillas 6–7(–7.5) mm, verde oliva; glumas 6–7(–7.5) mm, iguales, usualmente mas largas que la lema, segunda gluma 3-nervada, 3-dentada; lema 5–6.5(–7) mm, oblongo-lanceolada, arista de la lema 15–20 mm, flexuosa, amarilla; pálea 5–6 mm; anteras 3–3.5 mm, purpúreas; cariopsis no vista. Habita en el bosque de encino-pino.

Especie mexicana descrita de Dgo., conocida de Chih. y Zac.

**ZACATECAS. Sombrerete:** 7 km al SE de San José de Mesillas, 2 Nov 2006, bosque de pino piñonero, 2440 m, *O. Rosales & Y. Herrera 3690* (CIIDIR).

**Muhlenbergia emersleyi** Vasey, Contr. U.S. Natl. Herb. 3(1):66. 1892.

*Muhlenbergia distans* Swallen

Plantas perennes densamente cespitosas; tallos 80–150 cm, erectos, fuertes, glabros a escaberulosos; vainas comprimido-carinadas cerca de la base, sin aurículas, lígula 10–15 mm, membranácea, lacerada, láminas 20–50 cm × 2–6 mm, firmes, aplanadas o conduplicadas, escabrosas a glabras; panículas 20–45 cm × 4–15 cm, piramidales o cilíndricas, púrpura claro a verde claro, ramas 5–17 cm, aplicadas a muy abiertas, densamente floríferas, desnudas en la base, pedicelos 0.5–3 mm; espiguillas 2.2–3.2 mm; glumas más largas que la lema, 1-nervadas, agudas u obtusas, escábridas, la primera 2.2–3 mm, la segunda 3–3.2 mm; lema 2.2–3.2 mm, oblongo-elíptica, pubescente sobre la nervadura central y los márgenes en la mitad inferior, el ápice ligeramente 2-dentado, aguda, sin arista o con arista de 5–12(–15) mm, delicada, a menudo caediza, emergiendo de entre los lóbulos, atenuados, no mayores de 0.5 mm; pálea 1.8–2.9 mm, por lo general glabra; anteras 1.3–1.7 mm, amarillentas a purpúreas; cariopsis 1.3–1.8 mm, fusiforme, pardo-rojiza. $2n$ = 24,26,28,40,42,46,60,64. Común en bosque de encino o pino, bosque tropical caducifolio, pastizal y matorral xerófilo, a 1200–2450 m de altitud.

Especie conocida del SW de Estados Unidos a México.

**ZACATECAS. Cuauhtémoc:** cerro Prieto, Sep 1980, *Trujillo y Del Castillo ZA-84* (CHAPA, MEXU, US). **Fresnillo:** 25 mi W of Fresnillo, 25 Sep 1959, *Soderstr. 728* (MEXU); 40 km al N de Fresnillo rumbo a Durango, *Beetle M-7517* (MEXU). **Guadalupe:** ladera N del cerro de la Virgen, 10 Ago 1988, matorral xerófilo, 2150 m, *Balleza 1574* (CHAPA, CIIDIR, US); km 19.7 de la carr. Guadalupe-Genaro Codina, 9 Oct 1989, pastizal de *Muhlenbergia* y *Bouteloua*, 2350 m, *Balleza 2517* (CIIDIR, US). **Jerez:** brecha Jerez-Guadalupe Victoria, 14 Sep 1989, bosque de pino-encino, 2450 m, *Balleza 2228* (CIIDIR, US); 10 km al NW de Jerez en la carr. que va al Cargadero, 1.5 km de Parral de las Huertas, *Balleza 1759* (US). **Juan Aldama:** estación de microondas Morelos 2, km 109 de la carr. a Torreón, 1 Sep 1988, matorral xerófilo, 2150 m, *Balleza 1874* (CIIDIR, US); *1875b* (US). **Juchipila:** al W de Pueblo Viejo, 1 km al W de la casa de Jesús Ayala, Sierra de Morones, cerro de Piñones, ladera E, por la brecha al rancho de Antonio Benavides, 24 Sep 1998, selva baja caducifolia, 1920 m, *Balleza y M. Adame 9179* (SLPM, US). **Miguel Auza:** 2.5 km al W de la colonia Emilio Carranza, por la brecha A Sierra de Santa María, 2 Sep 1988, *Balleza 1886* (CHAPA, US). **Monte Escobedo:** 5 mi E of Monte Escobedo, *Beetle y R. Guzmán M-5833* (MEXU, US). **Moyahua:** cerro La Cantarilla, 8.5 km al S de Moyahua por la carr. 54, *D. Enriquez y Balleza 1344* (US). **Nochistlán:** poblado de Tlachichila, por la brecha Nochistlán–Jalpa, 31 Oct 1989, pastizal con matorral espinoso, 2200 m, *Balleza 2661* (CIIDIR, US). **Ojocaliente:** alrededores del pueblo de Ojocaliente, *L. Silva 222* (US). **Pánuco:** La Calera, 5 km al W del entronque con la carr. a Saltillo, 13 Oct 1989, pastizal y matorral espinoso, 2100 m, *Balleza 2538* (CIIDIR, US). **Pinos:** 4 km del entronque con la terracería Pinos-Ojuelos, sobre la brecha que va a La Estrella, *Balleza 1928* (US). **Sain Alto:** 40 kms N of Fresnillo rumbo a Durango, *A. Beetle M-7517* (US); 29 mi SE of Sombrerete, 40 mi NW of Fresnillo, *Reeder y C. Reeder 4699* (US). **Sombrerete:** 13 mi W of Sombrerete, 26 Sep 1954, *Soderstr. 746* (MEXU). **Tlaltenango:** km 30 de la brecha a Jalpa, 12 Ene 1990, bosque de encino-pino, 2400 m, *Balleza 2716* (CHAPA, US). **Valparaíso:** 20 km al WSW de Valparaíso, sobre el camino a Huejuquilla Puerto de la Paja, *Rzed. 17541-A* (US); km 18.5, tramo Valparaíso-Huejuquilla, entronque Potrero de Gallegos, 7 Oct 1988, bosque de encino, 2250 m, *Balleza 2085* (CHAPA, CIIDIR, US); 27 km al N de San Juan Capistrano, por la brecha a Santa Lucía de la Sierra, límite entre los estados de Zacatecas y Durango, 28 Sep 1988, matorral subtropical, 2100 m, *Balleza 2036* (CHAPA, CIIDIR, US); San Juan Capistrano, 1150 m, bosque tropical caducifolio, *Balleza 2368* (US); 13 mi SW of Valparaíso and 13.8 mi NE of Huejuquilla, 30 Sep 2001, Steep rocky slopes with *Quercus laeta, Arbutus arizonica, Rhus, Buddleja, and Montanoa*, 2180 m, *P.M. Peterson y S. González 15969* (US). **Villa González Ortega:** km 86 de la carr. federal 49, tramo San Luis Potosí- Zacatecas, entronque con la terracería a Manuel María, 18 Ago 1988, matorral desértico espinoso, 2300 m, *Balleza 1673* (CHAPA, CIIDIR, US). **Zacatecas:** 15 mi W of Zacatecas, 24 Sep 1954, *Soderstr. 724* (MEXU).

**Muhlenbergia eriophylla** Swallen, Contr. U.S. Natl. Herb. 29:139. 1950.

Plantas cespitosas perennes; tallos 20–25 cm; vainas escabrosas, enroscadas cuando maduras, lígula 5–10 mm, hialina, com los márgenes lacerados, láminas 10–20 cm × 1–1.5 mm, aplanadas o involutas, densamente plateado pubescentes en la superfície adaxial; panículas 4–8(–10) cm, angostas, incluídas a corto exsertas; espiguillas 3.5–4 mm, verde olivo; glumas 3–3.8 mm, subiguales, oblongo-lanceoladas, segunda gluma 3–4-dentada; lema 3–3.2 mm, subulada, con arista de 15–20 mm, recta, verde olivo; pálea 2.8–3 mm; anteras 1.8–2 mm, fusiformes, purpúreas a pardas; cariopsis no vista. Habita en bosque de pino y encino.

Especie mexicana conocida de Ags., Dgo., Gto., Jal., Méx., Mich. y Zac.

ZACATECAS. **Tlaltenango:** km 30 de la brecha a Jalpa, 12 Ene 1990, bosque de encino, 2500 m, *Balleza 2714-B* (CHAPA, IEB).

**Muhlenbergia flaviseta** Scribn., U.S.D.A. Div. Bot. Bull. 8:11, t. 7. 1897.

Plantas perennes, cespitosas, amacolladas; tallos 20–30 cm, glabros; hojas basales, vainas puberulentas a glabras, papiráceas con la edad, lígulas 0.2–0.5 mm, hialinas, truncadas y fimbriadas, láminas 2–7(–8.5) cm × 1.5–2 mm, aplanadas, glabras a escabrosas, ápice largamente acuminado; panículas 4–5 cm × 1–2 cm, largo-exsertas, muy ramificadas, ramas 2.5–3 cm, ascendentes, aplicadas, eje central aplanado con 2 costillas, glabro a escábrido; espiguillas 3.5–4 mm; glumas desiguales, verde olivo, glabras, oblongo-lanceoladas, la primera (0.5–)1–1.8 mm, 1-nervada, mucronada, la segunda (3–)3.5–4.2 mm, 1–3-nervada, 3-dentada; lema (3–)3.8–4 mm, ápice entero, subulado, verde a pajizo, glabra, arista 14–16 mm, amarilla, flexuosa, escábrida en la base; pálea 2.8–3.2 mm, pajiza, glabra; anteras 1.5–2 mm, oblongas, purpúreas. $2n = 20$. Habita en bosque de pino-encino, a 2050–2300 m de altitud.

Especie mexicana endémica de la Sierra Madre Occidental en Chih., Dgo. y Zac.

ZACATECAS. **Fresnillo:** rancho Altamira, por la brecha entre Fco. I. Madero y Vasco de Quiroga, 19 Sep 1989, pastizal con encino, 2300 m, *Balleza 2651* (CHAPA, CIIDIR, IEB, US). **Valparaíso:** brecha Ameca-Milpillas de la Sierra, como a 16 km de Ameca, 7 Oct 1988, bosque de encino, 2050 m, *Balleza 2106* (CHAPA, CIIDIR, IEB, US).

**Muhlenbergia fragilis** Swallen, Contr. U.S. Natl. Herb. 29(4):206. 1947.

Plantas anuales, delicadas; tallos 10–40 cm, erectos o geniculados, ramificados en los nudos inferiores, glabros a escabrosos; vainas escábridas, con márgenes delgados, hialinos, lígula 1–3 mm, hialina, obtusa, dentada a lacerada, con aurículas, láminas 3–10 cm × 0.5–2 mm, aplanadas, nervadura central y márgenes prominentes y blanquizcos; panícula 10–25 × 3.5–10 cm, abierta, difusa, purpúrea o teñida de púrpura, desprendiéndose con facilidad al madurar; ramas 2.2–6.2 cm, patentes, pedicelos 6–10 mm, capilares, desarticulación arriba de las glumas; espiguillas 1–1.2 mm, aplicadas a ligeramente divergentes; glumas 0.5–1 mm, iguales o subiguales, 1-nervadas, obtusas a subagudas, glabras o diminuto escabrosas cerca del ápice; lema 1.2–2 mm, oblongo-elíptica, glabra o aplicado-puberulenta en los márgenes y nervadura central, ápice obtuso, no aristado; pálea 0.9–1.2 mm, oblongo-elíptica, glabra o puberulenta entre las nervaduras; anteras 0.3–0.5 mm, purpúreas; cariopsis 0.7–0.9 mm, fusiforme, pardas a rojizas. *n* = 10. Habita en bosque de encino, a 1920–2219 m de altitud.

Distribuida desde el SW de Estados Unidos al S de México.

**ZACATECAS. Juchipila:** al W de Pueblo Viejo, 1 km al W de la casa de Jesús Ayala. Sierra de Morones, cerro de Piñones, ladera E, por la brecha al rancho de Antonio Benavides, 24 Sep 1998, selva baja caducifolia, 1920 m, *Balleza y M. Adame 9193* (SLPM, US). **Nochistlán:** Límites con Jalisco, Paraje Torrecillas, sierra del Laurel, Tlachichila, 4 Nov 2006, bosque de encino, 2219 m, *O. Rosales y Y. Herrera 3726* (CIIDIR). **Villanueva:** 28 mi S of Villanueva, *Reeder y C. Reeder 3819* (US).

**Muhlenbergia glauca** (Nees) B.D. Jacks., Index Kew. 2:269. 1895. *Podosemum glaucum* Nees, Linnaea 19(6):698. 1847.

Plantas perennes, con rizomas delgados, escamosos; tallos 30–60 cm, erectos o decumbentes, hispídulos debajo de los nudos; vainas escaberulosas, redondeadas, lígula 0.5–2 mm, erosa o lacerada, truncada a obtusa, láminas 4–10 cm × 1.5–2.5 mm, aplanadas a involutas cerca del ápice, hirsutas a escabrosas; panículas 4–12(–15) cm × 0.5–3 mm, angosta, contraída, interrumpida, ramas 0.3–3 cm, aplicadas o abiertas 30° del eje principal, espiguillas apiñadas, pedicelos 0.2–1.2 mm, escabrosos, aplicados; espiguillas 3–4 mm, erectas; glumas 1.5–3.5 mm, iguales, ovadas a lanceoladas, glaucas, sin arista o terminando en un mucrón 0.5–0.7 mm, 1-nervadas, con pelos cortos y suaves sobre la quilla; lema 2.5–3.4 mm, angosta, aguda, pilosa en la mitad inferior, escábrida arriba, sin arista o con una arista 0.5–3 mm; pálea 2.2–3.4 mm, elíptica, pubescente entre las nervaduras, ápice acuminado a agudo; anteras 1.8–2.4 mm, anaranjadas; cariopsis 1.7–2 mm, fusiforme, parda. 2*n* = 60. Habita en pastizal, matorral xerófilo o en bosque de pino piñonero, a 1700–2820 m de altitud.

Citada del SW de Estados Unidos a México.

**ZACATECAS. Concepción del Oro:** brecha Concepción del Oro-Mazapil, 14 Oct 1989, 1700 m, matorral desértico micrófilo, *Balleza 2568* (CHAPA, IEB, US). **Jerez:** sierra Los Cardos, rancho El Roble, 17.8 mi NW of Jerez, W of El Cargadero on road towards Monte de las Garcia, 20 Oct 2007, slopes and ridge with *Arctostaphylos, Cupressus, Pinus cembroides, Juniperus*, 2820 m, *P.M. Peterson, Saarela y D. Stancik 21435* (US). **Pinos:** 4 km al E de la terracería a Ojuelos, por la brecha a La Estrella, 8 Sep 1988, pastizal, 2000 m, *Balleza 1924, 1925* (CHAPA, IEB, US).

**Muhlenbergia implicata** (Kunth) Trin., Gram. Unifl. Sesquifl. 193: t. 5a, f. 26. 1824. *Podosaemum implicatum* Kunth, Nov. Gen. Sp. (quarto ed.) 1:127. 1815.

Plantas anuales, delgadas; tallos 15–50(–70) cm, escabrosos a hispídulos, ramificándose desde los nudos inferiores; vainas glabras o escábridas, lígula 1–2.5(–3) mm, hialina, láminas 3–5(–10) cm × 1–2 mm, aplanadas o laxamente involutas, glabras o escábridas; panícula 7–12(–20) cm × 3–5(–8) cm, abierta, difusa, implicada, eje diminutamente escábrido; espiguillas 2.5–3(–4) mm, purpúreas, pedicelos alargados, delgados, flexuosos, ligeramente hinchados debajo de las espiguillas; glumas desiguales, obtusas, a menudo erosas, la primera 0.2–0.3 mm, la segunda 0.3–0.5 mm; lema 2.5–3(–4) mm, 3-nervada, a veces aparentando ser 5-nervada, escábrida, 2-dentada, dientes hasta 1 mm, arista 8–26 mm; pálea 2.9–4 mm, angostamente lanceolada, glabra; anteras 0.6–0.8 mm, purpúreas; cariopsis 1.2–1.5 mm, fusiforme. 2*n* = 20. Habita en bosques abiertos de pino, encino o pino piñonero, a 1960–2300 m de altitud.

Distribuida desde México a Centro y Sudamérica.

**ZACATECAS. Fresnillo:** rancho Altamira, brecha Fco. I. Madero- Vasco de Quiroga, 20 Oct 1989, pastizal con encinos, 2300 m, *Balleza 2650* (CHAPA, US). **Jalpa:** Sierra Morones, 10 km W of Mex 54, on road to Tlaltenango, 6 Oct 1988, *P.M. Peterson y Annable 6176* (US). **Monte Escobedo:** salida a Laguna Grande, 21 Sep 1989, pastizal con encino, 2230 m, *Balleza 2288* (CHAPA). **Nochistlán:** 22 mi NE Yahualica on hwy 25, on road to Teocaltiche, 1 Oct 1986, *P.M. Peterson y Annable 4600* (US); Tlachichila, por la brecha a Jalpa, 31 Oct 1989, pastizal con matorral espinoso, 2200 m, *Balleza 2667* (CHAPA, US). **Sombrerete:** 17 mi E of Sombrerete, 13 Oct 1966, *Reeder y C. Reeder 4696* (MEXU). **Teúl de González Ortega:** 9.1 mi N.E. of Milpillas de Allende, 3 Oct 2001, roadcut and slopes with *Quercus* and *Acacia*, 2000 m, *P.M. Peterson y O. Rosales 16058* (US). **Valparaíso:** terracería Lobatos-Adjuntas del Refugio, 29 Sep 1989, pastizal con bosque espinoso, 1980 m, *Balleza 2382* (CHAPA, US); terracería Valparaíso-La Unión del Chacuaco, 19 Oct 1989, pastizal, 1950

*Muhlenbergia diversiglumis*

*Muhlenbergia dubia*

*Muhlenbergia emersleyi*

*Muhlenbergia flaviseta*

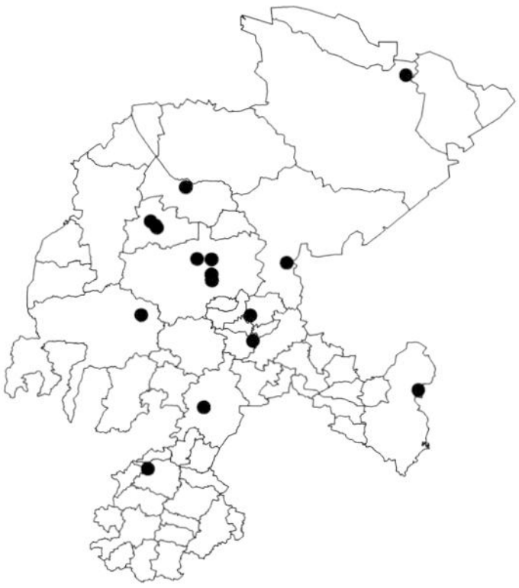

*Muhlenbergia depauperata*

*Muhlenbergia diversiglumis*

*Muhlenbergia dubia*

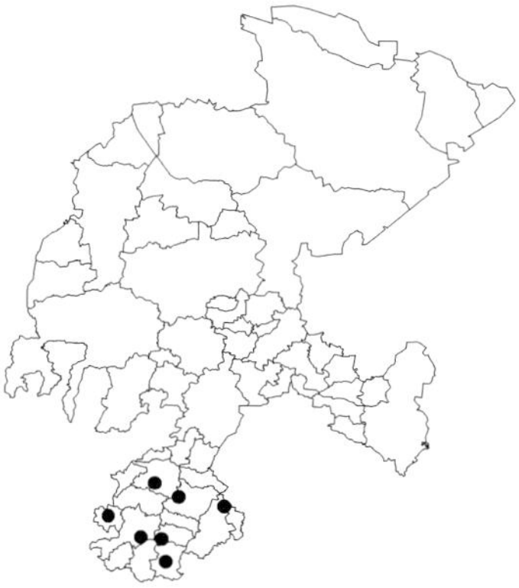

*Muhlenbergia dumosa*

*Muhlenbergia durangensis*

*Muhlenbergia emersleyi*

*Muhlenbergia eriophylla*

*Muhlenbergia flaviseta*

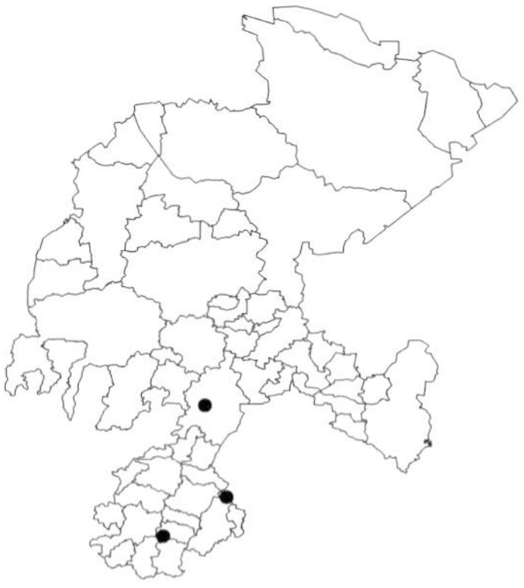

*Muhlenbergia fragilis*

m, *Balleza 2620* (CHAPA, US). **Villanueva:** 78 km al S de Zacatecas por la carr. federal 54, 22 Oct 1976, pastizal, 2090 m, *J. Brunken y C. Perino 461* (CHAPA, US).

**Muhlenbergia longiglumis** Vasey, Contr. U.S. Natl. Herb. 1:283. 1893.

Plantas perennes, cespitosas; tallos 55–100 cm; vainas comprimido-carinadas, fibrosas y pardas en la madurez, lígula 5–12 mm, membranácea y firme en la base, mas delgada y lacerada en el ápice, láminas 20–30 cm × 1.5–2 mm, escabrosas; panícula 20–40 cm × 1–2.5 cm, ramas inferiores 3–4 cm, ascendentes, verticiladas, con el eje acanalado, pedicelos 1–3 mm; espiguillas 4–7 mm, verde grisáceo; glumas 4–6.8 mm, hialinas, 1-nervadas, atenuadas en ápice, con una arista corta y delicada, de 1 mm o menos de largo; lema 4–5 mm, aquillada, aguda, escábrida a pilosa en los márgenes cerca de la base, arista 2–6.5 cm, escábrida, púrpura; pálea casi igual a la lema, glabra o pilosa entre las quillas hacia la base. Habita en bosque de pino-encino, a 2219 m de altitud.

Especie mexicana descrita de Jalisco, citada de Ags., Gto., Jal. y Zac.

**ZACATECAS. Nochistlán:** Límites con Jalisco, Paraje Torrecillas, sierra del Laurel, Tlachichila, 4 Nov 2006, bosque de encino, 2219 m, *O. Rosales y Y. Herrera 3717* (CIIDIR).

**Muhlenbergia microsperma** (DC) Kunth, Revis. Gramin. 1:64. 1829. *Trichochloa microsperma* DC., Cat. Pl. Horti Monsp. 151. 1813.

Plantas anuales o de vida corta, floreciendo el primer año; tallos 10–70 cm, erectos o patentes, estriados, glabros o puberulentos, ramificados desde la base; vainas glabras, laxas en la madurez, lígula 1–3 mm, hialina, lacerada, láminas 3–10 cm × 1–2(–3) mm, aplanadas a laxamente involutas, glabras o escábridas; panícula 5–15(–20) × 1–2(–3) cm, laxa, angosta pero abierta, terminal o axilar, púrpura a verde claro, ramas cortas, rígidamente patentes o ascendentes, floríferas desde la base; espiguillas 2.5–3.5(–4) mm, pedicelos 0.7–1 mm, gruesos, antrorsamente escabrosos; glumas 0.5–1 mm, subiguales, anchas, obtusas, erosas, la segunda usualmente 0.2 mm más larga que la primera; lema 2.5–3.5(–4) mm, angostamente lanceolada, redondeada, 3-nervada, escábrida, con pelos cortos, adpresos en las nervaduras cerca de la base, la arista 10–20 mm; pálea similar a la lema, la pubescencia entre las nervaduras cerca de la base; anteras 0.3–0.7 mm, purpúreas; cariopsis 1.5–2 mm, fusiforme, pardo-rojiza. Espiguillas cleistógamas usualmente presentes en las axilas de las ramas inferiores. Maleza en terrenos de cultivo abandonados y orilla de caminos, habita a 2550 m de altitud.

Se le conoce desde el SW de Estados Unidos a México.

**ZACATECAS. Tlaltenango:** km 39 de la brecha a Jalpa, 19 Ago 1988, bosque de encino-pino, 2550 m, *Balleza 1668* (CHAPA, IEB, US).

**Muhlenbergia minutissima** (Steud.) Swallen, Contr. U.S. Natl. Herb. 29(4):207. 1947. *Agrostis minutissima* Steud., Syn. Pl. Glumac. 1:171. 1854.

Plantas anuales, delgadas, delicadas; tallos 5–40 cm, erectos o patentes, ecábridos debajo de los nudos, ramificándose desde los nudos inferiores; hojas básales, vainas escábridas, laxas, los márgenes hialinos, lígula 1–2.5 mm, hialina, decurrente, lacerada o dentada, láminas 1–5 cm × 0.6–1.5 mm, aplanadas o laxamente involutas, glabras o puberulentas; panícula 5–20 × 2–6.5 cm, abierta, ramas 8–40 mm, patentes, con un pulvínulo prominente en la base; espiguillas 0.8–1.5 mm, erectas, pedicelos capilares, ligeramente hinchados y diminuto-verrucosos por debajo de la espiguilla; glumas 0.5–0.9 mm, subiguales, 1-nervadas, pilosas cerca del ápice, ápice obtuso a agudo, la primera 0.5–0.8 mm, la segunda 0.6–0.9 mm, más ancha que la primera; lema 0.8–1.5 mm, obtusa o subaguda, sin arista, glabra o con algo de pubescencia plateada, corta, adpresa entre las nervaduras; anteras 0.2–0.7 mm, purpúreas; cariopsis 0.6–0.9 mm, fusiforme a elíptica, pardo-rojiza. $n$ = 30,40. En bosque abierto de pino-encino y bosque tropical caducifolio, a 2400–2550 m de altitud.

Especie citada desde el SW de Estados Unidos a México.

**ZACATECAS. Teúl de González Ortega:** 2 km N Teúl de González Ortega, *Balleza 2420* (US). Aprox. 38 km al W de Jalpa sobre la carr. a Tlaltenango, 30 km del entronque con la carr. Jalpa-Juchipila, *Rzed. y McVaugh 931* (US). **Tlaltenango:** km 39 de la brecha Jalpa-Tlaltenango, 11 Nov 1989, bosque de encino-pino, 2550 m, *Balleza 2708* (CHAPA).

**Muhlenbergia montana** (Nutt.) Hitchc., U.S.D.A. Bull. (1915–23) 772:145. 1920. *Calycodon montanum* Nutt., J. Acad. Nat. Sci. Philadelphia, ser. 2, 1:186. 1848.

Plantas perennes, densamente amacolladas; tallos 45–70 cm, erectos, glabros o esparcido escabrosos, ramificados cerca de la base; vainas glabras, pubescentes en el collar, tornándose papiráceas y aplanadas, lígula

6–18 mm, membranácea, acuminada, lacerada, láminas 5–30 cm × 1–2 mm, aplanadas o conduplicadas, caulinares y basales, glabras a escabrosas, ápice acuminado; panícula 8–25 × 1–1.5(–2) cm, densamente ramificada, las ramas 4–6 cm, ascendentes o aplicadas, el eje central ligeramente aplanado con 2 costillas, glabro a escábrido; espiguillas 3.5–4 mm; glumas 2–3.5 mm, subiguales, verde olivo, corto aristadas a mucronadas, la arista 0.5–1.5 mm, escábridas sobre las nervaduras, la primera 2–3 mm, lanceolada, entera, 1-nervada, la segunda gluma 2.5–3.5 mm, ovada, 3-nervada, 3-dentada, los dientes la ½ o más del largo de la gluma; lema 3.8–4 mm, fusiforme, verde olivo o pálida y con manchas verdes, pilosa en la base y márgenes inferiores, entera, excurrente hasta una arista 10–15 mm, flexuosa, escabrosa; pálea 2.8–3 mm de largo, verde olivo, pilosa sobre la ½ inferior; anteras 2–2.3 mm, oblongas, purpúreas; cariopsis 1.8–2 mm, fusiforme, pardo claro. *2n* = 20,40. Prefiere el bosque de encino o pino y bosque tropical caducifolio, a 1240–2450 m de altitud.

Se le conoce desde el SW de Estados Unidos a Guatemala.

**ZACATECAS. Jiménez del Teúl:** rancho Arocha, carr. a Jiménez del Teúl, 22 Oct 1988, *Balleza 2135* (CHAPA). **Mezquital del Oro:** 10 km al E de la carr. a Guadalajara, por la brecha a Moyahua, 30 Sep 1989, bosque tropical caducifolio, 1240 m, *Balleza 2431-B* (CHAPA). **Miguel Auza:** 2.5 km al W de la colonia Emilio Carranza, por la brecha a Sierra de Santa María, 2 Sep 1988, pastizal, 2100 m, *Balleza 1888* (CHAPA, US). **Sombrerete:** km 169, carr. a Durango, 21 Oct 1988, bosque de encino, 2360 m, *Balleza 2133* (CHAPA). **Tlaltenango:** 38 km al W de Jalpa, por la brecha a Tlaltenango, 21 Oct 1973, bosque de encino-pino, 2450 m, *Rzed. y McVaugh 974* (CHAPA, US).

**Muhlenbergia mucronata** (Kunth) Trin., Gram. Unifl. Sesquifl. 194, t. 5, f. 23. 1824. *Podosemum mucronatum* Kunth, Nov. Gen. Sp. (quarto ed.) 1:129. 1815.

*Muhlenbergia subaristata* Swallen

Plantas perennes, densamente cespitosas; tallos 75–100(–120) cm, erectos, escabrosos o estrigulosos por debajo de los nudos; vainas más cortas que los entrenudos y los nudos purpúreos visibles en parte, redondeadas, glabras o diminutamente escabriúsculas, lígula (2–)5–8 mm, láminas 20–40 cm × 2–3 mm, aplanadas o laxamente involutas, atenuándose en una punta larga, escabrosas abaxialmente, escabriúsculas en las costillas adaxialmente; panícula (5–)10–15(–20) × 1–3(–6) cm, oblongo-cilíndrica, abierta, purpúrea, raramente púrpura-verdosa, ramas 4–8(10) cm, ascendentes o adpresas; espiguillas (4–)4.5–5 mm, pedicelos 2–5(–6) mm, delgados, escabrosos por debajo de las espiguillas; glumas 1.5–2 mm, agudas, subiguales, escabriúsculas cerca de la punta; lema (4–)4.5–5 mm, escabriúscula en y entre las nervaduras, mucronada o cortamente aristada desde entre dos diminutos dientes, el mucrón 0.5–1(–2) mm; pálea aguda o acuminada, escabriúscula entre las prominentes nervaduras; callo con un mechón de pelos de 0.5–0.7 mm; anteras 2–2.2 mm, purpúreas; cariopsis 2–2.5 × 0.5 mm, elipsoide, rojo-pardo obscuro. Habita en laderas graminosas de bosques de encino y pino, a 2480–2790 m de altitud.

Especie mexicana conocida de: B.C., Chis, Dgo. y Zac.

Especie muy emparentada con *M. rigida*, cuyas formas cortamente aristadas, panículas rígidamente erectas y pedicelos generalmente más cortos merecen ser considerados un taxón distinto.

**ZACATECAS. Monte Escobedo:** 8.6 mi NW of Monte Escobedo at Uma Temoc A.C., 3 Oct 2001, grassy flats with *Quercus edwardii, Juniperus dippeana, Arbutus,* and *Pinus chihuahuana*, 2480 m, *P.M. Peterson y S. González 16048* (US). **Valparaíso:** Pajaritos de la Sierra, ejido Bernalejo, 26 Ago 1997, bosque de pino, 2790 m, *Ma.C. Arteaga 856* (MEXU, US).

**Muhlenbergia pectinata** C.O. Goodd., J. Wash. Acad. Sci. 31:505. 1941.

Plantas anuales, delgadas, delicadas; tallos 10–35 cm, glabros, filiformes, erectos o decumbentes, ramificados; vainas glabras, estriadas, márgenes esparcido-pilosos, lígulas 0.3–0.9 mm, hialina, pilosa, láminas 1–6 cm × 0.6–2 mm, aplanadas a involutas, aplicadas a esparcido-pilosas; panícula 4–12 × 0.5–2.6(–4) cm, ramas 2–3.5 cm, aplicadas o ascendentes, pedicelos 1–3 mm, glabros, aplicados; espiguillas ascendentes o erectas, sobrepuestas, verdes con tintes purpúreos; glumas 0.8–2(–3) mm, subiguales, aristadas o sin arista, glabras, 1-nervadas, ápice agudo o acuminado, arista hasta 1.5 mm, la primera 0.8–1.7 mm, la segunda 1–2(–3) mm; lema 3–4.5(–5) mm, subulada a lanceolada, con arista de 10–30 mm, delgada, flexuosa, glabra a antrorsamente escabrosa, aparentando ser 5-nervada, nervaduras verduzcas, las laterales ocasionalmente pilosas, los pelos aplanados, inflados en la base; pálea 2.5–4.5 mm, angostamente lanceolada, glabra, acuminada; anteras 0.3–0.6 mm, amarillentas; cariopsis 0.6–3.1 mm, angostamente fusiforme, pardo claro. *n* = 10. Habita en bosque de encino o bosque tropical caducifolio, a 1240–2219 m de altitud.

Especie conocida desde el SW de Estados Unidos a México.

ZACATECAS. **Mezquital del Oro:** 10 km al E de la carr. a Guadalajara, por la brecha a Moyahua, 30 Sep 1989, bosque tropical caducifolio, 1240 m, *Balleza 2431* (CHAPA, IEB, US). **Nochistlán:** límites con Jalisco, Paraje Torrecillas, sierra del Laurel, Tlachichila, 4 Nov 2006, bosque de encino, 2219 m, *O. Rosales y Y. Herrera 3709* (CIIDIR).

**Muhlenbergia peruviana** (P. Beauv.) Steud., Nomencl. Bot. (ed. 2) 1:41. 1840. *Clomena peruviana* P. Beauv., Ess. Agrostogr. 28, t. 7, f. 10; t. 3, f. 20. 1812.

Plantas anuales, cespitosas; tallos 5–30 cm, erectos, muy ramificados en la base; vainas nervadas con el margen hialino, lígula 1.5–3 mm, membranácea, ápice agudo, entera a erosa, láminas 1–5 cm × 0.6–1.5 mm, aplanadas o involutas, corto pubescentes a glabras; panícula 2–8 × 0.3–3.4 cm, exserta o incluida en la vaina, ramas aplicadas ascendentes, floríferas desde la base, pedicelos 0.5–5 mm, ramillas cortas aplicadas; espiguillas ascendentes y erectas; glumas verde blanquecinas, en ocasiones con tintes purpúreos, glabras o escabrosas a lo largo de los nervaduras, estrechas o anchamente lanceoladas, ápice agudo aristado, la primera 0.8–2.5 mm, 1-nervada, la segunda 1–3 mm, 2–3-nervada, más ancha, aguda, 2–3-dentada, los dientes 3–8 mm; lema 1.4–4.2 mm, angosto-lanceolada, pilosa en la mitad inferior, escábrida arriba, bífida en el ápice, dientes 5–8 mm, arista 18–22 mm, originándose entre los dientes, muy delgada, flexuosa, púrpura; pálea 1.3–3.8 mm, angostamente lanceolada; anteras 0.5–1 mm, purpúreas a amarillentas; cariopsis 1–1.6 mm, fusiforme, pardo. *n* = 15. Habita en bosque de pino-encino, a 2195–2570 m de altitud.

Especie conocida desde el SW de Estados Unidos a Centro y Sudamérica.

ZACATECAS. **Jerez:** Sierra Los Cardos, 10.5 mi NW of Jerez, W of El Cargadero, on road towards Monte de los García, 19 Oct 2007, dry rocky slopes with *Quercus, Pinus cembroides, Arctostaphylos pungens*, and *Juniperus*, 2570 m, *P.M. Peterson, Saarela y D. Stancik 21414* (US). **Pinos:** near Pinos, 6 Oct 1954, *Sohns 1550* (US). **Monte Escobedo:** 5 mi E of Monte Escobedo, 3 Oct 1974, in area of scattered oaks and manzanitas, 2195 m, *Reeder y C. Reeder 6443* (ENCB). **Tlaltenango:** 38 km al W de Jalpa, por la brecha a Tlaltnango, 21 Oct 1973, bosque de encino-pino, 2450 m, *Rzed. y McVaugh 930* (CHAPA, US); km 39 brecha Jalpa-Tlaltenango, 11 Nov 1989, bosque de encino-pino, 2550 m, *Balleza 2697* (CHAPA); *Balleza 2706* (US). **Valparaíso:** Puerto de la Paja, 20 km al WSW de Valparaíso, sobre el camino a Huejuquilla, 30 Oct 1963, bosque de encino, 2286 m, *Rzed. 17540* (ENCB, US).

**Muhlenbergia plumbea** (Trin.) Hitchc., Contr. U.S. Natl. Herb. 17(3):296. 1913. *Vilfa plumbea* Trin., Mém. Acad. Imp. Sci. St.-Pétersbourg, Sér. 6, Sci. Math., Seconde Pt. Sci. Nat. 6,4(1–2):98. 1840.

Plantas perennes bajas, con rizomas escamosos, delgados; tallos 10–40 cm, ramificados en la base, erectos desde una base decumbente, glabros; vainas glabras, un poco comprimido-carinadas, lígula 0.5–1 mm, una membrana erosa o pilosa; láminas 5–12 cm × 1–2 mm, aplanadas o conduplicadas, escabrosas hacia el ápice; panícula 3–5 × 1–3 cm, ramas 2.5–8 cm, solitarias, espaciadas a lo largo del eje principal, el eje y las ramillas angulosas, escábridas, pedicelos 1–2 mm, glabros; espiguillas 2.5–3 mm, gris-plomizas, agrupadas hacia el extremo de las ramas; glumas 1.2–1.6 mm, subiguales, agudas o redondeadas, glabras; lema 2.5–3 mm, glabra, aguda o apiculada; pálea 2.5–2.8 mm, obtusa, glabra; anteras 1.1–1.6 mm, amarillas o purpúreas; cariopsis 1.5–1.7 mm, ovoide, pardo-rojiza, ligeramente aplanada. Encontrada en pastizal, a 2030 m de altitud.

Especie escasa conocida de México a Guatemala.

ZACATECAS. **Miguel Auza:** 15 km al W de Miguel Auza, por la terracería a Ramón Corona, 3 Sep 1988, pastizal, 2030 m, *Balleza 1895* (CHAPA, IEB).

**Muhlenbergia polycaulis** Scribn., Bull. Torrey Bot. Club 38:327. 1911.

Plantas perennes, rizomatosas, decumbentes en la base; tallos 15–40(–50) cm, numerosos, delgados, erectos o decumbentes; vainas glabras o puberulentas, lígula 0.5–2.5 mm, delgada, ápice obtuso o agudo, láminas 3–10 mm × 0.5–1 mm, aplanadas o involutas, a veces conduplicadas, glabras; panícula 3–8 cm × 3–6 mm, angosta, contraída, eje escabroso o puberulento, ramas 0.5–4 cm, ascendentes, aplicadas o abiertas 30° del

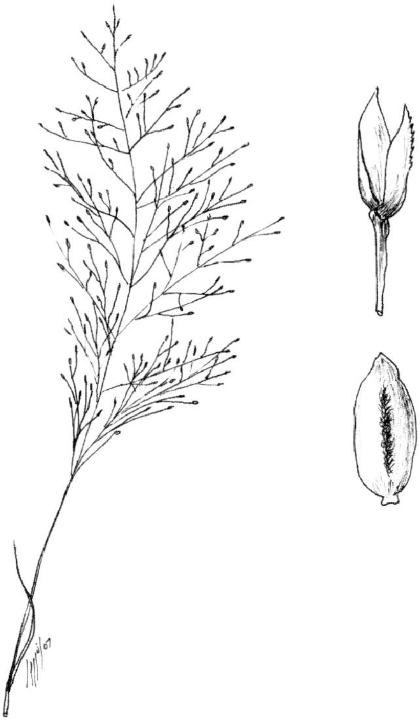

*Muhlenbergia fragilis*

*Muhlenbergia glauca*

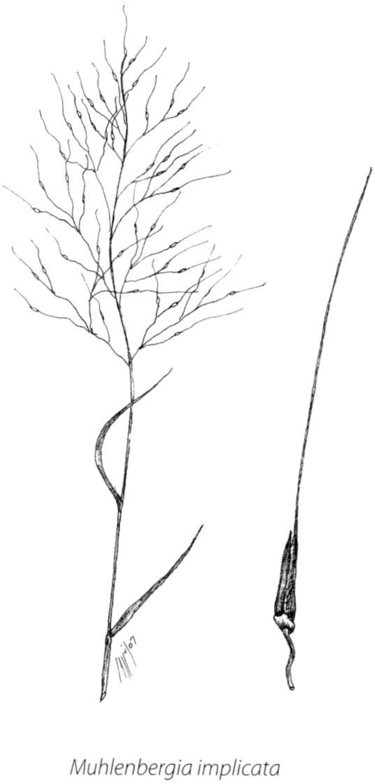

*Muhlenbergia implicata*

*Muhlenbergia minutissima*

*Muhlenbergia montana*

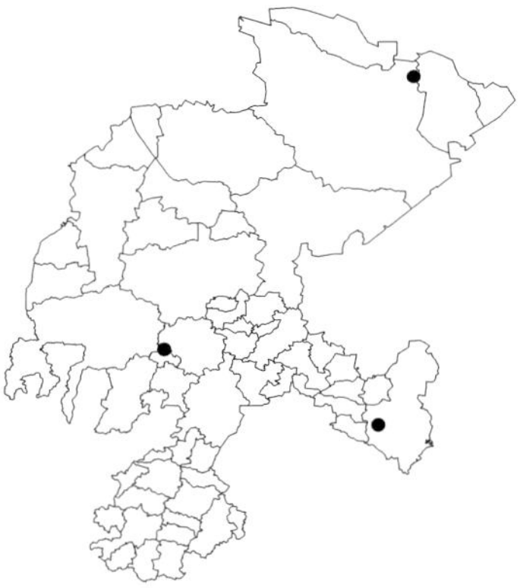

*Muhlenbergia glauca*

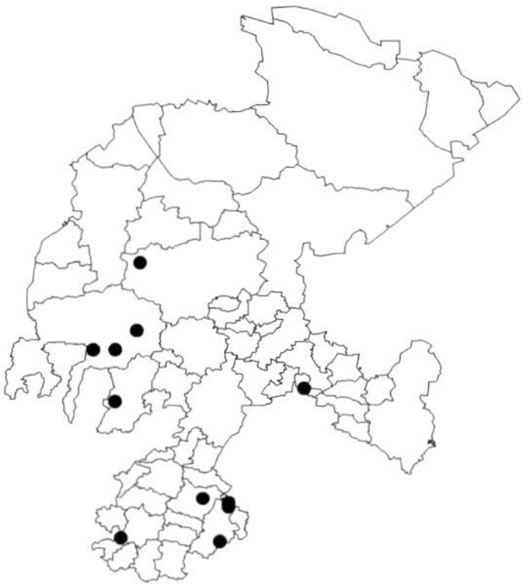

*Muhlenbergia implicata*

*Muhlenbergia longiglumis*

*Muhlenbergia microsperma*

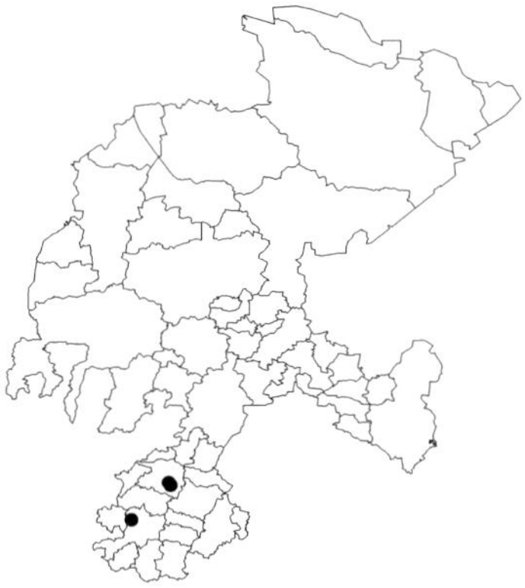

*Muhlenbergia minutissima*

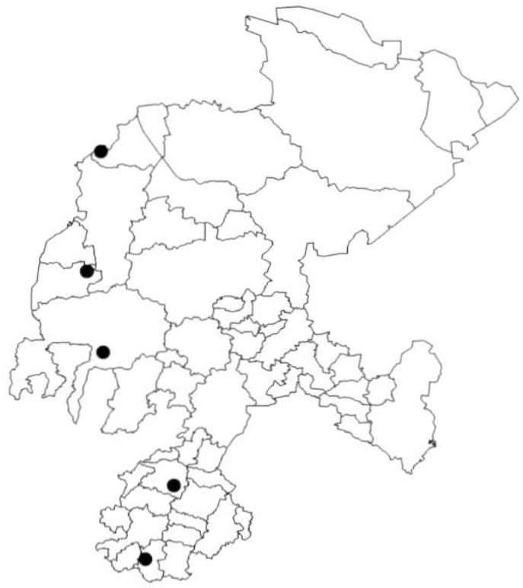

*Muhlenbergia montana*

*Muhlenbergia mucronata*

*Muhlenbergia pectinata*

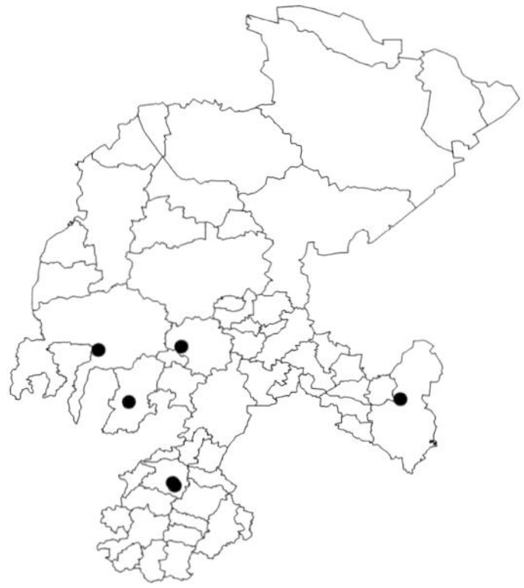

*Muhlenbergia peruviana*

eje principal, floríferas desde la base, pedicelos 0.1–1.5 mm, escabrosos; espiguillas 2.3–3.5 mm, erectas; glumas 1.5–2.5 mm, subiguales, 1-nervadas, aristadas o sin arista, ápice agudo a acuminado, aristas 0.1–1.4 mm; lema 2.3–3.5 mm, elíptica, vilosa en la 1/2 inferior, arista 10–20(–25) mm, delicada, flexuosa; pálea 2–3.2 mm, elíptica, aplicado-pubescente en la ½ inferior; anteras 1.5–2 mm, anaranjadas; cariopsis 1.5–2 mm, fusiforme, parda. $2n$ = 20,40. En bosque de pino-encino, a 2180–2570 m de altitud.

Especie conocida desde el SW de Estados Unidos a México.

**ZACATECAS. Guadalupe:** km 19.7 carr. a pastizal de *Muhlenbergia* y *Bouteloua*, 2350 m, *Balleza 2518-B* (CHAPA, US). **Jerez:** brecha Jerez-Guadalupe Victoria, 14 Sep 1989, bosque de pino-encino, 2450 m, *Balleza 2222* (CHAPA, US); Sierra Los Cardos, 10.5 mi NW of Jerez, W of El Cargadero, on road towards Monte de los Garcia, 19 Oct 2007, dry rocky slopes with *Quercus, Pinus cembroides, Arctostaphylos pungens*, and *Juniperus*, 2570 m, *P.M. Peterson, Saarela y D. Stancik 21417* (US). **Valparaíso:** 18 mi NE of Valparaíso, on road to Fresnillo, *Reeder y C. Reeder 4702* (US). Aprox. 38 km al W de Jalpa sobre la carr. a Tlaltenango, 30 km del entronque con la carr. Jalpa-Juchipila, *Rzed. y McVaugh 943* (US). 13 mi SW of Valparaíso and 13.8 mi NE of Huejuquilla, 30 Sep 2001, Steep rocky slopes with *Quercus laeta, Arbutus arizonica, Rhus, Buddleja, and Montanoa*, 2180 m, *P.M. Peterson y S. González 15967* (US).

**Muhlenbergia porteri** Scribn. ex Beal, Grass. N. Amer. 2:259. 1896.

Plantas perennes, en macollos laxos, semejando ser pequeños arbustos; tallos 25–50 cm, decumbentes o geniculados, libremente ramificados, correosos como alambre, con numerosos nudos; vainas glabras, lígula 1–2.5(–4) mm, lacerada, auriculada, láminas 2–8 cm × 0.5–2 mm, aplanadas a conduplicadas, escaberulosas a glabras; panícula 4–10(–12) × 6–10 cm, ovoide, laxamente florífera, terminales y axilares, purpúreas, ramas 1–5 cm, en pares, delgadas, difusas a divaricadas, 30° a 90° abiertas desde los tallos, pedicelos 2–13(–20) mm, escabrosos; espiguillas 3–4.5 mm, erectas, ampliamente espaciadas en las ramas; glumas 2–3 mm, 1-nervadas, arista 0–1.2 mm, escabrosas a lo largo de la nervadura, ápice acuminado; lema 3–4.5 mm, lanceolada, aristada, purpúrea, aplicado-pubescente en los márgenes y en la nervadura central sobre la mitad proximal, ápice acuminado, arista 2–13 mm, recta; pálea 3–4.5 mm, lanceolada, ápice acuminado; anteras 1.5–2.3 mm, purpúreas a amarillas; cariopsis 2–2.4 mm, oblongas, comprimidas, pardo-amarillentas. $2n$ = 20,23,24,40. En matorral desértico micrófilo, a 1610–1750 m de altitud.

Especie conocida desde el S de Estados Unidos a México.

**ZACATECAS. Concepción del Oro:** cercanías del pueblo, *Nuñez 38* (MEXU, US); 1 km al N del entronque con la carr. a Cedros, por la carr. a Saltillo, 25 Sep 1988, *Balleza 2015* (CHAPA, US); CNIZA, 35 km al S de Concepción del Oro, 12 Jul 1975, matorral desértico micrófilo, 1780 m, *Medrano 8028* (MEXU).

**Muhlenbergia pubescens** (Kunth) Hitchc., N. Amer. Fl. 17(6):460. 1935. *Agrostis pubescens* Kunth, Nov. Gen. Sp. (quarto ed.) 1:136. 1815.

Plantas perennes; tallos 1–1.5 m, erectos, amacollados, esparcido a densamente pilosos, especialmente en la parte inferior; vainas basales comprimido carinadas, vilosas, sin aurículas, lígula 2–4 mm, membranácea, lacerada, láminas 25–50 cm × 2.5–6 mm, vilosas; panículas 20–40(–50) × 2–7 cm, erectas, columnares, densamente floríferas, gris a gris-purpúreo; espiguillas 2.5–3 mm; glumas 2.5–3 mm, más largas que las flósculos, esparcido a densamente vilosas, ampliamente agudas en el ápice, subiguales o la primera 1–2 mm más corta que la segunda; lema 2.2–2.6 mm, vilosa excepto en el ápice, con una arista de 5–10 mm; anteras 0.8–1.2 mm, amarillas a purpúreas; cariopsis 1.2–1.5 mm, elipsoide a ovoide, pardo claro. Habita en pastizal, matorral de pino piñonero-táscate, bosque de encino-pino, a 1750–2570 m de altitud.

Especie mexicana de amplia distribución.

**ZACATECAS. Fresnillo:** rancho Altamira, brecha Fco. I. Madero-Vasco de Quiroga, 20 Oct 1989, pastizal con encinos, 2300 m, *Balleza 2634* (CHAPA,US). **Jerez:** por la brecha a Guadalupe Victoria, 14 Sep 1989, *Balleza 2220* (CHAPA); Sierra Los Cardos, 10.5 mi NW of Jerez, W of El Cargadero, on road towards Monte de los García, 19 Oct 2007, dry rocky slopes with *Quercus, Pinus cembroides, Arctostaphylos pungens*, and *Juniperus*, 2570 m, *P.M. Peterson, Saarela y D. Stancik 21416* (US). **Juan Aldama:** estación de microondas Morelos 2, km 109 carr. a Torreón, 1 Sep 1988, pastizal, 2210 m, *Balleza 1875* (CHAPA, US). **Sombrerete:** 6 km al N-NE de Agua Zarca, 29 Oct 2006, pastizal, 2080 m, *O. Rosales y Y. Herrera 3627* (CIIDIR). **Valparaíso:** Ejido Ameca la Vieja, por la brecha a Huejuquilla, Jal., 7 Oct 1988, bosque de encino, 1750 m, *Balleza 2095* (CHAPA); Puerto de la Paja, 20 km al WSW de Valparaíso, sobre el camino a Huejuquilla, 30 Oct 1963, *Rzed. 17540* (US); 35 mi W of Huejuquilla towards Canoas, 30 Sep 2001, rhyolitic rock outcrops with *Quercus conzattii* and *Pinus chihuahuana*, 1840 m, *P.M. Peterson y S. González 15982* (US). **Villanueva:** Presa del Carretero, 17 km al S de Villanueva, por la carr. a Guadalajara, 9 Oct 1973, pastizal, 2150 m, *R. Banda s.n.* (CHAPA).

**Muhlenbergia pubigluma** Swallen, Proc. Biol. Soc. Wash. 56:78. 1943.

Plantas perennes, densamente cespitosas; tallos (50–)65–125 cm, fuertes, erectos, con 2–3 nudos, puberulentos debajo de los nudos; vainas 10–32 cm, más largas que los entrenudos, las basales comprimido carinadas, glabras, cambiando a pardas al madurar, lígula 5–13 mm, membranosas en el ápice y firmes pardo en la base, decurrentes, láminas 10–35 cm × 1.5–3 mm, conduplicadas a involutas, atenuadas, firmes, escabrosas con pelos blancos cortos de 0.1 mm; panículas (15–)20–34 × 1–3 cm, angostas, ramas primarias 1–6 cm, ascendentes y aplicadas, verde-grisáceas, pedicelos 0.3–2.5 mm, escabrosos; espiguillas 2.5–3.5 mm, glumas 2–3.3 mm, más cortas que la flósculo, 1-nervadas, ligeramente pubescentes cerca e la base, ápice obtuso o agudo, sin arista; lema 2.8–3.5 mm, lanceolada, verde-grisácea a purpúrea, con nervaduras laterales no aparentes, aplicado-vilosa en la ½ inferior, márgenes basales densamente vilosos, la pubescencia menor de 0.5 mm, ápice agudo, por lo general corto aristado, arista 0.5–3.5 mm; pálea 2.7–3 mm, pubescente entre las nervaduras de 1/3 proximal, ápice obtuso; anteras 1.4–1.6 mm, amarillas. Cariopsis no vista. Crece en suelos calichosos de planicies y pendientes con bosque de pino piñonero y encino, a 1900 y 2450 m de altitud.

Especie descrita de Coah., escasamente reportada de N.L. y ahora de Zac.

**ZACATECAS. Valparaíso:** 13 mi SW of Valparaíso and 13.8 mi NE of Huejuquilla, 30 Sep 2001, Steep rocky slopes with *Quercus laeta, Arbutus arizonica, Rhus, Buddleja, and Montanoa*, 2180 m, *P.M. Peterson y S. González 15970, 15971* (US); 35.5 mi W of Huejuquilla towards Canoas, 30 Sep 2001, gentle slopes with *Quercus conzattii, Pinus chihuahuana, Dodonaca viscosa*, and *Quercus magnolifolia*, 1900 m, *P.M. Peterson y S. González 15994* (US). **Monte Escobedo:** 3.5 mi W of Monte Escobedo at Uma Temoc A.C., 3 Oct 2001, steep slopes along small arroyo with *Quercus edwardii, Arbutus arizonica, A. tesselata*, and *Ceanothus*, 2450 m, *P.M. Peterson y S. González 16053* (US).

**Muhlenbergia quadridentata** (Kunth) Trin., Gram. Unifl. Sesquifl. 194, t. 5b, f. 14. 1824. *Podosemum quadridentatum* Kunth, Nov. Gen. Sp. (quarto ed.) 1:130. 1815.

Plantas perennes, densamente cespitosas; tallos 40–70 cm, erectos, ramificados cerca de la base; vainas glabras, márgenes membranáceos, lígula 2–7 mm, membranácea, acuminada, láminas 5–15 cm × 1–2 mm, involutas, caulinares y basales, escabrosas; panícula 5–20 × 1–1.5(–2) cm, verde obscuro o purpúrea, largo-exserta, ramas 3–6 cm, aplicadas o ascendentes, abiertas 15° a 30° del eje principal, densifloras, floríferas desde la base; espiguillas 3.5–4.5 mm, pedicelos 0.5–1.5 mm, escabrosos; glumas desiguales, glabras o escábridas, la primera 1.8–2.5(–3) mm, elíptico-lanceolada, 1-nervada, acuminada, la segunda (3–)3.2–4 mm, más ancha que la primera, 3-nervada, 3–4-dentada, los dientes pequeños; lema 3–4.5 mm, fusiforme o con el ápice agudo, verde olivo, pilosa en los márgenes y nervadura central hacia la base, arista 8–12 mm, flexuosa, escabrosa, verde olivo; pálea 2.8–3.2 mm, pilosa entre las nervaduras en el 1/3 inferior, escabrosa por encima; anteras 2–2.5 mm, oblongas, púrpura obscuro; cariopsis 1.9–2.1 mm, fusiforme, pajizo tornándose pardo pálida al madurar. $2n = 20$. En bosque de pino a 2450–2790 m de altitud.

Distribuida de México a Guatemala.

**ZACATECAS: Monte Escobedo:** 5 mi E of Monte Escobedo, 2450 , *Reeder y C. Reeder 6438* (US). **Valparaíso:** 3 km al SSE de Tanque de los Rayos, *Rzed. 17644* (US); Pajaritos de la Sierra, ejido Bernalejo, 26 Ago 1997, bosque de pino, 2790 m, *Ma.C. Arteaga 855* (MEXU, US).

**Muhlenbergia repens** (J. Presl) Hitchc., Fl. Calif. 1:111. 1912. *Sporobolus repens* J. Presl, Reliq. Haenk. 1(4–5):241. 1830.

Plantas perennes, con rizomas escamosos, rastreros; tallos 5–40 cm, decumbentes cerca de la base, en macollos densos; vainas glabras, lígula 1–1.8 mm, membranácea, decurrente, lacerado, láminas 1–6 cm × 0.5–1.4 mm, al principio aplanadas, pronto involutas, glabras a escaberulosas; panículas 1–9 cm × 1–6 mm, angostas, contraídas, interrumpidas, ramas 0.2–3 cm, aplicadas, con escasas espiguillas, pedicelos cortos, angulosos, escabrosos; espiguillas 2.8–3(–3.5) mm, erectas; glumas subiguales, 1(2–3)-nervadas, glabras, agudas o apiculadas, lanceolado-ovadas, la primera 1.7–2 mm, la segunda 2–2.1 mm; lema 2.8–3(–3.5) mm, glabra o aplicado pubescente a lo largo de los márgenes, verde obscuro o con manchas obscuras, nervaduras laterales poco aparentes, ápice agudo a atenuado hasta terminar en un mucrón de 0.1–0.5 mm; pálea 2.1–3.3 mm, lanceolada, glabra a escaberulosa, ápice agudo; anteras 0.7–1.4 mm, amarillas a purpúreas; cariopsis 1.1–1.5 mm, elipsoide a ovoide, parda. $2n = 60,70,72$. Habita en matorral xerófilo y bosque tropical caducifolio, bosque de encino, a 1600–2280 m de altitud.

Especie conocida desde el SW de Estados Unidos a México.

**ZACATECAS. Concepción del Oro:** 5 mi N of Cardona, road from Concepción del Oro S to Cardona, *F. del Río* (US); 13 mi al NW of Sombrerete on hwy 45, Gould *12324* (US). **Gral. Pánfilo Natera:** carr. San Luis Potosí-Zacatecas, desviación a Saldaña, *E. Manrique, Beetle y G. Harding 1337* (MEXU, US). **Huanusco:** Los Patos, carr. federal 70, 2 Oct 1989, bosque tropical caducifolio, 1600 m, *Balleza 2488* (CHAPA). **Mazapil:** Ejido Noria de Guadalupe, 1 Oct 1975, matorral desértico micrófilo, 1800 m, *M. González-Ledezma 190* (CHAPA).

**Pinos:** Los Alpes, carr. federal 70, 2 Oct 1989, pastizal, 2020 m, *Balleza 2504* (CHAPA); El Sitio, terracería Pinos-Ojuelos, *Balleza 2488* (US); SE of Zacatecas, 8 km W of the boundary between Zacatecas and San Luis Potosí on Mex 49, 28 Sep 1991, Clay flats with *Prosopis, Larrea tridentata, Opuntia,* and *Sporobolus airoides*, 2070 m, *P.M. Peterson, Annable y J. Valdés 10968* (US). **Sain Alto:** 40 kms N of Fresnillo rumbo a Durango, *Reeder y C. Reeder 4715* (US). **Sombrerete:** 6 km al N-NE de Agua Zarca, 29 Oct 2006, pastizal, 2280 m, *O. Rosales y Y. Herrera 3634* (CIIDIR). **Zacatecas:** 27 mi WNW of Salinas, S.L.P, 5 Nov 1964, *Reeder y C. Reeder 4045* (US); Zacatecas, 3 Oct 1910, *Hitchc. 7497* (US); Zacatecas, *A. Beetle M-1781* (US).

**Muhlenbergia rigens** (Benth.) Hitchc., J. Wash. Acad. Sci. 23(10):453. 1933. *Epicampes rigens* Benth., J. Linn. Soc. Bot. 19:88. 1881.

Plantas perennes, cespitosos, en macollos pequeños; tallos 50–150 cm, erectos, puberulentos a glabros; vainas redondeadas, glabras a escaberulosas, sobrepuestas, lígula 0.5–2(–3) mm, fírme, ápice truncado, diminuto-ciliolado, auriculada a los lados, láminas 10–50 cm, 1.5–6 mm, escabrosas, aplanadas o involutas, puntiagudas, escabrosas a glabras; panícula 15–60 cm × 5–12 mm, densamente florífera, contraída, delgada, espiciforme, verde-grisácea, ramas 0.2–4 cm, ascendentes, aplicadas, pedicelos 0.2–3 mm, hispídulos; espiguillas erectas; glumas 2–3.2 mm, subiguales, delgadas, 1-nervadas, agudas a obtusas, ocasionalmente mucronadas, mucrón 0.1–0.6 mm, escabrosas a escaberulosas, la primera 1.7–2 mm, la segunda 2–3.2 mm; lema 2.4–4 mm, subulada, no-aristada, rara vez mucronada, glabra hacia el ápice, esparcido pilosa en la nervadura central y los márgenes hacia la base, pubescencia hasta 0.4 mm; anteras 1.3–1.8 mm, amarillas a purpúreas; cariopsis 1.8–2.2 mm, fusiforme, parda. $2n$ = 40. Habita en bosque de encino y pastizal, a 1900–2280 m de altitud.

Especie conocida desde el SW de Estados Unidos a México.

**ZACATECAS. Nochistlán:** El Roblal, Sierra del Laurel, Tlachichila, 4 Nov 2006, bosque de encino, 2218 m, *O. Rosales y Y. Herrera 3745* (CIIDIR). **Sombrerete:** 6 km al N-NE de Agua Zarca, 29 Oct 2006, bosque de encino, 2280 m, *O. Rosales y Y. Herrera 3629* (CIIDIR). **Teúl de González Ortega:** 1 km al N de Teúl, por la carr. a Guadalajara, 15 Sep 1988, pastizal, 1900 m, *Balleza 1933* (CHAPA, US).

**Muhlenbergia rigida** (Kunth) Kunth, Révis. Gramin. 1:63. 1829. *Podosemum rigidum* Kunth, Nov. Gen. Sp. (quarto ed.) 1:129. 1815.

*Muhlenbergia affinis* Trin.

Plantas perennes, densamente cespitosas; tallos 50–90 cm, erectos, glabros o escaberulosos; vainas redondeadas, laxas, tornándose aplanadas con la edad, glabras o diminuto-escaberulosas, pálidas, persistentes, lígula 3–12(–15) mm, membranácea, obtusa o aguda, lacerada, láminas 10–25 cm × 1–3 mm, aplanadas o involutas, escaberulosas a hispídulas; panícula 10–30 × 5–15(–20) cm, laxamente contraída cuando inmadura, purpúreo, ramas 0.5–10 cm, capilares, ascendentes, extendiéndose hasta 80° del eje principal, pedicelos 1–10 mm; espiguillas 3.5–5 mm; glumas 1–1.7(–2) mm, subiguales, 1-nervadas, ápice obtuso a subagudo, sin arista, a veces algo hirsutas; lema 3.5–5 mm, angostamente lanceolada, escaberulosa a escabrosa, púrpura, ápice acuminado, con una arista de 10–15(–20) mm, flexuosa; pálea igual a la lema; anteras 1.7–2.3 mm, purpúreas, vistosas; cariopsis 2–3.5 mm, fusiforme, rojo-pardo. $2n$ = 40,44. Común en bosque de encino-pino, matorral xerófilo y pastizal, a 1840–2535 m de altitud.

Especie mexicana ampliamente distribuida.

**ZACATECAS. Concepción del Oro:** Terracería entre Concepción del Oro y Mazapil, *J. Balleza 2569* (US); cerca del poblado « El Cobre» por la brecha a Mazapil, *J. Balleza 2022* (US). **Cuauhtémoc:** rancho Santa Fé, E. Manrique, *Beetle y G. Harding 1409* (US); 15.4 mi N of Zacatecas-Ags. border on hwy 45, 7 Oct 2007, desert scrub with *Yucca, Acacia, Opuntia*, y grasses, 2317 m, *P.M. Peterson, Saarela y M. Flores 21298, 21301* (US). **Fresnillo:** carr. Torreón 5 km del entronque con la carr. a Durango, *Balleza 1699* (US); 40 km al N de Fresnillo, *A. Beetle M-7512, M-7515* (US); 45.5 km NW of Fresnillo on Mex hwy 45 to Durango, 28 Aug 1990, rocky slopes with Acacia and Opuntia, 2170 m, *P.M. Peterson 9659* (US); 5 km al NW de Santa Rosa, *G. Quezada 11* (US); 5.3 km N of Fresnillo and ca. 1.6 km E of the microondas, 28 Sep 1991, Calcareous, rocky flats in open grassland, 2300 m, *P.M. Peterson, Annable y J. Valdés 10960* (US). **Genaro Codina:** 10 km al SW del crucero Genaro Codina, *G. Quezada 39* (US). **Guadalupe:** ladera N del cerro de la Vírgen, *V. Medina 234* (US); km 19.7 carr. Guadalupe-Genaro Codina, *A. Miranda 135* (US). **Jalpa:** Sierra Morones, 10 km W of Mex 54, on road to Tlaltenango, 6 Oct 1988, *P.M. Peterson y Annable 6177, 6179* (US). **Jerez:** 10 km al NW de Jeréz en la carr. que va a El Cargadero, 1.5 km de Parral de las Huertas, *Balleza 1783* (US); Terracería Guadalupe-Cd. Cuauhtémoc, cerca de la cabecera municipal, *Balleza 2526, 2527* (US); Sierra Los Cardos, 10.7 mi NW of Jerez, W of El Cargadero, on road towards Monte de los García, 19 Oct 2007, Grassy flats with *Juniperus deppeana, Pinus cembroides*, and grasses, 2535 m, *P.M. Peterson, Saarela y D. Stancik 21418* (US). **Juan Aldama:** 24 km SE of Durango state line on hwy. 49, then 3 km

*Muhlenbergia peruviana*

*Muhlenbergia polycaulis*

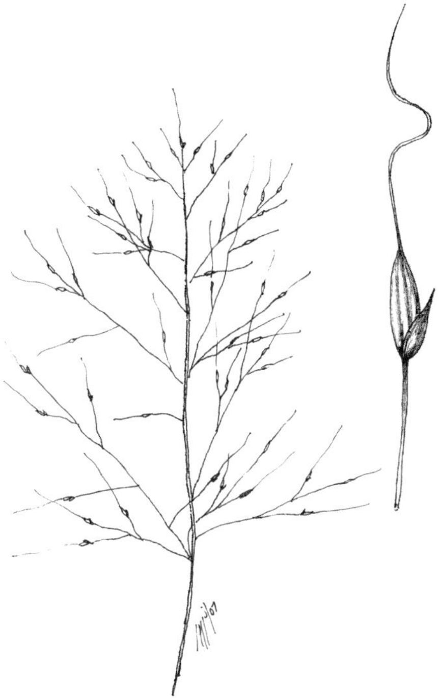

*Muhlenbergia porteri*

*Muhlenbergia pubescens*

*Muhlenbergia repens*

*Muhlenbergia rigens*

*Muhlenbergia plumbea*

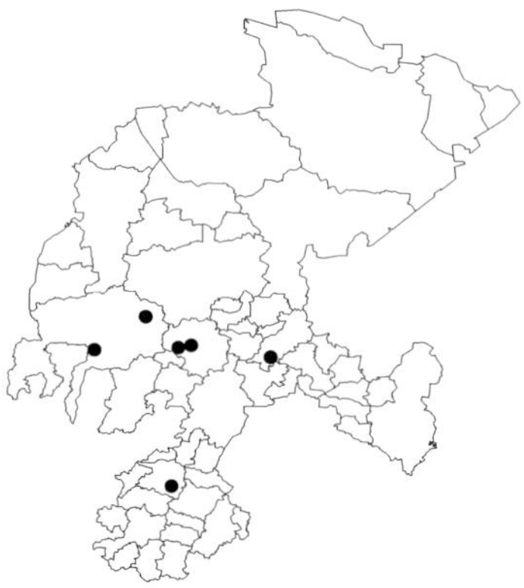

*Muhlenbergia polycaulis*

*Muhlenbergia porteri*

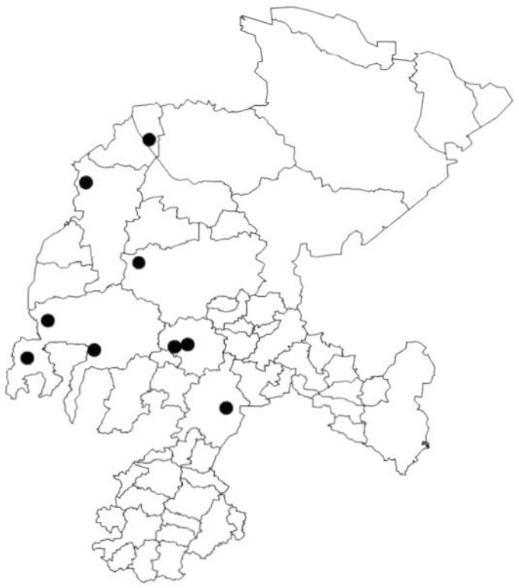

*Muhlenbergia pubescens*

*Muhlenbergia pubigluma*

*Muhlenbergia quadridentata*

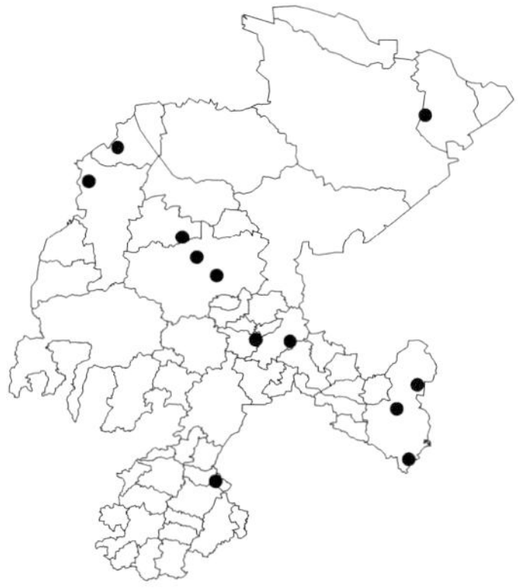

*Muhlenbergia repens*

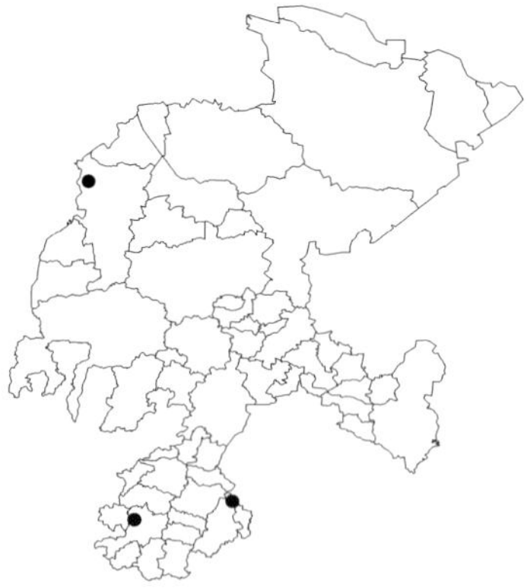

*Muhlenbergia rigens*

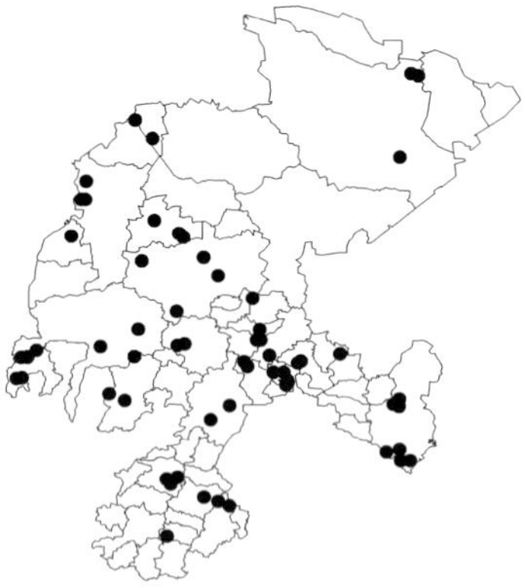

*Muhlenbergia rigida*

to NE, E of Estación microondas Morelos, *R. Spellenberg y M. Mahrt 10726* (US); Estación de microondas Morelos 2, km 109 de la carr. a Torreón, *Balleza 1872* (US); *V. Medina 19* (US). **Juchipila:** W de Pueblo Viejo, sierra de Morones, cerro Piñonero, ladera W, *Balleza y M. Adame 9070* (SLPM, US). **Mazapil:** 3 km antes de rancho Nuevo, km 165 carr federal 54, *Balleza 2009* (US). **Monte Escobedo:** 5 mi E of Monte Escobedo, *Beetle y R. Guzmán M-5864, M-5865* (US); 8.6 mi NW of Monte Escobedo at Uma Temoc A.C., 3 Oct 2001, grassy flats with *Quercus edwardii, Juniperus dippeana, Arbutus,* and *Pinus chihuahuana*, 2480 m, *P.M. Peterson y S. González 16047* (US). **Nochistlán de Mejía:** poblado de Tlachichila, *J. Balleza 2670, 2671* (US); cerca del poblado Los Cardos, por brecha Nochistlán-Jalpa, *J. Balleza 2690* (US). **Ojocaliente:** alrededores del pueblo de Ojocaliente, *V.M. Silva 227* (US); cerro Muñóz, *V. Medina 221, 223* (US); Predio La Loma, *L. Silva 228* (US). **Pánuco:** Sta. Rita, *L. Silva 746* (US). **Pinos:** 3 km al SE de la comunidad El Chino, *L. Silva 809* (US); km 61 carr. 49 San Luis

Potosí-Zacatecas, *Balleza 1664* (US); near Pinos, *Sohns 1544, 1548* (US); El Sitio, terracería Pinos-Ojuelos, *Balleza 2456-B* (US); 1 km al W de Pinos, *F. Gómez 721* (SLPM, US); carr. federal 70, km 72 tramo Ojuelos-San Luis Potosí, *Balleza 2499, 2500* (US); Desviación a El Tule, carr. Ags.-Ojuelos, *R. Banda* (US). **Sombrerete:** rancho Altamira por brecha entre Fco. I. Madero y Vasco de Quiroga, *Balleza 2631* (US); poblado de Órganos, 1 km del crucero con la carr. a Dgo., sobre la brecha a Sierra de Órganos, *Balleza 2109* (US); poblado de Órganos, 1 km del crucero con la carr. a Dgo., sobre la brecha a Sierra de Órganos, *Balleza 2112* (US); 1 km SE of Villa Insurgentes along hwy 45 towards Zacatecas, 29 Sep 2001, calcareous slopes with *Quercus intricata, Pinus cembroides,* and *Rhus virens*, 2348 m, *P.M. Peterson y S. González 15966* (US). **Sain Alto:** 2.1 mi W of turnoff to Sain Alto along hwy 45 towards Sombrerete, 7 Oct 2007, desert scrub near hwy with *Opuntia, Acacia, Clematis, Pectis Prosopis* y grasses, 2147 m, *P.M. Peterson, Saarela y M. Flores 21290* (US). **Tlaltenango:** Mesa Colorada, San José de Tapias, *Ma.C. Arteaga 698, 701* (US); km 22 terracería Jalpa-Tlaltenango, de Sánchez Román, *Balleza 2250* (US). **Valparaíso:** Por la Brecha de Lobatos-Adjuntas del Refugio, *Balleza 2393* (US); Por brecha de Ameca el Nuevo a Milpillas de la Sierra, aprox. 16 km de Ameca, *Balleza 1526* (US); Ejido Sta. Lucía de la Sierra, *Balleza 2316* (US); Ejido Sta. Lucía de la Sierra, *Balleza 2304* (US); 27 km al N de San Juan Capistrano, por la brecha a Santa Lucía de la Sierra, limite entre Zac. y Dgo., *Balleza 2037* (US); km 23 carr. Huejuquilla, tramo Valparaíso-Huejuquilla, *Balleza 2058* (US); 35 mi W of Huejuquilla towards Canoas, 30 Sep 2001, rhyolitic rock outcrops with *Quercus conzattii* and *Pinus chihuahuana*, 1840 m, *P.M. Peterson y S. González 15984* (US); 35.5 mi W of Huejuquilla towards Canoas, 30 Sep 2001, gentle slopes with *Quercus conzattii, Pinus chihuahuana, Dodonaca viscosa,* and *Quercus magnolifolia*, 1900 m, *P.M. Peterson y S. González 15993* (US). **Villanueva:** Por brecha a Laguna del Carretero, carr. 54 km 130, *Balleza 2083* (US). **Zacatecas:** cerro de la Virgen, *L. Silva 314* (US); Ejido Ciénega de la Purísima, *L. Silva 339* (US); Zacatecas, *L. Silva 267* (US); Zacatecas, *V. Medina 268* (US); 10 mi E of Zacatecas, near Guadalupe, *F.J. Santana y R. Hernández 1330* (US).

**Muhlenbergia robusta** (E. Fourn.) Hitchc., N. Amer. Fl. 17(6):462. 1935. *Epicampes robusta* E. Fourn., Mexic. Pl. 2:89. 1886.

*Muhlenbergia macrotis* (Piper) Hitchc.

Plantas perennes, densamente cespitosas, toscas; tallos 150–300 cm, erectos, glabros, ocultos por las vainas; vainas inferiores comprimido-carinadas, glabras o diminuto-escábridas, aurículas de la vaina 1.5–4(–6) mm, raramente faltantes, lígula 1.5–5 mm, membranácea, deshilachada o finamente lacerada, a veces más larga en los brotes, láminas 30–50(–90) cm × 4–5(–6) mm, conduplicadas en la base, escabrosas, finamente aserradas en los márgenes; panículas 30–60 × 2–4 cm, densamente floríferas y robustas, grisáceo (cenizo) a gris claro cuando madura, ramas inferiores 8–10(–17) cm, desnudas o floríferas cerca de la base; espiguillas 2.5–3(–3.3) mm, escabrosas a glabras, pedicelos 0.5–1 mm, escabrosos; glumas 1.8–3(–3.3) mm, agudas u obtusas, casi iguales, glabras o escabrosas; lema 2.2–2.4(–3) mm, glabra con algunos pelos largos en la nervadura central y los márgenes hacia la base, no aristada a mucronada, el mucrón 0.5–1 mm; pálea 2.2–2.4(–3) mm, glabra o con algunos pelos largos hacia la base, a veces proyectándose como una punta acuminada más allá del ápice de la lema; anteras 1.2–1.5 mm; cariopsis 1.7–2 mm, fusiforme, pardusca. Habita en bosque de pino y encino, a 1900–2790 m de altitud.

Se le conoce desde México a Centroamérica.

**ZACATECAS. Juchipila:** al W de Pueblo Viejo, cerro de Piñones, camino al rancho de Antonio Benavides, ladera N, 29 Ene 1998, bosque de encino-pino, 2010 m, *Balleza y M. Adame 7996* (SLPM, US); cerro de Piñones, rancho de Lorenzo Magallanes, 27 Nov 1997, arroyo con bosque mixto de pino-encino, 2100 m, *Balleza y M. Adame 7878* (SLPM, US). **Teúl de González Ortega:** Ejido Milpillas de Allende, 17 Sep 1988, pastizal, 2300 m, *Balleza 1961* (CHAPA, US); El Lacandón, por la carr. a Guadalajara, 12 Ene 1990, bosque de encino, 1900 m, *Balleza 2724* (CHAPA, US). **Valparaíso:** Pajaritos de la Sierra, Ejido Bernalejo, 26 Ago 1997, bosque de pino, 2790 m, *Ma.C. Arteaga 858* (US); 40 km W of San Juan Capistrano, *Rose 3528* (US); Puerto de la Paja, 20 km al WSW de Valparaíso, sobre el camino a Huejuquilla, 30 Oct 1963, bosque de encino, 2286 m, *Rzed. 17541* (ENCB, US). **Villanueva:** 3 km al E de Maravillas, *Ma.C. Arteaga 722* (US).

**Muhlenbergia scoparia** Vasey, Contr. U.S. Natl. Herb. 1(8):283. 1893.

Plantas perennes, robustas; tallos 55–90 cm, glabros a escaberulosos, nudos y entrenudos glabros; vainas basales comprimido carinadas, glabras, tornándose escaberulosas hacia el collar, onduladas cuando maduras, pardo-rojizas, fibrosas, lígula 8–16 mm, membranácea, aurículas faltantes, láminas 25–50 cm × 1–4.5 mm, aplanadas o conduplicadas, dentadas en el ápice, escabrosas en ambas superficies; panícula 20–30 × 1.5–5 cm, dispersa, inclinada, las ramas angostas, en grupos a intervalos a lo largo del eje, verde claro a pardo rojizo, eje escabroso, con costillas prominentes, ramas primarias 3.5–10 cm, desnudas en la base, ramas secundarias 1–5.5 cm, pedicelos de las espiguillas laterales 0.6–1.2 mm, hasta 3 mm en las terminales, escabrosos; espiguillas 1.5–2.2 mm; glumas muy agudas, más cortas que las espiguillas, subiguales, aristadas, hialinas, enervadas o 1-nervadas, glabras a escaberulosas, la primera 0.8–1 mm, la segunda 1–1.5 mm, arista hasta 1 mm de largo; lema 1.5–2 mm, acuminada, glabra a escaberulosa dorsalmente, con pelos de 0.5–0.7 mm de largo, rígidos, en el margen inferior de la lema, arista 8–15 mm, emergiendo un poco abajo del ápice; pálea 1.5–2 mm, glabra; anteras 0.5–0.7 mm. Habita en bosque de encino, a 1900–2219 m de altitud.

Especie mexicana citada de: Chih., Dgo., Jal., Mich., Nay., Sin. y Son.

**ZACATECAS. Nochistlán:** Límites con Jalisco, Paraje Torrecillas, sierra del Laurel, Tlachichila, 4 Nov 2006, bosque de encino, 2219 m, *O. Rosales y Y. Herrera 3715* (CIIDIR). **Teúl de González Ortega:** El Lacandón, por la carr. a Guadalajara, 12 Ene 1990, bosque de encino, 1900 m, *Balleza 2727* (CHAPA, IEB).

**Muhlenbergia speciosa** Vasey, Bull. Torrey Bot. Club 13:231. 1886.

Plantas perennes, amacolladas; tallos 1–1.5 m, fuertes, en grandes macollos, pilosos abajo, pelos 1–1.5 mm; vainas basales comprimido carinadas, pilosas, sin aurículas, lígula una hilera de pelos, 0.5–1 mm, láminas 30–50 cm × 2.5–4 mm, usualmente conduplicadas, pilosas, a glabras; panícula 40–60 cm × 5–10 cm, erecta o péndula, ramas 7–10(–15) cm, ascendentes o adpresas, en ocasiones las superiores divaricadas, densamente floríferas, purpúreas a rojizas, pedicelos 0.5–1.5(–2) mm; espiguillas 1.2–2.2 mm; glumas 1.2–2.2 mm, más largas que la flósculo, subiguales o la primera más corta, con el ápice obtuso, rara vez aristadas, pilosas, los pelos de 0.5–0.7 mm, ocasionalmente glabras; lema 1.2–2.2 mm, pilosa a veces glabra, la arista 8–12(–17) mm, flexuosa, escábrida; pálea 1.2–2 mm, obtusa, pilosa; anteras 0.4–0.6 mm, purpúreas. Habita en el bosque de encino, bosque de pino-encino y bosque tropical caducifolio, a 1930–2100 m de altitud.

Especie mexicana conocida de Chih., Dgo., Jal., Mich., Nay., Sin. y Zac.

**ZACATECAS. Juchipila:** al W de Pueblo Viejo, 1.5 km al W de la casa de Jesús Ayala, Sierra de Morones, cerro de Piñones, ladera E, por la brecha al rancho de Antonio Benavides, 24 Sep 1998, bosque de encino, 1930 m, *Balleza y M. Adame 9199* (SLPM, US); al W de Pueblo Viejo, Sierra de Morones, cerro de Piñones, 200 m al N de la casa de Lorenzo Magallanes, 17 Sep 1998, bosque de pino-encino, 2035 m, *Balleza y M. Adame 9075* (SLPM, US). 4 km al W de Pueblo Viejo, Sierra de Morones, cerro de Piñones, ladera E, por el camino al rancho de Lorenzo Magallanes, 29 Ago 1998, bosque de encino, 2006 m, *Balleza y M. Adame 8860* (SLPM, US). **Valparaíso:** 27 km al N de San Juan Capistrano, por la brecha a Santa Lucía de la Sierra, 27 Sep 1988, matorral subtropical, 2100 m, *Balleza 2053* (CHAPA); *2050* (IEB, US).

**Muhlenbergia stricta** (J. Presl) Kunth, Enum. Pl. 1:202. 1833. *Podosemum strictum* J. Presl, Reliq. Haenk. 1(4–5):230. 1830.

Plantas perennes; tallos 100–150 cm, erectos; vainas sobrepuestas en la base de la planta, las inferiores más o menos pubescentes, lígula 2–5 mm, firme, truncada, decurrente, algunas veces tubular, con proyecciones laterales formando aurículas, láminas 25–50(–60) cm, involutas, escábridas adaxialmente; panícula 15–50 × 6–12(–15) cm, laxa, angosta y encorvada al principio, abierta cuando madura, difusa, oblonga u ovoide-piramidal, ramas capilares 7–10 cm; pedicelos 5–8(–10) mm, dilatados y escábridos en el ápice, más largos que las espiguillas; espiguillas (2–)2.5–3.5 mm; glumas subiguales, lanceolado-ovadas o elípticas, escábridas cerca del ápice, subagudas o erosas en el ápice, la primera 0.8–1.5 mm, a menudo apiculada, la segunda 1–1.8 mm, con frecuencia aristada, arista 0.5–1.2 mm; lema (2–)2.5–3.5 mm, subulada, escasamente escábrida, aristada, la arista 5–15 mm; pálea (2–)2.5–3.5 mm; anteras 1.2–1.6(–2) mm; cariopsis 1–1.2 mm, fusiforme, parda. Habita en bosque tropical caducifolio, bosque de encino y pastizal, a 1150–2300 m de altitud.

Distribución: Col., Gto., Jal., Méx., Mich., Mor., Nay., Oax., Ver., Zac.

**ZACATECAS. Juan Aldama:** 24 km SE of Durango state line on hwy 49, then 3 km to NE, E of Estación microondas Morelos, *R. Spellenberg y M. Mahrt 10725* (US). **Moyahua:** 14 mi S of Moyahua on road to Guadalajara, 1150 m, *Reeder y C. Reeder 4719* (US). **Tepechitlán:** rancho Los Ramírez, carr. a Guadalajara, 19 Oct 1990, bosque de encino, 1750 m, *Balleza 2343* (CHAPA). **Teúl de González Ortega:** Ejido Milpillas de Allende, 16 Sep 1988, pastizal, 2300 m, *Balleza 1943, 1967, 1974* (CHAPA, US); carr. a Guadalajara, tramo Tepechitlán-Teúl de González Ortega, 30 Sep 1989, pastizal, 1900 m, *Balleza 2395-B* (CHAPA, US); 9.1 mi N.E. of Milpillas de Allende, 3 Oct 2001, roadcut and slopes with *Quercus* and *Acacia*, 2000 m, *P.M. Peterson y O. Rosales 16059* (US); 9.1 mi N.E. of Milpillas de Allende, 3 Oct 2001, roadcut and slopes with *Quercus* and *Acacia*, 2000 m, *P.M. Peterson y O. Rosales 16061* (US).

**Muhlenbergia tenuifolia** (Kunth) Kunth, Révis. Gramin. 1(4):63. 1829. *Calamagrostis tenuifolia* Kunth, Nov. Gen Sp. 1:134. 1815.

*Muhlenbergia quitensis* (Kunth) Hitchc.

Plantas amacolladas, anuales o de vida corta-perenne; tallos 20–75 cm, erectos o decumbentes, delgados, de aspecto alambrado, ramificados en los nudos inferiores y superiores; vainas glabras a escaberulosas, lígula 1.2–3(–5) mm, membranácea, ápice agudo, lacerado, láminas 2–13 cm × 1.2–2.5 mm, aplanadas a involutas, escabrosas a glabras; panículas 8–20 × 1–6.5 cm, numerosas, en el extremo de los tallos y ramas, angostas, contraídas, interrumpidas abajo, verdes con tintes purpúreos, ramas inferiores 3.5–7.5 cm, ascendentes a abiertas, floríferas desde la base, pedicelos 1–3 mm, aplicados o en la floración abiertos, antrorsamente escabrosos, las ramas superiores más cortas, densamente floríferas; espiguillas 2–3.5(–4) mm; glumas 1.3–2.8 mm, glabras, desiguales, 1-nervadas, angostas, carinadas, agudas con un mucrón de 0.5–1 mm, la primera 1.3–1.8 mm, la segunda 1.7–2.8 mm; lema 2–3.5(–4) mm, lanceolada, aristada, acuminada a aguda, con las nervaduras inconspicuas, pubescente a escábrida en la base, arista 10–30 mm, muy delgada, escabrosa, flexuosa; pálea 1.8–3.5 mm, lanceolada, ápice acuminado a agudo; anteras 0.9–1.6 mm, amarillo pálidas; cariopsis 1–2.2 mm, angostamente fusiformes, parda. *n* = 10,20.

De amplia distribución en boque de pino piñonero, pastizal y matorral xerófilo, a 1024–2460 m de altitud.

**ZACATECAS. Cuauhtémoc:** 15.4 mi N of Zacatecas-Ags. border on hwy 45, 7 Oct 2007, desert scrub with *Yucca, Acacia, Opuntia*, y grasses, 2317 m, *P.M. Peterson, Saarela y M. Flores 21300* (US). **Fresnillo:** carr. Fresnillo-Sombrerete, 2–3 km por la desviación a José María Morelos, 22 Jul 1987, matorral micrófilo con pastizal, 2020 m, *M. González-Ledezma s.n.* (SLPM); 5 mi NW of Fresnillo on hwy 45, 30 Sep 1986, *P.M. Peterson y C. Annable 4597* (US); 45.5 km NW of Fresnillo on Mex hwy 45 to Durango, 28 Aug 1990, rocky slopes with Acacia and Opuntia, 2170 m, *P.M. Peterson 9660* (US); 3 km al E de la carr. a Torreón, por la carr. a Cañitas, 1 Sep 1988, matorral desértico espinoso, 2000 m, *Balleza 1841* (CHAPA); 22 km al N de Fresnillo rumbo a Durango, 5 Sep 1981, 2150 m, pastizal, *Beetle M-7487* (MEXU). **Guadalupe:** Trancoso, 18 Sep 1987, *V. Medina 171* (MEXU). **Jalpa:** Sierra Morones, 0.5 km W of hwy 54 on road to Tlaltenango, 7 Oct 1988, *P.M. Peterson y Annable 6181* (US). **Jiménez del Teúl:** 1 km al E de Jiménez del Teúl, 22 Oct 1988, matorral xerófilo, 1800 m, *Balleza 2136* (CHAPA). **Mazapil:** 3 km al S de Mahoma, carr. a Saltillo, 25 Sep 1988, Izotal con matorral desértico micrófilo, 1850 m, *Balleza 2005* (CHAPA). **Nochistlán:** 16 mi N of Yahualica on Mex 24, 1 Oct 1986, *P.M. Peterson y Annable 4601* (US). **Río Grande:** rancho El Carrizal, potrero Las Remudas, 7 km al E carr. Zacatecas-Torreón, entrando por km 41 desde el entronque Torreón-Durango, 31 Jul 1979, matorral crassicaule, 2080 m, *M. González-Ledezma y F. Cano 1993* (SLPM); Ejido 6 de Enero, 23 Jul 1986, *E. Manrique Lozano y Bravo 1310* (MEXU). **Sain Alto:** 4–5 mi al SE de Sain Alto, 30 Sep 1948, *Gentry 8549* (MEXU, US). **Sombrerete:** 13 mi NW of Sombrerete on hwy 45, 30 Sep 1986, *P.M. Peterson y Annable 4595* (US); cercanías de Sombrerete, 6 Sep 1969, pastizal con nopalera, 2350 m, *Almeida 72* (CHAPA); 1 km SE of Villa Insurgentes along hwy 45 towards Zacatecas, 29 Sep 2001, calcareous slopes with *Quercus intricata, Pinus cembroides*, and *Rhus virens*, 2348 m, *P.M. Peterson y S. González 15957* (US). **Tlaltenango:** km 30 de la brecha a Jalpa, 12 Ene 1990, bosque de encino-pino, 2400 m, *Balleza 2717* (CHAPA). **Teúl de González Ortega:** El Lacandón, carr. a Guadalajara, 12 En 1990, bosque de encino, 1900 m, *Balleza 2729* (CHAPA). **Valparaíso:** 16.2 mi W of Huejuquilla above Río Atengo crossing, 30 Sep 2001, Dry calcareous flats and slopes with *Prosopis* and *Croton*, 1080 m, *P.M. Peterson y S. González 15973* (US); At Río Atengo crossing along hwy 44 W of Huejuquilla El Alto, 21 Sep 2005, rocky cliffs and steep slopes above río with *Acacia, Bouteloua* and *Opuntia*, 1024 m, *P.M. Peterson y F. Sánchez 19066* (US). **Villanueva:** Ruinas de Chicomostoc, Oct 1958, pastizal, 2000 m, *R. Claverán s.n.* (CHAPA). **Zacatecas:** Cinco Estrellas, 2 km al NE de Zacatecas, 24 Sep 1992, vegetación de disturbio, 2460 m, *J.R. Ballín s.n.* (SLPM); 6 mi W of Zacatecas at jct of hwy 54 and 45, 11 Nov 1995, grassy flats, 2370 m, *P.M. Peterson, M.B. Knowles y S. González 13699* (US).

**Muhlenbergia texana** Buckley, Proc. Acad. Nat. Sci. Philadelphia 14:91. 1862.

Plantas anuales, delicadas; tallos 10–40 cm, erectos, estrigulosos; vainas 2.5–4 cm, estrigulosas, más cortas o más largas que los entrenudos, lígula 1–2.5 mm, hialina, ápice lacerado, agudo a obtuso, láminas 2–8 cm × 0.8–2 mm, aplanadas o involutas, escabrosas a esparcido-estrigulosas; panícula 9–20 × 2–6 cm, ramas 1–4 cm, ascendentes o abiertas, en ocasiones capilares, pedicelos 2–7 mm, más largos que las flósculos; espiguillas 1.4–2.2 mm, ascendentes, erectas; glumas 0.8–1.5 mm, subiguales, esparcido-hirsutas a pilosas cerca del ápice y a lo largo de los márgenes, 1-nervadas, el ápice agudo o acuminado, la primera 0.8–1.2 mm, la segunda 0.9–1.5 mm, ligeramente más ancha cerca de la base que la primera; lema 1.4–2.2 mm, lanceolada, aristada, con pubescencia corta y aplicada a lo largo de la nervadura central, así también en los márgenes de la 1/2 inferior, ápice agudo o acuminado, arista 0.2–1(–2) mm; pálea 1.4–2.2 mm, oblongo-elíptica, diminutamente aplicado-pubescente en la base, ápice agudo; anteras 0.4–0.5 mm, purpúreas; cariopsis 0.8–1 mm, fusiforme, pardo. *n* = 20. Se encuentra habitando el bosque de encino-pino-enebro, a 2480 m de altitud.

Conocida desde el S de Estados Unidos al NW de México.

**ZACATECAS. Monte Escobedo:** 8.6 mi NW of Monte Escobedo at Uma Temoc A.C., 3 Oct 2001, grassy flats with *Quercus edwardii, Juniperus dippeana, Arbutus,* and *Pinus chihuahuana*, 2480 m, *P.M. Peterson y S. González 16048* (US).

**Muhlenbergia utilis** (Torr.) Hitchc., J. Wash. Acad. Sci. 23:453. 1933. *Vilfa utilis* Torr., Pasif. Railr. Rep. 5(2):365. 1858.

Plantas perennes rizomatosas, bajas, erectas o postradas, los rizomas escamosos, reptantes; tallos 7–30 cm, delgados, erectos a decumbentes, diminuto-pubescentes a glabros debajo de los nudos, lustrosos, ramificados desde los nudos inferiores; vainas 0.3–2.4 cm, glabras, lígula 0.2–0.8 mm, membranácea, redondeada o truncada, láminas 0.5–5 cm × 0.5–1.8 mm, involutas, glabras abaxialmente, escabrosas adaxialmente, patentes o reflejas; panícula 1–5 cm × 1–4 mm, contraída, interrumpida entre cada rama, usualmente incluida en las vainas superiores, ramas 0.5–1.2 mm, aplicadas, floríferas desde la base, pedicelos 0.1–1.1 mm, glabros; espiguillas 1.6–2 mm, erectas; glumas 0.5–1.2 mm, subiguales, obtusas o aguadas, 1(2–3)-nervadas; lema 1.3–2.4 mm, lanceolada, acuminada, sin arista, glabra o diminutamente aplicado-pubescente a lo largo de los márgenes y en la base, verde a purpúrea; pálea 1–2 mm, lanceolada, glabra; anteras 0.7–1.4 mm, amarillas con matices purpúreos; cariopsis 0.7–1.2 mm, elipsoide u ovoide, pardo. $2n$ = 20. Habita en pastizal y terrenos de cultivo, a 2000–2200 m de altitud.

Especie citada del SW de Estados Unidos a México.

**ZACATECAS. Fresnillo:** km 7.5 de la carr. a Valparaíso, 3 Ago 1989, área de cultivos, 2180 m, *Balleza 1752, 2152* (CHAPA). **Pinos:** km 72 de la carr. federal 70, 2 Oct 1989, pastizal, 2000 m, *Balleza 2496* (CHAPA, US). 6 km al N-NE de Agua Zarca, 29 Oct 2006, pastizal, 2280 m, *O. Rosales y Y. Herrera 3633* (CIIDIR). **Tlaltenango:** km 37 de la carr. a Teúl de González Ortega, 21 Sep 1989, área con cultivo de maíz, 2200 m, *Balleza 2256* (CHAPA, US).

**Muhlenbergia villiflora** Hitchc., N. Amer. Fl. 17(6):470. 1935.

Plantas perennes, rizomatosas, no cespitosas; tallos 4–30 cm, erectos, glabros o noduloso-rugosos; vainas glabras o noduloso-rugosas; lígula 0.4–1.5 mm, membranácea, aguda, erosa, láminas 0.7–3 cm × 0.2–1.2 mm, arqueado-extendidas, estrechamente involutas, glabras abaxialmente, vilosas en el has; panícula 1–5 cm × 1–5 mm, contraída, laxa, por lo general exserta, ramas 2–12 mm, aplicadas a ascendentes, pedicelos 0.1–1.2 mm, setulosos; espiguillas 1.8–2.5 mm; glumas 0.6–1.8 mm, iguales, ½–2/3 del largo de la lema, glabras, 1(2–3)-nervada, agudas, sin arista; lema 1.8–2.5 mm, lanceolada, verde a purpúrea, densamente vilosa a lo largo de la nervadura central y los márgenes, los vellos de 0.4–1 mm, ápice agudo, no aristado, a veces mucronado, mucrón hasta 0.5 mm; pálea 1.8–2.3 mm, lanceolada, densamente vilosa entre las nervaduras, ápice agudo; anteras 0.9–1.4 mm, amarillas, verde obscuro o purpúreas; cariopsis 1–1.4 mm, elipsoide a fusiforme, pardo obscura. $2n$ = 20,40. Habita en pastizal y matorral xerófilo, a 1800–2190 m de altitud.

Se reconocen 2 vars. de este taxón, sólo *M. villiflora* var. *villiflora* en México y Zacatecas.

**ZACATECAS. Concepción del Oro:** 23 mi S of Concepción del Oro, Larrea scrub, 2 Nov 1964, 6000 ft, *Reeder y C. Reeder 4004* (SLPM, US). **Gral. Pánfilo Natera:** km 61 carr. federal 49, 19 Ago 1988, matorral desértico espinoso, 2000 m, *Balleza 1658* (CHAPA, US). **Mazapil:** km 142 de la carr. federal 54, 3 km al S de Mahoma, 25 Sep 1988, Izotal con matorral desértico micrófilo, 1850 m, *Balleza 1992* (CHAPA, US); 9 km al SE de la Gruñidora, 7 Feb 1957, terrenos yesosos, 1800 m, *Rzed. 8676* (ENCB). **Pánuco:** La Calera, 5 km al W de la carr. a Saltillo, 14 Oct 1989, pastizal, 2100 m, *Balleza 2566* (CHAPA). **Pinos:** cerca del Tecomate, 2 km al S del km 78 de la carr. nacional 46 San Luis Potosí- Zacatecas, 13 Oct 1965, llanura con pastizal, 2000 m, *F. Takaki 2111* (SLPM, US); Los Alpes, carr. federal 70, 4 Oct 1989, pastizal, 2020 m, *Balleza 2476* (CHAPA, US); El Tecomate, Oct 1973, pastizal, 2180 m, *R. Banda 165* (CHAPA). **Sain Alto:** 135 km NE of the jct Mex 54 and 45, *J. Brunken y C. Perino 482* (US). **Vanegas:** 1 mi E of El Tecomate, 4 mi E of S.L.P. state line, *Reeder y C. Reeder 6294* (US). **Villa de Cos:** rancho Palula, 22 Jul 1986, *E. Manrique, Lozano y Bravo 1279, 1285* (US). **Villa González Ortega:** km 48 de la carr. Ojocaliente-Pinos, 8 Sep 1988, pastizal, 2100 m, *Balleza 1913* (CHAPA, US).

**Muhlenbergia virescens** (Kunth) Trin., Gram. Unifl. Sesquifl. 193, t. 5a, f. 7. 1824. *Podosaemum virescens* Kunth, Nov. Gen. Sp. (quarto ed.) 1:132. 1815.

Plantas perennes, cespitosas; tallos 30–60 cm, en macollos pequeños, erectos, glabros; vainas escabrosas a glabras, persistentes, las de años anteriores aplanadas y enrolladas en espiral, pajizas, lígula 1–2 mm, membranácea, delicada, truncada, margen eroso, láminas 10–30 cm × 1–3 mm, basales y caulinares, aplanadas, en ocasiones involutas o conduplicadas, flexuosas, escabrosas a glabras, largo atenuadas en el ápice; panícula 10–15(–20) cm × 1–1.5(–2) cm, exserta, pajizo a verde, eje aplanado, con dos costillas escabrosas, ramas 4–7 cm, ascendentes o abiertas hasta 45° del eje principal, pedicelos laterales 0.5–1 mm, los terminales 2–5 mm; espiguillas 4–5 mm, verde-grisáceo cambiando a blanquecinas y hialinas; glumas 2.5–5 mm, desiguales, nervadas, glabras o escábridas en las nervaduras, blanquizcas o hialinas, agudas o acuminadas, la primera 2.5–3.5 mm, oblongo-lanceolada, 1-nervada, aristada o mucronada, la segunda 3.5–5 mm, oblongo-obovada, 3-nervada, erosa o 3–4-dentada, los dientes cortos, sin aristas; lema 3–5 mm, subulada, verde-grisáceo, pilosa, los pelos 0.3–0.5 mm, aristada, la arista 10–15 mm, flexuosa, escábrida, verde olivo; pálea 3–4.5 mm, verde-grisácea, pilosa en la mitad proximal; anteras 2–2.2 mm, oblongas, purpúreas; cariopsis 1.9–2 mm, fusiforme, pardo claro. *2n* = 24. Habita en bosque de pino-encino y bosque tropical caducifolio, a 1150–2570 m de altitud.

Citada del SW de Estados Unidos a México.

**ZACATECAS. Fresnillo:** rancho Altamira, brecha Fco. I. Madero-Vasco de Quiroga, 20 Oct 1989, pastizal con encinos, 2300 m, *Balleza 2628* (CHAPA). **Guadalupe:** ladera N del cerro de la Virgen, 10 Ago 1988, matorral xerófilo, 2150 m, *Balleza 1575* (CHAPA); cerro de la Virgen, 12 Ago 1987, *V. Medina 141* (MEXU). **Jalpa:** al NW de Jalpa sobre la brecha a Sánchez Román, cerca del km 37, *R. Guzmán 476, 476-B* (US); ca 20 km W toward Tlaltenango from the road jct S of Jalpa, 22 Dec 1970, deciduos forest, 1550 m, *McVaugh, W. Graham y W. Stevens 25604* (US). **Jerez:** Sierra Los Cardos, 10.5 mi NW of Jerez, W of El Cargadero, on road towards Monte de los García, 19 Oct 2007, dry rocky slopes with *Quercus, Pinus cembroides, Arctostaphylos pungens,* and *Juniperus*, 2570 m, *P.M. Peterson, Saarela y D. Stancik 21415* (US). **Monte Escobedo:** 5 mi E of Monte Escobedo, 3 Oct 1974, *Reeder y C. Reeder 6437* (US); 8.6 mi NW of Monte Escobedo at Uma Temoc A.C., 3 Oct 2001, grassy flats with *Quercus edwardii, Juniperus dippeana, Arbutus,* and *Pinus chihuahuana*, 2480 m, *P.M. Peterson y S. González 16045* (US). **Nochistlán de Mejía:** Límites con Jalisco, Paraje Torrecillas, sierra del Laurel, Tlachichila, 4 Nov 2006, bosque de encino, 2219 m, *O. Rosales y Y. Herrera 3720* (CIIDIR); 5 km al W de Barranca de Moreno, 10 km al SW de Las Animas, *V. Santos 96* (US). **Pinos:** near Pinos, 6 Oct 1954, *Sohns 1547, 1549* (US); Puerto Espino, 1 km al NW de San José de Purisima, sobre el camino a Pinos, *F. Gómez 710-A, 711* (US). **Sombrerete:** brecha co. I. Madero-Vasco de Quiroga, 20 Oct 1989, *Balleza 2628* (CHAPA). **Tlaltenango:** ca 20 km W toward Tlaltenango from the road jct S of Jalpa, 22 Dec 1970, *McVaugh, W. Graham y W. Stevens 25604* (US). **Valparaíso:** Ejido San Juan Capistrano, 27 Sep 1988, selva baja caducifolia, 1150 m, *Balleza 2033* (CHAPA); Ejido Ameca la Vieja, por la brecha a Huejuquilla el Alto, Jal., 7 Oct 1988, bosque de pino, 2410 m, *Balleza 2098* (CHAPA); ca 18 mi NE of Valparaíso, on road to Fresnillo, 14 Oct 1966, *Reeder y C. Reeder 4703* (US); Pajaritos de la Sierra Ejido Bernalejo., 26 Aug 1997, bosque de pino, 2790 m, *Ma.C. Arteaga 847, 855, 880, 883* (US).

ESPECIES EXCLUIDAS: *Muhlenbergia squarrosa* (Trin.) Rydb. Sinónimo de *M. richardsonis* (Trin.) Rydb., fue citada por Hitchc. (1913) para Zacatecas, se excluye por no haberse encontrado ejemplares durante la revisión del presente estudio.

*Muhlenbergia virletii* (E. Fourn.) Soderstr., citada para Zacatecas por Beetle et al. (1995), Espejo y López (2000) y Dávila et al. (2006), sin embargo se excluye por no haberse encontrado ejemplares que avalen su presencia.

## NASSELLA DESV.

REFERENCIAS: Valdés Reyna, J. & M.E. Barkworth. 1994. Acta Bot. Mexicana 26:63–75. Barkworth, M.E. & M.A. Torres. 2001. Taxon 50:439–468.

Plantas perennes cespitosas; tallos no ramificados; lígula membranácea, láminas lineares, involutas a aplanadas; inflorescencia una panícula terminal; espiguillas redondeadas a comprimidas lateralmente, con una flósculo bisexual, desarticulándose arriba de las glumas; glumas más largas que la flósculo, subiguales o iguales, membranáceas, a menudo antociánicas, pubescencia del callo dorado en la madurez; lemas cilíndricas, angulosas o comprimidas lateralmente, tuberculadas, particularmente arriba de la base, márgenes de la lema superpuestos en la madurez, encerrando por completo la pálea y la cariopsis, ápice de la lema fusionado en una porción sólida, formando una corona justo debajo de la arista, ésta a menudo de pálido y más lisa que el resto de la lema, corona con frecuencia pilosa, los pelos gruesos, algunas veces fusionados formando una pared alrededor de la base de la arista, la arista algo excéntrica o situada centralmente, prontamente caediza en la madurez o persistente, 1–2 veces geniculada, torcida en el segmento inferior; pálea hasta 1/3 de la largo de la lema, sin nervaduras, aplanada; callo agudo a acuminado, piloso, oblicuo; anteras

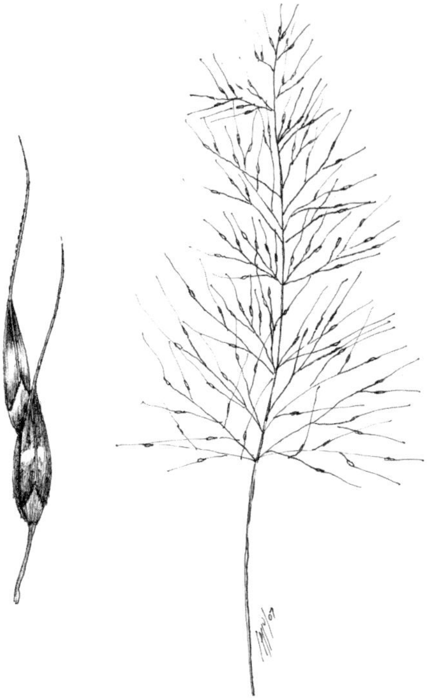

*Muhlenbergia rigida*

*Muhlenbergia robusta*

*Muhlenbergia virescens*

*Nassella leucotricha*

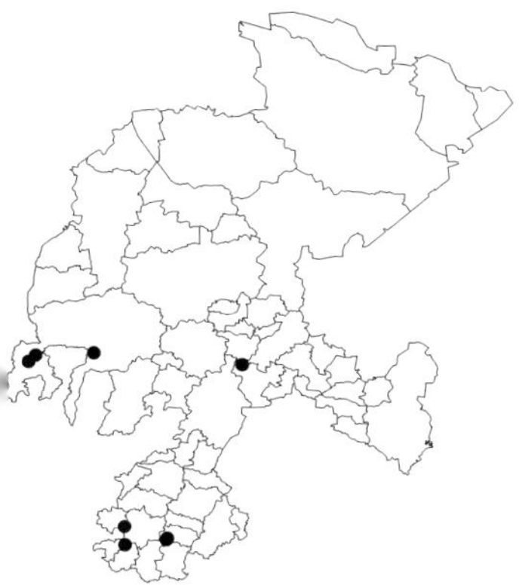

*Muhlenbergia robusta*

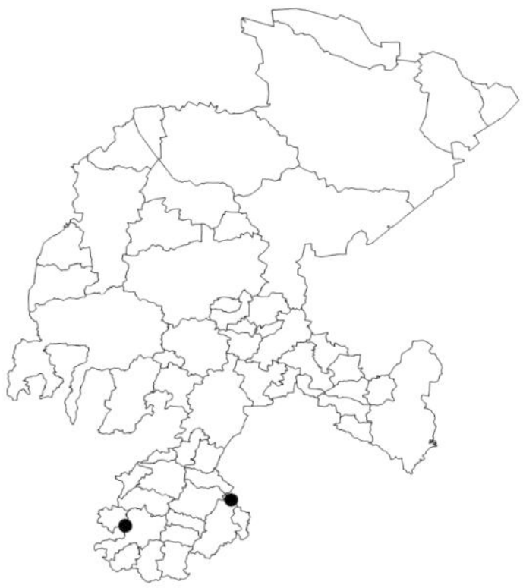

*Muhlenbergia scoparia*

*Muhlenbergia speciosa*

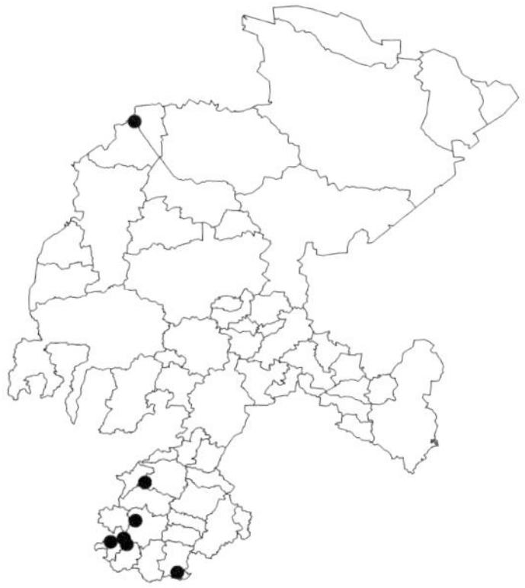

*Muhlenbergia stricta*

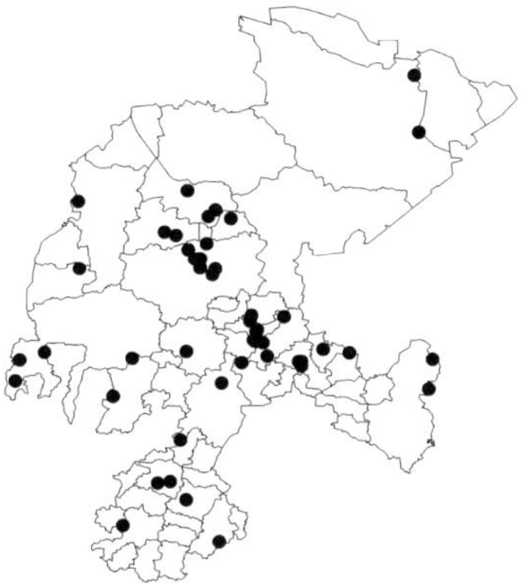

*Muhlenbergia tenuifolia*

*Muhlenbergia texana*

*Muhlenbergia utilis*

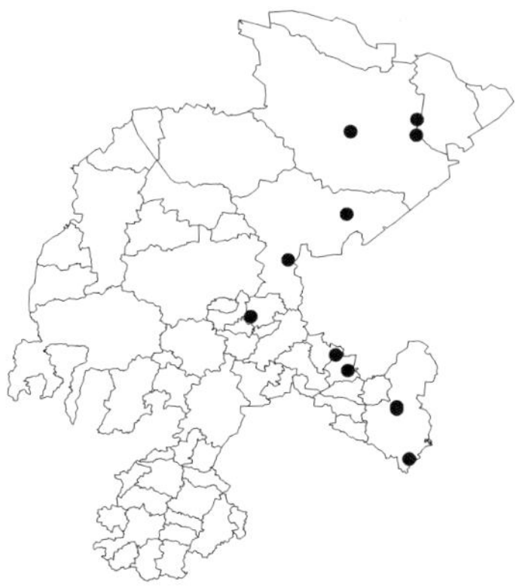

*Muhlenbergia villiflora*

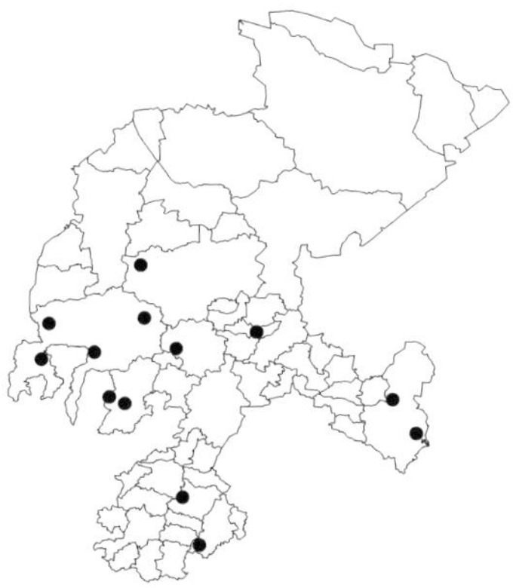

*Muhlenbergia virescens*

1–3, subiguales, a menudo pilosas, estilos 2; fruto una cariopsis. Género con alrededor de 116 especies distribuidas desde Canadá hasta Argentina.

1. Lema 2–5 mm de largo, glabra, arista 4.5–10 cm de largo, no geniculada o ligeramente así; callo 0.2–1 mm, obtuso ______ **Nassella tenuissima**
1. Lema 5–11 mm de largo, pubescente al menos en la parte basal, arista 2.5–7(–10) cm de largo, claramente geniculada; callo 1–4 mm, agudo.
   2. Lema 5–7 mm, su arista 2.5–5 cm; glumas 8–10 mm ______ **Nassella mucronata**

2. Lema 9–11 mm, su arista 5–7(–10) cm; glumas 15–18 mm ________________ **Nassella leucotrich**

**Nassella leucotricha** (Trin. & Rupr.) R.W. Pohl, Taxon 39:610. 1990. *Stipa leucotricha* Trin. y Rupr., Sp. Gram. Stipac 54. 1842.

Plantas perennes; tallos 30–100 cm, simples, erectos a veces geniculados; vainas glabras o pubescentes, lígul 0.5–1 mm, membranácea; láminas 5–25 cm × 2–4 mm, aplanadas o involutas; panículas 8–18 cm, abiert o contraída, verde o purpúrea, ramas ascendentes o adpresas, desnudas en la base; espiguillas ascendentes purpúreas; glumas 15–18 mm, iguales, cortamente aristadas, la primera 3-nervada, la segunda 5-nervada lema 9–11 mm, fusiforme, pajiza en la madurez, pelosa en líneas en el ½ inferior, la superficie papilosa corona de pelos de 0.5–1 mm, arista 5–7(–10) cm, 1–2 geniculada, el segmento inferior piloso; pálea 1.5–2 mm; callo 1.5–4 mm, acuminado, densamente piloso; anteras 1, 0.5–0.7 mm, sin pelos. En bosque de pino-encino, a 2350–2616 m de altitud.

Citada del S de Estados Unidos a Chiapas, México.

**ZACATECAS. Sombrerete:** 4.5 km por la carr. a la Mina Sabinas, 1 km adelante del poblado San Martín, 29 Oct 2006, bosque de pino, 2616 m, *O. Rosales y Y. Herrera 3636* (CIIDIR). **Zacatecas:** Zacatecas, 3 Oct 1910, *Hitchc. 7495, 7522* (US); Jul 1904, *C. Kuntze 23426* (US); Campo Agrícola de la Escuela de Agronomía de la Universidad Autónoma de Zacatecas, 5 Abril 1989, arvense a la orilla del canal de riego, 2350 m, *Balleza 2735* (CHAPA, CIIDIR).

**Nassella mucronata** (Kunth) R.W. Pohl, Taxon 39:611. 1990. *Stipa mucronata* Kunth, Nov. Gen. Sp. (quarto ed.) 1:125–126. 1815.

Plantas perennes, cespitosas; tallos 40–150 cm, simples, erectos, a veces geniculados, nudos pubescentes, entrenudos glabros o escabrosos, nudos 3, blanco pubescentes; vainas glabras o escabrosas, lígula 0.5–2 mm, membranácea, láminas 10–20(–40) cm × 2–4(–6) mm, aplanadas o conduplicadas, glabras o esparcido-pilosas; panícula 10–30 cm, abierta, purpúrea, la parte basal pubescente; glumas 8–10 × 1 mm, hialinas o purpúreas, acuminadas, desiguales, la primera 3-nervada, la segunda 5-nervada, un poco más larga que la primera; lema 5–7 mm, fusiforme, pajiza a pardusca en la madurez, papilosa en la parte superior, blanco-pubescente en la mitad inferior, la parte apical formando un collar de 0.5–1 mm; arista de la lema 2.5–5 cm, escabrosa o pubescente, 2 veces geniculada, el segmento terminal recto; pálea 1–2 mm; callo 1–3 mm, acuminado, densamente piloso, los pelos de 0.5 mm; anteras 1, sin pelos. Especie de bosque de pino o encino a 2150–2470 m de altitud.

Se le conoce de México a Guatemala; Sudamérica.

**ZACATECAS. Guadalupe:** ladera N del cerro de la Virgen, 10 Ago 1988, matorral xerófilo, 2150 m, *Balleza 1588* (CHAPA). **Veta Grande:** Lomeríos ubicados a 1 km al S de la cabecera municipal, 14 Ago 1988, matorral espinoso, 2470 m, *Balleza 1620* (CHAPA, CIIDIR). **Zacatecas:** cerca del lienzo charro, cd. de Zacatecas, 22 Ago 1988, pastizal con nopalera, 2310 m, *E. Manrique y Beetle 1403* (ENCB, MEXU); cerro de la Bufa, 22 Ago 1988, matorral crassicaule, 2310 m, *E. Manrique y Beetle 1393* (ENCB, MEXU). Zacatecas, 3 Oct 1910, *Hitchc. 7503* (US); Dec 1904, *Purpus s.n.* (US).

**Nassella tenuissima** (Trin.) Barkworth, Taxon 39:612. 1990. *Stipa tenuissima* Trin., Mem. Acad. Imp. Sci. St.-Pétersb. Ser. 6, Sci. Math Seconde Pt. Sci. Nat. 4,2(1):36. 1836.

Plantas perennes cespitosas; tallos 25–70 cm, erectos, nudos glabros, entrenudos glabros a escabrosos; vainas glabras o escabrosas, lígula 1–3 mm, membranácea, láminas 10–35 mm × 0.4–0.5 mm, involutas, erectas, glabras o escabrosas; panículas 8–50 × 0.8–1 cm, erectas o colgantes, la parte basal glabra; glumas 5–10 mm, hialinas o purpúreas; lema 2–3 mm, elipsoidal, glabra, papilosa en casi toda su superficie, la parte apical formando un collar de 0.1–0.2 mm, arista de la lema 4.5–10 cm, 1–2 veces geniculada, capilar, el segmento terminal flexuoso; pálea 0.5–1 mm; callo 0.2–0.4 mm, obtuso, densamente pubescente. Habita en en bosque de pino piñonero, a 1800–2600 m de altitud.

Se le conoce del SE de Estados Unidos a México; Argentina.

**ZACATECAS. Concepción del Oro:** Along hwy 54, about 1.2 mi SW of Coahuila border, 1 Ago 1976, desert, 1800 m, *Reeder y C. Reeder 3624* (US). E of Concepción de Oro, NE of Guadalupe Garceron, NW of summit of igneous Sierra del Astillero, 22 Sep 1973, *Henr. 13300, 13314* (US); brecha a Mazapil, cerca del poblado "El Cobre", 25 Sep 1988, bosque de pino piñonero, 2600 m, *Balleza 2017*

CHAPA, CIIDIR), *2023* (CIIDIR); 3.1 mi above Concepción del Oro, *Henr. 6280* (MEXU); 4 km al E de Salaverna, 1 Jul 1973, *I.M. Johnst., . Wendt y F. Chiang 10472, 11543* (MEXU); Sierra del Astillero, approached from SE, from Tanque el Alto, 1 Jul 1973, *I.M. Johnst., T. Vendt y F. Chiang 11567* (MEXU). **Mazapil:** rancho Los Luna, Sierra de Santa Rosa, 15 Oct 1989, bosque de pino, 2500 m, *Balleza 2583, 2587* (CIIDIR, CHAPA).

## Oplismenus P. Beauv.

Referencia: Davidse et al. (eds.). 1994. *Oplismenus*. En: Flora Mesoamericana 6:299–300.

Plantas anuales o perennes, a menudo delicadas; tallos ramificados, decumbentes y enraizados; vainas redondeadas, lígula membranácea, pilosa, láminas lanceoladas a ovadas, aplanadas, asimétricas; inflorescencias terminales y axilares, panículas compuestas de racimos espiciformes, unilaterales, las espiguillas en 2 o 4 hileras a lo largo de los lados inferiores del raquis; espiguillas en pares, más o menos comprimidas lateralmente, biconvexas, con 2 flósculos, desarticulación por debajo de las glumas; glumas subiguales, emarginadas o enteras, más cortas que las espiguillas, 3–5-nervadas, carinadas, aristadas; flósculo inferior estéril, lema inferior excediendo a las glumas y a la lema del flósculo superior, envolviendo al flósculo superior, comprimida dorsalmente; flósculo superior bisexual, lema superior más corta que la lema inferior, emarginada o entera, muy convexa, rodeando la pálea con los márgenes; fruto una cariopsis. Aprox. 15 especies en los trópicos y subtrópicos del mundo. Una sola especie en Zacatecas.

**Oplismenus burmannii** (Retz.) P. Beauv., Ess. Agrostogr. 54, 169. 1812. *Panicum burmannii* Retz., Observ. Bot. 3:10. 1783.

Plantas anuales, delicadas; tallos 10–30(–50) cm, erectos, en ocasiones ascendentes y ramificados, con raíces en los nudos, entrenudos pilosos; vainas papiloso-híspidas, lígula 0.7–1.2 mm, membranácea, ciliolada, láminas 2–5 cm × 9–15 mm, ovadas a lanceoladas, estrechas en la base, escabrosas o papiloso-híspidas; inflorescencia una panícula de 3–6 cm, densa, eje densamente papiloso-híspido, racimos 3–7, 0.5–2 cm, compactos, las espiguillas imbricadas, hasta 3 mm de separación, raquis papiloso-híspido, la pubescencia de 2–4 mm; espiguillas 2.3–4(–4.5) mm, aristas retrorsamente escábridas; primera gluma 2.2–3.5 mm, la arista 2.5–5 mm, segunda gluma un poco más larga, la arista más corta; flósculo inferior estéril, lema inferior 2.2–4 mm, 7–9-nervada, casi glabra a híspido-barbada, especialmente a la mitad, pálea inferior faltante; flósculo superior bisexual, lema superior 1.9–2.1 mm; anteras 0.8–1 mm; cariopsis 2–2.2 mm, fusiforme o aguda. Habita en bosque tropical caducifolio y bosque de encino, a 1240–2480 m de altitud.

Se reconocen 2 variedades: *O. burmanii* var. *burmanii* presente en Zacatecas y *O. burmannii* var. *nudicaulis*, citada para la entidad por Beetle et al. (1999), sin embargo no fue encontrada.

Distribuida desde México a Centro y Sudamérica; Antillas.

**ZACATECAS. Apozol:** 20 mi N of Juchipila, 12 Sep 1967, *Reeder y C. Reeder 4940* (US). **Mezquital del Oro:** 10 km al E de la carr. a Guadalajara, por la brecha a Moyahua, cerca del poblado Palo Verde, 30 Sep 1989, selva baja caducifolia, 1240 m, *Balleza 2441* (CHAPA, ENCB). **Teúl de González Ortega:** Comunidad de Milpillas de Allende, 16 Sep 1988, bosque de encino, 2350 m, *Balleza 1953* (CHAPA, CIIDIR, ENCB). **Tlaltenango:** km 22 de la terracería a Jalpa, 17 Sep 1989, vegetación secundaria, 2480 m, *Balleza 2253* (CHAPA, CIIDIR).

## Otatea (McClure & E.W. Smith) C. Calderón & Soderstr.

Referencia: Davidse, G. et al. (eds.). 1994. *Otatea*. En: Flora Mesoamericana 6:196.

Bambúes medianos, rizomas paquimorfos; tallos leñosos, erectos, entrenudos cilíndricos, sólidos, a veces volviéndose parcialmente fistulosos, glabros, ramas 3 por cada nudo a la mitad del tallo; hojas del tallo con las vainas persistentes en los nudos inferiores, tardíamente caedizas en los nudos superiores, setas orales desarrolladas, láminas erectas, hojas de las ramas seudopecioladas, lígula externa un borde diminuto, lígula interna membranácea, adherida a la aurícula, láminas lanceoladas, aplanadas; inflorescencia una panícula; espiguillas con varios flósculos; glumas 1 o 2, corto aristadas; flósculos bisexuales, los superiores reducidos, entrenudo de la raquilla escabroso ciliolado; lema aristada; pálea tan larga como la lema, obtusa; fruto una cariopsis. 2 especies conocidas con distribución desde México a El Salvador.

**Otatea acuminata** (Munro) C.E. Calderón & Soderstr. Smithsonian Contr. Bot. 44:21. 1980. *Arundinaria acuminat* Munro, Trans. Linn. Soc. London 26(1):25. 1868.

Plantas perennes, delgadas, erectas o algo inclinadas en las puntas; tallos 2–10 m, 1–2.5 cm de diámetro sólidos en las plantas jóvenes y fistulosos en las mas viejas, entrenudos verdes a amarillos o purpúreos; hoja caulinares, vainas adpreso-hirsutas en la 1/2 superior, articuladas en la vaina mediante un pecíolo corto linear a estrechamente lanceolada, láminas 6–15 cm × 0.5–1.1 cm de ancho, glabrescentes adaxialmente pilosas cerca de la base abaxialmente; panícula 5–10 cm, pedicelos glabros; espiguillas con 3–7 flósculos, de 3–4 cm, pubescentes, a menudo en zigzag; glumas con aristas 1–3 mm, la primera 2.5–4.5 mm excluyendo la arista, la segunda 3.5–6 mm, entrenudos de la raquilla 4–7 mm, desarticulándose al madurar, delgados, pubescentes; lema 11–15 mm, 9–11-nervada, pilosas en los márgenes, lanceoladas, quilladas con una arista terminal, 3–6 mm; pálea 9–11 mm, oblonga truncada y estrecha en el ápice, pubescente sobre y entre las quillas; anteras 5–6.5 mm; cariopsis 6–8.5 mm, cariopsis linear. Habita en bosque tropical caducifolio, a 1150 m de altitud.

Dos subespecies reconocidas para esta especie, *Otatea acuminata* ssp. *aztecorum* (McClure y E.W. Sm.) R. Guzmán, Anaya & Santana, presente en Zacatecas

Especie Mexicana citada de: Chih., Dgo., Gro., Jal., Méx., Mich., Mor., Nay., Oax., Pue., Sin., Son. y Ver.

**ZACATECAS: Valparaíso:** Ejido San Juan Capistrano, por la brecha a Huejuquilla, 28 Sep 1989, selva baja caducifolia, 1150 m, *Balleza 2366* (CHAPA, IEB).

## PANICUM L.

REFERENCIAS: McVaugh, R. 1983. *Panicum*. En: Flora Novo-Galiciana 14:282–303. Davidse, G. et al. (eds.). 1994. *Panicum*. En: Flora Mesoamericana 6:302–318.

Plantas anuales o perennes; vainas redondeadas o raramente carinadas, lígula una hilera de pelos o una membrana pilosa o sin pelos, láminas lineares a ovadas; inflorescencia una panícula abierta a contraída, las ramas a veces racemiformes, solitarias, ocasionalmente verticiladas; espiguillas globosas a aplanado-convexas, dorsalmente comprimidas, sin arista, con 2 flósculos, desarticulación por debajo de las glumas, la espiguilla caediza como una unidad, a veces también por debajo del flósculo superior; primera gluma más corta que la espiguilla, rara vez del largo de la espiguilla o faltante, segunda gluma y lema inferior similares, herbáceas, por lo general del largo de la espiguilla; flósculo inferior estaminado o estéril, pálea inferior tan larga como la lema, reducida o faltante; flósculo superior bisexual, sésil, a veces corto-estipitado, lema y pálea superiores cartáceo-endurecidas, formando el fruto que en la madurez encierra el cariopsis y se desprende como una unidad, típicamente obtusa, las nervaduras obsoletas, los márgenes enrollados y encerrando fuertemente la pálea. Aproximadamente 500 especies de distribución cosmopolita.

1. Plantas robustas, mayores de 1 m de alto, generalmente rizomatosas o cultivadas como praderas.
   2. Tallos más o menos suculentos; plantas glabras, acuáticas o subacuáticas; primera gluma no mayor de ¼ del largo de la espiguilla, triangular, 3-nervada ____ **Panicum elephantipes**
   2. Tallos no suculentos; plantas por lo general terrestres; primera gluma mayor de ½ del largo de la espiguilla, ovada, acuminada, 3–5-nervada.
      3. Tallos 50–250 cm de alto, subleñosos, sólidos o fistulosos, con las bases fuertemente nudosas, el diámetro de los nudos llega a ser del doble que el diámetro de los entrenudos; espiguillas 2.5–3 mm de largo ____ **Panicum antidotale**
      3. Tallos 100–200 cm de alto, herbaceos, sólidos, sin las bases fuertemente nudosas y el diámetro de nudos y entrenudos siempre es igual; espiguillas de 3–5(–6) mm de largo Panicum virgatum
1. Plantas no robustas, menores de 1 m de alto, anuales o perennes, pero no rizomatosas; nunca cultivadas como praderas.
   4. Espiguillas 3.7–5.8(–6) mm de largo; segunda gluma y lema estéril 11–15- nervadas.
      5. Espiguillas 3.7–4.2 mm de largo; fruto 1.2–1.4 mm de ancho; ramas de la panícula flexuosas, con 1–3 espiguillas sobre ramillas terminales cortas y abiertas ____ **Panicum lepidulum**
      5. Espiguillas 4.5–5.2(–6) mm de largo, túrgidas, apiculadas; fruto 1.5–2 mm de ancho; ramas de la

panícula ascendentes o patente, las espiguillas solitarias o apiñadas sobre ramillas cortas ________ **Panicum decolorans**

4. Espiguillas 2–3.5 mm de largo; segunda gluma y lema estéril 7-nervada; plantas anuales, decumbentes y geniculadas.
   6. Espiguillas obtusas o subagudas, la segunda gluma y lema estéril ligeramente más larga que el fruto sin el ápice conspicuamente puntiagudo y sobrepasando el fruto; hojas glabras ________ **Panicum vaseyanum**
   6. Espiguillas acuminadas o largo-agudas, la segunda gluma y lema estéril excediendo el fruto con el ápice conspicuamente puntiagudo y sobrepasando el fruto; hojas papiloso-hirsutas ________ **Panicum hirticaule**

**Panicum antidotale** Retz., Observ. Bot. 4:17. 1786.

Plantas perennes, rizomatosas; tallos 50–250 cm × 4–6 mm, subleñosos, sólidos o fistulosos, erectos o a veces decumbentes, glabros, generalmente ramificados, con las bases fuertemente nudosas, el diámetro de los nudos llega a ser del doble del diámetro de los entrenudos (entrenudos pruinosos); vainas redondeadas, glabras, lígula 1–2 mm, membrana pilosa, láminas 15–60 cm × 6–20 mm, aplanadas, lineares, glabras; panícula 15–45 × 5–10 cm, terminal, laxa, exserta, ramas 5–10 cm, solitarias, ascendentes; espiguillas 2.5–3 mm, anchamente ovadas, apiculadas, glabras, ascendentes o adpresas; primera gluma 1.4–2 mm, 3–5-nervada, aguda, segunda gluma 2–3 mm, 5–9-nervada; lema inferior estaminada igual a la lema superior, 5–9-nervada, anteras 1–1.2 mm, pálea inferior 2.2–3 mm; flósculo superior 1.8–2.8 × 0.9–1.1 mm, glabro, liso, ovado-lanceolado, con manchas obscuras al madurar; anteras 1.3–1.5 mm, pardas; cariopsis 1.5–1.8 mm, parda. *n* = 9,14. Maleza encontrada en campos de cultivo del INIFAP, a 2160 m de altitud.

Originaria de la India, introducida desde Estados Unidos hasta Argentina.

**ZACATECAS. Calera:** Campo Agrícola Experimental del Instituto Nacional de Investigaciones Forestales, Agrícolas y Pecuarias, 19 Oct 1989, pastizal, 2160 m, *Balleza 2604* (CHAPA, CIIDIR, ENCB, IEB).

**Panicum decolorans** Kunth, Nov. Gen. Sp. (quarto ed.) 1:100. 1815.

Plantas aparentemente anuales, teñidas con púrpura; tallos 30–60 cm, ramificados desde la base, erectos o ascendentes a partir de una base geniculada, con ramas estériles en los dos nudos inferiores, fuertemente estriados o casi acanalados, glabros o espaciadamente pilosos o papiloso-híspidos; lígula 0.5–1 mm, membranácea, pilosa, los pelos 0.3–0.8 mm, láminas 8–15 cm × 7–10 mm, aplanadas, glabras, con algunas papilas esparcidas, con o sin pelos cortos, rígidos; panícula 10–18 cm × 3–6(–10) cm, exserta, más o menos congestionada, las ramas ascendentes, aplicadas; espiguillas 4.5–5.2(–6) mm × 1.6–1.9 mm, túrgidas, apiculadas, corto pediceladas, aglomeradas en las ramillas; primera gluma 2–2.5(–3) mm, aguda, segunda gluma 4.5–5.2(–6) mm, apiculada; flósculo inferior estéril, lema inferior similar a la segunda gluma, pálea inferior 1–1.5 mm; flósculo superior bisexual, fruto 3.2–3.6 mm × 1.6–1.9 mm, pálido, agudo, glabro, lustroso. De lugares encharcados del pastizal y bosque de pino, a 1850–2340 m de altitud.

Especie mexicana conocida de: Chih., Dgo., Gto., Hgo., Jal., Méx., Mich., Oax., Pue., Qro., S.L.P. y Sin.

**ZACATECAS. Benito Juárez:** Llano Grande, 30 Sep 1989, pastizal, 2150 m, *Balleza 2411* (CHAPA, IEB). **Teúl de González Ortega:** por la carr. a Guadalajara, entre Tepechitlán y Teúl, 30 Sep 1989, pastizal, 1850 m, *Balleza 2392* (CHAPA, ENCB). **Valparaíso:** Ejido Ciénega de la Purísima, 27 Sep 1987, bosque de pino, 2340 m, *Balleza 2336* (CHAPA); terracería Valparaíso-La Unión del Chacuaco, 19 Oct 1989, *Balleza 2624* (CHAPA, IEB). **Villanueva:** Arroyo Juan Manuel ± 1 km al NE del poblado Palomas Viejas, 22 Oct 2006, pastizal, 2100 m, *O. Rosales y Y. Herrera 3479* (CIIDIR).

**Panicum elephantipes** Nees ex Trin., Gram. Panic. 206. 1826.

Plantas perennes, semiacuáticas; tallos 1–2(–6) m × 0.8–2 cm, suculentos fistulosos, ascendentes o decumbentes, simples o ramificados, nudos inferiores enraizados, vainas glabras; lígula 2–4 mm, membranácea con algunos pelos largos; láminas 15–55 cm × (3–)5–30 mm, aplanadas, linear-lanceoladas, glabras o pilosas cerca de la base, subcordada; panícula 25–50 cm, terminal, laxa, difusa, exserta, multiflosculada, ramas primarias 2–15 cm, las inferiores verticiladas u opuestas y las superiores alternas, ascendentes, pulvínulos muy poco evidentes, glabros, sobre ejes escabrosos; espiguillas (3.5–)4.5–5.5 mm × 0.8–1.3 mm, lanceoladas a ovadas,

*Nassella mucronata*

*Nassella tenuissima*

*Oplismenus burmannii*

*Panicum antidotale*

glabras, adpresas, acuminadas, generalmente en pares, poco aglomeradas; primera gluma 0.8–1.5 mm, débilmente 1–3-nervada, subaguda u obtusa, segunda gluma 4–4.8 mm, 5–9-nervada; lema inferior neutra, casi igual a la segunda gluma, (5–)7-nervada, pálea inferior faltante; flósculo superior 3–4 mm × 0.8–1.2 mm, glabra, lisa, brillante, lanceolada a ovalada, acuminada; anteras 1.6–1.8 mm, anaranjadas; cariopsis 2–2.3 × 0.8–1 mm, blanquecino; *n* = 15. Crece en terrenos anegados del pastizal, a 1900 m de altitud.

Especie conocida de México a Sudamérica; Antillas. En México citada de: D.F., Gto., Hgo., Jal., Méx., Mich., S.L.P., Sin. y Tab.

**ZACATECAS. Teúl de González Ortega:** 1 km al N de Teúl de González Ortega, carr. Méx 23, 15 Sep 1988, pastizal, 1900 m, *Balleza 1938* (CHAPA, IEB).

**Panicum hirticaule** J. Presl, Reliq. Haenk. 1(4–5):308. 1830.

Plantas anuales cespitosas; tallos 12–130 cm, erectos a geniculados, simples o ramificados desde los nudos inferiores, papiloso-hirsutos rara vez glabros; lígula 0.8–2 mm, membranácea, pilosa, los pelos 0.5–1.5 mm, láminas 5–40 cm × 4–25 cm, lineares a lanceoladas, aplanadas, papiloso-hirsutas a casi glabras, cordadas a redondeadas en la base; panículas 5–35 cm, terminales y axilares, ramas 4–19 cm, solitarias, escabrosas a esparcido-pilosas, divergentes a inclinadas; espiguillas 2.4–3.3 mm, solitarias, adpresas, lanceoladas, agudas, glabras; primera gluma 1.5–2 mm, amplexicaule, 5-nervada, aguda, segunda gluma tan larga como la espiguilla, 7–11-nervada, acuminada; flósculo inferior estéril, lema inferior un poco más corta que la segunda gluma, 9–11-nervada, acuminada, pálea inferior faltante o si presente hasta ¼ del largo de la lema inferior; flósculo superior bisexual, fruto 1.7–2.3 mm × 0.8–1 mm, liso, brillante, glabro, subagudo, sésil; anteras 1–1.3 mm. 2*n* = 18. Creciendo en bosque tropical caducifolio y pastizal, a 1100–2348 m de altitud.

Citada desde el S de Estados Unidos a México; Sudamérica y Antillas.

**ZACATECAS. Apozol:** colonia Benito Juárez, 31 Ago 1989, *Balleza 2212* (CHAPA). **Juchipila:** 1 km al W de Pueblo Viejo, Sierra de morones, ladera E del cerro de Piñones, por el camino al rancho de Jesús Ayala, 28 Ago 1998, selva baja caducifolia, 1893 m, *Balleza 8813* (CIIDIR). **Mezquital del Oro:** brecha Mezquital del Oro–Moyahua, a 11 km del entronque con la carr. a Guadalajara, 30 Sep 1989, 1250 m, *Balleza 2452* (CIIDIR). **Moyahua:** km 102 carr. 54, 27 Ago 1988, selva baja caducifolia, 1100 m, *Balleza 1801* (CIIDIR); km 92.5 carr. 54, 2 km al S de Santa Rosa, 27 Ago 1988, selva baja caducifolia, 1100 m, *Balleza 1817* (CHAPA, ENCB). **Sombrerete:** 1 km SE of Villa Insurgentes along hwy 45 towards Zacatecas, 29 Sep 2001, calcareous slopes with *Quercus intricata, Pinus cembroides,* and *Rhus virens*, 2348 m, *P.M. Peterson y S. González 15962* (US). **Valparaíso:** brecha Lobatos–Adjuntas del Refugio, 29 Sep 1989, pastizal con bosque espinoso, 1980 m, *Balleza 2380-B* (CHAPA, CIIDIR).

**Panicum lepidulum** Hitchc. & Chase, Contr. U.S. Natl. Herb. 15:75, f. 64. 1910.

Plantas perennes, solitarias o en pequeños macollos; tallos 25–70(–100) cm, erectos, produciendo 1 o 2 ramas erectas desde los nudos inferiores, esparcido- papiloso-pilosas a escabrosas hacia el ápice; vainas papiloso- híspidas con los pelos ascendente, lígula 1.8–2 mm, membranácea, láminas 7–20(–30) cm × 5–10 mm, aplanadas o conduplicadas, esparcido-pilosas; panícula 10–20(–30) cm, terminal, largamente exserta, ovoide, las ramas flexuosas, con ramillas cortas que contienen 1–3 espiguillas; espiguillas 3.7–4.2 mm × 1.3–1.5 mm, angostamente ovadas, túrgidas, acuminadas; primera gluma 1.7–2.7 mm, ovada, aguda o acuminada, 5-nervada, la nervadura central escabrosa hacia el ápice, segunda gluma 3.7–4.2 mm de largo, apiculada; flósculo inferior estéril, lema inferior semejante a la segunda gluma, pálea inferior 1.5 mm de largo; flósculo superior bisexual, fruto 3.2–3.8 mm de largo × 1.2–1.4 mm, oval, túrgido y obtuso, pálido, glabro, liso, brillante. Habita en pastizales, matorral xerófiloy bosque de pino-encino, a 1900–2300 m de altitud.

Conocida desde México a Centroamérica.

**ZACATECAS. Fresnillo:** 26 km al N de Fresnillo, km 846 carr. a Cd Juárez, 12 Sep 1955, pastizal, 2050 m, *Hern.-Xol. y V. Mathus N-1667* (CHAPA, US). **Miguel Auza:** 10 km al W de Miguel Auza, por la brecha a 20 de Noviembre, 2 Sep 1988, lomeríos con pastizal de *Stipa*, 2100 m, *Balleza 1881* (CHAPA, IEB). **Monte Escobedo:** 4 km al N de Monte Escobedo por la brecha a Mexquitic, Jal, 12 Jul 1988, bosque de encino, 2200 m, *Balleza 1614 bis* (CIIDIR, ENCB). **Pinos:** km 65 carr. 49, 19 Ago 1988, pastizal, 2050 m, *Balleza 1665* (CHAPA). **Teúl de González Ortega:** Ejido Milpillas de Allende, 16 Sep 1988, bosque de encino-pino, 2300 m, *Balleza 1950* (CHAPA). **Valparaíso:** road to Huejuquilla el Alto, Jal., 1 mi W of the road jct, 18 mi S of Valparaíso on the road to Mezquitec, Jal., 4 Sep 1958, *McVaugh, H. Loveland y R. Pippen 17705* (ENCB, US), det Sodersrtrom, 1962. **Villanueva:** Malpaso, km 29 carr. A Guadalajara, 8 Ago

*Nassella leuchotricha*

*Nassella mucronata*

*Nassella tenuissima*

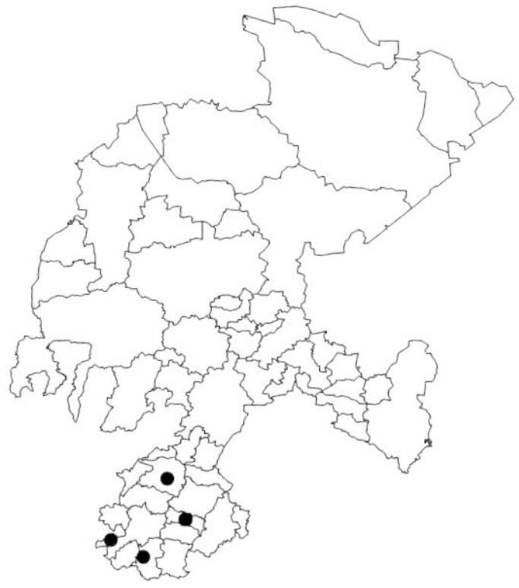

*Oplismenus burmannii*

*Otatea acuminata*

*Panicum antidotale*

*Panicum decolorans*

*Panicum elephantipes*

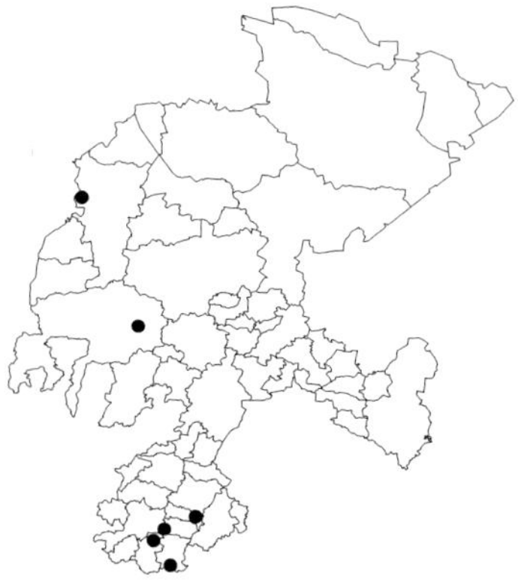

*Panicum hirticaule*

1988, lomerío con matorral desértico crassicaule, 2150 m, *Balleza 1559* (CHAPA); km 247 carr. 54, 6 Oct 1988, matorra xerófilo, 1900 m, *Balleza 2069* (CHAPA). **Zacatecas:** Zacatecas, 3 Oct 1910, *Hitchc. 7510* (US).

**Panicum vaseyanum** Scribn. ex Beal, Grass. N. Amer. 2:140. 1896.

Plantas anuales cespitosas; tallos 30–70 cm, ascendentes o suberectos desde una base decumbente, enraizados en los nudos inferiores; vainas glabras, cortas, a menudo exponiendo los tallos con la edad, las inferiores generalmente infladas, lígula 0.5–1.5 mm, membranácea, blanca, pilosa, los pelos 0.4–1.4 mm, láminas 5–20 cm × 3–7 mm, aplanadas, conduplicadas en la base, glabras, un poco más anchas que la vaina en la base; panículas 4–7 cm, angostas, terminales y axilares, ramas 3–5, de 1–4 cm, la inferior refleja en la madurez, las superiores adpresas; espiguillas 2.2–3.2 mm, solitarias, adpresas, elipsoides, subagudas; primera gluma 0.9–1.2 mm, casi 1/3 del largo de la espiguilla, obtusa a aguda, amplexicaule, segunda gluma ligeramente más corta que la lema inferior, 7-nervada, aguda; flósculo inferior estéril, lema inferior 2.2–3.2 mm, pálea inferior faltante; flósculo superior bisexual, fruto 2–2.7 mm × 1–1.2 mm, liso, brillante, glabro, verde olivo a pardo, agudo; anteras 1.1–1.9 mm. Habita en pastizal y bosque de encino, a 2100–2300 m de altitud.

Especie mexicana citada de: Ags., Chis., Chih., D.F., Dgo., Gro., Gto., Jal., Méx. y Qro.

**ZACATECAS. Fresnillo:** rancho Altamira, por la brecha entre Fco. I. Madero y Vasco de Quiroga, 19 Oct 1989, pastizal con encino, 2300 m, *Balleza 2654* (CHAPA, IEB).**Monte Escobedo:** 2 km al W de San Rafael por el camino a Monte Escobedo, 2100 m, *sin colector 1027* (ENCB, MEXU); 4 km al N de Monte Escobedo, por la carr. a Mezquitic, 21 Sep 1989, bosque de encino, 2200 m, *Balleza 2271* (CHAPA); Laguna Grande, 21 Sep 1989, pastizal con bosque de *Quercus,* 2230 m, *Balleza 2285* (CHAPA, CIIDIR, IEB).

**Panicum virgatum** L., Sp. Pl. 1:59. 1753.

Plantas perennes, rizomatosas; tallos 100–200 cm, erectos, herbáceos, correosos, generalmente simples, glabros; vainas glabras, ocasionalmente pilosas, lígula 2–4 mm, con una hilera de pelos denso, de 1–2 mm, láminas 15–60 cm × 5–15 mm, lineares, aplanadas, glabras y pilosas adaxialmente hacia la base, ligeramente estrechas en la base; panículas 15–50 cm, largo exsertas, ramas 6–20 cm, abiertas, solitarias o en pares, escabrosas, patentes; espiguillas 3–5(–6) mm, solitarias, adpresas, elíptico-ovoides, glabras, fuertemente nervadas; primera gluma 2–3 mm, ovada, acuminada, 5-nervada, segunda gluma 3–4 mm, 5–7-nervada, acuminada; flósculo inferior estaminado, lema inferior ligeramente más corta y menos puntiaguda que la segunda gluma, 5–7-nervada, pálea inferior ¾ a casi tan larga como la lema inferior, anteras 1–2.9 mm; flósculo superior bisexual, cariopsis 2.5–3.2 mm × 0.9–1.1 mm, lisa, brillante, glabra, subaguda; anteras 1.7–1.8 mm. Habita en pastizales y claros de bosque de pino y encino, a 1840 m de altitud.

Conocida desde el S de Canadá a Chiapas; Cuba, Bermuda; introducida en Argentina.

**ZACATECAS. Valparaíso:** 35 mi W of Huejuquilla towards Canoas, 30 Sep 2001, rhyolitic rock outcrops with *Quercus conzattii* and *Pinus chihuahuana*, 1840 m, *P.M. Peterson y S. González 15991* (US).

## PAPPOPHORUM SCHREB.

REFERENCIA: Davidse, G. et al. (eds.). 1994. *Pappophorum*. En: Flora Mesoamericana 6:257.

Plantas perennes, cespitosas; vainas redondeadas, lígula una hilera de pelos, láminas lineares, involutas a aplanadas; inflorescencia una panícula angosta; espiguillas solitarias, con 3–6 flósculos, los 4-flósculos inferiores bisexuales, los flósculos superiores reducidos o estériles, el flósculo más inferior es el mayor, los otros flósculos progresivamente más pequeños hacia arriba, desarticulación arriba de las glumas pero no entre los flósculos, o muy tardíamente así; glumas subiguales, membranáceas, 1-nervadas, glabras, persistentes, carinadas, agudas, tan largas como los cuerpos de las lemas; lema redondeada en el dorso, cartáceas, 7(–9)-nervadas, con 11–25 aristas patentes, desiguales, escabrosas; pálea tan larga como el cuerpo de la lema, 2-nervadas; callo ligeramente oblicuo a truncado; estambres 3; fruto una cariopsis. Algunas 8 especies en este género, distribuidas desde el S de Estados Unidos a Argentina; Antillas.

**Pappophorum vaginatum** Buckley, Prelim. Rep. Surv. Texas App. 1. 1866.

Plantas perennes; tallos 80–130 cm, con numerosos nudos, glabros, glandulares por debajo de los nudos; vainas papiloso-pilosas hacia la parte superior, lígula 0.8–1 mm, láminas 25–50 cm × 4–6 mm, aplanadas hacia la base, en su mayoría enrolladas hacia la punta, glabras; panícula 25–35 × 1.5–2 cm, pajiza, densa excepto en el 1/3 inferior, raquis, ramas y pedicelos con glándulas crateriformes, ramas más largas hasta 5.5 cm; espiguillas con 1–2 flósculos; glumas agudas o diminutamente bífidas, con un mucrón de 0.3–0.5 mm, la primera 2–2.5 mm, la segunda 2.8–3.4 mm; flósculos inferiores 1–2, bisexuales, el más superior estéril; lema del flósculo más inferior 2.2–2.5 mm, 7-nervada, glabra por dentro, pilosa en los 2/3 inferiores a lo largo de la quilla y los márgenes, aristas 9–11, de (4.5–)5–7 mm, la central la mayor; callo con pelos hasta 0.5 mm; anteras 0.3–0.6 mm; estigmas purpúreos; cariopsis 1.6–1.9 × 0.5 mm. $2n$ = 60. Creciendo en pastizal y matorral xerófilo, a 1780–2070 m de altitud.

Citada desde el SW de Estados Unidos a México.

**ZACATECAS. Mazapil:** parcela 37, Noria de Guadalupe, 1 Oct 1975, matorral desértico micrófilo, 1780 m, *M. González-Ledezma 155* (CHAPA). **Río Grande:** km 70 carr. a Torreón, 1 Sep 1988, pastizal, 2000 m, *Balleza 1864* (CHAPA). **Villa de Cos:** Entronque a Vicente Guerrero, rumbo a Nvo. Mercurio, 13 Oct 2006, matorral desertico microfilo, 2070 m, *O. Rosales y Y. Herrera 3461* (CIIDIR).

## PASPALUM L.

REFERENCIAS: McVaugh, R. 1983. *Paspalum.* En: Flora Novo-Galiciana 14:3043–28. Davidse, G. et al. (eds.). 1994. *Paspalum.* En: Flora Mesoamericana 6:335–352.

Plantas anuales o perennes, cespitosas, estoloníferas o rizomatosas; lígula membranácea, glabra o pilosa, láminas lineares, aplanadas, raramente involutas; inflorescencia 1 o varias, axilares y/o terminales, de 1 a numerosos racimos unilaterales, los racimos a veces desprendiéndose como una unidad, raquis filiforme a alado; espiguillas comprimidas dorsalmente, abaxiales, solitarias o en pares, en (1)2–4 filas, brevipediceladas, generalmente aplanado-convexas, a veces biconvexas o cóncavo-convexas, obtusas, con 2 flósculos, desarticulación por debajo de las glumas, la espiguilla caediza como una unidad; primera gluma por lo general faltante, rara vez presente y entonces siempre más pequeña que la segunda gluma y frecuentemente excéntrica, segunda gluma 3–5-nervada; flósculo inferior estéril y sin una pálea, raramente estaminado y con pálea; lema inferior similar a la segunda gluma; flósculo superior bisexual, cartáceo a coriáceo y enrollado sobre las orillas de una pálea aplanada. Aprox. 330 especies, en su mayoría del Nuevo Mundo.

1. Espiguillas 3.2–3.7 mm de largo, 0.9–1.1 mm de ancho, apiculadas; segunda gluma con el margen denso de pelos pustulosos, blancos, de 2–3 mm de largo; raquis 1.3–2(–3) mm de ancho ________ **Paspalum humboldtianum**
1. Espiguillas generalmente 3 mm o menos, cuando más largas entonces al menos 2.5 mm de ancho, sin pubescencia densa en el margen de la segunda gluma, raquis varios.
    2. Espiguillas solitarias y relativamente anchas (casi tan anchas como largas), glabras racimos 2, conjugados, fruto pajizo, nunca pardo; plantas rizomatosas ________ **Paspalum notatum**
    2. Espiguillas en pares, si solitarias entonces el doble más largas que anchas o el fruto pardo, o los racimos generalmente más de 2.
        3. Fruto pardo lustroso.
            4. Espiguillas ampliamente obovadas a suborbiculares, 1.8–2.4 mm de ancho o más; raquis 1.5–2 mm de ancho; plantas anuales ________ **Paspalum convexum**
            4. Espiguillas elíptico obovadas, 1.7–1.8 mm de ancho; raquis hasta 1.1 mm de ancho, en zigzag; plantas perennes ________ **Paspalum plicatulum**
        3. Fruto blanco-amarillento o pajizo, lustroso.
            5. Racimos 2, conjugados en el ápice de los tallos, rara vez un tercer racimo debajo del ápice; espiguillas elípticas a angostamente ovadas; plantas con la base dura, rizomatosa ________ **Paspalum distichum**
            5. Racimos numerosos, generalmente más de 2, racemosos o fasciculados en los ejes; plantas no rizomatosas o con rizomas cortos.
                6. Racimos 20–60; espiguillas 1.3–1.5 mm de largo y 1 mm de ancho, sub-hemisféricas, pubescentes, con manchas pardas ________ **Paspalum paniculatum**
                6. Racimos menos de 10; espiguillas 1.8 mm o más de largo y más de 1 mm de ancho.
                    7. Tallos erectos, nudosos desde una base provista de rizomas cortos.
                        8. Espiguillas 2.5–2.8 mm de largo y 1.3 mm de ancho, elípticas; inflorescencia 10–30 cm de largo, raquis 0.5 mm de ancho; láminas 4–8 mm de ancho ________ **Paspalum crinitum**
                        8. Espiguillas 1.8–2.3 mm de largo y 1–1.3 mm de ancho, obovado-elípticas; inflorescencia 6–11 cm de largo, raquis 0.5–1 mm de ancho; láminas 8–12 mm de ancho.
                            9. Espiguillas 1.8–2 mm de largo y 0.5–1.2 mm de ancho, papiloso- pilosas; inflorescencia 6–9 cm de largo, con 3–10 racimos; follaje sedoso- pubescente ________ **Paspalum tenellum**
                            9. Espiguillas 2–2.3 mm de largo y 1.3 mm de ancho; pilosas, con manchas purpúreas; inflorescencia 9–11 cm, con 7–8 racimos; follaje esparcido- papiloso-pilosas ________ **Paspalum jaliscanum**
                    7. Tallos decumbentes en la base, con raíces en los nudos inferiores.
                        10. Espiguillas 2–2.5(–2.8) mm de largo, 1.3–1.5 mm de ancho, por lo general apiculadas y glabras; láminas 3–6 mm de ancho ________ **Paspalum denticulatum**

10. Espiguillas 2.8–3.2(–3.5) mm de largo, 1.8–2.6 mm de ancho, no apiculadas, esparcido--suavemente pubescentes; láminas 8–12 mm de ancho________ **Paspalum arsenei**

**Paspalum arsenei** Chase, Contr. U.S. Natl. Herb. 28(1):63, f. 31. 1929.

Plantas perennes, amacolladas; tallos 60–180 cm, a veces enraizado en los nudos inferiores, nudos glabros o esparcido-pilosos; vainas laxas, las inferiores sobrepuestas, glabras o esparcido- papiloso-pilosas en el margen, lígula 3–4 mm, membranácea, pardo, láminas 8–30(–40) cm × 8–12 mm, aplanadas, glabras o con algunos pelos en la base, escabrosas en el margen; inflorescencia 8–20 cm, racimos 4–10, de 2–6(–12) cm, ascendentes o divaricados, los inferiores distantes, los superiores aproximados, raquis 1.2–1.4 mm de ancho; espiguillas (2.6–)3(–3.5) × (1.6–)1.8–2 mm, en pares o las inferiores solitarias, imbricadas, elíptico-obovadas, obtusas o acuminadas, plano-convexas, de menos de 1 mm de grueso; segunda gluma y lema inferior subiguales, esparcido- adpreso-pubescentes, 3–5-nervadas, oliváceas, a veces teñidas de púrpura; flósculo superior del largo de la espiguilla, pajizo, estriado, elíptico. Habita en bosque tropical caducifolio y bosque de pino, a 1520–2400 m de altitud.

Endémica de México.

**ZACATECAS. Jerez:** 10 km al NW de Jerez, por la carr. que va al Cargadero, 1.5 km de la comunidad Parral de las Huertas, 25 Ago 1988, bosque de pino, 2400 m, *Balleza 1766* (CHAPA, CIIDIR, ENCB). **Mezquital del Oro:** brecha García de la Cadena-Moyahua, cerca de Palo Verde, 30 Sep 1989, bosque tropical caducifolio, 1520 m, *Balleza 2438* (CHAPA). **Teúl de González Ortega:** Ejido Milpillas de Allende, 17 Sep 1988, Arvense, 2350 m, *Balleza 1976* (CHAPA, ENCB); 9.1 mi N.E. of Milpillas de Allende, 3 Oct 2001, roadcut and slopes with *Quercus* and *Acacia*, 2000 m, *P.M. Peterson y O. Rosales 16057* (US).

**Paspalum convexum** Humb. & Bonpl. ex Flüggé, Gram. Monogr., Paspalum 175. 1810.

Plantas anuales cespitosas; tallos 10–60 cm, erectos, decumbentes o ascendentes, ramificados, glabros; vainas carinadas, papiloso-pilosas a glabras, lígula 1–3 mm, láminas 5–25 cm × 5–7 mm, anchamente lineares, apiculadas, aplanadas, papiloso-pilosas a glabras, la nervadura central prominente; inflorescencia 4–14 cm, solitaria, terminal, racimos 1–5, de 3–7 cm, racemosos, ascendentes a patentes; raquis 1–2 mm de ancho, con una espiguilla en el ápice, glabro pero con un mechón de pelos papilosos en la base de la inflorescencia; espiguillas 1.8–2.5 × 1.8–2.4 mm, obovadas a suborbiculares, obtusas, puberulentas, oliváceas, en pares o solitarias, en 2–4 filas; segunda gluma casi tan larga como la espiguilla, 5–7-nervada, adpreso puberulenta; lema inferior tan larga como la espiguilla, 5-nervada, puberulenta; flósculo superior endurecidao, liso, pardo brillante, glabro; anteras 0.8–1 mm. $2n$ = 20,32,40,48. Habita en bosque de encino y bosque tropical caducifolio, a 1100–2500 m de altitud.

Conocida de México a Centro y Sudamérica; Antillas.

**ZACATECAS. Benito Juárez:** terracería Florencia-Llano Grande, 30 Sep 1989, pastizal con bosque de *Quercus*, 2150 m, *Balleza 2408* (ENCB). **Gral. Joaquín Amaro:** near Plateado, 3 Sep 1897, *Rose 2781* (US). **Jalpa:** km 8 de la terracería Jalpa-Tlaltenango, 17 Sep 1989, selva baja caducifolia, 1650 m, *Balleza 2248* (CIIDIR). **Juchipila:** al W de Pueblo Viejo, Sierra de Morones, ladera E del cerro de Piñones, por la brecha al rancho de Antonio Benavides, 24 Sep 1998, selva baja caducifolia, 1920 m, *Balleza y M. Adame 9176* (CIIDIR). **Mazapil:** km 121 carr. federal 54, tramo Zacatecas-Saltillo, 25 Sep 1988, pastizal, 2500 m, *Balleza 1976-B* (CIIDIR, ENCB). **Mezquital del Oro:** por la brecha Mezquital del Oro-Moyahua, 10 km del entronque con la carr. a Guadalajara, cerca del poblado Palo Verde, 30 Sep 1989, selva baja caducifolia, 1250 m, *Balleza 2442* (ENCB). **Monte Escobedo:** brecha a Mexquitic, 3 km al NW de la cabecera municipal, 22 Sep 1989, bosque de encino, 2190 m, *Balleza 2281* (CIIDIR); hills W of Monte Escobedo, 26 Sep 1980, bosque de encino, 2190 m, *Beetle y R. Guzmán M-5850* (ENCB, MEXU). **Moyahua:** km 92.5 carr. 54, 2 km antes de Santa Rosa, tramo Guadalajara-Zacatecas, 27 Ago 1988, selva baja caducifolia, 1100 m, *Balleza 1813* (CHAPA, CIIDIR, ENCB). **Teúl de González Ortega:** carr. Estatal 23, 1 km al N de la cabecera municipal, 11 Ago 1989, parcelas con maíz de temporal, 1900 m, *Balleza 2170* (CHAPA, CIIDIR, ENCB). **Tlaltenango:** 38 km W de Jalpa, along the hwy to Tlaltenango, 30 km from the entronque with the Jalpa-Juchipila hwy, 21 Oct 1973, bosque de encino-pino, 2450 m, *Rzed. y McVaugh 916* (ENCB, US). **Valparaíso:** Ejido Ciénega de la Purísima, cerca de Santa Lucía de la Sierra, 27 Nov 1989, bosque de pino-encino, 2340 m, *Balleza 2335* (CIIDIR, ENCB), *2340* (CIIDIR); km 23 carr. a Huejuquilla, tramo Valparaíso-Huejuquilla, Jal., 29 Sep 1988, bosque de *Quercus*, 1800 m, *Balleza 2065* (CHAPA, ENCB).

**Paspalum crinitum** Chase, Contr. U.S. Natl. Herb. 17(3):239. 1913.

Plantas perennes delgadas, cespitosas; tallos 60–100 cm, erectos, entrenudos pubescentes; vainas cortas, pubescentes, lígula 0.3–0.5 mm, membranácea, láminas 10–25 cm × 4–8 mm; inflorescencia 10–30 cm, solitaria, con 4–11 racimos, de 10–12 cm, racemosos, ascendentes a patentes, raquis 1–2 mm de ancho, con tintes purpúreos, pubescentes, con una espiguilla en el ápice, espiguillas en pares, abierto-imbricadas, pilosas o glabras; espiguillas 2.5–2.8 × 1.1–1.3 mm, elípticas, con tintes purpúreos; segunda gluma y lema del flósculo estéril casi iguales a la espiguilla; flósculo superior del largo de la espiguilla, elíptico, pajizo; anteras 1–1.3 mm de largo, amarillas. Habita en pastizal a 2037–2190 m de altitud.

Especie mexicana de: Coah., Dgo., Gto., Jal., Mich., Pue. y S.L.P. y Zac.

**ZACATECAS. Miguel Auza:** 2.5 km al SW de la cabecera municipal, por la terracería a Emilio Carranza, 2 km al NE de Manantial de la Honda, 8 Sep 1988, pastizal de *Sporobolus*, 2190 m, *Balleza 1883* (CHAPA, CIIDIR, ENCB); 15 km al W de Miguel Auza, por la terracería al manantial Ojocaliente, 3 Sep 1988, pastizal de *Sporobolus*, 2037 m, *Balleza 1896* (CHAPA, ENCB).

**Paspalum denticulatum** Trin., Gram. Panic. 111. 1826.

*Paspalum lividum* Trin., ex Schltdl.

Plantas perennes, estoloníferas; tallos 40–90 cm, decumbentes, ramificados, glabros; vainas carinadas, glabras, lígula 1–2 mm, láminas 15–30 cm × 3–6 mm, lineares, aplanadas, glabras o adpreso pilosas; inflorescencia 10–16 cm, terminal, racimos 3–8, de 4–11 cm, racemosos, ascendentes, flexuosos, raquis 1.5–2 mm de ancho, esparcido-piloso, con una espiguilla en el ápice; espiguillas 2–2.5 × 1.3–1.5 mm, elíptico-obovadas, subagudas, glabras, en pares o solitarias, en 2 o 4 filas; segunda gluma y lema inferior tan largas como la espiguilla, 3-nervada; flósculo superior un poco más corto que la espiguilla, diminutamente estriado, pajizo, glabro; anteras 1.4–1.5 mm. $2n = 40$. De hábitos acuáticos creciendo en vegetación riparia, a 1600–1700 m de altitud.

Distribuidas desde el S de Estados Unidos a México; Argentina.

**ZACATECAS. Tlaltenango:** 1 km al N de Tlaltenango, 8 Ago 1986, vegetación riparia con *Salix bonplandiana*, 1760 m, *F.J. Santana 1700* (ENCB, IBUG). **Villanueva:** Junta de los ríos, carr. 54, 21 Ago 1989, suelo arenoso, húmedo, 1600 m, *Balleza 2201* (CHAPA, CIIDIR, ENCB, IEB).

**Paspalum distichum** L., Syst. Nat. (ed. 10) 855. 1759.

Plantas perennes de base dura, rizomatosa; tallos (20–)50–80 cm, erectos o decumbentes, simples, glabros; hojas glabras a papiloso-pilosas, vainas carinadas, lígula 0.4–1.5 mm, láminas 2.5–10 cm × 3–6 mm, lineares, aplanadas, glabras o pilosas en los márgenes hacia la base; inflorescencia 1–6 cm, solitaria, terminal; racimos 2(–3), de 1–6 cm, conjugados, raramente con un tercero por debajo, raquis 1–2 mm de ancho, con una espiguilla en el ápice, alado, las alas herbáceas; espiguillas 2.7–3.2 × 1.3–1.5 mm, elípticas, agudas, esparcido-pilosas, solitarias o en pares, en 2 o 4 filas; primera gluma faltante o hasta 1.9 mm, 1-nervada, segunda gluma y lema del flósculo inferior iguales, tan largas como la espiguilla, 5–7-nervadas, la gluma inconspicuamente adpreso-pilosa, la lema glabra; flósculo superior 0.2–0.4 mm más corto que la lema inferior, rígido, diminuto-estriado, pajizo, glabro; anteras 1.3–1.5 mm. $2n = 60$. Habita en terrenos húmedos de pastizales y bosque tropical caducifolio y en orilla de lagunas, a 1240 y 2350 m de altitud.

Especie cosmopolita en climas cálidos, citada del SE y W de Estados Unidos a Sudamérica; Antillas.

**ZACATECAS. Mezquital del Oro:** 10 km al E de la carr. a Guadalajara, por la brecha a Moyahua, 30 Sep 1989, bosque tropical caducifolio, 1240 m, *Balleza 2439* (CHAPA). **Miguel Auza:** 15 km al W de la cabecera municipal, por la terracería que va a Ramón Corona, Dgo., 3 Nov 1988, pastizal de *Sporobolus*, 2037 m, *Balleza 1904* (CIIDIR, ENCB). **Río Grande:** por la carr. a González Ortega, a 5 km del entronque con la carr. a Torreón, 24 Ag 1988, sobre el canal de riego, 1900 m, *Balleza 1725* (CHAPA, CIIDIR, ENCB). **Tepetongo:** carr. Jerez-Tlaltenango, km 73.5, a la altura del Cacalote, 10 Ago 1989, terrenos inundados, 1800 m, *Balleza 2155* (CIIDIR). **Tlaltenango:** km 147 de la carr. 23, Zacatecas-Teúl de González Ortega, 15 Sep 1988, terrenos agrícolas, 1690 m, *Balleza 1931* (CHAPA, CIIDIR); 1 km al N de Tlaltenango, 8 Ago 1986, vegetación riparia con *Salix bonplandiana*, 1760 m, *F.J. Santana 1703* (ENCB). **Valparaíso:** Tanque de los rayos, sobre el camino a Huejuquilla, 30 Oct 1963, canal de riego, 2000 m, *Rzed. 17643* (ENCB). **Villanueva:** km 130 carr. Méx 54, 6 Oct 1988, a orilla de laguna, 2090 m, *Balleza 2078* (CHAPA). **Zacatecas:** km 15.5 carr. Zacatecas-Guadalajara, terrenos de la Escuela de Agronomía, 11 Ago 1988, arvense a la orilla del canal de riego, 2350 m, *Balleza 1591* (CHAPA, CIIDIR, ENCB); Zacatecas, 3 Oct 1910, *Hitchc. 7528* (US).

**Paspalum humboldtianum** Flüggé, Gram. Monogr. Paspalum 67. 1810.

Plantas perennes, rizomatosas; tallos 60–120 cm, erectos o decumbentes, ramificados, nudos glabros o pilo-

*Pappophorum vaginatum*

*Paspalum convexum*

*Paspalum crinitum*

*Paspalum denticulatum*

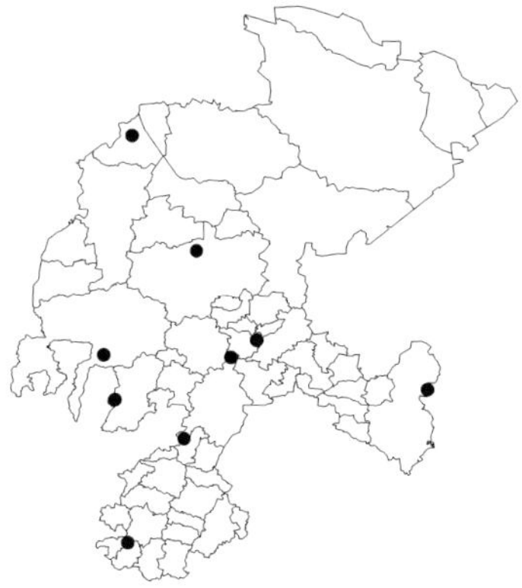

*Panicum lepidulum*

*Panicum vaseyanum*

*Panicum virgatum*

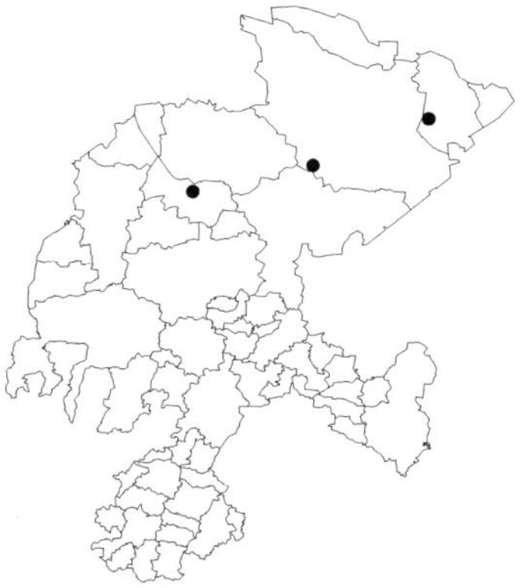

*Pappophorum vaginatum*

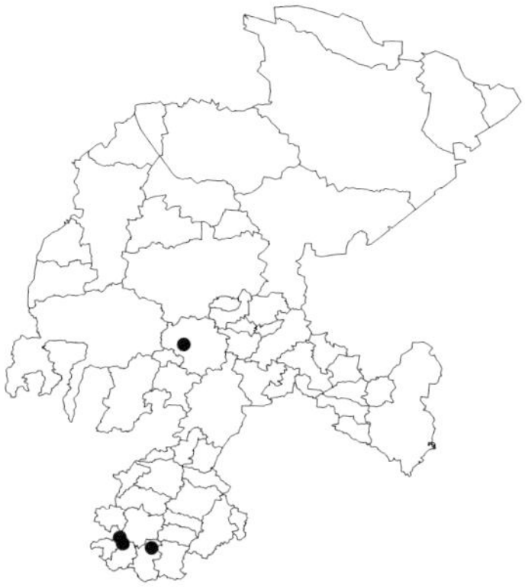

*Paspalum arsenei*

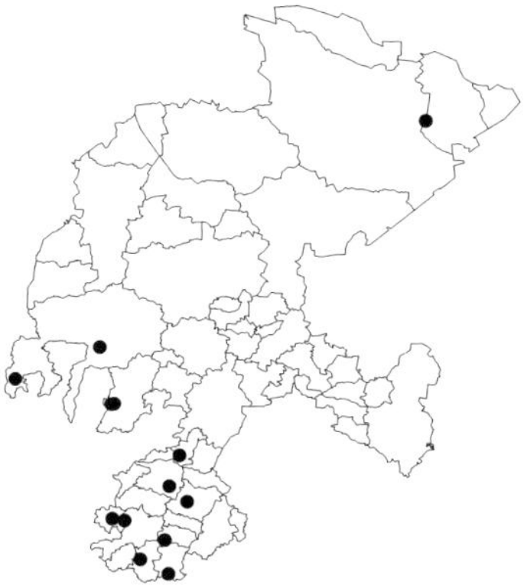

*Paspalum convexum*

*Paspalum crinitum*

*Paspalum denticulatum*

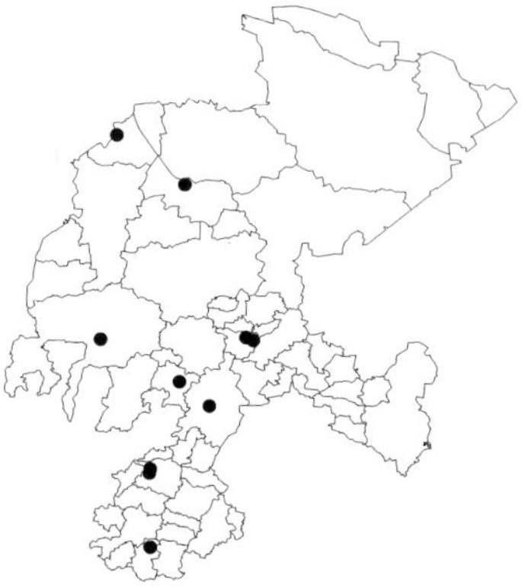

*Paspalum distichum*

sos; vainas glabras o papiloso-hirsutas, lígula 1.8–3.8 mm, láminas 7–14 cm × 8–17 mm, linear-lanceoladas, aplanadas, glabras a adpreso-pilosas; inflorescencia 5–11 cm, solitaria, terminal, racimos 1–5, de 4–7.5 cm, racemosos, ascendentes, raquis 1.3–2(–3) mm de ancho, escábrido o glabro, con una espiguilla en el ápice, angostamente alado; espiguillas 3.2–3.7 × 0.9–1.1 mm, elípticas, agudas, marcadamente pilosas, en pares o solitarias, en 2 o 4 filas; segunda gluma tan larga como la espiguilla, 3-nervada, pustuloso-pilosa, con pelos patentes, de 2–3 mm, el dorso glabro o puberulento; lema del flósculo inferior 3–3.5 mm, 3-nervada, glabra o escábrida hacia el ápice, no pilosa; flósculo superior 2.3–2.7 mm, cartáceo, liso, blanquecino, glabro; anteras 1.5–2.2 mm. Habita en bosque de encino y pastizal, a 1800–2550 m de altitud.

Citada de México a Centro y Sudamérica.

**ZACATECAS. Tlaltenango:** km 39 de la brecha Jalpa-Tlaltenango, 11 Nov 1989, bosque de encino-pino, 2550 m, *Balleza 2696* (CHAPA, CIIDIR, ENCB). **Valparaíso:** 1 km N of San Francisco, 3 Nov 1963, pastizal, 1800 m, *Rzed. 17636* (ENCB, US); 35 mi W of Huejuquilla towards Canoas, 30 Sep 2001, rhyolitic rock outcrops with *Quercus conzattii* and *Pinus chihuahuana*, 1840 m, *P.M. Peterson y S. González 15992* (US).

**Paspalum jaliscanum** Chase, Contr. U.S. Natl. Herb. 17(3):240. 1913.

Plantas perennes amacolladas, con rizomas cortos de escamas pubescentes; tallos 65–100 cm, erectos o geniculados, glabros; hojas agregadas hacia la base, vainas carinadas, papiloso-papilosas, lígula 3 mm; láminas 25–30 cm × 10–12 mm, aplanadas o involutas, lineares, esparcido- papiloso-papilosas, nervadura central blanquecina; inflorescencia de 9–11 cm, solitaria, terminal, pedúnculo incluido, con (5–)7–8(–12) racimos, de 3–7 cm, racemosos, ascendentes, densos; raquis 0.5–0.7 mm de ancho, glabro, púrpura, con una espiguilla en el ápice; espiguillas 2–2.3 × 1.3 mm, elípticas u obovadas, puberulentas, con manchas púrpura, en pares en 2 o 4 hileras, pedicelos hasta de 1 mm; segunda gluma un poco más corta que la espiguilla, 3-nervada, papiloso-pubescente hacia el ápice o casi glabra; lema inferior tan larga como la espiguilla, 3-nervada, glabra o papiloso-pubescente en la mitad inferior, con manchas purpúreas; flósculo superior tan largo como la espiguilla, coriáceo, diminuto-estriado, pajizo, brillante; $n = 30$. Habita en lugares abiertos y húmedos de bosque de encino y pastizal, a 1850–2300 m de altitud.

Descrita de Jalisco, México, ahora la encontramos en Zacatecas.

**ZACATECAS. Nochistlán:** El Roblal, Sierra del Laurel,Tlachichila, 4 Nov 2006, bosque de encino, 2218 m, *O. Rosales y Y. Herrera 3740* (CIIDIR). **Teúl de González Ortega:** Ejido Milpillas de Allende, 16 Sep 1988, pastizal, 2300 m, *Balleza 1942* (CHAPA, ENCB, IEB); carr. a Guadalajara, tramo Tepechitlán–Teúl de González Ortega, 30 Sep 1989, pastizal de *Bouteloua radicosa*, 1850 m, *Balleza 2391* (CHAPA, CIIDIR, ENCB, IEB).

**Paspalum notatum** Flüggé, Gram. Monogr. Paspalum 106. 1810.

Plantas perennes, con rizomas gruesos, escamosos; tallos 40–70 cm, erectos, simples, glabros; vainas carinadas, glabras o esparcido-pilosas, lígula 0.2–0.5 mm, láminas 6–24 cm × 6–10 mm, lineares, aplanadas, conduplicadas hacia la base, apiculadas, glabras, pilosas hacia la base, con 3 nervaduras prominentes; inflorescencia 3–10 cm, solitaria, terminal; racimos 2, de 3–10 cm, conjugados, rara vez con un tercero, raquis 0.7–0.9 mm de ancho, en zigzag, con una espiguilla en el ápice, a veces abortiva; espiguillas 3–3.8 × 2.5–2.8 mm, plano-convexas, ovadas a obovadas, obtusas, glabras, solitarias, en 2 filas; segunda gluma y lema del flósculo inferior tan largas como la espiguilla, 5-nervadas, glabras; flósculo superior 2.8–3.3 mm, endurecido, diminuto-estriado, pajizo, glabro; anteras 1.8–2 mm. $2n = 40$. Introducida en terrenos agrícolas y bosque de pino-encino, a 1690–2290 m de altitud.

Ampliamente distribuida en toda América.

**ZACATECAS. Teúl de González Ortega:** carr. estatal 23, 1 km al N de la cabecera municipal, 11 Ago 1989, parcelas con maíz de temporal, 1900 m *Balleza 2172* (CHAPA, CIIDIR, ENCB); 2 km al N de la cabecera municipal, carr. Zacatecas–Guadalajara, vía Tlaltenango, 30 Sep 1989, 1850 m, *Balleza 2427* (ENCB). **Tlaltenango:** km 147 de la carr. Zacatecas-Teúl de González Ortega, 15 Sep 1988, terrenos agrícolas, 1690 m, *Balleza 1930* (CHAPA, CIIDIR, ENCB). **Valparaíso:** Ejido de Santa Lucía de la Sierra, 27 Sep 1989, bosque de pino, 2290 m, *Balleza 2358* (CHAPA, CIIDIR, ENCB).

**Paspalum paniculatum** L., Syst. Nat. (ed.10) 855. 1759.

Plantas perennes, cespitosas; tallos 70–150 cm, erectos, base densamente hirsuta, ramificados en nudos inferiores y medios, nudos glabros o pilosos; vainas carinadas, papiloso-híspidas, lígula 0.5–1.5 mm, membranácea, parda, láminas 15–35 cm × 10–25 mm, lineares, aplanadas, híspidas, escábridas o glabras; inflorescencia 5–30 cm, solitaria, terminal, 18–70 racimos, de 5–12 cm, patentes, raquis 0.3–0.5 mm de ancho, delicado, triquetro, esparcido-piloso, con una espiguilla en el ápice; espiguillas 1.2–1.5 × 0.9–1 mm, suborbiculares a obovadas, obtusas, puberulentas, en pares, en 4 hileras; segunda gluma y lema inferior iguales en tamaño a

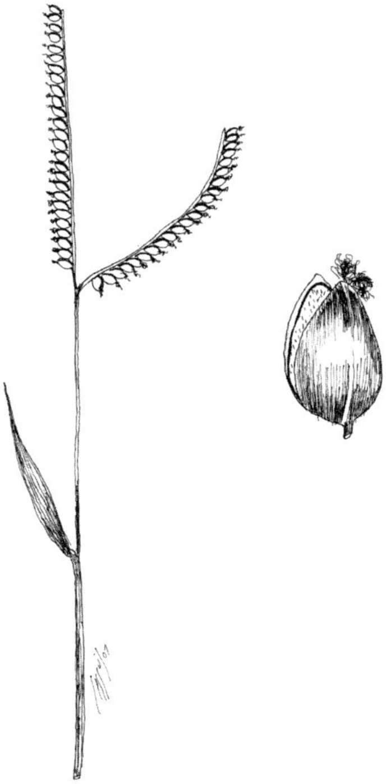

*Paspalum distichum*

*Paspalum humboldtianum*

*Paspalum jaliscanum*

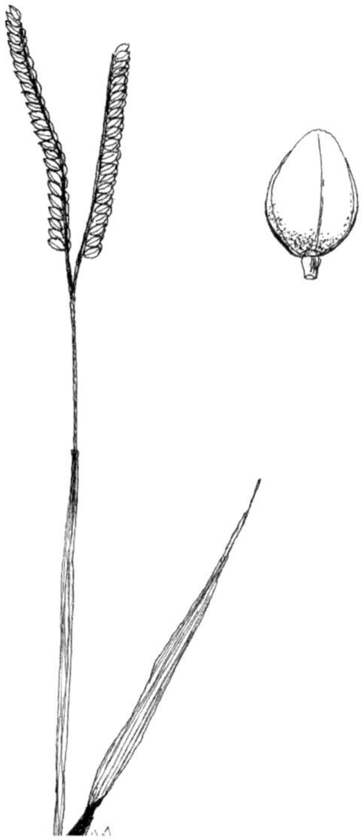

*Paspalum notatum*

la espiguilla, 3-nervadas, puberulentas; flósculo superior 1.2–1.4 mm, coriáceo, diminuto-estriado, pajizo; anteras 0.5–0.8 mm. *n* = 10,20. Arvense a la orilla de un cañaveral, en Apozol, Zac., a 1350 m.

Descrita de Jamaica, se distribuye de México a Argentina; Antillas.

ZACATECAS. **Apozol:** Ejido San Miguel, a un lado del centro turístico El Paríso Caxcan, 27 Ag 1988, arvense a la orilla de un cañaveral, 1350 m, *Balleza 1821* (CIIDIR, ENCB); *1825-B* (CHAPA).

**Paspalum plicatulum** Michx., Fl. Bor.-Amer. 1:45. 1803.

Plantas perennes cespitosas; tallos 55–150 cm, erectos, ramificados, glabros; vainas carinadas, glabras a pilosas; lígula 1–3.5 mm, láminas 35–50 cm × 2–12 mm, aplanadas, conduplicadas en la base; inflorescencia 6–20 cm, solitaria, terminal, racimos 2–14, de 3–10 cm, racemosos, patentes, raquis 0.5–1.1 de ancho, escábrido marginalmente, con una espiguilla en el ápice, angostamente alado, en zigzag; espiguillas 2.5–2.8 × 1.7–1.8 mm, elíptico-obovadas, adpreso-pilosas, rara vez glabras, en pares, en 4 filas; segunda gluma igual a la espiguilla, 5–7-nervada, adpreso-pilosa o glabra; lema del flósculo inferior 2.5–2.8 mm, 5-nervada, corrugada transversalmente hacia los márgenes, glabra o adpreso-pilosa; flósculo superior tan largo como la lema inferior, endurecido, estriado longitudinalmente, pardo lustroso, glabro; anteras 1.5–1.7 mm. 2*n* = 20,40. Áreas perturbadas en bosque de encino y bosque espinoso, a 1750–1980 m de altitud. En Valparaíso, Zac.

Citada del SE de Estados Unidos a Centro y Sudamérica; Antillas.

ZACATECAS. **Valparaíso:** Ejido de Ameca la Vieja, por la brecha a Huejuquilla, ± 3 km de Ameca, 7 Oct 1988, bosque de encino, 1750 m, *Balleza 2103* (ENCB); Por la brecha de Lobatos-Adjuntas del Refugio, 29 Sep 1989, pastizal con bosque espinoso, 1980 m, *Balleza 2394* (CHAPA, CIIDIR, ENCB); *2395* (ENCB).

**Paspalum tenellum** Willd., Enum. Pl. 89. 1809.

Plantas perennes, con rizomas cortos; tallos 120–150 cm, erectos, simples o ramificados, glabros a pubescentes, base nudosa; vainas suavemente papiloso-pubescentes a glabras hacia la base, diminuto-auriculadas, lígula 2–3 mm, una membrana parda, láminas 10–25 cm × 8–15 mm, aplanadas, involutas, suavemente pilosas; inflorescencia 6–9 cm, exserta, solitaria, 3–17 racimos, de 4–8 cm, ascendentes o divaricados, gruesos, raquis de 1 mm de ancho, glabro, con una espiguilla en el ápice, papiloso en la base; espiguillas 1.8–2 × 1.2 mm, elípticas u obovadas, obtusas, papiloso-pilosas, en pares, en 4 hileras; segunda gluma y lema inferior igual a la espiguilla, 3–5-nervadas, papiloso-pilosas, maculadas de púrpura; flósculo superior tan largo como la espiguilla, endurecido, liso, brillante, pajizo. Habita en lugares encharcados del pastizal, a 1850–2400 m de altitud.

Se distribuye en México, El Salvador, Colombia, Ecuador y Brasil.

ZACATECAS. **Monte Escobedo:** hills W of Monte Escobedo, 2400 m, *Beetle y R. Guzmán M-5849* (ENCB, MEXU). **Teúl de González Ortega:** carr. a Guadalajara, tramo Tepechitlán–Teúl de González Ortega, 30 Sep 1989, pastizal de *Bouteloua radicosa*, 1850 m, *Balleza 2391-B* (CHAPA, CIIDIR, ENCB). **Valparaíso:** Ejido de Santa Lucía de la Sierra, 27 Sep 1989, bosque de pino, 2290 m, *Balleza 2299* (CHAPA, CIIDIR).

## PENNISETUM Rich.

REFERENCIA: Davidse et al. (eds.). 1994. *Pennisetum* en Flora Mesoamericana 6:371–374.

Plantas perennes o anuales, cespitosas, rizomatosas o estoloníferas; lígula una membrana pilosa o una hilera de pelos, láminas lineares, aplanadas a involutas; inflorescencia una espiga cilíndrica, densa, de involucros cerdosos, deciduos, desarticulación debajo de los involucros, caedizos como una unidad, con 1–4 espiguillas; involucros sésiles o estipitados, cerdas (ramillas estériles) numerosas, libres, conspicuas, escabrosas o pilosas; espiguillas comprimidas dorsalmente, lanceoladas, con 2 flósculos; glumas membranáceas, desiguales, la primera faltante o más de ½ del largo de la espiguilla, enervada, la segunda casi tan larga como la espiguilla, raramente obsoleta, 1–7-nervada; flósculo inferior estéril o estaminada; lema inferior membranácea, 5–7-nervada; pálea faltante o casi tan larga como la lema inferior; flósculo superior bisexual; lema superior tan larga como la espiguilla o escasamente más corta, membranácea a cartácea, 3–5-nervada, los márgenes delgados, aplanados; pálea superior tan larga como la lema superior, similar en textura. Aprox. 80 especies de climas cálidos en ambos hemisferios.

1. Plantas bajas estoloníferas; inflorescencia 1–4 espiguillas, ocultas dentro de las vainas, solo los estambres y estigmas exsertos ________ **Pennisetum clandestinum**
1. Plantas erectas, cespitosas o rizomatosas; inflorescencia exserta, de numerosos involucros cerdosos en un raquis alargado.
   2. Cerdas de los involucros 20–50 mm de largo, pilosas al menos la interna; espiguillas 8.5–10.5 mm de largo; espigas 5–9 cm de largo, 5–6 cm de ancho ________ **Pennisetum villosum**
   2. Cerdas de los involucros 2–8 mm de largo, escábridas, espiguillas 5–6 mm de largo; espigas 12–18 cm de largo, 1–1.5 cm de ancho ________ **Pennisetum crinitum**

**Pennisetum clandestinum** Hochst. ex Chiov., Annuario Reale Ist. Bot. Roma 8:41. 1903.

Plantas perennes, estoloníferas y rizomatosas; tallos 5–15(–40) cm, muy ramificados, ramas erectas, entrenudos fistulosos y glabros, nudos glabros; hojas basales, glabras o esparcido pilosas, vainas carinadas, lígula 1–2 mm, membranácea, pilosa en el ápice, láminas 3–9 cm × 2–5 mm, plegadas; inflorescencia compuesta, con numerosas espigas cortas axilares, ocultas en las vainas superiores, solo los estambres y estigmas exsertos, involucros con 1–4 espiguillas sésiles, con 20 cerdas desiguales, de la ½ de las espiguillas o menos, escábridas; espiguillas 19–22 mm, agudas, sin desarticularse de la planta; glumas faltantes u obsoletas; flósculo inferior estéril, lema inferior 19–22 mm, 10–13-nervada, pálea inferior faltante; lema del flósculo superior 19–22 mm, 10–13-nervada, glabra; anteras 4–7 mm. Introducida y cultivada como césped de jardines a 2250–2570 m de altitud.

Pasto nativo de África, introducido en América como forraje ahora césped de jardines, nombre común Kikuyo. De distribución generalizada en Zacatecas.

**ZACATECAS. Guadalupe:** Club Britannia, 5 Sep 1989, matorral xerófilo, 2320 m, *Balleza 3914* (CHAPA). **Jerez:** Sierra Los Cardos, 10.5 mi NW of Jerez, W of El Cargadero, on road towards Monte de los García, 19 Oct 2007, dry rocky slopes with *Quercus, Pinus cembroides, Arctostaphylos pungens,* and *Juniperus*, 2570 m, *P.M. Peterson, Saarela y D. Stancik 21412* (US). **Zacatecas:** alrededores del centro de capacitación campesina, carr. Zacatecas-Fresnillo, 22 Ago 1988, pastizal, 2250 m, *E. Manrique y Beetle 1392* (ENCB, MEXU).

**Pennisetum crinitum** (Kunth) Spreng., Syst. Veg. 1:302. 1825. *Gymnotrix crinita* Kunth, Nov. Gen. Sp. (quarto ed.) 1:112–113. 1815.

Plantas perennes cespitosas; tallos 150–250 cm × 6–10 mm, erectos, ramificados, glabros, entrenudos sólidos; hojas glabras, vainas algo carinadas, cortas, lígula 0.5–1.3 mm, una membrana pilosa, láminas 20–40 cm × 8–18 mm, aplanadas; inflorescencia solitaria, terminal, espigas 12–18 × 1–1.5 cm, pajizas o verde obscuro, raquis estriado, escabroso, recto o curvado, involucros con 1 espiguilla, sésiles, cerdas casi 30, de 2–8 mm, escábridas, la interna 12–20 mm; espiguillas 5–6 mm, sésiles, acuminadas; primera gluma 1.5–2.5 mm, 1-nervada, subaguda a aguda, segunda gluma 0.5–0.7 mm más corta que la espiguilla, 5-nervada, aguda o acuminada; flósculo inferior estéril, lema inferior tan larga como la espiguilla, 5-nervada, pálea inferior faltante; lema superior 4.5–5.4 mm, cartácea hacia la base, membranácea hacia el ápice, glabra; anteras 1.9–2 mm, glabras. Habita en terrenos agrícolas y pastizal con bosque espinoso, a 1690–2350 m de altitud.

Especie mexicana de amplia distribución.

**ZACATECAS. Monte Escobedo:** 3 km al NW de Monte Escobedo, por la brecha a Mezquitic, 22 Sep 1989, terreno abandonado muy húmedo, 2190 m, *Balleza 2283* (IEB). **Teúl de González Ortega:** comunidad de Milpillas de Allende, 17 sep 1988, 2350 m, *Balleza 1976-A* (ENCB). **Tlaltenango:** km 147 carr. Méx 23, 15 Sep 1988, terrenos agrícolas, 1690 m, *Balleza 1929* (CHAPA, ENCB, IEB). **Valparaíso:** km 7 carr. a Huejuquilla, 7 Oct 1988, zona de agricultura, 2250 m, *Balleza 2084* (CHAPA, ENCB, IEB); Terracería Lobatos-Adjuntas del Refugio, 29 Sep 1989, pastizal con bosque espinoso, 1980 m, *Balleza 2382-B* (CHAPA, ENCB, IEB).

**Pennisetum villosum** R. Br. ex Fresen., Mus. Senckenberg. 2:134. 1837.

Plantas perennes cespitosas o cortamente rizomatosas; tallos 20–50 cm × 1–2 mm, erectos, esparcido-ramificados en la base, glabros; vainas redondeadas, glabras, lígula 1–1.5 mm, una hilera de pelos, láminas 8–20 cm × 2–3 mm, aplanadas o conduplicadas, glabras a esparcido-pilosas; inflorescencia solitaria, terminal; espigas 5–9 × 5–6 cm, blanquecinas o pajizas, raquis angulado, esparcido-piloso, recto; involucros con 1–3 espiguillas, estipitados, el estípite 0.5–1 mm, piloso; cerdas 25–35, de 20–50 cm, las exteriores escabrosas, el resto pilosas en la ½ inferior, la interna no conspicuamente más larga; espiguillas 8–10.5 mm, con un pedicelo de 0.5 mm, acuminadas; primera gluma 0.9–1 mm, enervada, obtusa, segunda gluma 2.8–4 mm, 1-nervada, aguda a acuminada; flósculo inferior estaminado, las anteras 3.5–4 mm, glabras, lema inferior 1–3 mm, más corta que la espiguilla, 5–7-nervada, acuminada, pálea tan larga como la lema inferior; lema superior 7.8–9.5 mm, membranácea, glabra; anteras 3.5–4.8 mm, glabras. Habita en la orilla de caminos, pastizal, matorral xerófilo y bosque de encino-pino, a 1900–2480 m de altitud.

Nativa del N de África y Arabia; introducida y naturalizada en áreas tropicales y subtropicales, ampliamente distribuida en México.

**ZACATECAS. Guadalupe:** Pozo 5, Bañuelos, 14 Oct 1986, matorral crassicaule, 2300 m, *Brigada Zacatecas 124* (ENCB, MEXU); a la altura de Santa Mónica Guadalupe, carr. Guadalupe-Trancoso, bosque de pino-encino, 2480 m, *V. Medina 169* (ENCB, MEXU); ladera N del cerro de la Virgen, 10 Ago 1988, matorral xerófilo, 2150 m, *Balleza 1585* (CHAPA). **Morelos:** 26 km de Zacatecas, por la carr. a Fresnillo, 22 Ago 1988, pastizal, 2153 m, *E. Manrique y Beetle 1392-B* (ENCB, MEXU). **Pánuco:** 8 km E of jct Mex 54 and Mex 45 on the western outs kirts of Zacatecas, *J. Brunken y C. Perino 467* (CHAPA). **Río Grande:** 5 km al NE de la carr. a Torreón, sobre la carr. a González Ortega, 24 Ago 1988, sobre el canal de riego, 1900 m, *Balleza 1727* (CHAPA, ENCB). **Zacatecas:** Zacatecas, por la brecha que va a la estación de microondas, cerca de la central camionera, 10 Ago 1988, 2400 m, *Balleza 1585* (ENCB); cerca del lienzo charro, Cd. de Zacatecas, 23 Ago 1988, *E. Manrique y Beetle 1402* (ENCB, MEXU).

Especies excluidas: *Pennisetum bambusiforme* (E. Fourn.) Hemsl. ex B.D. Jacks., citada para Zacatecas por Beetle et al. (1999), sin embargo no se encontró en la revisión de ejemplares y se excluye.

*Pennisetum setaceum* (Forssk.) Chiov., conocida de Estados Unidos y Perú, citada por Beetle et al. (1999) para Zacatecas, se excluye por no haberse encontrado ejemplares que avalen su presencia en la entidad.

## **Pereilema** J. Presl

Referencia: Davidse et al. (eds.). 1994. *Pereilema*. En: Flora Mesoamericana 6:286–287.

Plantas anuales cespitosas; tallos frecuentemente decumbentes y produciendo raíces en los nudos, generalmente ramificados, glabros; hojas escábridas, vainas con aurículas pilosas, lígula membranácea, láminas lineares, aplanadas; inflorescencia una panícula densa, lobada, cilíndrica; espiguillas en involucros de varias espiguillas funcionales, dentro de un involucro de espiguillas estériles reducidas a cerdas escábridas o plumosas; espiguillas funcionales con 1 flósculo bisexual, desarticulación arriba de las glumas; glumas iguales, membranáceas, 1-nervadas, aristadas con el ápice 2-dentado; flósculo subredondeado; lema 3-nervada, membranácea pero más firme que las glumas, escabrosa, por lo general largamente aristada; callo piloso; pálea tan larga como la lema, 2-aristada; fruto una cariopsis elipsoide. Cuatro especies distribuidas desde México hasta Brasil. Dos especies en nuestra localidad.

1. Cerdas de los involucros plumosos; involucros deciduos; panícula 5 mm de ancho; estilos 2 ______ **Pereilema ciliatum**
1. Cerdas de los involucros escabrosas; involucros persistentes; panícula 20–30 mm de ancho; estilo 1 ______ **Pereilema crinitum**

**Pereilema ciliatum** E. Fourn., Mexic. Pl. 2:93. 1886.

Plantas anuales; tallos 15–50 cm; lígula 0.2–0.4 mm, láminas 4–10 cm × 1.5–3 mm; panícula 4–8 × 0.5 cm, ramas 1–2 mm, involucros caedizos, con frecuencia glandulares; cerdas 2–4 mm, plumosas; glumas 1.8–3 mm, casi reducidas a aristas pilosas; lema 2.2–3 mm, sin arista o con una arista flexuosa de 1–2.5 cm; callo piloso, los pelos 0.2–0.4 mm; anteras 2 ó 3, 0.6–1.4 mm, amarillas o purpúreas; estilos 2. $2n = 20$. Habita en selva baja caducifolia, a 1240 m de altitud.

Conocida desde el Centro de México a El Salvador.

**ZACATECAS. Mezquital del Oro:** 10 km al E de la carr. a Guadalajara, por la brecha a Moyahua, cerca del poblado Palo Verde, 30 Sep 1989, selva baja caducifolia, 1240 m, *Balleza 2429* (CHAPA, CIIDIR, ENCB).

**Pereilema crinitum** J. Presl, Rel. Haenk. 1(4–5):233, t. 37, f. a-f. 1830.

Plantas delicadas, anuales; tallos 15–90 cm; lígula 0.3–0.5 mm, láminas 5–15 cm × 2–3 mm; panícula 5–20

*Paspalum humboldtianum*

*Paspalum jaliscanum*

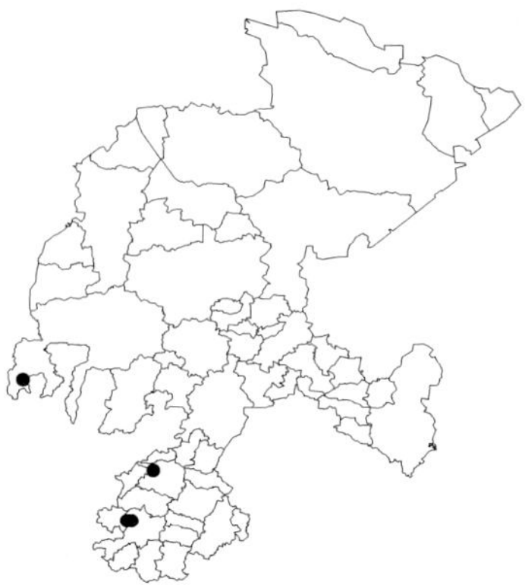
*Paspalum notatum*

*Paspalum paniculatum*

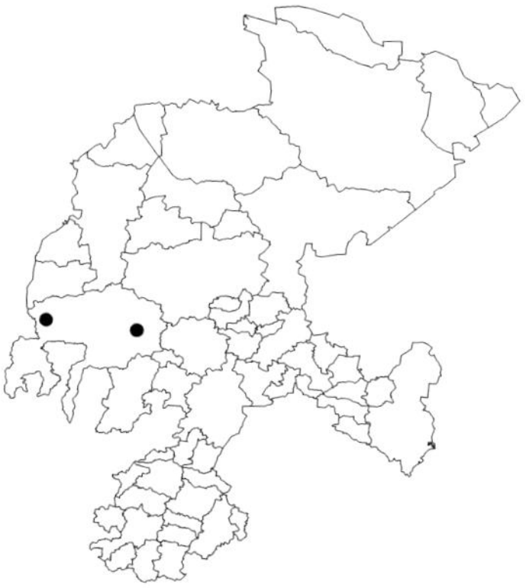
*Paspalum plicatulum*

*Paspalum tenellum*

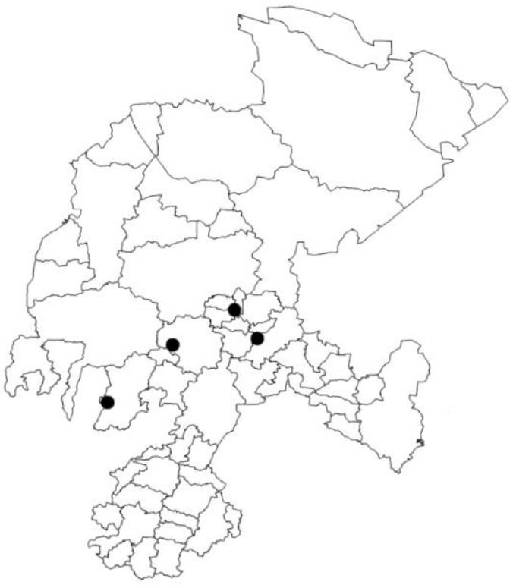
*Pennisetum clandestinum*

*Pennisetum crinitum*

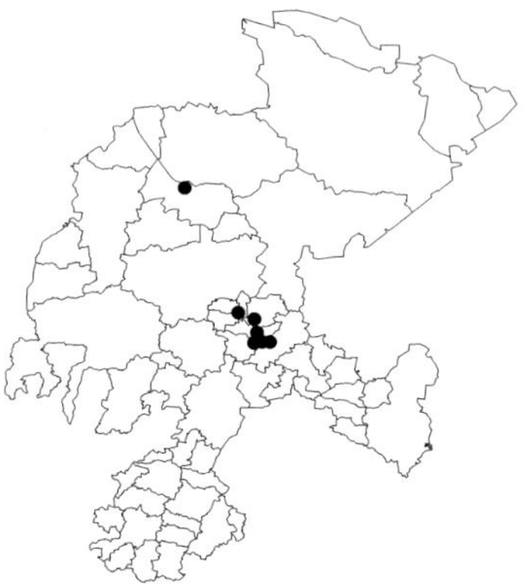
*Pennisetum villosum*

× 2–3 cm, ramas 0.5–3.5 cm, aplicadas, involucros persistentes, cerdas 2–3 mm, escabrosas; glumas iguales, casi de 1 mm, con una arista 1.8–2 mm; lema 1.5–2.6 mm, con arista 2–3 cm, flexuosa, callo piloso, los pelos 0.3–1 mm; anteras 0.4–0.9 mm, amarillas; estilo 1. $2n = 20$. En bosque tropical caducifolio y bosque de encino-pino, a 1240–2450 m de altitud.

Conocida desde México a Centro y Sudamérica.

**ZACATECAS. Mezquital del Oro:** 10 km al E de la carr. a Guadalajara, por la brecha a Moyahua, 30 Sep 1989, bosque tropical caducifolio, 1240 m, *Balleza 2434* (CHAPA, IEB). **Tlaltenango:** 38 km al W de Jalpa, por la brecha a Tlaltenango, 23 Oct 1973, bosque de encino-pino, 2450 m, *Rzed. y McVaugh 1016* (CHAPA, ENCB). **Teúl de González Ortega:** 9.1 mi N.E. of Milpillas de Allende, 3 Oct 2001, roadcut and slopes with *Quercus* and *Acacia*, 2000 m, *P.M. Peterson y O. Rosales 16054* (US).

## Peyritschia E. Fourn.

Referencia: Finot, V.L. et al. 2004. Ann. Missouri Bot. Gard. 91:1–30.

Plantas monoicas, perennes, formadoras de grandes macollos; láminas aplanadas; inflorescencias terminales y axilares con una a muchas ramas (espigas) exsertas, sección estaminada en la parte superior del racimo, caediza al madurar, espiguillas en pares sobre un lado de un raquis continuo, una espiguilla sésil la otra pedicelada o subsésil, glumas lineares, isomórficas, 1–3-nervadas, tan largas como la espiguilla; lemas con el ápice 2-lobulado, aristadas cerca de la base, en el centro del dorso o la arista reducida a un mucrón subapical; pálea estrechamente encerrada por los márgenes de la lema; espiguillas pistiladas alojadas en las oquedades de las uniones de la parte inferior endurecida del raquis, con un flósculo bisexual y un flósculo estéril representado por una lema, primera gluma coriácea envolviendo casi por completo la espiguilla; lema de ambos flósculos y pálea hialinas; estambres 2. Género con algunas 12 especies conocidas de las regiones templadas del Nuevo Mundo.

1. Arista de la lema emergiendo 1 mm arriba de la base; pelos de la raquilla cortos, inconspicuos; panícula densamente cilíndrica, el eje oculto por las espiguillas ________ **Peyritschia pringlei**
1. Arista de la lema emergiendo 2–3 mm arriba de la base; pelos de la raquilla largos y conspicuos; panícula laxa, el eje visible al menos en parte ________ **Peyritschia deyeuxioides**

**Peyritschia deyeuxioides** (Kunth) Finot, Contr. U.S. Natl. Herb. 48:478. 2003. *Avena deyeuxioides* Kunth, Nov. Gen. Sp. (quarto ed.) 1:147. 1815. *Trisetum deyeuxioides* (Kunth) Kunth.

Plantas perennes, cespitosas; tallos 50–120 cm, delgados, erectos o ascendentes, glabros, simples, a veces ramificados en los nudos inferiores; vainas glabras, escabrosas o pilosas, lígula (0.5–)1–4 mm, láminas 8–25 cm × (1.5–)2–6 mm, aplanadas, glabras o pilosas; panícula 10–35 × 1–4 cm, angosta, laxa, péndula, plumosa, eje escabroso a escábrido, ramas 6–11 cm, adpresas o ascendentes, fasciculadas, las más largas con 1/3 o la ½ desnuda; espiguillas 4.5–6(–8) mm, con 2–3 flósculos, desarticulación arriba de las glumas y entre los flósculos, raquilla con pelos de 1.5–2.5 mm en la parte superior de cada entrenudo, entrenudo 1–1.7 mm; glumas 3.5–5.5(–8) mm, subiguales, 1-nervadas, escabrosas en el dorso; lema del flósculo inferior 3.5–4.5(–6) mm, subcilíndrica, glabra, los márgenes involutos, bilobulada, los lóbulos redondeados, algo truncados o agudos, arista 5–9(–12) mm, inserta en la parte media o un poco más arriba, geniculada y flexuosa o retorcida en la parte inferior, escabrosa a pilosa, pelos 2.5–3 mm; estambres 2, las anteras 1–1.5(–2.5) mm; cariopsis 1.8–2.5 mm, blanda; endospermo líquido. $2n$ = 14,28. Habita en suelos inundados del pastizal, matorral espinoso, bosque de encino y de encino-pino, a 1800–2550 m de altitud.

Conocida desde México a Centro y Sudamérica.

**ZACATECAS. Benito Juárez:** cerca de Florencia de Benito Juárez, por la salida a Los Azafranes, 30 Sep 1989, parcelas de maíz, 2150 m, *Balleza 2414* (CIIDIR). **Tlaltenango:** km 39 brecha a Jalpa, 11 Nov 1989, bosque de encino–pino, 2550 m, *Balleza 2702* (CHAPA). **Monte Escobedo:** límite entre los estados de Zacatecas y Jalisco, por la terracería a Mezquitic, Jal, 21 Sep 1989, potreros en bosque de *Quercus*, 2190 m, *Balleza 2266* (CIIDIR); al W de Monte Escobedo, 26 Sep 1980, bosque de encino, 2190 m, *Beetle y R. Guzmán M-5856* (ENCB, MEXU); 8.6 mi NW of Monte Escobedo at Uma Temoc A.C., 3 Oct 2001, grassy flats with *Quercus edwardii, Juniperus dippeana, Arbutus,* and *Pinus chihuahuana*, 2480 m, *P.M. Peterson y S. González 16049A* (US); 3.5 mi W of Monte Escobedo at Uma Temoc A.C., 3 Oct 2001, steep slopes along small arroyo with *Quercus edwardii, Arbutus arizonica, A. tesselata,* and *Ceanothus*, 2450 m, *P.M. Peterson y S. González 16052* (US). **Nochistlán:** Tlachichila, por la brecha a Jalpa, 31 Oct 1989, pastizal con matorral espinoso, 2200 m, *Balleza 2689* (CHAPA). **Sombrerete:** 19 km al SE de San José de Mesilla, 2 Nov 2006, bosque de pino piñonero, 2439 m, *O. Rosales y Y. Herrera 3471* (CIIDIR). **Teúl de González Ortega:** 1 km al N de Teúl, carr. Méx. 23, 15 Sep 1988, pastizal en suelo inundado, 1900 m, *Balleza 1935* (CHAPA, CIIDIR); adelante del poblado El Lacandón, por la carr. Zacatecas- Guadalajara, 12 Ene 1990, bosque de encino, 1900 m, *Balleza 2725* (CHAPA, CIIDIR). **Tlaltenango:** 38 km al W de Jalpa por la carr. a Tlaltenango, 21 Oct 1973, bosque de encino-pino, 2450 m, *Rzed. y McVaugh 934* (CHAPA). **Valparaíso:** km 23, carr. a Huejuquilla el Alto, Jal., 29 Sep 1988, bosque de encino, 1800 m, *Balleza 2060* (CHAPA).

**Peyritschia pringlei** (Scribn.) S.D. Koch, Taxon 28:233. 1979. *Deschamspsia pringlei* Scribn., Proc. Acad. Nat. Sci. Philadelphia 43(2):300–301, t. 13, f. 1, 1a. 1891.

Plantas perennes, cespitosas, amacolladas; tallos 30–100 cm, glabros, simples; vainas glabras a veces las inferiores pubescentes, lígula 1.5–4 mm, membranácea, truncada o redondeada, láminas 5–15 cm × 1–3(–4) mm, aplanadas, en ocasiones involutas, glabras a pilosas; panícula 7–15(–20) × 0.5–1.5 cm, espiciforme, compacta, densa o algo interrumpida en la parte inferior, eje escabroso, oculto entre las espiguillas, ramas adpresas; espiguillas (3.5–)4–5 mm, con 2–3 flósculos, desarticulación arriba de las glumas y entre los flósculos, raquilla esparcido-pilosa, los pelos 0.7–1 mm; glumas 4.1–5.3 mm, iguales a subiguales, 1-nervadas; lema del flósculo inferior 3–4.3 mm, los superiores más cortos, ápice 2-lobulado, los lóbulos redondeados, arista (4.5–)5–7 mm, inserta 1 mm arriba de la base, geniculada y torcida en la parte inferior; estambres 2, anteras 0.8–1 mm; cariopsis 1.5–2 mm, blanda, endospermo líquido. $2n$ = 28. Habita en pastizal, bosque de encino y bosque de pino piñonero, a 2100–2820 m de altitud.

Citada desde México hasta Centroamérica.

**ZACATECAS. Fresnillo:** rancho Altamira, brecha Fco. I. Madero-Vasco de Quiroga, 20 Oct 1989, pastizal con encinos, 2300 m, *Balleza 2646* (CHAPA). **Jerez:** Sierra Los Cardos, 10.7 mi NW of Jerez, W of El Cargadero, on road towards Monte de los García, 19 Oct 2007, grassy flats with *Juniperus deppeana, Pinus cembroides*, and grasses, 2535 m, *P.M. Peterson, Saarela y D. Stancik 21422* (US); Sierra Los Cardos, rancho El Roble, 17.8 mi NW of Jerez, W of El Cargadero on road towards Monte de las García, 20 Oct 2007, slopes and ridge with *Arctostaphylos, Cupressus, Pinus cembroides, Festuca, Muhlenbergia, Comarostaphylos, Juniperus, Stevia*, 2820 m, *P.M. Peterson, Saarela y D. Stancik 21438* (US). **Nochistlán:** El Roblal, Sierra del Laurel, Tlachichila, 4 Nov 2006, bosque de encino, 2218 m, *O. Rosales y Y. Herrera 3744* (CIIDIR). **Pinos:** near Pinos, 6 Oct 1954, *Sohns 1554* (US); 6 km al SE de San José de Castellanos, Oct 1973, bosque de pino, 2300 m, *R. Banda 142* (CHAPA). **Sombrerete:** Órganos, 1 km al E de la carr. a Durango, por la brecha a Sierra de Órganos, 21 Oct 1988, bosque de pino piñonero, 2376 m, *Balleza 2114* (CHAPA). **Valparaíso:** 27 km al N de San Juan Capistrano, por la brecha a Santa Lucía de la Sierra, 27 Sep 1988, matorral subtropical, 2100 m, *Balleza 2041* (CHAPA, CIIDIR); km 16 brecha Ameca-Milpillas de la Sierra, 27 Oct 1988, bosque de encino, 2300 m, *Balleza 2105* (CHAPA).

## PHALARIS L.

REFERENCIA: Davidse, G. et al. (eds.). 1994. *Phalaris*. En: Flora Mesoamericana 6:236.

Plantas anuales o perennes, cespitosas o rizomatosas, a veces bulbiformes en la base de los tallos; vainas con los márgenes libres, lígula membranácea, láminas lineares o aplanadas; inflorescencia una panícula contraída, terminal; espiguillas comprimidas lateralmente, pediceladas o subsésiles, sin aristas, con 2–3 flósculos, caedizos como una unidad, desarticulación solamente arriba de las glumas; glumas iguales o subiguales, más largas que las flósculos, 3–5-nervadas, carinadas, la quilla casi siempre alada; 1 o 2-flósculos inferiores, estériles, reducidos; flósculo terminal bisexual, lema cartilaginosa, brillante, 5-nervada, pálea más corta que la lema, 2-nervada, estambres 3, estigmas 2; fruto una cariopsis no adherida a la pálea. Género de algunas 15 especies de las zonas templadas del hemisférico N , una sola especie cultivada en la localidad de estudio.

**Phalaris canariensis** L., Sp. Pl. 1:54–55. 1753.

Plantas anuales; tallos 30–100 cm; lígula 3–8 mm, láminas 10–25 cm × 5–10 mm; panícula 1.5–4(–5) cm × 1.5–2 cm, ovada a oblongo-ovada; espiguillas 7–10 mm; glumas iguales, 7–9 mm, ampliamente aladas, vistas de lado 2–3 veces más largas que anchas, el ala entera, en el 1/5 superior; flor superior 4.8–6.8 mm × 1.7–2 mm, ovada, pubescente; flósculos estériles 2, de 2.5–4.5 mm, meramente escamas; cariopsis 4–4.2 mm. $2n$ = 12. Cultivada a 2100–2450 m de altitud.

Especie adventiva en regiones templadas, cultivada en México para alimento de aves u ornamental, nombre común "alpiste".

**ZACATECAS. Calera:** alrededores de la planta Termoeléctrica, Oct 1973, pastizal, 2100 m, *R. Banda 1126* (CHAPA). **Guadalupe:** Fracc. Las Arboledas, 3 Mar 1990, orilla de banqueta, 2450 m, *Balleza 2731* (IEB). **Jerez:** alrededores de Jerez, 21 Ago 1988, pastizal, 2150 m, *E. Manrique et al. 1373* (ENCB, MEXU).

## PHYLLOSTACHYS SIEBOLD & ZUCC.

REFERENCIA: Davidse, G. et al. (eds.). 1994. *Phyllostachys*. En: Flora Mesoamericana 6:262.

Bambúes medianos o altos, con rizomas leptomorfos; tallos leñosos, erectos, entrenudos fistulosos, acanalados arriba de los nudos, típicamente con 2 ramas desiguales por nudo, rara vez 3; vainas pronto caedizas, auriculadas y con cerdas en la garganta, láminas angostas, erectas, hojas de las ramas seudopecioladas, pronto caedizas; inflorescencia paniculada, de seudoespiguillas agrupadas y cubiertas con vainas infladas que encierran 1–3 espiguillas; espiguillas con 1–3 flósculos; glumas 1–3, multinervadas; lemas multinervadas, acuminadas; páleas con 2 quillas, multinervadas; estambres 3. Aprox. 50 especies originarias de Asia, una sola en México.

**Phyllostachys aurea** Riviére & C. Riviére., Bull. Soc. Natl. Acclim. France 5:716, f. 36, 37. 1878.

Plantas perennes; tallos hasta 10 m × 1–4 cm, en grupos densos o abiertos, amarillos, ramificándose en el ½ superior; hojas del tallo con las vainas pilosas y las láminas reducidas, hojas de las ramas con las láminas 4–10 cm × 5–16 mm. Inflorescencia 35–60 cm, terminal, abierta; espiguillas 1–varias en cada seudoespiguilla; glumas 1–2, 9–11-nervadas; flósculos fértiles 1–2; lemas 9–11-nervadas; anteras 9–11 mm. $2n = 48$. Ampliamente cultivada en jardines como setos podados.

**ZACATECAS. Zacatecas:** parque Arroyo de la Plata, 5 Sep 1989, pastizal, 2310 m, *Balleza 3915* (CHAPA).

## PIPTOCHAETIUM J. PRESL

REFERENCIA: McVaugh, R. 1983. Piptochaetium. En: Flora Novo-Galiciana 14:338–339.

Plantas perennes cespitosas; lígula membranácea, láminas lineares, involutas a aplanadas; inflorescencia una panícula; espiguillas redondeadas, obovoides, con 1 flósculo bisexual, desarticulación arriba de las glumas; glumas más largas que el flósculo, subiguales, membranáceas, redondeadas en el dorso, 3–7-nervadas; lema redondeada o gibosa, rígida, pardo-pilosa o glabra, los márgenes inflexos entre las quillas prominentes de la pálea, el ápice con una corona, la arista terminal, 2-geniculada, torcida en el segmento inferior; pálea más larga que la lema, 2-carinada, sulcada entre las quillas, las quillas y surco rígidos, los márgenes anchos, membranáceos, el ápice agudo y sobresaliendo de la lema, callo agudo y piloso u obtuso y glabro; fruto una cariopsis sulcada. Aprox. 30 especies conocidas de N y Sudamérica, también conocida como fósil.

1. Glumas 7–8.5(–10) mm de largo; lema 5–6.5(–8) mm de largo, arista de la lema 1–3 cm de largo _____ **Piptochaetium virescens**
1. Glumas 5–6.5 mm de largo; lema 3.5–4(–5) mm de largo, arista de la lema 1.5–2 cm de largo _____ **Piptochaetium fimbriatum**

**Piptochaetium fimbriatum** (Kunth) Hitchc., J. Wash. Acad. Sci. 23:453. 1933. *Stipa fimbriata* Kunth, Nov. Gen. Sp. (quarto ed.) 1:126. 1815.

Plantas perennes, en macollos densos; tallos 50–120 cm, numerosos, glabros, sin ramificarse; vainas glabras, lígulas 1–3 mm, membranáceas, agudas, en forma de escamas, láminas 15–30 cm × 1–2 mm, filiformes, involutas, glabras; panícula 5–15 cm, erecta, a veces flexuosa, difusa, ramas delicadas, desnudas en la base, pedicelos 2–5 mm; glumas 5–6.5 mm, ampliamente ovadas, verde pálido con tintes purpúreos, glabras, 7-nervadas, el ápice redondeado, a veces apiculadas, mucronadas; lema 3.5–4(–5) mm, rígida, obovada, a menudo asimétrica, pardo claro a pardo obscuro en la madurez, brillosa, lisa, cubierta de pelos antrorsos que se caen fácilmente, arista 1.5–2 cm, doblemente geniculada, fácilmente caediza; callo agudo y barbado, los pelos de 1 mm; pálea coriácea, lisa. $2n = 44$. Habita en pastizal, matorral xerófilo, bosque de encino y de pino-encino, a 2150–2450 m de altitud.

Ampliamente distribuida de Estados Unidos a Centroamérica.

**ZACATECAS. Chalchihuites:** Hidalgo del Manto, 28 Oct 2006, bosque de encino-manzanita, 2322 m, *O. Rosales y Y. Herrera 3572* (CIIDIR). **Cuauhtémoc:** cerro Prieto, Sep 1980, matorral crassicaule, 2350 m, *S. del Castillo y R. Trujillo ZA-77* (CHAPA, MEXU). **Guadalupe:** cerro de La Virgen, *V. Medina 140* (ENCB, MEXU). **Jerez:** 10 km al NE de Jerez, por la carr. a El Cargadero, 25 Ago 1988, *Balleza 1746* (CHAPA). **Mazapil:** Sierra Santa Rita, San José de las Carbonerillas 20 km del entronque carr. 54, *J. Valdés et al. 2145* (ENCB). **Monte Escobedo:** 4 kms al N de Monte Escobedo, carr. a Mezquitic, 21 Sep 1984, bosque de encino, 2200 m, *Balleza 2267* (CHAPA); brecha a Mexquitic, 3 km al NW de Monte Escobedo, 22 Sep 1989, bosque de encino, 2190 m, *Balleza 2280* (CIIDIR); cerros al W de Monte

Escobedo, bosque de pino-encino, 2190 m, *Beetle y R. Guzmán M-5860* (ENCB, MEXU). **Pinos:** near Pinos, 6 Oct 1954, *Sohns 1546, 1557* (US). **Sombrerete:** Órganos, a 1 km al E de la carr. a Durango, por la brecha a Sierra de Órganos, 21 Oct 1988, *Balleza 2122* (CHAPA); 9 mi NW of Sombrerete on E bajada of Sierra Papantón, 26 Sep 1948, *Gentry 8492* (US); 9.5 mi W of Sombrerete, 18 Aug 1969, *J. Taylor y C. Taylor 6254* (US); 14 mi W of Sombrerete on hwy to Durango, 26 Sep 1959, *Soderstr. 752* (US). **Tlaltenango:** 38 km al W de Jalpa, por la brecha a Tlaltenango, 21 Oct 1973, bosque de encino-pino, 2450 m, *Rzed. y McVaugh 910* (CHAPA); km 30 brecha a Jalpa, 12 Ene 1990, *Balleza 2718* (CHAPA). **Valparaíso:** Puerto de la Paja, 20 km WSW of Valparaíso, sobre el camino a Huejuquilla, 30 Oct 1963, bosque de encino, 2286 m, *Rzed. 17547* (ENCB, US). **Villanueva:** presa El Carretero, 17 km al S de Villanueva, por la carr. a Guadalajara, 9 Oct 1973, pastizal, 2150 m, *R. Banda s.n.* (CHAPA); Malpaso, km 29 carr. a Guadalajara, 8 Ago 1988, lomerío con matorral desértico crassicaule, 2150 m, *Balleza 1568* (CHAPA).

**Piptochaetium virescens** (Kunth) Parodi, Revista Mus. La Plata, Secc. Bot. 6(25):230. 1944. *Stipa virescens* Kunth, Nov. Gen. Sp. (quarto ed.) 1:126. 1815.

Plantas perennes, en grandes macollos; tallos 75–130 cm, numerosos, sin ramificarse, glabros; follaje basal, vainas glabras o escábridas, lígula 1–2.5 mm, membranácea, láminas 20–35 cm × 1–2 mm, glabras, lineares, involutas; panícula 13–22 cm × 1–2 cm, delgada, ramas adpresas; glumas 7–8.5(–10) mm, angosto-ovadas, 3–5-nervadas, purpúreas o pajizas, acuminadas o apiculadas; lema 5–6.5(–8) mm, redondeada, parda, adpreso-pilosa, el ápice sin corona, arista 1–3 cm, doblemente geniculada, fácilmente caediza; callo obtuso, densamente pardo-piloso; pálea redondeada, parda, adpreso-pilosa. $2n$ = 44,60. Habita en bosque de encino, a 2250 m de altitud.

Se conoce de México a Guatemala.

**ZACATECAS. Gral. Joaquín Amaro:** near Plateado, 2 Sep 1897, *Rose 2750* (US).

## Pleuraphis Torr.

Referencia: Buckley, S. 1862. Proc. Acad. Nat.Sci. Philadelphia 14:95.

Plantas perennes, con rizomas fuertes; espiguillas sésiles en grupos (falsos involucros) deciduos de 3, glumas no unidas en la base, las espiguillas laterales con 2–3 flósculos, estaminados, la espiguilla central 1-flosculada, bisexual; espiguillas laterales con las glumas desiguales en longitud, sin arista o aristadas, la primera asimétrica, 2 lobulada, un lóbulo muy angosto y algunas veces parecido a un rudimento lateral, enervada o rara vez 1-nervado, el otro lóbulo mucho más ancho, 3–4-nervado; lema comprimida, 3-nervada, con aristas cortas entre los lóbulos; espiguilla central con las glumas casi iguales, con 4–8 lóbulos múticos o aristados, la arista larga dorsal; lema 3-nervada, usualmente con aristas cortas entre los lóbulos; estambres 3, estigmas corto-plumosos. Género de 3 especies en lugares áridos del S de Estados Unidos y México.

**Pleuraphis mutica** Buckley, Proc. Acad. Nat. Sci. Philadelphia 14:95. 1862. *Hilaria mutica* (Buckley) Benth.

Plantas perennes, amacolladas, rizomatosas, rizomas escamosos; tallos 30–60(–65) cm, erectos, nudos pubescentes; hojas basales, firmes, glaucas, lígula 1–2.5 mm, láminas 3–10 cm × 2–3 mm, aplanadas o en ocasiones involutas hacia el ápice, bastante rígidas; espigas (3–)4–6 cm, rosácea o con tintes violáceos, glomérulos (falsos involucros) 10–16(–20), de 6.5–7 mm, flabelados, barbados en la base; espiguillas laterales 6.5–7 mm, glumas muy asimétricas, ensanchadas hacia un ápice lobulado, piloso, los lóbulos no muy profundos, redondeados, nervadura central de ambas glumas no excurrente, en ocasiones cortamente así; espiguilla central fértil 6.2–6.8 mm, glumas carinadas, el ápice lobulado, lóbulos pocos a varios, angostos, pilosos y aristados; lema más larga que las glumas, mucronada entre 2 lóbulos redondeados. $2n$ = 36. Habita en pastizal, a 2100 m de altitud.

Citada del SW de Estados Unidos al N de México.

**ZACATECAS. Gral. Fco. R. Murguía:** fracc. Fco. Villa, pastizal, 2100 m, *V. Medina 271* (ENCB, MEXU). **Pánuco:** 3 km al SE de Noria de San Juan, Sep 1976, *Bustos s.n.* (CHAPA).

## Poa L.

Referencia: Davidse, G. et al. (eds.). 1994. *Poa*. En: Flora Mesoamericana 6:230.

*Paspalum plicatulum*

*Peyritschia deyeuxioides*

*Peyritschia pringlei*

*Pereilema ciliatum*

*Pereilema crinitum*

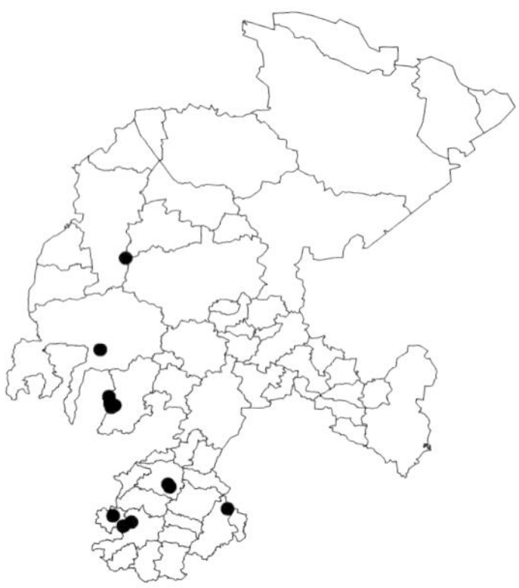
*Peyritschia deyeuxioides*

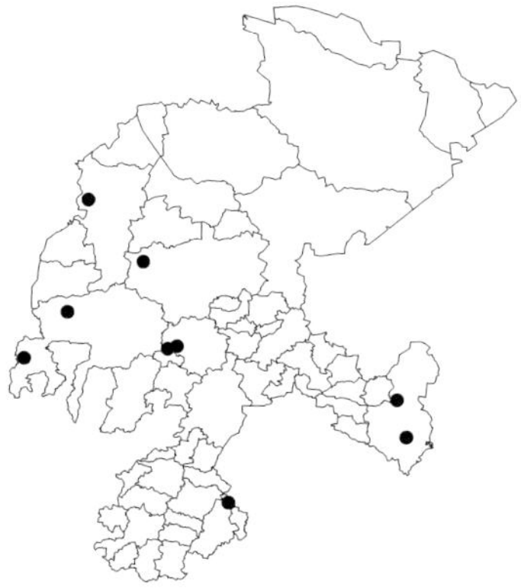
*Peyritschia pringlei*

*Phalaris canariensis*

*Phyllostachys aurea*

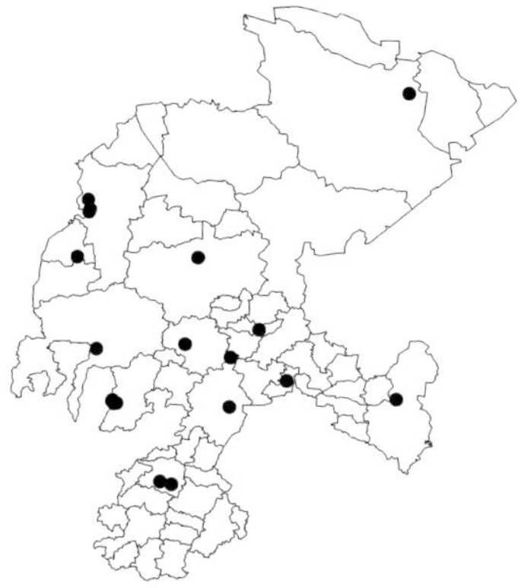
*Piptochaetium fimbriatum*

*Piptochaetium virescens*

*Pleuraphis mutica*

Plantas perennes o anuales, cespitosas o rizomatosas; tallos simples; márgenes de las vainas libres, lígula membranácea, láminas lineares, el ápice cóncavo, navicular; panícula terminal, con ramas verticiladas, al menos en el nudo más inferior; espiguillas comprimidas lateralmente, con varios flósculos, desarticulación por encima de las glumas y entre los flósculos; glumas más cortas que las espiguillas, rara vez casi del mismo largo; flósculos bisexuales, raramente unisexuales; lemas lanceoladas a ovadas, carinadas, 5-nervadas, no aristadas, nervaduras marginales e intermedias de la quilla a menudo pilosas; callo lanoso con pelos largos y crespos; fruto una cariopsis. Género de aprox. 500 especies de distribución cosmopolita, en las regiones árticas y templadas.

1. Plantas anuales; lemas glabras en el callo; anteras hasta 1 mm de largo **Poa annua**
1. Plantas perennes; lemas con un mechón de pelos largos extendiendose desde el callo; anteras mayores de 1.2 mm de largo **Poa strictiramea**

**Poa annua** L., Sp. Pl. 1:68. 1753.

Plantas anuales cespitosas; tallos 5–35 cm, erectos y fasciculados o decumbentes en sitios húmedos; hojas glabras, lígula 1–4 mm, láminas 5–11 cm × 1–4 mm, aplanadas, las básales blandas, patentes; panícula 1.5–11 cm × 1–5 cm, piramidal, abierta, ramas 1–2 en el nudo más inferior, patentes, desnudas en ¼ a ½ inferior; espiguillas 4–5.5 mm, agrupadas; primera gluma 1.5–2.7 mm, 1-nervada; segunda gluma 1.5–2.7 mm, 3-nervada; flósculos 2–6; lemas 2.6–3.8 mm, las nervaduras y el callo pilosos; páleas pilosas en las quillas. $2n = 28$. Habita en pastizal, matorral y bosque de pino o encino, a 1900–2550 m de altitud.

Especie cosmopolita, presumiblemente introducida de Europa a México.

**ZACATECAS. Gral. Joaquín Amaro:** near Plateado, 1 Sep 1897, *Rose 2712* (US). **Nochistlán:** Tlachichila por la brecha a Jalpa, 31 Oct 1989, pastizal con matorral espinoso, 2200 m, *Balleza 2694* (CHAPA). **Teúl de González Ortega:** El Lacandón, carr. a Guadalajara, 12 Ene 1990, pastizal, 1900 m, *Balleza 2726* (CHAPA). **Tlaltenango:** km 39 brecha a Jalpa, 11 Nov 1989, bosque de encino– pino, 2550 m, *Balleza 2704* (CHAPA, IEB). **Zacatecas:** cerca del lienzo charro, en la zona urbana, 21 Ago 1988, pastizal, 2310 m, *E. Manrique y Beetle 1401* (ENCB, MEXU); Zacatecas, 3 Oct 1910, *Hitchc. 7530* (US).

**Poa strictiramea** Hitchc., Contr. U.S. Natl. Herb. 17:375. 1913.

Plantas perennes amacolladas; tallos 20–50(–80) cm × 0.5–1 mm de grosor, corto-decumbentes o rara vez estoloníferos en la base, de otra manera erectos; vainas escaberulosas en la porción superior, lígula (0.5–)2–3(–4) mm, láminas 1–2(–2.5) mm de ancho, inicialmente aplanadas y rapidamente conduplicadas a eventualmente involutas en condiciones de extrema sequía, ascendentes; inflorescencia 10–25 cm × 3–8 cm, una panícula abierta, usualmente con 2 ramas basalmente desnudas en cada nudo inferior, pedicelos 1–5 mm; espiguillas con (2–)3–4(–6) flósculos, de 5–6 mm; primera gluma 2.4–3 mm, segunda gluma 2.8–3.4 mm; lema del flósculo inferior 2.5–3.5(–4) mm, verde con el márgen blanco-hialino ancho, 5-nervada, diminuto-escaberulosa entre las nervaduras. $2n = 28$. Habita en el bosque de pino piñonero, a 2070 m de altitud.

Conocida desde Texas al N de México, en Zacatecas encontrada en Concepción del Oro.

**ZACATECAS. Concepción del Oro:** cerca de la población de Aranzazu, brecha de Concepción del Oro a Mazapil, 21 Sep 1990, bosque de pino piñonero, 2070 m, *Balleza 3047* (CHAPA, HUAZ).

Especies excluidas: *Poa fendleriana* (Steud.) Vasey citada por Beetle et al. (1999), se excluye por no haberse encontrado en los ejemplares revisados.

*Poa nemoralis* L. (citada como *Agrostis alba* L.) citada para Zacatecas por Espejo y López (2000), sin embargo se excluye por no haberse encontrado ejemplares que avalen su presencia en la entidad.

## Polypogon Desf.

Referencia: Davidse et al. (eds.). 1994. *Polypogon*. En: Flora Mesoamericana 6:241–242.

Plantas anuales o perennes, cespitosas; tallos erectos o decumbentes; vainas cartilaginosas en los márgenes, lígula membranácea, decurrente hacia los márgenes de la vaina, láminas lineares, aplanadas; inflorescencia una panícula piramidal a espiciforme, raquis, pedicelos y ramas escabrosos; espiguillas lateralmente comprimidas, 1 flósculo bisexual, desarticulación junto con el pedicelo completo o parte de él, formando un pequeño callo; glumas más largas que el flósculo, subiguales, cartáceas, hispídulas a escabrosas, 1-nervadas, aristadas, a veces múticas; lema hialina, 5-nervada, con una arista dorsal en el 1/3 superior o subapical, a veces no aristada o con las nervaduras laterales algo prolongadas en aristas cortas; pálea pequeña, hialina; raquilla no prolongada; fruto una cariopsis elipsoide, endospermo sólido o líquido. Aprox. 18 especies en las regiones templadas del mundo.

1. Inflorescencia espiciforme, muy compacta; espiguillas aristadas, plantas anuales ________ **Polypogon monspeliensis**
1. Inflorescencia en panícula elipsoide o piramidal, a menudo interrumpida en la base; espiguillas aristadas o no; plantas perennes.
   2. Espiguillas sin aristas; panícula 3.5–8.5 cm de largo ________ **Polypogon viridis**
   2. Espiguillas con aristas prominentes; panícula 10–30 cm de largo ________ **Polypogon elongatus**

**Polypogon elongatus** Kunth, Nov. Gen. Sp. (quarto ed.) 1:134–135. 1815.

Plantas perennes; tallos 70–100 cm; vainas glabras, lígula 8–10 mm, membranácea, láminas 30–40 cm × 1–7 mm, aplanadas, lisas, brillantes abaxialmente, escabrosas adaxialmente; panícula 25–30 cm, elipsoide, densa, interrumpida en la base, ramas en verticilos; glumas 2–4 mm, subiguales o bien la segunda un poco mas corta, apiculada, gradualmente excurrente a una arista de 1–3 mm; lema 1.2–2 mm, portando en el dorso una arista de 0.5–2 mm, glabra, truncada, las nervaduras laterales formando dientes apicales, la nervadura central formando una arista 1–2 mm, escabrosa; pálea ½ del largo de la lema o más pequeña; anteras 0.5–0.7 mm; cariopsis 1–1.3 mm. $2n$ = 24,56. Habita en canales de riego, a 2360–2450 m de altitud.

Se distribuye de México a Argentina.

ZACATECAS. **Sombrerete:** km 169 carr. A Durango, 21 Oct 1988, bosque de encino, 2360 m, *Balleza 2130* (CHAPA). **Valparaíso:** Sierra de Los Huicholes, 30 km by road from the crossing of río Atenco and 22 km SW of San Juan Capistrano, *McVaugh 25780* (ENCB, MEXU). **Zacatecas:** Las Chililitas, 18 Ago 1989, pastizal de *Microchloa*, 2450 m, *Balleza 2178* (CHAPA).

**Polypogon monspeliensis** (L.) Desf., Fl. Atlant. 1:67. 1798. *Alopecurus monspeliensis* L., Sp. Pl. 1:61. 1753.

Plantas anuales; tallos de tamaño variable, en sitios favorables hasta 1 m de alto, ascendentes, a menudo enraizados en los nudos inferiores; vainas a veces algo infladas, lígula 7–13 mm; láminas 6–12(–25) cm × 1–4(–8) mm, escabrosas en ambas superficies; panícula 2–6 × 1.5–3 cm, compacta, ovoide a cilíndrica, con la edad dejando ver la parte superior del eje y de las ramas donde se han caído las espiguillas; glumas 1.5–2 mm, iguales, hispídulas, diminuto-bilobadas en el ápice, aristas 6–8 mm; lema 0.8–1 mm, truncada y denticulada en el ápice, provista de una arista decídua de 0.7–1.5 mm; pálea un poco más corta que la lema; anteras 0.4–0.7 mm; cariopsis 1–1.2 mm. Abundante en la orilla de arroyos, a 2020–2180 m de altitud.

Nativa de Eurasia, introducida en zonas templadas del mundo.

ZACATECAS. **Fresnillo:** 5 km del entronque con la carr. a Durango, por la carr. a Torreón, 24 Ago 1988, pastizal, 2070 m, *Balleza 1704* (CIIDIR CHAP,A); km 7.5 carr. Valparaíso, 3 Ago 1989, área de cultivos, 2180 m, *Balleza 2151* (CHAPA, CIIDIR). **Jerez:** 10 km al NE de Jerez, por la carr. a El Cargadero, 25 Ago 1988, *Balleza 1765* (CHAPA). **Nochistlán:** Cañada El Pinole, costado del cerro El Castillo, NE de Tlachichila, Sierra del Laurel, 27 May 2006, bosque de encino, 2020 m, *J. Martínez 581A* (CIIDIR, INEGI).

**Polypogon viridis** (Gouan) Breistr., Bull. Soc. Bot. France 110 (89 Sess. Extraord.):56. 1966. *Agrostis viridis* Gouan, Hortus Monsp. 546. 1762.

*Agrostis semiverticillata* (Forssk.) C. Chr.

Plantas perennes; tallos erectos o decumbentes; lígula 2.5–3 mm, láminas 5.5–8 cm × 3–5 mm, glabras; panícula 3.5–8.5 × 1–3 cm, piramidal y algo lobada, densa; primera gluma 1.5–2 mm, sin arista, segunda gluma 1.5–1.8 mm, sin arista; lema 1–1.2 mm, denticulada, sin arista dorsal; pálea 0.4–0.6 mm, truncada; cariopsis 0.8–1 mm. $2n$ = 28,42. Habita en bosque de pino, a 2400–2543 m de altitud.

Nativa de Eurasia; introducida en zonas templadas del mundo.

ZACATECAS. **Concepción del Oro:** terracería entre Concepción del oro y Mazapil, 13 Oct 1989, bosque de pino, 2543 m, *Balleza 2570* (CHAPA, CIIDIR). **Jalpa:** entronque con la terracería a Tlaltenango, 17 Sep 1989, *Balleza 2245* (CHAPA). **Jerez:** 10 km al NW de Jerez por la carr. a El Cargadero, 25 Ago 1988, bosque de pino, 2400 m, *Balleza 1764* (CHAPA, ENCB). **Zacatecas:** Laguna La Encantada, 31 Oct 1988, orilla de laguna, 2450 m, *Balleza 2143* (CHAPA, CIIDIR); Zacatecas, 3 Oct 1910, *Hitchc. 7529* (US).

## SACCHARUM L.

REFERENCIA: Davidse et al. (eds.). 1994. *Saccharum*. En: Flora Mesoamericana 6:378–379.

Plantas perennes altas; tallos gruesos, cilíndricos, erectos, simples, sólidos; hojas alargadas, basales o caulinares, lígula una membrana pilosa, láminas lineares, aplanadas, los márgenes escabrosos; inflorescencia una panícula terminal, piramidal, abierta, muy plumosa, blanca a grisácea, ramas 1-ramificadas, raquis de los racimos articulado, la espiguilla sésil, el entrenudo del raquis y el pedicelo caedizos como una unidad, las espiguillas pediceladas desarticulándose del pedicelo en la madurez; espiguillas en pares, comprimidas dorsalmente, similares, sésiles y pediceladas, lanceoladas, aristadas o sin arista, agudas o acuminadas, con 2 flósculos, callo obtuso, largamente piloso; primera gluma tan larga como la espiguilla, aplanada, con ligeras quillas marginales hacia la punta, firme, débilmente nervada, el ápice 2-dentado, los márgenes inflexos, segunda gluma firme, carinada, 1–3-nervada; flósculo inferior estéril, lema inferior un poco más corta que las glumas, hialina, pálea inferior faltante; flósculo superior bisexual, lema superior faltante o angosta, hialina, entera o a veces 2-dentada en el ápice, la arista exserta, muy reducida o faltante, pálea superior una escama hialina, pequeña o faltante; estambres 2 o 3. Aprox. 25 especies de trópicos y subtrópicos del Nuevo y Viejo Mundo.

**Saccharum officinarum** L. Sp. Pl. 1:54. 1753.

Plantas cespitosas; tallos hasta 5 m × 2–5 cm, con numerosos entrenudos alargados vegetativamente, dulces y jugosos, desnudos abajo; vainas glabras o pilosas, lígula 2–4 mm, láminas 1–2 m × 2–6 cm, glabras o la costilla media pilosa; panícula 25–60 cm, abierta, plumosa, pedúnculo glabro o densamente puberulento, eje glabro o piloso, raquis articulado, entrenudos del raquis 5 mm, glabros; espiguillas 3–4 mm, agudas, pilosas en el callo, ocultas o casi ocultas por los pelos sedosos y plateados del callo, los pelos 2–3 veces más largas que la espiguilla; gluma inferior glabra; lema inferior pilosa en la ½ superior; lema superior y arista faltantes; anteras 3, de 1.5–2 mm. Cultivadas, nombre común "Caña de azúcar," a 1300 m de altitud.

Se cultiva en todas las regiones de Mesoamérica.

**ZACATECAS. Apozol:** Cañaveral cercano al balneario "Paraíso Caxcán," ejido San Miguel, 30 Sep 1989, 1300 m, *Balleza 2454* (CHAPA, CIIDIR).

## Schedonorus P. Beauv.

Referencia: Alexeev, E.B. *Schedonorus.* En: Bjulleten Moskovskogo Obscestva Ispytatelej Prirody, Otdel Biologiceskij 82(3):95–102. 1977.

Plantas perennes, cespitosas o rizomatosas; vainas auriculadas, lígula membranácea, láminas lineares, aplanadas, con nervaduras prominentes; inflorescencia una panícula abierta a contraída; espiguillas comprimidas lateralmente, con 2 a numerosos flósculos bisexuales, desarticulación por encima de las glumas y entre los flósculos; glumas casi iguales, más cortas que los flósculos; lemas lanceoladas, carinadas a redondeadas en el dorso, 5-nervadas, aristadas, a menudo sin arista o la arista subterminal desde un ápice 2-denticulado o entero; páleas un poco más cortas que las lemas; ovario glabro o hispídulo en el ápice. Género recientemente separado de *Festuca*, con 3 especies reconocidas, de regiones templadas.

**Schedonorus arundinaceus** (Schreb.) Dumort., Observ. Gramil. Belg. 106. 1824. *Festuca arundinacea* Schreb., Spic. Fl. Lips. 57. 1771.

Plantas perennes con rizomas no alargados; tallos 70–150 cm, glabros; vainas glabras; aurículas cilioladas; lígula 1–2 mm; láminas 10–60 cm × 3–12 mm, aplanadas, glabras a escabrosas, largo apiculadas, nervaduras prominentes; panículas 10–60 cm × 3–12 mm, moderadamente densas, erectas a algo mutantes, eje escabroso, ramas más inferiores 3–13 cm, generalmente en pares, en su mayoría ascendentes, desnudas en el ¼–1/3 inferior, pedicelos escabrosos; espiguillas 10–18 mm; primera gluma 3–6 mm, lanceolada, 1-nervada; segunda gluma 4.5–7 mm; flósculos 3–10; lemas 6–9 mm, escábridas, enteras, no aristadas o la arista hasta 2 mm, emergiendo justo abajo del ápice; anteras 3–4 mm; ovario glabro. $2n = 42$. Maleza colectada en los jardines de la UAZ, en Zacatecas, Zac.

Nativa de Eurasia, introducida como praderas en regiones templadas del mundo.

**ZACATECAS. Zacatecas:** Campo agrícola de la Escuela de Agronomía de la UAZ, 5 Abr 1990, en los prados de la escuela, 2350 m, *Balleza 2733* (CHAPA, CIIDIR, ENCB).

## SCHIZACHYRIUM NEES

REFERENCIAS: McVaugh, R. 1983. *Schizachyrium*. En: Flora Novo-Galiciana 14:347–353. Davidse, G. et al. (eds.). 1994. *Schizachyrium*. En: Flora Mesoamericana 6:391–393.

Plantas perennes o anuales; tallos sólidos, comprimidos, ramificados, glabros; vainas carinadas, lígula membranácea, láminas lineares, aplanadas o conduplicadas; inflorescencia un racimo solitario, pedunculado, espatáceo, racimos terminales y axilares, cada uno de varias a numerosas espiguillas en pares, raquis articulado, los entrenudos y pedicelos claviformes, a veces lineares, las 2 espiguillas y 1 entrenudo del raquis caedizos como una unidad; espiguillas dimorfas, comprimidas dorsalmente, sésiles y pediceladas; espiguillas sésiles 2-flosculadas, lanceoladas o lineares, agudas, aristadas, rara vez sin arista, callo obtuso, piloso, inserto en el ápice cupuliforme del entrenudo del raquis; glumas subiguales, tan largas como la espiguilla, ocultando los flósculos, coriáceas, primera gluma aplanada o convexa, con 2 nervaduras marginales, 2-carinada, 1–9-nervada, entre las quillas, los márgenes inflexos sobre los márgenes de la segunda gluma, ésta carinada, 1(–3)-nervada; flósculo estéril con la lema pequeña, hialina, pálea faltante; flósculo fértil con la lema pequeña, hialina, fuertemente 2-lobada, con una arista torcida, geniculada, inserta en el ápice; espiguillas pediceladas muy reducidas, a veces tan largas como las espiguillas sésiles, estériles o estaminadas. Aprox. 60 especies, de distribución cosmopolita en climas cálidos y templados.

1. Plantas anuales, de baja estatura, 10–20 cm de alto ____ **Schizachyrium brevifolium**
1. Plantas perennes, de estatura mediana, 40–150 cm de alto.
    2. Primera gluma de la espiguilla sésil pubescente ____ **Schizachyrium sanguineum**
    2. Primera gluma de la espiguilla sésil glabra.
        3. Láminas 2–4 mm de ancho; espiguilla sésil 8–9 mm de largo; espiguilla pedicelada 5–8 mm de largo, neutra u ocasionalmente estaminada ____ **Schizachyrium cirratum**
        3. Láminas 1–2 mm de ancho; espiguilla sésil 4.5–5 mm de largo; espiguilla pedicelada 4.7–5.5 mm de largo, estéril, con frecuencia estaminada ____ **Schizachyrium tenerum**

**Schizachyrium brevifolium** (Sw.) Nees ex Büse, Pl. Jungh. 3:359. 1854. *Andropogon brevifolius* Sw., Prodr. 26. 1788.

Plantas anuales enanas; tallos 4–60 cm, decumbentes; vainas glabras, lígula 0.3–0.7 mm; láminas 1–3.5 cm × 1–4 mm, glabras, obtusas; inflorescencia relativamente simple; racimos 1–2.5 cm, delgados, rectos; raquis y pedicelos generalmente glabros, a veces pilosos; espiguillas sésiles 2–4.6 mm, adpresas, escabrosas, simétricas; primera gluma ligeramente convexa, 2–4-nervada, escabrosa, bífida; lema inferior casi tan larga como la lema superior; lema superior 2 mm, glabra, 2-lobada casi hasta la base, la arista exserta 5–10 mm, geniculada; anteras 3, de 0.4–0.6 mm; espiguillas pediceladas muy reducidas, estériles cortamente aristadas. Habita en pastizal y bosque de encino, a 1860–2219 m de altitud.

Conocida del Centro de México a Sudamérica; Antillas.

**ZACATECAS. Nochistlán:** Límites con Jalisco, Paraje Torrecillas, sierra del Laurel, Tlachichila, 4 Nov 2006, bosque de encino, 2219 m, *O. Rosales y Y. Herrera 3724* (CIIDIR). **Teúl de González Ortega:** 2 km al E de Teúl, carr. a Guadalajara, 30 Sep 1989, pastizal, 1860 m, *Balleza 2428-B* (CHAPA).

**Schizachyrium cirratum** (Hack.) Wooton & Standl., New Mexico Agric. Exp. Sta. Bull. 81:30. 1912. *Andropogon cirratus* Hack., Flora 68(7):119. 1885.

Plantas perennes cespitosas, glaucas o purpúreas; tallos 45–70 cm, dispuestos en grupos; vainas glabras, lígula 1–1.8 mm, membranácea, láminas 7–15 cm × 2–4 mm, aplanadas o conduplicadas, escabrosas, las jóvenes esparcido-pilosas en los márgenes; racimos 3–6 cm, el raquis recto, entrenudos del raquis con escasa pubescencia cerca del ápice, pedicelos con el margen exterior largamente peludo; espiguilla sésil 8–9 mm incluyendo el callo pubescente, glumas 6–8 mm, subiguales, lanceoladas, primera gluma glabra, lema y pálea 4.5–5 mm, hialinas, arista de la lema 5–10 mm, emergiendo entre los lóbulos de un ápice 2-dentado; espiguilla pedicelada 5–8 mm, neutra u ocasionalmente estaminada, primera gluma verde con tintes purpúreos, pedicelo con pocas cerdas en un lado cerca del ápice. Habita en bosque de pino y pastizal, a 1840–2535 m de altitud.

Especie conocida desde el SW de Estados Unidos a Sudamérica.

**ZACATECAS. Fresnillo:** rancho Altamira, por la brecha entre Fco. I. Madero y Vasco de Quiroga, 19 Oct 1989, pastizal con encino, 2300 m, *Balleza 2649* (CHAPA, CIIDIR). **Jerez:** 10 km al NW de Jerez, por la carr. a El Cargadero, 25 Ago 1988, bosque de pino, 2400 m, *Balleza 1736* (CHAPA, CIIDIR); brecha Jerez-Guadalupe Victoria, 14 Sep 1989, bosque de pino-encino, 2450 m, *Balleza 2221* (CHAPA, CIIDIR); Sierra Los Cardos, 10.7 mi NW of Jerez, W of El Cargadero, on road towards Monte de los García, 19 Oct 2007, Grassy flats with *Juniperus deppeana, Pinus cembroides*, and grasses, 2535 m, *P.M. Peterson, Saarela y D. Stancik 21420* (US). **Miguel Auza:** 2.5 km al W de la colonia Emilio Carranza, por la brecha a Sierra de Santa María, 2 Sep 1988, pastizal, 2100 m, *Balleza 1840-B* (CHAPA). **Monte Escobedo:** al W de Monte Escobedo, 26 Sep 1980, bosque de pino-encino, 2190 m, *Beetle y R. Guzmán M-5854* (ENCB, MEXU). **Nochistlán:** Tlachichila, por la brecha a Jalpa, 31 Oct 1989, pastizal con matorral espinoso, 2200 m, *Balleza 2660* (CHAPA, CIIDIR). **Sombrerete:** 6 km al N-NE de Agua Zarca, 29 Oct 2006, pastizal, 2280 m, *O. Rosales y Y. Herrera 3623* (CIIDIR); 13 mi al W de Sombrerete, 26 Sep 1962, *Soderstr. 751* (ENCB, MEXU, US); Órganos, a 1 km del entronque con la carr. a Durango, por la brecha a Sierra de Órganos, 21 Oct 1988, bosque de pino piñonero, 2340 m, *Balleza 2107* (CHAPA); 1 km SE of Villa Insurgentes along hwy 45 towards Zacatecas, 29 Sep 2001, calcareous slopes with *Quercus intricata, Pinus cembroides,* and *Rhus virens*, 2348 m, *P.M. Peterson y S. González 15958A* (US). **Valparaíso:** 35 mi W of Huejuquilla towards Canoas, 30 Sep 2001, rhyolitic rock outcrops with *Quercus conzattii* and *Pinus chihuahuana*, 1840 m, *P.M. Peterson y S. González 15990* (US).

**Schizachyrium sanguineum** (Retz.) Alston, Handb. Fl. Ceylon 6:334. 1931. *Rottboellia sanguinea* Retz., Observ. Bot. 3:25. 1783. *Andropogon sanguineus* (Retz.) Merr.

*Schizachyrium hirtiflorum* Nees; *Andropogon hirtiflorus* (Nees) Kunth.

Plantas perennes, cespitosas; tallos 90–150 cm, erectos; vainas glabras, lígula 0.8–1 mm, láminas 15–20 cm × 3–5 mm, glabras, agudas; racimos 3–13 cm, delgados, rectos, raquis y pedicelos hirsutos; espiguillas sésiles 5.8–7.8 mm, adpresas, pilosas, a veces glabras, el ápice 2-dentado, las nervaduras inconspicuas excepto hacia el ápice, lema inferior 4–5 mm, lema superior 4–4.5 mm, pilosa, bilobada hasta el 1/3 inferior, la arista exserta hasta 10 mm de largo, geniculada, anteras 1.5–2 mm; espiguillas pediceladas 2.5–4 mm, generalmente estériles, aristadas 1–3.5 mm. $2n$ = 40,60. Habita en pastizal, matorral subtropical y bosque de encino, a 1800–2500 m de altitud.

Especie conocida del S de Estados Unidos a Sudamérica; Antillas.

**ZACATECAS. Fresnillo:** rancho Altamira, por la brecha entre Fco. I. Madero y Vasco de Quiroga, 19 Oct 1989, pastizal con encino, 2300 m, *Balleza 2625* (CHAPA, CIIDIR). **Guadalupe:** km 19.7 carr. a Genaro Codina, 9 Oct 1989, pastizal de *Muhlenbergia* y *Bouteloua*, 2350 m, *Balleza 2534* (CHAPA). **Pánuco:** La Calera, 5 km al W del entronque con la carr. a Saltillo, 13 Oct 1989, pastizal y matorral espinoso, 2100 m, *Balleza 2534b* (CIIDIR). **Sombrerete:** near Sombrerete, Grama Grasslands, 26 Sep 1948, *Gentry 8481* (US). **Teúl de González Ortega:** carr. a Guadalajara, tramo Tepechitlán-Teúl de González Ortega, 30 Sep 1989, pastizal, 1850 m, *Balleza 2396* (CHAPA, CIIDIR). **Tlaltenango de Sánchez Román:** km 30 de la terracería entre Tlaltenango y Jalpa, 12 Ene 1990, bosque de encino, 2500 m, *Balleza 2715* (CIIDIR); 38 km al W de Jalpa, por la brecha a Tlaltenango, 21 Oct 1973, bosque de encino-pino, 2450 m, *Rzed. y McVaugh 1033-B* (ENCB, MEXU). **Valparaíso:** Puerto de la Paja, 20 km al WSW de Valparaíso, por la carr. a Huejuquilla, 30 Oct 1963, bosque de encino, 2286 m, *Rzed. 17550* (ENCB, MEXU, US); *17528* (CIIDIR, US); km 23 carr. a Huejuquilla, 29 Sep 1988, bosque de encino, 1800 m, *Balleza 2061* (CHAPA, CIIDIR); 27 km al N de San Juan Capistrano, por la brecha a Santa Lucía de la Sierra, límite entre Zacatecas y Durango, 28 Sep 1988, matorral subtropical, 2100 m, *Balleza 2034* (CIIDIR); Ejido Bernalejo, 28 Ago 1997, bosque caducifolio, 2470 m, *Ma.C. Arteaga 878* (CIIDIR); brecha Lobatos-Adjuntas del Refugio, 29 Sep 1989, pastizal con bosque espinoso, 1980 m, *Balleza 2381* (CHAPA, CIIDIR). **Villanueva:** 78 km al S de Zacatecas por la carr. Méx 54, 22 Oct 1976, pastizal, 2100 m, *J. Brunken y C. Perino 462* (CHAPA); km 130 carr. Méx 54, por la terracería a Laguna del Carretero, 6 Oct 1988, pastizal, 2090 m, *Balleza 2977* (CHAPA).

**Schizachyrium tenerum** Nees, Fl. Bras. Enum. Pl. 2:336. 1829. *Andropogon tener* (Nees) Kunth.

Plantas perennes, cespitosas; tallos 40–110 cm; láminas 18–25 cm × 1–2 mm, amacolladas hacia la base, glabras o en ocasiones con escasos pelos alargados cerca de la base adaxialmente, acuminadas; racimos 3–10 cm, delgados, rectos, cilíndricos, raquis glabros, pedicelo linear, comprimido, casi dilatado distalmente, piloso en un extremo; espiguillas sésiles 4.5–5 mm, adpresas, glabras, simétricas, primera gluma glabra, 5–7-nervada, nervaduras tenues, el ápice 2-dentado, lemas inferior y superior 3.5–4 mm, lema superior pilosa, la arista 5–10 mm, anteras 1.5–2 mm; espiguillas pediceladas 4.7–5.5 mm, estériles, con frecuencia estaminadas, acuminadas. Habita en bosque de encino y bosque de pino piñonero, a 1840–2440 m de altitud.

Esta especie es muy similar a *Schizachyrium cirratum*, de la cual difiere en general por ser menos robusta, y por presentar las espiguillas más pequeñas y hojas más angostas.

Especie citada desde Estados Unidos a Sudamérica; Antillas.

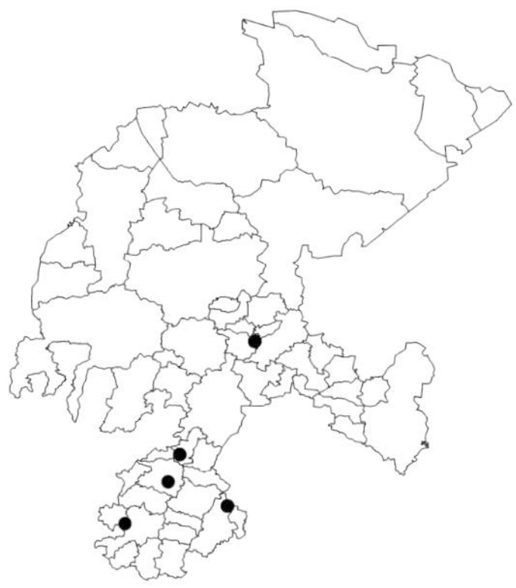
*Poa annua*

*Poa strictiramea*

*Polypogon elongatus*

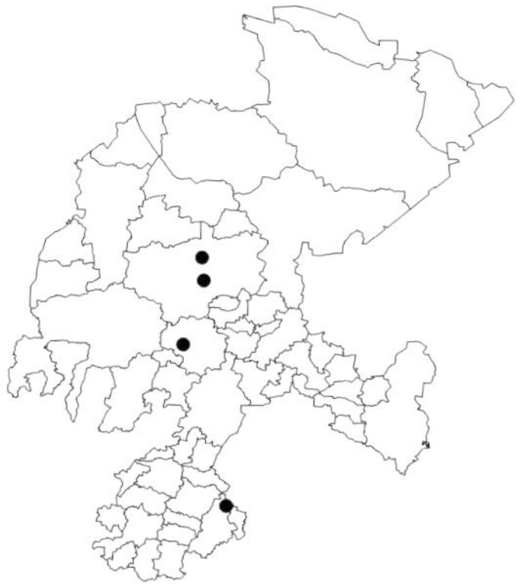
*Polypogon monspeliensis*

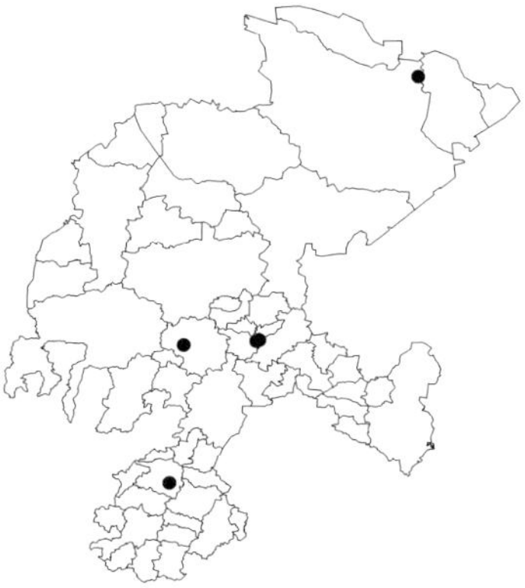
*Polypogon viridis*

*Saccharum officinarum*

*Schedonorus arundinaceus*

*Schizachyrium brevifolium*

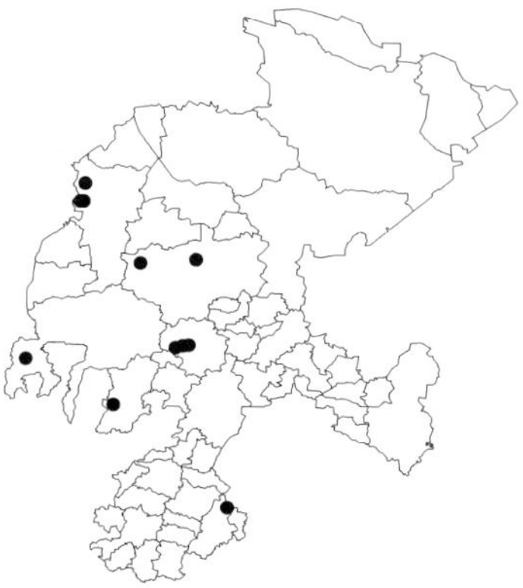
*Schizachyrium cirratum*

**ZACATECAS. Monte Escobedo:** 5 mi E of Monte Escobedo, 3 Oct 1974, in area of scattered oaks and manzanitas, 2195 m, *Reeder y C. Reeder 6440* (ENCB); al W de Monte Escobedo, 26 Sep 1980, bosque de pino-encino, 2190 m, *E. Manrique y Beetle M-5852* (MEXU). **Sombrerete:** near Sombrerete, 26 Sep 1948, *Gentry 8481A* (US); 7 km al SE de San José de Mesillas, 2 Nov 2006, bosque de pino piñonero, 2440 m, *O. Rosales y Y. Herrera 3687* (CIIDIR). **Valparaíso:** 35 mi W of Huejuquilla towards Canoas, 30 Sep 2001, rhyolitic rock outcrops with *Quercus conzattii* and *Pinus chihuahuana*, 1840 m, *P.M. Peterson y S. González 15988* (US).

## Scleropogon Phil.

Referencia: McVaugh, R. 1983. *Scleropogon*. En: Flora Novo-Galiciana 14:353–354.

Plantas perennes estoloníferas; hojas cortas y angostas; inflorescencias racimos o panículas, monoicas o dioicas, panículas estaminadas y pistiladas estrictamente diferentes en apariencia; espiguillas estaminadas alargadas, multiflosculadas, raquilla no desarticulándose; glumas casi iguales, membranáceas, largo acuminadas en un ápice agudo o aristado, casi del largo de la primera lema, lemas coriáceas, similares a las glumas, algunas veces distantes en la raquilla, obscuramente nervadas, mucronadas, pálea muy delgada, más corta que la lema; espiguillas pistiladas 2–5 en la punta de los tallos, subumbeladas o en racimos cortos, desarticulándose arriba de las glumas, multiflosculadas, los flósculos superiores reducidos a aristas, glumas membranáceas, desiguales, atenuadas o las puntas aristadas, lemas de alguna manera endurecidas, con el cuerpo linear redondeado y 3 aristas terminales, largas, abiertas, cayendo como una unidad con los flósculos estériles superiores, el callo largamente agudo, barbado, pálea angosta, con dos dientes hialinos, prolongados. Una sola especie con distribución bicéntrica en N y Sudamérica.

**Scleropogon brevifolius** Phil., Anales Univ. Chile 36:206. 1870.

Plantas perennes, por lo general dioicas a veces monoicas, formando amplias colonias, con estolones rígidos; tallos 12–25 cm; vainas cortas, lígulas en forma de una hilera de pelos, láminas 1–3(–7) cm × 1.5–2.5 mm, rígidas, conduplicadas, agudas en el ápice; inflorescencia panícula o racimo angosto de escasas espiguillas; espiguillas estaminadas 1–3(–6) cm, pediceladas, algo comprimidas, con 8–15(25)-flósculos, muy diferentes de las femeninas, glumas 4–5.5 mm, lemas 6–7.5 mm, incluyendo las aristas de 1–1.5 mm, que emergen desde dos pequeños dientes, pálea 4–5 mm, membranácea, oblonga; espiguillas pistiladas 12–14 mm, sésiles o corto pediceladas, casi redondeadas, 3–5-flósculos fértiles y uno o varios rudimentarios en la parte superior, lemas cerca de 8 mm, aristas 3, de 3.5–6(–10) cm, rígidas, rectas (nunca torcidas), páleas membranáceas, 5 mm de largo, cóncavas, 2-quilladas, 2-dentadas en el ápice. Habita en el matorral desértico micrófilo y pastizal, a 1850–2350 m de altitud.

Las plantas estaminadas pueden ser fácilmente confundidas con *Distichlis spicata*, pero en *Distichlis* las glumas y lemas son ovadas, ápice redondeado o cortamente agudo, evidentemente imbricadas y de alguna manera endurecidas, y la pálea es usualmente bien exserta, más larga que la lema.

Se distribuye desde el SW de Estados Unidos a México; Sudamérica.

**ZACATECAS. Guadalupe:** km 19.7, carr. Guadalupe-Genaro Codina, 9 Oct 1989, pastizal de *Muhlenbergia* y *Bouteloua*, 2350 m, *Balleza 1728-B* (CHAPA). **Mazapil:** Hacienda de Cedros, Sum 1908, *F.E. Lloyd 169* (US); km 142, carr. a Saltillo, 3 km antes de Mahoma, 25 Sep 1988, izotal con matorral desértico micrófilo, 1850 m, *Balleza 1995, 1996* (CHAPA, CIIDIR). **Ojocaliente:** predio La Loma, 2 Oct 1987, bosque de encino, 2310 m, *L. Silva 200* (ENCB, MEXU). **Pánfilo Natera:** km 129.5 carr. 49, tramo San Luis Potosí–Zacatecas, entronque con la terracería al Tule, 17 Ago 1988, matorral desértico espinoso, 2090 m, *Balleza 1639* (CIIDIR). **Pánuco:** La Calera, 5 km al W del entronque con la carr. a Saltillo, 13 Oct 1989, pastizal y matorral espinoso, 2100 m, *Balleza 2539* (CIIDIR). **Pinos:** 1 km al W de Pinos, 13 Ago 1985, matorral xerófilo, 2400 m, *F. Gómez-Lorence 725* (SLPM); rancho Casa Blanca, km 77, carr. San Luis Potosí-Salinas, 9 Sep 1964, pradera natural, *R. Padilla s.n.* (SLPM); carr. a San Luis Potosí, en la desviación a Saldaña, 21 Ago 1988, *E. Manrique y Beetle 1336* (ENCB, MEXU); km 61, carr. 49 tramo San Luis Potosí–Zacatecas, 19 Ago 1988, matorral espinoso, 2000 m, *Balleza 1667* (CIIDIR); km 9 camino La Prudencia-Pinos, 3 Ago 1975, pastizal, 1950 m, *Becerra s.n.* (CHAPA). **Río Grande:** km 70, carr. a Torreón, 1 Sep 1988, matorral desértico micrófilo, 1870 m, *Balleza 1862* (CHAPA, CIIDIR). **Sombrerete:** 40 mi al N de Fresnillo, 14 Oct 1976, *Reeder y C. Reeder 4713* (ENCB, MEXU). **Teúl de González Ortega:** km 48 carr. Ojocaliente-Pinos, 8 Sep 1988, *Balleza 1914* (CHAPA).

## Setaria P.Beauv.

Referencias: Davidse, G. et al. (eds.). 1994. *Setaria*. En: Flora Mesoamericana 6:359–363. Henrickson, J. y M.C. Johnston. 1997. *Setaria*. En: A flora of the Chihuahuan Desert region, ed. 1.2:1543–1546.

Plantas anuales o perennes, cespitosas o rizomatosas; vainas redondeadas o carinadas, lígula membranácea, láminas lineares a anchamente elípticas o lanceoladas, aplanadas a involutas o conduplicadas; inflorescencia una panícula cerdosa cilíndrica, densa o raramente abierta, casi todas las espiguillas con 1 o más cerdas subyacentes, éstas antrorsa o retrorsamente escabrosas; espiguillas comprimidas dorsalmente, aplanadas en el lado de la gluma inferior y convexas en el lado opuesto, glabras, desarticulación por debajo de las glumas, rara vez por encima; glumas desiguales, herbáceas, primera gluma más corta que la segunda, deltoide, 1–3-nervada, segunda gluma más corta que la espiguilla o casi tan larga como ella, 5–7-nervada; flósculo inferior por lo general estéril, rara vez estaminado, lema del flósculo inferior herbácea, 5–7-nervada, pálea inferior presente o faltante; flósculo superior bisexual, lema del flósculo superior convexa, rígida, rugosa a lisa con márgenes inflexos, pálea superior aplanada, rígida. Aprox. 125 especies cosmopolitas en áreas tropicales a templadas.

1. Panícula cilíndrica uniformemente engrosada, no interrumpida; espiguillas con 5–20 cerdas debajo de cada espiguilla ______ **Setaria parviflora**
1. Panícula abierta, interrumpida, con ramas laterales evidentes; espiguillas con 1–3 cerdas debajo de cada espiguilla.
    2. Cerdas retrorsamente escabrosas; espiguillas 1.5–1.8 mm de largo, con una sola cerda del largo de la espiguilla o un poco más larga ______ **Setaria adhaerens**
    2. Cerdas antrorsamente escabrosas; espiguillas 1.8–2.7 mm de largo, generalmente con más de 1 cerda y esta más del doble del largo de las espiguillas.
        3. Plantas anuales, pálea inferior obsoleta o diminuta, hasta 1/3 del largo de la lema ______ **Setaria grisebachii**
        3. Plantas perennes, pálea inferior bien desarrollada, 3/4 o más del largo de la lema
            4. Pálea inferior casi tan larga como la pálea superior; espiguillas 2–2.5 mm de largo, fuertemente infladas en la madurez; láminas 7–10(–15) mm de ancho; tallos y follaje verde amarillento ______ **Setaria macrostachya**
            4. Pálea inferior 1/3–2/3 del largo de la pálea superior; espiguillas 2.1–2.8 mm de largo, no fuertemente infladas cuando maduras; láminas 2–5(–8) mm de ancho; tallos y follaje verde claro a glauco ______ **Setaria leucopila**

**Setaria adhaerens** (Forssk.) Chiov., Nuovo Giorn. Bot. Ital. 26:77. 1919. *Panicum adhaerens* Forssk., Fl. Aegypt.-Arab. 20. 1775.

Plantas anuales; tallos 15–80 cm, ramificados y geniculados en la base, ascendentes, glabros; vainas carinadas, los márgenes glabros y delgados, lígula 1–2 mm, pilosa, láminas 8–20 cm × 5–13 mm, aplanadas, acuminadas, papiloso-hirsutas; panícula 3–10 × 1–2 cm, erecta, verticiladamente cilíndrica, ejes angulados, retrorsamente escabroso-híspidos, ramas hasta 0.5 cm, verticiladas, divergentes, con 1–4 espiguillas; cerdas 1 debajo de cada espiguilla, de 3–8 mm, retrorsamente escabrosas; espiguillas 1.8–2 mm, ovadas; primera gluma 0.7–1 mm, 1–3–nervada, segunda gluma tan larga como la espiguilla, redondeada en el ápice, 5–7-nervada; flósculo inferior estéril, lema inferior 1.8–2 mm, 5-nervada, pálea inferior ½ o menos del largo de la lema inferior, angosta; flósculo superior bisexual, lema superior 1.8–1.9 mm, rugosa transversalmente. $2n = 18$. Maleza en áreas de cultivo y terrenos salobres, a 1870–2160 m de altitud.

Nativa del Viejo Mundo, naturalizada en América.

**ZACATECAS. Calera:** Campo Agrícola Experimental del INIFAP, 19 Oct 1989, 2160 m, *Balleza 2615* (CHAPA, CIIDIR). **Jerez:** alrededores de Jerez, 21 Ago 1988, bosque de pino piñonero, 2150 m, *E. Manrique y Beetle 1370* (ENCB, MEXU). **Río Grande:** En la Cd. de Río Grande, cerca del puente sobre el río Aguanaval, en la salida a Torreón, 24 Ago 1988, pastizal, 1870 m, *Balleza 1728* (CHAPA, CIIDIR).

**Setaria grisebachii** E. Fourn., Mexic. Pl. 2:45. 1886.

Plantas anuales cespitosas; tallos 25–100 cm, erectos, glabros, nudos adpreso-pilosos; vainas redondeadas, papiloso-pilosas, los márgenes pilosos, lígula 1–2 mm, pilosa, láminas 4–14 cm × 5–12 mm, linear-lanceoladas, aplanadas, vilosas; panícula 3–15 cm, cilíndrica, atenuada, eje visible, hirsuto; cerdas 1 por espiguilla, 5–15 mm, flexuosas, antrorsamente escabrosas; espiguillas 1.7–2.2 mm, ovadas; primera gluma 0.6–0.8 mm, ancha, 3-nervada, segunda gluma 1.7–2.2 mm; flósculo inferior estéril, lema del flósculo inferior tan larga como la espiguilla, 5-nervada, pálea inferior obsoleta; flósculo superior bisexual, lema superior 1.7–2.2 mm, finamente rugulosa en forma transversal. Habita en pastizal, matorral xerófilo y bosque tropical caducifolio, a 1650–2348 m de altitud.

Ampliamente distribuida del SW de Estados Unidos a Sudamérica.

**ZACATECAS. Fresnillo:** 3 km al N de Fresnillo por la carr. a Durango, 24 Ago 1988, pastizal, 2100 m, *Balleza 1668-B* (CHAPA); km 846

*Pleuraphis mutica*

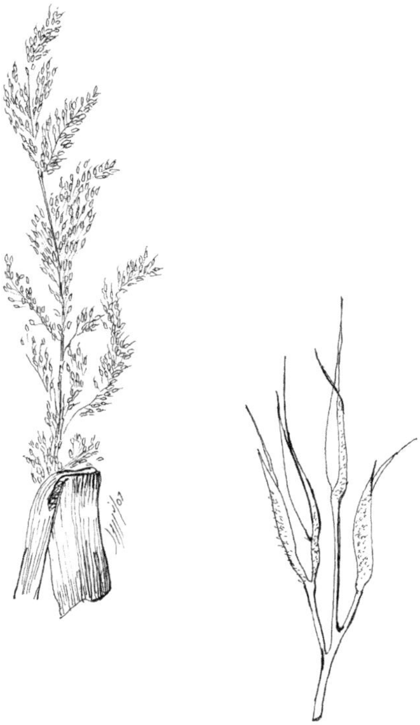

*Polypogon elongatus*

*Polypogon monspeliensis*

*Schedonorus arundinaceus*

Juárez road, 26 km N of Fresnillo around Tropic of Cancer, 12 Sep 1955, *Hern.-Xol. y V. Mathus N-1662* (US); 4 km al E de rancho Grande, por la brecha a Estación Gutiérrez, 24 Ago 1988, pastizal, 2060 m, *Balleza 1708* (CHAPA). **Jalpa:** km 4.7 carr. a Aguascalientes, 27 Ago 1988, bosque tropical caducifolio, 1650 m, *Balleza 1832* (CHAPA). **Pánuco:** La Calera, 5 km al W de la carr. a Saltillo, 14 Oct 1989, de *Bouteloua gracilis* con matorral espinoso, 2100 m, *Balleza 2555* (CHAPA). **Pinos:** Los Alpes, carr. Méx 70, 4 Oct 1989, pastizal, 2020 m, *Balleza 2468* (CHAPA). **Sombrerete:** 1 km SE of Villa Insurgentes along hwy 45 towards Zacatecas, 29 Sep 2001, calcareous slopes with *Quercus intricata, Pinus cembroides,* and *Rhus virens*, 2348 m, *P.M. Peterson y S. González 15959* (US). **Villa de Cos:** km 110, carr. a Saltillo, 23 Jul 1986, matorral desértico, 2050 m, *E. Manrique, Lozano y Bravo 1290* (ENCB, MEXU); cruce de la carr. Méx 54 con el Trópico de cancer, 23 Oct 1976, pastizal, 2210 m, *J. Brunken y C. Perino 479* (CHAPA). **Villanueva:** cercanías del pueblo, 12 Oct 1969, *C.L. Díaz 1425* (MEXU, SLPM). **Zacatecas:** Valle El Rodeo, al NE de la Cd. de Zacatecas, Ago 1972, *Sánchez y Cruz 3* (MEXU).

**Setaria leucopila** (Scribn. & Merr.) K. Schum., Just´s Bot. Jahresber. 28:417. 1902. *Chaetochloa leucopila* Scribn. & Merr., Bull. Div. Agrostol. U.S.D.A. 21:26, f. 14. 1900.

Plantas perennes; tallos 20–100 cm, simples, rara vez ramificados, erectos, a veces geniculados en los nudos inferiores, verde claro a glaucos; vainas glabras, corto pilosas en la parte superior del margen, láminas 20–35 cm × 2–5(–8) mm, rara vez pilosas, rectas, aplanadas o en ocasiones conduplicadas en parte; panícula 6–15 × 0.9–1.2 cm, columnar; cerdas 1 por espiguilla, 5–12 mm, aplicadas, a veces ascendentes, flexuosas; espiguillas 2.1–2.8 mm; segunda gluma 2–2.6 mm, más corta que la lema del flósculo superior, dejando expuesto el ápice de esta; flósculo inferior estéril, lema inferior faltante, pálea inferior 1/3–2/3 del largo de la pálea superior, lanceolada; flósculo superior bisexual, lema del flósculo superior 2.1–2.8 mm, pálea superior similar a la lema. $2n$ = 54,68,72. Habita en pastizal halófilo y matorral xerófilo a 1780–2217 m de altitud.

Citada desde el S de Estados Unidos a México; Sudamérica; Antillas.

**ZACATECAS. Concepción del Oro:** 8 km al ENE de Concepción del Oro, 29 Mar 1973, 1780 m, *M.C. Johnst., T. Wendt y F. Chiang 10483* (ENCB, MEXU); near Conception del Oro, 11 Aug 1904, *Palmer 261* (US). **Gral. Fco. R. Murguía:** Jaralillo, 2 Ago 1988, pastizal, 2217 m, *H. Hidrogo s.n.* (SLPM). **Mazapil:** Noria de Guadalupe, 12 Jul 1975, matorral desértico micrófilo, 1780 m, *Medrano, Zavaleta y Ortíz 8014* (ENCB, MEXU). **Villa de Cos:** 2 km de Villa de Coss rumbo a Tierra y Libertad, 21 Jul 1986, pastizal, 1900 m, *E. Manrique, Lozano y Bravo 1264* (ENCB, MEXU); El Capirote, Villa de Cos, 4 Jul 1997, pastizal halófilo, 2070 m, *V.J. Acuña 846* (US).

**Setaria macrostachya** Kunth, Nov. Gen. Sp. (quarto ed.) 1:110. 1815.

Plantas perennes cespitosas; tallos 60–120 cm, erectos, glabros; vainas carinadas, glabras, pilosas, lígula 2–4 mm, pilosa, láminas 15–20 cm × 7–15 mm, lineares, aplanadas, escabrosas; panícula 8–30 × 1–2 cm, algo densa, cilíndrica, eje visible en parte, esparcido-piloso, pelos de 1 mm, ramitas inferiores casi de 1 cm, adpresas; cerdas 1 por espiguilla, 6–20 mm, antrorsamente escabrosas; espiguillas 2–2.5 mm, marcadamente gibosas; primera gluma 1.2–1.5 mm, 3-nervada; segunda gluma 2–2.2 mm, 5–7-nervada; flósculo inferior estéril, lema inferior 2–2.5 mm, 5-nervada, pálea inferior tan larga como la lema, angosta; flósculo superior bisexual, lema superior 2–2.5 mm, finamente rugosa, las arrugas transversales, más de 10, pálea superior similar a la lema; fruto fuertemente inflado en la madurez. $2n$ = 54. Habita en pastizal, matorral xerófilo y bosque tropical, a 1500–2300 m de altitud.

Citada del SW de Estados Unidos a Sudamérica; Antillas.

**ZACATECAS. Gral. Pánfilo Natera:** km 129.5, carr. Méx 49, entronque con la terracería al Tule, 17 Oct 1973, matorral desértico espinoso, 2000 m, *Balleza 1642* (CHAPA). **Mazapil:** km 142, carr. a Saltillo, 2 km al S de Mahoma, 25 Sep 1988, Izotal con matorral desértico micrófilo, 1850 m, *Balleza 2006* (CHAPA); Noria de Guadlupe, 35 km al S de Concepción del Oro, 12 Jul 1975, pastizal, 1780 m, *Medrano, Zavaleta y Ortiz 8015* (MEXU). **Moyahua:** cerro La Cantarilla, a 8.5 km al S de Moyahua por la carr. Méx 54, tramo Moyahua-Ixtlahuacán del Río (Jalisco), 18 Oct 1996, bosque tropical caducifolio, *D. Enríquez y Balleza 1347* (CIIDIR). **Pinos:** km 35, carr. Ojocaliente-Pinos, 6 Sep 1973, matorral crassicaule, 2160 m, *R. Banda s.n.* (MEXU). **Río Grande:** carr. a Torreón, 24 Ago 1988, pastizal, 1900 m, *Balleza 1729* (CHAPA). **Sain Alto:** 45 km al N de Fresnillo rumbo a Durango, 5 Sep 1981, pastizal, 2160 m, *Beetle M-7524* (ENCB, MEXU); 3 km al E de la carr. a Torreón, por la carr. a Cañitas, 1 Sep 1988, matorral desértico espinoso, 2000 m, *Balleza 1835* (CHAPA). **Tabasco:** 2 km al S de Tabasco por la carr. a Guadalajara, Oct 1958, bosque tropical caducifolio, 1500 m, *R. Claverán 51* (CHAPA). **Villa González Ortega:** km 86, carr. Méx 49, entronque con la terracería a Manuel María, 19 Ago 1988, matorral desértico espinoso, 2300 m, *Balleza 1674* (CHAPA).

**Setaria parviflora** (Poir.) Kerguélen, Lejeunia n.s. 120:161. 1987. *Cenchrus parviflorus* Poir., Encycl. 6:52. 1804.

*Setaria geniculata* P. Beauv.

Plantas perennes con rizomas cortos y nudosos; tallos 30–90 cm, amacollados o solitarios, erectos o geniculados; vainas glabras, carinadas, hialinas a lo largo de los márgenes, lígula 0.7–1 mm, una hilera de pelos, láminas 10–25 cm × 2–10 mm, aplanadas o conduplicadas, escabrosas a glabras, con pelos largos esparcidos en la base de la garganta; panícula 3–8 × 0.5–2.5 cm, densa, cilíndrica, rígida, verde a veces con tintes purpúreos en el ápice de las lemas fértiles, ramas y ramillas muy cortas, híspido-escabrosas; cerdas 6–10 debajo de cada espiguilla, 3–13 mm, antrorsamente escabrosas; espiguillas 2–2.8 mm, elípticas; primera gluma 1–1.5 mm, ovado lanceolada, 3–4-nervada, la segunda 1.1–1.5 mm, ovado lanceolada, 5-nervada; flósculo inferior estéril, lema inferior 2–2.8 mm, 5–7-nervada, pálea inferior tan larga como la lema inferior, ancha; flósculo superior bisexual, lema superior 2–2.6 mm, endurecida, rugosa transversalmente, pálea superior, similar a la lema; anteras 0.6–0.8 mm. $2n = 36,72$. Habita en pastizal, matorral xerófilo, bosque de encino-pino, bosque tropical caducifolio y en la orilla de canales de riego, a 1798–2350 m de altitud.

Distribuida de Canadá a Sudamérica; Antillas.

**ZACATECAS. Benito Juárez:** cerca de Florencia de Benito Juárez, por la salida a los Azafranes, 30 Sep 1989, parcelas de maíz, 2150 m, *Balleza 2416* (CIIDIR). **Gudalupe:** Trancoso, 29 Aug 1939, *Shreve 9220* (US); near Trancoso, 29 Aug 1939, *Shreve 9220-B* (US); Lo de Vega, 13 Oct 1987, pastizal con nopalera, 2310 m, *V. Medina 237* (ENCB, MEXU); cerro de la Virgen, 1 Sep 1987, *V. Medina 145* (ENCB, MEXU). **Jerez:** alrededores del pueblo, 21 Ago 1988, *E. Manrique y Beetle 1377* (MEXU). **Juchipila:** al W de Pueblo Viejo, ladera E del cerro de los piñones, camino al rancho de Antonio Benavides, 7 Ago 1998, selva baja caducifolia, 1798 m, *Balleza y M. Adame 8708* (CIIDIR). **Monte Escobedo:** km 4 carr. a Mezquitic, 21 Sep 1989, bosque de encino, 2200 m, *Balleza 2272* (CHAPA). **Ojocaliente:** predio La Loma, 2 Oct 1987, pastizal, 2210 m, *L. Silva 206* (ENCB, MEXU). **Valparaíso:** Santa Lucía de la Sierra, 27 Sep 1989, bosque de pino, 2290 m, *Balleza 2306* (CHAPA); Ejido Ciénega de la Purísima, 27 Sep 1989, *Balleza 2345* (CHAPA). **Villanueva:** km 30 de la carr. Zacatecas- Guadalajara, 8 Ago 1988, matorral crassicaule, 2350 m, *Balleza 1540* (CIIDIR); Malpaso, km 29 carr. a Guadalajara, 8 Ago 1988, lomerío con matorral desértico crassicaule, 2150 m, *Balleza 1555* (CHAPA); 1 km W de la parada Villanueva, 4 Dic 1997, selva baja caducifolia, 2090 m, *Ma.C. Arteaga 917* (CIIDIR). **Zacatecas:** Escuela de Agronomía de la Universidad Autónoma de Zacatecas, km 15.5 carr. a Guadalajara, 11 Ago 1988, a orilla del canal de riego, 2350 m, *Balleza 1596* (CHAPA, CIIDIR); Zacatecas, 3 Oct 1910, *Hitchc. 7521* (US).

Especie excluida: *Setaria verticillata* (L.) P. Beauv., citada para Zacatecas por Dávila et al. (2006), sin embargo se excluye por no haberse encontrado en los ejemplares revisados.

## Setariopsis Scribn.

Referencia: Davidse, G. et al. (eds.). 1994. *Setariopsis*. En: Flora Mesoamericana 6:364.

Plantas anuales cespitosas; tallos simples; lígula membranácea, pilosa, láminas aplanadas; inflorescencia una panícula terminal, espiciforme o angostamente cilíndrica, raquis piloso, ramas cortas, ascendentes, cada espiguilla acompañada por una ramilla estéril, setiforme; espiguillas comprimidas dorsalmente, glabras, sin aristas, algo infladas, 2-flosculadas, desarticulación por debajo de las glumas, la espiguilla caediza como una unidad; primera gluma corta, multinervada, obtusa, segunda gluma abruptamente ensanchada y auriculada arriba de una base angosta, multinervada, alada y algo endurecida en la madurez; flósculo inferior estéril, lema inferior más larga que la gluma superior, endurecida en la madurez, multinervada, pálea inferior corta, membranácea; flósculo superior bisexual, lema superior rígida, fuertemente convexa, los márgenes revolutos encerrando la pálea aplanada, excepto cerca del ápice; estambres 3, purpúreos; fruto una cariopsis. Dos especies de América tropical, ambas en nuestra área de estudio.

1. Vainas puberulentas o glabras; segunda gluma ovada, angostada en la base; lema inferior ovado-triangular, aguda, con 2 gibas prominentes en la base ____ **Setariopsis auriculata**
1. Vainas papiloso-hirsutas; segunda gluma circular, auriculada en la base; lema inferior estrechamente ovada, truncada o emarginada, sin gibas en la base ____ **Setariopsis latiglumis**

**Setariopsis auriculata** (E. Fourn.) Scribn., Publ. Field Columbian Mus., Bot. Ser. 1(3):289. 1896. *Setaria auriculata* E. Fourn., Mexic. Pl. 2:43. 1886.

Plantas anuales cespitosas; tallos 70–125 cm, erectos o con la base decumbente y enraizando, piloso debajo de los nudos, pelos adpresos; vainas puberulentas o glabras; lígula una hilera de pelos, láminas 15–25 cm × 6–10 mm, puberulentas o glabras; panícula 8–16 × 0.8–1.5 cm; espiguillas 2.7–3.5 mm, ovadas, aplanado-

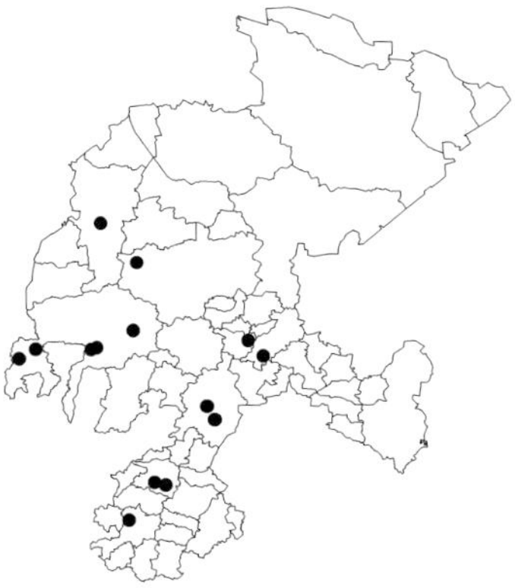

*Schizachyrium sanguineum*

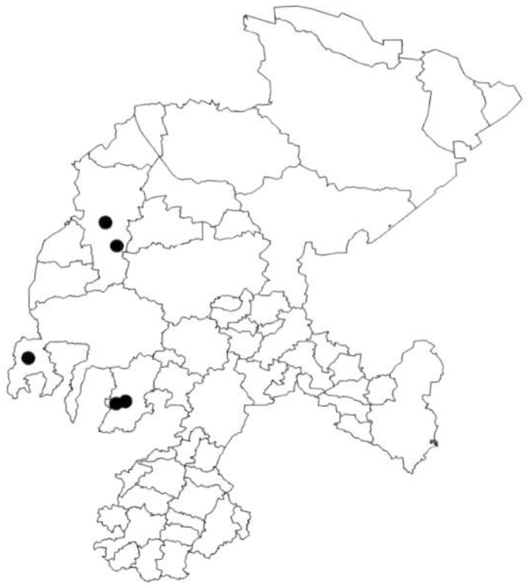

*Schizachyrium tenerum*

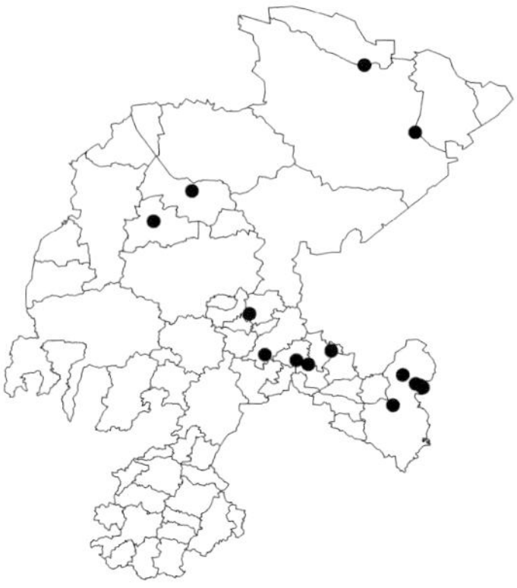

*Scleropogon brevifolius*

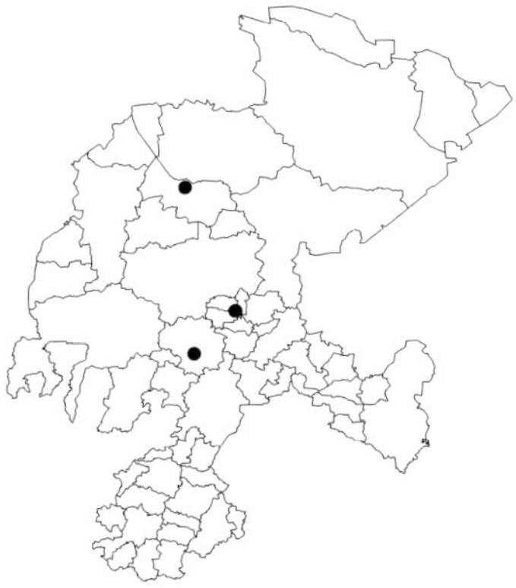

*Setaria adhaerens*

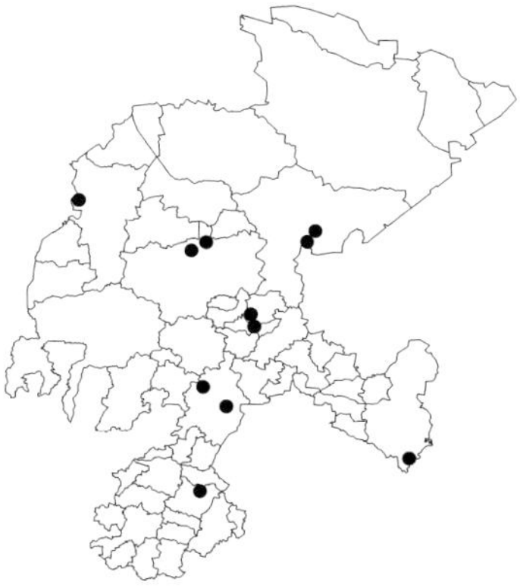

*Setaria grisebachii*

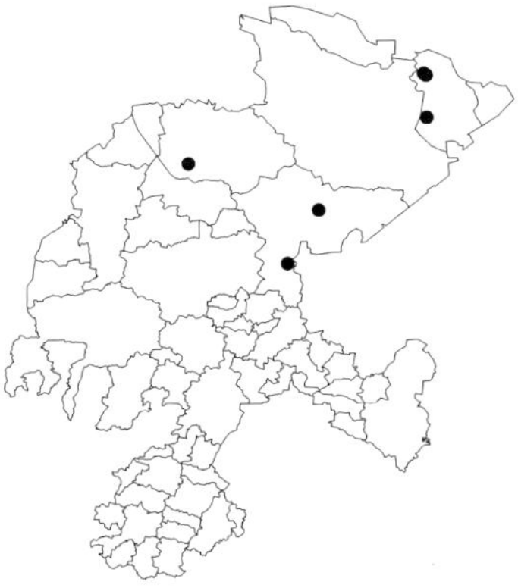

*Setaria leucopila*

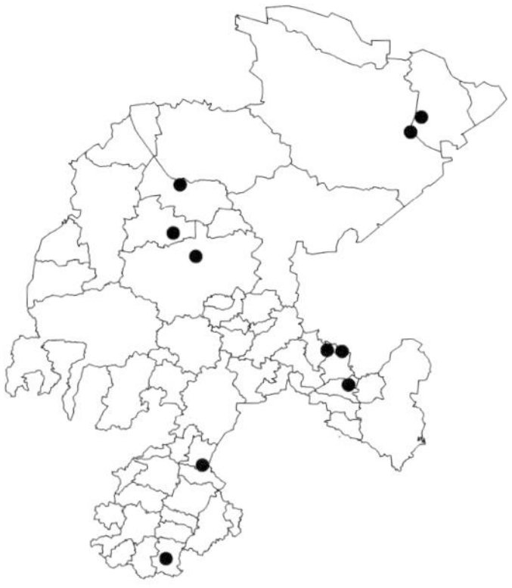

*Setaria macrostachya*

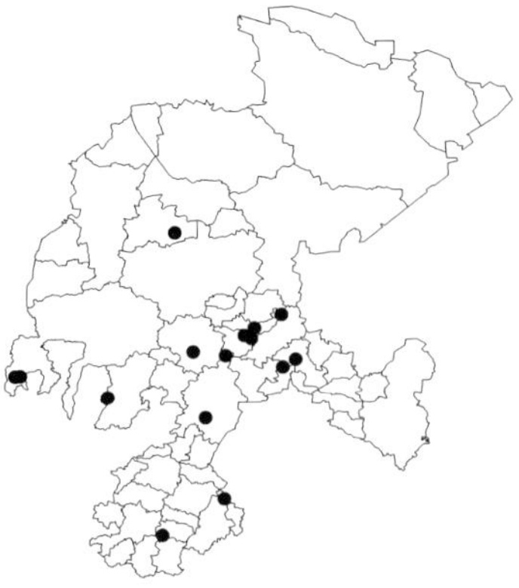

*Setaria parviflora*

*Setariopsis auriculata*

convexas, agudas, primera gluma 0.9–1 mm, 5–7-nervada; segunda gluma 2.7–3.2 mm, ovada, 11–17-nervada, la base angostada; lema inferior ovado-triangular, aguda, 7–9-nervada, con 2 gibas prominentes cerca de la base; pálea inferior 1/3–1/2 del largo de la lema inferior; lema superior 2.3–2.5 mm, rugosa; anteras 1–1.2 mm. $2n$ = 18. Habita en matorral xerófilo, a 2320 m de altitud.

Citada de Estados Unidos a Sudamérica.

**ZACATECAS. Zacatecas:** La Higuera, 24 Sep 1980, matorral crassicaule, 2320 m, *Beetle y R. Guzmán M-5691* (ENCB, MEXU).

**Setariopsis latiglumis** (Vasey) Scribn., Publ. Field Colombian Mus. Bot. Ser. 1(3):289–290, t. 11. 1896.
*Setaria latiglumis* Vasey, Bull. Torrey Bot. Club 13(12):229. 1886.

Plantas anuales cespitosas; tallos 70–130 cm, erectos, papiloso-híspidos en los nudos y debajo de ellos; vainas papiloso-hirsutas, lígula 2–2.5 mm, láminas 15–40 cm × 6–9(–15) mm, esparcido-hirsutas; panícula 10–25 × 1–2 cm; espiguillas 3.2–4 mm, circulares en la madurez; primera gluma 1.5–2.5 mm, 7–9-nervada, segunda gluma 3–3.8 mm, circular, 17–18-nervada, la base auricular; lema del flósculo inferior angostamente ovada, truncada o emarginada, 9–11-nervada, pálea inferior 1/5 del largo de la lema inferior o menos; lema del flósculo superior 2–2.3 mm, finamente rugulosa; anteras 0.5–0.8 mm. $2n$ = 18. Habita en el bosque tropical caducifolio y bosque espinoso, a 1100–1750 m de altitud.

Especie distribuida en México.

ZACATECAS. **Mezquital del Oro:** brecha Mezquital del Oro-Moyahua, 10 km del entronque con la carr. a Guadalajara, cerca del poblado Palo Verde, 30 Sep 1989, selva baja caducifolia, 1250 m, *Balleza 2430* (CHAPA, CIIDIR, IEB). **Moyahua:** carr. 54, km 102, 27 Ago 1988, matorral espinoso, 1100 m, *Balleza 1802* (CHAPA, CIIDIR, IEB); *1803* (IEB). **Valparaíso:** Ejido San Juan de Capistrano, límite entre Zacatecas y Durango, 28 Sep 1989, cañada con bosque en galería, 1750 m, *Balleza 2369* (CHAPA, CIIDIR, IEB).

## SORGHASTRUM NASH

REFERENCIA: Davidse et al. (eds.). 1994. *Sorghastrum*. En: Flora Mesoamericana 6:382–383.

Plantas anuales o perennes, cespitosas o rizomatosas; tallos fistulosos, nudos pilosos; lígula membranácea, láminas lineares, aplanadas a conduplicadas; inflorescencia una panícula solitaria, terminal, contraída o abierta, numerosos racimos cortos; racimos de 1 a varios entrenudos, cada nudo portando una espiguilla sésil y un pedicelo delgado piloso con una espiguilla rudimentaria, a veces faltante, raquis articulado, el entrenudo y pedicelo filiformes, la espiguilla sésil, el pedicelo y entrenudo caedizos como una unidad; espiguillas dimorfas, espiguillas sésiles comprimidas dorsalmente, lanceoladas a oblongas, bisexuales, con 2 flósculos; callo corto y obtuso o alargado y oblicuo, piloso; glumas iguales, coriáceas, lanceoladas, ocultando los flósculos, la primera aguda, pilosa, 7–9-nervada, la segunda más larga que la primera, truncada, glabra y lustrosa, 5-nervada; flósculo inferior estéril, lema inferior hialina, pilosa, 2-nervada, pálea inferior faltante; flósculo superior bisexual, lema superior hialina, 3-nervada, bífida, la arista originándose entre dientes pilosos, geniculada, torcida, exserta; estambres 3; espiguillas pediceladas reducidas, rara vez iguales a las sésiles. Género con 17 especies distribuidas en África y América.

1. Arista 15–35 mm de largo, dos veces geniculada; primera gluma 5-nervada; panícula 5–15 cm de largo, cilíndrica, laxa a veces compacta ____ **Sorghastrum incompletum**
1. Arista 10–22 mm de largo, una vez geniculada; primera gluma 7–9-nervada; panícula 10–30 cm de largo, abierta o contraída, bastante densa, amarillenta ____ **Sorghastrum nutans**

**Sorghastrum incompletum** (J. Presl) Nash, N. Amer. Fl. 17(2):130. 1912. *Andropogon incompletus* J. Presl, Reliq. Haenk. 1(4–5):342. 1830.

Plantas anuales cespitosas; tallos 25–100(–130) cm, por lo general decumbentes, a veces erectos, ramificados, entrenudos glabros; vainas glabras o papiloso-híspidas, lígula 1–3 mm; láminas 5–30 cm × 1–10 mm, aplanadas, generalmente glabras, raramente pilosas; panícula 5–15 cm, cilíndrica, laxa o compacta; espiguillas 6(–7) mm, doradas; primera gluma 3.5–5.5(–7) mm, 5-nervada, glabra; lema inferior 2.5–3 mm; lema superior 2–4 mm, muy angosta, la arista exserta 15–35 mm, apretadamente torcida, 2-geniculada; anteras 1–3.5 mm. $2n$ = 20,40. Habita en selva baja caducifolia, a 1250 m de altitud.

Conocida desde México a Sudamérica.

ZACATECAS. **Mezquital del Oro:** brecha Mezquital del Oro-Moyahua, 10 km del entronque con la carr. a Guadalajara, cerca del poblado Palo Verde, 30 Sep 1989, selva baja caducifolia, 1250 m, *Balleza 2433* (CHAPA, CIIDIR).

**Sorghastrum nutans** (L.) Nash, Fl. S.E. U.S. 66. 1326, 1903. *Andropogon nutans* L. Sp. Pl. 2:1045. 1753.

Plantas perennes rizomatosas; tallos 70–180(–230) cm, erectos, entrenudos glabros; vainas glabras o ligeramente híspidas, lígula 2–6 mm, láminas 10–50(–70) cm × 1–4 mm, aplanadas, glabras, rara vez pubescentes; panícula 10–30 cm de largo, abierta o contraída, bastante densa, amarillenta; espiguillas 5–8.5 mm, pardas a pardo-rojizas; primera gluma 5–7(–8) mm, 7–9-nervada, pilosa, segunda gluma 5–8 mm, 5-nervada, glabra; lema del flósculo inferior 4–6(–7) mm; lema del flósculo superior 3–5.5 mm, la arista exserta 10–22 mm, geniculada; anteras (2–)3–5 mm. *2n* = 20,40,80. Habita en pastizal, bosque de encino y bosque espinoso, a 1740–1980 m.

Distribuida desde Canadá hasta Sudamérica; Antillas.

**ZACATECAS. Teúl de González Ortega:** carr. Estatal 23, 1 km al N de la cabecera municipal, 13 Sep 1988, pastizal en suelo inundado, 1900 m, *Balleza 1932* (CHAPA, CIIDIR). **Valparaíso:** brecha de Lobatos-Adjuntas del Refugio, 29 Sep 1989, pastizal con bosque espinoso, 1980 m, *Balleza 2399* (CHAPA, CIIDIR); Ejido de Ameca la Vieja, por la brecha a Huejuquilla, 3 km de Ameca, 7 Oct 1988, bosque de encino, 1740 m, *Balleza 2096* (CHAPA, CIIDIR).

## SORGHUM MOENCH

REFERENCIA: Davidse et al. (eds.). 1994. *Sorghum*. En: Flora Mesoamericana 6:381–382.

Plantas anuales o perennes, cespitosas o rizomatosas; tallos sólidos o fistulosos, erectos; hojas caulinares, lígula membranácea, láminas lineares, aplanadas; inflorescencia una panícula grande, terminal, de numerosos racimos cortos, pedunculados, raquis del racimo articulado, las espiguillas en pares, las 2 espiguillas y 1 entrenudo del raquis caedizos como una unidad; espiguillas comprimidas dorsalmente, dimorfas, sésiles y pediceladas, con 2 flósculos; espiguillas sésiles bisexuales, aristadas, callo obtuso o punzante; primera gluma rígida, convexa, ocultando los flósculos delicados, redondeados sobre los márgenes pero 2-carinados y alados cerca del ápice; flósculo inferior estéril, lema inferior hialina, pálea inferior faltante; flósculo superior bisexual, lema superior 2-lobada, la arista emergiendo entre los lóbulos y exserta, pálea superior diminuta o faltante; estambres 3, fruto una cariopsis; espiguillas pediceladas usualmente estaminadas, pedicelos libres, glumas iguales, ocultando a los flósculos; flósculo inferior estéril, lema inferior rudimentaria, pálea inferior faltante; flósculo superior estaminado, lema superior hialina, pálea superior faltante o reducida; estambres 0–3. Aprox. 50 especies, 1 especie en América tropical, el resto del Viejo Mundo; muchas cultivadas en climas cálidos y escapadas de cultivo.

1. Plantas anuales, robustas, sin rizomas; entrenudos del tallo gruesos, sólidos; raquis de los racimos continuos o desarticulándose tardíamente; espiguilla pedicelada usualmente neutra mas corta que la espiguilla sésil; cariopsis por lo general más grande que las glumas ___ **Sorghum bicolor**
1. Plantas perennes, con rizomas firmes y carnosos; entrenudos sólidos o fistulosos, raquis de los racimos desarticulándose fácilmente en la madurez; espiguilla pedicelada usualmente estaminada de igual o mayor longitud que la espiguilla sésil; cariopsis oculta dentro de las glumas ___ **Sorghum halepense**

**Sorghum bicolor** (L.) Moench, Methodus 207. 1794. *Holcus bicolor* L., Mant. Pl. 301. 1771.

Plantas anuales cespitosas, parecidas al maíz; tallos 0.5–5 m × 1–5 cm, glabros, sólidos; vainas glabras a hirsutas, lígula 1–4 mm, láminas 50–100 × 6–10 cm, glabras a hirsutas; panícula 5–60 × 3–30 cm, densamente florífera y compacta a muy abierta y laxa, racimos con 1–5 pares de espiguillas, los entrenudos no se desarticulan; espiguillas sésiles 3–6(–9) mm, elípticas a obovadas, glabras a hirsutas; primera gluma tan larga como la espiguilla a más corta, el ápice anchamente agudo u obtuso, a veces 3 denticulado; lema del flósculo superior 4–5 mm, la arista faltante o si presente de 4–10 mm; espiguillas pediceladas 4–6 mm, estériles o estaminadas. *2n* = 20. Cultivada y escapada de cultivo presente en la orilla de caminos, a 1250–2150 m de altitud.

Nativa de África, introducida como forraje en América, conocida como "Sorgo."

**ZACATECAS. Apozol:** Ejido San Miguel, 30 Sep 1989, matorral subtropical, 1320 m, *Balleza 2452-B* (CHAPA). **Benito Juárez:** cerca de Florencia de Benito Juárez por la salida a Los Azafranes, 30 Sep 1989, parcelas de maíz en suelo inundado, 2150 m, *Balleza 2419* (CHAPA, CIIDIR). **Mezquital de Oro:** brecha Mezquital del Oro-Moyahua, a 11 km del entronque con la carr. a Guadalajara, 30 Sep 1989, 1250 m, *Balleza 2453* (CIIDIR).

**Sorghum halepense** (L.) Pers., Syn. Pl. 1:101. 1805. *Holcus halepensis* L., Sp. Pl. 2:1047–1048. 1753.

Plantas perennes rizomatosas, rizomas escamosos, prominentes; tallos 1–2 m × 0.4–2 cm, sólidos, glabros;

*Setaria adhaerens*

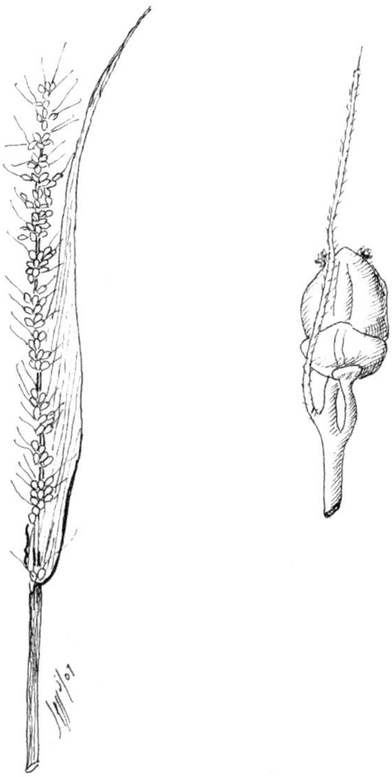

*Setaria grisebachii*

*Setaria leucopila*

*Setaria parviflora*

vainas generalmente glabras, rara vez esparcido- pilosas, lígula 3–6 mm, láminas 60–90 cm × 1.2–4 cm, generalmente glabras; panícula 10–50 cm × 5–25 cm, piramidal, abierta, racimos con 1–5 pares de espiguillas, adpresos, los entrenudos desarticulándose en el ápice; espiguillas sésiles 4–6.5 mm, elíptico-lanceoladas, glabras o adpreso-híspidas; primera gluma 7–11-nervada, el ápice 3-denticulado, segunda gluma 5–7-nervada; lema del flósculo superior 3–4 mm, la arista faltante o si presente de 10–16 mm, geniculada, anteras 2–2.6 mm; espiguillas pediceladas 4–5.7 mm, estaminadas, anteras 2–2.5 mm. $2n = 40$. Maleza en terrenos de cultivo, orilla de caminos y bosque de encino, a 1350–2300 m de altitud.

Especie nativa del Viejo Mundo, naturalizada en climas cálidos en toda América.

**ZACATECAS. Apozol:** Ejido San Miguel, a un lado del centro turístico el Paríso Caxcan, 27 Ago 1988, arvense, a la orilla de un cañaveral, 1350 m, *Balleza 1820* (CHAPA, CIIDIR). **Calera:** Centro de ovinos y lanar, 20 Oct 1989, planta cultivada, 2160 m, *Balleza 2614* (CHAPA, CIIDIR). **Mazapil:** rancho Mahoma, 15 Oct 1989, planta cultivada, 1850 m, *Balleza 2595* (CIIDIR). **Morelos:** 26 km de Zacatecas, por la carr. a Fresnillo, 22 Jul 1986, pastizal, 2153 m, *E. Manrique, Lozano y Bravo 1291* (ENCB, MEXU). **Moyahua:** El Bajío, al E de Moyahua, *Lopez 1* (MEXU). **Valparaíso:** entronque Potrero de Gallegos, km 18.5 carr. a Huejuquilla El Alto, Jal., 7 Oct 1988, pastizal, 2000 m, *Balleza 2086* (CHAPA). **Villanueva:** 1 km al E de Malpaso, por la carr. Zacatecas-Guadalajara, 8 Ago 1988, arvense a la orilla de un cultivo de maíz, 2300 m, *Balleza 1554* (CHAPA, CIIDIR).

## Sporobolus R.Br.

Referencia: Peterson, P.M. et al. 2004. *Sporobolus* (Poaceae: Chloridoideae: Cynodonteae: Zoysieae: Sporobolinae) from northeastern México.

Plantas anuales o perennes, cespitosas o rizomatosas; vainas redondeadas o carinadas, lígula una membrana pilosa, láminas aplanadas a conduplicadas, rara vez involutas; inflorescencia una panícula, espiciforme a abierta; espiguillas pequeñas, comprimidas lateralmente o redondeadas, con 1 flósculo bisexual, desarticulación arriba de las glumas o quedando intactas hasta la expulsión de la semilla; glumas iguales o desiguales, hialinas o membranáceas, 1-nervadas o enervadas, a veces con nervaduras laterales débiles, primera gluma más corta que el flósculo, segunda gluma más corta o tan larga como el flósculo; lema 1-nervada, membranácea, sin arista; pálea casi tan larga como la lema, a menudo separándose entre las nervaduras cuando los frutos maduran; estambres 1–3; fruto un utrículo con el pericarpio maduro tornándose gelatinoso al humedecerse, expulsando la semilla desnuda; embrión la ½ de la largo del utrículo. Aprox. 160 especies de los trópicos y subtrópicos, muy pocas en regiones templadas.

1. Collar de las vainas incluyendo la porción inmediatamente adyacente a la nervadura central blanco barbada, conspicuamente más pubescente que la superficie externa restante; panícula larga, parcialmente incluida en una vaina ____ **Sporobolus cryptandrus**
1. Collar de las vainas glabro en toda su extensión.
    2. Ramas de la panícula verticiladas en los nudos inferiores, usualmente en grupos de 5–10; plantas anuales o débilmente perennes, con tallos generalmente menores de 40 cm de alto.
        3. Panículas 3–10 cm de largo; ramas y eje de la panícula con glándulas conspicuas, al menos 1–6 mm ____ **Sporobolus pyramidatus**
        3. Panículas 10–15 cm de largo; ramas y eje de la panícula glabras o escábridas, a veces con glándulas inconspicuas, menores de 0.5 mm ____ **Sporobolus macrospermus**
    2. Ramas de la panícula nunca verticiladas, solitarias en los nudos inferiores u ocasionalmente con 2–3 juntas; plantas perennes, generalmente mayores de 40 cm de alto, fuertes o algunas frágiles; panículas generalmente mayores de 10 cm de largo (7 u 8 cm en algunas especies).
        4. Panículas espigadas, generalmente 10–40 cm de largo, 5–10 mm de grosor, con ramas cortas, aplicadas; a menudo los tallos hasta de 1 m de alto; espiguillas 1.7–2.6 mm de largo ____ **Sporobolus indicus**
        4. Panículas difusas o vagamente ramificadas, 2–10 cm de ancho o más; tallos y espiguillas varios.
            5. Plantas frágiles, 10–60 cm de alto; láminas 2–10(–15) cm de largo, glabras o con algunos pocos de pelos en la base.
                6. Espiguillas 1–1.4 mm de largo, las laterales aglomeradas, corto-pediceladas, pedicelos 1–2 mm de largo; primera gluma 0.3–0.5 mm de largo ____ **Sporobolus atrovirens**
                6. Espiguillas (1.2–)1.5–2 mm de largo, pedicelos capilares, flexuosas, por lo general más largas que las espiguillas, 2.5–3(–4) mm de largo; primera gluma 0.6–0.7 mm de largo ____ **Sporobolus trichodes**
            5. Plantas fuertes, en grupos firmes y fuertes; tallos (50–)100–200(–250) cm de alto; láminas (12–)15–40(–60) cm de largo, largo pilosos cerca de la base.

7. Láminas 2–3(–3.5) mm de ancho cerca de la base cuando aplanadas; ramas de la panícula 2–4(–7) cm de largo ____ **Sporobolus palmeri**
7. Láminas 5–10(–15) mm de ancho cerca de la base cuando aplanadas, ramas de la panícula 5–15(–20) cm de largo.
    8. Láminas aplanadas o en forma de U (en sección transversal) en casi toda su extensión, ápice involuto; panícula 20–40(–60) cm de largo, 3–4(–5) veces tan larga como ancha; ramas por lo general densamente flosculadas cerca de la base ____ **Sporobolus wrigthii**
    8. Láminas involutas, al menos un 1/2 de su extensión; panícula 15–25(–30) cm de largo, 1–2(–3) veces tan larga como ancha; ramas usualmente desnudas cerca de la base ____ **Sporobolus airoides**

**Sporobolus airoides** (Torr.) Torr., Pacific Railr. Rep. Parke, Bot. 7:21. 1856. *Agrostis airoides* Torr., Ann. Lyceum Nat. Hist. New York 1(1):151–152. 1824.

Plantas perennes con sistemas radicales muy desarrollados; tallos 50–100(–120) cm, amacollados con brotes estériles en la base, nudos glabros, poco comprimidos, pardos; vainas glabras a pilosas cerca del cuello, lígula 0.2–0.3 mm, con pelos de 4–5 mm, que sobresalen a la garganta, láminas 15–30(–40) cm × 5–12 mm, basales, largo pilosas cerca de la base, involutas, largamente acuminadas; panícula 15–25(–30) cm, ovoide, 1–2(–3) veces tan larga como ancha, ramas 10–15(–20) cm, desnudas en la base, entrenudos del eje principal 10–18(–30) mm; espiguillas 1.7–2.5 mm, densamente aglomeradas; primera gluma 0.9–1.2 mm, segunda gluma 1.5–2 mm; lema 2–2.5 mm, hialiana, lema y pálea en ocasiones con tintes purpúreos, todas lanceoladas con el ápice agudo; utrículo 1–4 mm × 0.7–0.9 mm, ovalada o elíptica, pardo ámbar. $2n$ = 80,90,108,126. Prefiere los suelos salinos del pastizal y matorral xerófilo, a 1780–2470 m de altitud.

Conocida desde el SW de Estados Unidos a México.

**ZACATECAS. Fresnillo:** carr. Fresnillo-Sombrerete, 2–3 km por la desviación a José María Morelos, 22 Jul 1987, matorral micrófilo con pastizal, 2020 m, *A. González s.n.* (SLPM). **Gral. Fco. R. Murguía:** Jaralillo, 2 Ago 1988, pastizal, 2217 m, *H. Hidrogo s.n.* (SLPM). **Gral Pánfilo Natera:** km 129.5 carr. 49, tramo San Luis Potosí-Zacatecas, entronque con la terracería al Tule, 17 Ago 1988, matorral desértico espinoso con nopalera, 2000 m, *Balleza 1634* (CIIDIR). **Guadalupe:** Ejido Casa Blanca, por la terracería a Los Rancheros, 2 Ago 1989, terreno sembrado con chile, 2250 m, *Balleza 2147* (CHAPA, CIIDIR); colonia Osiris, 18 Sep 1987, *V. Medina 165* (MEXU). **Mazapil:** Hacienda de Cedros, Sum 1908, *F.E. Lloyd 164* (US). Pico de Teira, E face, Sep 1908, *F.E. Lloyd 241*(US); Noria de Guadalupe, 1 Oct 1975, matorral desértico micrófilo, 1780 m, *M. González-Ledezma 154* (CHAPA). **Ojocaliente:** cercanías del pueblo, 12 Sep 1955, pastizal con matorral crassicaule, 2200 m, *Hern.-Xol. y V. Mathus N-1623* (CHAPA). **Miguel Auza:** 15 km al S de Miguel Auza, por la terracería a Ramón Corona, 3 Ene 1988, pastizal de *Sporobolus*, 2037 m, *Balleza 1906* (CIIDIR). **Pánuco:** 3 km al SE de Noria de San Juan, 7 Sep 1976, pastizal, 2180 m, *Bustos s.n.* (CHAPA). **Pinos:** 1 km al W de Pinos, 13 Ago 1985, matorral xerófilo, 2400 m, *F. Gómez 716* (SLPM); Los Alpes, carr. Méx 70, 2 Oct 1989, pastizal, 2020 m, *Balleza 2506* (CHAPA); SE of Zacatecas, 8 km W of the boundary between Zacatecas and San Luis Potosí on Mex 49, 28 Sep 1991, Clay flats with *Prosopis, Larrea tridentata, Opuntia*, and *Sporobolus airoides*, 2070 m, *P.M. Peterson, Annable y J. Valdés 10966* (US). **Veta Grande:** Lomeríos ubicados a 1 km al S de la cabecera municipal, 14 Ago 1988, matorral espinoso, 2470 m, *Balleza 1621* CHAPA, CIIDIR). **Villa de Cos:** 2 km de Villa de Cos, rumbo a Tierra y Libertad, 21 Jul 1986, matorral crassicaule, 2300 m, *E. Manrique, Lozano y Bravo 1366* (ENCB, MEXU). **Villa González Ortega:** km 86, carr. Méx 49, entronque con la terracería Manuel María, 19 Ago 1988, matorral desértico espinoso, 2300 m, *Balleza 1678* (CHAPA).

**Sporobolus atrovirens** (Kunth) Kunth, Révis. Gramin. 1:68. 1829. *Vilfa atrovirens* Kunth, Nov. Gen. Sp. (quarto ed.) 1:138. 1815.

Plantas perennes cespitosas; tallos 10–30 cm, erectos, simples, glabros, los entrenudos fistulosos, con 1(–2) nudos arriba de la base arrosetada de hojas; vainas redondeadas, cilioladas, lígula 0.1–0.2 mm, láminas 3–5 cm × 2–4 mm, aplanadas excepto en el extremo apical, glabras; panícula 5–10 × 3–5(–6) cm, abierta, cilíndrica, eje expuesto, ramas en su mayoría solitarias o en pares, patentes, desnudas abajo, con espiguillas en la ½ externa, sobre pedicelos cortos de 1–2 mm; espiguillas 1–1.4 mm, verde grisáceas, las laterales aglomeradas; primera gluma 0.3–0.5 mm, enervada, obtusa, segunda gluma 0.6–0.8 mm, obtusa, enervada; lema 1.1–1.4 mm; anteras 1(–2) mm × 0.6–0.8 mm; utrículo 0.9–1.1 mm, aplanado-cuadrangular en sección transveral, redondeado en el ápice. En áreas abiertas del matorral xerófilo, pastizal y bosque de pino, a 2000–2400 m de altitud.

Especie mexicana de amplia distribución.

**ZACATECAS. Fresnillo:** 3 km al N de fresnillo, por la carr. a Durango, 24 Ago 1988, pastizal, 2100 m, *Balleza 1695* (CHAPA). **Guadalupe:** Trancoso, 9 Sep 1987, matorral crassicaule, 2187 m, *L. Silva 149* (ENCB, MEXU). **Jerez:** 10 km al NW de la cabecera municipal, por la carr. que va a El Cargadero, 25 Ago 1988, potrero con bosque de pino, 2400 m, *Balleza 1740* (CHAPA, CIIDIR). **Pinos:** entronque a Los Arquitos por carretera a Espiritu Santo, 30 Sep 2006, matorral xerófilo, 2350 m, *O. Rosales & Y. Herrera 3381* (CIIDIR); km 54 carr. Ojocaliente-Pinos, 7 Sep 1973, pastizal, 2150 m, *R. Banda s.n.* (CHAPA). **Sombrerete:** Parque Recreativo Sierra de Órganos, 7 km al N de San José de Órganos, 29 Oct 2006, bosque de pino piñonero, 2314 m, *O. Rosales & Y. Herrera 3598* (CIIDIR); 4 km al SE de San José de Mesillas, 2 Nov 2006, matorral xerófilo, 2326 m, *O. Rosales & Y. Herrera 3674* (CIIDIR); 200 m antes del entronque a San José de Mesillas, 6.5 km de Sombrerete rumbo a Gualterio, 28 Oct 2006, matorral xerófilo, 2226 m, *O. Rosales & Y. Herrera 3548* (CIIDIR). **Villa García:** Ejido Copetillo, brecha a Villa García, 2 Oct 1989, pastizal, 2000 m, *Balleza 2483* (CHAPA). **Villa González Ortega:** km 86 de la carr. 49, tramo San Luis Potosí-Zacatecas, 19 Ago 1988, matorral desértico espinoso, 2300 m, *Balleza 1672* (CHAPA, CIIDIR). **Villanueva:** km 29 carr. a Guadalajara, 8 Ago 1988, matorral xerófilo, 2120 m, *Balleza 1549* (CHAPA).

**Sporobolus cryptandrus** (Torr.) A. Gray, Manual 576. 1848. *Agrostis cryptandra* Torr., Ann. Lyceum Nat. Hist. New York 1(1):151. 1824.

Plantas perennes; tallos 30–110 cm, 1–3 mm de diámetro, erectos, sin ramificarse; vainas con abundantes pelos blancos y suaves en la garganta y el collar, 2–4 mm, la base redondeado-aquillada en el dorso, lígula 0.5–1 mm, una hilera densamente pilosa, láminas 3–35 cm × 2–6 mm, aplanadas o involutas cuando secas; panículas 15–40 cm, cuando no incluidas en la vaina entonces de 3–15 cm de diámetro, abiertas, con frecuencia incluidas en la vaina superior, entonces linear y como espiga, ramas abiertas, no verticiladas; espiguillas 1.3–2.4(–2.8) mm, densas en las ramas inferiores; primera gluma 0.5–1.2(–1.5) mm, segunda gluma 1.2–2.1(–2.7) mm; lema 1.3–2.3(–2.7) mm, pálea igual a la lema; utrículo no visto. $2n$ = 36,38,72. Una colecta en el pastizal halófilo de Villa de Cos, a 2070 m de altitud.

Distribuida desde el S de Canadá hasta México; Sudamérica.

**ZACATECAS. Villa de Cos:** El Capirote, 25 Jun 1997, pastizal halófito arbosufrutescente, 2070 m, *M.C. Arteaga 835* (CIIDIR, ENCB).

**Sporobolus indicus** (L.) R. Br., Prodr. 170. 1810. *Agrostis indica* L., Sp. Pl. 1:63. 1753.

Plantas perennes, densamente cespitosas; tallos 55–95 cm, erectos, simples, glabros, los entrenudos sólidos, con nudos de 1–2 mm de ancho; hojas basales y caulinares, vainas redondeadas a ligeramente carinadas, glabras, cilioladas, lígula 0.1–0.3 mm, láminas 15–35 cm × 3–4 mm, aplanadas, glabras; panícula 15–35 cm × 5–10(–20) mm, densa, cilíndrica, eje oculto, ramas 1–4 sobre un lado del raquis, adpresas, con espiguillas hasta la base; espiguillas 1.7–2.7 mm, grisáceas, adpresas; primera gluma 0.5–1 mm, redondeada, débilmente 1-nervada, con el ápice obtuso y el margen eroso, segunda gluma 0.8–1.5 mm, con el ápice agudo en ocasiones eroso; lema 1.7–2.5 mm; pálea 1.7–2.2 mm; anteras 3, de 0.5–1 mm; utrículo 1–1.2 mm × 0.5–0.6 mm, aplanado-cuadrangular en sección transveral, casi truncado en el ápice, pardo rojizo. $2n$ = 18,24,36. En áreas perturbadas del pastizal y bosque de encino o pino, a 1800–2535 m de altitud.

Especie con 2 variedades reconocidas, sólo *S. indicus* var. *indicus* en México, y en Zacatecas.

Citada del SE de Estados Unidos a Sudamérica; Antillas.

**Zacatecas. Benito Juárez:** terracería Florencia de Benito Juárez–Llano Grande, 30 Sep 1989, pastizal con bosque de *Quercus*, 2150 m, *Balleza 2409* (CHAPA, CIIDIR). **Fresnillo:** Trópico de Cancer por la carr. a Torreón, 24 Ago 1988, pastizal, 2010 m, *Balleza 1732-B* (CHAPA); rancho Altamira, por la brecha entre Fco. I. Madero y Vasco de Quiroga, 19 Oct 1989, pastizal con encino, 2300 m, *Balleza 2655* (CIIDIR). **Gral. Joaquín Amaro:** near Plateado, on road from Colotlan, 31 Aug 1897, *Rose 2708* (US). **Jerez:** Sierra Los Cardos, 10.7 mi NW of Jerez, W of El Cargadero, on road towards Monte de los García, 19 Oct 2007, grassy flats with *Juniperus deppeana, Pinus cembroides*, and grasses, 2535 m, *P.M. Peterson, Saarela y D. Stancik 21421* (US); brecha Jerez-Guadalupe Victoria, 14 Sep 1989, bosque de pino-encino, 2450 m, *Balleza 2227* (CIIDIR). **Juchipila:** cerro de Piñones, rancho de Lorenzo Magallanes, 21 Nov 1997, bosque de coníferas, 2064 m, *Balleza y D. Enriquez 7866* (CIIDIR). **Monte Escobedo:** al W de Monte Escobedo, 26 Sep 1980, bosque de pino-encino, 2190 m, *Beetle y R. Guzmán M-5859* (CHAPA). **Sombrerete:** Agua Zarca, 20 Jul 1988, en arroyos, 2300 m, *E. García 6* (SLPM); Niño Artillero, 15 Jul 2002, bajíos húmedos de llanuras, 2500 m, *R. Orozco s.n.* (CIIDIR). **Teúl de González Ortega:** Comunidad de Milpillas de Allende, 17 Sep 1988, bosque de encino, 2350 m, *Balleza 1975* (CIIDIR). **Valparaíso:** Ejido Santa Lucía de la Sierra, 27 Sep 1989, bosque de pino, zona agrícola, 2290 m, *Balleza 2322* (CIIDIR); terracería entre Valparaíso y la Unión del Chacuaco, 20 Oct 1989, pastizal con *Quercus*, 1800 m, *Balleza 2616-B* (CIIDIR); 6 km del Ejido de Ameca el Nuevo, por la brecha que conduce a Milpillas de la Sierra, 20 Ago 1988, bosque de encino, 2050 m, *Balleza 1506* (CHAPA, CIIDIR); brecha Ameca-Milpillas de la Sierra, 22 Jul 1988, bosque de encino, 2050 m, *Balleza 1530* (CHAPA); Ejido Ciénega de la Purísima, 27 Sep 1989, bosque de pino-encino, 2340 m, *Balleza 2333* (CHAPA).

**Sporobolus macrospermus** Scribn. ex Beal, Grass. N. Amer. 2:302. 1896.

Plantas anuales delicadas; tallos 15–35 cm, erectos, esparcido-ramificados en los nudos inferiores, glabros,

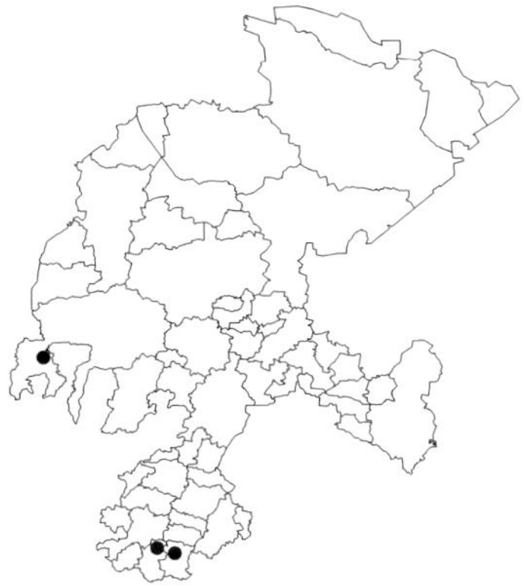

*Setariopsis latiglumis*

*Sorghastrum incompletum*

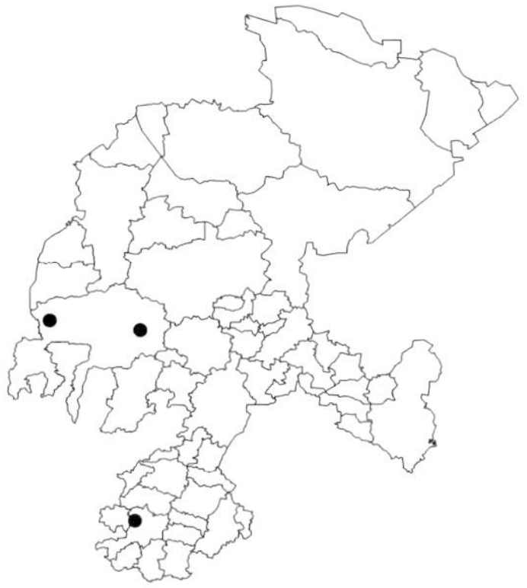

*Sorghastrum nutans*

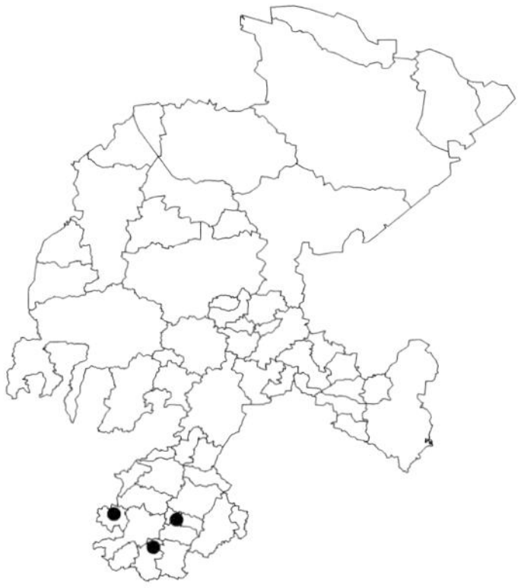

*Sorghum bicolor*

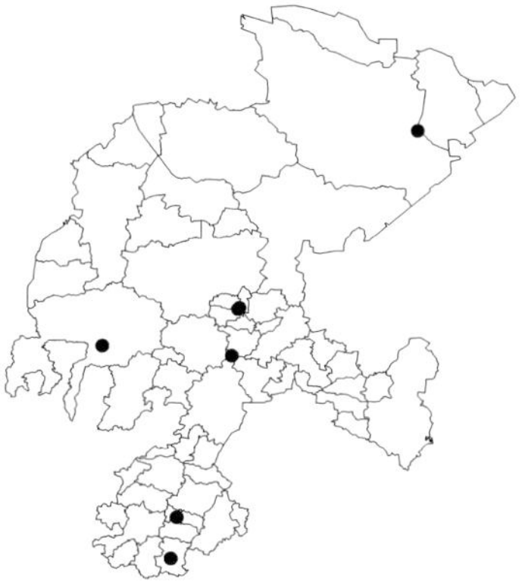

*Sorghum halepense*

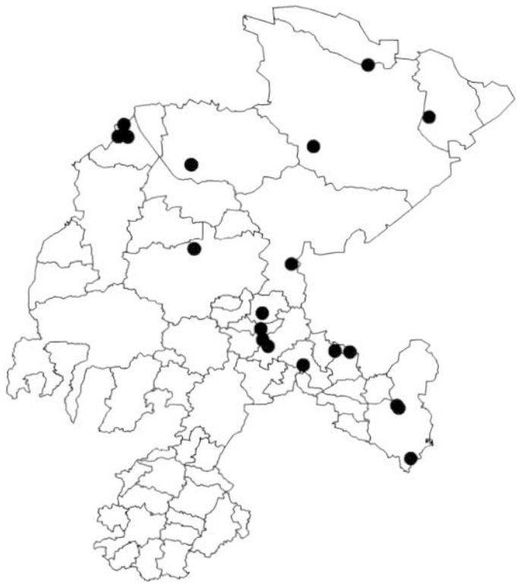

*Sporobolus airoides*

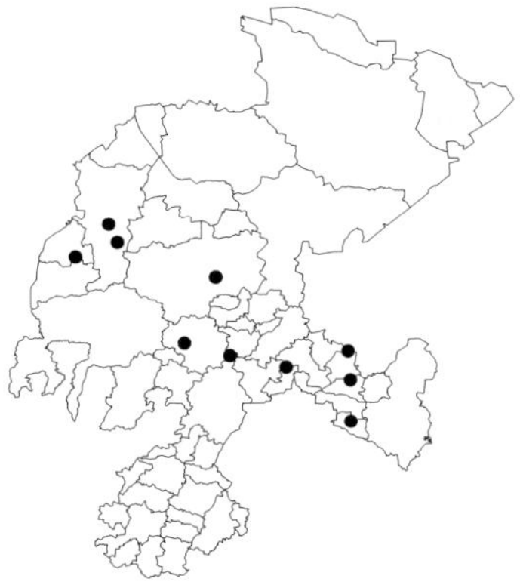

*Sporobolus atrovirens*

*Sporobolus cryptandrus*

entrenudos sólidos; hojas basales, vainas redondeadas, glabras pero pilosas, lígula 0.1–0.3 mm, láminas 5–10 cm × 2–4 mm, papiloso-pilosas con pelos largos esparcidos; panícula 10–15 × 2–5 cm, abierta, cilíndrica, eje expuesto, ramas verticiladas, patentes, con espiguillas en la mitad distal, glabras o escábridas, a veces con glándulas pequeñas, menores de 0.5 mm; espiguillas (1.5–)1.7–2(–2.4) mm, grisáceas, adpresas; primera gluma 0.7 mm, aguda, enervada, segunda gluma (1.5–)1.7–2(–2.4) mm, 1-nervada; lema 1.7–2 mm, pálea

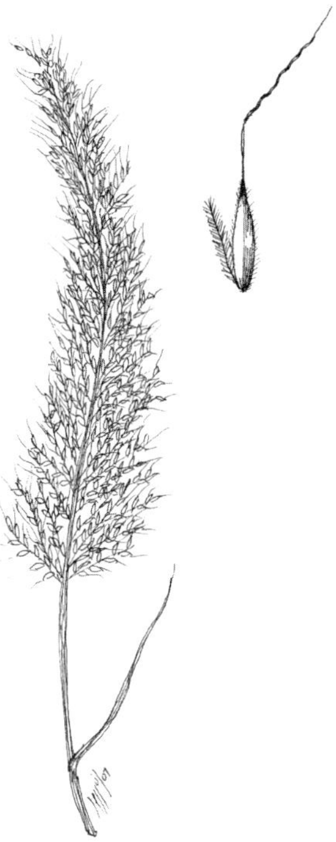

*Sorghastrum nutans*

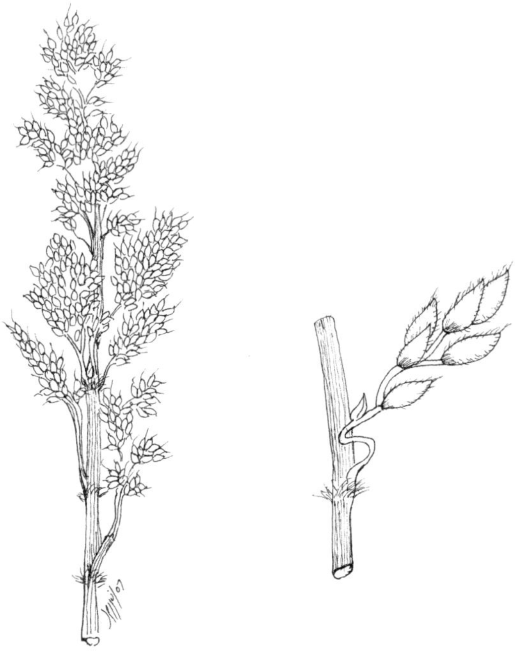

*Sorghum bicolor*

*Sorghum halepense*

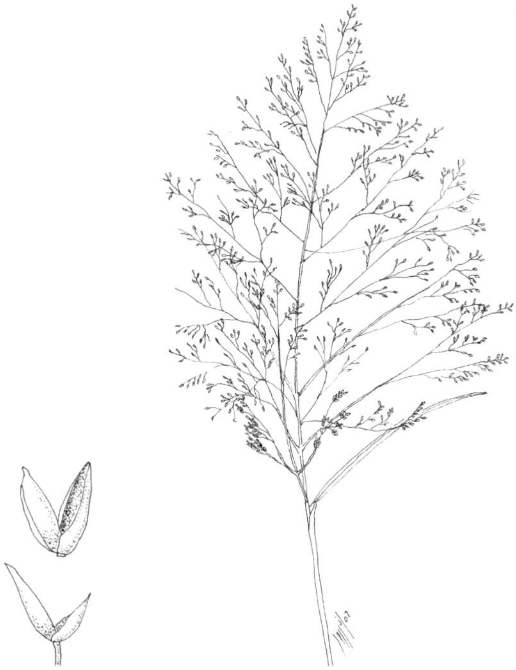

*Sporobolus airoides*

igual a la lema, ambas enervadas, hialinas; anteras 0.3–0.6 mm; utrículo 1.6–1.8(–2) mm, aplanado en sección transversal, redondeado en el ápice. Habita en pastizal y bosque de pino-encino, a 1860–2340 m de altitud.

Especie escasa, citada del Centro de México a Honduras

ZACATECAS. **Teúl de González Ortega:** 2 km al N de Teúl, carr. a Guadalajara, 30 Sep 1989, pastizal, 1860 m, *Balleza 2424* (CHAPA). **Valparaíso:** Ejido Ciénega de la Purisima, 27 Sep 1989, bosque de pino-encino, 2340 m, *Balleza 2332* (CHAPA).

**Sporobolus palmeri** Scribn., Bull. Div. Agrostol. U.S.D.A. 11:48, t. 5. 1898.

Plantas perennes, formando macollos esencialmente glabros, correosos, firmes, con 10–30 tallos, foliosos en la base; tallos 50–70 cm × 1–2(–2.5) mm de grosor, erectos, nudos escasos; vainas glabras, barbadas en la garganta, lígula una hilera diminuto pilosa, láminas (12–)15–20(–25) cm × 2–3(–3.5) mm, involutas, estriadas, con el ápice involuto-filiforme, protegido, agudo; panícula 8–20(–23) × 1–4(–6) cm, 3–20 veces tan largas como anchas, ramas rara vez verticiladas, 2–4(–7) cm, entrenudos del eje principal (2–)5–10 mm; espiguillas 1.7–2.8(–3) mm, aglomeradas; primera gluma 0.7–1.5 mm, segunda gluma 1–2 mm; lema 1.6–2.7(–3) mm , pálea igual a la lema. Zacatón de suelos salinos, alcalinos o gipsófilos, a 1750 m de altitud.

Especie mexicana conocida de Coah., Dgo., N.L., S.L.P. y Zac.

ZACATECAS. **Concepción del Oro:** 2 km al N de Concepción del Oro, llanura entre Sierra de Rocamontes, carr. Saltillo-Concepción del Oro, 26 Jul 1983, *J. Valdés VR-1610 y J.S. Marroquín* (SLPM); 4.5 km al W de Guadalupe, rumbo a Ciénega de Rocamontes, 3 Jul 1973, *M.C. Johnst., T. Wendt y F. Chiang 11594* (ENCB, MEXU).

**Sporbolus pyramidatus** (Lam.) Hitchc., Man. Grasses W. Ind. 84. 1936. *Agrostis pyramidata* Lam., Tabl. Encycl. 1:161. 1791.

Plantas anuales o perennes cespitosas; tallos 15–60(–70) cm × 1–2 mm de grosor, patentes, glabros, los entrenudos fistulosos, a menudo los nudos negros; hojas basales, vainas redondeadas, pilosas, con pelos largos en la garganta, lígula (0.3–)0.5–8 mm, una hilera pilosa, láminas 5–20 cm × 2–4 mm, aplanadas, piloso-pustulosas, marginalmente cerca de la base; panícula 3–15 × (1–)2–6 cm, difusa, elegantemente piramidal al madurar, el eje y las ramas expuestos, con glándulas conspicuas 1–6 mm, esparcidas cerca de la base, ramas verticiladas, patentes, las inferiores con espiguillas desde la ½ distal, las superiores con espiguillas casi hasta la base; espiguillas (1.5–)1.6–1.8(–2.2) mm, pardo amarillentas, grisáceas, adpresas; primera gluma 0.5–0.7 mm, subulada, 1-nervada, segunda gluma 1.5–1.8 mm, aguda, 1-nervada; lema 1.3–2 mm, cuadrangular en sección transversal, redondeado en el ápice, pálea 1.3–2 mm; utrículo oval-elíptico 0.7–1.2 mm × 0.5–0.6 mm, ámbar. $2n$ = 24,36. En áreas subsalinas y alcalinas, a 1080–2180 m de altitud.

Conocida del S de Estados Unidos a Sudamérica; Antillas.

ZACATECAS. **Ojocaliente:** 2.5 km del Salitral, carr. Pinos-Ojuelos, Jal., 8 Sep 1988, pastizal, 2180 m, *Balleza 1920* (CHAPA). **Río Grande:** 5 km al W de la carr. a Torreón, por la carr. a González Ortega, 24 Ago 1988, pastizal, 1860 m, *Balleza 1722* (CHAPA). **Valparaíso:** 16.2 mi W of Huejuquilla above Río Atengo crossing, 30 Sep 2001, dry calcareous flats and slopes with *Prosopis* and *Croton*, 1080 m, *P.M. Peterson y S. González 15981* (US). **Villa de Cos:** road from Sierra Hermosa SW to Zacatecas, 4 Sep 1938, *M.C. Johnst. 7427* (US).

**Sporobolus trichodes** Hitchc., Contr. U.S. Natl. Herb. 17(3):311. 1913.

Plantas perennes, delicadas, en pequeños macollos; tallos 20–60 cm, delgados, glabros; hojas basales, los restos de las vainas de la parte inferior de los tallos persisten engrosando la base de la planta, vainas estriadas glabras, lígula 3–5 mm, membranácea, pilosa, láminas 5–10 cm × 5–7 mm, involutas; panículas 5–10(–20) cm, ovoides, difusas, ramas abiertas, capilares, las inferiores solitarias, pedicelos capilares, 2.5–3(–4) mm, flexuosos; espiguillas (1.2–)1.5–2 mm, purpúreas o pardo-verdosas; primera gluma 0.6–0.7 mm, segunda gluma 0.7–1 mm; utrículo 1 mm de largo. Habita en pastizal y bosque de encino, a 2000–2500 m de altitud.

Especie mexicana de amplia distribución.

ZACATECAS. **Cuauhtémoc:** Presillas y Santa Inés, bosque de encino, 2364 m, *Brigada Zacatecas 20* (ENCB, MEXU); rancho Santa Fe, 23 Ago 1988, *E. Manrique y Beetle 1407* (MEXU). **Fresnillo:** rancho Altamira, brecha entre Fco. I. Madero y Vasco de Quiroga, 20 Oct 1989, pastizal con encino, 2300 m, *Balleza 2653* (CHAPA). **Jerez:** brecha Jerez–Monte de los García, 14 Sep 1989, pastizal con *Juniperus*, 2500 m, *Balleza 2230* (CHAPA, CIIDIR). **Monte Escobedo:** carr. a Adjuntas del Refugio, 21 Sep 1989, pastizal, 2000 m, *Balleza 2277* (CIIDIR); 4 km al N de Monte Escobedo, por la carr. a Mezquitic, Jal., 12 Ago 1988, bosque de encino, 2200 m, *Balleza 1598* (CHAPA).

**Sporobolus wrightii** Munro ex Scribn., Torrey Bot. Club Bul. 9:103. 1882.

Plantas perennes, formando enormes macollos con 10–30 tallos, de 20–40(–60) cm de diámetro en una base foliosa; tallos 80–200(–250) cm × 3–4(–6) mm, erectos, con pocos nudos; vainas glabras, lígula una hilera pequeña, densa, con algunos pelos largos, láminas 20–40(–60) cm × 7–10(–15) mm, aplanadas a conduplicadas, involutas solo en un ápice recto y protegido, estriadas, las estrías verdes y lisas o con pequeñas proyecciones; panículas 20–40(–60) cm, 3–4(–5) veces tan larga como ancha, piramidales, angostas, ovoides o fusiformes, ramas 5–15(–20) cm, ascendentes, no verticiladas, densamente floríferas desde cerca de la base, entrenudos del eje pricipal 5–12(–20) mm; espiguillas 1.5–2.2 mm; primera gluma 0.5–1 mm, segunda gluma 0.8–1.8 mm; lema 1.4–2.1 mm; pálea igual a la lema; utrículo 1.5–3 × 0.6–0.8 mm, ovalada o elíptica, pardo ámbar. $2n$ = 36. Hábitat: zacatón estrictamente alcalino, en terrenos bien drenados entre 1900 y 2190 m de altitud.

Especie conocida del S de Estados Unidos al N de México.

**ZACATECAS. Mazapil:** Base of Pico de Teyra near San Rafael, 12 Sep 1939, *Shreve 9392* (US); near San Isidro, 13 Sep 1939, *Shreve 9402* (US). 7 mi N of San Tiburcio, road from Concepción del Oro S to Cardona, 2 Sep 1938, *I.M. Johnst. 7362* (US). **Miguel Auza:** al S de Miguel Auza, 2 km antes de llegar a Manantial de la Honda, 2 Sep 1988, pastizal de *Sporobolus*, 2190 m, *Balleza 1884* (CIIDIR); 10 km al W de Miguel Auza, por la terracería a 20 de Noviembre, 2 Sep 1988, lomeríos con pastizal de *Stipa*, 2100 m, *Balleza 1879* (CHAPA); 15 km al S de Miguel Auza, por la terracería a Ramón Corona, 3 Ene 1988, pastizal de *Sporobolus*, 2037 m, *Balleza 1901, 1906* (CIIDIR). **Pinos:** cerca del Tecomate, 2 km al S del km 78 carr. nacional 46 San Luis Potosí-Zacatecas, 13 Oct 1965, llanura con zacatal, 2000 m, *F. Takaki 2107* (SLPM). **Río Grande:** carr. a Torreón, 24 Ago 1988, pastizal de *B. gracilis* y *B. curtipendula*, 1900 m, *Balleza 1732* (CHAPA, CIIDIR). **Villa de Cos:** 15 mi S of Sierra Hermosa, 5 Sep 1938, *Shreve 8615* (US). **Zacatecas:** Zacatecas, 3 Oct 1910, *Hitchc. 7535* (US).

## Steinchisma Raf.

Referencia: Zuloaga et al. 1988. Ann. Miss. Bot. Gard. 85:631–656.

Plantas perennes cespitosas a largamente rizomatosas; lígula membranácea, corto-pilosas a laciniadas, láminas lanceoladas a filiformes, aplanadas; inflorescencias laxas a contraídas, con espiguillas congestas en las ramificaciones; espiguillas glabras; primera gluma 3-nervada, 1/3–1/2 del largo de la espiguilla; segunda gluma y lema inferior 3–5(–7)-nervada; pálea inferior conspicuamente agrandada en la madurez a lo ancho a lo largo; flósculo inferior estaminada o neutra; lema superior ovoide o elipsoide, con papilas verrucosas dispuestas en hileras longitudinales, con aguijones hacia el ápice o sin ellos. Género con 6 especies americanas.

**Steinchisma cuprea** (Hitchc. & Chase) W.V. Br. Mem. Torrey Bot. Club 23(3):20. 1977. *Panicum cupreum* Hitch. & Chase, Contr. U.S. Natl. Herb. 15:120, f. 113. 1910.

Plantas perennes; tallos 20–60 cm, casi glabros, en ocasiones con raíces en los nudos inferiores; vainas cortas, glabras, lígula muy corta, membranácea, láminas 5–15(–25) cm × 1–5 mm, aplanadas o conduplicadas, un poco más anchas que las vainas, a veces pilosas cerca de la base; panícula 5–20 cm, dispersa, abierta, con escasas ramas desnudas en la base; espiguillas 2.5–2.8 mm, teñidas de púrpura, angostamente ovoides, agudas, en racimos secundarios; primera gluma 1–1.4 mm, ancha, segunda gluma 2.4–2.8 mm; flósculo inferior estéril, lema y pálea inferior agrandada y endurecida en la madurez, más gruesa que el fruto, expandiendo la espiguilla, mostrando una pequeña concavidad en el dorso; flósculo superior bisexual, fruto 2.2–2.5 mm, púrpura, agudo, lustroso. Habita en pastizal y bosque de encino o pino, a 1900–2550 m de altitud.

Especie mexicana conocida de: Ags., Dgo., Jal., Méx., Mich., Pue., Ver. y Zac.

**ZACATECAS. Monte Escobedo:** km 4 de la brecha que conduce a Mezquitic, Jal., 12 Ago 1988, bosque de encino, 2200 m, *Balleza 1600* (CHAPA, CIIDIR); Límite entre los estados de Zacatecas y Jalisco, por la terracería a Mexquitic, Jal., 21 Sep 1989, potreros en bosque de *Quercus*, 2190 m, *Balleza 2268* (ENCB); Salida a Laguna Grande, 21 Sep 1989, pastizal con bosque de *Quercus*, 2230 m, *Balleza 2290* (CHAPA, ENCB). **Teúl de González Ortega:** adelante del Lacandón, por la carr. 23, 11 Ago 1989, bosque de encino, 1900 m, *Balleza 2167* (CIIDIR, CHAPA, ENCB); *2168* (CIIDIR). **Tlaltenango:** 38 km W of Jalapa, along the road to Tlaltenango, 30 km from the entronque with the Jalpa-Juchipila rd, 21 Oct 1973, bosque de pino-encino, 2550 m, *Rzed. y McVaugh 1024* (US). **Valparaíso:** Ejido Santa Lucía de la Sierra, 27 Sep 1989, bosque de pino, 2290 m, *Balleza 2360* (CHAPA).

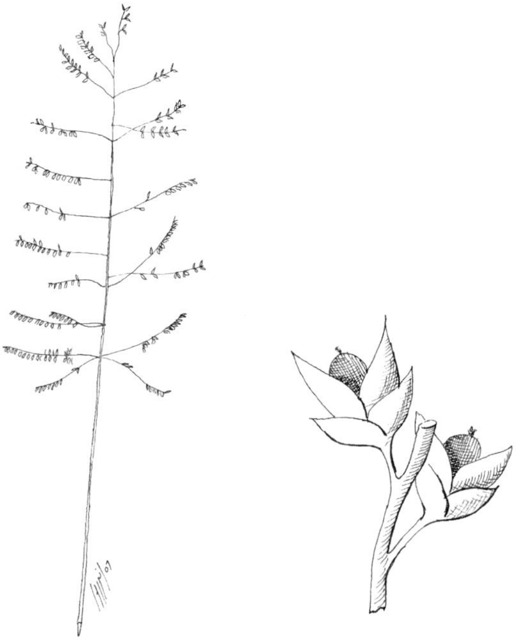

*Sporobolus atrovirens*

*Sporobolus cryptandrus*

*Sporobolus indicus*

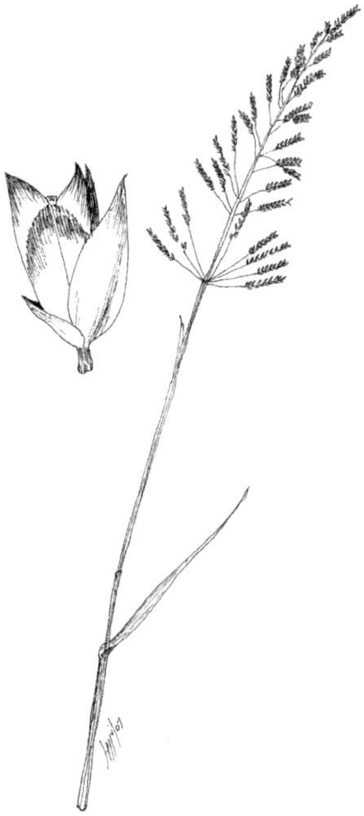

*Sporobolus pyramidatus*

*Steinchisma cuprea*

## Trachypogon Nees

Referencia: Davidse et al. (eds.). 1994. *Trachypogon*. En: Flora Mesoamericana 6:380–381.

Plantas perennes o anuales, cespitosas, en ocasiones con rizomas cortos; tallos sólidos, simples, moderadamente altos; vainas redondeadas, lígula membranácea, glabra, láminas aplanadas a ocasionalmente involutas, lineares; inflorescencia en forma de racimo terminal, solitario o fasciculado, raquis persistente; espiguillas en pares, dimorfas, con 2 flósculos, caedizas individualmente, espiguilla sésil estaminada, sin arista, otra pedicelada bisexual, largamente aristada, pedicelo de la espiguilla bisexual desarticulándose oblicuamente cerca de la base, formando un cuello agudo, barbado abajo de la espiguilla; primera gluma de la espiguilla bisexual firme, membranácea, redondeada en el dorso, con varias nervaduras, obtusa, segunda gluma firme, 3-nervada, lema del flósculo bisexual angosta, excurrente en una arista fuerte, torcida, geniculada o flexuosa, a menudo plumosa, pálea obsoleta; espiguilla sésil persistente, tan larga como o más corta que la espiguilla pedicelada y similar pero sin arista. Género con aprox. 6 especies de América tropical y África.

**Trachypogon spicatus** (L.f.) Kuntze, Revis. Gen. Pl. 2:794. 1891. *Stipa spicata* L. f., Suppl. Pl. 111. 1781.

*Trachypogon plumosus* (Humb. & Bonpl. ex Willd.) Nees

Plantas perennes; tallos 65–150 cm; vainas glabras, lígula 5–10 mm, láminas 10–30 cm × 1–4 mm, aplanadas o involutas, glabras; inflorescencia un racimo solitario a veces pareado, racimo 5–20 cm, erecto, eje escasamente pubescente en los nudos; espiguillas bisexuales (8–)9.5–10.5 mm, dispuestas en pares a lo largo de un raquis continuo, delgado; flósculo inferior con las glumas de 6.5–9.5 mm, 9-nervadas, la lema tan larga como las glumas, pilosa en el ápice; flósculo superior con la lema fértil estrecha, con arista de (3–)5–6.5 cm, flexuosa, geniculada, el segmento basal piloso, los pelos suaves, 0.5–2 mm, adpreso-ascendentes, pálea reducida, amarilla; espiguillas estaminadas 4–7 mm, similares a las bisexuales pero sin arista, persistentes en la espiga; primera gluma 5–7 mm, 6–9-nervada, pilosa, segunda gluma 5–6 mm, 3-nervada, glabra; lema inferior 4–7 mm; lema superior 3–5 mm; anteras 3–4 mm. $2n = 60$. Habita en pastizal, matorral espinoso, bosque de pino o encino, 1800–2400 m de altitud.

Conocida desde Canadá a Centroamérica; Antillas.

**ZACATECAS. Guadalupe:** km 19.5 carr. a Genaro Codina, 9 Oct 1989, pastizal de *Muhlenbergia* y *Bouteloua*, 2350 m, *Balleza 2519* (CHAPA). **Jerez:** 10 km al NW de Jerez, por la carr. que va a El Cargadero, 1.5 km delante de la comunidad Parral de las Huertas, 25 Ago 1988, bosque de pino, 2400 m, *Balleza 1763* (CHAPA, CIIDIR). **Nochistlán:** poblado de Tlachichila, por la brecha Nochistlán–Jalpa, 31 Oct 1989, pastizal con matorral espinoso, 2200 m, *Balleza 2666* (CHAPA, CIIDIR). **Sombrerete:** 6 km al N-NE de Agua Zarca, 29 Oct 2006, pastizal, 2280 m, *O. Rosales y Y. Herrera 3622, 3625* (CIIDIR); Ejido Fco. I. Madero, 19 Oct 1989, pastizal con matorral espinoso, 2400 m, *Balleza 2658* (CIIDIR); 9 mi NW of Sombrerete on E bajada of Sierra Papantón, 26 Sep 1948, *Gentry 8470* (US). **Valparaíso:** terracería entre Valparaíso y la Unión del Chacuaco, 20 Oct 1989, pastizal con *Quercus*, 1800 m, *Balleza 2623* (CHAPA, CIIDIR); km 18.5 tramo Valparaíso-Huejuquilla, 7 Oct 1989, bosque de encino con matorral espinoso, 2250 m, *Balleza 2089* (CIIDIR); 27 km al N de San Juan Capistrano, por la brecha a Santa Lucía de La Sierra, 27 Sep 1988, matorral subtropical, 2100 m, *Balleza 2052* (CHAPA); Ejido Ciénega de la Purísima, cerca de Santa Lucía de la Sierra, 27 Sep 1989, bosque de pino-encino, 2340 m, *Balleza 2327* (CHAPA, CIIDIR); Ejido Santa Lucía de la Sierra, 27 Sep 1989, bosque de pino, 2290 m, *Balleza 2296* (CIIDIR); 1 km NW of Tanque de los Rayos, near San Fco., 3 Nov 1963, pastizal, 1800 m, *Rzed. 17641* (ENCB, US); road to Huejuquilla el Alto, Jal., 1 mi W of the road jct 18 mi S of Valparaíso on the road to Mezquitic, Jal., 4 Sep 1958, oak forest, 2000–2100 m, *McVaugh, H. Loveland y R. Pippen 17740* (US); 35 mi W of Huejuquilla towards Canoas, 30 Sep 2001, rhyolitic rock outcrops with *Quercus conzattii* and *Pinus chihuahuana*, 1840 m, *P.M. Peterson y S. González 15989* (US).

## Tragus Haller

Referencias: Davidse et al. (eds.). 1994. *Tragus*. En: Flora Mesoamericana 6:298.

Plantas anuales o perennes, cespitosas; lígula membranácea, pilosa, láminas anchamente lineares, aplanadas; inflorescencia una panícula cilíndrica con espiguillas dispuestas en involucros de 2–5, sobre pedúnculos cortos, los involucros desarticulándose como una unidad; espiguillas similares o las superiores reducidas y estériles, con 1 flósculo bisexual, sin una extensión de la raquilla; glumas marcadamente desiguales, la primera diminuta, hialina, la segunda tan larga como la espiguilla, marcadamente 5–7-nervadas, con grandes aguijones en las nervaduras; lema 3-nervada, membranácea; pálea casi tan larga como la lema, membranácea, 2-carinada, convexa en el dorso. Género de aprox. 7 especies en los trópicos del Viejo Mundo, 3 introducidas en América.

**Tragus berteronianus** Schult., Mant. 2:205. 1824.

Plantas anuales en pequeños macollos; tallos 10–25 cm, ramificados en la base; lígula 0.6–0.7 mm, láminas 1–3 cm × 1.5–2.5 mm, con los márgenes blancos, cartilaginosos, pilosos; inflorescencia 4–7 cm × 4–7 mm, espiciforme; espiguillas 2.3–2.5 mm, provistas de un involucro espinoso ovoide, en grupos de 2, desprendiéndose juntas, 1-flosculadas, a veces el raquis prolongado como rudimento o arista corta, espiguilla basal 2–3 mm, bisexual, la superior 1.2–2 mm, estéril y rudimentaria, pedicelo del involucro 0.2–0.5 mm, tan corto como el entrenudo correspondiente a la segunda espiguilla, segunda gluma 5-nervadas, los aguijones hasta 0.8 mm, uncinados, bulbosos en la base; lema más corta que la segunda gluma, corto-aristada, la arista hasta 0.3 mm. Habita en pastizal y matorral xerófilo, a 2000–2320 m de altitud.

Especie nativa de los trópicos y subtrópicos del Viejo Mundo, introducida en América.

**ZACATECAS. Concepción del Oro:** cerca de Concepción del Oro, 11 Ago 904, *Palmer 279* (MEXU, US). **Fresnillo:** 3 km al E de la carr. a Torreón, por la carr. a Cañitas, 1 Sep 1988, matorral desértico espinoso, 2000 m, *Balleza 1857* (CHAPA). **Gral. Fco. R. Murguía:** Jaralillo, 1 Ago 88, pastizal de navajitas y *Sporobolus*, 2217 m, *H. Hidrogo y Acosta s.n.* (SLPM). **Loreto:** salida a Luis Moya, 4 Oct 1989, *Balleza 2470* (CHAPA). **Pánfilo Natera:** km 129.5 carr. Méx. 49, entronque con la terracería al Tule, 17 Ago 1988, matorral desértico espinoso, 2000 m, *Balleza 1641* (CHAPA). Predio Bajío de Malagana, 22 Oct 2003, matorral xerófilo, 2083 m, *M. Piedra 23-B* (CIIDIR). **Pinos:** km 72 carr. Méx 70, 2 Oct 1989, *Balleza 2949* (CHAPA). **Río Grande:** 5 km al NE de Tetillas, 4 Sep 1988, matorral desértico, 2150 m, *Balleza 1908* (CHAPA). **Sombrerete:** Parque Nacional Sierra de Órganos, alrededores de presón, 8 km a la entrada del parque, 22 Sep 2001, pastizal con Acacia y Forestiera, 2300 m, *D. Enríquez 3384* (CIIDIR). **Tabasco:** 2 km al S de Tabasco, km 124 carr. a Guadalajara, Oct 1958, *R. Claverán 52* (CHAPA). **Villanueva:** 5 km antes de Villanueva, Oct 1958, *R. Claverán 25* (CHAPA). **Zacatecas:** La Higuera, 24 Sep 1980, matorral crassicaule, 2320 m, *Beetle y R. Guzmán M-5696* (ENCB, MEXU).

## TRIDENS Roem. & Schult.

Referencia: Davidse et al. (eds.). 1994. *Tridens*. En: Flora Mesoamericana 6:259.

Plantas perennes, cespitosas; lígula una hilera de pelos, rara vez membranácea, láminas aplanadas, lineares; inflorescencia una panícula solitaria, abierta o contraída; espiguillas pediceladas, comprimidas lateralmente, con varios a numerosos flósculos; desarticulación arriba de las glumas y entre los flósculos; glumas más cortas que las espiguillas, delgadas, membranáceas, 1-nervadas, carinadas; lema un poco redondeada en el dorso, 3-nervada, pilosa a lo largo de la mitad inferior sobre las nervaduras, glabra en la mitad superior, emarginada a 2-dentada, mucronada o con una arista corta, las nervaduras laterales corto-excurrentes; pálea casi tan larga como la lema, 2-carinada, profundamente sulcada entre las quillas en la madurez; fruto una cariopsis comprimida dorsalmente, cóncavo-convexa en sección transversal. Género de aprox. 17 especies americanas.

**Tridens muticus** (Torr.) Nash, Fl. S.E. U.S. 143. 1903. *Tricuspis mutica* Torr., Pacif. Railr. Rep. 4(5):156. 1857.

Plantas perennes, amacolladas; tallos 30–50 cm, erectos; vainas escasamente pilosas, láminas aplanadas a subinvolutas; panícula estrecha, ramas muy cortas, interrumpidas, algo densas; espiguillas 10–12 mm, con 6–8 flósculos, con tintes purpúreos; glumas y flósculo inferior iguales en longitud; lemas densamente pilosas en la mitad inferior, con el ápice 2-dentado, sin arista ni mucrón; páleas pilosas en las nervaduras. Habita en matorral xerófilo a 1750 m.

Especie conocida desde Texas hasta el Centro de México.

## TRIPOGON Roem. & Schult.

Referencia: Davidse et al. (eds.). 1994. *Tripogon*. En: Flora Mesoamericana 6:261–262.

Plantas perennes, cespitosas, diminutas; follaje basal, lígula membranácea, pilosa, láminas lineares, filiformes; inflorescencia una espiga unilateral, delgada, solitaria, terminal, las espiguillas sésiles en 2 hileras,

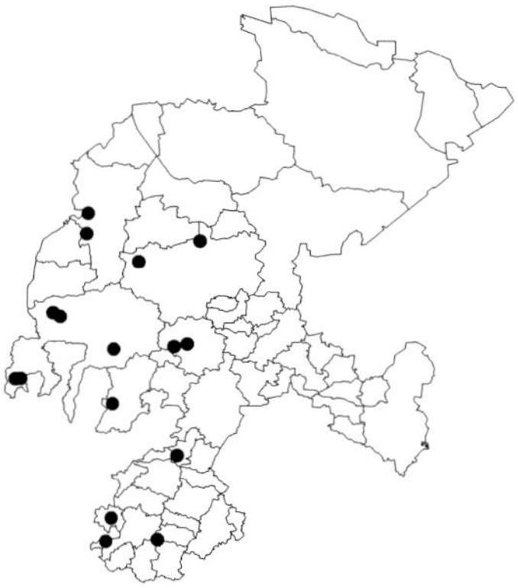

*Sporobolus indicus*

*Sporobolus macrospermus*

*Sporobolus palmeri*

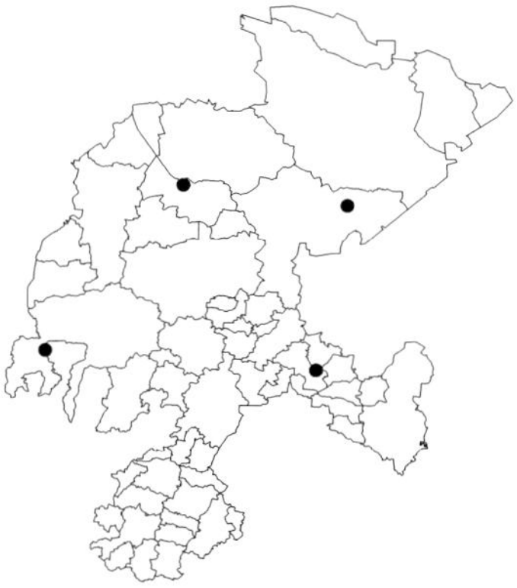

*Sporobolus pyramidatus*

*Sporobolus trichodes*

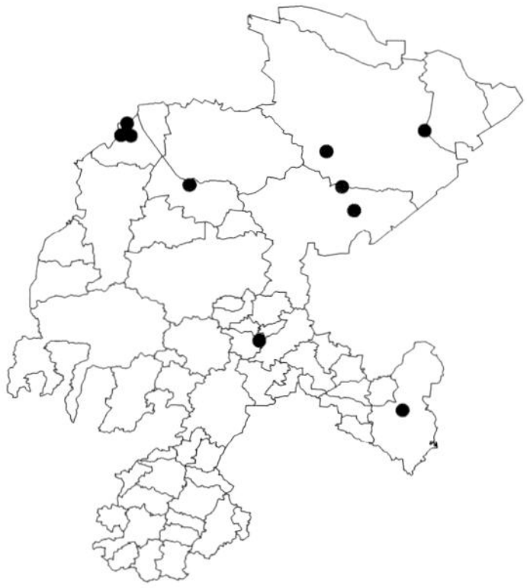

*Sporobolus wrightii*

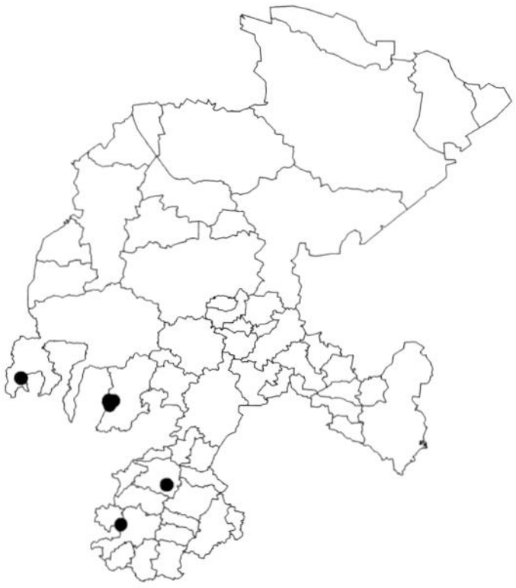

*Steinchisma cuprea*

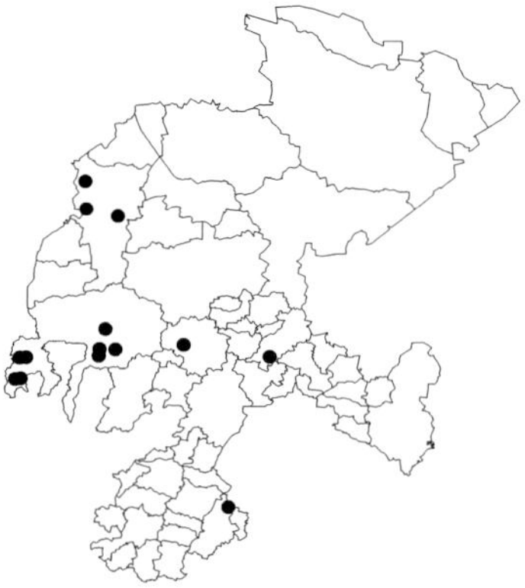

*Trachypogon spicatus*

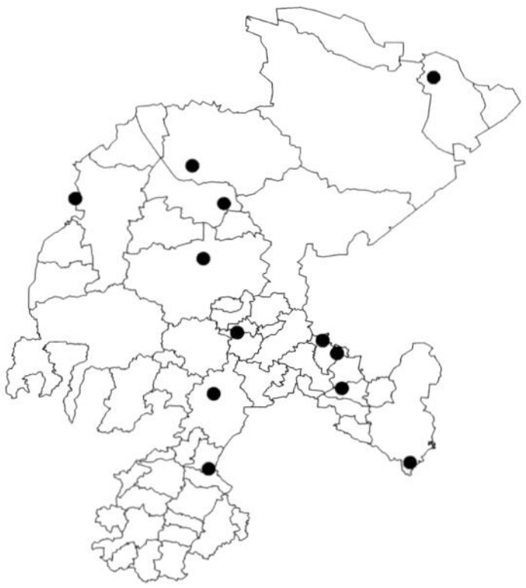

*Tragus berteronianus*

sobre un raquis triquetro, adpresas; espiguillas lineares, comprimidas lateralmente, con 5 a numerosos flósculos bisexuales; flósculo superior estéril, desarticulación arriba de las glumas y entre los flósculos; glumas desiguales, membranáceas, 1-nervadas, la primera más corta que la segunda; lema membranácea, 3-nervada, glabra, carinada, emarginada, mucronada a aristada; pálea cerca de la mitad del largo de la lema, 2-carinada, las quillas angostamente aladas; fruto una cariopsis. Aprox. 30 especies africanas, una sola especie en América.

**Tripogon spicatus** (Nees) Ekman, Ark. Bot. 11(4):36. 1912. *Bromus spicatus* Nees, Fl. Bras. Enum. 2:471. 1829.

Plantas perennes, cespitosas; tallos 10–30 cm, simples; vainas basales, fibrosas, glabras, la garganta con un mechón de pelos cortos, lígula 0.2–1.2 mm, membranácea, pilosa, muy corta, láminas 3–8 cm × 1–1.5 mm, enrollado-filiformes, flexuosas, largamente hirsutas adaxialmente; inflorescencia 5–12 cm, espiciforme; espiguillas 8–12 en cada espiga, lateralmente comprimidas, sésiles, dispuestas en 2 hileras sobre un raquis angosto y aplanado, desarticulación arriba de las glumas y entre los flósculos; espiguillas 5–12 × 1–2 mm, grisáceas; glumas glabras, la primera 2–2.5 mm, la segunda 3–3.5 mm; flósculos 6–13; lema 3–4 mm, 3-nervada, pilosa en la base, distintivamente bilobada con la nervadura central terminando en mucrón de 1–2 mm; anteras 0.5–1 mm, purpúreas; cariopsis 1.5 × 0.5 mm, pardo-amarillenta, glabra. $2n$ = 20. Habita en pastizal y matorral xerófilo, a 2120–2326 m de altitud.

Citada del SW de Estados Unidos a Sudamérica; Antillas.

**ZACATECAS. Cuauhtémoc:** rancho Santa Fé, 23 Ago 1988, matorral crassicaule, 2290 m, *E. Manrique y Beetle 1412* (ENCB, MEXU). **Sombrerete:** 4 km al SE de San José de Mesillas, 2 Nov 2006, matorral xerófilo, 2326 m, *O. Rosales y Y. Herrera 3675* (CIIDIR). **Villanueva:** km 29 carr. a Guadalajara, 8 Ago 1988, pastizal, 2120 m, *Balleza 1551* (CHAPA).

## Tripsacum L.

Referencia: McVaugh, R. 1983. *Tripsacum*. En: Flora Novo-Galiciana 14:384–393.

Plantas monoicas, perennes, robustas, gruesas, rizomatosas, formadoras de grandes macollos; láminas aplanadas; inflorescencias terminales y axilares con una a muchas ramas (espigas), exsertas, sección estaminada en la parte superior del racimo, caediza al madurar, espiguillas en pares sobre un lado de un raquis continuo, una espiguilla sésil la otra pedicelada o subsésil, con glumas firmes, tan largas como la espiguilla, lema y pálea delicadas, a veces reducidas; espiguillas pistiladas alojadas en las oquedades de las uniones de la parte inferior endurecida del raquis, con un flósculo bisexual y un flósculo estéril representado por una lema, primera gluma coriácea envolviendo casi por completo la espiguilla; lema de ambas flósculos y pálea hialinas. Género con algunas 12 especies conocidas de las regiones templadas del Nuevo Mundo.

1. Espiguilla superior del par estaminado con un pedicelo delgado de 2–5 mm de largo; porción estaminada de la inflorescencia flexuosa y más o menos péndula; racimos de la inflorescencia terminal más de 3; tallos 1–2 m de alto; inflorescencia terminal con 2–5(–9) racimos
    2. Tallos 1–2 m de alto; láminas 1–2(–2.8) cm de ancho, glabras a moderadamente pilosas; inflorescencia terminal con 2–5(–9) racimos; espiguillas estaminadas (5–)7–9 mm de largo; pedicelos de las espiguillas superiores (1–)2–3(–5) mm de largo ____ **Tripsacum lanceolatum**
    2. Tallos (2–)3–4 m de alto; láminas 3–6 cm de ancho, pilosas en ambas superficies; inflorescencia terminal con (2–)8–15 racimos; espiguillas estaminadas 6–10 mm de largo; pedicelos de las espiguillas superiores 2–6 mm de largo ____ **Tripsacum pilosum**
1. Espiguillas estaminadas de cada par sésiles o casi sésiles, o la superior con un pedicelo grueso de 1–2 mm de largo, porción estaminada de la inflorescencia erecta o ligeramente curva; racimos de la inflorescencia 2–3, a veces solitario.
    3. Tallos 0.6–1.2(–1.5) m de alto, 3–4 mm de grosor en la base; láminas 0.5–1(–1.6) cm de ancho, usualmente formando mechones basales al tiempo de la floración; espiga solitaria, rara vez 2 ____ **Tripsacum zopilotense**
    3. Tallos 2–4 m de alto, 5–10 mm de grosor en la base; láminas 1.5–2.5 cm de ancho, generalmente caulinares; espigas usualmente 2 o 3, ocasionalmente solitaria ____ **Tripsacum dactyloides**

**Tripsacum dactyloides** (L.) L., Syst. Nat. (ed. 10) 1261. 1759. *Coix dactyloides* L., Sp. Pl. 2:972. 1753.

Plantas perennes, en grandes macollos con rizomas endurecidos; tallos 2–4 m × 5–10 mm de grosor en la base, erectos, glabros; vainas glabras, lígula 0.8–1 mm, una hilera pilosa, láminas 30–60(–120) cm × 15–25 mm, aplanadas o involutas, glabras adaxialmente y esparcido-pubescentes abaxialmente; inflorescencia 15–25 cm, con (1–)2–3 racimos (espigas) subdigitados, a mitad de los cuales puede haber racimos laterales solitarios, la porción femenina ¼ o ½ del largo del racimo; espiguillas estaminadas 5–7(–8) mm, subsésiles; glumas coriáceas, del largo de la espiguilla, la primera 5-nervada, la segunda 3–5-nervada; espiguillas pistiladas 6–10 × 2.5–3.5 mm de diámetro, subsésiles, sin arista, lema del flósculo estéril y del flósculo fértil delgada y hialina, a menudo reducida, pálea membranácea, del largo de las glumas pero más angosta, ramas del estilo conspicuamente salientes. $2n$ = 36,54,72. En lugares encharcados del matorral subtropical y bosque de encino, a 1600–2100 m de altitud.

Especie con 3 variedades reconocidas, todas en México, sólo la variedad típica en Zacatecas.

Citada desde México a Centroamérica.

**ZACATECAS. Juchipila:** terracería Juchipila-Cuxpala, 12 Nov 1989, matorral subtropical, 1600 m, *Balleza 2712* (CHAPA). **Monte Escobedo:** Hacienda Santa Teresa, entre San Rafael y Monte Escobedo, 25 Sep 1980, bosque de encino, 2100 m, *R. Guzmán y Guzmán 1016* (ENCB, MEXU). **Valparaíso:** Ejido San Juan Capistrano, 28 Sep 1989, bosque de encino-pino, 1700 m, *Balleza 2367* (CHAPA, CIIDIR).

**Tripsacum lanceolatum** Rupr. ex E. Fourn., Mexic. Pl. 2:68. 1886.

Plantas perennes amacolladas, con rizomas endurecidos; tallos 1–2 m, erectos, glabros, nudos pardos; vainas híspidas en la base, las superiores algunas veces glabras, láminas 30–50 × 1–2(–2.8) cm, aplanadas, glabras a moderadamente pilosas; inflorescencia 10–25 cm, con 2–5(–9) racimos (espigas) terminales, algunas veces fasciculados, la porción estaminada péndula o flexuosa, verde o morado; espiguillas estaminadas (5–)7–9 mm, pedicelos de las espiguillas superiores del par estaminado (1–)2–3(–5) mm, pubescentes, delgados, primera gluma coriácea, del mismo tamaño de la espiguilla, algo escabrosa, con pelos esparcidos en los márgenes, 5–7-nervada, segunda gluma un poco más delgada, glabra, 5-nervada; espiguillas pistiladas 6–10 mm × 3 mm de diámetro, subsésiles. $2n$ = 72. Habita en pastizal, matorral xerófilo y bosque de encino, a 2000–2350 m de altitud.

Conocida desde el SW de Estados Unidos a Centroamérica.

**ZACATECAS. Gral Fco. R. Murguía:** 0.5 km al E de la carr. a Torreón, por la carr. a Nieves, 1 Sep 1988, pastizal, 2200 m, *Balleza 1867* (CHAPA, CIIDIR). **Monte Escobedo:** 6 km antes de Monte Escobedo, por la carr. Huejucar-Monte Escobedo, 6 Oct 1977, pastizal, 2150 m, *J. García 864* (CHAPA, SLPM). **Río Grande:** 5 km al NE de la población de Tetillas en el cerro mayor del mismo nombre, 4 Sep 1988, nopalera con matorral desértico, 2150 m, *Balleza 1909* (CHAPA, CIIDIR). **Teúl de González Ortega:** Milpillas de allende, 16 Sep 1988, bosque de encino, 2350 m, *Balleza 1958* (CHAPA). **Valparaíso:** 7.2 mi W of Valparaíso, 16 Aug 1969, *J. Taylor y C. Taylor 6156* (US); road to Huejuquilla el Alto, Jal. 1 mi W of the road jct 18 mi S of Valparaíso on the road to Mexquitic, Jal., 4 Sep 1958, oak forest, 2000–2100, *McVaugh, H. Loveland y R. Pippen*, 17664 (US).

**Tripsacum pilosum** Scribn. & Merr., U.S.D.A. Div. Agrost. Bull. 24:6. 1901.

Plantas perennes y robustas, rizomatosas; tallos (2–)3–4 m, erectos, pubescentes debajo de la inflorescencia terminal, entrenudos hasta de 1 cm de ancho; follaje basal o caulinar, vainas basales tuberculoso-hispídulas, las superiores moderada a densamente hirsutas, láminas 3–6 cm de ancho, suaves, pilosas en ambas superficies, rara vez glabras excepto cerca de la base; inflorescencia terminal con (2–)8–15 racimos (espigas), el eje de 3.5–12 cm, con 4–9 nudos; entrenudos pistilados 2–3 mm de ancho; la porción estaminada péndula, 0.3–0.9 mm de ancho en la mitad; espiguillas estaminadas 6–10 mm, la espiguilla superior del par pedicelada, pedicelos 2–6 mm, delgados, glumas membranáceas, agudas. $2n$ = 72. Habita en la selva baja caducifolia, de 1100–1250 m de altitud.

Citada de Estados Unidos a Centroamérica.

**ZACATECAS. Moyahua:** brecha a Palmarejo, cerro Buenavista (km 2.5), cerca de la comunidad "La Presa", 8 Oct 1992, selva baja caducifolia, 1250 m, *D. Enríquez 267* (HUAZ); cerro La Bolsa, a 15 km al S de Moyahua por la carr. Méx 54, tramos Moyahua-Ixtlahuacán del Río (Jalisco), ladera E entre Santa Rosa y Las Palmas, 4 Sep 1997, bosque tropical caducifolio, 1100 m, *D. Enríquez y Balleza 1643* (HUAZ).

**Tripsacum zopilotense** Hern.-Xol. & Randolph, Folleto Técn. de Estud. Espec. México 4:22. 1950.

Plantas cespitosas, en grandes grupos; tallos 0.6–1.2(–1.5) m × 3–4 mm de grosor en la base, pilosos o glabros debajo de las espigas; vainas inferiores fuertemente híspidas, las superiores híspidas a glabras, láminas 25–35 cm × 0.5–1(–1.6) cm, pilosas en ambas superficies, formando mechones basales al tiempo de la floración; inflorescencia 1 racimo solitario, rara vez 2 digitados, de 10–16 cm, la porción pistilada 4–7 cm × 2–2.5 mm de grosor en la fructificación, redondeada; espiguillas pistiladas 5–11, de 5–7 mm; espiguillas estaminadas de 5–7 mm, sésiles; glumas inferiores coriáceas. $2n$ = 36. En pastizal, bosque de pino-encino y de pino piñonero, a 1900–2550 m de altitud.

Trachypogon spicatus

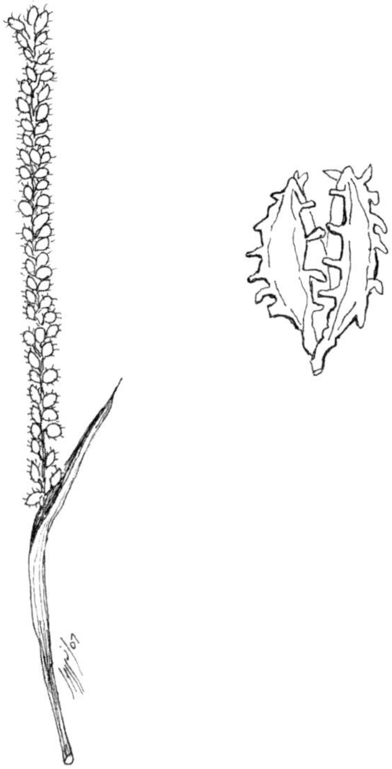

Tragus berteronianus

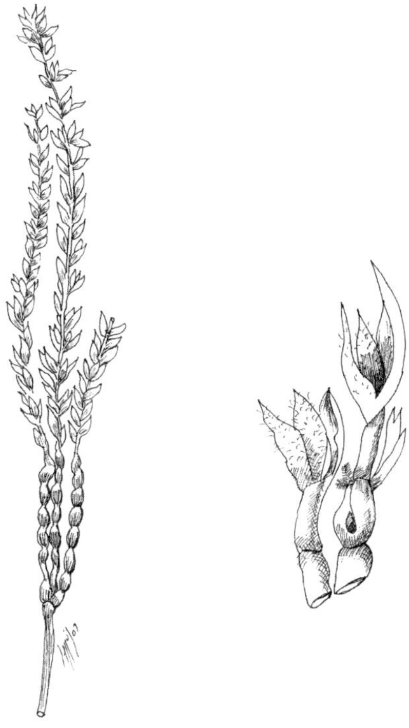

Tripsacum dactyloides

Tripsacum lanceolatum

Conocida de México a Centroamérica

**ZACATECAS. Nochistlán:** Cañada El Pinole, costado del cerro El Castillo, NE de Tlachichila, Sierra del Laurel, 27 May 2006, bosque de encino, 2020 m, *J. Martínez 616* (CIIDIR, INEGI). **Teúl de González Ortega:** Ejido de Milpillas de Allende, 17 Sep 1988, bosque de *Quercus*, 2300 m, *Balleza 1954, 1966* (CHAPA); *1965* (CIIDIR); El Lacandón, carr. a Guadalajara, 12 Ene 1990, bosque de encino, 1900 m, *Balleza 2166* (CHAPA). **Tlaltenango:** 38 km W de Jalpa, along the hwy to Tlaltenango, 30 km from jct with Jalpa-Juchipila hwy, 21 Oct 1973, bosque de encino-pino, 2450 m, *Rzed. y McVaugh 944* (ENCB, US); km 39 brecha Jalpa–Tlaltenango, 11 Nov 1989, bosque de encino- pino, 2550 m, *Balleza 2710* (CHAPA, CIIDIR, IEB). **Valparaíso:** brecha de Lobatos-Adjuntas del Refugio, 28 Sep 1989, pastizal con bosque espinoso, 1980 m, *Balleza 2381-B* (CIIDIR, IEB).

## TRISETUM PERS.

REFERENCIA: Finot, V.L. et al. 2004. Ann. Missouri Bot. Gard. 91:1–30.

Plantas perennes o rara vez anuales, cespitosas o algunas especies rizomatosas; tallos fistulosos, simples o ramificados; lígula membranácea, redondeada o truncada, láminas lineares, aplanadas, a veces conduplicadas a involutas; inflorescencia una panícula piramidal y abierta a espiciforme; espiguillas comprimidas lateralmente, con 2–5(–6) flósculos bisexuales; desarticulación arriba o debajo de las glumas y entre los flósculos, raquilla pilosa, prolongándose más allá del flósculo superior, en ocasiones terminando en un rudimento; glumas heteromórficas, lanceoladas, ovado-lanceolada u oblanceolada, primera gluma 1–3-nervada, segunda gluma 3–5-nervada; lemas con 2–4 aristas cortas en el ápice, enteras, o bidentadas; pálea menor o mayor que la lema, no estrechamente encerrada por los márgenes de la lema, hialina, con las quillas escabrosas; estambres 3, anteras amarillas; cariopsis fusiforme, glabra o pilosa, endospermo líquido a duro; Aprox. 75 especies distribuidas en clima templados y fríos de ambos hemisferios.

**Trisetum viride** (Kunth) Kunth, Révis. Gramin. 1:101. 1829. *Avena viridis* Kunth, Nov. Gen. Sp. (quarto ed.) 1:147. 1815.

Plantas perennes, amacolladas; tallos 50–150 cm, erectos, glabros, simples, la ½ inferior escasa de follaje; vainas retrorsamente escabrosas a glabras en la madurez, lígula 0.5–6 mm, membranácea, truncada, a veces pilosa, láminas 15–20 cm × 2–6(–9) mm, aplanadas o algo involutas; panícula 15–35 cm × 4–6 mm, laxa, eje escábrido, ramas ascendentes a algo flexuosas, fasciculadas, ramas 5–16 cm, desnudas en la ½ inferior; espiguillas 5–8(–9.5) mm de largo, 2–3(5)–flosculadas, desarticulación arriba de las glumas y entre los flósculos, raquilla pilosa, los pelos 0.5–1 mm, a veces terminando en un flósculo rudimentario; glumas subiguales, la primera 3.5–6 mm, 1-nervada, la segunda 4–7 mm, 3-nervada; lema del flósculo inferior 4–6 mm, subcilíndrica, los márgenes involutos, ápice 2-dentado, con los dientes agudos o redondeados, erosos o con las nervaduras extendidas hasta formar cuatro dientes delgados, arista 5–10 mm, inserta en la mitad, geniculada, flexuosa, torcida; pálea menor o igual a la lema, hialina, las quillas escabrosas; estambre 3 en cada flósculo; anteras 1.5–2.5 mm; cariopsis 2–2.5 mm, blanda, endospermo líquido. $2n$ = 28. Habita en pastizal y bosque de pino piñonero, de 2100–2290 m de altitud.

Se le conoce desde México a Centroamérica.

**ZACATECAS. Miguel Auza:** 2.5 km al W de la colonia Emilio Carranza, por la brecha a la Sierra de Santa María, 2 Sep 1988, pastizal abierto en bosque de pino piñonero, 2100 m, *Balleza 1885* (CHAPA). **Valparaíso:** Santa Lucía de la Sierra, 27 Sep 1989, bosque de pino, 2290 m, *Balleza 2352* (CHAPA).

## TRITICUM L.

REFERENCIA: McVaugh, R. 1983. *Triticum.* En: Flora Novo-Galiciana 14:403–404.

Plantas anuales; hojas aplanadas; espigas terminales; espiguillas 2–5 flósculos, sésiles, solitarias, sobre lados opuestos o alternos de un raquis continuo, lateralmente comprimidas, con un lado aplicado al eje, la raquilla desarticulándose arriba de las glumas y entre los flósculos; glumas anchas, rígidas, carinadas, abruptamente mucronadas o aristadas, el ápice más o menos dentado; lemas firmes, carinadas, aristadas o sin aristas. Existen aprox. 10 especies cultivadas la mayoría en las regiones templadas del Mundo.

**Triticum aestivum** L., Sp. Pl. 1:85. 1753.

Plantas anuales cultivadas; tallos 1.2–1.8 m, ramificados, glabros o casi glabros; vainas con aurículas, lígula 2.5–3 cm, membranácea, truncada, láminas 25–35 cm × 2 cm; espiga 5–20 cm, terminal; espiguillas 10–15 mm sin contar las aristas, densamente imbricadas sobre un raquis grueso, con 3–6(–9) flósculos, las superiores mucronadas o aristadas, lema con o sin arista, arista hasta de 16 cm. Cultivada en el Campo Experimental de la UAZ, a 2350 m de altitud.

Especie introducida en todos los estados de México, nombre común "Trigo."

**ZACATECAS. Zacatecas:** Campo Agrícola Experimental de la Escuela de Agronomía de la Universidad Autónoma de Zacatecas, 5 Abr 1990, 2350 m, *Balleza 2736* (CHAPA, CIIDIR).

## UROCHLOA P. BEAUV.

REFERENCIAS: Morrone, O. & F.O. Zuloaga. 1993. Darwiniana 32:59–75. Davidse, G. et al. (eds.). 1994. *Urochloa.* En: Flora Mesoamericana 6:331–333.

Plantas anuales o perennes, cespitosas, estoloníferas o rizomatosas; vainas redondeadas, lígula membranácea, pilosa, láminas lineares a linear-lanceoladas; inflorescencias terminales o terminales y axilares, panículas de varios a numerosos racimos simples o ramificados, las espiguillas en 2 hileras, solitarias y brevipediceladas sobre los lados inferiores del raquis, el dorso redondeado de la lema bisexual volteado hacia el raquis; espiguillas elípticas a ovadas, sin aristas, comprimidas dorsalmente, aplanado-convexas o biconvexas, con 2 flósculos, desarticulación por debajo de las glumas, la espiguilla caediza como una unidad; primera gluma corta, enervada o hasta 11-nervada, segunda gluma y lema inferior casi tan largas como la espiguilla, herbáceas, 5–11-nervada, en ocasiones con nervaduras transversales; flósculo inferior estaminado o estéril; pálea inferior faltante o presente; flósculo superior bisexual, cartilaginoso o rígido, ruguloso, obtuso a apiculado, los márgenes enrollados sobre la pálea; pálea tan larga como la lema superior y de la misma textura. Género con aprox. 130 especies de distribución Pantropical.

1. Inflorescencias con ramificaciones de primer orden alternas a verticiladas, dispuestas hacia todos los lados del eje principal; pedicelos de longitud desigual; espiguillas 5–6 mm de largo ______ **Urochloa texana**
1. Inflorescencias con ramificaciones de primer orden dístico-alternas; pedicelos todos similares en longitud; espiguillas 2–5 mm de largo.
   2. Raquis de los racimos triquetro, no alado; plantas anuales o perennes.
      3. Espiguillas de 2.7–3.5 mm de largo, solitarias, ovado-agudas; plantas perennes rizomatosas ______ **Urochloa meziana**
      3. Espiguillas 2–3 mm de largo, solitarias, en pares o en grupos de 3–5, biconvexas; primera gluma 3–5-nervada, segunda gluma y lema 9-nervada, iguales del largo; plantas anuales ______ **Urochloa fusca**
   2. Raquis de los racimos aplanado, angosto o anchamente alado; plantas anuales.
      4. Entrenudo de la raquilla conspicuo entre la primera y segunda gluma; primera gluma 9–11-nervada; espiguillas 4–5 mm de largo; lema fértil nunca transversalmente rugosa ______ **Urochloa plantaginea**
      4. Entrenudo de la raquilla inconspicuo; primera gluma (3–)5–7-nervada; espiguillas 3.5–4 mm de largo; lema fértil conspicuamente transversalmente rugosa ______ **Urochloa panicoides**

**Urochloa fusca** (Sw.) B.F. Hansen & Wunderlin, Novon 11:368. 2001. *Panicum fuscum* Sw. Prodr. 23. 1788.

*Brachiaria fasciculata* (Sw.) Parodi

Plantas anuales cespitosas; tallos 10–100 cm, erectos a decumbentes, ramificados, pilosos; vainas papiloso-híspidas, lígula 0.5–2 mm, láminas 5–30 cm × 8–20 mm, linear lanceoladas, la base obtusa a subcordada; inflorescencia 5–18 cm, ramificaciones de primer orden dístico-alternas, racimos 5–10 cm, numerosos, simples, raquis 0.3–0.4 mm de ancho, triquetro, escabroso; espiguillas 2–3 mm, solitarias, en pares o en grupos de 3–5, obovadas, biconvexas, glabras, agudas en el ápice; primera gluma 1–1.5 mm, 3–5-nervada, segunda gluma 9-nervada, entrenudo de la raquilla entre las dos glumas 0.1–0.2 mm; flósculo inferior estéril, lema inferior 5–7-nervada, pálea un poco más corta que la lema; lema superior 1.9–2.5 mm, un poco más corta que la gluma superior, obtusa o apiculada; anteras 0.6–0.8 mm. $2n$ = 18. En bosque tropical caducifolio y bosque de encino, a 1100–1663 m de altitud.

Conocida del S de Estados Unidos hasta Sudamérica; Antillas.

**ZACATECAS. Juchipila:** al W de Pueblo Viejo, ladera E del cerro de Piñones, rancho de Jesús Ayala, 7 Ago 1998, selva baja caducifolia, 1663 m, *Balleza 8701* (CIIDIR). **Moyahua:** km 102 carr. 54, 27 Ago 1988, matorral subtropical, 1100 m, *Balleza 1811* (CHAPA); km 92.5 carr. 54, 2 km al S de Santa Rosa, bosque de encino, 1760 m, 27 Ago 1988, *Balleza 1815* (CHAPA).

**Urochloa meziana** (Hitchc.) Morrone & Zuloaga, Darwiniana 32:68. 1993. *Brachiaria meziana* Hitchc., Contr. U.S. Natl. Herb. 12(3):140. 1908.

Plantas perennes con rizomas cortos; tallos 10–40 cm, ramificados en los nudos inferiores; vainas pilosas, lígula 0.6–1 mm, una hilera pilosa, láminas 5–15 cm × 5–10 mm, aplanadas, redondeadas en la base, pilosas; inflorescencia 2–5(–9) × 1–4 cm, sobre un eje principal anguloso, esparcido piloso, ramificaciones de primer orden dístico-alternas, ramas 5–10, raquis de las ramificaciones triquetro, 1–3 cm; espiguillas 2.7–3.6 × 1.5–1.7 mm, solitarias, glabras, ovado-agudas, con pedicelos pilosos; primera gluma 1–1.5(–1.8) mm, subaguda, 3-nervada, segunda gluma 3–3.4 mm, 5(7)-nervada; lema inferior igual a la segunda gluma, 5-nervada, con el dorso surcado en la porción media, pálea inferior transparente, anchamente elipsoide; flósculo superior bisexual, lema superior endurecida, papilosa; cariopsis 2.4–2.6 × 1.1–1.3 mm, ovoide. Habita en pastizal, matorral xerófilo y bosque de encino, a 2050–2150 m de altitud.

Especie endémica de México con amplia distribución.

**ZACATECAS. Fresnillo:** km 846 carr. Juárez, 26 km al N de Fresnillo cerca de Tropico de Cancer, 12 Sep 1955, *Hern.-Xol. y V. Mathus N-1659* (US); 20 km al N de Fresnillo, rumbo a Durango, 5 Sep 1981, pastizal, *Beetle M-7473* (MEXU). **Jerez:** 10 km al NW de la ciudad de Jerez, por la carr. a El Cargadero, 25 Ago 1988, *Balleza 1747* (CHAPA, ENCB). **Miguel Auza:** 1.5 km al S de la colonia Emilio Carranza, 3 Sep 1988, *Balleza 1900* (CHAPA, ENCB). **Ojocaliente:** km 713 carr. Cd. Juárez, 12 Sep 1955, *Hern.-Xol. y V. Mathus N-1632* (US). **Pinos:** en la desviación a SantiAg, 24 Jul 1976, *Bustos, Ibarra y Villa s.n.* (CHAPA); carr. a San Luis Potosí, en la desviación a Saldaña, 17 Ago 1988, *E. Manrique y Beetle 1347* (MEXU). **Sombrerete:** 8 mi al W de Sombrerete, 16 Jul 1950, *Reeder, C. Reeder y Gooding 1309-A* (MEXU). **Tepetongo:** Juancho Rey, 4 km del poblado, subida a la Sierra de Juancho Rey, 22 Ago 2006, bosque de encino, 2200 m, *I. Cabral, R. Femat y M. Cházaro s.n.* (CIIDIR). **Valparaíso:** Ejido Ameca, 20 Jul 1988, bosque de encino, 2050 m, *Balleza 1505* (CHAPA). **Villanueva:** Malpaso, km 29 carr. a Guadalajara, carr. federal 54, 8 Ago 1988, matorral desértico crassicaule, 2150 m, *Balleza 1544* (CHAPA, ENCB, US). **Zacatecas:** Zacatecas, 3 Oct 1910, *Hitchc. 7516* (US).

**Urochloa panicoides** P. Beauv., Ess. Agrostogr. 53, pl. 11, f. 1. 1812.

Plantas anuales, cespitosas; tallos 40–75 cm, erectos o decumbentes, enraizados en los nudos, glabros o esparcido-pubescentes; lígula una línea escasa de pelos, láminas (2.5–)8–15 cm × 5–20 mm, conspicuamente lanceoladas, redondeadas y más anchas en la base; inflorescencia con ramificaciones de primer orden dístico-alternas, racimos 3–7 abiertos, de 2–6 cm; pedicelos muy cortos, largo pilosos; espiguillas 3.5–4 mm, ampliamente elíptico-ovadas, agudas; primera gluma 1.3–1.7 mm, suborbicular-ovada, membranácea, con (3–)5–7 nervaduras reticuladas, a menudo con los márgenes arrugados; lema estéril similar a la segunda gluma; flósculo superior bisexual, lema superior 3–3.5 mm, conspicuamente transversalmente rugosa, con un mucrón de 0.5–0.8 mm. Habita en la orilla de carreteras, en lugares con disturbio de pastizales y matorrales, 1970–2000 m de altitud.

Especie conocida de Estados Unidos a México. En: Ags., Jal., Mich.; Sudamérica. Ahora la citamos de Zacatecas.

**ZACATECAS. Tepetongo:** Salitrillo, potrero afueras de Sierra de Cardos, 22 Ago 2006, pastizal, 1970 m, *I. Cabral, R. Femat y M. Chazaro* (CIIDIR). **Tlaltenango de Sánchez Román:** 1 km al N de Tlaltenango, 8 Ago 1986, vegetación riparia con *Salix bonplandiana,* 1760 m, *F.J. Santana 1717* (IBUG); 25 km por la brecha Jalpa-Tlaltenango sobre la Sierra de Morones, 13 Ago 1983, zacatal, 2000 m, *F.J. Santana & Hernández 1246* (IBUG).

**Urochloa plantaginea** (Link) R.D. Webster, Syst. Bot. 13:607. 1988. *Brachiaria plantaginea* (Link) Hitchc., Contr. U.S. Natl. Herb. 12(6):212. 1909.

Plantas anuales; tallos 60–100 cm, glabros, decumbentes, ramificados; vainas glabras o pilosas en el margen, lígula 0.5–1.5 mm, láminas 5–20 cm × 6–12 mm, lanceoladas, con la base obtusa a subcordada, glabras; inflorescencia 15–40 cm, exserta o incluida, eje delgado pubescente, ramificaciones de primer orden dístico-alternas, racimos 3–5, de 3–15 cm; espiguillas 4.5–5 × 1.9–2 mm, solitarias, glabras, agudas, obovadas,

*Trisetum viride*

*Triticum aestivum*

*Urochloa fusca*

*Urochloa meziana*

*Tripogon spicatus*

*Tripsacum dactyloides*

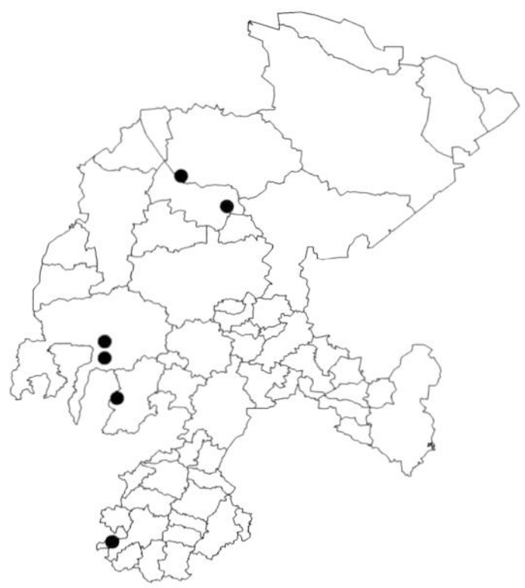

*Tripsacum lanceolatum*

*Tripsacum pilosum*

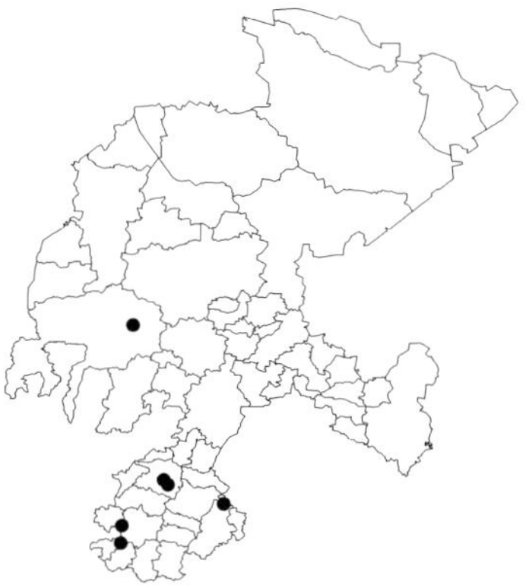

*Tripsacum zopilotense*

*Trisetum viride*

*Triticum aestivum*

*Urochloa fusca*

*Urochloa meziana*

plano-convexas; primera gluma 1.7–2.5 mm, 9–11-nervada, segunda gluma 3.2–3.8 mm, 7-nervada, entrenudo de la raquilla entre las dos glumas 0.4–0.5 mm; lema del flósculo inferior del largo de la segunda gluma, estéril, pálea igual a la lema inferior; lema del flósculo bisexual 3.2–3.6 mm, obtusa; anteras 0.7–1 mm. $2n$ = 36,72. Crece en la orilla de charcos y arroyos de terrenos de cultivo y matorral subtropical, a 1350–2100 m de altitud.

Menos abundante que *U. meziana*, conocida de Estados Unidos a Sudamérica; Antillas.

**ZACATECAS. Apozol:** Ejido San Miguel a un lado del centro turístico El Paraiso Caxcan, 27 Ago 1988, arvense a la orilla de un cañaveral, 1350 m, *Balleza 1822* (CHAPA, CIIDIR, US); colonia Benito Juárez, Sierra de Nochistlán, 31 Ago 1989, bosque de *Quercus*, 1600 m, *Balleza 2213* (CHAPA, CIIDIR, SLPM, US); km 210 carr. a Guadalajara, en la desviación a San Miguel, 7 Sep 1973, pastizal, 2100 m, *R. Banda s.n.* (CHAPA). **Fresnillo:** along Mex 45, 0.9 mi ESE jct Mex 49 and 45, 6 Aug 1966, in sandy, boulder strewn field, *R. Kral 27444* (ENCB). **Villanueva:** Junta de los Ríos, 30 Ago 1989, terrenos inundados, 1600 m, *Balleza 2200* (CHAPA).

**Urochloa texana** (Buckley) R.D. Webster, Austral. Paniceae 253. 1987. *Panicum texanum* Buckley, Prelim. Rep. Surv. Texas App. 3. 1866. *Brachiaria texana* (Buckley) S.T. Blake.

Plantas anuales; tallos 50–150 cm, decumbentes y ramificados en los nudos inferiores, entrenudos 2.5–13 cm; vainas 4–11 cm, estriadas, híspidas en los bordes, lígulas 1–1.8 mm, pilosas, láminas 7–14 cm × 1–1.2 mm, linear lanceoladas, corto-híspidas en ambas superficies; inflorescencias 10–25 × 1–3 cm, ramificaciones de primer orden alternas a verticiladas, dispuestas hacia todos los lados del eje principal, ramas adpresas o poco divergentes del eje principal, terminando en una espiguilla desarrollada, espiguillas solitarias o en pares, dispuestas unilateralmente, largo pedunculadas, pedicelos de longitud desigual, pedicelos triquetros; espiguillas 5–6 mm × 2 mm, plano-convexas, estipitadas, esparcido pilosas, largamente elipsoides; glumas desiguales, la primera 2.4–3 mm, 7-nervada, la segunda 4–4.5 mm, glabra a esparcido pilosa, 7–9-nervada; lema 4–4.5 mm, 5-nervada; pálea 3.5–3.8 × 1.8 mm, hialina, glabra. Especie escasa encontrada en el pastizal, a 2300 m de altitud.

Conocida desde el S de Estados Unidos al N de México.

**ZACATECAS. Teúl de González Ortega:** Ejido de Milpillas de Allende, 16 Sep 1988, pastizal, 2300 m, *Balleza 1946* (CHAPA, CIIDIR, SLPM, US).

Especie excluida: *Urochloa maxima* (sinónimo de *Panicum maximum* Jacq.), citada por Beetle et al. (1999), se excluye por no haberse encontrado en los ejemplares revisados.

## Vulpia C.C. Gmel.

Referencia: McVaugh, R. 1983. *Vulpia.* En: Flora Novo-Galiciana 14:405–406.

Plantas anuales, delicadas; lígulas cortas membranáceas, láminas angostas, aplanadas a ligeramente involutas; panícula angosta como espiga; espiguillas lateralmente comprimidas, con varios flósculos, los superiores reducidos, desarticulación arriba de las glumas y entre los flósculos; glumas subuladas, la primera 1-nervada y a menudo pequeña o rudimentaria, la segunda 3-nervada; lema 5-nervada, mucronada o aristada; pálea usualmente más corta que la lema y encerrada por ella; flósculos cleistógamos (cerrados en la madurez), el filamento incluido, corto y 1 antera de 0.3–1.5 mm, prensado por la pálea o por los pequeños estigmas incluidos; cariopsis linear fusiforme.

Género recientemente separado de *Festuca* y reconocido como un ente distinto, del que difiere por ser principalmente perennes y con flósculos casmógamos (abiertos en la madurez), con 3 estambres y una cariopsis ovoide o elipsoide y pequeña (en *Festuca*). 2 especies en la localidad, introducidas en América desde Europa.

**Vulpia myuros** (L.) C.C. Gmel., Fl. Bad. 1:8. 1805. *Festuca myuros* L., Sp. Pl. 1:74–75. 1753.

Plantas anuales delicadas, amacolladas; tallos 10–50(–90) cm, erectos o ascendentes; lígula menor de 0.5 mm, fimbriada, láminas 5–15 cm × 1–3 mm, aplanadas o involutas, pubescentes abaxialmente; panícula 10–25 cm, espigada, a menudo parcialmente incluida en la vaina; espiguillas 5.5–12 mm, 3–7-flosculadas, los flósculos por lo general no se abren, desarticulación arriba de las glumas y entre los flósculos; primera gluma ½ del largo de la segunda, 0.5–2.5 mm, segunda gluma 2.5–5.5 mm; lema del flósculo inferior 4.5–7 mm, con una arista de 7.5–20 mm; anteras 0.5–0.6 mm, cariopsis 3–4.5 mm. Habita en pastizal, bosque de encino, bosque de pino-encino, a 2000–2550 m de altitud.

Especie con 3 variedades reconocidas, sólo *V. myuros* var. *myuros* presente en Zacatecas.

Ampliamente distribuida desde Canadá hasta Sudamérica; Antillas.

**ZACATECAS. Nochistlán:** cerca del poblado Los Cardos, por la brecha Nochistlán- Jalpa, 31 Oct 1989, pastizal con encino, 2000 m,

*Urochloa panicoides*

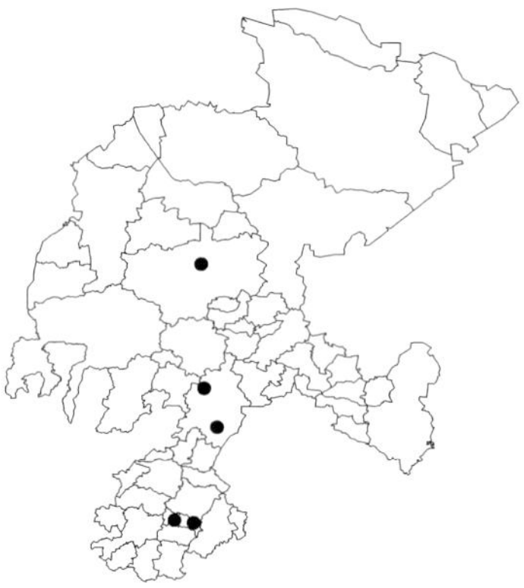

*Urochloa plantaginea*

*Urochloa texana*

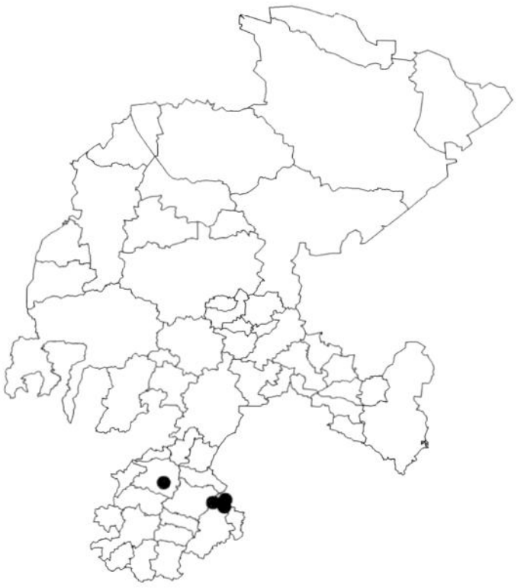

*Vulpia myuros*

*Zea mays* ssp. *mays*

*Zuloagaea bulbosa*

*Balleza 2695* (CIIDIR); Tlachichila, por la brecha a Jalpa, 31 Oct 1989, pastizal con matorral espinoso, 2200 m, *Balleza 2682* (CHAPA); Límites con Jalisco, Paraje Torrecillas, sierra del Laurel, Tlachichila, 4 Nov 2006, bosque de encino, 2219 m, *O. Rosales y Y. Herrera 3732* (CIIDIR). **Tlaltenango:** km 39 brecha a Jalpa, 11 Nov 1989, bosque de encino- pino, 2550 m, *Balleza 2707* (CHAPA).

## **Zea** L.

Referencia: McVaugh, R. 1983. *Zea*. En: Flora Novo-Galiciana 14:406–412.

Plantas anuales robustas o perennes, monoicas, cespitosas o rizomatosas, de mediana estatura; tallos con muchos entrenudos, sólidos, gruesos, fuertes, jugosos, con raíces adventicias que nacen en los nudos inferiores; hojas en su mayoría caulinares, lígula membranácea, láminas dísticas, aplanadas, lineares; inflorescencia estaminada una panícula de racimos, terminal, entrenudo del raquis no articulados, delgados; espiguillas estaminadas en pares, unilaterales, una espiguilla de cada par sésil o subsésil, la otra pedicelada, pedicelos libres; glumas herbáceas, multinervadas; flósculos superiores e inferiores similares, ambos estaminados; lema y pálea hialinas; lodículas y estambres 3; inflorescencia pistilada una espiga solitaria, lateral y axilar, envuelta en 1 a numerosas espatas; espiguillas pistiladas solitarias, sésiles, dísticas, en dos hileras, profundamente hundidas y casi envueltas por el entrenudo del raquis, callo oblicuo a truncado o aplanado; primera gluma endurecida y cubriendo la cavidad del raquis, lisa, segunda gluma membranácea; flósculo inferior estéril; lema inferior y pálea (si presente) pequeñas, hialinas; flósculo superior pistilado, lodículas faltantes; estilo y estigma solitarios muy alargados, más o menos exsertos; fruto una cariopsis, cariopsis desnuda o encerrada por la gluma y el tejido de la unión del raquis. Género de México y Mesoamérica con algunas 4 especies.

**Zea mays** L., Sp. Pl. 2:971–972. 1753.

Plantas anuales cultivadas; tallos 1–5 m, con raíces adventicias en los nudos inferiores, con pocos renuevos; vainas glabras o pilosas, lígula 2.5–8 mm, membranácea, láminas 20–160 × 3–10 cm, glabras o pilosas; inflorescencia estaminada con el racimo central terminal, erecto, mucho más grueso que los racimos laterales; espiguillas estaminadas con la primera gluma redondeada en el dorso, ecarinada o angostamente alada; inflorescencia pistilada una mazorca masiva, dura, fibrosa, entrenudos del raquis no desarticulándose; espiguillas pistiladas en pares, polísticas en 4–36 hileras insertas superficialmente en la mazorca, mazorcas 1 por rama, espatas envolviendo la mazorca 8 o más; glumas membranáceas; flósculo inferior generalmente estéril o rara vez pistilado, flósculo superior pistilado; lema y pálea membranácea; cariopsis desnuda, no desarticulándose.

Especie americana cultivada en todos los estados de la Republica Mexicana, conocida como "Maíz," principal componente de la dieta alimenticia del mexicano. Dos variedades y 2 subespecies se reconocen para esta especie, *Zea mays* subsp. *mays* se cultiva en varias localidades de Zacatecas.

ZACATECAS. **Jalpa:** al inicio de la terracería Jalpa–Tlaltenango de Sánchez Román, 17 Sep 1989, cultivo de maíz de temporal, 1800 m, *Balleza 2246-B* (CIIDIR); km 8, brecha a Tlaltenango, 17 Sep 1989, selva baja caducifolia, 1650 m, *Balleza 2245-B* (CHAPA).

## Zuloagaea Bess

Referencia: Bess et al. 2006. *Zuloagaea*, a new genus of neotropical grass within the "Bristle Clade" (Poaceae: Paniceae). Syst. Bot. 31:656–670.

**Zuloagaea bulbosa** (Kunth) Bess, Syst. Bot. 31:656–670. 2006. *Panicum bulbosum* Kunth, Nov. Gen. Sp. (quarto ed.) 1:99. 1815.

Plantas perennes, rizomatosas, rizomas cortos, delgados; tallos (30–)100–200 cm, erectos o geniculados en los nudos inferiores, simples, con la base endurecida, cormiforme, cormos 2.2 × 1.8 cm, entrenudos y nudos glabros; vainas mas cortas que los entrenudos, aquilladas, glabras a adpreso-pilosas, con pelos de base papilosa cerca de la garganta, lígula 0.3–1.3 mm, membranácea, pilosa, los pelos 0.2–0.7 mm, láminas 15–60 cm × 5–14 mm, linereas, aplanadas, glabras, a veces esparcido-pilosas adaxialmente, ensanchadas a subcordadas en la base; panículas 9–40 cm, terminales, ramas 4–18 cm, solitarias, ascendentes a patentes; espiguillas 4–5.4 mm × 1.2–1.4 mm, parcialmente teñidas de púrpura, solitarias, escabrosas, elipsoides o lanceoladas; primera gluma 1.6–3 mm, 3–5-nervada, segunda gluma 3–4 mm, ligeramente más corta que la lema estéril, 5–7-nervada, obtusa; flósculo inferior estéril o estaminado, lema inferior tan larga como la espiguilla, un poco más corta que el flósculo superior, 5–7-nervada, subaguda, pálea inferior 4/5 del largo de la lema inferior a más larga que el flósculo superior, anteras 2–2.7 mm; flósculo superior bisexual, fruto 3.2–4 mm × 1.1–1.3 mm, angostamente ovado, velada a evidentemente transversalmente rugoso, opaco, puberulento o escábrido a esparcido piloso, agudo, sésil; anteras 2.1–2.8 mm. $2n = 54$. Habita en bosque de pino, bosque de encino y pastizal, a 1600–2450 m de altitud. $2n = 36,54,70,72$.

Reportada desde el SW de Estados Unidos a México; Sudamérica.

ZACATECAS. **Jalpa:** al NW de Jalpa por la brecha a Sánchez Román, cerca del km 36, *R. Guzmán 479* (ENCB). **Jerez:** 10 km al NW de Jerez, por la carr. que va a El Cargadero, 25 Ago 1988, potrero con bosque de pino, 2450 m, *Balleza 1771* (CIIDIR, ENCB). **Monte Escobedo:** 4 km al N de Monte Escobedo por la carr. a Mexquitic, Jal., 12 Ago 1988, bosque de encino, 2200 m, *Balleza 1603* (CHAPA, CIIDIR, ENCB). **Sombrerete:** along hwy 45, 34.6 mi S of Villa Union, Durango, 8 Ene 1977, 8000 ft, area cultivated, *Wieder, Dunn, Bennett y Torke 194* (ENCB). **Tepechitlán:** rancho El Jaral, 3 Jul 1971, matorral subtropical, 1600 m, *C.L. Díaz 2382* (ENCB). **Teúl de González Ortega:** Ejido Milpillas de Allende, 16 Sep 1988, pastizal, 2300 m, *Balleza 1941* (CHAPA, CIIDIR, ENCB). **Tlaltenango:** brecha Jalpa-Tlaltenango, 3 Jul 1971, bosque de pino-encino, 2100 m, *C.L. Díaz 2351* (ENCB). **Valparaíso:** Ejido Ameca, 20 Jul 1988, bosque de encino, 2050 m, *Balleza 1502* (CHAPA, CIIDIR, ENCB); por la brecha Ameca-Milpillas de La Sierra, 5 km al W de Milpillas, 22 Jul 1988, bosque de encino, 2050 m, *Balleza 1531* (CHAPA, CIIDIR, ENCB); *1527* (CIIDIR), *1528* (CIIDIR, ENCB); 27 km al N de San Juan Capistrano, por la brecha a Santa Lucía de la Sierra, límite entre Zac. y Dgo., 27 Sep 1988, matorral subtropical caducifolio, 2100 m, *Balleza 2043* (CHAPA, ENCB).

Vulpia myuros

Zea mays

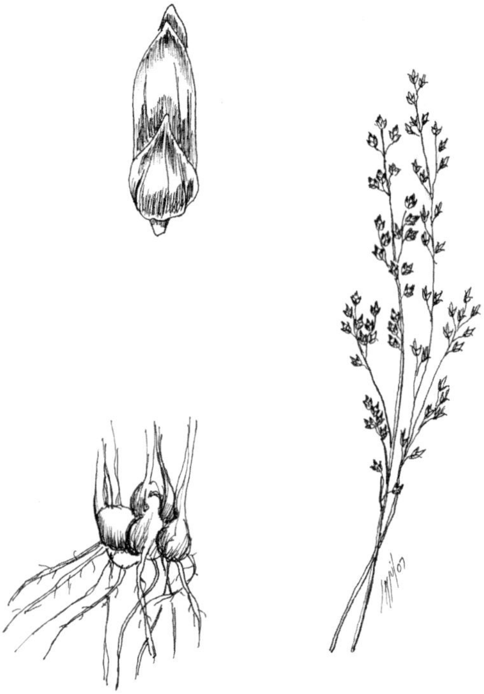

Zuloagaea bulbosa

GÉNEROS EXCLUIDOS

*Hemarthria altissima* (Poir.) Stapf & C.E. Hubb., citada para Zacatecas por Dávila et al. (2006), sin embargo se excluye por no haberse encontrado ejemplares que avalen su presencia en la entidad.

*Paspalidium geminatum* (Forssk.) Stapf, citada para Zacatecas por Dávila et al. (2006), sin embargo se excluye por no haberse encontrado en los ejemplares revisados.

AGRADECIMIENTOS

Agradecemos al Instituto Politécnico Nacional (CIIDIR, COFAA, SIP); a la Comisión Nacional para el Conocimiento y Uso de la Biodiversidad (CONABIO-EE014) y al Consejo Nacional de Ciencia y Tecnología (CONACyT-53142), por el financiamiento otorgado a Y. Herrera para la realización del presente estudio.

Así también agradecemos el financiamiento del Instituto Smithsoniano, a través de la Oficina de Entrenamientos de Investigación y Servicios para Vistantes de Investigación por financiar parcialmente la estancia de Y. Herrera en el Herbario Nacional US, y del Fondo de Dotación Restringida, del Programa de Estudios Escolares, Oportunidades de Investigación, la Fundación Atherton Seidell, el Programa de Inventarios e Investigaciones de Biodiversidad por el apoyo a P.M. Peterson. Reconocemos el financiamiento para viajes de colecta que otorga National Georaphic Society 8087-06 otorgado a P.M. Peterson.

Nuestro más sincero reconocimiento a J. Reyna Cruz por las ilustraciones de las especies que se incluyen.

A los curadores de los herbarios CHAPA, CIIDIR, ENCB, HUAZ, IEB, INEGI, MEXU, SLPM, TAES y US se les agradece las facilidades y atenciones recibidas para hacer posible la revisión de los ejemplares a su cargo.

Se agradece encarecidamente el tiempo dedicado a la revisión del presente manuscrito a un revisor anónimo, a J. Saarela y a B. Lipscomb, cuyas observaciones y sugerencias mejoraron sustancialmente la aportación del presente estudio.

Los resultados que se vierten en este documento se derivaron del proyecto "Estudio Florístico de Zacatecas" con registro en SIP-IPN: 20050548, 20060623 y 20070429.

REFERENCIAS

Alexeev, E.B. 1977. On the systematics of Asian fescues (*Festuca*). 1. Subgenera *Drymanthele, Subulatae, Schedonorus, Leucopoa*. Bjulleten Moskovskogo Obscestva Ispytatelej Prirody, Otdel Biologiceskij 82(3):95–102.

Allred, K.W. 1984. Morphologic variation and classification of the North American *Aristida purpurea* complex (Gramineae). Brittonia 36:382–395.

Allred, K.W. y F.W. Gould. 1983. Systematics of the *Bothriochloa saccharoides* complex (Poaceae: Andropogoneae). Syst. Bot. 8:168–184.

Allred, K.W. y J. Valdés-Reyna. 1995. Novelties and notes in North American *Aristida* (Gramineae). Novon 5:209–222.

Allred, K.W. y J. Valdés-Reyna. 1997. The *Aristida pansa* complex and a key to the Divaricatae group of North America (Gramineae: Aristideae). Brittonia 49:54–66.

Anderson D.E. 1974. Taxonomy of the genus *Chloris* (Gramineae). Brigham Young Univ. Sci. Bull. Biol. Ser. 19:1–133.

Anton, A.M. 1981. The genus *Tragus* (Gramineae). Kew Bull. 36:55–61.

Balleza C., J.J. 1992. Listado florístico de las gramíneas de Zacatecas. Tesis de Maestría, Colegio de Graduados, Chapingo, México.

Barkworth, M.E. y M.A. Torres. 2001. Distribution and diagnostic characters of *Nassella* (Poaceae: Stipeae). Taxon 50:439–468.

Beetle, A.A., R. Guzmán M., V. Jaramillo L., M.P. Guerrero S., E. Manrique F., A. Chimal H., C. Shariff B. y I. Núñez T. 1983. Las gramíneas de México I:1–260. COTECOCA. México, D.F.

Beetle, A.A., E. Manrique F., V. Jaramillo L., M.P. Guerrero S., J.A. Miranda S., I. Núñez T. y A. Chimal H. 1987. Las gramíneas de México II:1–344. COTECOCA. México, D.F.

Beetle, A.A., E. Manrique F., J.A. Miranda S., V. Jaramillo L., A. Chimal H. y A.M. Rodríguez R. 1991. Las gramíneas de México III:1–319. COTECOCA. México, D.F.

Beetle, A.A., J.A. Miranda S., V. Jaramillo L., A.M. Rodríguez, L. Aragón M., M.A. Vergara B., A. Chimal H. y O. Domínguez S. 1995. Las Gramíneas de México IV:1–342. COTECOCA. México, D.F.

Beetle, A.A., G. Villegas D., A. Bolaños D., J.A. Miranda S., L. Aragón M., M.A. Vergara B., A. Chimal H., M.M. Castillo B., O.M. Galván G., J.L. Villalpando P., M. Lizama M., J. Valdes R., E. Manrique de S. y A.M. Rodríguez R. 1999. Las gramíneas de México V:1–466. COTECOCA. México, D.F.

Bess, E.E., A.N. Doust, G. Davidse, and E.A. Kellogg. 2006. Zuloagaea, a new genus of neotropical grass within the "Bristle Clade" (Poaceae: Paniceae). Syst. Bot. 31:656–670.

Buckley, S.B. 1862. *Pleuraphis*. Proc. Acad. Nat. Sci. Philadelphia 14:95.

Clayton, W.D. y S.A. Renvoize. 1986. Genera graminum, grasses of the World. Kew Bull., Addit. Ser. 13:i–v, 1–389.

Conert, H.J., 1960. *Metcalfia*, eine neue Gattung der Gramineen. Willdenowia 2:417–419.

Dávila, P., Ma. T. Mejía-Saulés, M. Gómez-Sánchez, J. Valdés-Reyna, J.J. Ortíz, C. Morín, J. Castrejón y A. Ocampo. 2006. Catálogo de las Gramíneas de México. UNAM, CONABIO.

Davidse, G., M. Sousa S. y A.O. Chater (eds.). 1994. Flora Mesoamericana Vol 6:1–543. UNAM, Missouri Bot. Gard. y The Natural History Museum, London.

Espejo S., A. y A.R. López F. 2000. Las Monocotiledóneas Mexicanas, una sinopsis florística. Consejo Nacional de la Flora de México, UAM Iztapalapa y CONABIO.

Finot, V.L., P.M. Peterson, R.J. Soreng y F.O. Zuloaga, 2004. A revision of *Trisetum*, *Peyritschia*, and *Sphenopholis* (Poaceae: Pooideae: Aveninae) in Mexico and Central America. Ann. Missouri Bot. Gard. 91:1–30.

Gould, F.W. 1947. *Elymus*. Madroño 9(4):125.

Gould, F.W. 1967. The grass genus *Andropogon* in the United States. Brittonia 19:70–76.

Gould, F.W. 1975. The grasses of Texas. Texas A & M University Press, College Station.

Gould, F.W. 1979. The genus *Bouteloua* (Poaceae). Ann. Missouri Bot. Gard. 66:348–416.

Gould, F.W. 1980. The Mexican species of *Dichanthelium* (Poaceae). Brittonia 32:353–364.

Hendricks, A.J. 1961. Informe sobre la vegetación actual de un sitio arqueológico de la civilización Chalchihuites, y sus alrededores, vecino a la Ciudad de Durango, República Mexicana. Bol. Soc. Bot. México 26:177–221.

Henrickson, J. and M.C. Johnston (eds.). 1997. A flora of the Chihuahuan Desert region, ed. 1.2, 2 vols. Published by Henrickson, Los Angeles (trial version for correction).

Herrera A., Y. 1998. A revision of the *Muhlenbergia montana* (Nutt.) Hitchc. complex (Poaceae: Chloridoideae). Brittonia 50:23–50.

Herrera A., Y., P.M. Peterson y M. de la Cerda L. 2004. Revisión de *Bouteloua* Lag. (Poaceae). Instituto Politécnico Nacional y CONABIO.

Herrera Arrieta, Y. y P.M. Peterson. 2007. *Muhlenbergia* (Poaceae) de Chihuahua, México. Sida, Bot. Misc. 29:1–109.

Hitchcock, A.S. 1913. Mexican grasses in the United States National Herbarium. Contr. U.S. Natl. Herb. 17(3):181–389.

Hitchcock, A.S. 1935a. Manual of the grasses of the United States. Misc. Publ. 200:1–1040. United States Department of Agriculture, Washington, D.C.

Hitchcock, A.S. 1935b. *Muhlenbergia* Schreb. En Howe, M.A., H.A. Gleason y J.H. Barnhart, eds. North American Flora 17:431–476. New York Botanical Garden, New York.

Hitchcock, A.S. y A. Chase. 1915. Tropical North American species of *Panicum*. Contr. U.S. Natl. Herb. 17:459–539.

Hitchcock, A.S., J.R. Swallen y A. Chase. 1939. Poaceae. North American Flora. 17:543–638.

Johnston, I.M. 1943. Plants of Coahuila, eastern Chihuahua, and adjoining Zacatecas and Durango. II. J. Arnold Arbor. 24:375–421.

Barkworth, M.E.. K.M. Capels, S. Long y M.B. Piep, eds. 2003. Magnoliophyta: Commelinidae, (in part): Poaceae, part 2. Flora of North America North of Mexico, volume 25. Oxford University Press, New York.

McVaugh, R. 1983. Gramineae. En Anderson, W.R., ed. Flora Novo-Galiciana 14:1–436. The University of Michigan Press, Ann Arbor.

Morrone, O. y F.O. Zuloaga. 1993. Sinopsis del género *Urochloa* para México y América Central. Darwiniana 32:59–75.

Ortiz Díaz, J.J. 1993. Estudio sistemático del género *Gouinia* (Gramineae). Acta Bot. Mex. 23:1–33.

Peterson, P.M. 1989. A reevaluation of *Bealia mexicana* (Poaceae: Eragrostideae). Madroño 36:260–265.

Peterson, P.M. y C.R. Annable. 1990. A revision of *Blepharoneuron* (Poaceae: Eragrostideae). Syst. Bot. 15:515–525.

Peterson, P.M. y C.R. Annable. 1991. Systematics of the annual species of *Muhlenbergia* (Poaceae: Eragrostideae). Syst. Bot. Monogr. 31:1–109.

Peterson, P.M. y C.R. Annable. 1992. A revision of *Chaboissaea* (Poaceae: Eragrostideae). Madroño 39:8–30.

Peterson, P.M. y J. Valdés-Reyna. 2005. *Eragrostis* (Poaceae: Chloridoideae: Eragrostideae: Eragrostidinae) from northeastern México. Sida 21:1363–1418.

Peterson, P.M., J. Valdés-Reyna y J.J. Ortiz-Díaz. 2004. *Sporobolus* (Poaceae: Chloridoideae: Cynodonteae: Zoysieae: Sporobolinae) from northeastern México. Sida 21:553–589.

Pohl, R.W y G. Davidse. 1994. Poaceae. En Davidse, G., M. Sousa y A.O. Chater, eds. Flora Mesoamericana 6:184–402. UNAM, Missouri Bot. Garden y The Natural History Museum (London).

Reeder, C.G. 1985. The genus *Lycurus* (Gramineae) in North America. Phytologia 57:283–291.

Rominger, J.M. 1962. Taxonomy of *Setaria* (Gramineae) in North America. Illinois Biol. Monogr. 29:v–viii, 1–132.

Rzedowski, J. y G.C. Rzedowski. (eds.). 2001. Gramíneas en: flora del Valle de México 2ª Ed: 999–1114. CONABIO-Instituto de Ecología, A.C.

Soderstrom, T.R. 1967. Taxonomic study of subgenus *Podosemum* and section *Epicampes* of *Muhlenbergia* (Gramineae). Contr. U.S. Natl. Herb. 34:75–189.

Soderstrom, T.R. y H.F. Decker. 1964. *Reederockloa* a new genus. Brittonia 16:335. 1964.

Soderstrom, T.R. y H.F. Decker. 1965. *Allolepis*: a new segregate of *Distichlis* (Gramineae). Madroño 18:33–64.

Trent, J.S. y K.W. Allred. 1990. A taxonomic comparison of *Aristida ternipes* and *A. hamulosa* (Gramineae). Sida 14:251–261.

Valdés Reyna, J. y K.W. Allred. 2005. Flora del Bajío y de regiones adyacentes. Familia Gramineae, subfamilia Aristidoideae. fascic. 137:1–46. Instituto de Ecología, A.C.

Valdés Reyna, J. y M.E. Barkworth. 1994. El género *Nassella* (Poaceae: Stipeae) en México. Acta Bot. Mex. 26:63–75.

Valdés Reyna, J y P. Dávila. 1995. Clasificación de los géneros de Gramíneas (Poaceae) Mexicanas. Acta Bot. Mex. 33:37–50.

Veldkamp, J.F., Koning, R. de y Sosef, M.S.M. 1986. Generis delimitation of *Rottboellia* and related genera (Gramineae). Blumea 31:281–307.

Wagon, H.K. 1952. A revision of the genus *Bromus*, Section Bromopsis, of North America. Brittonia 7:415–480.

Zizka, G. 1988. Revision der Melinideae Hitchc. (Poaceae, Panicoideae). Bibliotheca Bot. 138:1–149.

Zuloaga, F.O. y O. Morrone. 1996. Revisión de las especies americanas de *Panicum*, subgénero *Panicum*, sección *Panicum* (Poaceae, Panicoideae, Paniceae). Ann. Missouri Bot. Gard. 83:200–280.

Zuloaga, F.O., O. Morrone, A.S. Vega y L.M. Giussani. 1998. Revisión y análisis cladístico de *Steinchisma* (Poaceae: Panicoideae: Paniceae). Ann. Missouri Bot. Gard. 85:631–656.

Zuloaga, F.O., L.M. Guissani, and O. Morrone. 2007. *Hopia*, a new monotypic genus segregated from Panicum. Taxon 56:145–156.